U0351927

材料科学与工程著作系列
HEP Series in Materials Science and Engineering

工程材料学

Engineering Materials

堵永国　编著

高等教育出版社·北京

内容简介

　　本书首先介绍工程零构件的使用效能特点及工程材料的主要失效形式；然后分析工程材料在力学负荷、热负荷、环境（腐蚀介质）负荷及复合负荷作用下的行为，亦即工程材料的力学性能、热性能及耐环境腐蚀性，建立工程零构件使用效能与工程材料性能之间的关系；进而系统地阐明金属材料、陶瓷材料、高分子材料及复合材料等各种工程材料的成分、组织及其演变与性能之间关系的基本理论及基本原理，以提高工程材料的强韧性、耐热性、耐环境腐蚀性等性能的科学原理及技术途径为重点。在相关章节中分别介绍了常用工程结构零件的使用条件和性能要求，以及满足相应性能要求的典型结构零件用材料的成分、组织及相应的热处理和成形工艺。

　　本书的读者对象为高等院校材料学科的本科生、研究生以及相关专业的工程技术人员。

图书在版编目（ＣＩＰ）数据

　　工程材料学 ／ 堵永国编著.-- 北京：高等教育出版社，2015.12
　　（材料科学与工程著作系列）
　　ISBN 978-7-04-043938-0

　　Ⅰ.①工… Ⅱ.①堵… Ⅲ.①工程材料-高等学校-教材 Ⅳ.①TB3

　　中国版本图书馆 CIP 数据核字（2015）第 223959 号

策划编辑	刘剑波	责任编辑	卢艳茹	封面设计	姜　磊	版式设计	杜微言
插图绘制	杜晓丹	责任校对	刘丽娴	责任印制	韩　刚		

出版发行	高等教育出版社	咨询电话	400-810-0598
社　　址	北京市西城区德外大街 4 号	网　　址	http://www.hep.edu.cn
邮政编码	100120		http://www.hep.com.cn
印　　刷	涿州市星河印刷有限公司	网上订购	http://www.landraco.com
开　　本	787mm×1092mm　1/16		http://www.landraco.com.cn
印　　张	42	版　　次	2015 年 12 月第 1 版
字　　数	780 千字	印　　次	2015 年 12 月第 1 次印刷
购书热线	010-58581118	定　　价	79.00 元

前　言

　　"工程材料学"课程是高等院校材料科学与工程一级学科及其二级学科各专业的骨干课。

　　从字面上看，"工程材料学"可分解为工程、材料、学。这里的"工程"是定语，强调的是用途，故工程材料学是指关于制造工程装备(机器或仪器)构件(零件或元器件)的材料的科学。

　　工程材料按使用性能分类可分为结构材料和功能材料。所谓结构材料主要是指满足刚度、强度、硬度、塑性、韧性等力学性能，用来制造工程构件和机械零件的材料，也包括一些用于制造工具的材料和具有特殊性能(如耐高温、耐环境介质腐蚀等)的材料；而功能材料则是指主要利用其电、光、声、磁、热等效应和功能的材料。本书所指工程材料主要是以力学性能为主的结构材料。

　　材料科学是研究各种固体材料的成分、组织、性能和使用效能之间的关系及其变化规律的一门科学，它包含四个基本要素：材料的合成与制备，成分与组织结构，材料特性以及使用性能。材料的合成与制备着重研究获取材料的手段，以工艺技术的进步为标志；成分与组织结构反映材料的本质，是认识材料的理论基础；材料的特性表征了材料固有的力学等性能，是选用材料的重要依据；使用性能可以将材料的加工性能和服役条件相结合来考虑，往往是材料科学与工程的最终目标。

　　因此，"工程材料学"课程的任务是从工程应用的角度出发，阐明各类工程材料的成分、组织、性能和使用效能之间的关系及其变化规律的基本理论、基本原理，介绍各类常用工程材料及其应用等基本知识。本课程的目的是使学生通过学习，在掌握工程材料的基本理论、基本原理的基础上，初步具备研究开发高性能工程材料的能力，能根据工程构件(零件)使用条件分析材料的性能要求，进而对工程构件(零件)进行合理选材及制定加工工艺路线。

　　本书的编写特点是采用逆向工程方法，即首先介绍工程零构件的使用效能特点及工程材料的主要失效形式；然后分析工程材料在力学负荷、热负荷、环境(腐蚀介质)负荷及复合负荷作用下的行为，亦即工程材料的力学性能、热性能及耐环境腐蚀性，使读者建立工程零构件使用效能与工程材料性能之间的关系；进而系统地阐明金属材料、陶瓷材料、高分子材料及复合材料等各种工程材料的成分、组织及其演变与性能之间关系的基本理论及基本原理，以提高工程材料的强韧性、耐热性、耐环境腐蚀性等性能的科学原理及技术途径为重点。在相关章节中分别介绍了常用工程结构零件的使用条件和性能要求，以及满足相应性能要求的典型结构零件用材料的成分、组织及相应的热处理和成形工艺。

　　本书力求遵循科学性、逻辑性、系统性及实用性的原则，以工程材料相对成熟的理论、方法和数据为主，也参考了国内外工程材料研究的新进展。由于"工程材料学"是大材料专业骨干课程，编写时特别注意金属材料、陶瓷材料、高分子材料及复合材料等各种材料的科学及技术相关知识的涵盖及其体量的均衡，凝练共性化教学内容，着力于分析问题的科学思想及解决问题的技术原理，以提高学生解决工程材料实际问题的能力。

　　本书的编写参考了部分国内外相关教材、科技著作及论文，在此向有关作者致以深切的谢意。

　　由于本书内容广泛，编著者水平有限，尽管加倍努力，但不足之处在所难免，敬请同行和读者批评指正。

堵永国
2015 年 11 月

目　录

第一章

绪论

20 世纪 70 年代，人们把信息、材料和能源誉为当代文明的三大支柱。80 年代以高技术群为代表的新技术革命，又将新材料、信息技术和生物技术并列为新技术革命的重要标志。这些都突显了材料是社会进步的物质基础，是人类进步程度的主要标志。近百年来材料的发展远超过以前数千年，这源于工业革命以来科学技术发展所形成的"材料科学与工程"学科。首先，固体物理、无机化学、有机化学、物理化学等学科的发展，对物质结构及物性的深入研究，推动对材料本质的了解；同时冶金学、金属学、陶瓷学、高分子科学等的发展也使对材料本身的研究大大加强，从而对材料的制备、结构与性能，以及它们之间相互关系的研究也越来越深入，为"材料科学与工程"学科的形成奠定了坚实基础。

1.1　历史沿革

何谓材料？材料是指具有特定性质，能用于制造结构和构件、机器、仪器和器件以及各种产品的物质。如金属、陶瓷、半导体、超导体、塑料、玻璃、介电体、纤维、木头、砂子、石头及各种复合材料等都是常见的材料。

材料是人类生存和发展的物质基础。衣、食、住、行、娱乐、通信等人们生活的方方面面均在不同程度上伴随着材料的发展和进步。从历史的角度出发，社会的发展和进步依赖于人类生产出满足各种需要的材料的能力和水平。1836 年，丹麦学者汤姆森提出了石器时代、青铜时代和铁器时代的历史分期方法，更表明材料在人类文明史上占有重要地位。

早期人类只能被动地利用天然材料，如石头、木头、黏土及动物骨骼皮毛等。火的应用使人类发现了比天然材料性能更好的材料制备方法，制造出陶器和一些金属器物如青铜器和铁器。又进一步发现通过热处理和添加其他物质可提高材料的性能。这段时期材料的选用仅限于对少数材料基本性能有限的认知程度。近百年来，材料科学家对材料成分、结构及性能之间的关系有了更深入的理解，材料性质的本质越来越多地被揭示，已能提供数万种满足各种要求的材料，如各种金属、陶瓷、高分子及复合材料等。

现代科技的发展与材料的进步紧密关联，材料研究的突破往往带来许多科学技术的快速发展。例如，有了低成本钢铁及相关材料，汽车工业就得到了迅猛发展；同样，有了由半导体等材料制成的各类电子元器件，各类电子电器消费品才会不断出新，满足人们更多的需求。新材料的研究与开发对国防工业、航空、航天与武器装备的发展更是起着决定性作用。

1.2 材料科学与工程

可以将材料科学与工程细分为材料科学和材料工程。严格地讲，材料科学在于揭示材料结构与性能之间关系的本质，材料工程则是基于材料科学的理论，设计和制备可预见性能的材料微观结构。按职能划分，材料科学家主要研究或合成新材料，材料工程师或选用现有材料及工艺，或研究材料加工工艺制造产品。

材料科学与工程是研究材料的结构、性质、加工和使用效能四者关系的一门学科。这里的材料包括金属与合金、陶瓷、高分子材料、复合材料等各类材料。

结构是广义概念。材料的结构通常指材料内部组元元素原子的排列。可分为不同层次，亚原子结构是指原子内部电子分布、状态及与原子核间的相互作用。原子尺度的结构则专指原子或分子间的结合方式。含有数量众多原子的更大尺度的结构则称为显微结构，意指借助于显微镜能够观察到的结构。而用肉眼观察分辨的则为宏观结构。材料结构由其成分及加工工艺所控制。

性质是指材料在给定外界条件作用下表现出的行为。它赋予了材料的价值和可应用性。包括力学性能（特别是强度和塑性）、物理性质（热学、电学、磁学、光学等各种性质）、化学性质（特别是和材料的氧化和腐蚀行为有关的性质)和冶金性质(如合金化和相变行为)。如金属材料受力时易产生塑性变形、抛光表面反射光。材料性质是指对特定外界条件作用的响应,一般情况下,材料的性质与材料的形状及尺寸无关。材料的性质表征了材料固有的力学等性能,是选用材料的重要依据。

固体材料的性质可分为六大类:力学、电学、热学、磁学、光学和变质。每种性质均对应特定的外界条件。力学性能是指材料在各种负荷作用下的行为,如弹性模量(刚度)、强度及韧性。电学性质是指在电场作用下的行为,如电导率和介电常数。固体的热学性质有热容和热导率等。磁学性质是材料在磁场作用时的行为。光学性质指在电磁波或光的作用下材料的响应,如折射和反射。材料的变质则主要与材料的化学反应相关。

材料科学与工程中,除了结构和性质,还有两个重要概念,即加工和使用效能。材料的加工是指材料的制备、合成、压力加工、机械加工,乃至废料的再生处理等,以工艺技术的进步为标志。材料的结构取决于它们的加工工艺。材料的使用效能则是指材料在各种使用条件(包括高温或低温、各种应力状态、冲击和疲劳加载、腐蚀和辐照环境)下的性能或行为(它未必和该材料在使用前的性能相同)。可以用材料的加工性能和服役条件相结合来考察,往往是材料科学与工程的最终目标。材料的使用效能是材料性质的函数。加工、结构、性质与使用行为之间的关系如图 1.1 所示。本书以材料的设计、生产、应用中涉及的上述四要素及其之间的关系为主线。

图 1.1 材料科学与工程四要素之间的关系

也有科学家提出材料科学与工程的四要素为:成分与组织、制备与加工、性能和服役行为。其概念与内涵与前述四要素没有本质区别。

以图 1.2 所示样品讨论加工—结构—性质—使用效能关系。图示样品具有不同的透光性能,左侧完全透明,右侧不透明,中间样品为部分透明。三个样品的材料均为氧化铝,左侧为单晶,完美无缺的单晶结构使得该材料完全透明。中间样品由数量众多的细小粒状晶体组成,晶体间界面(晶界)将散射部分可见光,使得该材料部分透光。右侧样品也由数量众多的细小粒状晶体组成,但材料内部同时还存在大量细小的孔隙,这些孔隙完全散射可见光,故材料失透。

由于制备工艺不同,导致三个样品有着不同的晶界及孔隙等结构特性,这些特性影响其透光性能。显见,当透光性能是选材重要参量时,这三种材料的使用效能差异巨大。

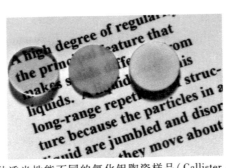

图 1.2　三种透光性能不同的氧化铝陶瓷样品（Callister et al.，2011）

1.3　工程材料的分类

工程材料通常分成三类：金属、陶瓷和高分子材料。这种分类法主要依据化学组成及原子键的不同。除此之外，还有一类为复合材料，它是由两种或两种以上不同的材料复合而成。另一类为用于高科技领域的先进材料，如半导体、生物材料、智能材料以及纳米材料等。

1.3.1　金属材料

该类材料由一种或多种金属元素（如铁、铝、铜、钛、金及镍等）组成，通常含有少量非金属元素（如碳、氮和氧等）。一般来讲，金属的密度比陶瓷及高分子材料的大（图 1.3），有更高的力学性能，强韧性好（图 1.4、图 1.5），

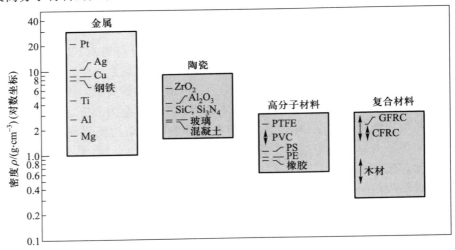

图 1.3　常用金属、陶瓷、高分子材料及复合材料的室温密度

有更好的塑性(能承受大变形而不断裂)及抗断裂性能(图1.6),应用范围非常广泛。由于金属材料内部有大量自由电子,不受特定原子的束缚,该特性赋予金属材料良好的导电、导热性,不透可见光;抛光的金属表面有金属光泽,另外,某些金属还有磁性,如铁、钴、镍等。

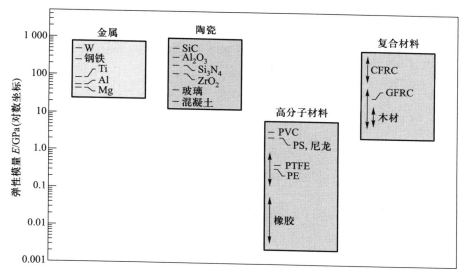

图 1.4 常用金属、陶瓷、高分子材料及复合材料的室温弹性模量

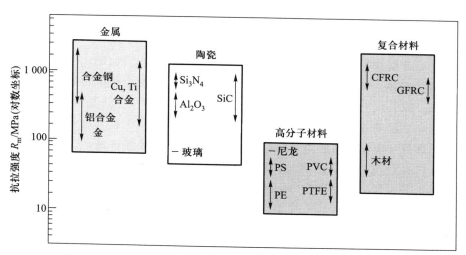

图 1.5 常用金属、陶瓷、高分子材料及复合材料的室温抗拉强度

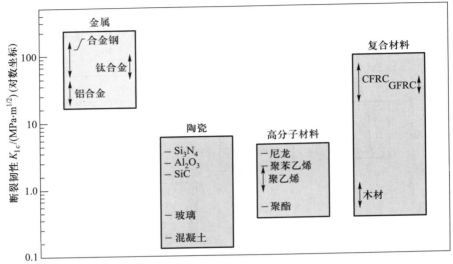

图 1.6 常用金属、陶瓷、高分子材料及复合材料的室温断裂韧性

金属材料兼有优良的力学性能、理化性能和工艺性能，是结构材料中应用最为广泛的一类，部分金属材料也可用作功能材料。但是应该指出，在特别高的温度以及特殊环境介质中，由于化学稳定性问题，一般金属材料难以胜任。此外，地球上金属材料的资源有限。

1.3.2 陶瓷材料

陶瓷材料是指金属和准金属或非金属之间的化合物，如氧化物、氮化物及碳化物。例如，氧化铝、氧化硅、碳化硅等。还有一类为传统陶瓷，由黏土矿物组成，以及水泥和玻璃。陶瓷材料的刚度及强度相对更高(图 1.4、图 1.5)，硬度更高。早期的陶瓷材料脆性很大，易断裂，主要用于餐具、刃具以及汽车发动机部件。陶瓷材料的重要特性是绝缘(图 1.7)，导热性差，比金属材料和高分子材料更耐高温、耐腐蚀。陶瓷材料可以透明、半透明及不透明(见图 1.2)，某些氧化陶瓷有磁性(如 Fe_3O_4)。

陶瓷材料的脆性大及不易加工成形等性质，使其应用受到较大的限制。

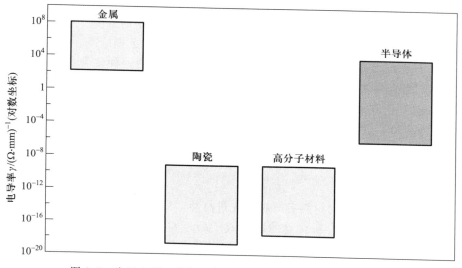

图 1.7 常用金属、陶瓷、高分子材料及半导体材料的电导率

1.3.3 高分子材料

高分子材料又称为聚合物，是指由一种或几种低分子单元（单体）经聚合、共聚、缩聚反应，形成由许多单体重复连接的高分子化合物。包括大家熟悉的塑料和橡胶，大多为由碳、氮及其他非金属元素（C、N 及 Si 等）组成的化合物，分子量大，主链大多为碳链，呈链状结构。常见的如聚乙烯（PE）、尼龙、聚氯乙烯（PVC）、聚碳酸酯（PC）、聚苯乙烯（PS）及硅橡胶等。与金属及陶瓷材料相比，该类材料密度小，强度、刚度低，但比强度、比刚度大。高分子材料易变形，塑性好，故易制成复杂形状。一般情况下呈化学惰性，耐候性好。主要缺点是软化温度低，在较高温度下易分解，限制了其应用范围。另外，大多数高分子材料电导率低，无磁性。

1.3.4 复合材料

复合材料是由两种或多种具有不同化学组成和性质的材料（金属、陶瓷、高分子材料）复合而成的一体化材料。复合材料的设计目的是获得任一单组分材料所不具备的综合性能，将每种材料的性能优势充分发挥。由各种不同种类的材料（金属、陶瓷、高分子材料）可以复合成数量众多的复合材料。事实上，很多天然材料如木头、骨骼等均为复合材料，本书所讨论的是合成（或人造）的复合材料。

　　最常见的复合材料是玻璃钢，它由玻璃纤维和环氧树脂复合而成。玻璃纤维的强度、刚度大，高分子材料的韧性好。因此玻璃钢的强度、刚度大，且韧性好，同时密度低。见图 1.3~图 1.7 示出的相关性能数据。

　　碳纤维增强高分子复合材料（CFRP）是非常重要的一种复合材料。该材料比玻璃纤维增强复合材料有更高的强度和刚度，但价格更贵。CFRP 复合材料常用于航空、航天领域以及高科技运动装备（如自行车、高尔夫球棒、网球拍、雪橇等），近年开始用于汽车车身，波音 787 机身亦由该材料制备。

　　目前，性能高的复合材料昂贵的价格是制约其应用的主要因素。

1.3.5　先进材料

　　用于高科技领域的材料有时称为先进材料。所谓高科技是指应用相对新的理论及工艺制备的具有新功能的装置或产品，如数码产品（摄像机、CD/DVD 等）、计算机、光纤系统、航天器、飞机以及火箭等。先进材料通常指新研制的、比传统材料性能更优越的材料。先进材料涵盖所有材料类型（包括金属、陶瓷、高分子材料等）。先进材料包括半导体材料、生物材料以及所谓的"未来材料"（如智能材料、纳米材料等）。一般情况下，先进材料价格更高。

　　半导体的电学性能介于导体（如金属及合金）和绝缘体（陶瓷和高分子材料）之间。该类材料的电学性能对微量掺杂元素浓度的变化非常敏感。由半导体技术制备的集成电路使得电子及计算机产业在过去的 30 年中有了革命性的飞跃。

　　生物材料可用于制备人体植入器官。这些材料不产生有毒物质，与人体组织相容（即不发生有害生物反应）。所有类别的材料——金属、陶瓷、高分子材料、复合材料及半导体均可用作生物材料，如人工关节的制作等。

　　智能材料是一类对许多技术有深刻影响的最新材料。所谓"智能"是指如同人的感官那样对环境敏感并按预先确定的方式做出响应。智能的概念还拓展至由智能材料和传统材料构成的相对复杂的系统。智能元件（或系统）包括各种类型的传感器（探测输入的信号）、执行器（完成响应和调整功能）。当温度、电场或磁场变化时，执行机构具有改变形状、位置、频率、力学特性等功能。

　　目前用于执行器的材料主要有四类，分别是形状记忆合金、压电陶瓷、磁致伸缩材料以及电流变体/磁流变体。形状记忆合金是指预先变形的材料在温度变化时能恢复原来形状的一类合金。压电陶瓷则指那些在电场作用时产生膨胀或收缩，或当其尺寸变化时产生电场的一类陶瓷。磁致伸缩材料的特性与压电陶瓷类似，区别是在磁场中响应。电流变体和磁流变体是指分别在电场和磁场作用时黏度（刚度）发生突变的液体。

　　传感材料（或器件）主要有光纤、压电材料以及微机电系统（MEMS）。

例如一种用于降低直升机螺旋桨产生的座舱噪声的智能系统，通过将压电陶瓷置入螺旋叶片来控制叶片应力和变形，反馈信号输入计算机控制的调节器以产生消除噪声的反噪声。

纳米材料是一类具有奇特性质、应用前景非常广泛的新材料，涵盖了金属、陶瓷、高分子及复合材料等所有种类。与传统材料不同的是，其特性主要由尺寸效应而不是化学组成所控制。纳米是长度单位，为 10^{-9} m，纳米材料的尺寸通常小于 100 nm，大约为 500 个原子直径的长度。

在纳米材料发明之前，科学家认识材料化学和物理特性的过程通常是从大且复杂的宏观结构开始，然后再深入研究并认识小且简单的基本微观架构，称为"由上而下"的科学。伴随着扫描探针显微技术的发展，人们已经能够观察到单个原子及分子，可以从原子尺度设计和组装新微观结构（设计材料），人们有可能通过原子组装制备出具有特殊力学、电学、磁学及其他性质的新材料。此为"由下而上"的过程，对这些材料的性能研究称为纳米技术。

接近原子尺度的纳米颗粒其化学和物理性质会发生奇特的变化，如当颗粒由宏观尺度变为纳米尺度时，原来失透的材料变为透明的，固体变为液体，化学稳定的变为可燃的，绝缘体变为导体等。这些现象有的源于量子效应，也有一些与颗粒表面原子的数量急剧减少而导致的表面现象有关。

正是因为具有独特的性质，纳米材料已被广泛应用于电子、生物医药、体育、能源及其他工业领域。

需要指出的是，新材料对于人类及动植物具有的潜在的、未知的危害应引起重视。超细的纳米颗粒具有极大的比表面积，将导致高的化学活性。目前对纳米材料安全性的认识还相对肤浅，通过皮肤、肺及消化吸收到体内的纳米颗粒含量达到一定浓度时，有可能产生健康风险，如导致 DNA 变异或肺癌。

1.4 现代社会对材料的需求

尽管在过去的几十年材料科学与工程领域有了巨大的发展，但挑战依然存在，一方面有各种性能要求更高、更特殊的材料需求，另一方面是材料制备过程中的环保考量。

核能展示了很好的发展前景，但需要解决的问题不少，如核燃料、反应堆结构、放射性废料处理等。

交通运输有巨大的能源消耗，减轻运载工具（汽车、飞机、火车等）自重以及提高发动机工作温度均可提高燃料效率。故需要发展高强度、低密度结构材料，以及用于发动机部件的耐高温材料。

更进一步地讲，既要发展新能源，也要设法提高现有能源的效率。无疑在这一过程中材料起着相当重要的作用。例如，太阳能可以直接转换成电能，但目前太阳能电池材料价格昂贵，欲发展太阳能产业，既要研发转换效率更高的材料，又必须考虑低成本化。

氢燃料电池是另一个极其诱人且技术可行的能量转换装置，重要的是其无污染之虞，人们已经开始将其应用于多种电子装置和汽车的动力。新材料对氢燃料电池的发展同样重要，其中关键的是储氢材料及质子交换膜等材料。

环境质量的好坏取决于人类控制空气及水污染的能力。一方面，污染控制需应用各种材料，另一方面亦需要改进材料制备工艺以减少各类污染物的排放。另外，某些材料制备过程中产生有毒物质，必须考虑其对生态环境的破坏。

许多从自然获取的材料不可再生，包括大多数高分子材料，其原料为石油，金属也是如此。这些不可再生资源会逐渐减少并耗尽。因此必须关注：① 挖掘材料潜在的附加功能，废物利用；② 发展对环境压力小的新材料；③ 重视循环经济，加大材料循环技术的投入。经济发展、环境压力及生态因素等同样重要，要求人们对材料制备的全过程即所谓"从摇篮到坟墓"加以重视。

1.5 工程材料及其知识架构

工程材料主要是指用于机械、车辆、船舶、建筑、化工、能源、仪器仪表、航空、航天等工程领域中的材料。

工程材料按使用性能不同可分为结构材料和功能材料。所谓结构材料主要是指满足刚度、强度、硬度、塑性、韧性等力学性能，用来制造工程构件和机械零件的材料，也包括一些用于制造工具的材料和具有特殊性能（如耐蚀、耐高温等）的材料；而功能材料则是指主要利用其电、光、声、磁、热等效应和功能的材料。本书主要介绍工程结构材料。

结构材料是以力学性能为主的工程材料的统称。主要用于制造工程建筑中的物件、机械装备中的支撑件、连接件、传动件、紧固件、弹性件以及工具、模具等。这些结构零构件都在受力状态下服役，因此力学性能（强度、硬度、塑性、韧性等）是其主要性能指标，在许多使用条件下还需考虑环境的特殊要求，如高温、低温、腐蚀介质、放射性辐射等。结构件均有一定的形状配合和精度要求，因此结构材料还需有优良的可加工性能。如铸造性、冷热成形性、可焊性、切削加工性等。不同的使用条件要求材料具有不同的性能，如桥梁构件除具有一定的强度和韧性外，还需耐大气腐蚀和有良好的焊接性；传动轴需有良好的耐疲劳性能；飞机构件要求有高的比强度、比刚度；发动机叶片需有良好的高温强度和抗蠕变特性；切削刀具需有良好的红硬性；化工反应釜需能抵抗化学介质的强烈腐蚀等。

材料是国民经济、国防及其他高新技术产业发展不可或缺的基础。高新技术依赖新材料的发展，以航空、航天产品为例，产品受使用条件和环境的制约，对材料提出新的要求，结构材料发展的关键是轻质、高强、高模、耐高温和耐蚀等，将材料的性质应用至极限水平，用以支撑产品对耐高温和高强、高模的性能指标要求，确保其可靠性与寿命。

材料发展的总体态势是从材料设计入手制备新材料，从发明与改进制备加工技术入手提升材料性能，通过发展新的表征技术揭示结构与性能关系，从研究材料使役过程中的结构演化与性能演变机制大幅增强材料使役稳定性。

材料工程师和材料科学家分别担负着用好基础（已有）材料和发明新材料的重要使命。

对于材料工程师而言，更多的是应能够按结构设计师的要求合理选材和完成零构件的制备加工。其基本专业知识架构是：① 工程零构件的负荷、失效模式以及对材料的其他特殊要求；② 零构件对材料的性能要求及材料性质与其使用效能的关系；③ 各类材料的成分、工艺、组织及性能之间的关系，尤其是各类材料的改性原理和方法；④ 各类常用典型材料的用途、成分、加工工艺、微观组织结构、性能等。

面对如何从数千种材料中选择合理材料的问题，通常应依据下述原则确定。

首先，分析服役条件，依此确定材料的性能。但一般情况下很难找到各种性能均能满足要求的最优化理想材料，故应根据重要性程度综合考虑。典型例子如强度和塑性，高强度材料通常塑性较差，此时多种性能的合理权衡尤为重要。

其次，应考虑材料在服役期间性能的变化。如在高温或腐蚀环境中大多数材料的强度将明显降低。

最后，应考虑经济因素。最终产品的成本如何？理想的材料和昂贵的价格如何取舍？还应注意到，最终产品的总成本还可能与产品的加工工艺相关。

而对于材料科学家则提出了不同的、更高的要求，除了具有材料工程师所具备的知识架构外，还应有更强的材料科学研究能力，研究出新材料、新工艺、新方法。2012 年，由中国国家自然科学基金委员会和中国科学院提出了未来十年中国材料科学学科发展战略，指出材料科学的研究重点是：

（1）材料设计与计算模拟

在发展新材料方面，长期以来是通过以经验、半经验为基础的传统"炒菜"式实验来摸索，并给予确定的研究模式。20 世纪 90 年代开始从相变设计、微力学设计、纳米设计、量子设计四个不同层次进行材料设计。每个层次都开发出一些软件平台进行计算优化，并用微观测试方法验证计算模型的可靠性及准确性，诞生了为探索新材料而发展的组合设计方法。材料设计与计算模拟的研究重点包括材料计算模拟与设计、制备加工过程与工艺的计算模拟与设计、材料服役行为的计算模拟与寿命计算预计、材料数据库与知识库等。

（2）材料制备与加工

材料制备是新材料及相关产业发展的基础和技术源泉。先进制备技术的发展不仅会促进和带动一系列新材料的发展，而且可以大大改善现有材料的性能，满足各方面的需要。研究重点有：发展新的制备方法，解决新制备方法中的科学问题；克服各种制备方法中遇到的相关工程问题，解决这些工程技术中的基础科学问题。其中的关键是材料的制备加工与材料的成分、组织、性能及其综合使役行为之间的关系和规律，从原子尺度来制备材料以获得所需使用性能材料的相关基础问题，制备加工技术与纳米低维材料特性和应用之间的关系。

（3）材料结构与相变

材料的最终组织主要取决于材料在制备加工过程中的结构演化与相变行为。因此，材料的结构与相变研究是材料科学的重要基础研究领域。研究重点包括相图的计算与测定、相变热力学与动力学、晶体缺陷与结构形成，材料形变与断裂过程中的关键问题、材料表面与界面问题。

（4）材料结构—性能关系和服役行为

这是材料最终走向应用的末端环节，地位非常重要。工程材料的研究重点主要有：在化学组成、结构形态、力学性能相关性基础上建立各种服役行为之间的交互作用模型；构筑不同于单一失效模式的多失效模式下的判据和动力学损伤规律；在制定环境谱和载荷谱及建立模拟加速试验方法基础上，建立各种重大工程关键材料剩余强度的评价和剩余寿命的预测方法与技术；研究开发各种失效控制与延寿技术，研究新的耐磨、耐蚀和耐裂纹萌生的表面处理方法；利用迅速发展的计算机图形学和数字图像分析技术，建立便于安全管理的数字化保障系统等。

第二章
工程材料的使用效能

　　所有工程结构、机械设备、仪器仪表等产品均由零构件所组成，每个零构件都有自身特定的功能，或完成规定的运动，或传递力、力矩或能量。度量使用效能的指标比较复杂，很难工程化。不同功能的零构件有不同的使用效能要求，如承载能力、有效寿命、速度、能量利用率（机器或运载工具）、安全可靠程度和成本以及寿命费用等。

　　零构件在工作条件下可能受到力学负荷、热负荷和环境负荷的作用，有时只受到一种负荷作用，更多的时候是受到两种或两种以上负荷的共同作用，导致各种形式失效的发生。在力学负荷作用时，零构件将产生畸变，严重时出现断裂等；在热负荷作用下，将产生热胀冷缩，导致尺寸和体积的改变，并产生热应力，同时随温度的升高零构件的承载能力下降，随温度降低零构件脆化等；环境负荷的作用主要表现为环境对零件表面造成的化学腐蚀、电化学腐蚀及老化等。

　　所谓失效是指产品失去了规定的功能，规定的功能是指国家法规、质量标准以及合同约定的对产品适用、安全和其他特性的要求。失效分析就是判断失效产品的失效模式，亦即失效的外在宏观表现形式和过程规律。查找产品的失效机理和原因，包括失效的物理、化学变化的本质和微观过程，既要分析微观上原子、分子尺度和结构的变化，也要涉及宏观的性能。尽管具体零构件可能千差万别，但绝大多数条件下，失效是由于零构件材料的损伤和变质引起的。也就是说材料在使用条件下发生了形状、尺寸、性能等的变化，不再能满足使用的要求。

根据零构件失效过程中材料发生物理、化学变化的本质不同和过程特征的差异，可将失效分为畸变失效、断裂失效、磨损失效、腐蚀失效及老化失效五种。所谓材料的使用效能是指材料在使用条件下的表现行为。更准确地说是指在设定的时间、服役条件及环境下不发生影响零构件功能实现的畸变（零构件形状变化）、断裂（断开，完全失去功能）、磨损（零构件尺寸变化）、腐蚀（零构件尺寸变化）、老化（外观、物理及力学性能随时间缓慢变化）等各种失效的能力。

本章主要介绍工程零构件所受的各种负荷，然后阐述在各种负荷作用下零构件的畸变、断裂、磨损、腐蚀及老化五种材料失效类型及其机理，明确与这些失效模式相对应的材料主要性能，为材料的成分、结构、制备工艺的设计以及合理选材提供指导。最后介绍现代工程对结构材料的其他要求，如成形加工工艺性、轻量化及经济性和环境协调性等。

2.1　工程零构件所受负荷

工程零构件所受负荷可分为力学负荷、热负荷及环境负荷三种。

2.1.1　力学负荷

按负荷随时间变化的情况，可将负荷分为静负荷和动负荷。若负荷变化很不显著，也称为静负荷。若负荷随时间显著变化，则为动负荷。

1. 静负荷

作用于零构件上的静负荷分为四种基本形式，即拉伸或压缩、剪切、扭转和弯曲。

（1）拉伸或压缩负荷

拉伸或压缩负荷是由大小相等、方向相反、作用线与零构件轴线重合的一对力引起的（图 2.1a）。这类负荷使杆件的长度发生伸长或缩短。起吊重物的钢索、桁架的杆件、液压油缸的活塞杆等，在工作时都受到拉伸或压缩负荷的作用，产生拉伸或压缩变形。

拉伸应力或压缩应力统称为正应力，应力大小为

$$\sigma = \frac{F}{A} \tag{2.1}$$

式中：F 为拉伸或压缩负荷；A 为零构件受力截面积。

在拉伸应力或压缩应力作用下零构件的伸长量或缩短量称为拉应变或压应变。如果杆件的总长为 l，伸长或缩短的长度为 Δl，则应变大小为

$$\varepsilon = \frac{\Delta l}{l} \qquad (2.2)$$

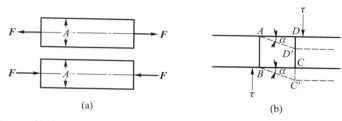

图 2.1 拉伸（或压缩）负荷与剪切负荷作用：（a）正应力；（b）剪应力

（2）剪切负荷

剪切负荷是由大小相等、方向相反、作用线垂直于杆轴且距离很近的一对力引起的（图 2.1b）。剪切负荷使受剪零构件的两部分沿外力作用方向发生相对运动，产生剪切变形，受力过大时发生切断。机械中常用的剪切件（如键、销钉、螺栓等）都受剪切负荷作用。

剪切负荷作用时的应力称为剪应力，应力大小为

$$\tau = \frac{F}{A} \qquad (2.3)$$

式中：F 为剪切负荷；A 为零构件受剪切力作用的面积。

剪切力产生的应变称为剪应变。在剪切力作用下，图 2.1b 中的 $ABCD$ 若变为 $ABC'D'$，剪应变为

$$\gamma = \tan \alpha \qquad (2.4)$$

在任何情况下，材料截面上的应力均可按拉应力、压应力和剪切应力这三种方式表现。

（3）扭转负荷

扭转负荷是由大小相等、方向相反、作用面垂直于零构件的一对力偶引起的。扭转负荷使构件的任意两个横截面发生绕轴线的相对运动，产生扭转变形。汽车的传动轴、电动机和水轮机的主轴等都受扭转负荷作用。

扭转时的切应力为

$$\tau = \frac{M}{W} \qquad (2.5)$$

式中：M、W 分别为扭矩和截面系数。

扭转时的正应变（与轴向呈 45° 方向）为

$$\varepsilon_x = -\varepsilon_y = \frac{1}{E}(1+\nu)\sigma_x = \frac{1}{E}(1+\nu)\tau_{max} \qquad (2.6)$$

式中：E、ν 分别为材料的弹性模量和泊松比。

最大切应变为

$$\gamma_{max} = \frac{\tau_{max}}{G} = \frac{2(1+\nu)}{E}\tau_{max} = 2\varepsilon_x = 2\,|\,\varepsilon_y\,| \qquad (2.7)$$

式中：G 为材料的切变模量。

（4）弯曲负荷

弯曲负荷是由垂直于零构件轴线的横向力，或由作用于包含零构件的纵向平面内的一对大小相等、方向相反的力偶引起的。弯曲负荷是零构件轴线由直线变为曲线，产生弯曲变形。如桥式吊车的大梁、各种芯轴以及车刀等都受弯曲负荷作用。

弯曲试样拉伸侧表面的最大正应力为

$$\sigma_{max} = \frac{M_{max}}{W} \qquad (2.8)$$

式中：M_{max}、W 分别为弯矩和截面抗弯系数。弯曲变形多用最大挠度 δ_{max} 表示。

实际工作中，零构件承受的负荷通常比较复杂。零构件受到两种或两种以上类型的负荷作用称为复合负荷。如车床主轴工作时承受弯曲、扭转与压缩三种负荷作用；钻床工作时其立柱同时承受拉伸与弯曲两种负荷作用；电动机转轴工作时同时承受弯曲与扭转两种负荷作用；船舶推进器同时承受压缩、弯曲和扭转三种负荷作用。复合负荷下，构件将产生组合变形。

通过力学计算、试验应力分析或有限元等方法可以获得零构件的应力、应变分布以及应力集中和危险截面情况，从而为科学选材奠定基础。

各类静负荷作用下零构件材料的破坏形式主要为畸变和断裂。

2. 动负荷

按负荷随时间变化的情况（即加载速度），动负荷可分为交变负荷与冲击负荷。

（1）交变负荷

交变负荷是大小或大小和方向随时间按一定规律作周期性变化的负荷，或呈无规则随机变化的负荷，前者称为周期交变负荷（又称循环负荷），后者称为随机交变负荷。周期交变负荷又分为交变负荷和重复负荷。交变负荷是指负荷大小和方向均随时间作周期性变化的负荷（图 2.2a 应力作正、负向循环变化），火车的车轴和曲轴轴颈上的一点在运转过程中所受的负荷就是交变负荷。重复负荷是指负荷大小作周期性变化，但方向不变的交变负荷（图 2.2b），齿轮转动时作用于每一个齿根的负荷就是重复负荷。汽车拖拉机等在不平坦的路面上行驶，它的许多机件常受偶然冲击，所承受的负荷就是随机变动负荷（图 2.2c）。

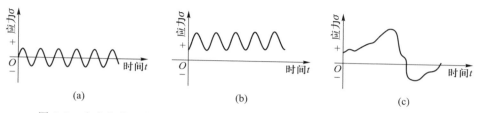

图 2.2 交变负荷示意图：（a）交变负荷；（b）重复负荷；（c）随机变动负荷

交变负荷的特征和描述参量有：① 波形；② 最大应力 σ_{max} 和最小应力 σ_{min}；③ 平均应力 $\sigma_m = (\sigma_{max} + \sigma_{min})/2$；④ 应力幅 $\sigma_a = (\sigma_{max} - \sigma_{min})/2$；⑤ 应力比（表示交变的不对称程度）$r = \sigma_{max}/\sigma_{min}$。交变负荷作用下零构件材料的破坏形式主要是疲劳断裂。

（2）冲击负荷

冲击负荷是指物体的运动瞬间发生突然变化或者无规则变化所引起的负荷。如紧急刹车时飞轮的轮轴、锻造时气锤的锤杆等，都受到冲击负荷的作用。负荷变化率大是冲击负荷的力学特点。

冲击负荷还具有能量负荷的性质，它首先表现在冲击应力的大小与零件的形状和体积有关，如果零件有断面变化，则冲击动能在零件内部是不均匀的，小断面处单位体积内将吸收较多的能量，从而使该处的应力和应变值增大。其次就是零件承受冲击力的大小还与整个受荷体系有关，因为冲击能量为整个受荷体系中的各个零件所分担，除非与零件相连的物体为绝对刚体，否则所研究的零件只承受总冲击能量的一部分。体系中各零件分担能量的大小，取决于它们的刚度和体积。冲击负荷作用下零构件材料的破坏形式主要是畸变，严重时发生断裂。

2.1.2 热负荷

部分零构件是在高温或低温条件下服役的。一般认为，低于 0 ℃ 为低温，室温至 200 ℃ 为常温，200~400 ℃ 为中温，超过 400 ℃ 为高温。高温使工程材料的力学性能下降，并可能氧化。低温下材料则会变脆。温度反复变化还会引起热疲劳，温度剧烈变化时会产生热冲击。

1. 温度对材料力学性能的影响

（1）温度对弹性模量的影响

弹性模量是原子间结合强度的标志之一。随温度的升高，材料将发生热胀冷缩现象，原子间距离增大，结合力减弱，因此金属及陶瓷材料的弹性模量将明显降低。

需要指出的是，弹性模量是对材料的组织不敏感的参数，某些材料出现的弹性模量随温度变化的突变行为是由于在该温度下发生了相变。

温度变化对高分子材料弹性模量的影响更为显著，如图 2.3 所示。这种变化也称为高分子材料的力学状态转变，如由玻璃态向橡胶态转变，由橡胶态向黏流态转变。详见第十章第五节。

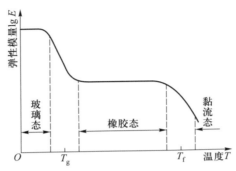

图 2.3 高分子材料的弹性模量与温度的关系

（2）温度对力学性能的影响

1）高温。一般规律是随着温度的升高，材料中原子间距离增大，结合力降低，故强度降低，塑性提高。如常温下抗拉强度为 420 MPa 的 20 钢，在 450 ℃时降至 330 MPa。在低温下，材料的强度特性一般与负荷持续的时间关系不大。但在高温下，除了随温度的升高而下降外，材料的强度还和时间有很大关系。例如，20 钢在 450 ℃的短时抗拉强度为 330 MPa，若试样仅承受 230 MPa 的应力，在该温度下持续 300 h 就会断裂；如果将应力降至 120 MPa，则持续 1 000 h 才会发生断裂。同样，材料在长时间的高温作用下，即使应力小于其发生断裂的应力也会慢慢地产生塑性变形，这种现象称为高温蠕变。

另一方面，温度升高往往会引起材料微观结构的变化，进而导致在某些特定的温度区间内材料的力学性能发生突变。

在高温下服役的零构件，如蒸汽锅炉、蒸汽轮机、燃气涡轮、喷气发动机以及火箭、原子能装置等，要求用高温强度好、热稳定性高的材料制造。

2）低温。低温下材料的性能也会有所改变。低温主要引起材料脆化，最典型的是金属，除了面心立方金属外，其他金属随温度下降都可能发生由韧性状态向脆性状态的转变，其特征是在一定温度以下冲击韧性急剧下降，这种现象称为冷脆。压力容器、桥梁和船舶结构以及在低温下服役的零构件都需考虑材料的低温脆化问题。

2. 热应力

工程实际中，受热物体常常由于受到内部或外部的约束，而不能实现其自由膨胀，从而产生热应力。其中，外部约束最为常见。如杆件在场的方向受约束，在加热时，杆件就会产生应力，此即为热应力。当杆的温度从 T_0 改变到 T_f 时，产生的热应力为

$$\sigma = \frac{\alpha_1 E}{1-\mu}(T_0 - T_f) = \frac{\alpha_1 E}{1-\mu}\Delta T \qquad (2.9)$$

式中：E、α_1 分别为弹性模量和线膨胀系数。

热应力降低了零构件的实际承载能力，会产生热变形，严重时会导致断裂。快速加热或冷却会使零构件产生剧烈的温度变化，产生冲击热应力，这种现象称为热震或热冲击。热冲击对脆性材料（如陶瓷）尤其有害，通常会导致零构件的突然破坏。一般而言，快速冷却时产生的热应力危害更大，这是因为快速冷却产生的表面热应力是拉伸应力，而拉伸应力比压缩应力更容易引起裂纹的扩展。材料抗热冲击破坏的能力对于承受温度急剧变化的零构件非常重要，如火箭喷嘴瞬间要承受高达 3 000~4 000 K 的高温，对其抗热冲击破坏性能的要求也非常高。

温度交替变化还会引起热应力的交替变化，当交变热应力循环次数较多时，会在零构件的表面产生龟裂而导致破坏，这种现象称为热疲劳。热疲劳裂纹一般发生在金属的表面。锅炉的过热器、汽包，汽轮机的气缸、隔板，都有出现热疲劳的可能性。

2.1.3 环境负荷

零构件的环境负荷是指环境介质对材料的作用。环境介质包括氧化性气体、潮湿、酸碱盐电解液、液体有机物、熔融的盐（碱）及液态金属、紫外线和红外线、核辐射及生物等。

环境负荷对金属的作用可分为化学腐蚀、电化学腐蚀和物理溶解。有关化学腐蚀和电化学腐蚀的讨论见本章第二节。物理溶解是指物质被溶液逐渐溶解的作用。如许多金属在熔融的盐、碱及液态金属中可发生物理溶解。如高温下，存放熔融锌的铁容器由于铁被锌溶解而变薄。

环境负荷对非金属材料的作用主要有：氢氟酸和强碱溶液对陶瓷材料的化学腐蚀；高分子材料的周围介质（气体、蒸汽、液体）向其内部的渗透、扩散、吸胀及溶解；氧和臭氧、紫外线和红外线、核辐射等的作用改变高分子材料的微观结构，恶化其性能。

由于受各种环境因素的作用导致性能逐渐变坏，以致丧失使用价值的现象

称为老化。例如，农用薄膜经日晒雨淋，发生变色、变脆和透明度下降；玻璃钢制品长期暴露在自然环境中，其表面逐渐露出玻璃纤维（起毛）、变色、失去光泽，并且强度下降；汽车轮胎储存或使用中发生龟裂等。

2.2 工程零构件在各种负荷作用下的失效模式

零构件在工作条件下将受到各种力学负荷、热负荷和环境负荷的作用，有时只受到一种负荷作用，更多的时候是受到两种或两种以上负荷的共同作用，导致功能降低甚至完全丧失等各种失效形式的发生。按零构件失效形式的不同，分为畸变、断裂、磨损、腐蚀及老化五种。

2.2.1 畸变

畸变是指在某种程度上减弱了零构件规定功能的变形。畸变可分为尺寸畸变或体积畸变（长大或缩小）和形状畸变（如弯曲或翘曲）。按卸载后构件（零构件）的尺寸、体积、形状等能否恢复又可分为弹性畸变和塑性畸变。例如，受轴向负荷的连杆可产生轴向拉、压变形，径向负荷则可产生轴的弯曲和杆体的翘曲变形等。产生畸变的零构件或不能承受设定的负荷，或与其他零构件的运转发生干扰而导致产品整体失去功能。

（1）弹性畸变

弹性畸变是指外加应力或热应力作用于零构件时产生的弹性变形，其特征是应变-应力关系符合胡克定律，外力去除后变形消失而恢复原状，即弹性畸变具有可逆性。

超出设计要求的弹性畸变，对于承受拉、压负荷的杆、柱类零构件会导致支撑件（如轴承）过载，或尺寸精度超差而造成动作失误。而对于承受弯曲、扭转负荷的传动轴类则会产生过大挠度、偏角或扭角等，造成轴上啮合零件（如轴承、齿轮等）的严重偏载，甚至啮合失常及咬死，导致传动失效。

对于飞行器而言，在气动力作用下机翼产生的复杂弹性畸变将会改变其气动特性，进而影响飞行器的飞行特性。如碳钢的弹性模量约为 200 GPa，而铝合金的弹性模量仅约为 70 GPa，显然，同样负荷下碳钢所发生的弹性畸变要小于铝合金。

弹性畸变失效是由构件过大的弹性变形引起的。影响弹性畸变的主要因素是材料的弹性模量、零构件的形状及尺寸、零构件服役温度及负荷的性质和大小等。

材料不同，弹性模量差异很大。当采用不同材料时，相同形状及尺寸的零件，材料的弹性模量 E 越大，则其相应变形越小，如惯性制导的陀螺平台选用铍合金制造，其弹性模量大，不易引起弹性变形。铍的弹性模量是铝的 4 倍、钢的 1.5 倍。表 2.1 列出了常用材料的弹性模量。

表 2.1　常用材料的弹性模量

材料	E/GPa	材料	E/GPa
金刚石	1 000	Cu	124
WC	450~650	Cu 合金	120~150
硬质合金	400~530	Ti 合金	80~130
Ti、Zr、Hf 的硼化物	500	黄铜及青铜	103~124
SiC	450	石英玻璃	94
W	406	Al	69
Al_2O_3	390	Al 合金	69~79
TiC	380	钠玻璃	69
Mo 及其合金	320~365	混凝土	45~50
Si_3N_4	289	玻璃纤维复合材料	7~45
MgO	250	木材(纵向)	9~16
Ni 合金	130~234	聚酯塑料	1~5
碳纤维复合材料	70~200	尼龙	2~4
铁及低碳钢	196	有机玻璃	3.4
铸铁	170~190	聚乙烯	0.2~0.7
低合金钢	200~207	橡胶	0.01~0.1
奥氏体不锈钢	190~200	聚氯乙烯	0.003~0.01

零构件的结构(形状、尺寸)因素也会影响弹性畸变的大小。如零构件截面面积相同的材料，截面形状不同，其惯性矩差异较大。一般而言，在相同负荷下，工字钢刚度最大(变形量最小)，矩形次之，薄板最差(变形量最大)。按照胡克定律，单向拉压均匀截面的杆件，应力-应变关系可表达为

$$\sigma = \frac{F}{A} = E\varepsilon_e \qquad (2.10)$$

式中：F 为外加负荷；A 为杆的截面积；E 为弹性模量；ε_e 为弹性应变；σ 为弹性应力。

显然，零构件的截面积越大，材料的弹性模量越高，越不容易发生弹性畸变。

零构件服役温度对弹性畸变的影响不能忽视。一般来说，随着温度的升高，材料的弹性模量降低，例如，温度每升高100 ℃，碳钢的弹性模量 E 值下降3%~5%。另外，随着温度的变化，材料发生固态相变时，弹性模量将发生显著变化。高分子材料的弹性模量对温度更为敏感，往往随温度升高弹性模量呈几何级数的降低。

热胀冷缩是人们所熟悉的自然现象。线膨胀系数就是表征材料这一特性的参数。不同材料具有不同的线膨胀系数。在一些精密机械中，对零件的尺寸和匹配关系要求严格，当弹性畸变超过规定的限量时，会造成零件的不正常匹配关系。如火箭中惯性制导的陀螺元件，如果对弹性畸变问题处理不当，就会因漂移过大而失效。

从选材的角度出发，为了防止零构件的弹性畸变失效，应根据服役条件（力学负荷和热负荷）选用弹性模量高的材料，使同样应力状态下零构件有更小的弹性变形。

（2）塑性畸变

塑性畸变是外加应力超过零构件材料的屈服极限时发生明显的塑性变形（永久变形），其特征是外力去除后变形不消失，即变形具有不可逆性，但并未产生材料破裂的现象。

与弹性畸变相比，塑性畸变的后果将严重得多。如钢结构房梁、输电塔承载过重发生弯曲塑性变形，导致倒塌；螺栓严重过载被拉长，失去紧固功能。齿轮、轴承传动等在过高的压力下运行很可能出现表面塑性畸变，导致失效。

受简单静负荷作用时，构件（零件）发生塑性变形的条件为

$$\sigma = \frac{F}{A} = R_{p0.2} \tag{2.11}$$

式中：F 为外加负荷；A 为杆的截面积；$R_{p0.2}$ 为材料屈服极限。

为了增加零构件工作的可靠性，要进行强度设计，其步骤是根据设计要求，由理论力学方法确定零构件所受外力，用材料力学、弹性力学或塑性力学计算其内力，再根据机械设计的知识确定其结构尺寸和形状，最后计算设计对象的工作应力或安全系数。强度设计准则可用公式表示为

许用应力准则：$\sigma \leqslant [\sigma]$ \hfill (2.12)

安全系数准则：$n \geqslant [n]$ \hfill (2.13)

式中：$[\sigma]$、$[n]$ 分别称为许用应力、许用安全系数，安全系数定义为强度与应力之比。

对于塑性材料，一般要用屈服强度指标，即

$$[\sigma] = \frac{\sigma_s}{[n]_s} \tag{2.14}$$

式中：$[n]_s$ 为以屈服极限为基准的许用安全系数。安全系数 n 要考虑到实际结构中可能有的缺陷和其他意想不到的或难以控制的因素（如计算方法、负荷估计的不准确性等），用来保证所设计的机械零构件有足够的强度安全储备量，保证在最大工作负荷下，其工作用力不超过制造零构件材料的极限应力。安全系数取值大于 1，重要零构件一般取大值，非重要的则可取小值。

塑性畸变是零构件中的工作应力超过了材料的屈服极限的结果。与弹性畸变类似，影响塑性畸变的主要因素是材料的屈服强度、安全系数，零构件的形状及尺寸，零构件服役温度及负荷的性质和大小等。

从选材的角度出发，为了防止零构件的塑性畸变失效，应考虑用屈服强度高的材料，使同样应力状态下零构件有更小的塑性变形。

（3）翘曲畸变

翘曲畸变是大小与方向上常产生复杂规律的变形，而最终形成翘曲的外形，从而导致严重的翘曲畸变失效。这种畸变往往是由温度、外加负荷、受力截面、材料组成等所引起的不均匀性的组合，其中以温度变化，特别是高温所导致的形状翘曲最为严重。如受力钢架翘曲变形，壳体在高温下形状翘曲等。

翘曲畸变的形成机理复杂，为了防止零构件的翘曲畸变失效，应考虑选用弹性模量大、屈服强度高的材料，同时应设计合理的受力截面。

2.2.2 断裂

断裂是指含裂纹体承载达到临界值时，致使裂纹失稳扩展，最终产生破坏的现象。零构件的断裂将完全丧失其承载或传动等功能。发生突然断裂时，往往会造成巨大损失。

简单的断裂是指在远低于材料熔点的温度下物体在静外力（稳态或应力随时间缓慢变化）作用下破断成两块或多块的现象。疲劳（材料或构件在长期交变负荷持续作用下产生裂纹，直至失效或断裂的现象）和蠕变（在高温和低于屈服强度的应力作用下，材料的塑性变形量随时间延续而增加的现象）也会导致材料的断裂，这部分内容将在本章后半部分介绍。尽管导致材料断裂的应力可以是拉伸、压缩、剪切、弯曲或扭转（或是多种应力的复合）等，为方便讨论，本节将应力限制为单轴拉伸应力。

1. 断裂类型

按断裂产生的原因，可分为超载断裂、疲劳断裂、持久蠕变断裂、疲劳与蠕变交互作用断裂、应力腐蚀断裂等。除静负荷下超载断裂外，断裂强度都低于材料的强度极限和屈服极限。疲劳断裂在低于材料的弹性极限下发生。按断裂前吸收能量（或宏观塑性变形量）的大小，可分为脆性和韧性断裂两类。

（1）超载断裂

超载断裂是指在室温静负荷作用下，零构件某一截面上的应力超过材料的断裂强度而发生的断裂。断裂强度是指材料承受静态负荷时抵抗断裂的能力。用断裂真应力值 σ_f 表示

$$\sigma_f = \frac{F_f}{A_f} \tag{2.15}$$

式中：F_f 为断裂瞬间的负荷；A_f 为断裂后物体或试样的断口截面积。为避免零构件超载断裂的发生，应选择断裂强度大的材料。

（2）疲劳断裂

疲劳断裂是指材料在交变应力（包括外加应力和热应力）或应变作用下发生损伤致断裂的过程。疲劳断裂属于低应力脆断，断裂时的应力水平低于材料的抗拉强度，在很多情况下低于材料的屈服强度。疲劳断裂通常可分为三个阶段，即疲劳裂纹源的形成、疲劳裂纹扩展及快速断裂，断裂前无明显的征兆。

疲劳强度和寿命是材料重要的力学性能指标。疲劳强度是指材料在交变应力作用下，达到规定的循环次数时所能承受的最大应力。表示材料抵抗疲劳破坏的能力。是进行构件疲劳设计不可缺少的材料强度指标。经典的疲劳极限是材料经受无限次循环而不发生破坏的最大应力。工程零件有一定的寿命要求，在一定环境下工作，经受着疲劳应力与环境的共同作用。因此，不存在无限寿命的问题。$S-N$ 曲线是表征疲劳强度与使用循环次数的关系曲线，是构件疲劳强度设计不可缺少的依据。

为减少零构件疲劳断裂的发生，应选择疲劳强度大的材料。

（3）持久蠕变断裂

在高温下材料的抗拉强度和屈服强度降低，当受到一定应力作用时，变形量将随时间延长而逐渐增大，这种过程称为蠕变，产生的断裂即为持久蠕变断裂。如锅炉高温管道就易发生持久蠕变断裂。

持久强度是指材料在某一恒定温度和规定时间内产生断裂的应力。表征材料抗高温断裂的能力。通常用材料持久断裂的应力、温度和断裂时间的相关曲线来表达。持久强度极限是试样在一定温度（T）和固定应力（σ）作用下，在规定的持续时间（τ）内，引起材料断裂的最大应力，以 σ_τ^T 表示。材料的持久强度和塑性是评定材料在高温下使用寿命的基本指标，是设计、选材的重要依据。

为减少零构件持久蠕变断裂的发生，应选择持久强度极限高的材料。

（4）疲劳与蠕变交互作用断裂

高温下蠕变和疲劳交互作用下发生的零构件断裂称为疲劳与蠕变交互作用断裂。典型例子是构件在高温下承受类似梯形波的低周疲劳破坏。材料除承受

交变应力的疲劳作用外，同时还承受上峰值应力驻留时所产生的蠕变作用，是高温构件经常遇到的工况。交互作用是纯疲劳抗力、纯蠕变抗力、蠕变和疲劳的综合作用。

疲劳与蠕变交互作用断裂的影响因素复杂，为非单因素函数。

（5）应力腐蚀断裂

材料在应力和腐蚀介质联合作用下产生的破坏过程。应力腐蚀断裂一般都是在特定的条件下发生的，这些条件主要有拉应力，包括外载拉应力、残余拉应力、腐蚀产物的楔形应力等，属于低应力断裂；特定的腐蚀介质，如黄铜与氨、锅炉钢与碱、低碳钢与硝、奥氏体不锈钢与氯等。经过一定的作用时间，材料在应力和腐蚀共同作用下逐渐产生裂纹并扩展，最后断裂。

K_{ISCC}为应力腐蚀界限强度因子，也称为应力腐蚀门槛值，是材料性能的一个指标，可以用它来建立材料发生应力腐蚀断裂的判据。当裂纹尖端的应力强度因子K_1大于材料的K_{ISCC}时，材料就可能发生应力腐蚀而导致破坏，其可能开裂的判据为

$$K_1 \geq K_{ISCC} \tag{2.16}$$

或

$$\sigma \geq \frac{K_{ISCC}}{\alpha\sqrt{\pi a}} \tag{2.17}$$

式中：K_1为裂纹尖端的应力强度因子；K_{ISCC}为应力腐蚀界限强度因子；a为裂纹长度之半；α为应力强度因子系数，由零件的形状和尺寸、裂纹的形状和尺寸、裂纹所在位置和负荷形式等决定。

为减少零构件应力腐蚀断裂的发生，应针对零构件所受的应力和使用环境选用耐应力腐蚀、K_{ISCC}高的材料。

2. 断裂模式

根据材料塑性变形能力的不同，将金属的断裂模式分为两种，分别是韧性断裂和脆性断裂。韧性金属断裂前一般有较大的塑性变形，吸收较高的变形能。而脆性断裂的特征是几乎没有塑性变形，吸收的能量极小。两种断裂模式的拉伸应力-应变曲线见图2.4。

韧性和脆性是相对的，特定断裂的模式是韧性还是脆性取决于其条件。韧性指标可用伸长率[式（3.14）]和断面收缩率[式（3.15）]表征。另外，韧性是温度、应变速率及应力状态等的函数，或者说韧性受这些因素的影响，通常为韧性的材料其断裂也可能表现为脆性，关于这方面的讨论见第三章第一节。

所有断裂过程均有两个阶段，即在应力作用下裂纹形成和裂纹扩展。断裂模式主要取决于裂纹扩展机制。韧性断裂的特征是在扩展裂纹前沿邻近区有较

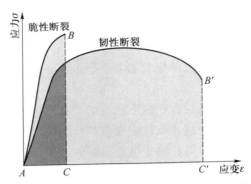

图 2.4 脆性断裂及韧性断裂模式的拉伸应力-应变曲线

大的塑性变形,该过程相对较慢故裂纹扩展速率很低,该裂纹常称为稳态裂纹。也就是说,若应力不增大,裂纹将不再扩展。该断裂模式的断口呈现明显宏观变形的特征,如扭曲和撕裂等。而脆性断裂裂纹扩展速率极快,且几乎不产生塑性变形,该裂纹也常称为非稳态裂纹。即裂纹扩展一旦开始,无需增大应力,裂纹将持续扩展至断裂。

与脆性断裂相比,韧性断裂相对安全些。

首先,脆性断裂的发生很突然且几乎无征兆,因为裂纹扩展速率极快且持续进行,往往会产生灾难性的后果。而韧性断裂发生前的塑性变形可提示失效即将发生,人们可采取措施防范。其次,材料的韧性越好,其韧性断裂所吸收的应变能越大。拉伸应力作用时,大多数金属呈塑性,陶瓷则多为脆性,聚合物材料则表现得比较复杂。

(1)韧性断裂

1)宏观断口特征

断裂模式可从其宏观断口及微观断口形貌上加以区分。图 2.5 所示为两种不同断裂模式的宏观断口特征。图 2.5a 为塑性极佳的金、铅等金属室温拉伸断口宏观形貌示意图,高分子材料、无机玻璃材料的高温拉伸断口形貌也大致如此。高塑性材料的拉伸颈缩非常明显,断裂部位被拉尖,断面收缩率几乎达 100%。

塑性材料常见拉伸断裂宏观断口呈图 2.5b 所示特征,有一定程度的颈缩,其断裂过程大致有几个阶段(图 2.6)。第一阶段,颈缩开始后,试样截面中心部位出现微小孔洞(图 2.6b)。第二阶段,继续变形,微小孔洞长大并聚集,形成椭圆形裂纹,其长轴垂直于拉伸应力。该过程在拉伸应力作用下持续进行,裂纹不断扩展(图 2.6c)。最后,继续增加拉伸应力,颈缩区域产生与拉

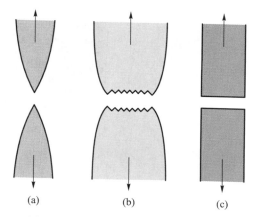

图 2.5 不同断裂模式的宏观断口特征

伸应力方向呈 45°的剪切变形，使颈缩处外表面形成裂纹并迅速扩展导致断裂（图 2.6d），前已述及，45°方向上的剪切应力最大。该断裂由于先形成杯状，然后呈锥形断裂，故也称为杯锥形断裂。这种断裂模式（图 2.7a）的断口芯部呈不规则纤维状，是塑性变形的典型特征。

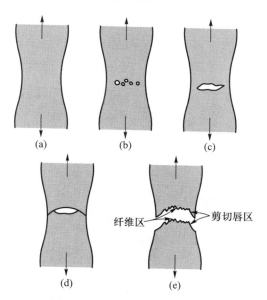

图 2.6 杯锥形断裂过程示意图

(a)   (b)

图 2.7 （a）纯铝杯锥形断裂；（b）软钢脆性断裂（Callister et al., 2011）

2）断口显微形貌

用扫描电子显微镜对断口进行微观观察可分析断裂的形成原因、形成条件、断裂机理以及与断裂有关的各种信息，这种显微观察称为断口分析。与光学显微镜相比，扫描电子显微镜有更高的分辨率及景深，有助于更深入仔细地揭示断裂表面的细微特征。

样品杯锥表面中心纤维区的高倍扫描电子显微分析结果表明，该区有大量的球形韧窝（图 2.8a），这是单轴拉伸韧性断裂的典型显微特征。每个韧窝实际上是断裂过程中形成的微小孔洞的一半。杯锥断口的 45°剪切变形区也由韧窝组成，只不过被拉长呈 C 形，如图 2.8b 所示，椭圆形韧窝是剪切断裂的典型特征。还有可能出现其他特征的显微形貌。图 2.8 所示的断口显微形貌为断口分析提供了很多信息，如断裂模式、应力状态及裂纹源等。

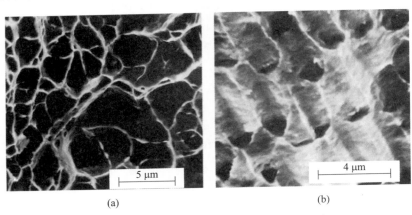

(a)   (b)

图 2.8 韧性断口扫描电子显微形貌：（a）韧窝；
（b）剪切区椭圆形韧窝（Callister et al., 2011）

（2）脆性断裂

脆性断裂发生时几乎没有塑性变形且裂纹扩展非常迅速。如图 2.7b 所示，裂纹扩展方向与施加应力方向垂直，断口平直。

脆性断裂的断口表面特征是没有塑性变形。例如，某些钢脆性断裂断口会出现所谓的"人字形"形貌，该"人字形"邻近裂纹源尖端（图 2.9a）。在脆性断口表面还有源于裂纹源的呈放射状的线或桥（图 2.9b）。脆性断口的这些特征非常明显，用肉眼就能识别。而很硬的细晶粒金属没有特别容易识别的断口特征，像陶瓷玻璃类的脆性材料其断口相对平齐、光亮。

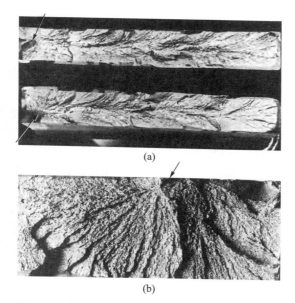

(a)

(b)

图 2.9 脆性断口显微形貌（Callister et al.，2011）

大多数脆性晶体材料的宏观裂纹扩展微观上是沿特定晶面发生的原子间结合键的重复破坏（图 2.10a），该过程称为解理。相应地，由于裂纹穿过晶粒，故该断裂类型称为穿晶断裂。由于各晶粒的解理面取向不同，故宏观上断口表面有细粒或小刻面。高倍电子显微照片如图 2.10b 所示。

一些合金中裂纹沿晶界扩展，见图 2.11a。这种类型的断裂称为沿晶断裂。图 2.11b 为典型沿晶断裂电子显微照片，可明显看到晶粒的三维形貌。这种断裂模式常发生于结合力较弱和脆性晶界的材料。

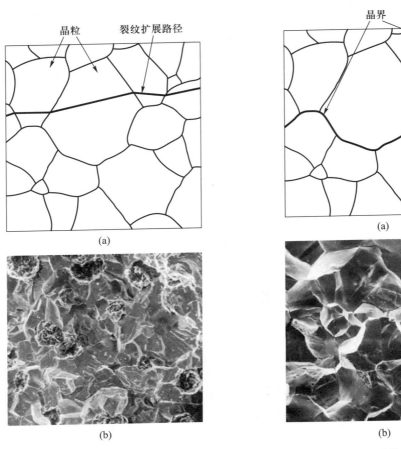

图 2.10　（a）穿晶断裂示意图；
（b）穿晶断裂扫描电子显微照片
（Callister et al., 2011）

图 2.11　（a）沿晶断裂示意图；
（b）沿晶断裂扫描电子显微照片
（Callister et al., 2011）

2.2.3　磨损

　　相互接触的金属表面相对运动时（摩擦副），表面材料不断发生损耗或产生塑性变形，使材料表面状态和尺寸改变的现象称为磨损。磨损是机械零构件的三种主要破坏形式（断裂、磨损和腐蚀）之一。机器运转时，任何零构件在接触状态下相对运动（滑动、滚动或滑动+滚动），都会产生摩擦，而磨损就是摩擦的结果。如果零件表面受到了损伤，轻者使受损零件部分失去其应有的功能，重者会完全丧失其使用性。如齿轮表面、轴承表面、机床导轨等。磨损是降低机器和工具的效率、准确度甚至使其报废的一个重要原因。磨损过程具有动态特征，机件表面的磨损不是简单的力学过程，而是极为复杂的物理、力学和化学过程的综合。

1. 磨损的基本类型

按破坏机理，磨损可分为：① 黏着磨损；② 磨粒磨损；③ 表面疲劳磨损；④ 腐蚀磨损等。

（1）黏着磨损

相对运动的物体接触表面发生了固相黏着，使材料从一个表面转移到另一表面的现象称为黏着磨损。摩擦副的表面即使经过仔细的抛光，实际上还是高低不平的，所以当两物体接触时，总是只有局部的接触。因此真实接触面积比名义接触面积（接触面的几何面积）要小得多，甚至在负荷不大时，真实接触面积上也承受着很大压力。在这种很大的压力下，即使是硬而韧的金属在微凸峰接触处也将发生塑性变形，结果使这部分表面上的润滑油膜、氧化膜等被挤破，从而使两物体的金属面直接接触而发生黏着，随后在相对滑动时黏着点又被剪切而断掉，黏着点的形成和破坏就造成了黏着磨损。黏着磨损模型如图 2.12 所示。

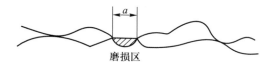

图 2.12　黏着磨损简化模型

就材料性质而言，脆性材料比塑性材料的抗黏着能力强。

（2）磨粒磨损

磨粒磨损也称为磨料磨损或研磨磨损。它是当摩擦偶件一方的硬度比另一方的硬度大得多时，或者在接触面之间存在着硬质粒子时，所产生的一种磨损。磨粒磨损的最显著特征是接触面上有明显的磨削痕迹。磨粒磨损模型如图 2.13 所示。

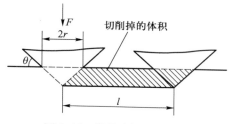

图 2.13　磨粒磨损简化模型

当硬材料的凸出部分(假设为圆锥体)压入软材料中,若 θ 为凸出部分的圆锥面与软材料平面的夹角,l 为软材料被切削下来时摩擦偶件相对滑动的距离,并引入材料的维氏硬度 HV,得出磨损量 W 为

$$W \propto Fl \tan \theta / \text{HV} \qquad (2.18)$$

可见,磨损量与接触压力、摩擦距离成正比,与材料的硬度成反比,同时与硬材料凸出部分尖端形状有关。

(3)表面疲劳磨损

两接触面作滚动或滑动,或是滑动与滚动复合的摩擦状态,在交变接触应力的作用下,使材料表面疲劳而产生物质流失的过程称为表面疲劳磨损,也称为接触疲劳磨损。易产生表面疲劳磨损的零件有齿轮、轴承表面、凸轮等。

金属表面接触疲劳过程也是疲劳裂纹萌生、长大和最后断裂的过程。表面疲劳萌生的直接原因是金属表面的凹凸不平及表面油膜的破坏,这造成了两个物体的表面接触的不连续性,每次循环中都相互接触的某些表面处,在接触表面正应力和摩擦力的作用下,产生局部塑性变形,并使表面塑性区及其周围的温度升高。当表面塑性流动达到产生裂纹时,裂纹逐渐扩大,当达到临界值时,表面与裂纹之间的材料被剪断,产生薄片状磨屑。这种表面损伤的过程,称为脱层过程。由于脱层过程是受塑性变形、空洞形成和裂纹扩展所控制,所以材料的显微组织参量,如材料的硬度、第二相硬质点的大小和形状、杂质的数量等都影响脱层的形成,这样受这些参量控制的材料力学性能也与这种脱层的形成有着密切的关系。

(4)腐蚀磨损

在腐蚀环境下,由于摩擦面材料起化学反应或电化学反应(生成腐蚀产物)而引起的腐蚀和磨损称为腐蚀磨损。腐蚀磨损是在腐蚀作用和机械作用共同参与下完成的,这两种作用有先有后,可以交替进行,也可以同时起作用并相互促进。摩擦时表面会发生化学反应,生成化学反应产物,但它通常与表面黏附得不牢,因而继续摩擦时会从表面上剥离下来或破碎,然后新的表面又继续与介质发生反应。这一过程随着摩擦过程可重复进行下去。

当摩擦面上的腐蚀产物是坚硬的、磨粒性的,则裹在接触面之间的腐蚀微粒将加速磨粒磨损过程,而磨损过程又反过来磨掉腐蚀产物这个表面"保护层",使新的金属裸露在腐蚀环境中,从而加速了腐蚀过程。接触应力高也局部地增加了腐蚀作用。因此,腐蚀过程是自加速的,从而可能引起很高的磨损速率。

2. 磨损失效的影响因素

摩擦学涉及摩擦、磨损和润滑三个基本方面,磨损失效涉及摩擦副的材料和磨损工况。

（1）摩擦副的材质

首先是材料副的互溶性。相同金属，晶格类型、原子间距、电子密度、电化学性能相近的材料副互溶性大，易于黏着而导致黏着磨损失效，而金属与非金属（如塑料、石墨等）互溶性小，黏着倾向小。

高硬度的材料有利于降低各类磨损。材料表面缺陷的影响很大。夹杂、疏松、空洞及各种微裂纹都使磨损加剧。

（2）工况参数

工况参数包括接触应力、滑动距离和滑动速度、温度、介质条件与润滑等。

2.2.4 腐蚀

金属零件的腐蚀损伤是指金属材料与周围介质发生化学及电化学作用而导致的变质和破坏。因此，金属零件的腐蚀损伤多数情况下是一个化学过程，是由于金属原子从金属状态转化为化合物的非金属状态造成的，是一个界面的反应过程。

按照腐蚀发生的机理，腐蚀基本上可分为两大类：化学腐蚀和电化学腐蚀。二者的差别仅仅在于前者是金属表面与介质只发生化学反应，在腐蚀过程中没有电流产生。而后者顾名思义，在腐蚀进行的过程中有电流产生。相对于电化学腐蚀而言，发生纯化学腐蚀的情况较少。

1. 金属表面腐蚀原理及基本特征

金属的电化学腐蚀是由金属和周围介质之间的电化学作用引起的，其基本特点是在金属不断遭到腐蚀的同时，伴有微弱的电流产生，其原理如图 2.14 所示。

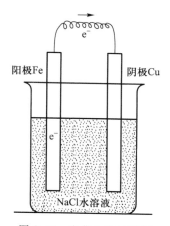

图 2.14 电化学腐蚀原理

考虑一根铁棒和一根铜棒同时插入氯化钠水溶液中的情况。在铁棒上（阳极）

$$2Fe-4e^- \longrightarrow 2Fe^{2+}$$

$$2Fe^{2+}+4Cl^- \longrightarrow 2FeCl_2$$

在铜棒上（阴极）

$$O_2+2H_2O+4e^- \longrightarrow 4OH^-$$

$$4Na^++4OH^- \longrightarrow 4NaOH$$

在导线上不断流过电子（从铁棒流向铜棒），在溶液中，阳极上形成的氯化亚铁与阴极上生成的氢氧化钠进一步发生反应

$$FeCl_2+2NaOH \longrightarrow 2NaCl+Fe(OH)_2$$

$$4Fe(OH)_2+O_2+2H_2O \longrightarrow 4Fe(OH)_3$$

形成 $Fe(OH)_3$，分解为 Fe_2O_3，即铁锈。

如上所述，在阳极上不断发生铁的溶解，在阴极上氧气不断被消耗，而在氯化钠溶液中不断有铁锈生成，在连接铁棒和铜棒的导线上不断有电流通过，这样持续不断地进行下去，直至铁棒完全被腐蚀完为止。

由此可见，金属零件发生电化学腐蚀的基本特征是：① 两种金属或合金中的两个区域甚至两相之间的电极电位不同，即在某溶液中的稳定性不同；② 使这两种金属或合金中的两个不同区域相互接触或用金属导线将其连接起来；③ 均在同一个电解溶液中，受腐蚀的是电位低的（或更负的）一极。

实际上各种基体金属、各种不同成分的金属或合金互相连接的机会是不可避免的。不仅是两种电极电位不同的合金接触时可能产生电化学腐蚀，即使是同一合金中的不同区域或不同相、金属局部冷加工变形引起的内应力的不均匀、金属表面膜的不均匀性、腐蚀介质内部不均匀性等都会导致电化学的不均匀性，从而造成不同区域电位的差别，并引起电化学腐蚀。

2. 电化学腐蚀的基本类型

按照所接触的环境不同，电化学腐蚀可分为如下几类：① 大气腐蚀；② 土壤腐蚀；③ 在电解质溶液中的腐蚀；④ 接触腐蚀（电偶腐蚀）；⑤ 缝隙腐蚀；⑥ 应力腐蚀和疲劳腐蚀。本节重点讨论危害较大的三类电化学腐蚀：大气腐蚀、接触腐蚀及缝隙腐蚀。

(1) 大气腐蚀

在实际工作条件下，经常碰到的是金属材料或零件在大气中的腐蚀问题。金属置于大气环境中，在其表面往往形成一层极薄的不易看见的湿气膜（水膜），当这层水膜达到 20~30 个分子厚度时，就变成电化学腐蚀所需要的电解液膜，由于金属本身的电化学不均匀性，就形成了腐蚀微电池，促使其表面受

到电化学腐蚀损伤。

（2）接触腐蚀

若把一对相接触的异类金属（电位不同）浸入电解液中，则电位较负的金属（阳极）就会受到电化学腐蚀，这就是接触引起腐蚀的实质。

防止接触腐蚀最根本的方法是在设计时尽可能地使相接触的金属及其合金的电位差最小。对那些不允许接触的零件必须装配在一起时，通常采用湿装配或表面处理以增加腐蚀电路的电阻，减少腐蚀的速率；或在其间放置绝缘衬垫。

（3）缝隙腐蚀

不仅电位不同的金属相互接触会引起缝隙腐蚀，就是电位相同的同类金属相接触而存在缝隙时，也会发生腐蚀。如板材之间的搭接处，加强板的连接处都会存在缝隙而引起缝隙腐蚀。

金属零件缝隙腐蚀损伤是指金属材料由于腐蚀介质进入缝隙并滞留产生电化学腐蚀作用而导致零件的损伤。因此，作为一条能成为腐蚀电池的缝隙，其宽窄程度必须足以使腐蚀介质进入并滞留其中。所以缝隙腐蚀通常发生在几微米至几百微米宽的缝隙中，而在那些宽的沟槽或宽的缝隙中，因腐蚀介质畅流而一般不发生缝隙腐蚀损伤。

3. 减缓金属材料腐蚀的技术途径

金属材料腐蚀大多数是电化学腐蚀，按照原电池腐蚀过程的基本原理，为了提高金属材料的耐蚀能力，通常采用以下三种方法：① 减少原电池形成的可能性，使金属材料具有均匀的单相组织，并尽可能提高金属材料的电极电位；② 尽可能减小两极之间的电极电位差，并提高阳极的电极电位；③ 使金属"钝化"，即在表面形成致密的、稳定的保护膜，将介质与金属材料隔离。

2.2.5 老化

与金属材料不同，高分子材料本身在加工、储存和使用过程中由于对一些环境因素较为敏感而导致其性能逐渐下降，即发生高分子材料或构件的老化。

引起高分子材料老化的环境因素有物理因素（包括热、光、高能辐射等环境负荷和力学负荷作用）、化学因素（如氧、臭氧、水和酸、碱、油等的环境负荷作用）和生物因素（如微生物和昆虫等环境负荷作用）。在这些负荷作用下，高分子材料性能下降。例如，有机玻璃发黄、发雾、出现银纹甚至龟裂；汽车轮胎和橡胶软管出现龟裂、变硬、变脆；油漆涂层失去光泽甚至粉化、龟裂、起泡和剥落。高分子材料在老化过程中性能下降的主要原因是分子链发生降解和交联反应。降解反应导致分子链断裂，即分子量下降，从而材料变软、发黏甚至丧失机械强度；交联则往往使高分子材料变脆或失去弹性。

35

各种高分子材料老化的难易程度与高分子链的结构直接相关。一般说来，杂链高分子容易受化学的侵蚀，而碳链高分子往往对化学试剂比较稳定，但容易在物理因素和氧的作用下老化。

1. 老化的基本类型

按引起老化的外界条件分类，老化主要可归结为热老化、光老化、高能辐射老化、氧化老化、生物降解。

（1）热老化

高分子材料在热的作用下发生的老化称为热老化。高分子材料是否发生老化，除了热的作用，还取决于材料的热稳定性，而热稳定性与高分子链上化学键的键能有关。化学键键能越高，热稳定性越好。高分子材料的热稳定性通常用半分解温度 $T_{1/2}$ 表征，即为高分子材料在真空中加热 30 min 后损失一半质量所需要的温度。

（2）光老化

高分子材料在光的作用下发生的老化称为光老化。光是一种电磁波，当阳光通过大气层到达地面时，波长范围为 300 ~ 10 000 nm，不同波长的光具有不同的能量。其中波长为 300 ~ 400 nm 的近紫外光的能量为 300 ~ 400 kJ·mol^{-1}，一般共价键断裂所需的能量为 160 ~ 420 kJ·mol^{-1}，因此太阳光中的近紫外光可能引起以共价键为主的高分子物质的化学键断裂。高分子材料在光老化过程中，既可能发生降解反应，也可能发生交联反应。

（3）高能辐射老化

α、β、γ、χ 射线，快中子和离子辐射等均为高能辐射，高能辐射引起的高分子物质的化学变化，有的以辐射降解为主，有的以辐射交联为主。

（4）氧化老化

高分子材料与空气中的氧和臭氧发生反应而引起高分子的降解或交联称为氧化老化。高分子物质的氧化反应在室温和避光条件下进行得十分缓慢，但在受到热或光的照射时，氧化老化速率则大大提高，从而导致材料迅速老化。高分子材料在热和氧的共同作用下发生的老化称作热氧老化，同样在光和氧的共同作用下发生的老化称作光氧老化。

（5）生物降解

在自然界中，微生物为生存和繁衍后代而需要能源，而能源正是通过对高分子的分解、氧化和消化得到的。一般地说，微生物对人工合成高分子材料的作用甚微，但天然纤维、木材、毛和天然橡胶等却是微生物的传统食粮。微生物主要是通过破坏高分子主链及消化高分子材料中的增塑剂和其他添加剂而使高分子材料老化的。

2. 防止高分子材料老化的技术途径

防止高分子材料的老化，也就是使高分子材料更加稳定。一般说来，防止高分子材料的老化，可以采用如下四种方法：① 在高分子材料中添加各种稳定剂；② 改进聚合和成型加工工艺；③ 将聚合物改性，如进行接枝、共聚等；④ 用物理方法进行防护。其中前三种方法属于高分子材料的合成、加工、改性范畴。

2.3 零构件对材料的其他特殊要求

零构件除承受各类负荷（力学负荷、热负荷及环境负荷等）的作用外，由于要将原材料制作成零构件，不仅要求使用性能好，不发生上述五种类型的失效，还要经济适用，且符合环保标准。因此，制造零构件对材料还提出了一些其他要求，包括材料的成形、加工工艺性，高刚度、高强度及轻量化，经济性和环保协调性等。

2.3.1 工程材料的成形、加工工艺性

良好的成形加工性能要求材料：易于成形，易于连接（焊接、黏接），少、无切削，可热处理改性等。三大类基础材料及复合材料具有不同的成形及加工工艺性能。

1. 金属材料

（1）成形性

单一金属零构件的成形方法有铸造、压力加工（包括冷、热加工）以及将金属粉末压制成形烧结的方法（粉末冶金）等。

1）铸造性能。金属材料铸造成形获得良好铸件的能力称为铸造性能，用流动性、收缩性和偏析倾向表征。

2）压力加工性能。压力加工是指在外力作用下通过塑性变形将固体金属加工成有用形状的工艺，加工工艺有锻造、轧制、挤压、拉拔、冲压等。按成形温度的不同，分为冷压力加工（简称冷加工）和热压力加工（简称热加工）。金属材料的冷或热加工以其再结晶温度来分类，加工温度在再结晶温度以下的称为冷加工，反之则称为热加工。

压力加工性能主要取决于金属材料的塑性和变形抗力，冷加工过程中金属材料还会产生加工硬化，故加工硬化指数的大小也是影响其加工性能的重要因素。而在热加工过程中，材料不断回复和再结晶，消除加工硬化，而且高温时材料的强度低、塑性好，可以进行大变形量、大速率的加工。

（2）焊接性能

焊接是使两个分离的金属零构件借助于原子间结合力而连接在一起的连接

方法，其本质是通过金属间的压结、熔合、扩散、合金化、再结晶等物理冶金现象使零构件永久地结合。金属材料对焊接加工的适应性称为焊接性。熔化焊是金属材料最常用的焊接工艺。钢材中碳含量是影响焊接性好坏的主要因素，低碳钢和碳含量低于 0.18wt% 的合金钢有较好的焊接性能。另外热导率对焊接性也有重要影响，热导率高的金属材料如铜合金、铝合金等的焊接性能都较差。

（3）切削加工性能

切削加工性能一般用切削后的表面质量（以表面粗糙度高低衡量）和刃具寿命来表示。影响切削加工性能的因素很多，主要有材料的硬度、韧性、加工硬化指数、热导率等。具有适当的硬度（170～230HBS）和足够的脆性时切削性能良好。

以上内容的详细讨论见第七章第一节。

（4）热处理工艺性

可以通过热处理改变金属材料的显微组织进而改变其性能，这是金属材料非常重要的特性。热处理工艺性是指金属材料接受热处理的难易程度和产生热处理缺陷的倾向，可用淬透性、淬硬性、回火脆性、氧化脱碳倾向，变形开裂倾向等指标评价。（详见第六章第五节。）

2. 陶瓷材料和高分子材料

大多数陶瓷零构件都采用粉末原料配制、室温预成形、高温常压或高压烧结而制成。与金属材料不同，陶瓷材料硬度很高、脆性大，一般为少、无切削加工。或者说，陶瓷材料与零构件制品的制备是在同一时间、同一空间内完成的。

高分子材料零部件的制备包含树脂生产和制品生产两个系统。塑料制品的加工方法有挤出、注射、压延、模压、中空吹塑等，即塑料通过加热、塑化（使塑料加热呈熔融可塑状态）、成型、冷却的过程而成为制品。橡胶的成型加工，则是将生胶与各种添加剂经过一系列化学和物理作用制成橡胶制品的过程，其工艺过程包括塑炼、混炼、成型及硫化。与金属和陶瓷材料制品相比，高分子零构（部）件容易成型，其加工性能很好。

2.3.2 高刚度、高强度及轻量化

从实现效能，节约能源、资源和环境保护等方面综合考虑，现代工程在要求高强度、高刚度、高可靠性的同时，力图追求工程结构的轻量化。

轻质高强是个相对概念，如高强铝合金相对于普通钢材，强度相当，密度只有普通钢材的三分之一左右；超高强度钢相对于普通钢材，密度相当，而强度高出一倍以上。普通钢材在航空、航天上几乎没有应用，取而代之的是铝合金与超高强度钢等相对轻质高强的材料。

用高强、高模碳纤维增强的复合材料更显示出其轻质高强的优势，如表 2.2 所示。据介绍，世界最新型客机波音 787 的机身结构 50% 左右采用碳纤维复合材料代替铝合金，质量大大减轻，可以使每次飞行节省燃油 20% 左右。

航天飞机每减重 1 kg，每次航行可节省 1 万美元以上。大量应用复合材料、钛合金材料等轻质高强的材料之后，可减重 10 t 以上，相当于每次航行可节省 1 亿美元以上。

表 2.2 部分典型材料的比强度、比模量性能对比

材料	密度/ $(g \cdot cm^{-3})$	抗拉强度/ MPa	弹性模量/ GPa	比强度/ $[MPa \cdot (g \cdot cm^{-3})^{-1}]$	比模量/ $[GPa \cdot (g \cdot cm^{-3})^{-1}]$
合金钢	7.8	450~1 800	206	58~230	26
铝合金	2.7	250~500	70	89~178	25
钛合金	4.5	500~1 000	108	111~222	24
玻璃纤维复合材料	1.8	1 060	40	589	22
碳纤维复合材料	1.5	1 500~3 000	140~280	1 034~2 068	194
芳纶纤维复合材料	1.4	1 400	80	1 000	57

2.3.3 经济性和环保协调性

零构件或产品的总成本不只是材料价格本身，其功能要求、可靠性、提供的毛坯形式、切削加工工艺、热处理工艺、质量、维修费用等诸多方面都影响总成本。对材料而言，可用性能/价格比作为其经济性指标。

表 2.3 给出的是部分典型工程材料的相对价格比较，按每公斤价格计算。表中普通碳素钢的相对价格比为 1。

表 2.3 部分典型工程材料的相对价格比较

材料	相对价格	材料	相对价格	材料	相对价格
热轧普碳钢板	1	纯钛	85.6	高密度聚乙烯原料	1.3
4140 钢调质处理	1.6	TC4 钛合金	94.2	聚氯乙烯原料	1.2
18-8 不锈钢	6	纯镍	23.7	PET 板	3.4
灰铸铁	1.7	99 氧化铝陶瓷	25.6	凯夫拉连续纤维	38.8

材料	相对价格	材料	相对价格	材料	相对价格
纯铝板	2.1	90 氧化铝陶瓷	12.4	高模连续碳纤维	193
2024 铝合金板	12.9	钠钙玻璃板	0.7	E 级玻璃纤维	1.6
工业纯铜	4.8	高密度、高纯石墨	65.3	凯夫拉纤维/环氧树脂	66.8
铍青铜	7.4	碳化硅研磨球	194	高模碳纤维/环氧树脂	330
纯镁板	2.4	氮化硅抛光球	1 600	E 级玻璃纤维/环氧树脂	28.3
AZ31B 镁合金板	23.4	增韧氧化锆研磨球	97.1	枞木	0.6

注：数据源于 W. D. Callister, D. G. Rethwisch. Materials Science and Engineering [M]. 8th ed. John Wiley&Sons, Inc. 2011.

随着各材料单位质量资源及能源消耗的变化及加工工艺的技术进步，价格也有所变化，上述数据仅作参考。

工程材料的环境协调性是指减少污染、节省能源、长寿命以及可再生性。例如，高分子材料的广泛使用曾经引起所谓的"白色污染"问题，可降解塑料的研发取得了突出进展。金属材料中的镁合金被誉为"清洁金属"，这是指其新型冶炼技术所产生的污染已被降至最低。材料的循环使用也早已超越了原来"废品回收"的狭隘观念。

本章小结

材料科学与工程是关于材料的成分、结构（组织）、工艺、性能和使用效能之间相互关系的知识及应用的科学，其核心内容是结构与性能的关系，这里所说的性能内涵丰富，包括材料的理化性能[即材料在各种力学负荷、热负荷和环境负荷作用（或共同作用）下的表现]、各类材料的成形、加工工艺性能（制备构件）等。终极目标是获得满足使用效能要求及经济性和环保协调性等的构件（零件），为了实现这个目标，必须了解并掌握工程构件（零件）所承受负荷的类型以及材料在这些负荷作用下的行为。材料在各种负荷作用下的行为超出了材料各种性能的极限即发生所谓的"失效"，也就是说材料丧失了其使用效能。

工程构件（零件）所承受负荷的类型主要有：力学负荷（包括静负荷、动负荷）、热负荷、环境负荷三大类。在各种负荷及复合负荷的作用下工程构件（零件）的失效形式主要有畸变、断裂、磨损、腐蚀及老化。

第三章
工程材料的性能

　　工程材料服役时将承受力学负荷、热负荷、环境负荷及它们的交互作用，材料在这些负荷作用下将表现出不同的行为。材料的性能是材料功能特性和应用的定量度量和描述。任何一种材料都有其特定的性能和应用，因此必须知道材料的性能，保证零构件所用材料受各种负荷时不发生不允许的畸变、断裂、磨损、腐蚀及老化。

　　例如，工程材料在静外力作用下拉伸行为的负荷-位移或应力-应变曲线，采用屈服、颈缩、断裂等的行为判据，表征材料抵抗畸变及断裂行为的指标有弹性模量、屈服强度、抗拉强度、伸长率、断面收缩率、断裂强度、断裂韧度等力学性能。

　　断裂强度的临界条件是断裂，在交变负荷作用下断裂判据为疲劳断裂强度，冲击负荷作用下则为冲击韧性。单一热负荷作用下材料的行为表现是热胀冷缩，并由此产生热应力作用于材料，材料的断裂和损伤判据则用抗热冲击断裂强度和抗热冲击损伤性能表征。狭义的磨损则是材料表面在拉伸和剪切力共同作用下的破坏行为，一般用硬度表征材料的耐磨损性能。

　　在环境负荷作用下材料的响应是氧化、腐蚀及老化等，热负荷及环境负荷等可以影响断裂行为，如温度升高到一定值后材料的断裂判据为蠕变断裂强度，而在特定的环境负荷如腐蚀介质作用下，其断裂判据为腐蚀断裂强度。

一般情况下，材料的性能是与其形状和尺寸无关的，任何状态、任何尺度的材料其性能都是经过合成或加工后材料内部成分和结构的本征响应。

材料性能的研究，既是材料开发的出发点，也是其重要归属。将材料制成零构件或产品后在最终使用状态下的行为即使用效能，是把材料固有性质与产品设计、工程应用能力和人类需要等相联系相融合在一起的要素，必须以使用性能为基础进行零构件或产品设计才能得到最佳方案。

任何一种材料都具有一定数值的各种性能指标，在工程上乃至日常生活中，经常会评价什么材料好，什么材料不好。其实，在进行材料的具体评价时，应有一定背景或针对性。事实上，一方面不能希冀某一种材料的各种性能均最佳，一般情况下这是不可能的。另一方面材料性能的优劣是相对的，看其用在什么场合，用它的什么性能。例如材料的力学性能，当要对材料进行加工成形时，希望它软一些好，即强度要低，塑性要好，软钢、有色金属及高分子材料的加工性能很好；当用某种材料做加工工具时，则希望它尽可能硬一些，如高速钢、硬质合金及超硬陶瓷等工具材料；而当要对它进行破碎时，如通过机械粉碎法制备粉末及炸弹爆炸时，则希望它脆些好。所以不能简单地认为某类结构材料的强度越高越好，或塑性越高越好。

材料供应商、用户、研究人员和质检部门等对材料性能的关注点不一样，而不同的测试方法会得到不同的测试结果。故必须用由权威部门颁布的标准测试方法才能使测试结果具有权威性和可比性，为此制定了各种材料各种性能的国家标准。

本章将分别介绍工程材料的力学性能（纯力学负荷）、热学性能（纯热负荷）、环境性能（纯环境负荷）及复合负荷下的性能（力学负荷、热负荷及环境负荷间的交互作用）。按对材料力学性能的传统分类方法，将高温力学性能（力学负荷+热负荷）和应力腐蚀性能（力学负荷+环境负荷）划为材料力学性能。

3.1　工程材料在力学负荷作用下的性能

按力学负荷种类的不同，材料的力学性能分为静负荷和动负荷两类。材料的力学性能实质是材料受力学负荷状况（含与热负荷、环境负荷的交互作用）与响应（畸变和断裂）之间的关系。

3.1.1　静负荷作用下的材料力学性能

静力学负荷作用下的材料力学性能包括弹性模量、强度、硬度、塑性及韧性等。材料的力学性能一般由试验测得，测试方法尽可能与实际受力状况接近，包括负荷形式、持续时间及测试环境等。负荷形式有拉伸、压缩、剪切、弯曲、扭转等，负荷大小可不随时间变化，也可以随时间变化。测试时间短到几分之一秒，长至几年。测试温度也是需考虑的重要因素。

若力学负荷静止或随时间相对缓慢变化地、均匀地作用于一个构件的截面或表面，材料的力学行为可用简单的应力–应变试验表征，测得不同负荷形式作用下的应力–应变曲线，试验一般在室温下进行。负荷形式通常为五种，即拉伸、压缩、剪切、弯曲、扭转。

1. 单向拉伸应力–应变曲线及材料性能指标

单向静拉伸试验是指在室温、大气环境中，对长棒状试样（横截面可为圆形或矩形）沿轴向缓慢施加单向拉伸负荷，使其伸长变形直到断裂的过程。

单向静拉伸试验是最重要和应用最为广泛的力学性能试验方法，这是因为该试验可揭示材料在静负荷作用下常见的三种失效模式，即过量弹性变形、塑性变形和断裂，更重要的是可标定出材料的基本力学性能指标，如弹性模量、屈服强度、抗拉强度、伸长率、断面收缩率等。

为确保测试过程中变形限制在样品中间部位，避免断裂发生于样品端部，测试样品要求设计为哑铃状。

（1）拉伸曲线

图 3.1 为退火低碳钢的负荷–伸长曲线及应力–应变曲线，两者在形状上相似，但纵、横坐标的量和单位均不同。

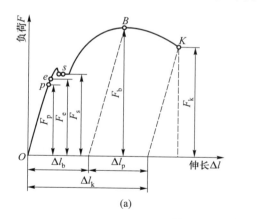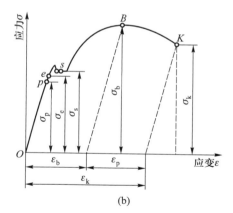

图 3.1　退火低碳钢拉伸曲线

工程应力的定义为

$$\sigma = \frac{F}{A_0} \tag{3.1}$$

式中：F 为负荷；A_0 为试样标距段原始横截面积。σ 的法定计量单位为 MPa

$(MN \cdot m^{-2})$ 或 $Pa(N \cdot m^{-2})$。

工程应变的定义为

$$\varepsilon = \frac{\Delta l}{l_0} \tag{3.2}$$

式中：Δl 为试样标距长度方向上的伸长量；l_0 为试样标距段的原始长度。ε 量纲一。

退火低碳钢的拉伸曲线大致分为弹性变形、塑性变形和断裂三个阶段。

在 e 点以下，为弹性变形阶段，卸载后试样即刻完全恢复原状，特别是在 p 点以下，为线弹性变形，负荷与伸长量之间以及应力与应变之间均呈正比。

从 e 点到 K 点为塑性变形阶段，在其中任一点卸载，试样都会保留一部分残余变形。例如，在 B 点卸载，负荷（应力）及伸长量（应变）沿平行于线弹性段的直线回落（图中虚线），将弹性变形量回复，而保留残余塑性变形量 Δl_b（残余应变 ε_b）。塑性变形还可细分为变形特征不同的几个阶段：① 应力超过弹性极限不多时发生少量塑性变形（e 点到 s 点），塑性应变 ε_p 一般小于 1×10^{-4}，故称为微塑性变形。通常的拉伸试验，因为测量精度不高，该阶段被掩盖。② 当负荷或应力达到一定值时，突然有一较小的降落，随后曲线上出现"平台"或"锯齿"，表示在负荷不增加或略有减小的情况下试样仍然继续伸长，这种现象称为屈服。③ 从 s 点到 B 点为均匀塑性变形，在外加负荷增高的同时，试样在工作标距内均匀伸长。这种随塑性变形增大，变形抗力不断增高的现象称为应变硬化，也称为加工硬化。④ 从 B 点到 K 点为非均匀塑性变形，试样的某一部位截面开始急剧缩小，出现了颈缩，以后的变形主要集中在颈缩附近。由于颈缩处截面急剧缩小，致使外加负荷下降，所以，B 为曲线最高点。

最后，试样在 K 点发生断裂，曲线沿平行于线弹性段的虚线卸载，保留塑性伸长量 Δl_k（塑性应变量 ε_k）。

实际工程材料种类繁多，微观结构复杂，其拉伸曲线可表现出多种形式，并非都呈图 3.1 所示退火低碳钢应力-应变曲线的形式。

（2）真应力-真应变曲线

在拉伸过程中，试样的截面积和长度随拉伸力的增大而不断变化着，工程应力-应变曲线并不能完全反映试验过程中的真实情况。如果以瞬时截面积 A 除其相应的拉伸力 F，则可得到瞬时的真实应力

$$S = \frac{F}{A} \tag{3.3}$$

同样，当拉伸力 F 有一增量 dF 时，试样在瞬时长度 l 的基础上也有一增量 dl，于是应变的微分增量应该是 $de = dl/l$，则试样自 l_0 伸长至 l 后，总的真

实应变量为

$$e = \int_0^e \mathrm{d}e = \int_{l_0}^l \frac{\mathrm{d}l}{l} = \ln \frac{l}{l_0} \tag{3.4}$$

于是，工程应变 ε 和真应变 e 之间的关系为

$$e = \ln \frac{l}{l_0} = \ln \frac{l_0 + \Delta l}{l_0} = \ln(1 + \varepsilon) \tag{3.5}$$

显然，真应变总是小于工程应变，且变形量越大，两者的差距也越大。

在体积不变的假设下，可以推导出真应力与工程应力之间存在如下关系：

$$S = \sigma(1 + \varepsilon) \tag{3.6}$$

以真应力 S 和真应变 e 为坐标绘制的曲线称为真应力–真应变曲线，如图 3.2 所示。在弹性变形阶段，由于试样的伸长和断面的收缩都很小，$S\text{–}e$ 曲线和 $\sigma\text{–}\varepsilon$ 曲线基本重合；但在塑性变形阶段，两曲线出现显著差异，$S\text{–}e$ 曲线位于 $\sigma\text{–}\varepsilon$ 曲线上方，变形量越大，两者的差别也越大。特别是颈缩阶段，工程应力是连续下降直到断裂，而真应力则是连续上升直到断裂。因此，真实断裂强度 $S_k(F_k/A_k)$ 是大于工程断裂强度 σ_k 以及抗拉强度 σ_b 的。

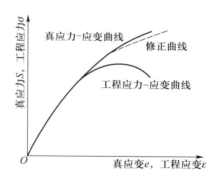

图 3.2 真应力–真应变曲线

在工程应用中，多数零构件的变形量限制在弹性变形或微小塑性变形范围内，两者的差别可以忽略，同时工程应力和工程应变容易测量和计算，因此工程设计和材料选用中一般以工程应力、工程应变为依据。但在金属材料的大变形量塑性加工中，真应力与真应变将具有重要意义。

（3）材料单向静拉伸基本力学性能指标

1）弹性模量。多数固体材料在静拉伸的最初阶段都会发生弹性变形，表现为主应力 σ 与正应变 ε 呈正比，即有

$$\sigma = E\varepsilon \tag{3.7}$$

此式即为胡克定律，式中比例系数 E 即为正弹性模量，又称为杨氏模量，

其几何意义是应力-应变曲线上直线段的斜率，而物理意义是产生 100% 弹性变形所需的应力，为作用于单位面积上的力，单位与应力的相同，通常为 GPa，即 10^9 N·m^{-2}。

工程中习惯将 E 又称为材料刚度，而构件的刚度则不仅与材料的弹性模量有关，还与其截面的形状、边界条件及外力的作用形式等有关。刚度表征材料或构件对弹性变形的抗力，其值越大，在相同应力条件下产生的变形越小。在零构件结构设计时，为保证不产生过量的弹性变形，所选用材料的弹性模量要达到规定的要求。因此，弹性模量是结构材料重要的力学性能指标之一。

当拉应力作用于各向同性材料如金属试样后，将沿应力方向(设为 z 轴)产生一弹性伸长(或应变 ε_z)，如图 3.3 所示。与此同时，试样与应力方向垂直的横向(x 与 y)受到压缩，产生应变 ε_x、ε_y。设施加的应力为单轴方向(沿 z 方向)，材料为各向同性，故有 $\varepsilon_x = \varepsilon_y$，横向应变与轴向应变之比称为该材料的泊松比 ν，即

$$\nu = -\frac{\varepsilon_x}{\varepsilon_z} = -\frac{\varepsilon_y}{\varepsilon_z} \qquad (3.8)$$

所有结构材料的 ε_x 和 ε_z 符号相反，方程式中的符号可使泊松比 ν 为正值。理论计算表明各向同性材料的 ν 为 1/4，而当弹性变形不改变试样体积时，ν 取最大值为 0.5。大多数金属和合金 ν 的数值范围为 0.25~0.35。

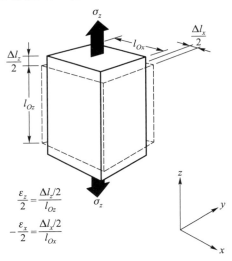

图 3.3 拉伸应力作用时试样的轴向(z)伸长(正应变)与横向(x 与 y)压缩(负应变)

2) 比例极限和弹性极限。比例极限 σ_p 是能保持应力与应变呈正比关系的最大应力，即在应力-应变曲线上开始偏离直线的应力

$$\sigma_p = \frac{F_p}{A_0} \qquad\qquad (3.9)$$

对那些在服役时需要严格保持线性关系的构件，如测力弹簧等，比例极限是重要的设计参数和选材的性能指标。弹性极限 σ_e 是材料发生可逆的弹性变形的上限应力值。应力超过此值，则材料开始发生塑性变形

$$\sigma_e = \frac{F_e}{A_0} \qquad\qquad (3.10)$$

比例极限和弹性极限的单位是 MPa，即 $10^6 N \cdot m^{-2}$。

对工作条件下不允许产生微量塑性变形的零件，其设计或选材的依据应是弹性极限。例如，如果选用的弹簧材料弹性极限较低，弹簧工作时就可能产生塑性变形，尽管每次变形可能很小，但时间长了，弹簧的尺寸将发生明显变化，导致弹簧失效。

3）弹性比功。材料在外力作用下产生弹性变形时，要将吸收的外力功以弹性应变能的形式存储起来，即吸收弹性变形功。弹性比功是单位体积材料在塑性变形前吸收的最大弹性变形功，用 a_e 表示，它在数值上等于应力-应变曲线弹性段以下所包围的面积，如图 3.4 中的阴影区，即

$$a_e = \frac{1}{2}\sigma_e \varepsilon_e = \frac{\sigma_e^2}{2E} \qquad\qquad (3.11)$$

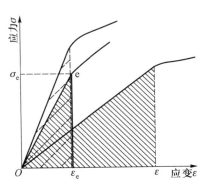

图 3.4　弹性比功示意图

由此式可见，弹性比功取决于弹性极限 σ_e 和弹性模量 E，可以用提高 σ_e 或降低 E（提高弹性极限应变 ε_e）的方法提高弹性比功，如图 3.4 中上、下两条曲线所示。

必须强调指出，刚度与弹性是不同的概念。刚度表征材料对弹性变形的抗力，弹性模量 E 越高，刚度也越高，弹性变形越困难；弹性则表征材料弹性变

形的能力，通常以弹性比功的高低来区分材料弹性的好坏。例如，弹簧是典型的弹性元件，主要起减振、储能的功效，要求具有高的弹性比功，它是靠尽量提高弹性极限来达到增大弹性比功的目的。而橡胶的弹性极限不高，弹性模量也很低，但其弹性极限应变极高，因此也具有较高的弹性比功，是很好的弹性材料，但刚度不大，不能做受力构件。

4）屈服极限。材料的屈服极限定义为应力-应变曲线上屈服平台的应力

$$\sigma_s = \frac{F_s}{A_0} \qquad (3.12)$$

对于那些在拉伸时不出现屈服的材料，仍然采用规定非比例伸长应力的概念，人为规定产生一定非比例伸长时的应力作为条件屈服强度，简称为屈服强度。规定的非比例伸长量视需要而定，一般有 0.01%、0.2%、0.5%、1.0% 等，相应的屈服强度记为 $\sigma_{0.01}$、$\sigma_{0.2}$ 等，其中以 $\sigma_{0.2}$ 最常用（若不作特别说明，即以 $\sigma_{0.2}$ 作为屈服强度）。屈服强度的单位与比例极限及弹性极限相同，也是 MPa。新的国家标准（GB/T 228—2002）用 $R_{p0.2}$ 表示条件屈服强度。

屈服强度是工程上最为重要的力学性能指标之一。因为在生产实际中，绝大部分的工程零构件在其服役过程中都要求处于弹性变形状态，不允许有塑性变形产生，因此屈服强度是进行结构设计和材料选择的基本参数。

对于高分子材料，由于残余塑性变形量不易区分，故一般将其应力-应变曲线上刚开始屈服降落的应力定义为屈服强度。

对于脆性很大的材料，如陶瓷、玻璃、硬玻璃态高分子材料等，单向拉伸时在弹性阶段或仅发生极微量的塑性变形时就发生了断裂，此时将不存在屈服强度值。

5）抗拉强度。由试样拉断前最大负荷所决定的条件临界应力，即试样所能承受的最大负荷 F_b 除以原始截面积 A_0

$$\sigma_b = \frac{F_b}{A_0} \qquad (3.13)$$

抗拉强度的单位是 MPa。新的国家标准中 σ_b 用 R_m 替代。

对塑性很好的韧性材料来说，塑性变形最后阶段会产生颈缩，致使负荷下降，所以最大负荷就是拉伸曲线上的峰值负荷。虽然断裂时试样断裂面上所承受的真实应力高于抗拉强度，但工程上更关心的是抗拉强度。对于脆性材料，断裂前仅发生弹性变形或少量塑性变形，不会发生颈缩，故最大负荷就是断裂时的负荷，此时抗拉强度就是断裂强度。

虽然对韧性材料，工程设计采用的主要参数是屈服强度而非抗拉强度，但后者也有意义：首先，抗拉强度比屈服强度更容易测定，测试时不需要应变参数；其次，它表征了材料在拉伸条件下所能承受的最大应力值，低于抗拉强

度，材料有可能变形失效，但不会发生断裂；在此，抗拉强度也是成分、结构和组织的敏感参数，可用来初步评定材料的强度性能以及各种加工、处理工艺质量；最后，对脆性材料，它也是结构设计的基本依据。

6）伸长率和断面收缩率。断裂前材料发生塑性变形的能力称为塑性。虽然表示材料塑性变形能力的参数有很多，但在工程上，一般用材料断裂时的最大相对塑性变形来表示，即伸长率（δ）和断面收缩率（ψ）。

伸长率是断裂后试样标距长度的相对伸长量，即

$$\delta = \frac{l_k - l_0}{l_0} \times 100\% \tag{3.14}$$

式中：l_0 为原始标距长度；l_k 为断裂后标距长度。

断面收缩率是断裂后试样截面的相对收缩率，即

$$\psi = \frac{A_0 - A_k}{A_0} \times 100\% \tag{3.15}$$

式中：A_0 为原始截面积；A_k 为断裂后的最小截面积，一般在颈缩处。

新的国家标准中伸长率及断面收缩率分别用 A，Z 表示。

7）静力韧度。韧度是衡量材料韧性大小的力学性能指标，韧性是指材料断裂前吸收变形功和断裂功的能力。韧性和脆性是相反的概念，韧性越小，意味着材料断裂所消耗的能量越小，则材料的脆性越大。一般情况下，韧度可以理解为应力-应变曲线下的面积，如图 3.5 所示，可见只有在强度和塑性有较好的配合时，才能获得较高的韧性（图中曲线 C），而过分追求强度而忽视塑形（图中曲线 A）或片面追求塑性而不兼顾强度（图中曲线 B）都不能得到高韧性。

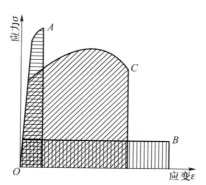

图 3.5　强度与塑性对韧性的影响

根据试样的状态以及试验方法，韧度一般分为三类：静力韧度、冲击韧度和断裂韧度。但习惯上人们大多将各类韧度称为韧性，如分别称为静力韧性、

冲击韧性和断裂韧性等。

通常将静拉伸的应力-应变曲线下包围的面积减去试验断裂前吸收的弹性变形功定义为静力韧度，其数学表达式可用材料的真应力-真应变曲线求得。图 3.6 所示为近似的 $S-e$ 曲线塑性变形部分，其方程为

$$S = R_{p0.2} + e \tan \alpha = R_{p0.2} + De \tag{3.16}$$

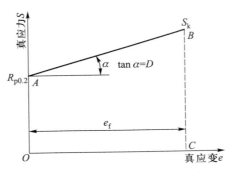

图 3.6　利用 $S-e$ 曲线求静力韧度

式中：D 为形变强化模数，静力韧度的表达式为

$$a = \frac{S_k + R_{p0.2}}{2} \times e_f \tag{3.17}$$

因为 $e_f = \dfrac{S_k - R_{p0.2}}{D}$，所以

$$a = \frac{S_k^2 - R_{p0.2}^2}{2D} \tag{3.18}$$

可见，静力韧度 a 与 S_k、$R_{p0.2}$、D 这三个量有关，是派生的力学性能指标。但 a 与 S_k、$R_{p0.2}$ 的关系比塑性与它们的关系更密切，故在改变材料的组织状态或改变外界因素(如温度、应力等)时，韧度的变化比塑性变化更显著。

静力韧度需按屈服强度设计，但在服役中不可避免地存在偶然过载的机件，如链条、拉杆、吊钩等，是必须考虑的重要的力学性能指标。

2. 单向压缩应力-应变曲线及材料性能指标

压缩性能测试方法与拉伸性能测试方法类似，只不过试样受力状态为压应力。压缩试样采用圆柱形，分为短圆柱和长圆柱两种。短圆柱试样供破坏试验用，为保持稳定性，试验长径比不能太大，一般为 1.0~2.0；长圆柱试样供测试弹性性能和微量塑性变形抗力用。

做压缩试验时，材料抵抗外力变形和破坏的情况用压力和位移的关系曲线来描述，称为压缩曲线。图 3.7 为塑性材料(低碳钢)和脆性材料(铸铁)的压

缩应力-应变曲线。

通过压缩曲线,可以计算材料的压缩强度(抗压强度)和塑性(包括相对压缩率和断面扩胀率)。

$$抗压强度:\sigma_{bc} = \frac{F_{bc}}{A_0} \tag{3.19}$$

$$相对压缩率:\varepsilon_c = \frac{h_0 - h_f}{h_0} \times 100\% \tag{3.20}$$

$$断面扩胀率:\psi_{fc} = \frac{A_f - A_0}{A_0} \times 100\% \tag{3.21}$$

式中:F 为负荷;A 为试样截面积;h 为试样高度;下脚标 c 表示压缩;下脚标 0 表示初始值;下脚标 f 表示断裂时的值。

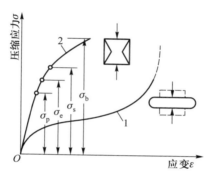

图 3.7 压缩应力-应变曲线:1—塑性材料;2—脆性材料

3. 弯曲应力-应变曲线及材料性能指标

弯曲试验采用圆柱形试样或矩形截面长条试样。加载方式分为三点弯曲和四点弯曲两种,如图 3.8 所示。采用四点弯曲,在两加载点之间为等弯矩,试样通常在该长度内具有组织缺陷的地方断裂,可以较好地反映材料的缺陷(特别是表面缺陷)性质,并且试验结果也较准确,但四点弯曲试验时必须注意加载的均衡;三点弯曲试验时,试样总是在加载中心线处(最大弯矩处)断裂,该法试验条件简单,操作易行,故常采用。对于陶瓷等脆性材料往往在试样单边加工切口,以降低测试数据的分散性。

在三点弯曲试验中,通过记录负荷(F)及试样跨距中心处的挠度(δ)得到负荷-挠度曲线,简称弯曲曲线或弯曲图。图 3.9 为三种不同塑性材料的弯曲曲线,对于塑性较好的韧性材料,负荷达到最高点时仍不发生断裂,如图 3.9 a、b,进一步弯曲所需负荷逐步下降,曲线可以延续很长而不断裂,因此弯曲试验难以测定塑性材料的破坏强度;对于脆性材料,可根据弯曲图求得抗弯

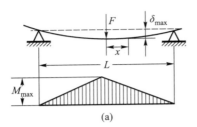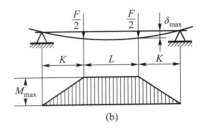

图 3.8 弯曲试验加载

强度

$$\sigma_{bb} = \frac{M_b}{W} \qquad (3.22)$$

式中：M_b 为试样断裂时的弯矩，对于三点弯曲：$M_b = F_b L/4$；对于四点弯曲：$M_b = F_b L/2$；F_b 为断裂时的最大负荷；L 的含义见图 3.8；W 为试样截面抗弯系数，对直径为 d 的圆柱试样：$W = \pi d^3/32$；对宽为 b、高为 h 的矩形截面试样：$W = bh^2/6$。

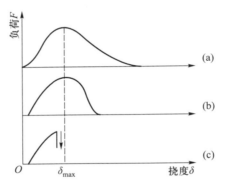

图 3.9 三种材料的弯曲曲线

弯曲试验一般用来测定脆性材料和低塑性材料的抗弯强度，同时用挠度表示塑性，能明显地显示脆性材料和低塑性材料的塑性。常用于评定陶瓷材料、硬质合金、工具钢以及铸铁的力学性能。

弯曲试验时，试样截面上应力分布不均匀，表面应力最大，可以较灵敏地反映材料的表面缺陷情况，可用于检查材料的表面质量。

4. 扭转应力–应变曲线及材料性能指标

扭转试验一般采用长圆柱形试样，如图 3.10 所示，在扭转试验机上进行。试样两端分别被夹持在试验机的两个夹头中，由两个夹头相对旋转（或一个夹头固定，另一个夹头旋转）对试样施加扭矩 M，同时测量试样标距长度 l_0 和两个截面之间相对扭转角 φ，可绘制出 $M\text{-}\varphi$ 曲线，称为扭转图。图 3.10b 为退火低碳钢的扭转图，它也存在弹性变形阶段和塑性变形阶段，与拉伸曲线不同，一是不存在屈服，二是不存在颈缩，即扭转塑性变形时，负荷（扭矩）不会下降，而是一直升高，直至断裂。

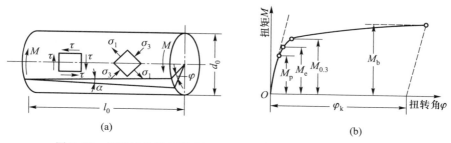

图 3.10　扭转试样的变形及扭矩图：（a）扭转试样及变形示意图；
（b）退火低碳钢的扭转曲线

根据扭转图和材料力学知识，可确定如下一系列扭转性能指标：

$$剪切模量（切变模量）：G = \frac{\tau}{\gamma} = \frac{32Ml_0}{\pi\varphi d_0^4} \tag{3.23}$$

$$扭转比例极限：\tau_p = \frac{M_p}{W} \tag{3.24}$$

式中：M_p 为扭转曲线上开始偏离直线时的扭矩；W 为截面系数，对于实心圆柱，$W = \pi d_0^3/16$；对于空心圆柱，$W = \pi d_0^3(1 - d_1^4/d_0^4)/16$，其中 d_0 为外径，d_1 为内径。

扭转屈服强度，由于没有屈服平台，采用条件屈服强度的概念

$$\tau_{0.3} = \frac{M_{0.3}}{W} \tag{3.25}$$

式中：$M_{0.3}$ 为残余扭转切应变为 0.3% 时对应的扭矩。残余切应变取 0.3% 是为了与拉伸时取残余正应变为 0.2% 相当。

$$抗扭强度：\tau_b = \frac{M_b}{W} \tag{3.26}$$

式中：M_b 为试样断裂时的最大扭矩。τ_b 是按弹性状态下的公式计算的，它比真实的抗扭强度要大，故称为条件抗扭强度，也可称为抗剪强度。

扭转时的塑性可用扭转相对残余切应变 γ_k 表示

$$\gamma_k = \frac{\varphi_k d_0}{2l_0} \times 100\% \tag{3.27}$$

式中：φ_k 为断裂后的残余扭转角。

各向同性材料剪切模量和弹性模量与泊松比存在如下关系：

$$E = 2G(1 + \nu) \tag{3.28}$$

多数材料的 G 大约为 $0.4E$，故已知一模量值，就能估算另一模量值。

5. 断裂韧性

前述静力学负荷作用下材料的力学性能均假设材料无宏观裂纹或孔洞等缺陷，而在大量工程实践中发现工程构件特别是由高强度材料制成的构件或中低强度材料制成的大型构件常常会发生名义应力远低于屈服强度的所谓低应力脆断。研究认为，这类低应力脆断是由构件在使用前即已存在裂纹类缺陷所导致。由于裂纹的存在，在平均外负荷并不大的情况下，在裂纹尖端附近区域产生的高度应力集中就可能达到材料的理论断裂强度引发局部开裂，致使裂纹扩展，并最终导致整体断裂。基于此，发展出了新的断裂力学设计方法，作为对经典强度设计理论的补充。

实践表明，大多数材料的断裂强度均远低于基于原子间化学键理论计算所得的强度，这是因为材料表面及内部总是存在着微孔洞和微裂纹。断裂强度的降低源于作用于微孔洞或微裂纹尖端的外应力明显放大或形成应力集中，应力放大的数值取决于裂纹的空间位向及其几何形状。图 3.11 所示为含有内部微裂纹的材料横截面应力分布，可以看出，随距裂纹尖端的距离增大应力逐渐减小，当距离裂纹尖端足够远时，应力值降至名义应力值 $\sigma_0 = F/A_0$。

设板材内部裂纹呈椭圆形状，且垂直于应力方向，裂纹尖端的最大应力 σ_m 可用下式估算：

$$\sigma_m = 2\sigma_0 \left(\frac{a}{\rho_t}\right)^{1/2} \tag{3.29}$$

式中：σ_0 为名义应力；ρ_t 为裂纹尖端曲率半径（图 3.11）；a 为表面裂纹的长度，或为内部裂纹长度的一半。对于那些相对较长的微裂纹，其曲率半径很小，故因子 a/ρ_t 很大，表明裂纹尖端最大应力 σ_m 将是名义应力 σ_0 的若干倍。应力集中的程度通常用最大局部应力与名义应力（平均应力）的比值，即理论应力集中系数 K_t 来衡量

$$K_t = \frac{\sigma_m}{\sigma_0} = 2\left(\frac{a}{\rho_t}\right)^{1/2} \tag{3.30}$$

通常可用该式表示外加应力在裂纹尖端放大程度的大小。应力集中现象不局限于图 3.11 所示的宏观缺陷，材料内部微观不连续区域如微孔及夹杂、

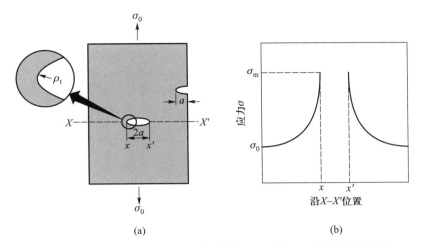

图 3.11 （a）表面及内部裂纹几何形状；（b）沿 X–X' 轴应力分布状态

尖角、划痕和台阶等亦会产生应力集中。相对而言，应力集中（裂纹尖端区域的应力放大）对脆性材料的影响远大于韧性材料。当韧性材料承受的应力超过其屈服强度时将产生塑性变形，使得应力集中区域的应力更为均匀分布，故实际应力集中系数小于理论计算值。但对于脆性材料而言，由于很难发生材料屈服进而导致应力状态的重新分布，所以其应力集中系数仍为理论计算值。

根据断裂力学原理，脆性材料发生裂纹扩展，临界应力 σ_c 可用下式计算：

$$\sigma_c = \left(\frac{2E\gamma_s}{\pi a} \right)^{1/2} \tag{3.31}$$

式中：E 为弹性模量；γ_s 为表面能；a 为材料内部裂纹长度的一半。

含有不同尺寸及形状缺陷的脆性材料在外应力的作用下均存在微裂纹的聚集及扩展两个阶段。当裂纹尖端的拉应力超过临界应力值时，先形成裂纹，然后扩展，最终导致断裂。少、无缺陷的金属材料及陶瓷晶须其断裂强度可接近其理论值。

断裂力学的基本假设是所研究对象存在固有裂纹，其中心任务是对裂纹体的不均匀性的应力场进行分析，提出描述裂纹体应力场的力学参量和计算这些参量的方法，建立裂纹几何（包括形状、取向、尺寸等）、材料本身抵抗裂纹扩展能力、裂纹扩展引起结构破坏时的名义应力水平等之间的关系，制定适用的表征材料抵抗裂纹扩展能力的指标和测试方法。

图 3.12 所示为裂纹扩展的三种基本类型。

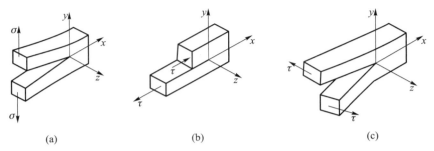

$$图 3.12\ \ 裂纹扩展的基本形式：（a）张开型（Ⅰ型）；$$
$$（b）滑开型（Ⅱ型）；（c）撕开型（Ⅲ型）$$

研究表明，对于危害最大的张开型裂纹（Ⅰ型）形式，应力强度因子表达式为

$$K_{\mathrm{I}} = Y\sigma\sqrt{a} \tag{3.32}$$

式中：Y 为裂纹形状系数；a 对中心裂纹为裂纹半长，对边裂纹为裂纹全长。

由上式可知，应力强度因子 K_{I} 是取决于名义应力 σ 和裂纹尺寸 a 的复合参量，当 σ 和 a 单独或者共同增大时，K_{I} 和裂纹尖端各应力分量也随之增大。当 σ 增大到临界值 σ_{c} 或 a 增大到临界值 a_{c} 时，K_{I} 达到某一临界值 K_{Ic}，此时裂纹尖端前沿足够大的范围内已达到了材料的断裂应力，裂纹便失稳扩展而导致材料断裂。这个对应于裂纹失稳扩展的临界应力强度因子 K_{Ic} 表征了材料抵抗断裂的能力，由于它具有能量的单位 $\mathrm{MPa \cdot m^{1/2}}$，故又称为断裂韧度。因此，裂纹体断裂的判据可写为

$$K_{\mathrm{I}} \geqslant K_{\mathrm{Ic}} \tag{3.33}$$

断裂韧性 K_{Ic} 是材料本身的特性，由材料的成分、组织状态决定，与裂纹的尺寸、形状以及外加应力的大小无关。

断裂韧性测试方法有多种，最常用的是三点（或四点）弯曲加载方式。试样必须沿垂直于最大拉应力面方向预制一定深度的尖锐裂纹，或用机加工切口代替裂纹。具体测试方法及裂纹形状系数 Y 等详见国家标准。

由前述的讨论可知，静力学负荷种类众多，如拉、压、弯、扭等，试样形状也各不一样，表面还分有无缺口或裂纹等形态，评价材料的力学性能指标有多种。但工程应用上主要有弹性模量、泊松比、屈服强度、抗拉强度、伸长率、断面收缩率、断裂韧度等。

3.1.2　动负荷作用下的材料力学性能

按负荷随时间变化的情况（即加载速度），动负荷分为冲击负荷与交变

负荷。

1. 冲击负荷作用下的材料力学性能

在断裂力学理论及断裂韧性测试技术出现之前，人们发现材料常规拉伸试验（低速加载）所得的材料力学性能并不能准确预测材料的断裂行为，如塑性材料在低温环境下也会发生脆性断裂，在高速加载下也几乎没有塑性变形。而冲击试验的设计更能符合多数脆性断裂的特征条件，即① 相对低温；② 高应变速率；③ 三向拉应力状态（引入缺口）。

冲击韧性的测试方法为一次摆锤法，冲击试样的形状和尺寸见图 3.13。在冲击试验机上，使处于一定高度的摆锤自由落下将试样冲断。

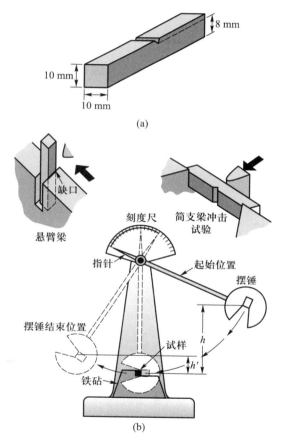

图 3.13 （a）冲击韧性试样；（b）摆锤式冲击试验机

（1）冲击功和冲击韧度

试样冲击断裂所吸收的能量称为冲击功，用 A_k 符号表示。用冲击吸收能

量除以试样缺口处截面积 S_0，即得到材料的冲击韧度（也称冲击韧性）a_k

$$a_k = \frac{A_k}{S_0} \tag{3.34}$$

新国标 GB/T 229—2007 中规定冲击吸收能量用 K 表示。用字母 U 和 V 表示缺口几何形状，用下标数字 2 或 8 表示摆锤刀刃半径。例如 KV_2 表示用刀刃半径为 2 mm 的摆锤冲击 V 形缺口试样的冲击功。

断裂韧性和冲击韧度均可用来表征材料的断裂性质。前者为可量化的材料特定性质（即 K_{1c}），而冲击韧度对于选材相对来说意义则小一些。冲击功更多的是用于不同材料之间的比较，其绝对值意义不大。

（2）韧性-脆性转变温度及其评价方法

冲击韧性测试可用于确定材料在降温过程中是否发生韧性-脆性转变以及转变温度。研究证明，体心立方金属或某些密排六方金属及合金，尤其是工程上常用的中、低强度结构钢，当试验温度低于某一温度时，材料由韧性状态变为脆性状态，冲击功明显下降。图 3.14 中 A 曲线为某种钢的韧性-脆性转变。一般而言，高温下冲击功相对较大，材料呈韧性断裂模式。随着温度的降低，在较窄的温度区间里冲击功急剧下降，后随温度降低冲击功平缓下降并趋于稳定值，材料呈脆性断裂模式。

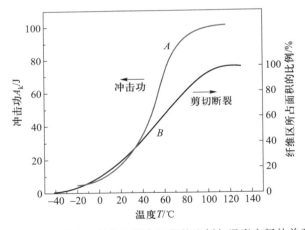

图 3.14 冲击功、纤维区所占面积的比例与温度之间的关系

相应地，断口表面形貌也反映其断裂特性，可用于确定韧性-脆性转变温度。韧性断裂的表面通常为纤维状，色泽较暗，如图 3.15 所示的低碳钢 79 ℃时的冲击断口形貌。而脆性断裂的表面则为粗晶状，有光泽，如图 3.15 所示的低碳钢-59 ℃时的冲击断口形貌。而在韧性-脆性转变温区，断口表面呈上

述两种类型的混合形态(图 3.15 所示的-12 ℃、4 ℃、16 ℃、24 ℃时的断口形貌)。工程上常用断口中纤维区所占面积的比例与温度之间的关系曲线表征材料的韧性-脆性转变特性,如图 3.14 中 *B* 曲线所示。

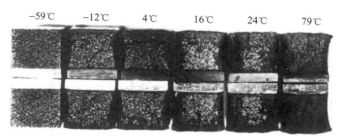

　　−59℃　　　−12℃　　　　4℃　　　　16℃　　　　24℃　　　79℃

图 3.15　不同温度下 A36 钢冲击断口表面的宏观形貌(Callister et al., 2011)

　　一般而言,大多数合金的韧性-脆性转变是在一定温度区间内发生的(如图 3.14),很难确定出一个具体的转变温度。事实上韧性-脆性转变也没有一个明确判据。工程上常用人为设定的某一冲击功(如 20 J)所对应的温度定义韧性-脆性转变温度(能量判据),也可以用断口表面断裂特征(如纤维区所占面积比例)确定(断口形貌判据)。不同判据得到的转变温度亦有不同,或许最保守的转变温度是断口表面 100% 为纤维状所对应的温度,如图 3.14 中所示的 110 ℃。

　　具有韧性-脆性转变特性的金属结构只能在韧-脆转变温度以上使用,以避免脆断及由此导致的灾难性失效发生。例如,第二次世界大战期间许多舰船突然无先兆地断裂为两半,丧失其作战功能,这些舰船所用钢材在室温下具有良好的韧性,但在较低温度下(如 4 ℃)发生了脆性断裂,而该温度恰是所用钢材的韧性-脆性转变温度区。分析表明,起始裂纹往往出现在尖角或加工缺陷等应力集中处,然后扩展至全船,最后断裂。

　　由图 3.14 所示的韧性-脆性转变,可以看出冲击功随温度的变化特性有两种基本类型,分别是完全韧性断裂和完全脆性断裂,曲线上存在高阶能和低阶能两个区间,如图 3.16 中的上、下两条线所示。需要指出的是,低强度面心立方金属(如铝和铜等)以及多数密排六方金属不存在韧性-脆性转变,随着温度的降低仍然有较高的冲击功,处于高阶能状态。而高强度材料(如高强度钢和钛合金等)的冲击功对温度敏感,这些材料为脆性材料,冲击功较低,处于低阶能状态。而图 3.16 中所示的中间曲线表示材料具有韧性-脆性转变特性,这是体心立方晶体结构低强度钢的典型特征。

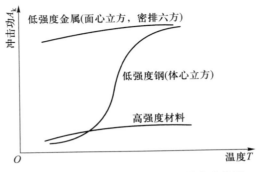

图 3.16　冲击功-温度曲线的三种基本类型

2. 交变负荷作用下的材料力学性能

材料在循环应力作用下，即使所受的应力低于屈服强度或断裂强度，也会在经过一定时间后发生断裂，这种现象称为疲劳。疲劳断裂，尤其是高强度材料的疲劳断裂，一般不发生明显塑性变形，因此疲劳断裂会造成很大的损失。飞机各主要构件、汽车驱动轴、钢铁桥梁等都可能发生疲劳断裂。据统计，在金属构件断裂失效中疲劳失效占 90% 左右。高分子材料、陶瓷材料（玻璃除外）也有疲劳断裂现象发生。

疲劳失效本质上是脆性断裂，即便材料为塑性金属也是如此，失效时几乎没有塑性变形。疲劳的破坏过程是材料内部薄弱区域的组织在循环应力作用下逐渐发生变化和损伤累积、开裂，当裂纹扩展达到一定程度后发生突然断裂的过程；是一个从局部区域开始的损伤累积，最终引起整体破坏的过程。

（1）交变应力类型

前已述及，应力可分为轴向应力、弯曲应力、扭转应力三种。交变应力-时间曲线也有三种模式，如图 3.17 所示。表征交变应力特征的参量有：① 最大交变应力 σ_{max}，最小交变应力 σ_{min}；② 平均应力 $\sigma_m = (\sigma_{max} + \sigma_{min})/2$；③ 应力幅 σ_a 或应力范围 $\Delta\sigma$：$\sigma_a = \Delta\sigma/2 = (\sigma_{max} - \sigma_{min})/2$；④ 应力比 $r = \sigma_{max}/\sigma_{min}$。

习惯上拉应力取正值，压应力取负值。按照应力幅和平均应力的相对大小，交变应力有以下几种类型：① 对称循环，如图 3.17a 所示，$\sigma_m = 0$，$r = -1$；② 不对称循环，如图 3.17b 所示，σ_m 不为 0，$-1 < r < 1$；③ 随机变动应力，如图 3.17c 所示，循环应力随机变化。

（2）S-N 曲线

与其他力学性能一样，材料的疲劳性能也是通过实验室模拟测试测得。测试装置的设计尽可能接近服役应力状态（包括应力大小、时间频率、应力类型

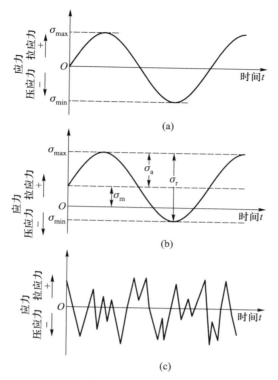

图 3.17 （a）对称循环应力；（b）不对称循环应力；（c）随机变动应力

等）。最简单的疲劳试验是用一组光滑小试样在旋转弯曲疲劳试验机上测试材料的疲劳曲线 S-N，如图 3.18 所示，试样的应力状态在旋转过程中不断变换（拉应力-压应力），以模拟弯曲扭转的应力状态。该试验结构简单，操作简便，能够实现 $r=1$ 和 $\sigma_m=0$ 的对称循环和恒应力幅的纯弯曲要求。通过改变非轴向拉应力-压应力循环，也可获得不同应力状态水平的疲劳试验结果。

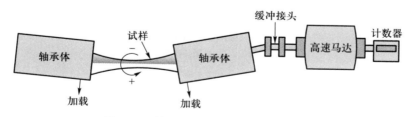

图 3.18 旋转弯曲疲劳试验装置示意图

测试疲劳曲线的方法是：按标准的规定先准备若干个尺寸相同的试样，从

$0.67\sigma_b$ 到 $0.4\sigma_b$，选择几个不同的最大循环应力 σ_1、σ_2、σ_3、……、σ_n，分别对每个试样进行循环加载试验，测定它们从加载开始到试样断裂所经历的应力循环数 N_1、N_2、N_3、……、N_n，然后在直角坐标图上将这些数据绘制成 S-N 曲线，或 S-N 曲线，S 通常取 σ_a，也可取 σ_{max} 或 σ_{min}。

（3）疲劳极限

大量试验表明，金属材料疲劳曲线有两种类型，如图 3.19 所示。一类是应力幅越高，材料疲劳失效时的循环次数越小，随着应力幅的减小，循环次数增大，当循环应力低于某一临界值时，疲劳曲线成为水平线，表明在此应力作用下试样可经历无限次循环而不发生断裂，此时的应力为极限应力，称之为疲劳极限。多数钢的疲劳极限为抗拉强度的 $35\% \sim 60\%$。如图 3.19a 所示，一般结构钢和钛合金即具有这种特征。

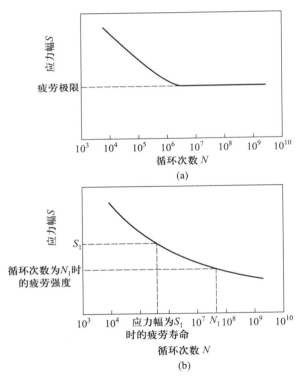

图 3.19　S-N 曲线的两种类型：（a）有疲劳极限；（b）无疲劳极限

（4）条件疲劳极限和疲劳寿命

大多数有色金属（铝、铜及镁合金等）没有疲劳极限，即 S-N（对数坐标）曲线上没有水平线。只能根据材料的使用性能要求测定有限寿命（$N = 10^6$、10^7

或 10^8)下的条件疲劳强度,如图 3.19b 所示。

工程上有时用疲劳寿命 N_f 表征材料的疲劳特性,N_f 是指在 S-N 曲线中设定的应力水平下发生疲劳断裂失效所对应的循环次数(图 3.19b)。

疲劳试验数据存在分散性,使得无论用疲劳极限还是用疲劳寿命作为设计依据都存在不确定性。数据分散的原因可能是测试样本数较少,更重要的原因是材料参数难于精确控制,如材料冶金质量、试样加工、表面状况、试样在试验机上的安装状况、平均应力及测试频率等。

可以用概率统计方法更准确地确定疲劳寿命和疲劳极限。常用方法如图 3.20 所示,每条曲线上对应的 P 值表示失效概率。如从图中可以查出,应力为 200 MPa 时,10^6 循环次数下失效概率为 1%,而 $2×10^7$ 循环次数下失效概率为 50%。需要指出的是,通常 S-N 曲线给出的数据是平均值。

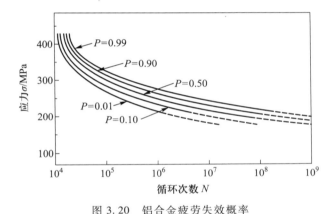

图 3.20 铝合金疲劳失效概率

图 3.19a 及图 3.19b 中所示疲劳特性可以分为两种类型,一种是负荷相对较大,每次循环既产生弹性应变也有塑性应变,疲劳寿命较短,这种类型称为低周疲劳,疲劳寿命一般小于 $10^4 \sim 10^5$ 次。而低应力时只发生弹性应变,寿命较长,称为高周疲劳,发生疲劳失效对应的循环次数相对较大,疲劳寿命通常大于 $10^4 \sim 10^5$ 次。

3.1.3 力学负荷与其他负荷(热负荷和环境负荷)交互作用下的材料性能

前面介绍了材料的常规力学性能试验方法、相应的力学性能指标。这里的常规是指室温、大气氛围、静负荷或有规律交变负荷等热及环境条件。然而,很多工程材料的实际服役条件可能很复杂,如在高温环境或腐蚀环境中承受力学负荷。

温度对材料的力学性能影响很大，而且随温度的变化规律各不相同。如金属材料随温度的升高，强度极限逐渐降低。常温下可以用来强化金属材料的手段，如加工硬化、固溶强化及沉淀强化等，随温度的升高强化效果逐渐消失；对于常温下脆性断裂的陶瓷材料，到了高温，借助于外力和热激活的作用，变形的一些阻力得以克服，材料内部质点发生了不可逆的微观位移，陶瓷也变为半塑性材料；高分子材料的黏弹性又使其具有不同于其他材料的高温性能特点。在研究高温疲劳时，还必须考虑加载频率、负荷波形等的影响。

所谓温度的高低，是相对于材料的熔点而言的，一般用"约比温度（T/T_m）"来描述，其中，T 为试验温度，T_m 为材料熔点（高分子材料则为玻璃化温度），都以热力学温度 K 表示。一般认为，当 $T/T_m > 0.4 \sim 0.5$ 时为高温。

在力学负荷（包括外应力和内应力）与环境负荷的共同作用下材料常常会造成更为严重的破坏，如金属材料发生应力腐蚀断裂及腐蚀疲劳断裂等。

时间是影响材料高温性能的又一重要因素，而在常温下，时间对力学性能几乎没有影响。而在高温时，力学性能就表现出时间效应，如金属材料的强度随承载时间的延长而降低。下面介绍静力学负荷与其他负荷（热负荷和环境负荷）交互作用下的材料性能。时间对材料在力学负荷与环境负荷交互作用下的行为有同样重要的影响。

1. 静力学负荷与其他负荷（热负荷和环境负荷）交互作用下的材料性能

（1）蠕变

蠕变是材料在长时间的恒温、恒负荷作用下缓慢地产生塑性变形的现象。由于这种变形而最后导致材料的断裂称为蠕变断裂。

严格地讲，蠕变在不同温度下均可发生，只是在低温时蠕变效应不明显，可不予考虑。当约比温度大于 0.3 时，必须考虑蠕变的影响，如碳钢超过 300 ℃、合金钢超过 400 ℃，就必须考虑蠕变效应。陶瓷材料发生显著蠕变的温度高于金属材料，高分子材料甚至在室温时也需考虑蠕变性能。

1）蠕变曲线。材料的蠕变特征可以用蠕变曲线表征。蠕变曲线是在恒应力作用下，应变量随时间变化的关系曲线，如图 3.21 所示。

OA 线段是施加负荷后，试样产生的瞬时应变 ε_0，不属于蠕变，从 A 点开始随时间的延长而产生的应变属于蠕变，图中 $ABCD$ 曲线即为蠕变曲线。

曲线上任一点的斜率，表示该点的蠕变速率（$\dot{\varepsilon} = d\varepsilon / dt$）。按照蠕变速率的变化，可将蠕变分为三个阶段。

第一阶段：AB 段，称为减速蠕变阶段（又称为过渡蠕变阶段），这一阶段开始的蠕变速率很大，随着时间的延长，蠕变速率逐渐减小，到 B 点，蠕变速率达到最小值。

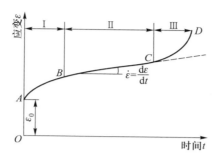

图 3.21 金属、陶瓷的蠕变曲线

第二阶段:BC 段,称为恒速蠕变阶段(又称为稳态蠕变阶段),其特点是蠕变速率几乎不变,一般所指的材料蠕变速率就是以这一阶段的蠕变速率来表示的。

第三阶段:CD 段,称为加速蠕变阶段(又称为失稳蠕变阶段),随着时间的延长,蠕变速率逐渐增大,到 D 点发生蠕变断裂。

蠕变曲线随应力的大小和温度的高低而变化,如图 3.22 所示。在恒温下改变应力,或在恒定应力下变化温度,蠕变曲线都将发生变化。当减小应力或降低温度时,蠕变第二阶段延长,甚至不出现第三阶段;相反,当增加应力或提高温度时,蠕变第二阶段缩短,甚至消失,试样经过减速蠕变后很快进入第三阶段而断裂。

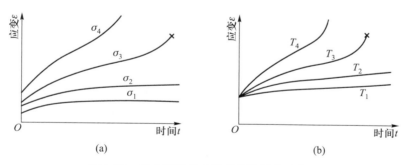

图 3.22 应力和温度对蠕变曲线影响示意图

高分子材料由于它的黏弹性决定了与金属、陶瓷材料不同的蠕变特性,其蠕变曲线如图 3.23 所示。蠕变曲线也可分为三个阶段,第一阶段:AB 段,为可逆变形阶段,是普通的弹性变形,即应力与应变成正比;第二阶段,BC 段,为推迟的弹性变形阶段,也称为提高弹性变形发展阶段;第三阶段:CD 段,为不可逆变形阶段,是以较小的恒定应变速率产生变形,到后期,会产生颈缩，发生蠕变断裂。弹性变形引起的蠕变，当负荷去除后，可以发生回复，称为蠕变回复，这是高分子材料的蠕变与其他材料的不同之处。材料不同或试验条件不同时，蠕变曲线的三个阶段的相对比例会发生变化，但总的特征是相似的。

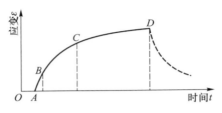

图 3.23 高分子材料的蠕变曲线

2）蠕变性能指标。材料的蠕变性能主要有蠕变极限、持久强度及持久塑性。

① 蠕变极限

蠕变极限的定义有两种：

（a）在给定温度下，使试样在蠕变第二阶段产生规定稳态蠕变速率的最大应力，记为 σ_ε^T。例如 $\sigma_{1\times10^{-5}}^{500} = 80$ MPa，表示在 500 ℃下产生稳态蠕变速率为 1×10^{-5} h^{-1} 的应力为 80 MPa。

（b）在给定温度和时间条件下，使试样产生规定稳态蠕变应变的最大应力，记为 $\sigma_{\frac{\varepsilon}{t}}^T$。例如 $\sigma_{\frac{1\%}{10\,000}}^{500} = 100$ MPa，表示在 500 ℃下使试样在 10 000 h 产生 1%蠕变应变的应力为 100 MPa。

② 持久强度和持久塑性

蠕变极限表征了材料抵抗蠕变变形的能力，但不能反映断裂时的强度和塑性。与常温下的情况一样，材料在高温下的变形抗力与断裂抗力是两种不同性能的指标。因此，对高温材料还必须测定其在高温长期负荷作用下抵抗断裂的能力，即持久强度。特别是对于设计某些高温运转过程中不考虑变形量的大小，而只是考虑在承受给定应力下使用寿命的构件来说，材料的持久强度更是极其重要的性能指标。

（a）持久强度。在给定温度下和规定的时间内，不发生蠕变断裂的最大应力，记为 σ_t^T。例如 $\sigma_{10^3}^{600} = 200$ MPa，表示材料在 600 ℃下工作 1 000 h 的持久强度为 200 MPa。若 $\sigma > 200$ MPa 或 $t > 1\,000$ h，试件均发生断裂。这里所说的规定时间是以零构件设计时的工作寿命为依据的，对于一些重要零构件，例如航空发动机的涡轮盘、叶片等，不仅要求材料具有一定的蠕变极限，同时也要求材料具有一定的持久强度，两者都是设计时的重要依据。

（b）持久塑性。试样断裂后的伸长率和断面收缩率。它反映了材料在高温长时间作用下的塑性性能，是衡量材料蠕变脆性的一个重要指标。很多材料在高温下长时间工作后，伸长率降低，往往会发生脆性断裂，如汽轮机中的螺栓的断裂、锅炉中导管的脆性断裂等。

（2）应力腐蚀

应力腐蚀开裂是指受拉伸应力作用的金属材料在某些特定的介质中，由于腐蚀介质和应力的共同作用产生滞后开裂或滞后断裂的现象。通常，在某种特定的腐蚀介质中，材料在不受应力时腐蚀速率很小，而受到一定的拉伸应力（可远低于材料的屈服强度）下，经过一段时间后，即使塑性很好的金属也会发生低应力脆性断裂。

一般认为发生应力腐蚀开裂需要同时具备三个条件，即：敏感材料、特定介质和拉伸应力。具体说：① 材料本身对应力腐蚀开裂具有敏感性。几乎所有的金属或合金在特定的介质中都有一定的应力腐蚀开裂敏感性，合金和含有杂质的金属比纯金属更容易产生应力腐蚀开裂。② 存在能引起该金属发生应力腐蚀开裂的介质。对每种材料，并不是任何介质都能引起应力腐蚀开裂，只有某些特定的介质才产生应力腐蚀开裂。③ 发生应力腐蚀开裂必须有一定拉伸应力的作用，包括外应力、热应力及内应力。④ 应力腐蚀是一种与时间有关的典型的滞后破坏，即材料在应力和腐蚀介质共同作用下，需要一定时间使裂纹形核、扩展，并最终达到临界尺寸，发生失稳断裂。⑤ 应力腐蚀是一种低应力脆性断裂。因为导致应力腐蚀开裂的最低应力（或应力强度因子 K_I）远小于过载断裂的应力 σ_b（或 K_{Ic}），而且断裂前没有明显的宏观塑性变形，故应力腐蚀往往会导致无先兆的灾难性事故。

1）应力腐蚀裂纹发生及扩展速率曲线。对于无裂纹的拉伸试样，当应力远低于断裂强度乃至屈服强度时就能引起应力腐蚀裂纹的产生和扩展。而对于预裂纹试样，使裂纹扩展的应力强度因子 K_I 远小于使材料快速断裂的断裂韧度 K_{Ic}。因此，这种滞后破坏可明显分成三个阶段（如图 3.24 所示）：孕育期（t_i），裂纹萌生阶段，即裂纹源成核所需时间，对无裂纹试样，t_i 占整个时间 t_f 的 90% 左右；裂纹扩展期（t_p），裂纹成核后直至发展到临界尺寸所经历的时间；快速断裂期，裂纹达到临界尺寸后，由纯力学作用裂纹失稳导致试样或构件瞬间断裂。

2）应力腐蚀性能指标。材料的应力腐蚀性能指标有应力腐蚀断裂临界应力强度因子和应力腐蚀断裂裂纹扩展速率。

① 应力腐蚀断裂临界应力强度因子

根据断裂力学原理，对于无腐蚀环境的裂纹体，当 $K_I < K_{Ic}$ 时，裂纹不会

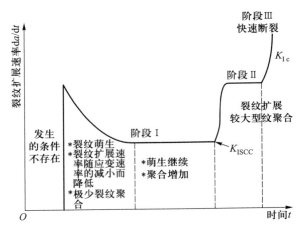

图 3.24　应力腐蚀裂纹发生及扩展速率示意图

扩展，而 K_I 取决于裂纹长度 a 及工作应力 σ，即 $K_I = Y\sigma\sqrt{a}$。

　　在给定工作应力下，若原始裂纹尺寸小于临界裂纹尺寸，试样不会扩展和断裂。但在腐蚀环境下，由于应力腐蚀的作用，原始裂纹会随时间延续而缓慢长大，致使裂纹尖端应力强度因子升高，经过时间 t_f，裂纹尺寸达到临界长度，即 $K_I = K_{Ic}$，则发生脆性断裂。

　　随给定的工作应力下降（即 K_I 下降），断裂时间 t_f 延长，如图 3.25 所示。试验表明，对每一个特定的介质/材料体系，都存在一个临界应力 σ_{scc} 或临界应力强度因子 K_{ISCC}，当工作应力 $\sigma < \sigma_{scc}(K_I < K_{ISCC})$ 时，断裂时间无限长，即不发生应力腐蚀开裂。

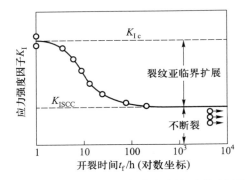

图 3.25　初始应力强度因子与应力腐蚀开裂时间的关系

每一种材料在特定环境介质中的 K_{ISCC} 是个常数，由试验测定。一般，$K_{\mathrm{ISCC}}=\left(\dfrac{1}{2}\sim\dfrac{1}{5}\right)K_{\mathrm{I}}$，且随材料强度级别的提高，$K_{\mathrm{ISCC}}/K_{\mathrm{I}}$ 的比值下降。

② 应力腐蚀断裂裂纹扩展速率

单位时间内裂纹扩展量称为应力腐蚀断裂裂纹扩展速率，它是应力强度因子的函数 $\mathrm{d}a/\mathrm{d}t=f(K_{\mathrm{I}})$。已经确认大多数材料的裂纹扩展速率与应力强度因子的关系可分为三个阶段，如图 3.26 所示。

Ⅰ：随 K_{I} 上升，$\mathrm{d}a/\mathrm{d}t$ 迅速增加；

Ⅱ：$\mathrm{d}a/\mathrm{d}t$ 与 K_{I} 关系不大，主要由电化学过程控制；

Ⅲ：裂纹长度已接近脆断的临界尺寸，$\mathrm{d}a/\mathrm{d}t$ 又迅速增加，直到失稳断裂。

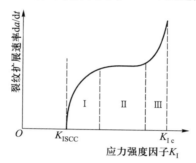

图 3.26 应力腐蚀裂纹扩展速率与应力强度因子的关系

应力腐蚀断裂裂纹扩展速率一般用第二阶段裂纹稳态扩展速率表征。

2. 交变力学负荷与其他负荷(热负荷和环境负荷)交互作用下的材料行为

(1) 高温疲劳

通常将高于再结晶温度、交变应力作用下所发生的疲劳称为高温疲劳。高温疲劳存在疲劳损伤成分和蠕变损伤成分，在一定条件下，两种损伤过程不是各自独立发展，而是存在交互作用，交互作用的结构可能会加剧损伤过程，使疲劳寿命大大减小。

材料的高温疲劳性能指标与室温疲劳相同，即疲劳极限、条件疲劳极限和疲劳裂纹扩展速率。材料的高温疲劳行为与室温疲劳具有类似的规律，但也有一些自身的特点。

随着试验温度的升高，材料的高温疲劳强度降低。据统计，当温度上升到 300 ℃ 以上时，每升高 100 ℃，钢的疲劳抗力下降 15%～20%。而对于耐热合金，则每升高 100 ℃，疲劳抗力下降 5%～10%。

温度上升，疲劳强度下降，但和持久强度相比下降较慢，所以它们存在一交点(见图 3.27)，在交点左边时，材料主要是疲劳破坏，这时疲劳强度比持久强度在设计中更为重要；在交点以后，则以持久强度为主要设计指标，交点温度随材料不同而不同。

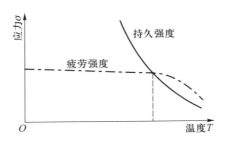

图 3.27　疲劳强度、持久强度与温度的关系

在线弹性条件下，描述高温裂纹扩展速率的方法与室温的相同。通常，温度升高，裂纹扩展速率增加，疲劳断裂临界应力强度因子降低。由于高温条件下不可避免地存在蠕变损伤，所以高温疲劳裂纹扩展可以看作是疲劳和蠕变分别造成裂纹扩展量的叠加，两部分相对量的大小与诸多因素有关，其中与负荷的关系为：在低负荷时，蠕变裂纹扩展速率较低，以疲劳对裂纹扩展的贡献为主；而在较高负荷时，情况相反，以蠕变对裂纹扩展的贡献为主。

（2）腐蚀疲劳

腐蚀疲劳是指材料在交变应力和腐蚀介质共同作用下所产生的疲劳。腐蚀疲劳的损伤过程与疲劳相似，区别仅在于材料的腐蚀疲劳是在交变负荷和腐蚀环境共同作用下产生的。腐蚀的作用使疲劳裂纹萌生所需时间及应力交变次数都明显减少，并使裂纹扩展速率增大。

腐蚀疲劳一般以在设定的腐蚀介质中、预设定的循环周次下不发生断裂的最大应力作为腐蚀疲劳强度，用以评价材料的腐蚀疲劳性能。

腐蚀疲劳的特点主要有：① 几乎所有金属在任何腐蚀环境中都会产生腐蚀疲劳。与应力腐蚀不同，发生腐蚀疲劳不需要材料-环境的特殊组合；② 金属的腐蚀疲劳强度与其耐蚀性有关。

3.1.4　硬度及其性能指标

硬度是材料重要的力学性能指标，它是材料抵抗局部塑性变形（凹陷和压痕）能力的度量。硬度试验方法有十几种，按加载方式基本上可分为压入法和刻痕法两大类。洛氏硬度、布氏硬度、维氏硬度和显微硬度属于压入法，刻痕法包括莫氏硬度顺序法和锉刀法等。硬度值的物理意义随试验方法不同有不同的含义。例如，压入法的硬度值是材料表面抵抗另一物体局部压入时所引起的塑性变形抗力；刻痕法硬度值表征材料表面对局部切断破坏的抗力。

硬度试验一般仅在材料表面局部区域内造成很小的压痕，可视为无损检测，故可对大多数机件成品进行检验，无需专门加工试样。故硬度检验已成为产品质量检验、制定合理工艺等的重要试验方法之一。另外根据硬度测试的数据可估算材料的其他力学性能，如抗拉强度等。

（1）莫氏硬度

陶瓷及矿物材料常用的划痕硬度称为莫氏硬度，它只代表硬度从小到大的顺序，不表示软硬的程度，编号大的可以划破编号小的材料。起初，莫氏硬度分为 10 级，后来出现了一些人工合成的高硬度材料，故又将莫氏硬度分为 15 级。表 3.1 为两种莫氏硬度分级的顺序。

表 3.1 莫氏硬度顺序

顺序	材料	顺序	材料
1	滑石	1	滑石
2	石膏	2	石膏
3	方解石	3	方解石
4	萤石	4	萤石
5	磷灰石	5	磷灰石
6	正长石	6	正长石
7	石英	7	SiO_2 玻璃
8	黄玉	8	石英
9	刚玉	9	黄玉
10	金刚石	10	石榴石
		11	熔融氧化锆
		12	刚玉
		13	碳化硅
		14	碳化硼
		15	金刚石

（2）洛氏硬度

洛氏硬度是一种常用的压入硬度试验方法。方法简单，不需要专门训练。不同压头和载荷的组合形成不同的硬度测试标尺，几乎可以测试所有金属及高分子材料的硬度。压头有淬火钢球（直径为 1.588 mm、3.175 mm、6.35 mm 及 12.70 mm 等）、金刚石圆锥等，后者主要用于硬质材料。

　　洛氏硬度是以测量压痕深度值的大小来表示材料的硬度值。载荷分先后两次施加，先加预载荷，后加主载荷，先加预载荷的目的是提高测量精度。根据两个载荷大小不同，有两种洛氏硬度，一种是洛氏硬度，另一种是表面洛氏硬度。洛氏硬度取预载荷为 10 kgf，主载荷分别是 60 kgf、100 kgf、150 kgf 等，分别用英文字母表示其硬度测试标尺，见表 3.2a 所示，表中还包括了相应选用的压头和载荷。表面洛氏硬度测试，通常预载荷选用 3 kgf，主载荷有 15 kgf、30 kgf、45 kgf 不等，根据压头的不同，标尺分别记为 N、T、W 等。表面硬度常用于薄样品的硬度测试，测试条件见表 3.2b。

表 3.2a　各种洛氏硬度值的符号、测试条件

标尺	压头类型	预载荷/kgf	主载荷/kgf	硬度值测量范围
HRA	120°金刚石圆锥体	10	50	65~85
HRC	120°金刚石圆锥体		140	20~67
HRB	Φ1.588 mm 淬火钢球		90	25~100
HRD	120°金刚石圆锥体		90	40~47
HRE	Φ3.175 mm 淬火钢球		90	70~100
HRF	Φ1.588 mm 淬火钢球		50	60~100
HRG	Φ1.588 mm 淬火钢球		140	30~94
HRH	Φ3.175 mm 淬火钢球		50	80~100
HRK	Φ3.175 mm 淬火钢球		140	40~100

　　由于洛氏硬度测试时预载荷和主载荷有多种组合，标尺不一，每一标尺用一个字母在洛氏硬度符号 HR 后注明。如洛氏硬度表示为 80HRB，表示用

$\Phi 1.588$ mm 淬火钢球压头，主载荷为 90 kgf 测得的洛氏硬度值。而 60HR30W 则表示表面硬度值为 60HR，标尺为 30W ($\Phi 3.175$ mm 淬火钢球，主载荷为 30 kgf)。

表 3.2b 各种表面洛氏硬度值的符号、测试条件

标尺	压头类型	主载荷/kgf
15N	120°金刚石圆锥体	15
30N		30
45N		45
15T	$\Phi 1.588$ mm 淬火钢球	15
30T		30
45T		45
15W	$\Phi 3.175$ mm 淬火钢球	15
30W		30
45W		45

每种标尺的硬度值范围是 0~130，但是大于 100、小于 20 范围内精度较低，这是因为标尺部分重叠，此时应调整标尺。

硬度不准可能是样品太薄所致，或者太接近样品边缘，也可能两压痕相距太近，一般要求两压痕距离至少为压痕深度的十倍，或者取两压痕中心的距离至少为压头直径的三倍。当然硬度测试的精度也与压痕是否在光滑平表面上形成有关。

随着测试仪器技术的发展，洛氏硬度的测试已经实现自动化且方法简单易行，硬度值可直接读出，测试只需几秒时间。

（3）布氏硬度

布氏硬度的测定原理是用一定大小的载荷 F(500~3 000 kgf)，把直径为 D(10 mm) 的淬火钢球或硬质合金球压入试样表面，保持一定时间(10~30 s)，测量试样表面的残留压痕直径 d，求压痕的表面积 S，将单位压痕面积承受的平均压力(F/S)定义为布氏硬度，其符号用 HB 表示。硬度大的材料需用更大的载荷。布氏硬度值 HB 是载荷大小和压痕直径的函数

$$HB = \frac{2F}{\pi D(D-\sqrt{D^2-d^2})}$$

压痕直径用低倍显微镜测量，其误差即为视觉误差。通常用测量的压痕直径查表即得硬度值 HB。

　　同样，已实现了半自动测试布氏硬度的技术，即首先用数码光学扫描系统分析压痕形貌尺寸，再计算得到 HB 值。不过这种技术对样品表面质量尤其是表面光洁度等有更高的要求。

　　样品最小厚度及压痕位置的要求与洛氏硬度测试相同，另外同样也需要在光滑平表面制得压痕以满足测试精度要求。

　　（4）努氏和维氏显微硬度

　　努氏硬度和维氏硬度测定原理和方法基本上与布氏硬度相同，也是根据单位压痕表面积上所承受的压力来定义硬度值。但测定维氏硬度所用的压头为金刚石制成的四方角锥体，两相对面间的夹角为 136°，压头很小，所加的载荷也较小，为 1~1 000 gf。努氏硬度压头是更扁平的棱方角锥体。测定努氏硬度和维氏硬度时，也是以一定的压力将压头压入试样表面，保持一定时间后，卸除压力，留下压痕。两种测试压痕的方法有所不同，在载荷为 F 时，测得压痕两对角线长度后取平均值 d（mm），代入计算公式即得维氏硬度值（HV = $1.854F \cdot d^{-2}$），而努氏硬度测量的压痕是长对角线的长度 l，代入计算公式得努氏硬度值（HK = $14.2F \cdot l^{-2}$）。努氏硬度和维氏硬度分别用 HK 和 HV 表示。由于压头尺寸较小，故努氏硬度和维氏硬度为显微压痕测试技术。两种硬度测试方法均适宜测试样品选择性小区域，相对而言，努氏硬度更适合测试陶瓷类的脆性材料。

　　还有一些硬度测试方法，如超声波硬度、肖氏硬度、邵氏硬度（用于塑料和橡胶类材料）及划痕法等。

　　（5）硬度换算

　　工程上经常需要将不同硬度标尺之间进行转换以满足需要，然而，由于硬度本身不是一个定义很准确的材料性能，另外测试方法也不尽相同，故不存在数学转换式将不同硬度值进行换算。实践中均靠试验确定相应硬度值之间的对应关系，研究发现该关系与材料类型及性质有关，一般而言，钢的相关不同硬度数据之间的对应关系其可信度更大些。图 3.28 所示为部分金属材料的努氏硬度、布氏硬度、洛氏硬度及莫氏硬度的对应关系。

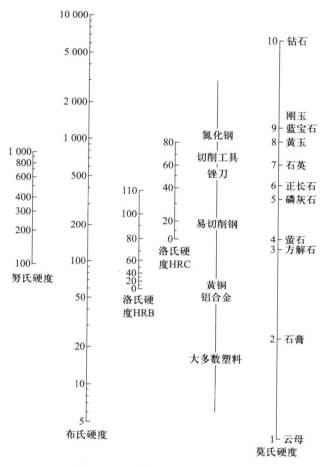

图 3.28 不同硬度值的对应关系

（6）硬度与抗拉强度之间的关系

抗拉强度和硬度均为材料抵抗塑性变形能力的度量，因此它们之间的关系大致呈线性，如图 3.29 所示。可以看出，铸铁、钢及黄铜等材料的抗拉强度是 HB 的函数，并非所有金属均满足上述关系。大多数钢的布氏硬度与抗拉强度之间基本符合下述关系：

$$R_{\rm m} = 3.45 \times \text{HB} \tag{3.35}$$

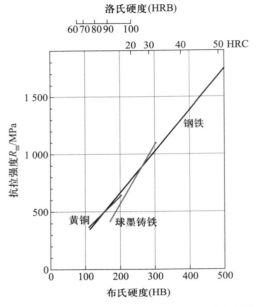

图 3.29　部分金属材料的抗拉强度与布氏硬度之间的关系

3.2　工程材料在热负荷作用下的性能（热稳定性）

　　上节介绍了力-热交互作用下的材料变形、断裂行为及其性能指标，本节所述工程材料在热负荷作用下的性能即热稳定性是指材料承受纯热负荷作用（温度急剧变化）而不致破坏的能力，也称为抗热震性。热稳定性是脆性材料尤其是陶瓷材料的一个重要的工程物理性能。

　　材料热冲击损坏有两种类型：一种是材料发生瞬时断裂，抵抗这类破坏的性能称为抗热冲击断裂性能；另一种是在热冲击循环作用下，材料表面开裂、剥落，并不断发展，最终碎裂或变质，抵抗这类破坏的性能称为抗热冲击损伤性能。对于脆性或低塑性材料抗热冲击断裂性能尤其重要。对于一些高塑性材料，热疲劳是主要的问题，此时，虽然温度的变化不如热冲击时剧烈，但是其热应力水平也可能接近于材料的屈服强度，因而这种温度变化反复地发生，最终导致疲劳破坏。

3.2.1　热震损伤机制

　　材料的抗热震能力是其力学型和热学型对应于各种受热条件的综合表现，

可用材料的强度、断裂韧性等表征对热震破坏的抗力；各种热环境下引起的热应力及其应力强度因子是导致材料热震破坏的动力。

目前关于材料热震损伤机制有两种观点：一是基于热弹性理论，认为当热震温差引起的热应力(σ_H)超过材料的断裂抗力(即 $\sigma_H > \sigma_f$)时材料发生瞬时断裂；二是基于断裂力学理论，认为当由热应力产生并贮存于材料中的热弹性应变能超过材料的断裂能($W \geqslant U$)时，即材料中的热弹性应变能超过裂纹成核和扩展产生新表面所需的能量时，裂纹就成核和扩展，从而导致材料热震损伤。

3.2.2 热应力与材料能承受的最大温差

无论何种热震损伤机制，其破坏的动力源于由于温度剧烈变化所引起的热应力。热应力大小为

$$\sigma_H = \frac{\alpha_l E}{1 - \mu}(T_0 - T_f) = \frac{\alpha_l E}{1 - \mu}\Delta T \tag{3.36}$$

将上式变换可得材料所能承受的最大温差为

$$\Delta T_{max} = \frac{\sigma_f(1 - \mu)}{\alpha_l E} \tag{3.37}$$

据此，可限制骤冷时的最大温差。式(3.36)及式(3.37)中仅包含材料的几个本征性能参数，并不包括形状尺寸数据，因而可以用于一般形态的脆性材料。

3.2.3 抗热震断裂性能

材料的抗热震性是材料的本征性能，根据考虑的影响因素不同有三种表达式。

（1）第一热应力断裂抵抗因子 R

根据上述分析，只要材料中最大热应力值 σ_{max}(一般在表面或中心部位)不超过材料的强度极限 σ_f，材料就不会损坏。显然，ΔT_{max} 越大，说明材料能承受的温度变化越大，即热稳定性越好，所以定义表征材料热稳定性的第一热应力断裂抵抗因子或第一热应力因子为

$$R = \frac{\sigma_f(1 - \mu)}{\alpha_l E} \tag{3.38}$$

表 3.3 列出了一些材料的 R 的经验值。

表 3.3　某些材料的 R 的经验值

材料	σ_f/MPa	μ	$\alpha_1/(\times 10^{-6}\text{K}^{-1})$	E/GPa	$R/℃$
Al_2O_3	325	0.22	7.4	379	96
SiC	414	0.17	3.8	400	226
反应烧结 Si_3N_4	310	0.24	2.5	172	547
热压烧结 Si_3N_4	690	0.27	3.2	310	500
锂辉石	138	0.27	1.0	70	1460

注：锂辉石成分为 $LiO \cdot Al_2O_3 \cdot 4SiO_2$。

（2）第二热应力断裂抵抗因子 R'

实际上材料是否出现热应力断裂，除了与最大热应力 σ_{max} 密切相关外，还与材料中应力的分布情况、应力产生的速率、应力持续时间、材料的特性（如塑性、均匀性、弛豫性）以及原先存在的裂纹、缺陷等有关。因此第一热应力断裂抵抗因子 R 虽然在一定程度上反映了材料抗热冲击性能的优劣，但并不能简单地认为就是材料允许承受的最大温度差，R 只是与 ΔT_{max} 有一定的关系。

热应力引起的材料断裂破坏，还涉及材料的散热问题，散热使热应力得以缓解。与此有关的因素包括：① 材料的热导率 λ：λ 越大，传热越快，热应力持续一定时间后很快缓解，所以对热稳定性有利。② 传热的途径：这与材料的厚薄程度有关，薄的制品传热通道短，很快使温度均匀。③ 材料表面散热速率：如果材料表面向外散热快，材料内、外温差变大，热应力也大。

热导率 λ 是材料本征性能参数，将 λ 引入第一热应力断裂抵抗因子表达式中即得第二热应力断裂抵抗因子 R'

$$R' = \frac{\lambda \sigma_f (1 - \mu)}{\alpha_1 E} \qquad (3.39)$$

（3）第三热应力断裂抵抗因子 R''

前述的两个热应力断裂抵抗因子并未考虑材料的导温系数，而导温系数的大小由热冲击时材料储热及导热所决定。材料在温度变化时，内部各部分温度趋于均匀的能力即导温系数 a 由下式计算：

$$a = \frac{\lambda}{\rho c_p} \qquad (3.40)$$

式中：ρ 为材料的密度；c_p 为比热容。

显然，材料的热导率越大，材料内部各部分温度越趋于均匀。故定义第三热应力断裂抵抗因子 R''

$$R'' = \frac{\lambda \sigma_f (1 - \mu)}{\alpha_1 E} \cdot a = \frac{\lambda \sigma_f (1 - \mu)}{\alpha_1 E} \cdot \frac{\lambda}{\rho c_p} \tag{3.41}$$

3.2.4 抗热冲击损伤性能

前述讨论的结论或计算公式是以强度-应力为判据，认为材料中热应力达到抗拉强度极限后，材料就产生开裂，一旦有裂纹成核就会导致材料的完全破坏。这样导出的结果对于一般的玻璃、陶瓷等都能适用。但是对于一些含有微孔的材料和非均质的金属陶瓷等却不适用。这些材料在热冲击下产生裂纹时，即使裂纹是从表面开始，在裂纹的瞬时扩展过程中，也可能被微孔、晶界或金属相所阻止，而不致引起材料的完全断裂。

实际材料中都存在一定大小、数量的微裂纹，在热冲击作用下，这些裂纹扩展的程度与材料积存的弹性应变能和裂纹扩展的断裂表面能有关。当材料中可能积存的弹性应变能较小，原先裂纹的扩展可能性就小；裂纹扩展时断裂表面能较大，则裂纹扩展的程度小，材料热稳定性就好。因此，抗热应力损伤性能正比于断裂表面能，反比于应变能释放率。

这样就提出了抗热应力损伤因子 R'''

$$R''' = 2\gamma_{eff} \times \frac{E}{\sigma^2 (1 - \mu)} \tag{3.42}$$

式中：σ 为材料的断裂强度；$2\gamma_{eff}$ 为断裂表面能。

R''' 实际上是材料的弹性应变能释放率的倒数，用于比较具有不同断裂表面能的材料，其数值越大，材料抗热应力损伤性能越好。

根据 R'''，具有低的 σ 和高的 E 的材料的热稳定性好，这与式（3.40）及式（3.41）的情况刚好相反，原因就在于两者的判据不同。从抗热冲击损伤性能出发，强度高的材料，原有裂纹在热应力作用下容易扩展，热稳定性不好。

若将第二热应力断裂抵抗因子 R' 中的 σ 用弹性应变能释放率 G 表示，得到

$$R' = \frac{1}{\sqrt{\pi c}} \sqrt{\frac{G}{E}} \times \frac{\lambda (1 - \mu)}{\alpha_1} \tag{3.43}$$

式中：$\sqrt{\dfrac{G}{E}} \times \dfrac{\lambda}{\alpha_1}$ 表示裂纹抵抗破坏的能力。

3.3 工程材料在环境负荷作用下的性能

工程零构件都是在特定的环境下使用或储存的，而材料与环境的长时间交

互作用总会使材料的状态和性能发生改变，最终导致失效。例如，几乎所有自然的或工业的环境都会使金属产生或多或少的腐蚀；高分子材料在光、热、水、化学与生物侵蚀等内外因素的综合作用下会产生老化，表现为随时间延长而性能下降，从而部分丧失或全部丧失其使用价值。本节主要介绍金属材料的腐蚀和高分子材料的老化等性能。

3.3.1　金属材料的耐腐蚀性能

根据腐蚀破坏的外部特征，腐蚀形态可分为全面腐蚀和局部腐蚀。全面腐蚀又可分为均匀腐蚀和非均匀腐蚀；而局部腐蚀则包括点蚀、缝隙腐蚀、电偶腐蚀、晶间腐蚀、选择性腐蚀等。局部腐蚀难以预测，比全面腐蚀有更大的危害性。

金属材料在某一环境下承受或抵抗腐蚀的能力称为耐蚀性或抗蚀性。显然必须有表示腐蚀程度、速率的方法和耐蚀性评定标准，才能定量地确定金属材料的耐蚀性。金属腐蚀损害后，其质量、尺寸、力学性能、组织结构及电极过程都会发生变化，这些物理和力学性能的变化率可用来表示金属的腐蚀程度。金属腐蚀程度的大小，根据腐蚀破坏形式不同，有着不同的评定方法。

1. 均匀腐蚀的程度与评定方法

在均匀腐蚀情况下，通常采用质量指标或深度指标表示腐蚀程度。

（1）腐蚀速率的质量指标

腐蚀速率的质量指标指金属因腐蚀而发生的质量变化。可以根据腐蚀产物是否容易清除掉的具体情况来选择失重或增重表示法。

1）失重法。用腐蚀前的质量与清除腐蚀产物后的质量之间的差异表征其腐蚀速率

$$v^- = \frac{W_0 - W_1}{St} \tag{3.44}$$

式中：v^- 为失重时的腐蚀速率；W_0 为金属初始质量；W_1 为清除腐蚀产物后的金属质量；S 为金属试样的面积；t 为腐蚀时间。

2）增重法。用腐蚀后带有产物时的质量与腐蚀前的质量之间的差异表征其腐蚀速率

$$v^+ = \frac{W_2 - W_0}{St} \tag{3.45}$$

式中：v^+ 为增重时的腐蚀速率；W_2 为带有腐蚀产物的金属质量。

（2）腐蚀速率的深度指标

此指标是把金属的厚度因腐蚀减少的量，以长度单位表示，并换算成相当于单位时间的数值。在衡量密度不同的金属腐蚀程度时，该指标更为合理方

便。可按下式将腐蚀的失重指标换算为腐蚀的深度指标。

$$v_L = v^- \times 24 \times 362 \times 10/(10\,000\rho) = v^- \times 8.76/\rho \qquad (3.46)$$

式中：v_L 为腐蚀的深度指标；ρ 为金属密度。

2. 局部腐蚀的程度与评定方法

金属的局部腐蚀其质量和外形尺寸一般没有明显变化，但其力学性能下降。为判断金属局部腐蚀的程度，可进行拉伸、弯曲、扭转等力学性能试验，以测定金属腐蚀后的强度、伸长率等力学性能的变化。

（1）腐蚀强度指标

用材料腐蚀前、后的抗拉强度变化率表征

$$腐蚀\ t\ 时间后\ K_R = \frac{R_m - R'_m}{R_m} \times 100\% \qquad (3.47)$$

式中：K_R 为腐蚀强度指标；R_m 和 R'_m 分别为金属试样腐蚀前、后的抗拉强度。

（2）腐蚀伸长率指标

用材料腐蚀前、后的伸长率变化率表征。

$$腐蚀\ t\ 时间后\ K_A = \frac{A - A'}{A} \times 100\% \qquad (3.48)$$

式中：K_A 为腐蚀伸长率指标；A 和 A' 分别为金属试样腐蚀前、后的伸长率。

3.3.2 高分子材料老化测试与评价

老化是高分子材料如塑料、橡胶、涂料、胶黏剂等的自然特性，是高分子材料在合成、改性和应用中必须考虑到的一项重要指标。如何评价高分子材料的老化是人们一直以来都相当关注的问题。目前，主要有两类方法：自然环境老化和人工加速老化。自然环境老化是评价高分子材料特性最真实的方法，但自然环境老化有老化周期长、环境因素无法控制、试验结果重复性差等缺点。因此，人们一方面不断发明新的自然环境老化方法；另一方面，人工加速老化试验得到了越来越广泛的应用。

1. 老化试验方法

（1）自然环境老化试验

自然环境老化试验是利用自然环境或自然介质进行的试验，主要包括：大气老化试验、埋地试验、仓库贮存试验、海水浸渍试验、水下埋藏试验等。自然环境老化试验结果更符合实际，其中对高分子材料而言，应用最多的是自然气候暴露试验。

自然气候暴露试验就是将试样置于自然气候环境下暴露，使其经受日光、温度、氧等气候因素的综合作用，通过测定其性能的变化来评价材料的耐候性。直接自然气候暴露的试验方法主要有光解性塑料户外暴露试验方法、涂层自然气候暴露试验方法和塑料自然气候暴露试验方法等。具体试验方法见有关国家标准。

（2）人工加速老化试验

人工加速老化试验是用人工的方法，在室内或设备内模拟近似于大气环境条件或某种特定的环境条件，并强化某些因素，以期在短期内获得试验结果。可以相对比较不同材料的抗老化性能，并对材料的使用寿命提出指导性意见。因此，各国标准大都采用这种方法来评价材料的老化性能。

人工加速老化试验方法主要包括：人工气候试验、热老化试验（绝氧、热空气、热氧化吸氧等试验）、湿热老化试验、臭氧老化试验、盐雾腐蚀试验、气体腐蚀试验以及抗霉试验等。具体试验方法见有关国家标准。

2. 高分子材料老化的评价指标

从理论上讲，凡是在暴露过程中发生变化并可以测量的性能，都可以作为老化性能的评价指标。但在实际试验和应用中，多选择对高分子材料的应用最适宜及变化较敏感的一种或几种性能的变化来评定高分子材料的老化性能。高分子材料的老化性能评价指标一般可分为如下几类：

1）物理性能指标。物理性能指标是最直观评价老化的指标，主要有表观变化（通过目测试样发生局部粉化、龟裂、斑点、起泡及变形等外观的变化）、光学性能（如光泽、色变和透射率等）、物理测定方法（如相对分子质量、相对分子质量分布、溶液黏度、熔融态黏度、质量等）。

2）力学性能指标。材料的力学性能指标是评价材料老化情况下的重要性能指标，主要有抗拉强度、弯曲强度、冲击强度、伸长率等。

材料的宏观物理及力学性能是由其微观结构所决定的，因此，在研究高分子材料的老化时，除了用某些宏观物理力学性能作为评价标准外，更应该采用微观分析方法。目前主要采用的高分子材料降解的检测和分析方法有热分析法（差热分析 DTA、差示扫描量热法 DSC、热重分析法 TGA 及热机械分析法 TMA）、化学分析法（氧吸收法、过氧化基团的测定、羰基的测定、羧基的测定）、色谱法、质谱法、光谱法、核磁共振、电子自旋共振、动态热-力分析等。

3）耐久性能指标。耐久性能指标主要有耐磨、抗紫外线、抗生物、抗化学、抗大气环境等多项指标。大多没有可遵循的规范规程，一般按工程要求进行专门研究或参考已有工程经验来选取。

本章小结

工程材料服役时将承受力学负荷、热负荷、环境负荷及它们的交互作用，材料在这些负荷作用下将表现出不同的行为。材料的性能则是材料功能特性和效用的定量度量和描述。工程材料的性能包括力学性能（纯力学负荷）、热性能（纯热负荷）、环境性能（纯环境负荷）及复合负荷下的性能（力学负荷、热负荷及环境负荷间的交互作用）。按对材料力学性能的传统分类方法，将高温力学性能（力负荷+热负荷）和应力腐蚀性能（力学负荷+环境负荷）划为材料力学性能。

工程材料的力学性能主要有：弹性模量、屈服强度、抗拉强度、伸长率、断面收缩率、断裂韧性、冲击韧性、硬度、疲劳极限、蠕变极限、持久强度、应力腐蚀断裂界限强度因子等。

工程材料的热性能（纯热负荷）主要是抗热震性（热应力断裂抵抗因子）。

工程材料的耐环境介质性能按材料种类不同有不同的表征方法，金属材料主要有腐蚀速率和腐蚀深度，高分子材料主要用人工加速老化试验测得材料物理性能、力学性能的变化表征其耐环境介质性能。

第四章
金属材料的微观结构

不同工程材料在力学、热、介质等作用下表现出不同的行为，亦即不同材料有不同的性能，构件（零件）的失效形式有畸变、断裂、磨损、腐蚀及老化等。组成材料的各元素的原子结构、原子间的相互作用及结合形式等微观结构是决定材料性能的最根本因素。原子或分子在空间的排列分布和运动规律，以及原子集合体的形貌特征等，这些可统称为材料的微观结构。只有深入了解材料的微观结构及其特性，研究并发现材料微观结构与成分、性能及使用效能之间关系的规律，探寻其具有普适性的基本原理，才能更好更快地找出改善和发展材料的途径。

金属材料是最重要的工程材料，其微观结构研究的历史最为悠久，研究手段最为丰富，理论最为成熟，本章主要介绍金属材料不同层次的微观结构，包括原子结构与结合键、原子排列方式、相与组织等。其中化学键的知识也是陶瓷材料及高分子材料结构与性能的基础。陶瓷材料的微观结构理论大多也是由金属材料的微观结构理论移植而得。

4.1　固体原子间的相互作用

4.1.1　元素周期表及电负性

所有的材料都是由元素周期表上的元素组成的。

元素是具有相同核电荷数的同一类原子的总称。元素的外层电子结构随着原子序数的递增而呈周期性变化的规律称为元素周期律。元素周期表是元素周期律的具体表现形式，它反映了元素之间相互联系的规律，元素在周期表中的位置反映了那个元素的原子结构和一定的性质。

元素周期表的编排方式为：① 按原子序数递增顺序从左到右排列；② 将电子层数相同的元素排成一横行；③ 把最外层电子数目相同的元素按电子层数递增的顺序从上到下排成纵列。见表 4.1 所示。

表 4.1　元素周期表

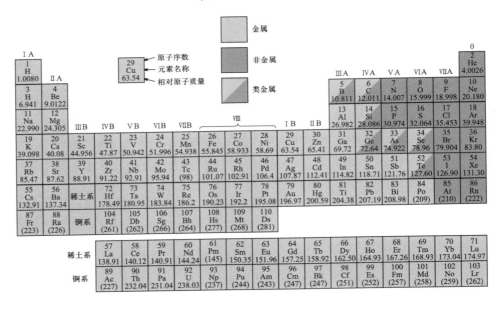

在元素周期表中，具有相同的电子层数而又按照原子序数递增的顺序排成的一系列元素(横行)，称为一个周期。族则是指最外层电子数相同，化学性质相似的一系列纵列元素。

元素周期表中最右端 0 族为惰性气体，电子充满所有壳层。ⅦA 和 ⅥA 族元素离稳定的结构分别缺 1 或 2 个电子。ⅦA 族元素（F、Cl、Br、I 和 At）称为卤族元素。碱金属和碱土金属（Li、Na、K、Be、Mg、Ca 等）为ⅠA 和ⅡA 族，比稳定结构分别多 1 或 2 个电子。三个长周期中的ⅢB 到ⅡB 元素称为过渡族元素，这些元素 d 能级被部分填充，某些情形有 1 或 2 个电子处于更高壳层能级。ⅢA、ⅣA、ⅤA 族元素（如 B、Si、Ge、As 等）由于特殊的价电子特性使其具有介于金属与非金属之间的性质。

元素周期表不仅可以用于归纳和预测元素的化学行为，还可以在材料科学中分析凝聚态材料的形成及性能。从元素周期表中可以看出，大多数元素被分类为金属，有时亦被称为电正性（electropositive）元素，这是因为这些元素原子易失去其价电子成为带正电荷的离子。同样，位于周期表右侧的元素称为电负性（electronegative）元素，这些元素原子易得到电子成为带负电荷的离子，有时它们也与其他原子共享电子。表 4.2 示出了所有元素的电负性数值。一般规律是从左到右、由下而上电负性增加。那些外壳层能级接近充满或未被原子核"屏蔽"的元素更易得到电子。

表 4.2　元素的电负性数值

ⅠA																	0
1 H 2.1	ⅡA											ⅢA	ⅣA	ⅤA	ⅥA	ⅦA	2 He
3 Li 1.0	4 Be 1.5											5 B 2.0	6 C 2.5	7 N 3.0	8 O 3.5	9 F 4.0	10 Ne
11 Na 0.9	12 Mg 1.2	ⅢB	ⅣB	ⅤB	ⅥB	ⅦB		ⅧB		ⅠB	ⅡB	13 Al 1.5	14 Si 1.8	15 P 2.1	16 S 2.5	17 Cl 3.0	18 Ar
19 K 0.8	20 Ca 1.0	21 Sc 1.3	22 Ti 1.5	23 V 1.6	24 Cr 1.6	25 Mn 1.5	26 Fe 1.8	27 Co 1.8	28 Ni 1.8	29 Cu 1.9	30 Zn 1.6	31 Ga 1.6	32 Ge 1.8	33 As 2.0	34 Se 2.4	35 Br 2.8	36 Kr
37 Rb 0.8	38 Sr 1.0	39 Y 1.2	40 Zr 1.4	41 Nb 1.6	42 Mo 1.8	43 Tc 1.9	44 Ru 2.2	45 Rh 2.2	46 Pd 2.2	47 Ag 1.9	48 Cd 1.7	49 In 1.7	50 Sn 1.8	51 Sb 1.9	52 Te 2.1	53 I 2.5	54 Xe
55 Cs 0.7	56 Ba 0.9	57~71 La~Lu 1.1~1.2	72 Hf 1.3	73 Ta 1.5	74 W 1.7	75 Re 1.9	76 Os 2.2	77 Ir 2.2	78 Pt 2.2	79 Au 2.4	80 Hg 1.9	81 Tl 1.8	82 Pb 1.8	83 Bi 1.9	84 Po 2.0	85 At 2.2	86 Rn
87 Fr 0.7	88 Ra 0.9	89~102 Ac~No 1.1~1.7															

4.1.2　原子间的作用力与结合能

相同元素或不同元素原子间的作用力将原子结合在一起，材料的许多性能与原子间的作用力关系密切，如密度、导电性、导热性、热膨胀系数、弹性模量、硬度等。用原子间的作用力可以很好地解释两个独立分开的原子是如何相互作用结合在一起的。当两个原子的距离无穷远时，其间没有相互作用。当它们间的距离很小时，将产生相互作用力，分别是吸引力（F_A）和排斥力（F_R），力的大小与原子间的距离有关。图 4.1a 为 F_A 及 F_R 与距离 r 间的关系。总的来说，吸引力由两个原子间键合的类型所确定，排斥力则源于因 r 值很小使得两个原子的外层电子壳层相互重叠，导致两个原子带负电的电子云间产生相互作用。

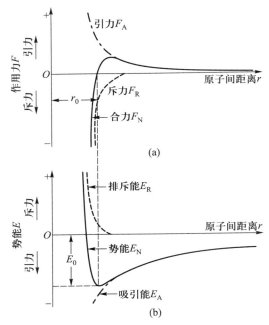

图 4.1　（a）作用力与原子间距离的关系；（b）势能与原子间距离的关系

合力 F_N 是吸引力与排斥力之和，即

$$F_N = F_A + F_R \tag{4.1}$$

F_N 也是原子间距离的函数，见图 4.1a。当 F_A 和 F_R 相等时，合力为 0，即

$$F_A + F_R = 0 \tag{4.2}$$

合力为 0 时称为平衡状态，此时两个原子中心的平衡距离为 r_0，如图 4.1 所示。多数元素两个原子中心的平衡距离 r_0 约为 0.3 nm。原子间距为平衡状态时最为稳定，当有外力作用以增大或减小平衡距离时，原子间的吸引力或排斥力就将增大以减小原子间距的变化。

有时用势能替代作用力处理起来更为方便，势能与作用力间的关系如下：

$$E = \int F \mathrm{d}r \tag{4.3}$$

对于双原子系统有

$$E_N = \int_{\infty}^{r} F_N \mathrm{d}r \tag{4.4}$$

$$= \int_{\infty}^{r} F_{A} dr + \int_{\infty}^{r} F_{R} dr \qquad (4.5)$$

$$= E_{A} + E_{R} \qquad (4.6)$$

式中：E_N、E_A、E_R 分别是双原子系统的势能、吸引能和排斥能。

图 4.1b 示出了双原子模型中原子间吸引能、排斥能及势能与间距间的关系，从公式（4.6）可以看出，势能是吸引能与排斥能的加和。势能与原子间距曲线存在一极值，对应的原子间距即为平衡距离 r_0，此时双原子间的势能为 E_0（见图 4.1b），此值的物理意义是将两个原子分离所需的能量。

虽然上述讨论只是适合双原子模型，但固体材料中有更多原子间相互作用时的复杂情形也颇为相似，因为毕竟势能 E_0 也是与单个原子相关。显然，不同材料势能的大小及势能与原子间距关系曲线有所不同，这取决于原子键合（化学键）的种类。也可以认为，材料的诸多性能取决于 E_0、曲线的形状以及化学键类型。例如，结合能越大的材料通常具有更高的熔点；室温时，固态物质结合能大，气态物质结合能小，而液态物质的结合能介于二者之间。另外，如在第三章第一节中讨论的材料弹性模量，该值的大小取决于结合力与原子间距的关系。结果表明，原子间距为 r_0 时，弹性模量大的材料结合力与原子间距的关系曲线更陡，反之则平缓些。同样，材料的膨胀系数亦与 E_0-r_0 曲线相关，越陡且窄意味着该材料有更大的结合能，其膨胀系数更小，当温度变化时有相对更小的尺寸变化。

4.1.3 一次键（化学键）

由于不同元素的原子得失电子的能力不同，所以不同原子组成凝聚态固体时，原子间相互作用使电子重新分布，在原子间形成了化学键。所谓化学键即为相邻的两个或多个原子之间的相互作用。元素的原子相互作用时有形成稳定结构的趋势，只有相互化合的原子形成稳定结构，它们构成的分子体系能量才最低，分子最稳定。所以，元素的原子相互结合成分子，其实质就是各元素的原子形成稳定结构而使原子间产生强烈的相互作用，这就是化学键。

固体材料中有三种一次键，也称化学键，即离子键、共价键和金属键。各种类型键均与价电子有关。键的特性取决于组成原子的电子结构。一般地讲，键的形成均使得各原子最外层充满电子以达到稳定的电子结构状态（如惰性气体）。

许多固体材料中存在二次键，也叫物理键。二次键远比一次键弱，但对一些材料的物理性能也有影响。本节将介绍这些一次键和二次键。

1. 离子键

正负离子间通过静电作用所形成的化学键称为离子键。离子键是通过相反电荷之间的库伦引力而形成的。即当一个原子给出一个或一个以上的电子，而另一原子因接受这些电子，达到电中性。每个原子的电子层都充满电子达到稳定状态便发生离子键合。

离子键常发生在正电性元素(位于周期表左侧的金属)和负电性元素(位于周期表右侧的非金属)之间，化合物离子键性的程度可用鲍林(Pauling)提出的按电负性作为参量的一种半经验方法来估计，表 4.2 为元素的电负性值。电负性值是原子吸引电子的能力的量度，大体上它与电子亲和能(得到一个电子的能量)加上电离能(失去一个电子所需能量)的和成正比。电负性差别越大的原子越容易形成离子键，换句话说，化合物中原子间的电负性差别越大，则离子键性的程度越大。

离子键是最容易理解的一种化学键。处于元素周期表中两端的金属与非金属元素形成的化合物通常以离子键结合，金属元素失去电子给非金属元素。化合物中的所有原子处于稳定的电子结构状态，也就是变成离子。MgO 是典型的离子键化合物，Mg 原子中的 2 个价电子转移至 O 原子，O 离子带有 2 个负电荷后其电子结构与氩原子相同。MgO 中的 Mg 和 O 均为离子。见图 4.2所示。

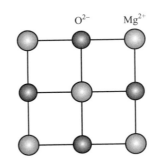

O^{2-} 　　Mg^{2+}

图 4.2　MgO 离子键的示意图

正负离子间的吸引力为库仑力，即正负离子间通过异性电荷相互吸引。两个独立的异性离子间吸引能 E_A 是离子间距离的函数，按下式计算：

$$E_A = -\frac{A}{r} \tag{4.7}$$

类似的排斥能方程为

$$E_R = \frac{B}{r^n} \tag{4.8}$$

式中：A、B、n 为常数，其值取决于特定的离子系统，n 的值大约为 8。

由于离子具有球对称性，即各方向键能相同，故离子键的束缚力没有方向性。离子键材料性质稳定，每个负离子沿三维方向均有最邻近正离子，反之亦然。陶瓷材料中主要的化学键为离子键。

离子键的主要能量来源于静电间的相互作用。离子键能相对较大，约为 $600\sim1\,500$ kJ·mol^{-1}（$3\sim8$ eV），因此靠离子键结合而成的离子晶体有相当高的强度、硬度及很高的熔点。表 4.3 示出了部分物质的键能及熔点。

在由离子键形成的离子晶体中，化学式与结构相似时，阴、阳离子半径之和越小，离子键越强，熔沸点越高，如熔沸点：KF>KCl>KBr。

离子键材料导电性都很差，因为电荷的迁移是以整个离子运动的方式进行，而离子运动的迁移率及迁移速率均较小。

正负离子通过离子键按一定方式堆砌而成的晶体称为离子晶体。在离子晶体中，每个正离子的周围有几个负离子存在，而每个负离子的周围则有几个正离子存在。

表 4.3　部分不同化学键物质的键能及熔点

键合类型	物质	键能		熔点/℃
		kJ·mol^{-1}	eV	
离子键	NaCl	640	3.3	801
	MgO	1 000	5.2	2 800
共价键	Si	450	4.7	1 410
	C（金刚石）	713	7.4	>3 550
金属键	Hg	68	0.7	−39
	Al	324	3.4	660
	Fe	406	4.2	1 538
	W	849	8.8	3 410
范德瓦耳斯力	Ar	7.7	0.08	−189
	Cl$_2$	31	0.32	−101
氢键	NH$_3$	35	0.36	−78
	H$_2$O	51	0.52	0

大多数氧化物陶瓷具有离子晶体特征，与陶瓷相关的离子晶体类型主要有：

1）AB 型离子化合物（A 为正离子，B 为负离子），包括碱金属的卤化物

（如 NaCl、KCl、LiF、KBr），碱土金属的氧化物和硫化物（如 MgO、CaO、SrO、MnO、CoO、ZnS、FeS 等）；

2）AB$_2$ 型化合物，主要包括氟化物和氧化物，具有代表性的是 CaF$_2$ 型和金红石型（TiO$_2$）两种；

3）A$_2$B$_3$ 型离子键化合物，其中刚玉（α-Al$_2$O$_3$）型结构为代表性结构，这类金属氧化物还有 Fe$_2$O$_3$、Cr$_2$O$_3$、Ti$_2$O$_3$、V$_2$O$_3$ 等。

离子键及其形成的离子晶体陶瓷材料的特征可归纳如下：

1）离子可形成较紧密的堆积；

2）离子结合键无方向性；

3）离子键结合强度随电荷的增加而增大，且熔点升高，如 Al$_2$O$_3$、ZrO$_2$、Y$_2$O$_3$；

4）吸收红外波、透过可见波长的光，即可制成透明陶瓷；

5）低温下导电率低，绝缘性能优异；

6）高温下呈离子导电性，如 ZrO$_2$。

2. 共价键

共价键的特征是自旋相反的未成对的外层电子间的交换作用使成键的两原子之间的区域出现较高的负电荷密度，抵消了部分原子核间的库仑斥力并且产生静电相互作用，将两原子结合在一起。共价键的本质在于两个原子各有一个自旋相反的未成对的电子，由于电子轨道相重叠而构成价键轨道，导致体系的能量下降。共价键的相邻原子通过共用电子对变为稳定的电子结构，形成共价键的原子至少提供一个电子对共价键，且为相邻原子共享，被形象地称为电子的共有化。

共价键的基本特征是其饱和性和方向性。"饱和性"是指一个原子只能形成一定数目的共价键，也就是说只能和一定数目的最近邻原子结合。其原因在于每个原子通过与相邻各原子共享价电子的方式使其自身具有满壳层的稳定结构。图 4.3 为金刚石共价键的示意图。碳原子有四个价电子，每个氢原子有一个价电子，当每个氢原子获得碳原子提供的一个价电子后变为氦原子的电子结构（有两个 1s 价电子）。碳原子从邻近的四个氢原子共获得四个共享电子变为氖原子的电子结构（八个价电子）。"方向性"是指原子只在一些特定的方向上形成共价键，这是因为电子轨道有其方向性，相邻原子只能在这些方向上成键。

参与共价键的主要是原子的外层电子（即价电子），相邻原子壳层中的电子以共享的方式形成满壳层的稳定结构，产生强的共价键。共价键合产生于具有相近电负性值的原子之间，如 C、N、Si、B、Ge、Te 具有适中的电负性，可形成高度共价键结构。反之，电负性差值大的原子，形成的化合物中共价键

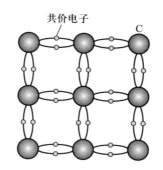

图 4.3　金刚石共价键的示意图

成分就很少。

共价键是最主要的化学键，其键型（单键、双键或多键）、键长、键角等参量反映了其特征。共价键结合力可以很强，如金刚石晶体结构中共价键数最多，结合最强，有极高的硬度和熔点，熔点大于 3 550 ℃；也可以较弱，如金属铋，熔点只有 270 ℃。部分共价键材料的键能及熔点见表 4.3 所示。高分子材料中碳主链中碳原子两两共用四个价电子中的两个形成共价键，另两个价电子分别与其他原子形成共价键。

结构相似的共价晶体，原子半径越小，键能越大，熔沸点越高。例如，沸点：金刚石>金刚砂（SiC）>晶体硅。

共价键材料在外力作用下由于键的方向性，可能在几乎没有变形的情况下发生键的断裂，因此共价键材料是脆性的。另外，由于其外层电子都用于成键，故是绝缘体。

原子间的键合往往是离子键和共价键的混合键，事实上，很少为纯离子键或纯共价键。化合物中不同类型化学键所占比例由组成元素在元素周期表中位置（或电负性）决定，周期表同一周期中两元素距离越大（即电负性相差越大），化学键中离子键比例越大。反之，共价键比例越大。

按照共价键的强方向性堆砌而成的晶体称为共价键晶体。例如，碳原子能形成四面体的键，但在甲烷 CH_4 中，这些四面体的键都用于形成分子，没有电子可用于形成其他共价键，因而不可能形成共价键晶体；相反，碳原子自身通过共价键形成四面体在三维方向重复，形成金刚石，它具有周期性排列的共价键。在金刚石结构中每个碳原子周围有四个别的碳原子，这个结构为四面体配位。

大多数非氧化物陶瓷具有共价键晶体特征。共价键材料的方向性导致非紧密堆积的结构，这对材料的密度和热膨胀有很大影响。紧密堆积的材料如金属和离子键结合的陶瓷有较高的热膨胀系数，而共价键结合的陶瓷一般具有低得多的热膨胀系数，这是因为单个原子产生的热膨胀有一部分被结构中空隙所吸收。

综上所述，共价键及形成的陶瓷材料具有如下特征：

1）有电子充满外面的电子层，达到电中性；

2）共价键由具有相似的电负性的原子所形成；

3）有高度方向性；

4）紧密堆积的结构，但一般有三维骨架，含空穴和孔道；

5）共价键化合物一般具有高强度、高硬度、高熔点；

6）具有较低的热膨胀系数。

3. 金属键

元素周期表中，金属占了大约 2/3。由于金属原子价电子的第一电离能较非金属元素小得多，因此价电子脱离原子核的束缚所需的能量较小。当金属原子聚集起来形成金属晶体时，外层的价电子脱离原来的金属原子，失去了价电子的原子成为离子，占据晶体的阵点，并不停地振动；而脱离了原子的价电子为整个晶体所公有，在离子之间运动，形成了近似均匀分布的电子气，这种不属于任一个原子的公有化电子与离子之间的库仑相互作用称为金属键。金属键示意图如图 4.4。

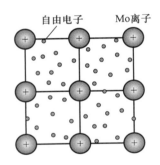

图 4.4　金属键

使金属键合在一起的吸引力主要来自电子气与金属离子的库仑作用。自由电子屏蔽了离子之间的静电力，而这些自由电子像胶水一样将离子结合在一起，故金属键无明显的方向性。当金属受力变形而改变正离子之间的相互位置时不至于破坏金属键，故可以经受较大的塑性变形，所以金属多具有良好的延展性。另外，为了增加晶体的稳定性，即降低体系的内能，金属中原子排列都尽可能紧密，倾向于有更多的近邻原子。相对于离子键和共价键来说，金属键较弱。一些金属的键能及熔点列于表 4.3。可以看出，金属键的键能差别很大，从水银的 68 kJ·mol^{-1} 到钨的 849 kJ·mol^{-1}，相应熔点也从 -39 ℃ 到 3 410 ℃。

化学键是非常重要的概念，不同材料的许多基本性质可以用化学键解释。如金属是电、热的良导体，这是源于金属键中的自由电子，而离子键和共价键结合的材料则由于缺少自由电子而呈电、热的绝缘性。

一般而言，金属材料的键能越大，其熔沸点越高，弹性模量也越大。

4.1.4　二次键（范德瓦耳斯力）

二次键也称为物理键，与一次键相比其键能较小，一般小于 50 kJ·mol^{-1}（0.5 eV）。事实上，二次键几乎在所有原子和分子中均存在，但往往由于一次键使其被忽略。在具有稳定电子结构的惰性气体中存在二次键，另外在共价键的分子间也有。

二次键源于原子或分子中的正、负电荷中心不重合时形成的偶极子，一个偶极子的正电荷与另一个偶极子的负电荷之间的库仑力将它们结合在一起，如图 4.5 所示。偶极子分为瞬间偶极子和永久偶极子两种。氢键是一种特殊的二次键，它存在于分子中含氢原子的情形。

原子或分子偶极子

图 4.5　原子或分子中的偶极子

1. 瞬间偶极子键合

所谓原子或分子中瞬间偶极子是指那些正常情况下正、负电荷中心重合，即电子的空间分布均匀对称于正电荷的原子核，如图 4.6a 所示。原子的振动使得电荷中心产生瞬间的偏移，即形成所谓的电偶极子，如图 4.6b 所示。这个偶极子又会使得邻近原子或分子中的电荷分布产生位移变为偶极子，并且与之以弱键结合，这就是所谓的范德瓦耳斯（Van der Waals）力。范德瓦耳斯力在许多原子或分子中均存在，需要强调的是，该力具有瞬时性。

惰性气体以及电中性的对称分子如 H_2、Cl_2 气体的液化（固化）均源于其原子间的范德瓦耳斯力作用。由瞬间偶极子间范德瓦耳斯力结合的材料一般熔点和沸点均极低，分子间的结合力很弱，氩气和氯气的键能及熔点见表 4.3。

2. 极化分子瞬间偶极子键合

某些分子由于其正、负电荷中心不重合而称为永久偶极子，亦称极化分子。图 4.7 为 HCl 极化分子示意图。从图中可以看出，正、负电荷分别位于

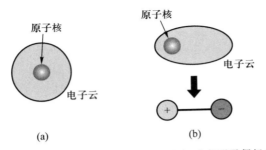

原子核

电子云

原子核

电子云

(a)

+ −

(b)

图 4.6 　（a）电荷中心对称原子；（b）感应原子偶极子

HCl 分子的 H 及 Cl 原子一侧形成永久偶极子。

极化分子也会感应其邻近的非极化分子，导致两个分子间形成键合，该键通常大于前述的瞬间偶极子键合。

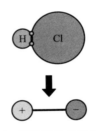

图 4.7 　HCl 极化分子示意图

3. 永久偶极子键合

邻近极化分子间也有范德瓦耳斯力，其键能明显大于感应偶极子的键能。

最强的二次键是氢键，它是一种特殊的极化分子键，存在于氢与氟（HF）、氢与氧（H_2O）、氢与氮（NH_3）等共价键分子间。由于氢原子核外仅有一个电子，在这些分子中氢的唯一电子已被其他原子所共有，故结合的氢端就裸露出带正电荷的原子核。这样它将与邻近分子的负端相互吸引，即构成中间桥梁，如图 4.8 所示。氢键的键能约为 $51\ kJ \cdot mol^{-1}$，大于其他类型的二次键。正是由于氢键的存在，HF 和水的熔点及沸点明显要高些。

很多分子是由强共价键键合的原子所组成，如双原子分子（F_2、O_2、H_2 等）以及化合物（H_2O、CO_2、HNO_3、C_6H_6、CH_4 等）。当这些分子凝聚成液体或固体时，分子间的作用力为较弱的二次键。故分子材料的熔点及沸点均较低。由几个原子构成的小分子在常温、常压状态下多为气体。而大量使用的聚合物材料，则是将分子材料聚合成数量巨大的大分子，其力学及热学性能主要取决于材料内部的范德瓦耳斯力及氢键等二次键。

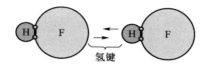

图 4.8 HF 中氢键示意图

分子晶体中(不含氢键的)组成和结构相似的物质随分子量的增大,分子间作用力增强,熔、沸点升高。

4.1.5 不同类型结合键的特性

在工程材料中,只有一种键合机制的材料并不多见,大多数的工程材料是以共价键、金属键、离子键三种混合机制方式结合的,即存在所谓键结合的多重性。例如,钢中常存在的渗碳体相 Fe_3C,其中铁原子之间为纯粹的金属键结合,铁原子和碳原子之间可能存在金属键和离子键。石墨晶体既有共价键,也存在金属键和范德瓦耳斯力(在石墨晶体中,每个 C 原子的三个价电子与周围的三个原子结合,属于共价键,三个价电子差不多分布在同一平面上,使晶体呈层状。第四个价电子则较自由地在整个层内运动,具有金属键性质。而层与层之间则靠范德瓦耳斯力结合)。石墨晶体结构如图 4.9 所示。层状结构的黏土、云母、六方晶系的氮化硼等也与石墨类似。

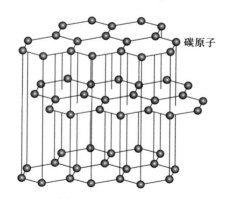

碳原子

图 4.9 石墨晶体结构

三大类基础材料及复合材料中的原子(或分子)键合形式汇总如下:

1)金属材料。虽然是典型的金属键,但工程材料中的大多数合金内,不只是含有一种金属原子,通常还含有其他物质如化合物等,多由离子键或共价键键合。因此金属材料大多是以除范德瓦耳斯力以外的多种键合机制进行结合的。

2）陶瓷材料。以离子键（尤其是 Al_2O_3、MgO 等金属氧化物）和共价键（如 Si_3N_4、SiC 等）为主的结合键。所以通常陶瓷材料也是主要以两种或两种以上的键合机制进行结合。

3）高分子材料。由共价键、范德瓦耳斯力等机制进行结合。

4）复合材料。可以有三种或三种以上的键合机制。

虽然工程材料中可有不同的键合机制，但是毕竟存在主次之分。如金属材料以金属键为主；氧化物陶瓷材料以离子键为主，高分子材料以共价键为主。

4.2　固体中原子的排列

前已述及，工程材料中组成元素原子间的结合键类型及键能大小、方向等特性各有不同，凝聚态下其原子的排列方式也有不同的特点。按照原子（或分子）排列的特征可将固态物质分为两大类：晶体和非晶体。晶体中的原子在空间呈有规则的周期性重复排列；而非晶体的原子则是无规则排列的。原子排列对固体材料的微观结构和性质起着重要的作用。金属、陶瓷和高分子材料中的一系列特性都和其原子的排列密切相关，如具有面心立方晶体结构的金属 Cu、Au、Al、Ag 等，都有优异的延展性能，而密排六方晶体结构的金属，如 Zn、Cd 等则较脆；具有线型分子链的橡胶兼有弹性好、强韧和耐磨的特点，而具有三维网络分子链的热固性树脂，一旦受热固化便不能再改变形状，但具有较好的耐热和耐蚀性能，硬度也比较高。因此，研究固态物质内部结构，即原子排列和分布规律，是了解、掌握材料性能的基础。

必须指出的是，一种物质是否以晶体或以非晶体形式存在，还需视外部环境条件和加工制备方法而定，晶态与非晶态往往是可以互相转化的。

本节简单介绍固体中原子排列的共性知识。

4.2.1　原子排列的秩序

若不考虑材料中的缺陷，固体材料中原子的排列方式有两大类型，即短程有序排列和长程有序排列。

1. 短程有序与非晶体结构

通常将原子排列规律性只局限在邻近区域原子（一般在分子范围）的排列方式称为短程有序排列。原子、离子或分子在三维空间呈无序或短程有序排列的物质称为非晶体，相应的材料为非晶态材料。

以金属键结合的金属材料自液态凝固后一般都以晶态存在，晶态是热力学稳定的状态。金属材料由于其晶体结构比较简单，且熔融时黏度较小，冷却时很难阻止结晶过程的发生，故固态下的金属大多为晶体；但如果冷却速度很快时，如利用激冷技术，充分发挥传导机制的导热能力，可获得 $10^5 \sim 10^{10}$ K·s^{-1} 的冷却速度，就能阻止某些合金的结晶过程，此时，过冷液态的原子排列方式保留至固态，原子在三维空间则不呈周期性的规则排列，如铁基非晶磁性材料就是这样制得的。

由于非晶体原子排列的短程有序、长程无序，因此非晶态固体的性能是各向同性的。与晶态相比，这种由快冷得到的非晶态是一种亚稳定状态，在一定条件下，存在着转变成晶态的趋势。

关于高分子材料的非晶结构特征及性能的讨论详见第十章。

非晶态材料的共同特点是：① 结构无序，物理性质表现为各向同性；② 无固定熔点；③ 组成的变化范围大；④ 内能高，为热力学亚稳定态，在一定条件下存在着转变成晶态的趋势。

2. 长程有序与晶体结构

长程有序指的是原子、离子或分子在很大范围内均是按照一定规则排列（即在三维空间作有规则的周期性重复排列），具有长程有序排列的材料即为晶态材料（晶体材料）。图 4.10a 为晶态二氧化硅原子的排列。

绝大多数工程材料如金属及其合金、陶瓷等一般都以晶态存在，部分聚合物材料中也可形成部分甚至大部分晶态。

晶态材料的共同特点是：① 结构有序，物理性质表现为各向异性；② 具有固定的熔点；③ 晶体的排列状态一般由构成原子或分子的几何学形状和键的形式所决定；④ 一般当晶体的外形发生变化时，晶格类型并不改变；⑤ 内能低，为热力学稳定状态。

4.2.2 晶体结构与空间点阵

晶体中原子（离子或分子）在三维空间的排列方式称为晶体结构。晶体的基本性质不仅取决于元素的本质，而且取决于物质的晶体结构。为了研究的方便，通常把空间排列的原子（离子或分子）抽象成几何上的点，然后用直线将它们连接起来，就构成了一个空间格架，即所谓的晶格，也称为三维点阵，又称空间点阵，晶格的结点为原子（离子或分子）平衡中心的位置，见图 4.10b。一个理想晶体可以看成由完全相同的质点在空间按一定的规则重复排列得到的。能反映该晶格特征的最小组成单元称为晶胞。晶胞在三维空间重复排列构成晶格。晶胞的基本特性即反映该晶体结构（晶格）的特点。

晶胞的几何特征可以用晶胞的三条棱边长 a、b、c 和三条棱边之间的夹角 α、β、γ 六个晶格参数（也叫点阵参数）来描述。其中 a、b、c 为晶格常数（也叫点阵常数），见图 4.10c。

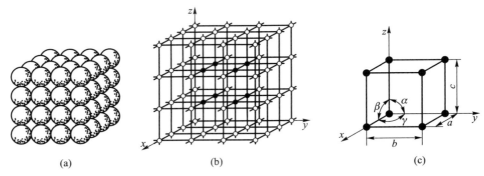

图 4.10　晶体、晶格和晶胞示意图：（a）晶体；（b）晶格；（c）晶胞

1948 年，布拉维（Bravais）根据"每个阵点环境相同"的要求，用数学分析法证明了晶体的空间点阵只有 14 种，再根据旋转对称性的要求，可知夹角 α、β、γ 不可能是任意的，考虑到三条棱边长 a、b、c 的长度是否相等，晶体学中将所有晶体分为 7 类，称 7 大晶系。

4.2.3　晶向与晶面

由晶体中基本单元（晶胞）的周期性排列可知，沿不同方向和不同平面，基元（原子、离子或分子）的排列情况不同。显然，基元排列方式的不同会导致性能的不同，即晶体的性能是各向异性的。晶格中各格点排列的方向代表了晶体基元列的方向，称为晶向。通常晶格中的任意一组格点的平面代表晶体中的基元平面，称为晶面。通常用晶向指数及晶面指数来分别表示不同的晶向和晶面。基元排列的紧密程度不同，通常将基元排列最密的方向和平面称为密排方向和密排面。该部分的内容请参阅《材料科学基础》的相关章节。

4.2.4　晶胞主要特征参数

晶态材料的晶体结构类型不同，其性能差异很大。而具有相同晶胞类型的不同材料，其性能亦不相同，这主要是由晶胞特征不同决定的。常用如下参数来表征晶胞的特征：

1）晶胞原子数。每个晶胞中的原子数是每个格点上的原子数和每个晶胞中格点数之积。对于简单晶格，每个格点上是一个原子，则晶胞中的原子数等于格点数。在比较复杂的结构中，特别是化合物和陶瓷材料中，每个格点的原子数可能很多，从而形成非常复杂的晶胞。

2）原子半径与点阵常数。对于每个格点上只有一个原子的简单晶格，如果将位于格点的原子看作是半径为 r 的钢球，可以计算出 r 和晶胞点阵参数间的关系。

需要指出的是，不同的晶态金属及陶瓷可以有相同的点阵类型，但各元素由于电子结构及其所决定的原子间结合状况不同，会有各不相同的点阵常数，且随温度不同而变化。

3）配位数和致密度。不同的晶体结构，原子排列的紧密程度不同。为了定量地表示原子排列的紧密程度，通常采用配位数和致密度这两个参数。对于简单晶格，配位数为晶格中任一原子周围最近邻且等距离的原子数；致密度是晶胞中原子体积与晶胞体积之比。

4）间隙。由致密度的计算可知，晶体中是存在间隙的。无论哪种类型的结构，间隙类型只有两种，一种是由 6 个原子所组成的八面体间隙，另一种是 4 个原子所组成的四面体间隙。以间隙中所能容纳的最大圆球半径来表征间隙的大小，称为间隙半径。

晶体结构类型、密排方向及密排面、配位数、致密度及间隙等晶体学参数对晶体材料的密度、相结构、扩散、相变及性能等都有重要影响。

4.2.5 典型金属晶体结构

金属晶体中原子的结合键为金属键，因为金属键没有方向性，对最邻近原子的数量及位置的限制很小，其最邻近原子的数量相对较多，故大多数金属晶体有更大的原子堆垛密度。用钢球模型描述金属晶体结构时，球代表的并非原子而是离子。表4.4示出了一些金属的晶体结构及原子半径。研究表明，大多数常用金属具有三种相对简单的晶体结构，分别是面心立方、体心立方和密排六方。

表 4.4 部分金属的晶体结构与原子半径

金属	晶体结构	原子半径/nm	金属	晶体结构	原子半径/nm
铝	FCC	0.143 1	铁（α）	BCC	0.124 1
铜	FCC	0.127 8	铬	BCC	0.124 9
金	FCC	0.144 2	钼	BCC	0.136 3
银	FCC	0.144 5	钽	BCC	0.143 0
铂	FCC	0.138 7	钨	BCC	0.137 1
镍	FCC	0.124 6	锌	HCP	0.133 2
铅	FCC	0.175 0	钛	HCP	0.144 5
铁（γ）	FCC	0.126 0	钴	HCP	0.125 3

1. 面心立方晶体结构

研究发现许多金属晶体结构中的晶胞为立方体（face-centered cubic，FCC），且立方体的每个角及面均有一个原子，该晶体结构称为面心立方晶体结构。具有面心立方晶体结构的金属有铜、铝、银及金等。图 4.11a 为面心立方晶胞的钢球模型。图 4.11b 中小圆圈代表原子所处位置的中心。图 4.11c 表示原子聚集体由若干晶胞堆垛而成。

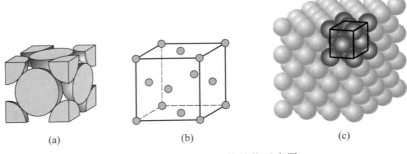

(a)   (b)   (c)

图 4.11　面心立方晶体结构示意图

1）晶胞中原子数。面心立方晶胞中每个角上的原子由 8 个晶胞共享，每个面上的原子由 2 个晶胞共享，故面心立方晶胞中的原子数为 4。

2）点阵常数与原子半径。对于立方晶系，点阵常数只用晶胞的棱边长度 a 一个数值表示，单位通常为 nm。在面心立方晶胞中，原子沿立方体的侧面对角线紧密接触，故晶胞的棱边长度 a 与原子半径间的关系为

$$a = 2R\sqrt{2} \tag{4.9}$$

3）配位数和致密度。① 配位数。面心立方晶体结构的配位数为 12。② 致密度。计算表明，面心立方的致密度为 0.74，此值为由相同直径钢球堆垛模型中的最大值。

4）间隙半径。面心立方晶胞中有两种间隙。一种为四面体间隙，其半径为 $r_{四} = 0.225R_{原子}$；另一种为八面体间隙，其半径为 $r_{八} = 0.414R_{原子}$。

2. 体心立方晶体结构

另一种常见的金属晶体结构为体心立方（body-centered cubic，BCC），即立方体晶胞中的八个角各有一个原子，还有一个原子在立方体的中心，如图 4.12 所示。体心立方晶体结构的金属有铬、铁、钨等。

1）晶胞中原子数。体心立方晶胞中每个角上的原子由 8 个晶胞共享，心部有一个原子，故体心立方晶胞中的原子数为 2。

2）点阵常数与原子半径。体心立方晶体结构中心的原子与立方体对角线

的角上的原子紧密接触，故立方体边长（点阵常数 a）与原子半径间的关系为

$$a = \frac{4R}{\sqrt{3}} \tag{4.10}$$

3）配位数和致密度。体心立方晶体结构的配位数为 8。体心立方晶体结构不是密集结构，计算表明其相应的致密度为 0.68，小于面心立方晶体结构的 0.74。

4）空隙半径。体心立方晶胞中也有两种四面体间隙和八面体间隙，计算表明 $r_{四} = 0.29R_{原子}$，$r_{八} = 0.15R_{原子}$。

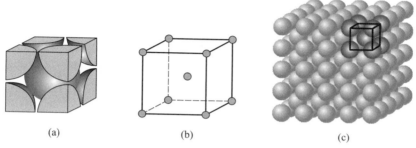

(a)　　　　　　　(b)　　　　　　　(c)

图 4.12　体心立方晶体结构示意图

3. 密排六方晶体结构

并非所有金属均为立方结构，第三种常见的晶体结构是六方结构。图 4.13a 为密排六方晶体结构晶胞示意图，该晶胞的上、下面为六个原子分别在顶点位置所组成的正六边形，六边形中心有一个原子。在上、下两个面中间有

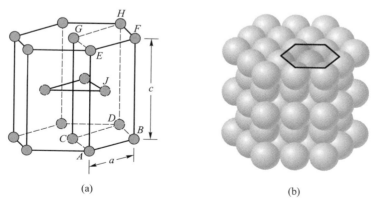

(a)　　　　　　　　　　　(b)

图 4.13　密排六方晶体结构示意图

由另三个原子组成的原子面，该中间面上的原子与上、下两个面上的各三个原子互为最邻近原子。密排六方晶体结构晶胞中含有六个原子，设 a、c 分别为该晶胞中的短轴和长轴，则 c/a 等于 1.633。密排六方晶体结构晶胞中的配位数和致密度分别为 12 和 0.74。密排六方晶体结构的间隙类型及半径与面心立方晶体结构相同。镉、镁、钛及锌等金属均为密排六方晶体结构（hexagonal close-packed，HCP）。

4.2.6　多晶型性与同素异构体

多数金属晶体及陶瓷晶体（含碳素材料）在不同的温度和压力下具有不同的晶体结构，即具有多晶型性，转变的产物称为同素异构体。

纯铁在 912 ℃ 以下为体心立方结构，称为 α-Fe；912～1 394 ℃ 为面心立方结构，称为 γ-Fe；温度为 1 394 ℃ 至熔点间又变成体心立方结构，称为 δ-Fe。由于不同晶体结构的致密度不同，当金属由一种晶体结构转变为另一种晶体结构时，将伴随有比体积的跃变，即体积的突变。图 4.14 所示为纯铁的晶型转变示意图。

具有多晶型性的其他金属还有锰、钛、钴、锡、锆等。同素异构转变对于金属能否通过热处理操作改变其性能具有重要的意义。

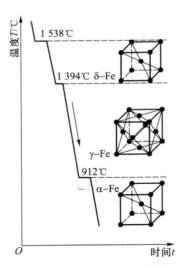

图 4.14　纯铁的同素异构转变

4.3 晶体缺陷

对于实际使用的材料来说，其原子或离子的排列不可能是完全规则的，即存在着晶体缺陷，指的是晶体中原子的周期性排列受到破坏的微小区域。晶体缺陷是不可避免的。材料的许多性能，如强度、扩散、电导等对缺陷的存在极为敏感。晶体缺陷的存在对材料性能的影响有利有弊，有时要尽量避免、减少缺陷的存在；有时又要有目的地引入某种缺陷以改进材料的性能。按缺陷的维数将其分类，零维缺陷即点缺陷，一维缺陷主要指位错，二维缺陷即表面与界面缺陷，三维缺陷为体缺陷。

4.3.1 点缺陷

点缺陷表示晶格的周期结构在某些点受到破坏，通常是由于晶格中个别原子的缺失或错位造成的。在热力学平衡态下点缺陷是存在的，这是因为点缺陷使系统的熵和内能都增加，相应的点缺陷浓度称为平衡浓度。晶体中的实际点缺陷浓度可高于甚至远高于其平衡浓度。

1. 金属晶体中的点缺陷

金属晶体中，按其原子的构成，点缺陷可分为自身点缺陷和杂质点缺陷。前者包括空位和自填隙原子，可以认为是一种结构缺陷。后者包括代位杂质原子和填隙杂质原子，它们改变了晶体的化学成分，因而被称为化学点缺陷。两大类点缺陷示意图见图 4.15a、b。

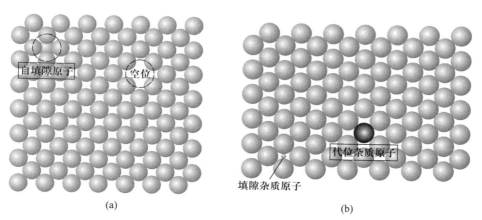

图 4.15 金属晶体中的点缺陷：（a）空位及自填隙原子；
（b）代位杂质原子和填隙杂质原子

2. 点缺陷的产生

一个纯净的和严格化学配比的晶体，在一定温度和压力下，由于热力学平衡条件的要求，将存在一定浓度的点缺陷。对于一般的纯净金属而言，熔点附近单位晶胞的空位浓度可以达到 $10^{-3} \sim 10^{-4}$，但在室温下却只有 10^{-12} 甚至更低的量级。然而在实际晶体中，可以存在较热缺陷浓度高得多的非平衡态点缺陷，特别是较低温度下平衡点缺陷极少时，以各种方式引入的额外点缺陷尤为重要，它们对材料的许多物性起着决定性作用。

引入非平衡点缺陷的物理过程主要如下：

1）快速凝固及淬火。晶体中点缺陷的热平衡浓度随温度下降而呈指数式地减小。如果极缓慢地冷却晶体，则高温下平衡而低温下过量的点缺陷将可能通过合并湮灭（如空位与填隙原子的复合）或消失于晶体内其他缺陷（如位错、晶界等）和晶体表面处等过程而减少，始终保持相应温度下的热平衡浓度。如果使晶体快速冷却，即快速凝固或淬火处理，那么高温下形成的高浓度点缺陷将被"冻结"在晶内，形成过饱和点缺陷。

2）辐照。辐照在金属与非金属晶体中的效应明显不同。在金属晶体中，只有将原子由其正常位置打出来的粒子才能产生点缺陷，而只能激发电子的辐照则不能。在非金属晶体中，由于电子激发态可以局域化且能保持相当长时间，因而电离辐照就能使晶体严重损伤，产生大量点缺陷。

3）离子注入。离子注入是用高能离子轰击材料将其嵌入进表面区域的一种工艺。离子注入晶体可以产生大量点缺陷。注入组分离子，产生空位和填隙离子；注入杂质原子，则产生代位或填隙杂质。

4）非化学计量比。许多氧化物晶体，特别是过渡族金属氧化物和变价金属氧化物晶体，常允许其组分对化学计量比的较大偏离。例如，金红石晶体（TiO_2）在真空炉内还原可得非化学计量比晶体，一种是在较高氧分压下处理得到大量的氧空位，一种是在低氧分压下处理出现大量的钛填隙。

5）塑性变形。塑性变形的本质是晶体中位错的大量滑移。位错滑移运动中的交截过程和其他位错的运动，都可能产生大量空位和填隙原子。如果温度足够低，不能发生明显的固态扩散过程的话，这些点缺陷则处于非热平衡态，即大量地保留下来。

一般情况下，金属晶体中的各类点缺陷及陶瓷晶体中的弗仑克尔（Frenkel）缺陷及肖特基（Schottky）缺陷的平衡浓度取决于温度，且随温度的提高而增加。

3. 点缺陷参数

热平衡态的点缺陷浓度、点缺陷的形成能及点缺陷的迁移激活能等是点缺陷的重要参数，详细的讨论与分析见有关专著。

4. 点缺陷的作用

金属、陶瓷、高分子材料三大类基础晶态材料中均存在着不同类型和浓度的点缺陷。对于金属材料而言，由于点缺陷往往伴随着周围的晶格畸变，使材料强度提高，电阻率增大。另外，点缺陷的存在对材料中原子的扩散过程和相变等均有很大影响。

4.3.2 线缺陷

线缺陷是指晶体中二维尺度很小而第三维尺度较大的缺陷，即位错。位错是晶体结构中的一种极为重要的微观缺陷。实际上这种晶体结构的不完整性在三大类基础材料中普遍存在。

位错实际是一个直径只有几个原子间距的细长管状区域，管外原子规则地排列（好晶体），管内原子则是混乱地排列（缺陷区）。这个有缺陷的管状区就是位错线。

1. 位错的类型

从位错的几何结构来看，可将它们分为两种基本类型，即刃型位错和螺型位错。

图 4.16 所示为刃型位错，特征是多余的半原子面端部在晶体内部，该线缺陷的中心为沿半原子面端部原子形成的线。位错线邻近区域产生晶格畸变，图中上部原子被挤压在一起，而下部则相对被分开。结果在半原子面邻近区域的垂直原子面有一定的弯曲，且离位错线越远弯曲度越小，当离位错线距离足够大时，晶体结构为无畸变的正常状态。

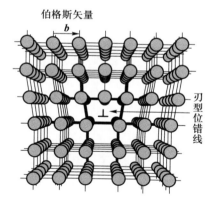

图 4.16　刃型位错邻近区域的原子，多余半原子面

螺型位错是另一种基本位错类型，可以认为是在切应力作用下一部分晶体相对于另一部分晶体作一个原子间距的位移所致，见图 4.17a。螺型位错产生

的晶格畸变是线性的，且沿着位错线，如图 4.17b 中的 *AB* 线。*AB* 线邻近原子的规则排列被破坏了，这些原子呈螺旋状分布，故称这种位错为螺型位错。

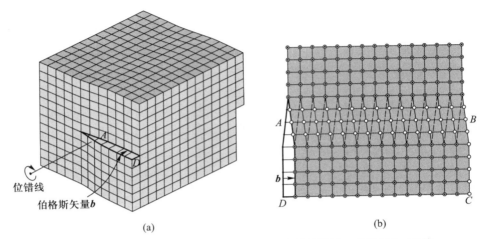

(a)　　　　　　　　　　　　　　　　　(b)

图 4.17　（a）晶体内的螺型位错；（b）螺型位错俯视图，位错线为 *AB* 线，
上层原子为小圆圈，下层为实心圆

　　除了上述两种基本类型的位错外，还有一种为上述两种位错的复合类型，称为混合位错。应用电子显微分析技术可以观察到金属晶体中的位错，图 4.18 中的线即为用高分辨电子显微镜观察到的位错。

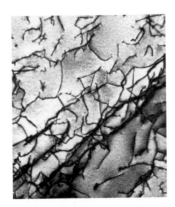

图 4.18　透射电子显微镜观察晶体中的位错（Callister et al.，2011）

　　与金属晶体相似，陶瓷及高分子晶体中也存在位错，但对位错本身及其作用的认识远不如对金属的深入。

2. 位错的产生和增殖

在晶体生长时，要求大量的结构单元——原子或分子完全无误地排列成完整晶体是不太容易的。当原子或分子堆砌偶尔出现错误时，有时就可能形成位错。

位错来源主要有以下几种：

1）晶体生长过程中产生位错。① 由于熔体中杂质原子在凝固过程中不均匀分布使晶体先后凝固部分的成分不同，从而点阵常数也有差异，形成的位错可作为过渡；② 由于温度梯度、浓度梯度、机械振动等的影响，致使生长着的晶体偏转或弯曲引起相邻晶块之间有位相差，它们之间就会形成位错；③ 在晶体生长过程中，由于相邻晶粒发生碰撞或因流体冲击，以及冷却时体积变化的热应力等原因，会使晶体表面产生台阶或受力变形而形成位错。

2）由于自高温较快凝固及冷却时，晶体内存在大量过饱和空位，空位的聚集能形成位错。

3）晶体内部的某些界面（如第二相质点、孪晶、晶界等）和微裂纹的附近，由于热应力和组织应力的作用，往往出现应力集中现象，当此应力高至足以使该局部区域发生滑移时，就在该区域产生位错。

原生晶体中的位错数量通常较少，即使通过滑移或攀移全部移出晶体，也只能引起微量的塑性变形。晶体的宏观塑性变形必须有大量位错扫过晶体，而且观测表明，塑性变形发生后的晶内位错不是少了，而是有几个数量级的增加，表明位错不仅能运动，而且能大量增殖。

在塑性较好的晶体中，增殖常通过滑移方式进行。最常见的滑移增殖机制有弗兰克-里德（Frank-Read）源机制和双交叉滑移机制。而在许多复杂结构的化合物中，位错的滑移阻力较大，因而可能通过攀移过程实现位错的增殖。

关于位错增殖机制的描述详见《材料科学基础》中的相关章节。

3. 位错的密度

除了精心制作的细小晶须外，在通常的晶体中都存在大量的位错。晶体中位错的量常用位错密度表示。

位错密度定义为单位体积晶体中所含的位错线的总长度，其数学表达式为

$$\rho = \frac{L}{V} \tag{4.11}$$

式中：L 为位错线的总长度；V 是晶体的体积。

实际上测定晶体中位错线的总长度是不可能的。为了简便起见，常把位错线当作直线，并且假定晶体的位错从晶体的一端平行地延伸到另一端，这样，位错密度就等于穿过单位面积的位错线数目。

试验结果表明：一般经充分退火的多晶体金属中，位错密度约为 $10^6 \sim 10^8$ cm^{-2}；

但经精心制备和处理的超纯金属单晶体，位错密度可低于 10^3 cm^{-2}；而经过剧烈冷变形的金属，位错密度可高达 $10^{10} \sim 10^{12}$ cm^{-2}。

4. 位错的能量

位错周围点阵畸变引起的弹性应力场导致晶体能量的增加，这部分能量称为位错的应变能，或称为位错的能量。

位错的能量可分为两部分：位错中心畸变能 E_c 和位错应力场引起的弹性应变能 E_e。位错中心畸变能一般小于总能量的 1/10，常可忽略；而位错的弹性应变能具有长程应力场的特点。

位错的能量一般以位错线长度的能量定义。

位错的存在将使体系的内能升高，导致晶体处于高能的不稳定状态，故位错是热力学不稳定的晶体缺陷。

4.3.3　面缺陷

晶体中偏离周期性排列的二维缺陷称为面缺陷，通常是指不同晶体结构或晶体学位向区域之间的界面。面缺陷有表面、晶界、相界、孪晶界以及堆垛缺陷等几种。

1. 表面

材料的表面是最显而易见的面缺陷。晶体材料表面原子的最邻近原子数较少，故比晶体内部的原子有更高的能量。表面原子未饱和的化学键就是所谓的表面能，通常用单位面积的能量表示(J·m^{-2})，为降低表面能量，原子堆垛将趋于体积最小化，如液体颗粒一般呈球形。但由于固体材料的刚性特征，不可能呈球形表面。

2. 晶界

晶界是另一种面缺陷，指多晶体材料中两个晶粒或晶体学位向区域之间的界面。图 4.19 为晶界处原子排列状况示意图，晶界是有若干个原子尺度的区域，晶界中的原子不规则排列，左右逢源于两边的晶粒。

晶界两侧晶粒的位相差大小不同，两晶界间位相差用 θ 表示，如图 4.19 所示。位相差较大的晶界称为大角晶界，而位相差较小的晶界称为小角晶界，小角晶界可以认为是位错列(墙)，图 4.20 所示即为由刃型位错列形成的小角晶界。

从示意图中可以看出，沿晶界方向的原子排列比较疏松，结合能较小，可用类似表面能的晶界能表示晶界能量，晶界能是位相差 θ 的函数，角度越大，晶界能越大。正是由于晶界能的存在，晶界比晶内有更大的化学活性，杂质原子也更趋于在晶界处富集。由于晶粒大的材料晶界总面积要小于晶粒小的材料，故总的晶界能要小一些。温度升高时晶粒长大的动力也是源于总晶界能

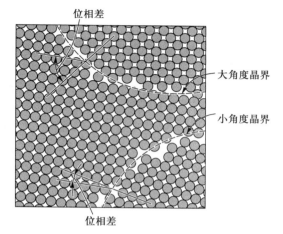

图 4.19　晶界处原子的排列

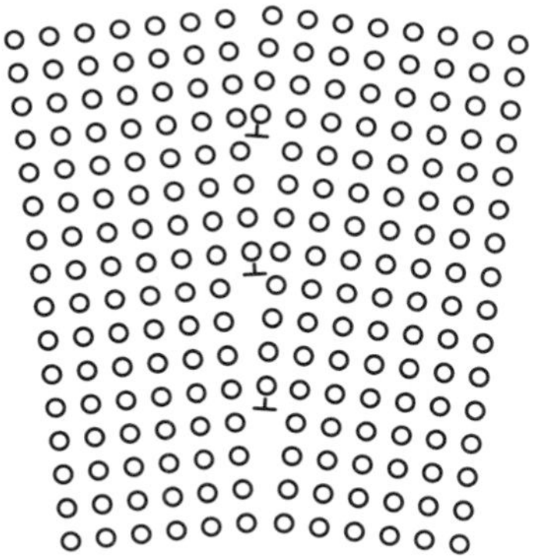

图 4.20　小角度晶界

的降低。

　　需要指出的是，尽管晶界区域的原子排列混乱，原子间结合力降低，但多晶体材料的晶界和晶内原子间仍然有内聚力，故强度很大。同样，多晶体材料的密度与单晶体也相同。

　　晶界主要有如下特性：① 晶界处点阵畸变大，存在着晶界能。因此，晶粒的长大和晶界的平直化都能减小晶界面积，从而降低晶界的总能量，这是一个自发过程。② 晶界处原子排列不规则，因此在常温下晶界的存在会对位错的运动起阻碍作用，致使塑性变形抗力提高，宏观表现为晶界较晶内具有更高的强度和硬度。晶粒越细，材料的强度越高，这就是晶粒细化强化；而在高温下则相反，因高温下晶界存在一定的黏滞性，易使相邻晶粒产生相对滑动。③ 晶界处原子偏离平衡位置，具有较高的动能，并且晶界处存在较多的缺陷，如空穴、杂质原子和位错，故晶界处原子的扩散速度比在晶内快得多。④ 在固态相变过程中，由于晶界能量较高且原子活动能力较大，所以新相易于在晶界处优先形核。显然，原始晶粒越细，晶界越多，则新相形核率也相应提高。⑤ 由于成分偏析和内吸附现象，特别是在晶界富集杂质原子的情况下，晶界熔点较低，故在加热过程中，因温度过高引起晶界熔化和氧化，导致过烧现象的发生。⑥ 由于晶界能较高、原子处于不稳定状态，以及晶界富集杂质原子的缘故，与晶内相比，晶界的腐蚀速率一般较高，这是某些金属材料在使用中发生晶间腐蚀破坏的原因。

3. 相界

多相组成的材料中不同的相具有不同的晶体结构及其特定的物理和化学特性，两相之间的分界面称为相界。

按结构特点，相界面可分为共格界面、半共格界面和非共格界面三种类型。

1）共格界面。所谓"共格"是指界面上的原子同时位于两相晶格的结点上，即两相的晶格是彼此衔接的，界面上的原子为两者共有。如图 4.21a 所示是一种无畸变的具有完全共格的相界，其界面能很低。但是理想的完全共格界面，只有在孪晶界且孪晶界即为孪晶面时才可能存在。对相界而言，其两侧为两个不同的相，即使两个相的晶体结构相同，其点阵参数也不可能相等，因此在形成共格界面时，必然在相界附近产生一定的弹性畸变，晶面间距较小者发生伸长，较大者产生压缩（如图 4.21b），以互相协调，使界面上原子达到匹配。显然这种共格相界的能量相对于具有完全共格关系的界面的能量要高。

2）半共格相界。若相邻晶体在相界面处的晶面间距相差较大，则在相界面上不可能做到完全的一一对应，在界面上将产生一些位错（见图 4.21c），以降低界面的弹性应变能，这时界面上的两相原子部分地保持匹配，这样的界面称为半共格界面或部分共格界面。

3）非共格相界。当两相在相界面处的原子排列相差很大时只能形成非共格界面（见图 4.21d），这种相界与大角度晶界相似，可看作由很薄的原子不规则排列而成的过渡层构成。

从理论上讲，相界能包括两部分，即弹性畸变能和化学交互作用能。弹性畸变能的大小取决于错配度的大小；而化学交互作用能则取决于界面上原子与周围原子的化学键结合状况。相界面结构不同，这两部分能量所占的比例也不同。如对共格相界，由于界面上原子保持着匹配关系，故界面上原子结合键数目不变，因此这里应变能是主要的；而对于非共格相界，由于界面上原子的化

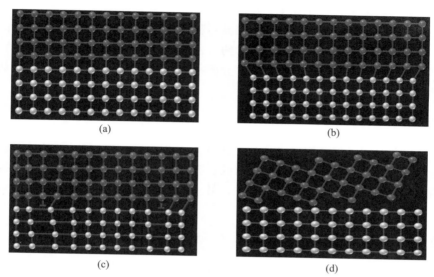

图 4.21　界面的共格、半共格及非共格图示：（a）具有完全共格的无畸变界面；
（b）具有弹性畸变的共格界面；（c）半共格界面；（d）非共格界面

学键数目和强度与晶内相比发生了很大的变化，故其界面能以化学能为主，而且总的界面能较高。从相界能的角度来看，从共格至半共格到非共格相界依次递增。

4. 孪晶界

　　孪晶是指两个晶体（或一个晶体的两部分）沿一个公共晶面构成镜面对称的位向关系，这两个晶体就称为孪晶，此公共晶面即为孪晶面，如图 4.22 所示。孪晶形成机制分为两种：一种是在剪切力的作用下形成，称为形变孪晶；另一种是变形金属在退火热处理时形成，称为退火孪晶。不同晶体结构中的孪晶一般形成于特定的晶面及晶向，如退火孪晶一般发生于面心立方晶体，而形

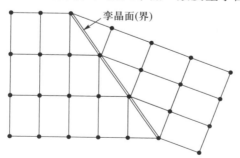

图 4.22　孪晶示意图［孪晶面（界）］

变孪晶则多发生于体心立方及密排六方晶体。

孪晶界也可分为两类，即共格孪晶界和非共格孪晶界。共格孪晶界是无畸变的完全共格晶面，其界面能很低，约为普通晶界界面能的1/10，故很稳定；非共格孪晶界上只有部分原子为两部分所共有，因而原子错排较严重，其能量相对较高，约为普通晶界的1/2。

4.3.4　体缺陷

体缺陷是原子偏离周期排列的三维缺陷，几何尺寸也比前述缺陷大得多，包括材料制备过程中形成的孔洞、裂纹、夹杂物等。这种体缺陷对材料性能的影响一方面与它的几何尺寸大小有关，另一方面也与其数量、分布等有关，它们的存在常常是极其有害的。

4.3.5　单晶和多晶

整块材料内部的原子作周期性重复规则排列且完整无缺陷的固体晶体称为单晶。可以认为，单晶中的所有晶胞以完全相同的方式及方向堆垛。

绝大多数金属晶体固体是由众多小晶体聚集而成的，小晶体称为晶粒，小晶体的聚集体称为多晶体。图4.23是多晶体材料结晶长大的示意图。结晶开始时，在不同位置形成小晶体或晶核（图中小方块所示），随后小晶体（晶核）

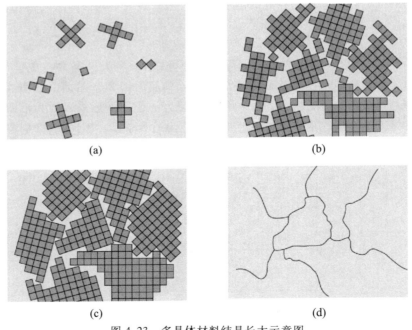

(a)　　　　　　　　　　　　　　　(b)

(c)　　　　　　　　　　　　　　　(d)

图4.23　多晶体材料结晶长大示意图

从周围液体中不断得到原子使其长大，液体完全消失即结晶过程结束时晶粒呈非规则形状。从图中可以看出，不同晶粒的结晶取向各异，导致晶粒间区域的原子匹配度降低，该区域即为晶界。

4.4 相与组织

组成材料最基本的、独立的物质称为组元。组元可以是纯元素，如金属元素 Fe、Cu、Al 等，也可以是非金属元素如 C、N、B 等；还可以是化合物，如 Fe_3C、$CuAl_2$、SiO_2、Al_2O_3 等。材料可以由单一组元组成，如纯铁、纯铜、纯铝、石英（SiO_2）等；也可以由多种组元组成，如碳素钢主要由 Fe 和 C 两种组元组成。多组元组成的化合物其化学键属性不同，在不同条件下的微观组织结构可以不同，结果这些化合物表现出来的性能差异也很大，如常见的钢和铸铁，虽然它们都是由 Fe、C 两种组元组成，但其性能有很大的不同。同样的组元在不同物理化学条件下可以形成不同材料的过程是有规律的，这种规律可以由相图来表征，它表示了材料相的状态与温度、成分的综合关系，可为人们研制材料指明方向。有关相变及相图的内容将在后面的章节中给予介绍。

4.4.1 相与组织的定义

相指系统中物质结构均匀的部分。在固体材料中，具有同样的聚集状态、同样的原子排列特征，并以界面相互隔开的均匀组成部分称为相。相可以是单质，也可以是化合物。材料的性能与各组成相的性质、数量（体积分数）、形态、尺寸、分布及界面等直接相关。在一定的外界条件下，一定成分的材料可能由不同成分、结构和性能的相所组成，这些相的总体便称为材料的组织。其内涵包括相的种类、体积分数、形貌、尺寸、分布及界面等信息。人们将用肉眼观察到的或借助于放大镜、显微镜观察到的相的形态、分布的图像称为组织，用肉眼和放大镜观察到的称为宏观组织，用显微镜观察到的称为显微组织，用电子显微镜观察到的称为电子显微组织。

4.4.2 合金相的结构

虽然纯金属在工业上获得了一定的应用，但由于纯金属的性能有一定的局限性，特别是强度等重要性能指标往往不能满足要求。实际使用的金属材料绝大多数是合金，合金化后金属的性能得到大大地提高，合金化是提高纯金属性能的最主要途径。例如，工业纯铁的抗拉强度仅为 200 MPa，而 40Cr 钢经热处理后的强度可达 1 000 MPa。

1. 基本概念

1）合金。所谓合金是指一种金属元素与另一种或几种其他元素，通过熔化或其他方法结合在一起所形成的具有金属特性的物质。

2）合金相。合金中各组元间会产生复杂的物理、化学作用，所以在固态合金中存在一些成分不同、结构不同、性能也不相同的合金相。所谓合金相（简称相），是从组织角度说明合金中具有同一聚集状态、同一结构，以及成分性质完全相同的均匀组成部分。人们按照合金中相的多少将合金分为单相合金（即由一种相组成的合金）、两相合金（即由两种相组成的合金）及多相合金。

3）合金相的分类。组成合金的相是多种多样的，不同的相有不同的晶体结构，按照晶体结构的不同，可将合金相分为固溶体和化合物两类。金属中添加其他组元后形成固溶体还是形成中间相，取决于合金组元的种类、含量以及合金化的温度。

2. 固溶体

（1）基本概念

1）固溶体。固溶体是一种组元（常称为溶质）溶解在另一种组元（常称为溶剂，一般为金属）中，其特点是溶剂（或称基体）的点阵类型不变，溶质原子或是代替部分溶剂原子而形成置换式固溶体，或是进入溶剂组元点阵的间隙中而形成间隙式固溶体。图 4.15b 也可认为是置换式固溶体和间隙式固溶体中原子分布的二维示意图。事实上固溶体中的溶质原子就是点缺陷。

2）固溶度。一般来说，固溶体都有一定的成分范围，溶质在溶剂中的最大含量称为固溶度。在材料学科中与固溶度有相同意义的术语有很多，如极限固溶度、固溶度极限、最大固溶度、最大固溶度极限等。

固溶体中的结合键主要是金属键，故固溶体具有明显的金属性质，如具有一定的导电、导热性和一定的塑性等，在合金中通常作为基体相，以确保合金具有良好的塑性及韧性。

可用溶液来解释固溶体的特征。设有相互溶解（如酒精和水）的两种液体，将二者混合后将发生分子间的相互扩散，最终得到溶液。显然，溶液的成分是均匀的。与溶液一样，固溶体的成分均匀，溶质原子随机且均匀地分布在固溶体中。

按溶质原子在溶剂中的固溶度大小，固溶体可分为有限固溶体和无限固溶体两种。在无限固溶体中，溶质和溶剂元素可以以任意比例相互溶解。其合金成分可以从一个组元连续改变到另一个组元而不出现其他合金相，所以又称为连续固溶体。置换式固溶体在一定条件下可能是无限固溶体，但间隙式固溶体都是有限固溶体。

（2）一般规律

1）置换固溶体。除了少数原子半径很小的非金属元素之外，绝大多数金属元素之间都能形成置换固溶体，但对多数元素而言，常常形成有限固溶体，且不同溶质元素在不同溶剂中的固溶度大小是不相同的。固溶度的大小主要受以下一些因素的影响：

① 晶体结构

形成完全互溶固溶体的溶质和溶剂晶体结构必须相同。如 Cu、Ni 两种元素皆为面心立方结构，因而二者才能形成无限固溶体。

形成有限固溶体时，如果溶质与溶剂的晶体结构类型相同，则固溶度通常也较不同结构时为大。例如，Ti、Mo、W、V、Cr 等在体心立方结构溶剂（如 α-Fe）中具有较大的固溶度，而在面心立方的溶剂（如 γ-Fe）中固溶度相对较小。具有面心立方结构的溶质元素 Co、Ni、Cu 等在 γ-Fe 中的固溶度又大于在 α-Fe 中的固溶度。部分合金元素在铁中的固溶度如表 4.5 所示。

表 4.5　部分金属元素在铁中的固溶度

元素	结构类型	在 γ-Fe 中最大固溶度/at%	在 α-Fe 中最大固溶度/at%	室温下在 α-Fe 中最大固溶度/at%
Ti	β-Ti 为 BCC（>882 ℃） α-Ti 为 HCP（<882 ℃）	0.63	7~9	~2.5（600 ℃）
Mo	BCC	~3	37.5	1.4
W	BCC	~3.2	35.5	4.5（700 ℃）
V	BCC	1.4	100	100
Cr	BCC	12.8	100	100
Co	β-Co 为 FCC（>450 ℃） α-Co 为 HCP（<450 ℃）	100	76	76
Ni	FCC	100	~10	~10
Cu	FCC	~8	18.5	15

② 原子尺寸因素

所谓尺寸因素是指形成固溶体的溶质原子半径（R_B）与溶剂原子半径（R_A）的相对差值大小，常以 ΔR 表示

$$\Delta R = \frac{R_A - R_B}{R_A} \times 100\% \tag{4.12}$$

经验表明，ΔR 越大，固溶度越小，这是因为溶质原子的溶入将引起溶剂晶格产生畸变。如果溶质原子尺寸大于溶剂原子，则溶质原子溶入后将排挤它周围的溶剂原子。如果溶质原子尺寸小于溶剂原子，则其周围的溶剂原子将产生松弛，向溶质原子靠拢，如图 4.15 所示。随着溶质原子溶入量的增加，引起的晶格畸变也越严重，畸变能越高，结构稳定性越低。所以 ΔR 的大小限制了固溶体中的固溶度。显然，溶入同量溶质原子时，ΔR 越大，引起晶格畸变越大，畸变能越高，极限固溶度就越小。

溶质原子和溶剂原子的半径差小于 15% 时，有可能得到完全互溶的固溶体。否则溶质原子将产生较大的晶格畸变，固溶度有限。

将合金元素的原子半径与铁的原子半径对比发现，凡是 ΔR 大于 15% 者在铁中的固溶度均很小，而能与铁形成无限固溶体的 Ni、Co、Cr、V 与铁的原子半径相差都不超过 10%。

③ 化学亲和力（电负性因素）

元素间化学亲和力的大小显著影响它们之间的固溶度。如果元素间的亲和力很强，则倾向于形成化合物而不利于形成固溶体；即使形成固溶体，其固溶度也很小。形成化合物稳定性越高，固溶体的固溶度越小。

如 Pb、Sn、Si 分别与 Mg 形成固溶体时，三种元素与 Mg 的电负性差逐渐增大，亦即 Pb 与 Mg 的电负性差最小，Si 与 Mg 的电负性差最大，故三种元素与 Mg 形成的固溶体的固溶度逐渐减小，而形成的化合物的稳定性则逐渐增大。如表 4.6 所示。

表 4.6　镁基固溶体的固溶度与所生成化合物稳定性的关系

元素	最大固溶度/at%	生成的化合物	熔点/℃	生成热/(kJ·mol^{-1})
Pb	7.75	Mg$_2$Pb	550	17.6
Sn	3.35	Mg$_2$Sn	778	25.6
Si	微量	Mg$_2$Si	1 102	27.2

④ 电子浓度因素

人们在研究以 Cu、Ag、Au 为基的固溶体时，发现随着溶质原子价的增大，其固溶度极限减小。例如，Zn、Ga、Ge、As 分别为 2~5 价，它们在 Cu 中的固溶度极限逐渐降低，以 Zn 的最大，为 38at%，As 的最小，仅为 7at%，如果将浓度坐标以电子浓度表示，则它们的固溶度极限是近似重合的，都在电子浓度为 1.4 附近。

所谓电子浓度是指固溶体中价电子数目 e 与原子数目 a 之比。假设溶质原

子价为 v，溶剂原子价为 V，溶质元素的原子百分数为 x，则该固溶体的电子浓度为

$$\frac{e}{a} = \frac{V(100 - x) + vx}{100} \tag{4.13}$$

在计算电子浓度时，各元素的原子价与其在周期表中的族数是一致的，此数值与在化学反应中该元素所表现出来的化合价不完全一致，例如，Cu 在化学反应中有 1 价、2 价两种情况，而在计算电子浓度时恒定为 1 价。在计算过渡族元素的原子价时遇到了困难和分歧，一般定为 0 价，也有人认为在 0~2 价范围内变化。

电子浓度因素对固溶度的影响还存在相对价效应。即当 1 价金属 Cu、Ag、Au 与高价元素形成合金时，高价元素在低价元素中的固溶度极限总是大于低价元素在高价元素中的固溶度极限。

除此之外，固溶度与温度又有密切关系，大多数情况下温度越高，固溶度越大。

铜和镍组成的合金是典型的置换固溶体，且铜镍两元素在任意比例下完全互溶。比较前述影响固溶度的因素规则，就会发现具有高固溶度的条件。如铜和镍原子半径分别为 0.128 nm 和 0.125 nm，电负性分别为 1.9 和 1.8，两参数均非常接近；均为面心立方晶体结构；化合价分别为 +1 和 +2。

2) 间隙固溶体。形成间隙固溶体的溶剂大多是过渡族元素，溶质元素一般是原子半径小于 0.1 nm 的一些非金属元素，如 H、B、C、N、O 等，它们的原子半径如表 4.7 所示。

表 4.7　部分间隙溶质元素的原子半径

元素	H	B	C	N	O
原子半径/nm	0.046	0.097	0.077	0.071	0.060

溶质原子存在于间隙位置上引起的点阵畸变较大，故它们不可能填满全部间隙，而且一般固溶度都很小。固溶度大小除与溶质原子半径大小有关以外，还与溶剂元素的晶格类型有关，因为它决定了间隙的大小。

C 与 N、Fe 形成的间隙固溶体是钢中的重要合金相。在面心立方结构的 γ-Fe 中，八面体间隙比较大，C、N 原子常存在于该位置。如果 C、N 原子能够填满八面体间隙，则 γ-Fe 中最大溶碳量将为 50at% 或 18wt%。最大溶氮量为 50at% 或 20wt%。而实际上，在 γ-Fe 中最大溶碳量和溶氮量仅为 2.11wt% 和 2.8wt%。在体心立方结构的 α-Fe 中，单个间隙尺寸比较小，因此，C、N

原子溶入后引起的点阵畸变较大，故远比在 γ-Fe 中的固溶度小。

（3）固溶体的结构特点

形成固溶体时，虽然仍然保持溶剂的晶体结构，但由于溶质原子的大小与溶剂不同，点阵产生局部畸变，导致点阵常数的改变，如图 4.24 所示。形成置换固溶体时，若溶质原子比溶剂原子大，则溶质原子周围点阵发生膨胀，平均点阵常数增大。反之，若溶质原子较小，在溶质原子附近的点阵发生收缩，使固溶体的平均点阵常数减小。可见固溶体点阵常数的变化大小也反映了点阵畸变的情况。通常情况下间隙固溶体的点阵畸变更大，且点阵常数随溶质原子含量的增加而增大。

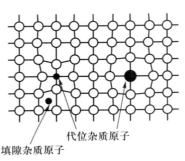

代位杂质原子

填隙杂质原子

图 4.24　形成固溶体时的点阵畸变

（4）固溶体的强度和硬度

固溶体的强度和硬度往往高于各组元，而塑性则较低，这种现象称为固溶强化。强化的程度（或效果）不仅取决于它的成分，还取决于固溶体的类型、结构特点、固溶度、组元原子半径差等一系列因素。固溶强化的特点和规律有如下几点：

1）间隙式溶质原子的强化效果一般要比置换式溶质原子更显著。这是因为间隙式溶质原子往往择优分布在位错线上，形成间隙原子"气团"，将位错牢牢地钉扎住，从而造成强化。而置换式溶质原子往往均匀分布在点阵内，虽然由于溶质和溶剂原子尺寸不同，造成点阵畸变，从而增加位错运动的阻力，但这种阻力比间隙原子气团的钉扎力小得多，因而强化作用也小得多。

2）溶质和溶剂原子尺寸相差越大或固溶度越小，固溶效果越显著，亦即单位浓度溶质原子所引起的强化效果越大。

3. 化合物

两组元 A 和 B 组成合金时，除了可形成以 A 为基或以 B 为基的固溶体外，还可能形成晶体结构与 A 和 B 两组元均不相同的新相。由于它们在二元相图上的位置总是位于中间，故通常将这些相称为中间相。

中间相大多数是由不同的金属或金属与类金属组成的化合物，故这类中间相又称为金属间化合物。

中间相可以是化合物，也可以是以化合物为基的固溶体（第二类固溶体或称为二次固溶体）。中间相可用化合物的化学分子式表示。大多数中间相中原子间的结合方式属于金属键与其他化学键（如离子键、共价键和分子键）相混合的一种结合方式。因此它们都具有金属性。正是由于中间相各组元间的结合含有金属的结合方式，所以表示它们组成的化学分子式并不一定符合化合价规律，如 CuZn，Fe_3C 等。

和固溶体一样，电负性、电子浓度和原子尺寸等对中间相的形成及晶体结构都有影响。可将中间相分为服从原子价规律的正常价化合物、电子浓度起控制作用的电子化合物、原子尺寸因素为主要控制因素的间隙相、间隙化合物和拓扑密堆相以及有序固溶体（超结构）等几大类。

（1）正常价化合物

在元素周期表中一些金属与电负性较强的ⅣA，ⅤA，ⅥA 族的一些元素按照化学上的原子价规律所形成的化合物称为正常价化合物。它们的成分可用分子式表达，一般为 AB，A_2B（或 AB_2），A_2B_3 型。如二价的 Mg 与四价的 Pb、Sn、Ge、Si 形成 Mg_2Pb、Mg_2Sn、Mg_2Ge、Mg_2Si。

正常价化合物的晶体结构通常对应于同类分子式的离子化合物结构（见第八章），如 NaCl、ZnS、CaF_2 型等。由于有两种或两种以上的元素，同种元素及不同元素之间复杂的相互作用使得正常价化合物的晶体结构比固溶体要复杂得多，能表示其结构特征的晶胞中原子数更多。

正常价化合物的稳定性与组元间电负性差有关。电负性差越小，化合物越不稳定，越趋于金属键结合；电负性差越大，化合物越稳定，越趋于离子键结合。如上例中 Pb 到 Si 电负性逐渐增大，故上述四种正常价化合物中 Mg_2Si 最稳定，熔点为 1 102 ℃，而且是典型的离子化合物；而 Mg_2Pb 的熔点仅为 550 ℃，且显示出典型的金属性质，其电阻值随温度升高而增大。

正常价化合物中化学键性质决定其通常具有比固溶体更高的硬度和脆性。

（2）电子化合物

电子化合物的特点是具有相同电子浓度的相，其晶体结构类型相同。即结构稳定性主要取决于电子浓度因素。电子浓度是指化合物中价电子数与原子数之比。例如，Cu-Zn 系合金在 Zn 超过 38.5at% 时出现的 β 相 CuZn，Cu-Al 系超过固溶度极限时出现的 β 相 Cu_3Al，以及 Cu-Sn 系的 β 相 Cu_5Sn，它们的电子浓度都等于 3/2，晶体结构都是体心立方。Cu-Zn 合金在 Zn 含量更高时出现的 γ 相 Cu_5Zn_8，电子浓度为 21/13；Zn 含量再高时出现的 ε 相 $CuZn_3$，电子浓度为 7/4。同样在 Cu-Al 和 Cu-Sn 系合金中也都有相应的中间相，其电子浓度也分别为 21/13 和 7/4，晶体结构也分别相同。进一步研究得知，过渡金属与一些元素之间也形成电子化合物（过渡元素取 0 价）。

电子化合物晶体结构与其电子浓度有如下关系：

1）当电子浓度为 21/14 时，电子化合物（一般称为 β 相）多数是体心立方结构，也有例外；

2）当电子浓度为 21/13 时，电子化合物（一般称为 γ 相）多数为复杂的立方结构，每个晶胞中有 52 个原子；

3）当电子浓度为 21/12 时，形成具有密排六方结构的电子化合物（一般称为 ε 相）。

与正常价化合物相比，电子化合物的晶体结构更为复杂，能表示其结构特征的晶胞可能含有数十个原子甚至更多。

决定电子化合物结构的主要因素是电子浓度，但它并非唯一因素。如尺寸因素，当尺寸因素 ΔR 接近于 0，即两组元原子半径相近时，则倾向于形成密排六方结构。当尺寸因素较大，即两组元原子半径差较大时，则倾向于形成体心立方结构。

电子化合物虽然可以用化学分子式来表示，但实际上存在一定的成分范围，因而其电子浓度并非是确切的比值。因此可以将电子化合物看作以化合物为基的第二类固溶体。

电子化合物大多以金属键结合，具有显著的金属特性。但它们的性能差异很大，例如，β 黄铜（CuZn）具有良好塑性和导电性能，接近于一般金属；而 γ 黄铜（Cu_5Zn_8）比较脆，导电性差，接近于离子晶体或共价晶体。

（3）受原子尺寸因素控制的中间相

原子半径比较小的非金属元素 C、N、H、O、B 等与过渡族金属之间除了形成前述的间隙固溶体外，当它们的含量超过其固溶度极限时还可以形成化合物。这些化合物称为中间相，也称为间隙化合物。尺寸较大的过渡族元素原子占据晶格的结点位置，尺寸较小的非金属原子则有规则地嵌入晶格的间隙之中。

当金属（M）与非金属（X）的原子半径比 $R_X/R_M < 0.59$ 且电负性差较大时，化合物具有比较简单的晶体结构，称为间隙相。而当 $R_X/R_M > 0.59$ 且电负性差较大时，形成具有复杂结构的化合物，称为间隙化合物。H、N 原子半径比较小，因此所有过渡族金属的氢化物、氮化物都满足 $R_X/R_M < 0.59$，均为间隙相。B 原子半径较大，因此所有过渡族金属的硼化物都是间隙化合物。C 原子半径居中，一部分碳化物为间隙相，如 VC、WC、TiC 等，另一部分碳化物为间隙化合物，如 Fe_3C、$Cr_{23}C_6$ 等。

1）间隙相

间隙相的晶体结构比较简单，一般可以用简单的化学式表示，分子式一般为 M_4X、M_2X、MX、MX_2 等类型。但大多数间隙相的成分可以在一定范围内变化。图 4.25 为 TiC 的晶体结构示意图。

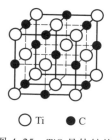

○Ti ●C

图 4.25 TiC 晶体结构

间隙相中原子间结合键为共价键和金属键，即使非金属组元的原子数分数大于 50at% 时，仍具有明显的金属特性，而且间隙相几乎全部具有高熔点和高硬度的特点，见表 4.8。

表 4.8 钢中常见的碳化物间隙相

物质名称	W_2C	WC	Mo_2C	TaC	NbC	VC	ZrC	TiC
熔点/℃	3 130	2 867	2 960±50	4 150±140	3 770±125	3 023	3 805	3 410
硬度 HV/GPa	3 000	1 730	1 480	1 550	2 050	2 010	2 840	2 850

2）间隙化合物

与间隙相相比，间隙化合物的晶体结构都很复杂，分子式有 M_3X、M_7X_3、$M_{23}X_6$ 等类型。

间隙化合物中原子间结合键亦为共价键和金属键。其熔点和硬度均较高，但不如间隙相。间隙化合物是钢中的主要强化相，如 Fe_3C、$Cr_{23}C_6$ 等，它们的硬度分别为 8HV（GPa）和 1.65HV（GPa），熔点分别为 1 227 ℃ 和 1 577 ℃。Fe_3C 的晶体结构如图 4.26 所示。

钢中间隙化合物中的铁原子还可以部分地被 Mn、Cr、Mo、W 等金属原子置换，形成以间隙化合物为基的固溶体，如 $(FeMn)_3C$、$(FeCr)_3C$ 等。

需要指出的是，在钢中只有周期表中位于 Fe 左方的过渡族金属元素才能形成碳化物（包括间隙相和间隙化合物），它们的 d 层电子越少，与碳的亲和力就越强，则形成的碳化物越稳定。

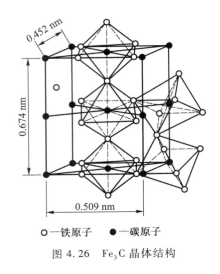

0.452 nm

0.674 nm

0.509 nm

○—铁原子　●—碳原子

图 4.26　Fe₃C 晶体结构

本章小结

　　本章从三个层次介绍了工程材料的微观结构。不同层次结构的差别对性能的影响是不同的。

　　原子结构与结合键：原子核外的电子数量、排布决定了原子核对其价电子吸引能力的大小，电负性是表征原子这种特性的一个重要物理量。由于原子对价电子占有方式不同，当由原子形成材料时，便产生了离子键、共价键、金属键等化学键（一次键）以及以范德瓦耳斯力等为表征的物理键（二次键）。元素间的电负性差对于形成何种类型的键有一定的规律性。不同的结合键对材料性能有着决定性的影响，可据此将材料分为金属、无机非金属（陶瓷）、高分子材料等几大类。

　　原子排列方式：在组成元素相同、结合键类型相同的情况下，原子排列的方式不同也会形成完全不同的材料，因此原子排列也是一种重要的结构层次。原子排列可以既有周期性又有对称性，是为晶体；也可以只有短程有序而长程无序，是为非晶体。实际晶体中还可能存在不同层次的缺陷，按缺陷维度的不同，分为点缺陷、线缺陷、面缺陷及体缺陷四类，缺陷的存在极大地影响着材料的工艺性能、理化及力学性能。

　　相与组织：组成元素相同、结合键类型相同、原子排列方式相同的材料也可以有不同的性能。也就是说还有影响性能的微观结构规律存在，这就是组织。构成组织的基本单元是相。相是材料中具有相同聚集状态、同样原子排列特征和性质并以界面隔开的均匀组成部分。组织是由几个相组成，各个相的相对量、尺寸、形貌、分布的不同都会形成不同的组织。组织对材料的理化及力学性能等有重要影响。组织比原子结合键及原子排列方式更易随加工工艺而变化，因此组织是一个非常敏感而重要的结构因素。

第五章
合金相图及固态相变基础

　　大多数工程用金属材料为合金，一般由两大类相构成，分别是固溶体和金属化合物。当温度和压力变化时，金属材料的组成相将发生变化。从一种相到另一种相的转变称为相变，不同固相之间的转变称为固态相变，相变的规律从相图中可直观的解读。相图分单组元(纯金属)相图及多组元相图，绘出了在热力学平衡条件下，材料体系中所存在的相与温度和压力之间的对应关系。解读相图可获得合金中组成相的种类、成分及体积分数等金属材料组织的要素信息，本章将首先介绍纯金属(单组元)及合金(多组元)尤其是二元合金相图。同时介绍工程上应用最为广泛的金属材料即铁碳合金的相图，以及碳钢的平衡冷却组织转变。

　　相图给出的是金属及合金在热力学平衡条件下，所存在的相与温度和压力之间的对应关系，但并不能给出相变尤其是固态相变如何发生以及微观组织演化的基本规律。而材料的组织演化进行的类型和程度，决定了最终的产物，即微观组织状态，微观组织决定着材料的性能。为了使材料得到所希望的性能，必须在加工、制备等过程中控制材料的微观组织状态。因此，理解和掌握材料在不同环境条件下发生的相变或组织演化过程的规律及其产物特性尤为重要。

5.1　相图基础

　　金属随着温度和压力的变化，材料的组成相会发生变化。从一种相到另一种相的转变称为相变，由液相至固相的转变称为凝固。如果凝固后的固体是晶体，则又称为结晶；而不同固相之间的转变称为固态相变，这些相变的规律可借助相图直观简明地表示出来。

　　相图表示在一定条件下，处于热力学平衡状态的物质系统中平衡相之间关系的图形，又称为平衡图、组成图或状态图。相图中的每一点都反映一定条件下，某一成分的材料平衡状态下由什么样的相组成以及各相的成分和含量。

　　按金属材料中的组元多少分类，可分为单组元（纯金属）和多组元（二元及二元以上的合金）两大类。单组元（纯金属）相图及多组元相图表示了在热力学平衡条件下，所存在的相与温度和压力之间的对应关系，理解这些关系有助于预测材料的性能。单组元的相变相对简单，只发生晶体结构的变化，但单组元相图的知识是多组元合金相图的基础。大多数工程用金属材料为合金，一般由两大类相构成，分别是固溶体和金属化合物。通过相图分析可获得合金中组成相的种类、成分及体积分数等金属材料组织的重要信息，这些信息是预测材料力学性能的基础，更为新材料设计提供了科学依据。本节将介绍纯金属（单组元）及合金（多组元）平衡状态下相的种类、成分及体积分数等变化的基本规律。

　　材料的多数性能均与微观组织有关，而微观组织又由其热处理过程所决定。虽然大多数相图给出的是稳定（平衡）状态及其微观组织的相关信息，但这些信息有助于理解非平衡组织的变化及其性能。而非平衡态组织的性能通常比平衡态组织更具有可设计性。

　　掌握相图知识非常重要，合金的显微组织、力学性能以及显微组织的变化与相图特性紧密相关。另外相图还提供了关于金属的熔化、铸造、结晶及其他现象等许多重要信息。

　　本节主要讨论以下内容：① 吉布斯相律、平衡与非平衡等有关术语；② 纯金属的压力-温度相图；③ 常用简单的二元合金相图及解析，包括 Fe-C 合金相图；④ 平衡组织冷却转变。

5.1.1　定义与基本概念

1. 吉布斯相律
吉布斯（Gibbs）相律是处于热力学平衡状态的系统中自由度与组元数和相

数之间关系的规律。通常简称相律。相律中有以下几个基本概念：

1）相。系统中性质与成分均匀的一部分。相有自身的物理和化学特性，并且理论上是可以机械分离的。相与相之间由界面隔开。相可以是固态、液态或气态。由于气体是互溶的，平衡系统中的气相数只能为一。但液相和固相则可能有两种或两种以上。材料中相的种类、大小、形态与分布构成了材料的显微组织。

2）相平衡。多相体系中，所有相的强度性质（如温度、压力、每个组分在所有相中的化学位等）均相等，体系的性质不会自发地随时间变化的状态即相平衡态。根据热力学第二定律，具有给定物质与能量的热力学平衡体系（孤立体系）的自发过程总是朝熵增加的方向进行，因此孤立体系位于平衡状态的熵大于处于非平衡状态的熵。根据这一原理，对于物质一定但与外界有能量交换的体系（封闭体系），恒温恒压过程总是朝吉布斯自由能降低的方向进行，平衡状态吉布斯自由能最低。因此恒温恒压下多相体系中吉布斯自由能最低的状态就是相平衡状态。

3）组元。决定各平衡相的成分，并且可以独立变化的组分（元素或化合物）。如果系统中各组元之间存在相互约束关系，如化学反应等，那么组元数便小于组分数，也就是说，在包含有几种元素或化合物的化学反应中，不是所有参加反应的组分都是这个系统的组元。不过在许多合金系统中，组元数往往等于构成这个系统的化学元素的数目。

4）自由度。可以在一定范围内任意改变而不引起任何相的产生与消失的最大变量数，又称为独立变量数，如温度、压力、电场、磁场和引力场等。但一般情况下，除温度和压力外，其他外界条件对复相平衡的影响很小，可以忽略不计。因此，外界条件通常仅指成分、温度和压力。

相律指出，在任何热力学平衡系统中，自由度 F、组元数 C 和相数 P 之间存在如下关系：

$$F = C - P + 2$$

式中：2 反映外界温度和压力的影响。若影响系统平衡状态的外界条件有 n 个，则上式中的 2 改为 n

$$F = C - P + n$$

例如，当研究凝聚态系统时，如果压力变化不大，可略去压力这一变量，这时 $n=1$，得到常压下凝聚态系统的表达式

$$F = C - P + 1$$

相律是相图的基本规律之一，任何相图都必须遵从相律。但应该指出，相律只是对可能存在的平衡状态的一种定性描述。它可以给出一个相图中可能有些什么点、什么线和什么区，却不能给出这些点、线、区的具体位置。

2. 非平衡态或亚稳态

相图给出的是特定系统平衡特性的信息，但是它并没有给出建立新的平衡状态所需的时间。对于固态系统来说，平衡状态实现的过程往往很慢，故很难获得完全的平衡状态，此时的系统被称为处于非平衡态或亚稳态。由于亚稳态组织的变化很微小，过程非常缓慢，故亚稳态或亚稳态显微组织也能保持不变。亚稳态组织比稳态组织工程意义更大。钢和铝合金强度的提高更多的是通过热处理得到亚稳态的显微组织实现的（见第六章及第七章）。

因此，正确理解平衡状态及其组织很重要，但达到平衡状态的速率及其影响因素更不能忽视。

5.1.2　单组元相图

单组分系统（即纯物质相图）是最简单的相图，其成分不变，温度和压力是变量。这种单组分相图（也称为压力-温度图或一元相图）习惯上用压力 p（纵坐标）和温度 T（横坐标）二维图形表示。

以 H_2O 为例说明这种类型的相图及其特点，如图 5.1 所示，图中绘出了三个不同的相（固相、液相和气相）所在的区域，这些区域就是处于平衡状态的各相存在的温度-压力范围。图中的三条曲线（分别为 aO，bO 和 cO）为相界，曲线上任意一点两相共存，即曲线两侧的两个相处于相互平衡状态，如沿曲线 aO 固相与气相相互平衡。同理，bO 为固液线，cO 为液气线。当穿过相界时（改变温度或压力），一种相将变为另一种相，即发生相变。如压力为 101.3 kPa 时，升高温度至图 5.1 中的 1 点（虚线与固-液相界线的交点）时，将发生由固相到液相的转变（即溶化）。冷却时在同一点发生相反的转变，即由液相转变为固相。类似地，当虚线与液-气相界线相交时（2 点），加热时液

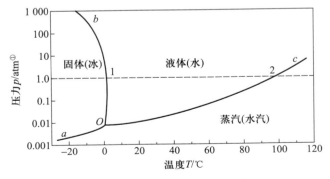

图 5.1　H_2O 的压力-温度相图

---

① 1 atm = 101 325 Pa。

相转变为气相，冷却时由气相变为液相。而当穿过 aO 线时，固体冰升华或气化。

从图 5.1 中可以看出，三条相界线交于一点 O，对于水系统来说，该点温度为 273.16 K，压力为 $6.1×10^{-1}$ kPa。其意义是在该点的温度压力条件下，固相、液相以及气相处于相互平衡状态。该点以及其他系统 $p-T$ 相图中类似的点称为三相共存。改变温度或压力，即偏离该点时，至少要消失一个相。

在单组元系统中，除了可以出现气、液、固三相之间的转变外，某些物质还可能出现固态中的同素异构转变。例如，图 5.2a 是纯铁相图，其中 $\delta-Fe$ 和 $\alpha-Fe$ 是体心立方结构，两者点阵常数略有不同，而 $\gamma-Fe$ 是面心立方结构。图中三个相之间有两条晶型转变线把它们隔开。对金属一般只考虑沸点以下的温度范围，同时外界压力通常为一个标准大气压，因此，纯金属相图可用温度轴来表示，见图 5.2b。T_m（1 538 ℃）是纯铁的熔点；A_4 点（1 394 ℃）是 $\delta-Fe$ 和 $\gamma-Fe$ 的转变点；A_3 点（912 ℃）是 $\gamma-Fe$ 和 $\alpha-Fe$ 的转变点；A_2（768 ℃）是磁性转变点。

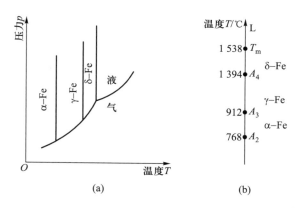

图 5.2 （a）纯铁的相图；（b）一个标准大气压下纯铁的相变温度点

5.1.3 二元相图

另一种最常用的相图是将温度和成分设为变量，而压力保持不变（通常为 1 标准大气压）。为便于研究，仅讨论含有二个组元的二元合金，含有更多组元的合金相图则相当复杂。但二元合金相图的基本原理可以应用于多元合金体系。

二元合金相图是表示平衡条件下温度与相组成及其相对含量关系的一种图

示，这些关系是影响合金显微组织的重要因素。当温度改变时将发生相的变化，即由一种相变为另一种相，得到不同的显微组织。二元合金相图对于研究相变及由相变产生的平衡或非平衡显微组织意义非常重大。

1. 二元匀晶合金

（1）二元匀晶相图

两组元在液态无限互溶，在固态也无限互溶，形成固溶体的二元相图称为二元匀晶相图。二元匀晶相图是二元合金相图中最简单的一种。图 5.3a 即为 Cu-Ni 二元匀晶相图，纵坐标为温度，横坐标为合金成分，分别用质量分数和原子数分数表示成分的变化。图中有三个不同的区域，分别是 α 相区，液相 L 区和两相区 α+L。每个相区的温度及成分范围由相界线界定。

液相 L 是由 Cu 和 Ni 组成的均匀溶液。α 相是由 Cu 和 Ni 组成的置换式固溶体，晶体结构为面心立方。低于 1 080 ℃时，Cu 和 Ni 在所有成分范围内完全互溶，且以固态形式存在，其原因是 Cu 和 Ni 具有相同的晶体结构（面心立方），原子半径及电负性相近，化合价也类似。由于 Cu、Ni 两组元液态及固态均能完全互溶，故将 Cu-Ni 系称为匀晶系。

合金中的固溶体习惯上用小写希腊字母如 α、β、γ 等表示，液相区和两相区 α+L 的分界线称为液相线，该线之上任意温度下任意成分均为液相。同样，α 相区和两相区 α+L 的分界线称为固相线，该线之下任意温度下任意成分均为固相 α。

图 5.3a 中固相线和液相线有两个交点，对应的分别是各纯组元的熔点。如纯铜、纯镍的熔点分别是 1 085 ℃和 1 453 ℃。在铜的熔点之下铜为固相，加热至熔点时发生固-液转变，熔点之上铜为液相。

纯组元之外任意组成的合金其熔化是在液相线和固相线之间的温度区间内发生的，在该温度区间，固相 α 与液相处于平衡状态。例如，成分为 50wt% Ni-50wt%Cu 的合金约在 1 280 ℃开始熔化，随温度升高液相数量逐渐增大，约 1 320 ℃时完全变成液体。

（2）二元匀晶相图解析

对于确定成分和温度的平衡二元合金来说，有三个信息非常重要：① 有哪些组成相？② 各相的成分如何？③ 各相所占比例多少？下面以 Cu-Ni 合金系为例介绍如何解析相图。

1）组成相。确定合金的组成相相对简单，在相图中找到对应的温度-成分点，该点所在相图标识的相区中的相即为该合金在相应温度下的组成相。如图 5.3a 中 60wt%Ni-40wt%Cu 的合金 1 100 ℃时，即 A 点，由于该点位于 α 区，故此时只有 α 单相。而 35wt%Ni-65wt%Cu 的合金 1 250 ℃时，即 B 点，该点落在 α 相和液相的两相区，即为 α 相和液相两相平衡。

2）各相成分的确定。确定各相成分时首先在相图中找到对应的温度-成分点，若落在单相区，该相的成分就是合金成分本身，如 A 点（60wt%Ni-40wt%Cu、1 100 ℃），此时只有 α 单相，故 α 相的成分即为 60wt%Ni-40wt%Cu。若在图中对应的温度-成分点落在两相区，也就是说有两相存在。此时确定各相成分时需在两相区相应的温度作水平线与两条相界线相交，在两个交点分别作垂线交于横坐标轴，坐标轴上相应的读数即为各相的成分。例如，35wt%Ni-65wt%Cu 的合金 1 250 ℃时，即 B 点，落在 α 相和液相两相区，如图 5.3b 所示，在两相区内沿 1 250 ℃作一水平线与两条相界线相交，与液相线的交点作垂线，垂线与横坐标轴的交点 C_L 即为液相的成分，即 31.5wt%Ni-68.5wt%Cu。类似地，α 固溶体的成分为 C_α，即 42.5wt%Ni-57.5wt%Cu。

3）计算各相比例（杠杆定律）。借助于相图可以计算出平衡状态下各相所占的质量比例。若在图中对应的温度-成分点落在单相区，则合金成分即为相成分，如图 5.3a 中的 A 点（60wt%Ni-40wt%Cu、1 100 ℃），只有 α 单相，即该相所占比例为 100%，也就是说，该合金 100% 为 α 相。若在图中对应的温度-成分点落在两相区，也就是说有两相存在，计算各相的比例则稍微复杂一些，要用杠杆定律计算。具体步骤如下：① 在两相区相应的温度作水平线与两条相界线相交；② 将合金成分点标注在水平线上；③ 某相的比例等于合金成分点到另一相界线的长度除以水平线的总长度，另一相的比例按同样方法计算。

同样以图 5.3b 为例，35wt%Ni-65wt%Cu 的合金 1 250 ℃时有 α 相和液相两相，计算各相所占质量比例。标注在水平线上的合金成分点为 C_0，设液相和 α 相的质量百分比分别为 W_L 和 W_α，根据杠杆定律计算 W_L，有

$$W_L = \frac{S}{R+S} = \frac{C_\alpha - C_0}{C_\alpha - C_L} \tag{5.1}$$

本题中，$C_0 = 35\text{wt\%Ni}$，查得 $C_\alpha = 42.5\text{wt\%Ni}$，$C_L = 31.5\text{wt\%Ni}$，代入得

$$W_L = \frac{42.5 - 35}{42.5 - 31.5} = 0.68$$

同样，根据杠杆定律计算 W_α，有

$$W_\alpha = \frac{R}{R+S} = \frac{C_0 - C_L}{C_\alpha - C_L} \tag{5.2}$$

$$W_\alpha = \frac{35 - 31.5}{42.5 - 31.5} = 0.32$$

杠杆定律可用于计算任意二元合金中各相的质量比例，前提是温度和合金的成分确定，且两相处于平衡状态。

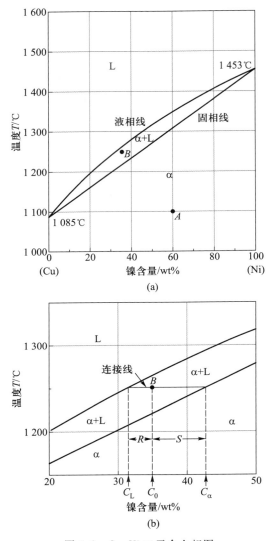

图 5.3　Cu-Ni 二元合金相图

杠杆定律的推导如下：

以 Cu-Ni 相图成分为 C_0 的合金，温度为 1 250 ℃ 为例，推导杠杆定律。C_α、C_L 的定义如前所述。首先，因为合金仅由两相组成，故两相比例之和为 1，即

$$W_\alpha + W_L = 1 \qquad\qquad (5.3)$$

其次，两个相中的某组元质量之和与合金中该组元的质量相等，即

$$W_\alpha C_\alpha + W_L C_L = C_0 \tag{5.4}$$

将式(5.3)代入式(5.4)推导即得式(5.1)和式(5.2)。

对于多相合金来说，由于通过显微分析容易确定各相的体积分数，多相合金的性能也常用体积分数估算，故工程上更习惯用体积分数而不是质量分数，因此需要建立体积分数与质量分数之间的关系。

设合金由 α 和 β 两相组成，α 相的体积分数 V_α 的定义如下：

$$V_\alpha = \frac{v_\alpha}{v_\alpha + v_\beta} \tag{5.5}$$

式中：v_α 和 v_β 分别是合金中各相的体积。显然，当合金只有两个相时，$V_\alpha + V_\beta = 1$。

有时需要将质量分数转换成体积分数，推导如下：

$$V_\alpha = \frac{\dfrac{W_\alpha}{\rho_\alpha}}{\dfrac{W_\alpha}{\rho_\alpha} + \dfrac{W_\beta}{\rho_\beta}} \tag{5.6a}$$

$$V_\beta = \frac{\dfrac{W_\beta}{\rho_\beta}}{\dfrac{W_\alpha}{\rho_\alpha} + \dfrac{W_\beta}{\rho_\beta}} \tag{5.6b}$$

以及

$$W_\alpha = \frac{V_\alpha \rho_\alpha}{V_\alpha \rho_\alpha + V_\beta \rho_\beta} \tag{5.7a}$$

$$W_\beta = \frac{V_\beta \rho_\beta}{V_\alpha \rho_\alpha + V_\beta \rho_\beta} \tag{5.7b}$$

式中：ρ_α 和 ρ_β 分别是 α、β 相的密度。

当两相合金中的相密度相差较大时，质量比和体积比数值相差明显，而若两相密度相同，则质量比和体积比也相同。

特别指出的是，在上面建立杠杆定律时，只要求是在二相区，而没对相图有任何要求。因此，不管怎样的系统，只要满足平衡的条件，在二相共存时，其二相的含量都可以用杠杆定律计算。

4）匀晶合金显微组织转变。按冷却速度的不同，可将显微组织的冷却转变分为平衡冷却转变和非平衡冷却转变两种。

所谓平衡冷却是指在极为缓慢的冷却条件下，使合金在相变过程中有充分的时间进行组元间的相互扩散，以达到平衡相的均匀成分。现以 35wt%Ni-65wt%Cu 的 Cu-Ni 合金为例来说明。该成分邻近区域相图如图 5.4 所示，在该成分点 1 300 ℃处作垂线。温度为 1 300 ℃时，即 a 点，为液态合金。当冷却到比与液相线相交的 b 点（约 1 260 ℃）略低的温度后开始结晶，固相 α 成分为 b 点水平线与固相线的交点，即 46wt%Ni-54wt%Cu，记为 α(46 Ni)。这时液相成分仍为合金成分，即 35wt%Ni-65wt%Cu。显然此时固相 α 和液相的成分存在明显差别。继续降温，液相和固相 α 的成分和比例不断变化，液相和固相 α 的成分分别沿液相线和固相线变化。同时，固相 α 的相对比例逐渐增大。需要注意的是，尽管冷却过程中两相内的 Cu 和 Ni 含量发生变化，但原合金的成分不会变化。

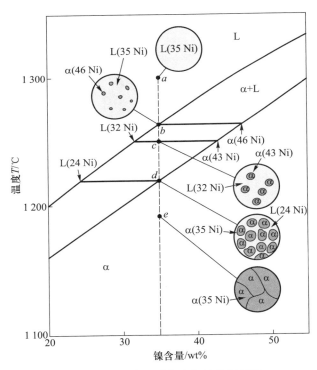

图 5.4　匀晶合金平衡冷却转变示意图

当冷却到 1 250 ℃，即图中的 c 点，液相和 α 相的成分分别为 32wt%Ni-68wt%Cu[L(32 Ni)]和 43wt%Ni-57wt%Cu[α(43 Ni)]。

当冷却到约 1 220 ℃，即图中的 d 点，固相 α 的成分为原合金成分，即

35wt%Ni-65wt%Cu，而最后一滴液相的成分为 d 点水平线与液相线的交点，即 24wt%Ni-76wt%Cu。继续冷却，合金凝固完毕后，得到成分为 35wt%Ni-65wt%Cu 均匀多晶单相固溶体（图中的 e 点）。冷却至室温，显微组织及成分均不再改变。

因冷却速度较快而得到偏离平衡组织的转变称为非平衡冷却转变。固溶体的凝固依赖于组元的扩散，要实现平衡冷却凝固，必须要有充裕的时间、足够慢的冷却速度让扩散进行。但在工业生产中，液态合金的冷却速度较快，无论是液态合金还是固态合金中的组元原子均得不到充分扩散，冷却时液相和固相成分并不能严格沿着液相线和固相线变化，即凝固过程偏离平衡条件，所形成的组织为非平衡组织。

仍以 35wt%Ni-65wt%Cu 的 Cu-Ni 合金为例说明非平衡冷却过程，图 5.5 所示为该成分邻近区域相图，图中还给出了不同温度下的显微组织示意图。为便于讨论，假设液相中原子扩散速度足够快，液相能保持平衡。

冷却从 1 300 ℃ 开始，此时合金在液相区（a' 点），故为液相，成分即为 35wt%Ni-65wt%Cu。当冷却到比与液相线相交的 b' 点（约 1 260 ℃）略低的温度后开始结晶出固相 α 颗粒，成分为 b' 点水平线与固相线的交点，即 46wt%Ni-54wt%Cu，即 α（46 Ni）。当降温至 c'（约 1 240 ℃）时，液相的平衡成分变为 29wt%Ni-71wt%Cu，而该温度下固相 α 的平衡成分为 40wt%Ni-60wt%Cu，即 α（40 Ni）。由于固相中原子的扩散速度较低，在 b' 点形成的 α 相成分不能明显改变，即仍为 α（43 Ni），结果固相 α 的成分分布不均匀，芯部成分为 46wt%Ni-54wt%Cu，沿晶粒径向逐渐过渡到表面的 40wt%Ni-60wt%Cu。故 c' 点固相 α 的平均成分介于 46%~40% Ni 之间，设该成分为 43wt%Ni-57wt%Cu。另外，根据杠杆定律还可以发现非平衡冷却下液相所占的比例比平衡冷却的多。说明非平衡冷却时相图上的固相线右移了，即镍含量增加，如图中虚线所示。假设冷却时液相中的原子扩散足够快，故液相线保持不变。

降温至 d' 点（约 1 220 ℃）时，按平衡冷却速度此时凝固结束。然而，非平衡冷却条件下，还残存有少量的液相，形成的固相 α 成分为 35wt%Ni，α 平均成分为 38wt%Ni。

非平衡冷却至 e' 点（约 1 205 ℃）时，最后一滴液相凝固成固相 α，成分为 31wt%Ni。而 α 相的平均成分为 35wt%Ni，f' 点示出了最终固体材料的显微组织。

上述分析表明，晶粒内部两组元并非均匀分布，该现象称为成分偏析。浓度梯度如图 5.5 所示，每个晶粒的芯部都是先凝固区域，富含高熔点组元（Ni）。邻近晶界则是后凝固区域，低熔点组元浓度较高。这种成分偏析多数情况下将导致性能恶化，如铸造产品若存在成分偏析，当将其加热时，低熔点组元富集区域可能过早熔化，导致晶界液化而使材料丧失力学性能。另外成分偏析合金的熔化温度也低于平衡冷却的固相熔化温度。工程上常用均匀化热处理工艺消除成分偏析，该工艺是将合金在其固相点以下的较高温度长时间保温，通过原子扩散，最终获得成分均匀的晶粒。

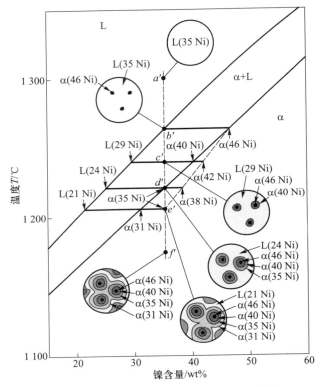

图 5.5　匀晶合金非平衡冷却组织转变示意图

　　5）匀晶合金的力学性能。下面简单讨论当其他组织参数固定时（如晶粒尺寸等），匀晶合金的力学性能与成分之间的关系。匀晶合金为单相组织，组元可起到固溶强化的作用（见第六章第二节）。室温下 Cu-Ni 合金的抗拉强度与成分的关系如图 5.6a 所示，可以看出，随镍含量增加，抗拉强度增大，后达到最大值，接着强度降低。相应地随第二组元的加入，塑性下降，且有一最低值。

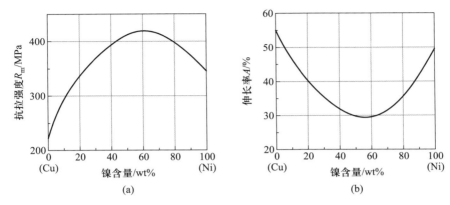

图 5.6 Cu-Ni 合金力学性能与成分的关系

2. 二元共晶合金

（1）二元共晶相图及解析

两组元在液态完全互溶，固态有限互溶或完全不互溶，且冷却过程中通过共晶反应，液相可同时结晶出两个成分不同的固相（L ⟶ α+β）的相图，称为共晶相图。图 5.7 所示为 Cu-Ag 合金系二元共晶相图。图中共有三个单相区：α、β 及液相。α 相是 Ag 在 Cu 中的固溶体，Ag 是溶质，面心立方结构；β 是 Cu 在 Ag 中的固溶体，Cu 是溶质，也是面心立方结构。

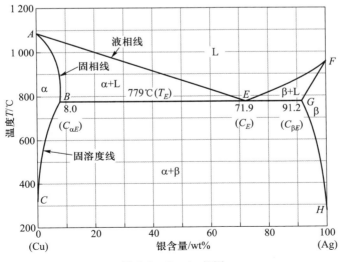

图 5.7 Cu-Ag 相图

α 和 β 固溶体均为有限固溶体。在 BEG 线以下，有限浓度的 Ag 溶于 Cu 形成 α 固溶体，同样，有限浓度的 Cu 溶于 Ag 形成 β 固溶体。α 固溶体的固溶度极限为 α/(α+β) 和 α/(α+L) 的界线，即 CBA 线。随温度升高固溶度极限增加，到 779 ℃(8.0wt%Ag 时)(B 点)为最大，继续升高温度至 Cu 的熔点(A 点)时，固溶度为零。779 ℃以下，将 α 和 α+β 两个相区的相界线 BC 称为 α 相的固溶度线，而将 α 和 α+L 两个相区的相界线 AB 称为 α 固相线，如图 5.7 所示。相应地，GH 为 β 相的固溶度线，FG 为 β 固相线。β 相中 Cu 的最大固溶度为 8.8wt%Cu，温度也是 779 ℃。BEG 水平线也可以认为是固相线，表示任意成分的 Cu-Ag 合金平衡条件下液相存在的最高温度。

Cu-Ag 合金系中有三个两相区，分别是 α+L、β+L 及 α+β。α+β 在两相区内任意成分及温度下两相 α 和 β 共存，同样 α+L、β+L 在各自相区内也是两相共存。两相区内各相的成分及相对比例可用匀晶相图中介绍的水平线与杠杆定律确定。

Ag 加入到 Cu 后，合金完全液化的温度沿液相线 AE 降低，也就是说，由于 Ag 的加入，Cu-Ag 合金的熔点降低。同样 Cu 加入到 Ag 后，合金完全液化的温度沿液相线 FE 降低。两条液相线交汇于 E 点，称为共晶点，共晶成分为 C_E，共晶温度为 T_E。Cu-Ag 合金系的 C_E 为 71.9wt%Ag，T_E 为 779 ℃。

成分为 C_E 的合金在 T_E 温度上下变化时将发生共晶反应

$$L(C_E) \Longleftrightarrow \alpha(C_{\alpha E}) + \beta(C_{\beta E}) \tag{5.8}$$

即冷却时，在温度 T_E 一个液相同时转变为 α 和 β 两个固相，而当加热时，反应向反方向进行。该反应称为共晶反应(eutectic reaction，eutectic 意即易于熔化)。C_E 为共晶成分，T_E 为共晶温度，$C_{\alpha E}$、$C_{\beta E}$ 分别为 T_E 温度下 α 和 β 相的成分。

对于 Cu-Ag 合金系，共晶反应为

$$L(71.9wt\%Ag) \Longleftrightarrow \alpha(8.0wt\%Ag) + \beta(91.2wt\%Ag)$$

T_E 温度下的水平固相线习惯上也称为共晶等温线。

冷却时的共晶反应与纯组元等温凝固过程很相似，区别在于后者液相凝固后为单相，而共晶反应得到的是两个不同的固相。

具有类似于图 5.7 共晶反应的相图称为共晶相图，相应的合金系称为共晶系。

在二元相图中，一个相区内处于平衡状态的或者是单相或者最多有两个相。在共晶系中可能存在三相平衡，但仅限于共晶等温线上。相图中各相区分布的一般规律是两个单相区之间必定有一个由该两相组成的两相区把它们隔开，如图 5.7 中 α+β 相区将 α 和 β 两个单相区隔开。

Pb-Sn 合金是常用的二元共晶系，如图 5.8 所示，其相图形状与 Cu-Ag

相图类似。有两个固溶体分别为 α 和 β，共晶反应点为 61.9wt%Sn、183 ℃。

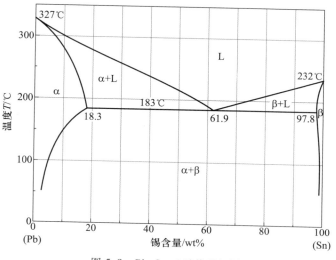

图 5.8　Pb-Sn 二元共晶相图

工程上低熔点合金通常为近共晶成分，典型合金为 60-40 焊料，成分为 60wt%Sn-40wt%Pb。由图 5.8 可知，该合金在 183 ℃ 熔化，由于该合金易于熔化，在低熔点焊料中经常应用。

（2）共晶合金显微组织转变

按成分不同，可将二元共晶系合金分为四种类型的显微组织，以图 5.8 所示的 Pb-Sn 合金相图为例说明其显微组织的转变过程。

第一种是成分范围在纯组元与该组元室温下极限固溶度之间的合金，对 Pb-Sn 合金而言，一是富 Pb 合金，含 Sn 量为 0wt%（纯 Pb）~2wt%（α 相固溶度）；二是富 Sn 合金，含 Pb 量为 0wt%（纯 Sn）~1wt%（β 相固溶度）。设成分为 C_1（图 5.9）的合金从液相区（设 350 ℃）开始缓慢冷却，如图中虚线 ww' 所示。在温度降至液相线之前，合金为液相。低于液相线后从液相中结晶出固体 α 相。继续降温，穿过很窄的 α+L 两相区，其结晶过程与匀晶合金一样，即随温度降低，结晶出更多的固体 α 相，液相和固相的成分不同，分别沿着液相线和固相线变化。温度降至固相线后，结晶过程结束，得到成分为 C_1 的均匀多晶固溶体。继续降温至室温，显微组织不再发生变化。显微组织示意图如图 5.9 所示。

第二种是成分范围在室温极限固溶度与共晶温度最大固溶度之间的合金，对 Pb-Sn 合金而言，一是富 Pb 合金，成分范围是 2wt%Sn~18.3wt%Sn；二是富 Sn 合金，成分范围是 97.8wt% Sn~99wt%Sn。设成分为 C_2 的合金（图 5.10）

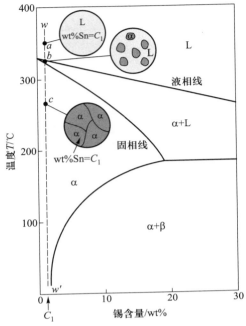

图 5.9　成分为 C_1 的 Pb-Sn 合金平衡冷却转变显微组织示意图

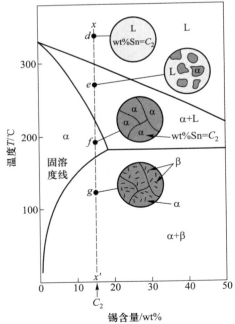

图 5.10　成分为 C_2 的 Pb-Sn 合金平衡冷却转变显微组织示意图

沿 xx' 线冷却，温度降至 xx' 线与固相线交点之前的相变过程与匀晶合金一样（显微组织示意图见 d、e 等点插图）。在固溶度线之上的 f 点，显微组织是成分为 C_2 的均匀多晶固溶体。降温至固溶度线之下时，α 固溶度过饱和，析出细小的 β 相颗粒，如图中 g 点显微组织示意图所示。继续冷却，由于随温度降低，β 相质量比增加，故 β 相颗粒将长大。

　　第三种是共晶成分的合金，如图 5.11 中 C_3 成分的合金为 61.9wt%Sn。当该合金由液相区温度（如 250 ℃）沿 yy' 线冷却时，在共晶温度之上，不发生相变。降至共晶温度之下时，液相将转变成 α+β 相，即有

$$L(61.9wt\%Sn) \Longleftrightarrow \alpha(18.3wt\%Sn)+\beta(97.8wt\%Sn)$$

α 和 β 相的成分即为共晶等温线的端点。

　　共晶转变过程中，Pb 和 Sn 等组元均要重新分布，如图 5.9 所示，α 和 β 相有不同的成分，且与液相也不相同，显然各组元的重新分布要靠原子扩散实现。共晶转变产物的显微组织具有交替层状形貌（有时也称为交替薄片状），显微组织示意图如图 5.11 i 点处插图所示，也称为共晶结构，这种形貌也是共晶反应的典型特征。图 5.12 为 Pb-Sn 共晶组织显微形貌。共晶转变结束后继续冷却至室温，显微组织没有明显变化。

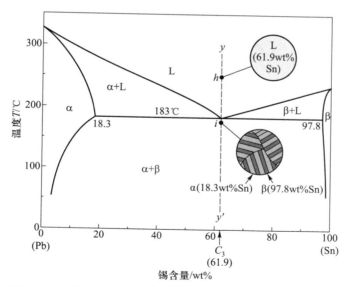

图 5.11　成分为 C_3 的 Pb-Sn 合金平衡冷却转变显微组织示意图

　　共晶转变显微组织的变化过程可由图 5.13 解释，图中所示为 α-β 层状共晶体长大示意图，共晶体/液相界面处的液相区内发生 Pb 和 Sn 组元的扩

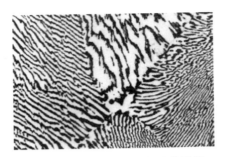

图 5.12 Pb-Sn 共晶组织显微形貌

散，以实现 Pb 和 Sn 组元的重新分布，箭头分别表示 Pb 和 Sn 原子不同的扩散方向。因为 α 相富 Pb(18.3wt%Sn-81.7wt%Pb)，故 Pb 原子向 α 层方向扩散，同理，Sn 原子向富 Sn(97.8wt%Sn-2.2wt%Pb)的 β 层方向扩散。共晶组织呈交替层状形貌是因为薄层状时的原子扩散距离相对较小，更容易实现。

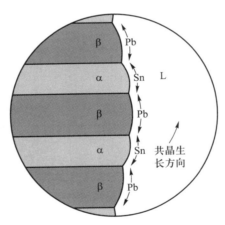

图 5.13 共晶组织长大示意图

第四种是偏离共晶成分但冷却时穿过共晶等温线的合金，如图 5.14 中的 C_4 成分，该成分位于共晶成分的左侧，当该合金由液相区温度(如 j 点)沿 zz' 线冷却时，在 j 点和 l 点之间，合金显微组织的变化与第二种情形相似。接近共晶等温线时，α 相和液相的成分为共晶等温线的端点，分别为 18.3wt%Sn 和 61.9wt%Sn。当温度略低于共晶反应温度时，液相的成分即为共晶成分，将转变为共晶组织(即交替层状形貌)。而在 α+L 两相区降温过程中形成的 α 相却没有什么变化。最终的显微组织示意图如图 5.14m 点处插图所示。故 α 相有两种存在方式，一种是共晶组织中的层片状，另一种是在 α+L 两相区降温过程中形成的块状。为了以示区别，称共晶组织中的 α 相为共晶 α 相，而穿过共晶等温线之前形成的 α 相为先共晶 α 相。图 5.15 为具有先共晶 α 相和共晶组织的 Pb-Sn 合金显微形貌。

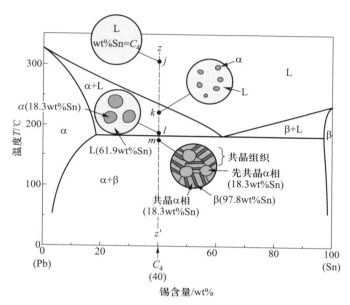

图 5.14 成分为 C_4 的 Pb-Sn 合金平衡冷却转变显微组织示意图

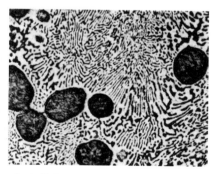

图 5.15 具有先共晶 α 相和共晶组织的 Pb-Sn 合金显微形貌(Callister et al., 2011)

由于每种显微组织具有其特有的结构性质，故在研究显微组织时常用术语"组织组成物"代替"相"。例如图 5.14 中的 m 点，有两种组织组成物，即先共

晶 α 和共晶组织。尽管共晶组织是两相混合物，但具有典型的层片状结构，且其两相比例固定，故可将其称为一种组织组成物。

同样可以计算先共晶 α 和共晶组织的相对含量，由于共晶组织是由共晶成分的液相转变而成，该组织组成物的成分为 61.9wt%Sn，因此杠杆定律适用于 α-(α+β) 相界线与共晶成分之间的水平线。例如，如图 5.16 所示的成分为 C'_4 的合金，共晶组织的质量比 W_e 与液相的质量比 W_L 相等，即

$$W_e = W_L = \frac{P}{P+Q} = \frac{C'_4 - 18.3}{61.9 - 18.3} = \frac{C'_4 - 18.3}{43.6}$$

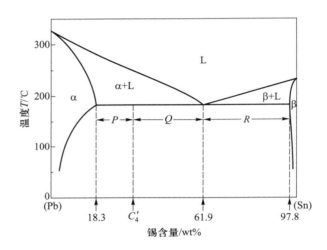

图 5.16　Pb–Sn 相图，计算成分 C'_4 中先共晶 α 和共晶组织的相对含量

同样，先共晶 α 的质量比 $W_{\alpha'}$ 为

$$W_{\alpha'} = \frac{Q}{P+Q} = \frac{61.9 - C'_4}{61.9 - 18.3} = \frac{61.9 - C'_4}{43.6}$$

而合金中各相（α 相包括共晶 α 相和先共晶 α 相，β 相）的比例（W_α，W_β）则需在 α+β 两相区内作水平线用杠杆定律计算，仍以成分为 C'_4 的合金为例，有

$$W_\alpha = \frac{Q+R}{P+Q+R} = \frac{97.8 - C'_4}{97.8 - 18.3} = \frac{97.8 - C'_4}{79.5}$$

$$W_\beta = \frac{P}{P+Q+R} = \frac{C'_4 - 18.3}{97.8 - 18.3} = \frac{C'_4 - 18.3}{79.5}$$

成分位于共晶成分右侧的合金（61.9wt%Sn～97.8wt%Sn）也有类似的相变和显微组织，不同之处是其显微组织由共晶组织和先共晶 β 相组成。

需要指出的是，当成分为 C_4' 的合金非平衡冷却时，先共晶相晶粒将作为晶核长大，由于冷却速度快，原子扩散来不及，故溶质原子沿晶粒径向呈不均匀分布。另外共晶组织组成物所占的比例将大于平衡状态的情形。

3. 具有中间相或化合物的相图

匀晶和共晶相图相对简单，在 Cu-Ag、Pb-Sn 二元共晶相图中只有两个固相，即 α 及 β 固溶体，分别位于相图的两端，故习惯上将它们称为端固溶体。而在很多合金系中，除了端固溶体外，还有中间固溶体（也称为中间相）。如 Cu-Zn 系中，其相图（图 5.17）有很多点、线及相区，看起来很复杂。可以看出，该相图有六个不同的固溶体，两个端固溶体（α 和 η），四个中间相（β、γ、δ 和 ε）（β′相为有序固溶体，意指 Cu 和 Zn 原子在每个晶胞中按一定的排列方式规则有序排列）。在相图底部用虚线表示的相界线表示它们的位置并非精确测定，这是由于低温时扩散速度太慢，体系达到平衡所需的时间太长所致。另外，相图尽管复杂，但也只有单相区和两相区，故仍可依据杠杆定律确定相组成及相对含量。常用黄铜为富铜黄铜，如弹壳黄铜的成分为 70wt%Cu-30wt%Zn，由单相 α 组成。

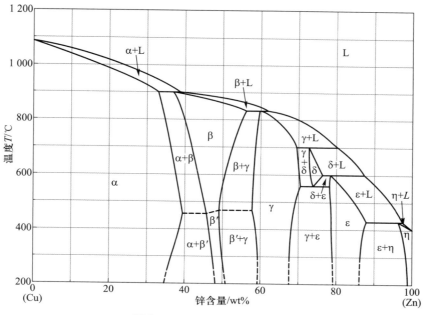

图 5.17 Cu-Zn 二元合金相图

还有一些合金相图中的中间相不是固溶体，而是化合物，可用化学式表示其组成。金属-金属合金系中的化合物称为金属间化合物。如 Mg-Pb 合金系（图 5.18）中的化合物 Mg_2Pb，具有固定的化学计量比，如图中垂线所示，化学组成为 19wt%Mg-81wt%Pb。注意与固溶体有一个相区不一样的是，相图中 Mg_2Pb 的成分就是其本身，它有确定的组成。

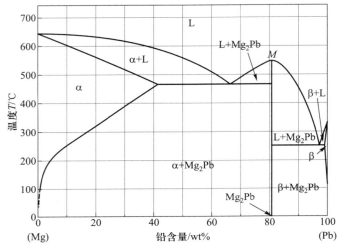

图 5.18　Mg-Pb 二元合金相图

从 Mg-Pb 相图中可以解读出一些重要信息。一是 Mg_2Pb 的熔点约为 550 ℃。二是从相图中 α 和 β 相区的宽窄程度可清楚看出，Pb 在 Mg 中的固溶度相当大，即 α 相区的成分范围很广，而 Mg 在 Pb 中的固溶度极小。三是该相图可以认为是由两个简单的共晶相图（Mg-Mg_2Pb 和 Mg_2Pb-Pb）组合而成，其中 Mg_2Pb 可作为一个组元。故用此方法可使复杂相图简单化。

4. 共析反应和包晶反应

在某些合金系中还有一种三相共存的情形，如图 5.19 所示，成分为 74wt%Zn-26wt%Cu，温度 560 ℃，即 E 点。当固相 δ 降温时，将转变为两个新的固相，即

$$\delta \xrightleftharpoons{} \gamma + \varepsilon \qquad (5.9)$$

当加热时，反应反向进行。该反应称为共析反应。E 点及相应的温度称为共析成分和共析温度。与共晶反应不同之处仅在于共析反应是由一个固相转变为两个新的固相。Fe-C 合金中的共析反应是钢的热处理中非常重要的反应。

包晶反应也是一种三相共存的情形，加热时由一个固相转变为液相和另一

个固相，该反应称为包晶反应。在 Cu-Zn 合金中就有这样的包晶反应，如图 5.19 所示，成分为 78.6wt% Zn - 21.4wt% Cu，温度 598 ℃，即 P 点，反应如下：

$$\delta + L \Longleftrightarrow \varepsilon \qquad (5.10)$$

包晶反应形成的固相可以是中间固溶体，也可以是端固溶体。图 5.19 中成分为 97wt%Zn，温度 598 ℃时有包晶反应，加热时 η 相转变为 ε 相和液相。从图 5.19 中可以看出，Cu-Zn 合金系中有三个包晶反应。

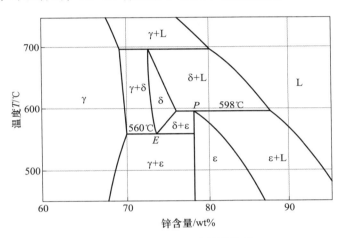

图 5.19　Cu-Zn 二元相图局部

5. 同成分相变

相的转变可以按其是否发生成分变化分类。前述的几种二元合金相图均为转变前后的相存在成分的变化，如匀晶、共晶、包晶及共析转变。还有一种相变前后成分不发生变化的情形，称为同成分相变。如同素异构转变及纯组元的熔化等。

中间相也可按其是否同成分熔化分类，如图 5.18 所示 Mg-Pb 二元相图中 M 点的金属间化合物 Mg_2Pb 即为同成分熔化，图 5.20 所示的 Ni-Ti 系也有同成分熔化点，温度为 1 310 ℃，成分为 44.9wt%Ti。而包晶反应则为中间相的非同成分相变。

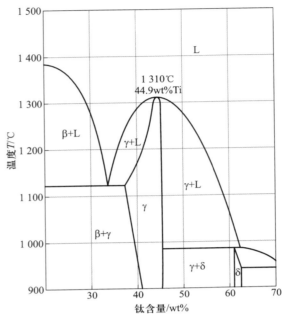

图 5.20　Ni-Ti 相图局部

5.2　Fe-C 合金系

二元合金相图中最为重要的是铁碳合金相图。

众所周知，铁碳合金（包括钢和铸铁）是目前工程上使用最为广泛的金属材料。本节将讨论铁碳合金相图及显微组织的变化。而热处理、显微组织及力学性能之间关系的研究在第六章介绍。

5.2.1　Fe-Fe₃C 合金相图

铁碳相图是研究钢和铸铁的基础，对于钢铁材料的应用以及热加工和热处理工艺的制定也具有重要的指导意义。铁和碳可以形成一系列化合物，如 Fe_3C、Fe_2C、FeC 等。Fe_3C 的碳含量为 6.69wt%C。超过 6.69wt%C 的铁碳合金脆性很大，没有实用价值，所以有实用意义并被深入研究的只是 Fe-Fe_3C 部分，如图 5.21 所示。

纯铁在固态有两种同素异构体，存在于不同的温度范围。在 912 ℃ 以下和 1 394~1 538 ℃ 之间为体心立方结构，分别称为 α-Fe 和 δ-Fe。在 912~

1 394 ℃之间为面心立方结构，称为 γ-Fe。温度为 1 538 ℃时熔化成液体。从相图纵坐标轴上可清晰地解读出上述同素异构转变的温度。

　　碳作为间隙原子溶于铁而形成固溶体，对应于铁的不同晶体结构，形成的固溶体分别称为 α-铁素体、δ-铁素体和奥氏体，在图 5.21 中分别用 α、β 和 γ 单相区表示。在体心立方 α-铁素体中的碳含量很小，最大固溶度极限仅有 0.021 8wt%（727 ℃），其原因是体心立方晶体结构中间隙的形状几何对称性差、尺寸较小，很难容纳较多的碳原子。尽管 α-铁素体中的碳含量很小，但对其力学性能影响较大。α-铁素体硬度低，770 ℃以下时具有铁磁性，密度约为 7.88 g·cm^{-3}。图 5.22a 为 α-铁素体的显微组织形貌。

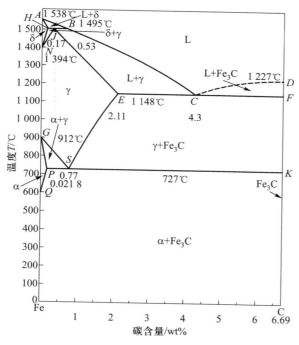

图 5.21　Fe-Fe$_3$C 二元合金相图

　　如图 5.21 所示，奥氏体在 727 ℃以下不稳定，碳在奥氏体中的最大固溶度极限是 2.11wt%（1 148 ℃）。该值比 α-铁素体大了约 100 倍，原因是面心立方的间隙位置大，由间隙原子碳产生的铁晶格畸变很小。后续的讨论将表明与奥氏体有关的相变对于钢的热处理非常重要。另外，奥氏体无磁性，图 5.22b 为奥氏体的显微组织形貌。

　　δ-铁素体的结构与 α-铁素体相似，只是存在的温度范围不同。δ-铁素体

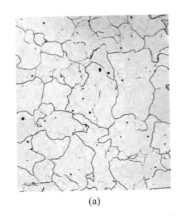

（a）　　　　　　　　　　　　　（b）

图 5.22　（a）α-铁素体的显微组织形貌；

（b）奥氏体的显微组织形貌（Callister et al.，2011）

在相对较高的温度范围内稳定，工程上没有太大的实际意义，不作进一步的讨论。

当碳含量超过铁素体中的固溶度极限（727 ℃），即成分 α+Fe$_3$C 在两相区时将形成渗碳体（Fe$_3$C）。同样，如图 5.21 所示，在 727~1 148 ℃温度范围内，Fe$_3$C 与 γ 两相共存。渗碳体非常硬且脆，由于渗碳体的存在可使钢的强度显著提高。

严格地讲，渗碳体是亚稳相，在室温下可以作为化合物存在，但当在 650~700 ℃加热数年之久后将缓慢分解为 α-Fe 和石墨，并且可保持到室温。渗碳体不是稳定的化合物，但由于渗碳体的分解速率极其缓慢，钢中的碳都是以渗碳体的形式存在，所以工程上应用的是图 5.21 所示的 Fe-Fe$_3$C 相图。

图 5.21 中标出了各个两相区。注意 Fe-Fe$_3$C 系有共晶组织，成分为 4.3wt%C，温度为 1 148 ℃。共晶反应式为

$$L \rightleftharpoons \gamma + Fe_3C$$

即液相凝固形成奥氏体和渗碳体。若继续降温还会发生其他相变。

在成分为 0.77wt%C，温度为 727 ℃时，发生共析反应。反应式为

$$\gamma(0.77wt\%C) \rightleftharpoons \alpha(0.0218wt\%C) + Fe_3C(6.69wt\%C)$$

即降温时，γ 相转变为 α 和 Fe$_3$C 两相。共析转变非常重要，是钢的热处理的基础，相关内容将在第六章中详细介绍。

黑色金属一般是指以铁为基本组元，添加碳以及其他合金组元组成的合金。工程上一般根据碳含量将其分成三种类型：铁、钢及铸铁。工业纯铁碳含量小于 0.008wt%，也就是相图中室温下铁素体的成分范围。碳含量为

0.008wt% ~ 2.11wt%的 Fe-C 合金称为钢。大多数钢由 α 和 Fe₃C 两相组成。尽管钢的碳含量最高可达 2.11wt%，而工程上一般很少超过 1.0wt%C。钢的分类及性能将在第七章中详细介绍。碳含量为 2.11wt% ~ 6.69wt%的 Fe-C 合金称为铸铁，同样常用铸铁的碳含量小于 4.5wt%。相关内容也在第七章中介绍。

5.2.2　碳钢的平衡冷却组织转变

钢(碳含量为 0.008wt% ~ 2.11wt%)是目前乃至今后很长一段时间最重要的金属材料，尽管钢的种类繁多，成分及微观组织各异，性能各有不同，但 Fe-Fe₃C 合金相图是研究碳钢显微组织变化的基础。

研究表明，显微组织的变化与碳含量及热处理有关。为便于分析，假设钢的冷却速度非常缓慢即保持各相之间处于相对平衡状态。热处理对显微组织变化以及力学性能变化影响的详细讨论在第六章介绍。

由 γ 区向 α+Fe₃C 两相区的相变过程(图 5.23)相当复杂，该相变是共析转变。

1. 共析钢的平衡冷却组织转变

设共析成分的合金(0.77wt%C)从 γ 区某温度(如 800 ℃)冷却，即从图 5.23 中的 a 点沿 xx′垂线下降。开始时，合金中的相全部是成分为 0.77wt%C 的奥氏体，显微组织示意图如图 5.23 中插图所示。当温度降至共析温度前均保持为奥氏体。继续降温至 b 点时，奥氏体将发生共析转变。

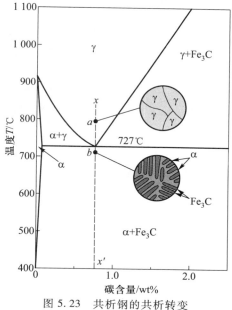

图 5.23　共析钢的共析转变

　　室温下共析钢的显微组织是铁素体与渗碳体的层片状混合物，铁素体与渗碳体的层厚比约为 8∶1，其显微组织如图 5.24 所示，由于这种显微组织在低倍光学显微镜下呈现珍珠般的光泽，故将其称为珠光体。珠光体中的晶粒由若干个称为珠光体团的物质组成，而每个珠光体团又由几个位向不同的称为珠光体领域的铁素体与渗碳体层片状混合物组成。图 5.24 中厚的白亮层为铁素体相，渗碳体层则较薄且色泽暗淡。珠光体的力学性能介于韧且软的铁素体和脆且硬的渗碳体之间。

　　在共析转变开始时，珠光体的组成相中任意一相，或 α 或 Fe₃C 优先在奥氏体晶界上形核并以薄片状长大。通常若 Fe₃C 作为领先相在奥氏体晶界上形核并长大，导致其周围奥氏体中贫碳，有利于 α 相晶核在 Fe₃C 两侧形成，这样就形成了由 α 和 Fe₃C 组成的珠光体晶核。由于 α 相对碳的固溶度有限，它的形成使原溶在奥氏体中的碳绝大部分被排挤到附近未转变的奥氏体中和晶界上，因此，当该区域中碳含量达到一定程度(6.69wt%)时，又生成第二片渗碳体，这样的过程继续交替地进行，便形成珠光体领域。在生长着的珠光体领域和未转变的奥氏体之间的界面上，也可形核长出与原珠光体领域位向不同的珠光体领域，或者在晶界上长出新的珠光体领域，直至各个珠光体领域彼此相碰，奥氏体完全消失为止。珠光体长大过程示意图见图 5.25。因为共析转变为扩散型转变，珠光体呈薄片状可使碳原子的扩散距离更短，转变更易进行。

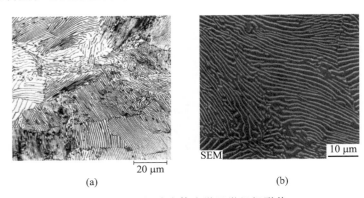

(a)　　　　　　　　　　　　　　　(b)

图 5.24　(a) 珠光体光学显微组织形貌；
(b) 珠光体电子显微组织形貌(Callister et al.，2011)

　　从图 5.23 中的 b 点继续降温，珠光体的显微组织几乎不再变化。

　　2. 亚共析钢的平衡冷却组织转变

　　共析成分左侧碳含量在 0.021 8wt% ~ 0.77wt% 范围内的铁碳合金称为亚共析钢。以图 5.26 所示成分为 C_0 的合金为例，考察该合金沿 yy′ 垂线降温过程

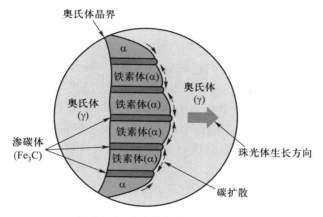

图 5.25 珠光体长大过程示意图

中的显微组织变化。大约 875 ℃ 即 c 点时，合金中的相全部为 γ，显微组织见图 5.26 中的示意图。冷却至 d 点时，进入 α+γ 两相区，即两相共存，在 γ 晶界上形成大量的 α 相小颗粒。α 相和 γ 相的成分分别由该温度的水平线与 MN 线和 MO 线的交点确定，大约为 0.02wt%C 和 0.40wt%C。继续在 α+γ 两相区降温，铁素体相和奥氏体相的成分分别沿 MN 线和 MO 线变化。

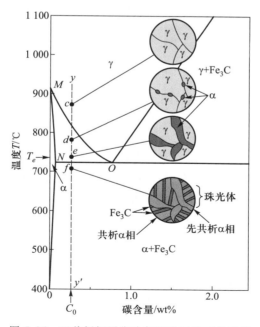

图 5.26 亚共析钢平衡冷却显微组织变化过程

从 d 点降温到 e 点，由 α+γ 两相组成，α 相的比例逐渐增加，如图 5.26 中的插图所示，可以看到 α 相晶粒长大了。T_e 温度下 α 相和 γ 相的成分分别由该温度的水平线与 MN 线和 MO 线的交点确定，α 相的碳含量略低于 0.021 8wt%C，γ 相的成分接近共析成分，约为 0.77wt%C。

当温度降至共析温度以下（如 f 点）时，在 T_e 温度下成分为共析成分的 γ 相将转变为珠光体，而与原共析成分 γ 相共存的 α 相不发生变化，相应的显微组织示意图如图 5.26 中的插图所示。显然，此时铁素体的存在方式有两种，一是珠光体中的铁素体；二是共析转变之前形成的铁素体。为区分两者，常将前者称为珠光体铁素体，后者称为先共析铁素体。具体标注见图 5.26 中的插图所示。图 5.27 为碳含量分别为 0.38wt%钢和 0.6wt%钢的显微组织照片，白色区域为先共析铁素体，黑白相间区域为珠光体。注意，该照片有两种组织组成物，即先共析铁素体和珠光体。所有亚共析钢室温平衡组织均由该两种组织组成物组成。

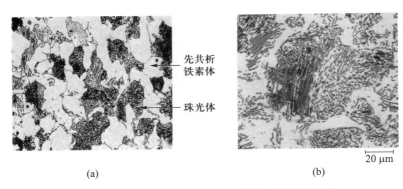

(a)　　　　　　　　　　　　　　(b)

图 5.27　（a）碳含量为 0.38wt%钢的显微组织照片；
（b）碳含量为 0.6wt%钢的显微组织照片（Callister et al., 2011）

先共析铁素体和珠光体相对比例可用杠杆定律计算，即在共析线上方 α+γ 两相区中画连接线，左端成分为 0.021 8wt%C，右端成分为共析成分，即 0.77wt%C，共析成分的 γ 相与转变后的珠光体成分相同。如图 5.28 所示成分为 C_0' 的珠光体质量比按下式计算：

$$W_p = \frac{T}{T + U} = \frac{C_0' - 0.021\ 8}{0.77 - 0.021\ 8} = \frac{C_0' - 0.021\ 8}{0.748\ 2}$$

同样，先共析铁素体的质量比为

$$W_{\alpha'} = \frac{U}{T + U} = \frac{0.77 - C_0'}{0.77 - 0.021\ 8} = \frac{0.77 - C_0'}{0.748\ 2}$$

若计算 α 相（先共析铁素体和珠光体铁素体）与渗碳体的质量比，杠杆定律中的连接线则横穿整个 $\alpha+Fe_3C$ 两相区，端点成分分别为 0.021 8wt%C 和 6.69wt%C。

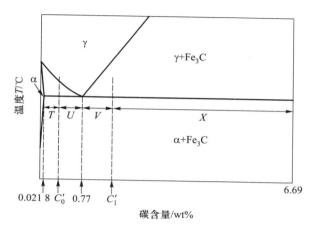

图 5.28　亚共析钢和过共析钢组织组成物质量比及相质量比的计算

3. 过共析钢的平衡冷却组织转变

过共析钢的成分为 0.77wt%C ～ 2.11wt%C，其冷却时的相变及显微组织与亚共析钢相似。

考察如图 5.29 所示成分为 C_1 钢沿 zz' 垂线的冷却转变过程，g 点在 γ 相区，故此时只有 γ 相。降温至 $\gamma+Fe_3C$ 两相区时，如 h 点，在 γ 相晶界上形成渗碳体相。该渗碳体称为先共析渗碳体，这个过程与图 5.26 所示的先共析铁素体相似，区别在于降温过程中渗碳体的成分保持不变，均为 6.69wt%C，而奥氏体相的成分将沿 PO 线变化最终为共析成分点。继续降温至 i 点时，共析成分的奥氏体转变为珠光体，最终钢的显微组织由珠光体和先共析渗碳体两种组织组成，如图 5.29 中的插图所示。图 5.30 为 1.4wt%C 过共析钢的显微组织照片，先共析渗碳体呈白亮色，黑白相间的区域为珠光体。

过共析钢中珠光体和先共析渗碳体相对含量的计算与亚共析钢相似，在 0.77wt%C ～ 6.69wt%C 之间作连接线，按杠杆定律原理计算。故图 5.29 中成分为 C_1 钢中的珠光体、先共析渗碳体两种组织组成物的质量比 W_P、W_{Fe_3C} 分别为

$$W_P = \frac{X}{V+X} = \frac{6.69 - C_1'}{6.69 - 0.77} = \frac{6.69 - C_1'}{5.92}$$

$$W_{Fe_3C} = \frac{V}{V+X} = \frac{C_1'}{6.69 - 0.77} = \frac{C_1' - 0.77}{5.92}$$

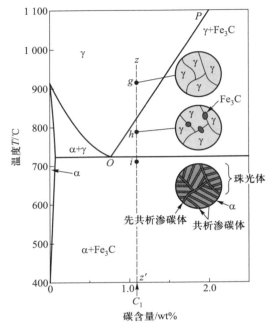

图 5.29　成分为 C_1 的碳钢沿 zz' 垂线的冷却转变过程

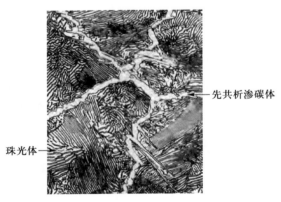

图 5.30　成分为 1.4wt%C 过共析钢的显微组织照片（Callister et al.，2011）

4. 非平衡冷却

前述关于 Fe-Fe₃C 合金显微组织变化的讨论均是基于平衡转变的假设，也就是说，温度变化的速度极慢，有足够长的时间使各相的成分及相对含量按 Fe-Fe₃C 合金相图进行调整。而工程上不可能也没必要按平衡条件进行组织的转变，即工程上大多是非平衡冷却。非平衡冷却时有两点需要注意：一是相变温度并非是按相图中相关相界线确定的温度；二是相图中标示的各相与室温下存在的非平衡相并不相同。这些内容将在第六章中详细讨论。

5. 其他合金元素对 Fe-Fe₃C 二元合金相图的影响

添加其他合金元素（如 Cr、Ni、Ti 等）将使得 Fe-Fe₃C 二元合金相图发生很大变化。合金元素的种类及其含量不同对 Fe-Fe₃C 二元合金相图中的相界线及相区形状的影响也不一样。其中最为重要的变化是共析温度及共析成分的改变，图 5.31 和图 5.32 示出了合金元素的种类及含量对共析温度及共析成分的影响。钢的合金化还可以提高其耐腐蚀性能以及热处理性能。合金元素对 Fe-Fe₃C 二元合金相图影响的详细讨论见第七章合金钢相关内容。

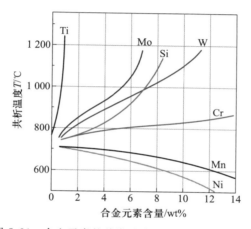

图 5.31　合金元素的种类及含量对共析温度的影响

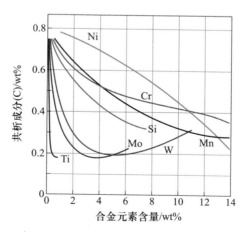

图 5.32　合金元素的种类及含量对共析成分（wt%C）的影响

5.3　固态相变基础

固体金属材料在温度、压力等条件改变时会发生组织形态或晶体结构等方面的变化，即材料发生了组织演化。相的成分、晶体结构及组织形貌等发生了变化的称为固态相变。而相的化学成分及晶体结构不发生改变，只是组织形貌发生变化，则不属于相变，如第六章介绍的金属冷变形及回复与再结晶。

材料的组织演化过程描述了材料在给定的外界条件下从始态到终态的变化，材料的组织演化过程有三个共性问题：方向、途径和结果，即过程是沿着什么方向发生的（热力学问题）？过程是遵循什么途径进行的（动力学问题）？过程进行的结果是什么（结构学问题）？

固态相变理论给出了材料组织演化过程的三个基本原理：

1）固态相变是自发过程，根据热力学第一和第二定律，自发过程总是沿着能量降低的方向进行；

2）自发过程总是沿着阻力最小或速率最快的路径进行；

3）自发过程进行的微观环境不同，亦会得到不同的产物，其结果是适者生存。

研究金属固态相变的目的是以复杂多变的固态相变机制，设计合金的化学成分，完善材料加工工艺流程，使合金转变为预期的组织结构，进而获得所要求的各种性能。因此，学习金属固态相变的理论对于掌握金属的成分、组织结构及性能三者之间的变化规律非常重要。

5.3.1　固态相变分类

固态相变按相变的平衡状态，可以分为平衡相变和非平衡相变；按原子的迁移特征可分为扩散型相变和非扩散型相变。

1. 按平衡状态分类

（1）平衡转变

平衡转变是指在极为缓慢的加热或冷却条件下形成符合状态图的平衡组织的相转变。平衡转变大致可分为七种。

1）纯金属的同素异构转变。纯金属在温度、压力改变时，由一种晶体结构转变为另一种晶体结构的过程称为同素异构转变。如铁在不同温度下具有 α-Fe、γ-Fe 及 δ-Fe 等晶体结构。

2）多型性转变。金属固溶体中的同素异构转变称为多型性转变。如奥氏体是碳及合金元素溶入 γ-Fe 的固溶体，奥氏体能转变为 α-铁素体及 δ-铁素体。

3）共析转变。冷却时固溶体同时分解为两个不同成分和结构的相的固态相变过程称为共析转变。可用反应式表示：$\gamma \longrightarrow \alpha+\beta$。共析分解生成的两个相的结构和成分不相同，如钢中的珠光体转变：$A \longrightarrow \alpha+Fe_3C$。

4）包析转变。冷却时由两个固相合并转变为一个固相的固态相变过程称为包析转变。用 $\alpha+\beta \longrightarrow \gamma$ 表示。如在 Fe-B 系中，$\gamma+Fe_2B \longrightarrow \alpha$ 即为包析转变。

5）平衡脱溶。在高温相中固溶了一定量的合金元素，当温度降低时固溶度下降，在缓慢冷却条件下，过饱和固溶体将析出新相，此过程称为平衡脱溶。该转变中，母相不消失，但随着新相的析出，母相的成分和体积分数不断变化。新相的成分、结构与母相不同。如奥氏体中析出二次渗碳体，铁素体中析出三次渗碳体，就属于这种转变。

6）调幅分解。某些合金在高温时形成单相、均匀的固溶体，缓慢冷却到某一温度范围时，分解为两相，其结构与原固溶体相同，但成分不同，是成分不均匀的固溶体，这种转变称为调幅分解，用反应式 $\alpha \longrightarrow \alpha_1+\alpha_2$ 表示。

7）有序化转变。在平衡条件下，固溶体中各组元原子的相对位置由无序到有序的转变过程称为有序化转变。

（2）非平衡转变

在非平衡加热或冷却条件下，平衡转变受到抑制，将发生平衡图上不能反映的转变类型，获得不平衡组织或亚稳状态的组织。钢中及有色金属中都能发生不平衡转变。

1）伪共析转变。某些非共析成分的钢，当奥氏体以较快的速度冷却时，奥氏体被过冷到 ES 线和 GS 线的两个延长线以下，这时奥氏体满足同时析出铁素体和渗碳体的条件，将同时析出铁素体和渗碳体，这一过程称为伪共析转变。

2）钢中的马氏体相变。过冷奥氏体经无需扩散切变位移进行不变平面应变的晶格改组的相变称为钢中马氏体相变。将奥氏体以较快的冷却速度过冷到低温区，原子难以扩散，则奥氏体以无扩散方式发生转变，即在 M_s 点以下发生马氏体转变，得到马氏体组织。有色金属及合金中也存在马氏体相变。

3）贝氏体相变。钢中的奥氏体过冷到中温区，在珠光体和马氏体转变温度之间发生转变，形成以贝氏体铁素体为基体，其上分布着渗碳体或 ε-碳化物或残余奥氏体等相的组织形貌，即为贝氏体相变。

4）不平衡脱溶沉淀。与平衡脱溶不同，合金固溶体在高温下溶入了较多的合金元素，快冷时固溶体中来不及析出新相，一直冷却到较低温度下，得到过饱和固溶体。然后，在室温或加热到其固溶度曲线以下的温度等温保持，从过饱和固溶体中析出一种新相，该相的成分和结构与平衡沉淀相不同，该转变过程称为不平衡脱溶沉淀。

如将以碳原子过饱和的马氏体重新加热到 Fe-Fe$_3$C 相图的固溶线以下的某一温度（A_1 以下）等温，过饱和的 α 相中将析出与 Fe$_3$C 不同的新相，如 ε-Fe$_{2.4}$C，η-Fe$_2$C，χ-Fe$_5$C$_2$ 等不平衡相，它们都是 Fe$_3$C 的过渡相。

马氏体相变、贝氏体相变及不平衡脱溶沉淀的相关内容将在第六章详细讨论。

5）块状相变。钢和合金中的块状转变也是一种不平衡转变。如在冷却速度足够快时，γ 相可能通过块状相变的机制转变为 α 相。块状相变与马氏体转变不同，虽然转变前后的新相和旧相成分相同，但新相形态和界面结构均不同于马氏体。

2. 按原子迁移特征分类

固态相变发生相的晶体结构的改变或化学成分的调整，需原子迁移才能完成。若原子的迁移造成原有原子相邻关系的破坏，则属扩散型相变；反之，若不破坏原子的相邻关系，原子位移不超过原子间距，则为无扩散型相变。

（1）扩散型相变

相变时新、旧相界面处，在化学位差的驱动下，旧相原子单个地、无序地、统计地跃过相界面进入新相，新相中，原子打乱重排，新、旧相原子排列顺序不同，界面不断向旧相推移，该过程称为相界面热激活迁移，它被原子扩散控制，是扩散激活能和温度的函数。

（2）无扩散型相变

马氏体相变属无扩散型相变，新、旧相的结构不同，但化学成分相同。与扩散型相变的根本区别是马氏体相变的界面推移速度与原子的热激活跃迁因素 $\exp(-Q/kT)$ 无关。界面处母相一侧的原子不是以热激活机制单个地、无序地、统计地跃过界面进入新相，而是集体定向地协同位移，相界面在推移过程中保持共格关系。

5.3.2 相变驱动力和阻力

1. 相变驱动力

从材料热力学中得知，所有系统都有降低自由能以达到稳定状态的自发趋势。固态相变的驱动力是新相与母相间的体积自由能差，加热转变和冷却转变的驱动力分别靠过热度和过冷度获得，同时过热度和过冷度对形核、长大的机制和速率均会产生重要影响。

判断在恒温恒压下相变趋势的准则是衡量两相的体积自由能差 ΔG_v

$$\Delta G_v = G_\beta - G_\alpha \tag{5.11}$$

式中：G_α 和 G_β 分别代表原始相（母相）和新相的吉布斯自由能。

母相与新相的自由能均随温度的升高而降低，自由能-温度曲线应是向上凸起的下降曲线。但由于新、旧相自由能随温度而变化的程度不一样，它们的自由能-温度关系曲线可能相交于一点，如图 5.33 所示。在交点处，G_α 与 G_β 相等，$\Delta G_v = 0$，因而两相处于平衡状态，可以同时共存。此温度称为理论转变温度，亦即两相平衡的转变温度（T_0）。

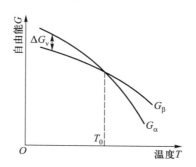

图 5.33　新、旧相的自由能与温度的关系

冷却过程中的固态相变应符合最小自由能原理，故只有当温度低于 T_0（即发生一定的过冷），$\Delta G_v = G_\beta - G_\alpha < 0$，即当 ΔG_v 为负值时，在热力学上才获得 α 相全部转变为 β 相的可能性，过冷度越大，则 ΔG_v 的绝对值越大，相变越容易进行。

相的不稳定性要区别三种不同情形：

在 T_0 以上，$G_\alpha < G_\beta$，则 α 相相对于 β 相来说是稳定的，不发生相变。

在 T_0 以下，此时 $G_\alpha > G_\beta$，热力学上相变的驱动力 $\Delta G_v < 0$，α 相存在有自发转变为 β 相的趋势，能否发生相变还要视 α 相状态与 β 相状态之间是否存在能垒。倘若 α 相状态与 β 相状态之间存在能垒，如图 5.34 所示，则 α 相状态相对于 β 相状态是亚稳定的，而 β 相状态是稳定的。要是 α 相→β 相转变得以实现，还必须获得一种能克服能垒的激活能 Q 才行。

倘若新旧两相之间不存在能垒，则 α 相是不稳定的，不需要激活能就可以立即转变为 β 相。

一般来说，这种不存在能垒的情况很少存在，所以在描述相变时所涉及的相，或者是稳定的，或者是亚稳定的，不稳定相几乎不出现。

2. 相变阻力

在 ΔG_v 驱动下的固态相变将遇到较大的阻力，从能量角度来看，该阻力就是相变过程中系统能量的增加部分，包括界面能和畸变能两类。

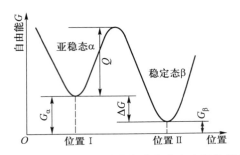

图 5.34　存在于亚稳状态与稳定状态之间的能垒

（1）界面能阻力

固态相变时，新相和母相之间存在界面。界面区域内的原子位置、原子间结合键性质和数量发生了变化，这些结构的改变，导致了界面能的产生。界面能由结构界面能和化学界面能组成。结构界面能是由于界面处的原子键合被切断或被削弱，引起势能的升高而形成的界面能；而化学界面能则是指由于界面原子的结合键与两相内部原子键合的差别，导致界面能量的升高而形成的界面能。

第四章第三节中介绍了三种类型的界面（图 4.21），不同的界面有不同的结构及界面能。

1）完全共格界面。两相界面上原子排列完全吻合，晶格共同连接，或者说界面上的原子为两相共有，如图 5.35a 所示。只有对称孪晶界是理想的共格界面。但实际上，两相点阵总有一定的差别，或者点阵类型不同，或者点阵参数不同。因此，两相完全共格时，在相界面附近必然会产生弹性应变能。当两相之间的共格关系依靠正应变来维持时，称为第一类共格；而以切应变来维持时，称为第二类共格。如图 5.35b 所示，两者的界面两侧都有一定的晶格畸变，产生一定的应力场。对于第一类共格界面，靠近晶界处一侧受到压缩，另一侧面受到拉伸；第二类共格界面附近晶面产生了一定的弯曲。

一般而言，共格界面必须靠弹性畸变来维持，当新相不断长大到一定程度时，即弹性应变能增大到一定程度，可能超过了母相的屈服极限而产生塑性变形，以使系统能量降低，共格关系遭到破坏。共格界面由于点阵结构吻合很好，两相之间的界面能比较小。

2）半共格界面。当界面两侧母相与新相的原子间距的错配度达到一定程度时，难以维持完全共格，界面上出现刃型位错，来补偿两相原子间差距，变成部分匹配，也就是说部分晶格点阵为共格，称为半共格界面，如图 4.21c 所示，小角度晶界就属于半共格界面。在界面上配置位错，可以减少界面能。半

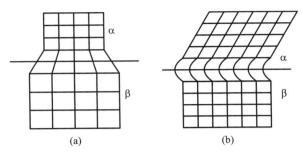

图 5.35　两种不同共格界面的情况：（a）第一类共格；（b）第二类共格

共格界面能取决于位错的类型和密度，可以在很大范围内变化，两相晶格的错配度是影响半共格界面能的主要因素。错配度反映了新、旧相界适应性，以 α_α 和 α_β 分别表示两相沿平行于界面的晶向上的原子间距，在此方向上的两相原子间距为 $\Delta\alpha = |\alpha_\beta - \alpha_\alpha|$，则错配度 δ 为

$$\delta = \frac{|\alpha_\beta - \alpha_\alpha|}{\alpha_\alpha} = \frac{\Delta\alpha}{\alpha_\alpha} \tag{5.12}$$

一般说来，$\delta < 0.05$，形成完全共格界面；$\delta > 0.25$ 形成非共格界面；$0.05 < \delta < 0.25$，形成半共格界面。

3）非共格界面。当两相界面处的原子排列差异很大时，两相界面的共格关系将被彻底破坏，而形成非共格界面，如图 4.21d 所示。两相界面上原子排列完全不吻合，界面上存在许多位错等缺陷，这种界面称为非共格界面。非共格界面上有各种类型的位错或缺陷存在，结构复杂，一般也可以称为大角度晶界。这种界面的弹性应变能比前两种要小得多，但是总的界面能为最高。

（2）畸变能阻力

新相形成时，在其周围有限范围内将引起弹性畸变，畸变能可分为共格畸变能和比体积差畸变能两类。共格畸变能是相界面上原子由于强制性的匹配，以形成共格界面或半共格界面，在界面附近产生弹性畸变所产生的畸变能。比体积差畸变能是指新、旧相点阵参数不同引起的体积畸变能，由于新、旧相比体积不同，新相形成时的体积变化受到周围母相约束而产生的弹性畸变能。

畸变能常用体积畸变能表示

$$U_v = \frac{U}{V} \tag{5.13}$$

式中：U 为畸变受限而做的功；V 为畸变的体积。

按新、旧两相界面共格与否将畸变能分为非共格畸变能和共格畸变能两类。

1）非共格畸变能。非共格相形成时，畸变能与新、旧两相间比体积差、

新相形状、母相的力学性能有关。体积差用体错配度 Δ 表示

$$\Delta = \frac{\Delta V}{V^{\alpha}} \qquad (5.14)$$

式中：V^{α} 为母相的比体积；ΔV 为新、旧两相的比体积差。设泊松比 $\nu = 1/3$，则非共格体积畸变能为

$$U_{\mathrm{v}}^{\sharp} = \frac{1}{4}E\Delta^{2}f\left(\frac{b}{a}\right) \qquad (5.15)$$

式中：E 为母相的弹性模量；$f\left(\dfrac{b}{a}\right)$ 是一个与新相形状有关的函数，称为形状因子，图 5.36 为 $f\left(\dfrac{b}{a}\right)$ 的曲线，a 为直径，b 为厚度（长度）。可见，新相为球状时，阻力最大，盘状最小，棒（针）状介于其间。

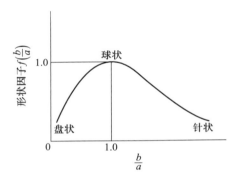

图 5.36　新相形状因子曲线

$U_{\mathrm{v}}^{\sharp}$ 的数值与相应的表面能相比往往很小，计算时可以忽略，但可用于分析析出相的形状。

2）共格畸变能。新、旧两相界面为共格或半共格时，在新相周围将引发应力场。设畸变发生在母相中，共格弹性畸变能与两相晶格常数的差别及母相弹性模量有关，设泊松比 $\nu = 1/3$，体积畸变能为

$$U_{\mathrm{v}}^{\sharp} = \frac{2}{3}E\delta^{2} \qquad (5.16)$$

式中：E 为弹性模量；δ 为错配度。

综上所述，固态相变的前提条件必须要有相变驱动力（自由能差 $\Delta G_{\mathrm{v}} < 0$），相变的速率取决于动力学因素，如克服能垒的能力、原子运动方式、原子自身的活动能力或原子可动性大小等因素。特别是当处于低温时，其相变阻力大，意味着能垒 Q 大；原子迁移率小，意味着克服能垒的能力低，此时，$\alpha \longrightarrow \beta$

的相变难以发生，α 相就有可能被"永久"保存下来，系统处于亚稳状态。相变的阻力来自于相界面的界面能以及新相邻近区域母相的畸变能。

（3）位向关系和惯习面

前已述及，相变时形成新相界面，界面能和畸变能是相变的阻力。相变的进行总是力图消耗能量，为减小界面能，一般新、旧两相以低指数的原子密排面互相平行，这样在新、旧相之间就形成了一定的晶体学位向关系。例如，碳钢中 α 相的 $\{110\}$ 晶面与 γ 相的 $\{111\}$ 晶面平行，α 相的 <111> 晶向与 γ 相的 <110> 晶向平行。这种晶体学位向关系可记为

$$\{110\}_\alpha // \{111\}_\gamma ; \quad <111>_\alpha // <110>_\gamma$$

同时，在相变时新相往往在母相的一定结晶面上形成，这个晶面称为惯习面。例如，先共析铁素体的惯习面为 $(111)_\gamma$，Fe_3C 析出的惯习面为 $(112)_\alpha$。

位向关系和惯习面是两个完全不同的概念。惯习面是指与新相主平面或主轴平行的旧相晶面，位向关系是指新相、旧相某些低指数晶面、晶向的对应平行关系。

一般情况下，位向关系与相界面性质之间是有联系的。当新相与母相间为共格界面或半共格界面时，两相间必然存在一定的晶体学取向关系；若两相无一定取向关系，则其界面必定为非共格界面；但有时早期的形核核心与母相间存在一定的晶体学取向关系，但在生长时共格界面或半共格界面被破坏，所以在后来也未必都具有共格界面或半共格界面。

（4）过渡相

当稳定的新相与母相的晶体结构差异较大时，两者之间只能形成高界面能的非共格界面。但此时的新相临界尺寸很小，形成非共格的界面能较大，因此界面能对形核相变的阻碍作用较大，非共格晶核的形核功较大，相变不容易发生。在这种情况下，母相往往不直接形成热力学上最有利的稳定相，而是先形成晶体结构或成分与母相比较接近、自由能比母相稍低些的亚稳态过渡相。亚稳定的过渡相只在一定条件下存在，由于其自由能高于平衡相，所以一旦具备了条件，就会继续转变，直至达到平衡态的稳定相为止。因此，固态相变或组织演化发生时，往往是先产生亚稳定的过渡相，然后逐步向稳定相转化。

例如，Al-Cu 合金时效过程为：GP 区 $\to \theta'' \to \theta' \to \theta$。又如钢在回火时，先析出 $\varepsilon\text{-}Fe_xC$，惯习面为 $(100)_\alpha$，温度升高，$\varepsilon\text{-}Fe_xC$ 溶解，析出稳定的 Fe_3C。过渡相的出现对合金的性能及工艺过程是有影响的。产生过渡相的原因主要是相变阻力的存在，其过程总是向消耗能量最小的方向、沿着阻力最小的路径进行。当然，过渡相的形状也符合综合因素作用的规律，不同合金的过渡相形状、类型是不同的。

（5）共格相的稳定性

界面能和畸变能的相对大小，决定了共格相的稳定性。从界面能来说，非共格界面能最大，相同体积下球状的界面能最小。当从畸变能角度考虑，共格界面的畸变能最大，而形状是板状的畸变能最小。不同析出相究竟以什么界面性质和形状存在，遵循最小自由能原理。

有些析出相在形核、长大过程中，界面性质是会变化的。设 V_β 为析出相 β 的体积，A 是析出相 β 的表面积，G_ε 是单位体积的畸变能，$\sigma_{\alpha\beta}$ 是单位体积的表面能。单从共格丧失条件分析，理论上应该是

$$V_\beta G_\varepsilon > A\sigma_{\alpha\beta} \tag{5.17}$$

5.3.3　固态相变的形核与长大

1. 形核

固态相变的形核分为均匀形核与非均匀形核，与液固转变不同，固态相变增加了表面能、畸变能等，另外固态金属中存在晶体缺陷，缺陷处存在缺陷能，这些都会对固态相变的形核产生一定的影响。固态相变过程几乎都是非均匀的，不均匀是绝对的，均匀的只是特例。

（1）均匀形核

形核位置在母相中随机、均匀的称为均匀形核。基体中的成分起伏可形成核坯。由核坯变为晶核需要越过临界晶核的能垒，该能垒即为形核功。大部分固态相变的驱动力是自由能差 ΔG，其阻力为畸变能和界面能，畸变能主要是由两相的比体积不同而引起，当两相比体积不变时，其大小还与新相的形状有关，盘状最小，针状次之，球状最大。界面能则是由于新相长大时，需要增大相界面而额外需要一定的能量。界面能取决于两相的键合能和形状。相同体积的新相，其球状的表面积最小，则其界面能也最小。

经典理论认为，当形成一个 β 相晶核时，自由能变化为

$$\Delta G = - V_\beta \Delta G_v + V_\beta \Delta G_\varepsilon + A_\beta \sigma_{\alpha\beta} \tag{5.18}$$

式中：V_β 为 β 相体积；ΔG_v 为单位体积 β 相的自由能变化；ΔG_ε 为单位体积的畸变能；A_β 为相界面积；$\sigma_{\alpha\beta}$ 为单位面积的界面能。式中右边第一项为相变驱动力，而畸变能和界面能均为相变阻力。因此只有驱动力大于阻力，ΔG_v 才为负值，$\Delta G < 0$，新相才可能形核。这只有在一定的过冷度（过热度）情况下，才能形成大于临界尺寸的新相晶核。

令 $d\Delta G/dr = 0$，可得到临界晶核半径 r^* 和临界形核功 ΔG^*

$$r^* = \frac{2\sigma_{\alpha\beta}}{\Delta G_v - \Delta G_\varepsilon} \tag{5.19}$$

$$\Delta G^* = \frac{16\pi\sigma_{\alpha\beta}^3}{3(\Delta G_v - \Delta G_\varepsilon)^2} \tag{5.20}$$

临界晶核半径和临界形核功都是自由能差的函数，因此它们也将随过冷度（过热度）而变化。显然，过冷度（过热度）增大，临界晶核半径和临界形核功都减小，新相的形核概率增大，新相晶核的数量也增多，即相变容易发生。

（2）非均匀形核

固相中有各种缺陷，如空位、位错、晶界、相界、夹杂物等，这些地方存在缺陷能，晶核在这些地方形成时，缺陷能将贡献给形核功。设 ΔG_d 为缺陷能，则非均匀形核时体系自由能变化为

$$\Delta G = -V_\beta\Delta G_v + V_\beta\Delta G_\varepsilon + A_\beta\sigma_{\alpha\beta} - \Delta G_d \tag{5.21}$$

晶体缺陷对形核的作用表现在以下几个方面：① 母相界面存在成分及结构起伏，形成新相只需部分重建；② 缺陷能降低临界形核功；③ 原子通过空位、位错及界面等缺陷的扩散速度比晶体内部要快得多；④ 相变引起的畸变能更容易通过晶界流变松弛。

2. 形核率

形核率是相变动力学讨论的重要问题之一，形核率是单位时间、单位体积母相中形成的新相晶核的数目。其表达式为

$$\overset{*}{N} = C^*f \tag{5.22}$$

式中：$\overset{*}{N}$ 为形核率；C^* 为母相中临界尺寸的新相核坯的浓度，单位为个/单位体积，f 为临界核坯成核频率，单位为次数/单位时间。显然，确定 C^*、f 即可得出形核率的完整数学表达式。

核坯可能以任意一个阵点为基础形成，因此晶体中的每个阵点都可以是形核的点，单位体积内可供形核的地点数目 C_0 即为阵点密度（个/单位体积）。

形成临界核坯个数大于 n^* 时，每个原子所需的能量上涨值为

$$\Delta U = \frac{\Delta G^*}{n^*} \tag{5.23}$$

根据麦克斯韦-玻耳兹曼（Maxwell-Boltzman）能量分配定律，任何一个独立振子其振动能量处于常态（ΔU 或高于 ΔU）以上的概率为

$$p_1^{\Delta U} = \exp\left(-\frac{\Delta U}{kT}\right) \tag{5.24}$$

式中：k 是玻耳兹曼常数；T 是相变时的热力学温度。

n^* 个原子的能量同时上涨 ΔU（或高于 ΔU）的概率为

$$p_n^{\Delta U} = \exp\left(-n^*\frac{\Delta U}{kT}\right) = \exp\left(-\frac{\Delta G^*}{kT}\right) \tag{5.25}$$

则有临界晶核浓度 C^* 为

$$C^* = C_0 \exp\left(-\frac{\Delta G^*}{kT}\right) \tag{5.26}$$

可见，临界形核功 ΔG^* 越大，新相核坯的浓度 C^* 越小。

一个临界核坯由周围母相原子热振动而进入一个核坯原子，成为 n^*+1 个新原子团，从而超过了临界晶核的尺寸，即获得了稳定生长的能力。

n^* 个核坯在单位时间内接受紧邻原子振动碰撞的次数为 f_0

$$f_0 = SV_0 p \tag{5.27}$$

式中：S 为紧邻原子数；V_0 为原子振动频率；p 为进入 n^* 个核坯方向上的振动分量（分数）。

同样根据麦克斯韦-玻耳兹曼能量分配定律，f_0 次碰撞中可以进入核坯成为 n^* 个核坯上的原子的次数为

$$f = f_0 \exp\left(-\frac{Q}{kT}\right) \tag{5.28}$$

式中：Q 为母相原子的自扩散激活能。

最后得出晶核的均匀形核率为

$$\overset{*}{N} = C^* f = C_0 f_0 \exp\left(-\frac{Q + \Delta G^*}{kT}\right) \tag{5.29}$$

式（5.29）中的 exp 项中，温度 T 的下降引起 Q 和 ΔG^* 值向相反的方向变化。对于 ΔG^* 值，由于过冷度 ΔT 不大时，有 $\Delta G^* \propto 1/\Delta T^2$，而对于 Q 项，由于晶格能垒几乎不随温度变化而变化，所以温度下降，$\exp(-Q/kT)$ 因子减小。这两个因子的共同作用，使得形核率在 $\overset{*}{N}$-T 曲线上出现极大值，如图 5.37 所示。

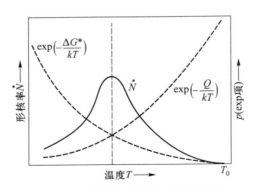

图 5.37 形核率与温度的关系曲线

3.　晶核的长大

　　固态相变中新相的长大是母相的原子转移到新相上去并通过新相与母相的相界面迁移进行的。新相与母相的成分有时相同（如再结晶过程），有时不同；界面可能是共格的、非共格的或半共格的；界面上可能存在其他相。这些使得界面的迁移形式多样化。因此，新相长大具有多种形式，有协同型转变和非协同型转变；扩散控制和界面控制；连续长大和台阶机制长大等类型，本节重点讨论固态相变中最常见的扩散控制的长大。

　　（1）扩散控制的长大

　　大多数固态相变新相的长大需要溶质原子作远程扩散，因此原子的扩散速度是生长的控制因素。

　　设扩散系数 D 不随位置、时间、浓度变化，为一常数。β 相在 α 相中形核生长，α 相中溶质原子浓度为 C_α。初始条件为：$C(x, 0) = C_\alpha$，β 相的浓度为 C_β。建立局部平衡后，相界面处 α 相中的溶质原子的浓度为 C_t。边界条件为：$C(l, t) = C_t$，$C(\infty, t) = C_\alpha$，如图 5.38 所示。设 α、β 相的摩尔体积相同。由质量平衡可得

$$(C_\beta - C_i)A \frac{\mathrm{d}l}{\mathrm{d}t} = AD\left(\frac{\mathrm{d}C}{\mathrm{d}x}\right)_{\beta\alpha} \tag{5.30}$$

所以有

$$\frac{\mathrm{d}l}{\mathrm{d}t} = \frac{D}{C_\beta - C_i}\left(\frac{\mathrm{d}C}{\mathrm{d}x}\right)_{\beta\alpha} \tag{5.31}$$

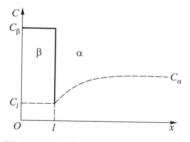

图 5.38　扩散控制相变的局部平衡

　　由于相变为热激活转变，所以生长速率与温度有很大关系。界面迁移率受 ΔG 和 D 两个因素控制，但是 ΔG 和 D 都是温度 T（或 ΔT）的函数。如图 5.39 所示，当 ΔT 很大时，热力学驱动力 ΔG 大，但由于扩散系数 D 的显著降低，原子扩散非常困难，则动力学因素上升为主导地位，所以界面迁移率将减慢。以钢中的等温冷却转变曲线为例，该曲线呈 C 形，原因也在于此。孕育期的物理意义在于原子重新分布，在为相变形核做准备。各温度下完成转变所需要的

时间不同，但有一定的规律。在高温范围，ΔG 小，即热力学驱动力小，扩散系数 D 虽然大，但 ΔG 的作用占主导地位。两者的综合作用使转变速率变慢；随着温度的下降，ΔG 提高，转变所需的时间不断减少，到"鼻子"区时转变最快；如再降低温度，ΔG 虽然不断增大，但是扩散系数 D 大为减小，原子扩散能力减小，这时动力学因素占主导地位，同样也使转变速率变慢，所以，曲线呈 C 形。

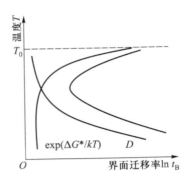

图 5.39　ΔG 和 D 与界面迁移率及温度的关系

（2）固态相变动力学

对于扩散型固态相变，在一定过冷度、恒温条件下的转变动力学可用 Johnson-Mehl 方程式描述

$$x_t = 1 - \exp\left(-\frac{1}{3}\pi G^3 N t^4\right) \tag{5.32}$$

上式亦称为 J-M 方程。式中：x_t 为已转变的体积分数；t 为时间；G 为生长速率；N 为形核率。

固态相变时，G 接近为常数，N 却随时间而变化，常常是随时间而呈指数关系衰减，因此上述方程往往还不能严格适用，所以常采用 Avrami 方程。该方程假设形核只在体系中某些有利位置产生（如晶界），这些位置将逐渐被消耗，形核率 N 随时间呈指数衰减，则形核长大规律的一般表达式为

$$x_t = 1 - \exp(-K \cdot t^n) \tag{5.33}$$

式中的 K 和 n 随形核位置的不同而变化。图 5.40 为典型的扩散型固态相变动力学曲线。

为简化起见，人为地设定相变速率取相变产物相对含量为 50vol% 所需时间（$t_{0.5}$）的倒数，即

$$v = \frac{1}{t_{0.5}} \tag{5.34}$$

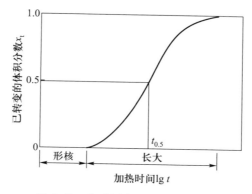

图 5.40　典型固态相变动力学曲线

4. 析出相的聚集和组织的粗化

新相形成后，在一定温度下保持，还会发生晶粒的长大、析出相的聚集等显微组织的粗化过程，这是由于小尺寸新相的形成使系统中储存着大量的界面能，降低界面能可以使系统趋向更加稳定的状态。

（1）弥散析出相的聚集长大

新析出相颗粒细小弥散，大小不等，且颗粒间的平均距离 d 远大于颗粒直径 $2r$，则将发生析出相的聚集长大过程。设 α 相中有两个半径不等的相邻 β 相颗粒，半径分别为 r_1 和 r_2，如图 5.41 所示。

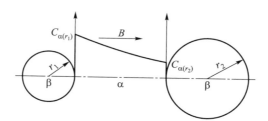

图 5.41　析出相颗粒长大原理图解

由 Gibbs–Thomson 定律，固溶度与 r 有关，可以用下式表示：

$$\ln \frac{C_{\alpha(r)}}{C_{\alpha(\infty)}} = \frac{2\gamma V_\beta}{KTr} \tag{5.35}$$

式中：$C_{\alpha(r)}$ 及 $C_{\alpha(\infty)}$ 分别为颗粒半径为 r 及 ∞ 时的溶质原子 B 在 α 相中的固溶度；γ 为界面能；V_β 是 β 相的摩尔体积。可见，颗粒半径越小，固溶度越大，即有

$$C_{\alpha(r_1)} > C_{\alpha(r_2)} \qquad (5.36)$$

如图中两个 β 颗粒之间的 α 相中将出现浓度梯度，在此浓度梯度作用下，原子将从小颗粒周围向大颗粒扩散，这样就破坏了平衡，为恢复平衡，小颗粒必须溶解，而大颗粒将长大。最终将导致小颗粒的不断溶解直至消失，大颗粒将不断长大而粗化，同时颗粒间距将增加。

新相颗粒在一定温度 T 下随时间延长而不断长大，Lifshitz 等推导出颗粒平均半径与温度及时间的关系式为

$$r_\tau^3 - r_0^3 = \frac{8D\gamma V_\beta C_{\alpha(\infty)}}{9KT}\tau \qquad (5.37)$$

式中：r_0 为粗化开始时 β 颗粒平均半径；r_τ 为经过时间 τ 粗化后的平均半径；D 为 B 原子在 α 相中的扩散系数。

（2）纤维状组织的粗化

金属材料固态相变过程中的组织呈现不同的形貌，某些相（或组织组成物）可呈条片状、纤维状或杆状，与球形相比，这些性状的组织具有较高的界面能，在一定条件下会发生粗化以降低体系能量。如钢的过冷奥氏体等温冷却转变产物片状珠光体在稍低于 A_1 温度下等温将发生片状渗碳体的粗化并球化。

粗化的机制有如下几种解释：

1）二维 Ostwald 熟化：认为若干根纤维状或杆状新相的直径不可能完全相同，有粗有细，细的将溶解，粗的增粗，但沿长度方向不存在粗化。

2）纤维断裂：认为一根纤维（或杆状）新相并非等直径，即局部区段直径或大或小。直径的局部变小可使界面面积（界面能）减小，最终导致纤维断裂。

3）缺陷迁移：纤维状或杆状新相在形成时可能存在分枝缺陷，转变时未充分生长，长度有限，其终端呈球形，按 Gibbs-Thomson 定律，该终端将不断溶解、收缩变短，最后分枝缺陷消失，而促使相邻纤维不断长大变粗，如图 5.42 所示。

（3）钢中渗碳体的球化

供货状态的中高碳钢其显微组织中的渗碳体通常呈层片状和网状两种性状，为获得更好的加工及使用性能往往要将渗碳体球化。层片状渗碳体是指珠光体中与铁素体片相间分布的渗碳体（见图 5.24），而网状渗碳体多指过共析钢中分布于原奥氏体晶界的渗碳体（见图 5.30）。

层片状渗碳体的球化过程解释为：渗碳体片中有位错，形成亚晶界等晶体缺陷，铁素体与渗碳体亚晶界接触处形成凹坑，如图 5.43 所示。与平面部分的渗碳体相比，在凹坑两侧的渗碳体具有较小的曲率半径，按 Gibbs-Thomson

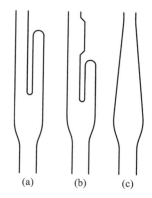

图 5.42　分枝缺陷的粗化

定律，在与坑壁接触的铁素体中具有较高的固溶度，将引起碳在铁素体中扩散并以渗碳体的形式在附近平面渗碳体上析出，为了保持平衡，凹坑两侧的渗碳体尖角将逐渐被溶解，而使曲率半径增大。这样就破坏了此处的相界表面张力平衡，为了保持平衡，凹坑将因渗碳体继续溶解而加深。如此下去，渗碳体将溶穿、溶断，平面处长大成球状，如图 5.44 所示。

网状渗碳体由于不同部位的曲率半径不一，曲率半径小的部分在加热保温过程中也发生溶断、聚集球化。

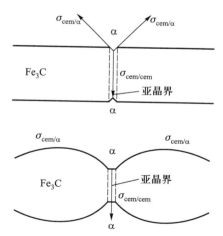

图 5.43　片状渗碳体的溶断、球化机理示意图

材料是一个非常复杂的系统。材料组织演化过程也遵循自然科学的一般原理，如最小阻力原理(最小自由能原理)、能量守恒与转变、量变与质变等。

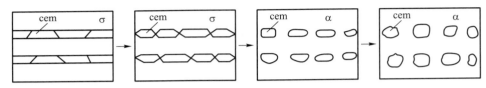

图 5.44　片状渗碳体的溶断、球化过程示意图

了解和掌握材料在各种状态下的组织结构演化规律及其影响因素非常重要，更是对材料通过工艺实施组织控制以达到所需性能要求的根本。

总结金属固态相变这一组织演化过程，可以看出其遵循自然界三条基本原理：自发过程总是朝着体系能量降低的方向发生；自发过程总是沿着阻力最小的途径进行；自发过程的结果是适者生存。这三条原理分别对应于材料的热力学、动力学和结构学问题。

金属固态相变大多是通过形核和长大过程来完成的，主要特点有：新相和旧相之间存在界面，不同界面有不同的结构和界面能；新相往往在母相的一定结晶面上形成，因此具有一定的位向关系和惯习面；两相间因比体积差及弹性畸变而使体系中产生一定的畸变能；由于相变阻力的存在，在一定条件下相变过程往往会产生过渡相；界面能和畸变能的相对大小，决定了共格相的稳定性和形状。

在实际相变体系中，往往是以非均匀形核为主导，新相核心总是优先在晶界等缺陷处形成。在一定的条件下，相变的有效晶核存在一个临界晶核半径和临界形核功。大多数相变过程是由原子扩散所控制。

合金体系中普遍存在第二相，在第二相析出量基本达到平衡态后，在体系界面能降低这一驱动力作用下将发生第二相的聚集和长大。

本章小结

相图是反映金属及合金在热力学平衡条件下所存在的相与温度和压力之间的对应关系的图形。相律是相图的基本规律之一，任何相图都必须遵从相律。二元相图是反映组元系统中相的平衡状态与温度、成分关系的平面图形。

杠杆定律是分析相图的重要工具，可用来确定二元合金中两相平衡时两平衡相的成分和质量分数。

典型的二元合金相图有：二元匀晶相图，二元共晶相图，具有中间相或化合物的相图，含有共析反应、包晶反应以及同成分相变的相图等。给定成分的合金可按其合金相图分析并确定在任意温度下相的种类，若在两相区还可确定其两相的质量分数，并能给出相的形貌、尺寸、分布等重要信息。

虽然大多数二元合金相图的图形均比较复杂，但都可分解成典型二元合金相图进行分析。

Fe–Fe$_3$C 相图是研究钢铁材料的成分、组织和性能之间关系的基础。从 Fe–Fe$_3$C 相图中可以解读出：有三个基本相，分别是铁素体（又分 δ–铁素体和 α–铁素体）、奥氏体及渗碳体；有三个重要反应，分别是包晶反应、共晶反应和共析反应。

固体金属材料在温度、压力等条件改变时会发生组织形态或晶体结构等方面的变化，即材料发生了组织演化。相的成分、晶体结构及组织形貌等发生了变化的称为固态相变。而当相的化学成分及晶体结构不发生改变（如金属冷变形及回复与再结晶），只是组织形貌发生变化，则不属于相变。

固态相变理论从热力学、动力学及结构学三个方面描述了材料在给定的外界条件下是如何发生从始态到终态的变化的，即所谓的组织演化过程。材料的组织演化过程有三个共性问题：方向、途径和结果。即过程是沿着什么方向发生的？过程是遵循什么途径进行的？过程进行的结果是什么（即相的质量分数、形貌、尺寸、分布等组织结构重要参数）？

固态相变分为平衡和非平衡两大类。所有固态相变的发生均源于材料体系能量的降低。能量分析是研究固态相变最基础也是最根本的方法。

固态相变的驱动力是新相与母相间的体积自由能差，加热转变和冷却转变的驱动力分别主要靠过热度和过冷度获得。

固态相变的阻力是相变过程中系统能量的增加部分，包括界面能和畸变能两类。界面分为共格界面、半共格界面和非共格界面三种，不同界面有不同的界面能。畸变能分为共格畸变能和比体积差畸变能两类。新相与母相的界面以及新相的形貌、尺寸决定着相变阻力（共格畸变能和比体积差畸变能）的大小。

固态相变也是通过形核与长大完成的。固相中的各种缺陷（如空位、位错、晶界、相界、夹杂物等）存在缺陷能，固态相变多在缺陷处形核，即为非均匀形核。晶核的长大多为扩散控制，温度是影响晶核长大动力学的最重要因素。晶核长大将发生析出相的聚集和组织的粗化，其驱动力仍是合金体系能量的降低。

第六章
金属材料组织与力学性能控制

　　金属材料之所以是最重要、应用最广泛的一大类工程材料，其主要原因在于金属材料种类繁多、成分各异，力学性能的变化空间很大，可满足绝大多数工程构件及零部件不同的使用性能要求。广义地讲，材料的性能取决于其成分及组织结构。金属材料既可以通过变化成分控制组织进而改变性能，也可以不改变材料成分，而通过工艺获得非平衡组织或新的平衡组织进而改变性能。

　　本章首先介绍金属材料的塑性变形，以及强化机理，然后重点讨论在不改变金属材料成分的前提下调控其组织及性能的两种原理及工艺：一是调控过程中不发生相变过程的塑性变形、回复和再结晶；二是调控过程中发生相变过程的热处理。而通过合金化及热处理调控金属材料组织和性能的相关知识将在第七章中详细介绍。

6.1　位错和金属的塑性变形

　　第三章中指出了材料变形分为弹性变形和塑性变形两种，塑性变形是永久变形，强度和硬度是材料抵抗塑性变形能力的度量。宏观显现的塑性变形在微观上是在剪切应力的作用下大量原子发生的移动，期间伴随着原子间化学键的断开和再形成。第四章第三节中介绍了金属晶体中的缺陷，其中线缺陷为位错。在金属晶体材料中，塑性变形大多与位错的运动有关。本节将讨论位错的特性及其在塑性变形中的作用,同时还将介绍金属塑性变形的另一种机理——孪晶。用于单相金属材料的各种工艺(如变形、强化等)基本均与位错有关。

6.1.1 位错和塑性变形

早期研究发现,理想晶体材料的理论屈服强度计算值高于实测值 3~4 个数量级。为了解释这种差异,1930 年代提出了晶体中位错的概念,认为晶体实际滑移过程并不是滑移面两面的所有原子都同时作整体刚性滑动,而是通过在晶体存在着的称为位错的线缺陷来进行的。位错在较低应力的作用下就能开始移动,使滑移区逐渐扩大,直至整个滑移面上的原子都先后发生相对位移。按照这一模型进行理论计算,其理论屈服强度比较接近试验值。直至 1950 年代,随着电子显微分析技术的发展,位错为试验所观察,位错理论有了进一步的发展。

1. 基本概念

(1)刃型位错和螺型位错

刃型位错和螺型位错是位错的两种基本类型。在刃型位错线邻近区(多余半原子面端部附近)存在微区晶格畸变(见图 4.16)。螺型位错可以认为是由剪切扭转所致,位错线穿过螺旋线中心,原子面斜移(见图 4.17)。晶体材料中大量位错是由刃型位错和螺型位错混合而成的,故称为混合位错。

(2)位错的运动

本质上讲,塑性变形是数量巨大的位错运动。图 6.1 所示为在与刃型位错线垂直方向上施加剪切应力时的位错运动。设多余半原子面为 A,A 面受向右的剪切应力作用,该力同时也逐步作用于 B、C、D 等面的上半部分(图 6.1a)。如果该力足够大,沿剪切面上的 B 面原子间的化学键将断开,B 面的

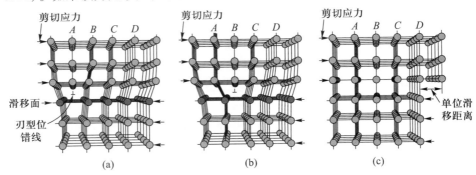

图 6.1 位错运动示意图:(a)多余半原子面标注为 A;(b)位错移动一原子间距后,半原子面变为 B;(c)多余半原子面在晶体的最右边

上半部分就变为多余半原子面，A 面与 B 面的下半部分连成完整原子面（图 6.1b）。该过程重复分步进行，原子间化学键重复断开和键合，上半原子面以原子间距的行程逐步实现从左到右的运动。从示意图中可以看出，位错运动前后晶体中原子的排列规则且完整，只是在半原子面移动时晶格结构被破坏。最后，该多余半原子面出现在晶体的最右边，如图 6.1c 所示。

（3）滑移与滑移面

由位错运动产生的塑性变形过程称为滑移。位错滑移的晶面称为滑移面，见图 6.1 所示。因此，材料剪切塑性变形导致的永久变形实为位错的运动或滑移，如图 6.2a 所示。

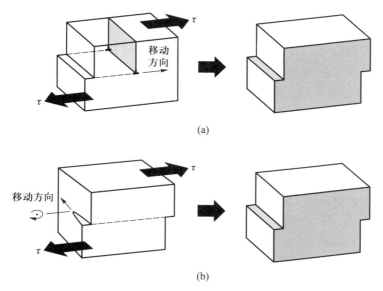

图 6.2　（a）刃型位错运动导致的表面台阶变形；（b）螺型位错运动导致的表面台阶变形

位错的运动与毛毛虫的爬行运动有点类似，如图 6.3 所示，毛毛虫轴向（即爬行方向）有很多爪子，当拉起最后面（尾部）的爪子时会形成一小隆起，重复抬高和平移爪子就实现了该隆起的平行运动，当该隆起达到最前端（头部）时，毛毛虫实际平移了一个爪子间距的距离。这个隆起平移使毛毛虫爬行的过程与位错运动产生塑性变形的过程非常相似。

在剪切应力作用下螺型位错的运动如图 6.2b 所示，此时位错的运动方向与应力方向垂直，而刃型位错则平行于应力方向。有趣的是，由两种类型位错运动所形成的塑性变形形式却相同（图 6.2）。混合位错运动的方向则既不垂直也不平行于施加的应力方向，而是介于它们之间。

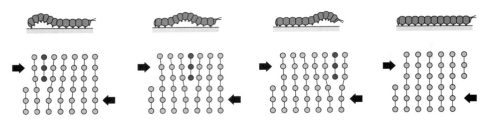

图 6.3　毛毛虫移动与位错运动对比示意

所有金属和合金都含有一定数量的位错，这些位错是在凝固、塑性变形、快速冷却等过程中形成的。位错的数量也称为位错密度，其定义是单位体积内位错的总长度，也可以用单位面积上位错的数量表示。缓慢凝固金属晶体中的位错密度大约为 10^3 mm^{-2}，而强烈变形金属的位错密度则高达 $10^9 \sim 10^{10}$ mm^{-2}，变形金属退火后密度可降至 $10^5 \sim 10^6$ mm^{-2}。陶瓷材料中位错密度相对较低，约为 $10^2 \sim 10^4$ mm^{-2}，用于集成电路的硅单晶中的位错极少，只有 $0.1 \sim 1$ mm^{-2}。

2. 位错特性

了解位错特性对于研究金属的力学性能非常重要，位错特性包括位错邻近区域的应变场、位错的增殖等，它们都对位错的运动产生影响。

金属塑性变形后，部分变形能（约 5%）保持在材料内部，其余均以热的形式传导出去。材料内部储存的变形能即为位错应变能。考察图 6.4 所示刃型位错，如前所述，由于半原子面使得位错周围产生晶格畸变。相应地在邻近原子产生压应力、拉应力、剪切应力等形成晶格应变。如在位错上半部的邻近原子受挤压，结果是完整晶体中的原子产生压应变而偏离正常位置。而对半原子面下半部的影响则相反，晶格原子承受拉应变，位错中心也有剪切应变。螺型位错产生的晶格畸变则仅为纯剪切应变。这些晶格畸变可以认为是位错线的辐射应变场，其应变扩展至邻近原子，应变大小与位错的辐射距离呈反比关系。

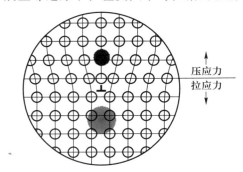

图 6.4　刃型位错邻近区域原子受力状况示意图

邻近位错间的应变场也会使位错间发生相互作用，如图 6.5a 所示的两个同滑移面、同符号的刃型位错，相同的压缩和拉伸应变场作用于滑移面的同一侧，应变场相互作用使得两个位错间形成排斥力而使位错间距离变大。而两个同滑移面符号相反的刃型位错则相互吸引，如图 6.5b 所示，当两个位错相遇时同时消失，即两个半原子面合并成一个完整原子面。刃型位错、螺型位错、混合位错等之间及各种位错之间也有交互作用。这些应变场及相应的作用力对金属材料的强化非常重要。

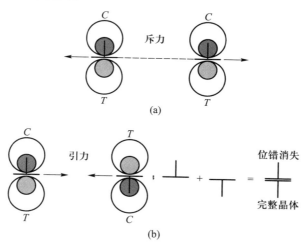

图 6.5 （a）符号相同的两个刃型位错交互作用；
（b）符号相反的两个刃型位错交互作用

另外，塑性变形过程中位错数量也会急剧增加。前已述及，强烈变形金属的位错密度很高，可达 10^{10} mm^{-2}。材料变形时原有位错增值形成大量的新位错，晶界、内部缺陷及表面产生应力集中的微观区域也是变形过程中的位错生成区。

3. 滑移系

塑性变形时位错只能沿着一定的晶面和晶向运动，这些晶面和晶向分别称为滑移面和滑移方向。滑移面和此面上的一个滑移方向合起来叫做一个滑移系。滑移系与晶体结构有关，位错在滑移系上的运动所产生的晶格畸变应该最小。显然，滑移面和滑移方向往往是金属晶体中原子排列最密的晶面和晶向。这是因为原子密度最大的晶面其间距最大，因而容易沿着这些面发生滑移；至于滑移方向为原子密度最大的方向，是由于最密排方向上的原子间距最短，即位错伯格斯矢量 b 最小。

例如，图 6.6a 所示的面心立方晶体结构晶胞中，{111}晶面族为密排面，故是滑移面；<110>晶向族为密排方向，故是滑移方向。滑移面和滑移方向上的原子排列如图 6.6b 所示。

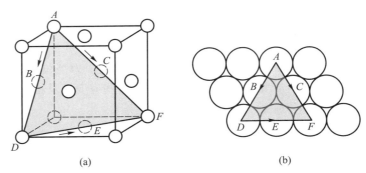

(a)　　　　　　　　　　　　(b)

图 6.6　（a）FCC 晶胞中 {111} <110> 滑移系；（b）（111）晶面和
<110> 晶向族中的三个晶向

在 {111} 晶面 <110> 晶向上可能的滑移由图 6.6 中箭头表示，{111} <110>
表示面心立方晶体中滑移面和滑移方向的组合，也叫面心立方晶体的滑移系。
图 6.6b 表明给定一个滑移面有不止一个滑移方向。故特定晶体结构中存在若
干个滑移系，滑移系的个数即为滑移面和滑移方向组合的数量。如面心立方有
12 个滑移系，即 {111} 晶面族中的四个晶面与每个晶面上 <110> 晶向族中的三
个晶向组合。

BCC、HCP 晶体结构中可能的滑移系列于表 6.1。

表 6.1　常见金属晶体滑移系

金属	滑移面	滑移方向	滑移系数量
面心立方			
Cu、Al、Ni、Ag、Au	{111}	$<1\bar{1}0>$	12
体心立方			
α-Fe、W、Mo	{110}	$<\bar{1}11>$	12
α-Fe、W	{211}	$<\bar{1}11>$	12
α-Fe、K	{321}	$<\bar{1}11>$	24
密排六方			
Cd、Zn、Mg、Ti、Be	{0001}	$<11\bar{2}0>$	3
Ti、Mg、Zr	{10$\bar{1}$0}	$<11\bar{2}0>$	3
Ti、Mg	{10$\bar{1}$1}	$<11\bar{2}0>$	6

从表 6.1 中可以看到，这些晶体结构的滑移不止有一个晶面族(如 BBC 中有{110}、{211}、{321}等)，具有这两种晶体结构的金属的某些滑移系只有在较高温度下才能开动。

具有 FCC、BCC 晶体结构的金属相对而言有较多的滑移系，在其他条件相同时，晶体的滑移系越多，滑移过程可能采取的空间取向便越多，滑移容易进行，它的塑性便越好，变形更容易。而具有 HCP 晶体结构的金属滑移系较少，故其较脆。

6.1.2 单晶体的塑性变形

工程上用的材料大多为多晶体，然而多晶体的变形是与其中各个晶粒的变形行为有关，为了由简到繁，先讨论单晶体的塑性变形，然后再研究多晶体的塑性变形。

如前所述，当剪切应力作用于滑移系后将发生刃型位错、螺型位错及混合位错等的运动。虽然在试样上施加的是纯拉应力(或压应力)，但其剪切应力分量既不平行也不垂直于拉(压)应力方向，产生塑性变形的剪切应力大小不仅取决于其数值，也与其作用的滑移面及其上的方向有关，这里引入分切应力的概念。设 ϕ 为滑移面法线与拉应力方向间的夹角，λ 为滑移方向与拉应力方向间的夹角，如图 6.7 所示。分切应力为

$$\tau_R = \sigma \cos \phi \cos \lambda \qquad (6.1)$$

式中：σ 为作用力，一般情况下 $\lambda + \phi \neq 90°$。

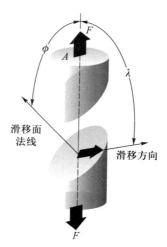

图 6.7 拉伸轴与滑移面及滑移方向之间的关系

前已指出，金属单晶有许多可以开动的滑移系，由于各滑移系相对于应力轴（ϕ 和 λ）各不相同，故有不同的剪切应力。但有一个取向最优的滑移系容易开动，该取向的分切应力最大，$\tau_{R(max)}$ 为

$$\tau_{R(max)} = \sigma (\cos \phi \cos \lambda)_{max} \tag{6.2}$$

施加拉伸或压缩应力时，当单晶中取向最优滑移系的剪切应力达到临界值（即临界分切应力 τ_{crss}）时该滑移系将开动。临界分切应力表示单晶发生滑移所需的最小分切应力，也是发生屈服时确定的材料性能，即当 $\tau_{R(max)} = \tau_{crss}$ 时，单晶将发生塑性变形，发生屈服所需应力（即屈服强度 $R_{p0.2}$）大小为

$$R_{p0.2} = \frac{\tau_{crss}}{(\cos \phi \cos \lambda)_{max}} \tag{6.3}$$

当单晶取向满足 $\lambda = \phi = 45°$ 时发生屈服所需的应力最小，即为

$$R_{p0.2} = 2\tau_{crss} \tag{6.4}$$

拉伸应力作用于单晶试样时产生的变形如图 6.8 所示，可以看出，沿试样长度方向的不同位置发生了多个相同最优取向（滑移面及滑移方向）的滑移。该滑移变形在单晶表面形成若干环绕试样表面且相互平行的小台阶。每个台阶均为沿相同滑移面上大量位错运动的结果。在抛光的单晶试样表面，这些小台阶宏观上表现为线，故又称为滑移线，图 6.9 所示为锌单晶表面上的滑移线照片。

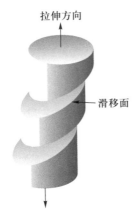

图 6.8　单晶滑移示意图

图 6.9　锌单晶滑移线（Callister et al., 2011）

随着单晶变形的继续，滑移线和滑移台阶的数量将不断增加。对于 FCC 和 BCC 晶体而言，由于具有多组滑移系，且变形时发生晶面转动，另一组滑移面上的分切应力也可能逐渐增大到足以发生滑移的临界值以上，于是晶体的滑移就可能在两组或更多的滑移面上同时进行或交替进行，从而产生多系滑

移。而 HCP 晶体的滑移系少，若应力与滑移系的滑移方向垂直($\lambda = 90°$)或与其滑移面平行($\phi = 90°$)，则分切应力为零，此极端取向的晶体通常会发生断裂，而不再发生塑性变形。

6.1.3 多晶材料的塑性变形

与单晶体变形相比，多晶体的变形要复杂得多。由于多晶体材料中数量众多的晶粒晶体学位向的无序分布，导致不同晶粒的滑移方向各不相同。如前所述，沿最优取向的滑移系将发生位错的运动。图 6.10 所示为抛光的铜多晶试样塑性变形后的表面微观形貌，可以清晰地看到滑移线，同时明显看出大多数晶粒上有两组平行的滑移线且相交，说明有两个滑移系开动。另外，还可以看出，不同晶粒滑移线的位向也各有不同。

图 6.10 铜多晶试样塑性变形后的表面微观形貌(Callister et al., 2011)

多晶材料试样的宏观塑性变形过程中各晶粒将发生由于滑移导致的变形。变形过程中，沿晶界保持着材料内部的机械完整性及内聚力，也就是说，晶界不会开裂。每个晶粒的变形某种程度上将受到临近晶粒的限制。图 6.11 所示为材料宏观塑性变形后晶粒变形的形貌，变形前晶粒为等轴状，即各方向尺寸大致相同，变形后晶粒沿试样变形方向被拉长了。

多晶体金属通常有更高的强度，即需要更大的应力才能产生滑移进而屈服。其主要原因是变形过程中各晶粒变形的相互制约和协调。尽管作用于某一晶粒的应力取向较优，但仅在其临近取向不利的晶粒也能够滑移时该晶粒才能产生滑移，显然需要更大的应力才能发生。

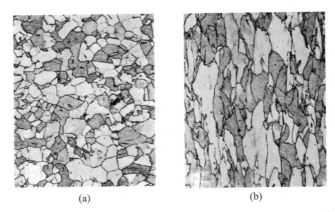

图 6.11　多晶粒材料塑性变形前后晶粒形貌的变化(Callister et al., 2011)

6.1.4　孪晶变形

某些金属材料塑性变形除了滑移机制外，还可以以形成孪晶的方式产生，孪晶是指在剪切力作用下，原子发生位移形成一个公共晶面，构成镜面对称的位向关系，这两个晶体就称为孪晶，公共晶面即为孪晶面。孪晶形成过程如图 6.12 所示，图中小空心圆和实心圆分别代表孪晶区内原子的原始位置及终了位置。如图所示，孪晶区内(箭头表示)原子的位移量与孪晶面成正比，而且根据晶体结构的不同，孪晶是在特定的晶体学面及晶体学方向上产生。例如，体心立方金属晶体，孪晶面及方向分别为(112)和[111]。

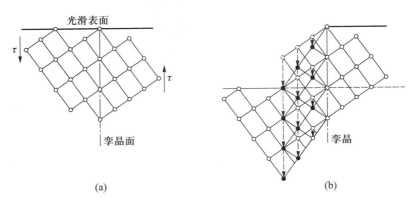

图 6.12　孪晶形成过程中原子位置变化示意图

图 6.13 所示为单晶在剪切应力作用下发生的滑移和孪晶对比，由图 6.13a

可以看出滑移边缘(台阶),其形成过程如前所述;而孪晶的剪切变形为均匀变形(图6.13b)。显然滑移和孪晶产生的过程是不一样的。首先,对于滑移来说,变形前后的滑移面上部和下部的晶体学位向完全相同,没发生改变。而在孪晶区域则发生了晶体学位向的变化。另外,滑移过程中原子的位移距离是其滑移方向原子间距的整数倍,而孪晶中的原子位移则小于其原子间距。

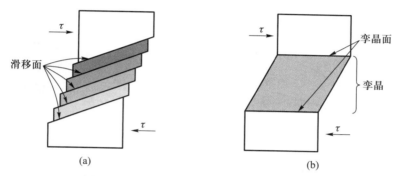

图6.13 滑移和孪晶过程中原子位移的对比

BCC 和 HCP 晶体结构的金属在较低温度下施加快速负荷(如冲击负荷)时易形成孪晶,此时由于没有可开动的滑移系,故其滑移变形受到限制。与滑移变形相比,孪晶导致的塑性变形量一般较小。然而,孪晶的重要性在于其形成后的晶体学重新取向,孪晶有可能产生位向适应应力轴的新滑移系,进而开动滑移过程。

6.1.5 多相合金的塑性变形

工程上用的金属材料为两相或多相合金。多相合金与单相固溶体合金的不同之处是除基体相外,尚有其他相存在。由于第二相的数量、尺寸、形状和分布不同,它与基体相的结合状况不一以及第二相的变形特征与基体相的差异,使得多相合金的塑性变形更加复杂。

根据第二相粒子的尺寸大小可将合金分为两大类:若第二相粒子与基体晶粒尺寸属同一数量级,称为聚合型两相合金;若第二相粒子细小而弥散地分布在基体晶粒中,称为弥散分布型两相合金。这两类合金的塑性变形情况有所不同。

1. 聚合型合金的塑性变形

当组成合金的两相晶粒尺寸属同一数量级,且都为塑性相时,则合金的变形能力取决于两相的体积分数。作为一级近似,可以分别假设合金变形时两相的应变及应力均相同。合金在一定应变下的平均流变应力 σ_a 和一定应力下的

平均应变 ε_a 可由复合材料复合法则表达

$$\varepsilon_a = \varphi_1\varepsilon_1 + \varphi_2\varepsilon_2 \tag{6.5}$$

$$\sigma_a = \varphi_1\sigma_1 + \varphi_2\sigma_2 \tag{6.6}$$

式中：φ_1 和 φ_2 分别为两相的体积分数（$\varphi_1+\varphi_2=1$），σ_1 和 σ_2 分别为一定应变时的两相流变应力，ε_1 和 ε_2 分别为一定应力时的两相应变。图 6.14 所示为等应变和等应力情况下的应力-应变曲线。

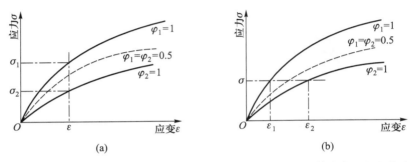

图 6.14 聚合型两相合金不同情况下的应力-应变曲线；（a）等应变；（b）等应力

　　实际上不论是应力或应变都不可能在两相之间是均匀的。上述假设及其复合法则仅能作为第二相体积分数影响的定性估算。试验证明，这类合金在发生塑性变形时，滑移往往首先发生在较软的相中，如果较强相数量较少时，则塑性变形基本上是在较弱的相中。当第二相为较强相，且体积分数大于 30vol% 时，塑性变形抗力将明显提高。

　　如果聚合型合金两相中一个是塑性相，而另一个是脆性相时，则合金在塑性变形过程中所表现的性能，不仅取决于第二相的相对数量，而且与其形状、大小和分布密切相关。

　　以碳含量为 0.77wt% 的碳钢为例，平衡状态下有两种相，分别是基体相铁素体（以 α-Fe 为基的固溶体）和第二相渗碳体（Fe_3C，硬而脆）。选用不同的热处理工艺，既可得到片状珠光体类（含索氏体、屈氏体）组织，又可得到球状珠光体。两类珠光体中的铁素体和渗碳体的体积分数相同（铁素体为 88vol%，渗碳体为 12vol%），片状珠光体中铁素体与渗碳体的形貌均为层片状且相间分布，但片层厚度不同，导致其塑性及强度等性能有很大差异。球状珠光体中的渗碳体呈球形颗粒状，铁素体为连续基体，与片状珠光体类组织相比，其塑性及强度等性能又有较大变化。表 6.2 示出了渗碳体形貌及大小对共析钢力学性能的影响。

表 6.2 共析钢中渗碳体形貌及大小对共析钢力学性能的影响

表 **6.2** 共析钢中渗碳体形貌及大小对共析钢力学性能的影响

组织	片状珠光体	片状索氏体	片状屈氏体	球状珠光体
R_m/MPa	780	1 060	1 310	580
A/%	15	16	14	29

2. 弥散分布型合金的塑性变形

当第二相以细小弥散的微粒均匀分布于基体相中时，这些微粒将对位错的运动产生阻碍。通常将第二相粒子分为不可变形的和可变形的两类。第二相粒子对位错运动阻碍的方式及效果与聚合型合金大相径庭，具体将在第二节详细讨论。

6.2 金属材料强化机理

多数情形下人们希望获得高强度且高塑性、高韧性的合金。一般而言，合金强度提高的同时通常会牺牲韧性，人们在长期实践中已经形成了一些金属强化技术。但选择时则既要考虑材料是否能够满足使用性能要求，同时还要考虑材料的加工成形能力。

强化机理的关键是位错运动与金属的力学行为之间的关系。前已述及，宏观显现的塑性变形实质是数量巨大的位错运动，反过来说，金属塑性变形的能力取决于位错运动的能力。而硬度和强度（包括屈服强度和抗拉强度）表示材料塑性变形的难易程度，故降低位错运动能力即为提高强度，也就是说需要更大的力才能产生塑性变形。反之，位错运动的障碍越少，位错越容易运动，金属变形的能力越强，材料性能（强度、硬度）越低。故所有强化技术均基于如下简单原理：限制或阻碍位错的运动可使材料更硬、更强。

上述强化机理适用于单相金属，可细分为晶粒细化、固溶强化和加工硬化等。多相合金的强化机理则除了单相金属的强化机理外，还存在第二相强化机理。

6.2.1 晶粒细化强化

多晶体金属的晶粒是影响力学性能的重要因素。相邻晶粒有不同的晶体学取向，晶粒间存在如图 6.15 所示的晶界。塑性变形过程中，位错的运动需"穿越"晶粒 A 与晶粒 B 间的晶界，晶界对位错运动具有阻碍效应，原因有二：① 两个晶粒有不同的晶体学取向，位错穿越晶界至晶粒 B 后必须改变运动方向，显然晶体学取向差越大，位错运动越困难；② 晶界区域原子排列紊乱，使得位错"穿越"的晶界是非连续滑移面。

　　需要指出的是，塑性变形时，位错并不能穿越大角度晶界，位错在晶界附近滑移受阻，在晶界处形成位错的堆积，位错堆积引起应力集中，在临近的晶粒产生新的位错。

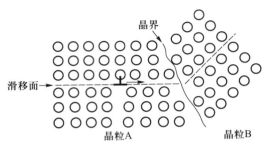

图 6.15　相邻晶粒的不同晶体学取向

　　因为细晶粒材料有更多的晶界阻碍位错的运动，故其硬度和强度比粗晶粒材料的大。多数材料的屈服强度 $R_{p0.2}$ 与晶粒尺寸之间呈如下关系：

$$R_{p0.2} = \sigma_0 + k_y d^{-1/2} \tag{6.7}$$

此式称为 Hall-Petch 公式，d 为平均晶粒直径，σ_0 和 k_y 为与材料有关的常数。

　　需注意的是，该式中的平均粒径 d 有一限定范围，极粗大及极细小晶粒的材料不符合该公式。图 6.16 为黄铜（70Cu-30Zn）的屈服强度与晶粒尺寸之间的关系曲线。通过控制凝固过程、塑性变形后的热处理过程等可使材料晶粒细化。

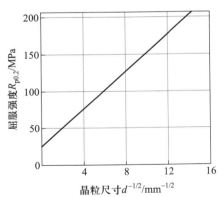

图 6.16　黄铜的屈服强度与晶粒尺寸之间的关系曲线

　　晶粒细化不仅可以提高强度，而且不降低合金的韧性。由于小角晶界的晶体学错配度极小，故其对位错滑移过程影响很小。但孪晶界可以阻碍滑移，提高材料强度。不同相之间的界面(相界)也能阻碍位错的运动,故相界对多相合金的强化有重要作用。多相合金中各相的尺寸和形貌对合金的力学性能影响很大,本节最后将给予讨论。

6.2.2 固溶强化

在金属中添加合金元素形成置换固溶体和间隙固溶体是强化金属的另一重要技术途径,此即为固溶强化。高纯金属的强度及硬度通常比以该金属为主要组分的合金低得多。一般而言,合金抗拉强度、屈服强度随添加合金元素含量的增加而明显提高,图 6.17a、b 及 c 所示分别为 Cu-Ni 合金中镍含量与抗拉强度、屈服强度及伸长率的关系曲线。

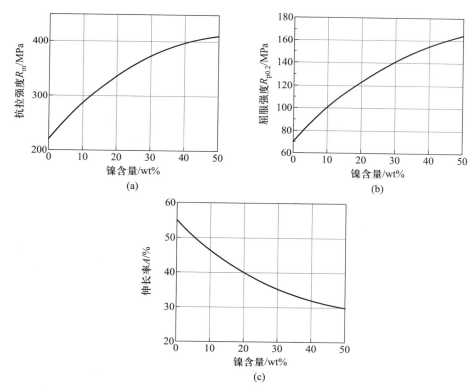

图 6.17　Cu-Ni 合金中镍含量与抗拉强度、屈服强度及伸长率的关系曲线

合金比纯金属的强度高,原因在于固溶体中的杂质原子使其邻近的基体原子产生晶格畸变,位错与杂质原子间的交互作用产生晶格畸变应变场,位错运动受到了限制。例如,比基体原子尺寸小的杂质原子置换基体原子时将在其邻

近晶格产生拉应变，如图 6.18a 所示，而当比基体原子尺寸大的杂质原子置换基体原子时将在其邻近晶格产生压应变，如图 6.19 所示。

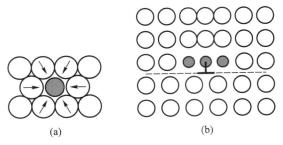

图 6.18 小尺寸杂质原子置换基体原子时将在其邻近晶格产生拉应变

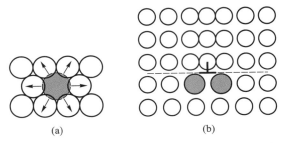

图 6.19 大尺寸杂质原子置换基体原子时将在其邻近晶格产生压应变

这些杂质原子趋于扩散和聚集在位错周围使得总应变能减小，即可减小位错邻近区的应变。因此，存在于拉应变区的小尺寸杂质原子实际上部分抵消了位错产生的压应变。故杂质原子更趋于聚集在如图 6.18b 所示的刃型位错线及滑移面的上方。而大尺寸杂质原子则趋于聚集在如图 6.19b 所示的刃型位错线及滑移面的下方。

如前所述，杂质原子多聚集于位错线邻近区域，当位错运动离开原位置后，总的晶格畸变就会增加，也就是材料内能增大，从能量原理出发，必须施加更大的应力才能使位错运动，故杂质原子的存在将阻碍位错的运动。另外，塑性变形时杂质原子和位错之间也有类似晶格畸变反应，与纯金属相比，欲使变形固溶体合金继续变形必须施加更大的应力，因为材料变形开始后，强度及硬度已经提高了。

6.2.3 应变强化(位错强化)

应变强化是指塑性金属变形后强度和硬度提高的现象，亦称为加工硬化。

由于变形温度远比金属的熔化温度低，故为冷加工。大多数金属在室温下均有应变硬化现象。

常用冷加工变形量（%CW）表示塑性变形程度，定义为

$$\%CW = \frac{A_0 - A_d}{A_0} \times 100 \qquad (6.8)$$

式中：A_0、A_d 分别为变形前后试样的截面积。

图 6.20a、b、c 所示分别为钢、黄铜及纯铜的加工硬化曲线。加工硬化是塑性金属材料的一个重要特性。如图 6.20c 所示，三种材料随塑性变形量增加塑性逐渐降低。冷加工对低碳钢应力-应变曲线的影响如图 6.21 所示。

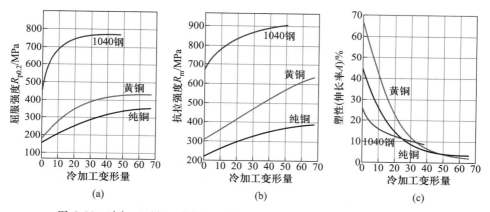

(a)　　　　　　　　　(b)　　　　　　　　　(c)

图 6.20　冷加工对钢、黄铜、纯铜的抗拉强度、屈服强度及塑性的影响

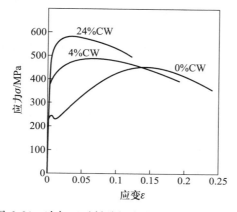

图 6.21　冷加工对低碳钢应力-应变曲线的影响

应变强化现象如图 6.22 所示。屈服强度为 σ_{y0} 的金属塑性变形至 D 点后，应力释放，然后重新施加应力，屈服强度升至 σ_{yi}，说明金属在塑性变形过程中被强化了。

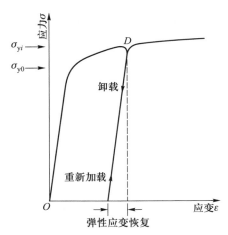

图 6.22　金属塑性变形后弹性恢复及加工硬化示意图

应变硬化现象可用位错间应变场的交互作用解释。如前所述，随着变形程度的增加，位错增值或形成新位错使得金属内部的位错密度增大，位错间平均距离减小，位错相互靠近。总的来说，位错应变场相互排斥，结果相邻位错的存在使得位错运动受到阻碍。位错密度越大，相邻位错对位错运动的阻力也就越大，故随着冷加工变形量的增加使金属继续变形的应力也必须增大。正是因为应变硬化可用位错增殖及位错应变场的相互作用使得位错运动受阻来解释，故常将其称为位错强化。

应变强化常作为强化金属的技术途径，通过热处理也可以将应变硬化效应消除，具体讨论见本章第四节中的回复、再结晶。

总的来说，强化硬化单相金属合金的三种机理分别为晶粒细化强化、固溶强化及应变强化，这三种机理可同时应用，如固溶强化合金也可以应变强化。

需要指出的是，高温热处理后晶粒细化强化及应变硬化的效应可以被消除或减弱，而固溶强化效果则不受热处理的影响。

6.2.4　第二相强化

前已述及，当第二相以细小弥散的微粒均匀分布于基体相中时，将通过其对位错运动的阻碍作用影响着合金的塑性变形，进而产生显著的强化作用。

（1）不可变形粒子的强化作用

不可变形粒子对位错运动的阻碍作用如图 6.23 所示。当运动位错与其相遇时，将受到粒子阻挡，使位错线绕着它发生弯曲。随着外加应力的增大，位错线受阻部分的弯曲进一步加剧，使围绕着粒子的位错线在左右两边相遇，于是正负位错彼此抵消，形成包围着粒子的位错环而留下，而位错线的其余部分则越过粒子继续移动。显然，位错按这种方式移动时受到的阻力很大，而且每个留下的位错环要作用于位错源一反向作用力，故继续变形时必须增大应力以克服此反向应力，使流变应力进一步提高。

根据位错理论，迫使位错线弯曲到曲率半径为 R 时所需切应力为

$$\tau = \frac{Gb}{2R} \qquad (6.9)$$

此时由于 $R=\lambda/2$，所以位错线弯曲到该状态所需的切应力为

$$\tau = \frac{Gb}{\lambda} \qquad (6.10)$$

该值为临界值，只有外加应力大于此值时，位错线才能绕过去。分析上式可知，不可变形粒子的强化作用与粒子间距 λ 成反比，即粒子越多，粒子间距越小，强化作用越明显。因此，减小粒子尺寸（体积分数相同时，粒子越小，粒子间距也越小）或提高粒子的体积分数都会导致合金强度的提高。

上述位错绕过障碍物的机制是由奥罗万（E. Orowan）首先提出的，故通常称为奥罗万机制。

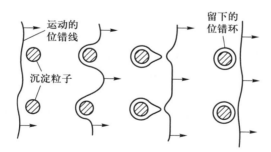

图 6.23　位错绕过不可变形第二相粒子示意图

（2）可变形粒子的强化作用

当第二相粒子可变形时，位错将切过粒子使之随同基体一起变形，如图 6.24 所示。此时强化作用主要决定于粒子本身的性质以及与基体的联系，强化机制更为复杂，且因合金而异，其主要作用：① 位错切过粒子时，粒子产生宽度为 b 的表面台阶，由于出现了新的表面，使总的界面能增加；② 当粒

子是有序结构时，则位错切过粒子时将打乱滑移面上下的有序排列，产生反相畴界，引起能量升高；③ 由于第二相粒子与基体的晶体结构不同或点阵常数不同，故当位错切过粒子时必然在其滑移面上引起原子的错排，需额外做功，导致位错运动困难；④ 第二相粒子与基体的比体积不同，而且沉淀析出的粒子与母相之间保持共格或半共格结合，故在粒子周围产生弹性应力场，该应力场与位错产生交互作用，阻碍位错运动；⑤ 第二相粒子与基体中的滑移面取向不同，则位错切过后会产生一割阶，割阶的存在会阻碍整个位错线的运动；⑥ 第二相粒子的层错能与基体不同，当扩展位错通过后，其宽度会发生变化，引起能量升高。

　　总结上述强化机制，可以看出位错切过第二相粒子后合金的内能均增加，如表面能、畸变能等，而合金中增大的内能要靠更大外应力使金属变形做功获得，因此使合金的强度提高。

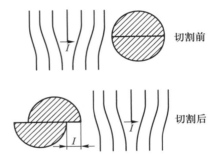

图 6.24　位错切过可变形第二相粒子示意图

　　上述两种强化机制解释了多相合金中第二相粒子的强化效应，根据第二相粒子与基体之间相界面共格与否的不同，可将第二相粒子强化的合金分为弥散强化型和沉淀强化型两类，前者中第二相粒子与基体相不存在共格或半共格关系，后者则存在共格或半共格关系。总体而言，第二相粒子的强化效果受控于第二相粒子与基体相的种类、体积分数、尺寸、形貌、分布及界面，故合理控制这些参数，可在一定范围内控制合金的强度和塑性。

6.3　塑性变形对材料组织与性能的影响

　　塑性变形不仅可以改变金属材料的外形和尺寸，从上节的讨论中得知，金属材料塑性变形后还将发生强度和硬度升高的现象，即为应变强化（位错强化）。显然材料性能的变化源于材料内部组织的变化。

6.3.1 塑性变形对金属组织结构的影响

1）晶粒变形，形成纤维组织。晶粒发生变形，沿变形方向被拉长或压扁。当拉伸变形量很大时，晶粒变成细条状，有些夹杂物也被拉长，分布在晶界处，形成所谓的纤维组织，图 6.25 所示为 10 钢（0.10wt%C）变形前（退火态）及变形后（变形量为 70%CW）的显微照片。

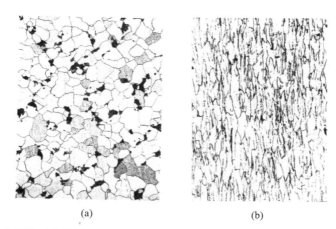

(a)   (b)

图 6.25　变形前后晶粒形状变化示意图：（a）变形前；（b）变形后（李炯辉，2009）

2）位错密度大幅提高，形成亚结构，晶粒细化。前已指出，金属晶体塑性变形的本质是位错在切应力作用下沿滑移面滑移方向运动的累积效应，该过程同时还使得位错不断增殖，随着变形量的增大，晶体中的位错密度迅速提高，研究表明，位错密度可从原来退火态（即热力学平衡态）的 $10^6 \sim 10^7 \ \mathrm{cm}^{-2}$ 增至严重冷变形后的 $10^{11} \sim 10^{12} \ \mathrm{cm}^{-2}$。

金属经一定量的塑性变形后，晶体中的位错线通过运动与交互作用，开始呈现纷乱的不均匀分布，并形成位错缠结。进一步增加变形度时，大量位错发生聚集，并有缠结的位错组成胞状亚结构，所谓胞状亚结构是晶粒内的亚晶粒的一种形式，其微观结构特征是胞周围主要为高密度缠结位错形成的胞壁，而胞内的位错密度很低。变形晶粒由许多这种胞状亚结构组成，各胞之间存在微小的位相差。随着变形度的增大，胞状亚结构的数量增多、尺寸减小。

事实上，金属晶体塑性变形后形成的亚结构本质上就是晶粒细化，如前分析的由一个晶粒可形成若干个胞状亚结构，也就是若干个亚晶粒。

6.3.2 塑性变形对性能的影响

金属材料在塑性变形过程中微观组织结构发生了明显变化，同样其力学、物理和化学性能也有很大改变。

（1）加工硬化

上一节关于金属材料强化机理的讨论中介绍了经冷加工变形后，强度（硬度）显著提高，而塑性则很快下降，即产生了加工硬化现象。加工硬化是调控金属材料力学性能的一种重要手段，尤其对于那些不能通过热处理强化的材料，如纯金属，以及某些单相合金，如奥氏体不锈钢等，主要借助冷加工实现其强化的目的。

关于加工硬化机制的定性描述如前一节所述，强化效果的定量表达式如下：

$$\tau = \tau_0 + \alpha Gb\sqrt{\rho} \tag{6.11}$$

式中：τ 为加工硬化后所需的切应力；τ_0 为无加工硬化时所需的切应力；α 为与材料有关的常数，通常取 $0.3 \sim 0.5$；G 为切变模量；b 为位错的伯格斯矢量；ρ 为位错密度。

上式表明，加工硬化后金属材料的流变应力是位错密度平方根的线性函数。该式已被许多试验证实。

按金属材料强化机理分析，加工硬化的主要原因是位错密度的增加及其所产生的钉扎作用，同时亚结构的形成尤其是晶粒细化也对其有一定的贡献。

（2）各向异性

在塑性变形中，随着变形程度的增加，各个晶粒的滑移面和滑移方向都要向主变形方向转动，逐渐使多晶体中原来取向随机分布且互不相同的各个晶粒在空间取向上呈现一定程度的规律性，趋于一致，这一现象称为择优取向，这种组织状态则称为变形织构。织构将造成材料的各向异性，对材料的加工成形性和使用性能都有很大的影响。

（3）物理及化学性能变化

塑性变形使得金属材料内部的点缺陷（畸变及空位）、线缺陷（位错）及面缺陷（亚晶粒）等结构缺陷大幅增加，使其物理及化学性能也发生一定的变化。如塑性变形可使金属的电阻率增加，增加的程度与变形量成正比，但电阻温度系数则降低。塑性变形会导致磁导率下降，热导率也有所降低，铁磁材料的磁滞损耗及矫顽力增大。

同样由于塑性变形使金属中的结构缺陷增加，导致金属中的扩散过程加速，金属的化学活性增大，腐蚀速率加快。

塑性变形中外力所做的功除大部分转化成热之外，还有一小部分以畸变能的形式储存在变形材料内部。储存能的大小与变形量、变形方式、变形温度等有关，还因材料本身性质而异，约占总变形功的百分之几。储存能以宏观残余应力、微观残余应力及点阵畸变等形式存在。残余应力是一种内应力，它是当塑性变形外力去除后，材料内部残留下来的应力。残余应力在工件中处于自相平衡状态，其产生是由工件内部各区域变形的不均匀性，以及相互间的牵制作用所致。按照残余应力平衡范围大小的不同，可将其分为三种。

1）第一类内应力。又称为宏观残余应力，是由工件不同部分的宏观变形不均匀引起的，故其应力平衡范围包括整个工件。如图 6.26 所示，将金属棒施以弯曲载荷，则一侧受拉而伸长，另一侧则受到压缩。当产生塑性变形时，外力去除后伸长的一侧就存在压应力，而受压的一侧则存在拉应力。

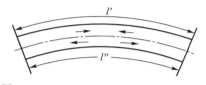

图 6.26　金属棒弯曲变形后的残余应力

2）第二类内应力。又称为微观残余应力，是由晶粒或亚晶粒之间的变形不均匀性产生的。其作用范围与晶粒尺寸相当，即在晶粒或亚晶粒之间保持平衡。这种内应力有时可达到很大的数值，甚至可能造成显微裂纹并导致工件破坏。

3）第三类内应力。又称为点阵畸变，其作用范围是几十至几百纳米，是由工件在塑性变形中形成的大量点阵缺陷（如空位、间隙原子、位错等）引起的。变形金属中储存能的绝大部分用于形成点阵畸变。这部分能量提高了变形晶体的能量，使之处于热力学不稳定状态，故它有一种使变形金属重新回复到能量更低的稳定结构状态的自发趋势，导致塑性变形金属在加热时的回复及再结晶的发生。

塑性变形金属中的残余应力对工件的变形、开裂和应力腐蚀等的发生有重大的影响和危害，可通过去应力退火处理等工艺消除。但残余应力的存在有时也有利于提高工件的使用性能，如用表面辊压和喷丸处理使零件表面产生压应力以强化表面，可提高其疲劳寿命。

6.4　回复、再结晶和晶粒长大

前已述及，当多晶体金属冷加工时，将发生微观组织和力学性能的变化。变形消耗的能量部分以畸变能的形式存在于新形成的位错及邻近区域，将使其处于热力学不稳定的高自由能状态。因此，经塑性变形的金属具有回复到变形前低自由能状态的趋势。该过程可通过加热（即热处理）实现，也就是说通过合适的热处理工艺可以调控金属的微观组织以及力学性能，甚至可将冷变形金属材料的组织及性能完全恢复到冷加工前的状态，发生的过程可细分为回复、再结晶和晶粒长大三个阶段。

6.4.1　回复

回复的驱动力是在冷加工时储藏在材料内部的畸变能。回复是冷变形金属在退火时发生组织性能变化的早期阶段，在该阶段冷变形金属的显微组织没有明显变化，强度、硬度的变化很小，但其物理性能基本恢复到变形前状态。大部分第一类内应力（宏观残余应力）已经消除。回复实质上是通过加热使晶体中的点缺陷及位错发生运动（原子的扩散），从而改变缺陷分布和减少缺陷数量的过程。

回复阶段的加热温度不同，冷变形金属的回复机制各异。回复机制列于表6.3 中。与静态回复对应，在热加工和蠕变过程中，这种变化发生在变形温度，并几乎与变形过程同步，称为动态回复。

表 6.3　回复机制

序号	T/T_m	缺陷运动	缺陷消失或重新排列成稳定状态
1	0.1~0.3 低温	点缺陷空位迁移	1. 点缺陷在晶界、位错处沉没 2. 点缺陷合并对消 3. 空位聚集坍塌
2	0.3~0.5 中温	位错滑移、交滑移	1. 位错缠结内部重新排列组合 2. 异号位错对消、位错偶极子消失 3. 亚晶规整化（位错缠结集结）

从回复机制可以理解，回复过程只是发生了点缺陷及位错的运动，改变了缺陷分布，缺陷数量减少，故显微组织没有明显变化；强度、硬度下降不大是由于位错密度下降有限，亚晶粒还比较细小；电阻率等物理性能的回复（下降）主要是由于过量空位的减少和位错应变能的降低；第一类内应力的消除则是由于晶体内弹性应变的去除。

回复退火主要用作去应力退火，使冷加工金属在基本保持加工硬化状态的条件下降低其内应力，以避免变形，并改善工件的耐蚀性。

6.4.2　再结晶

回复过程结束后，晶粒内部的缺陷数量仍然很大，应变能还较高。在随后加热时，畸变的晶粒逐渐变为新的无畸变等轴晶粒，性能也发生明显变化，并恢复到变形前的状况，该过程称为再结晶。因此与前述回复的变化不同，再结晶是一个显微组织重新改组的过程。再结晶的驱动力是在冷加工时储藏在材料内部的畸变能。再结晶是一种形核和长大过程，即首先在畸变晶粒的基体中形成无畸变的等轴晶粒的晶核，接着晶核长大，进而取代全部变形组织。需要指出的是，再结晶的晶核不是新相，其晶体结构并未改变，这是与其他固态相变的不同之处。

1）形核。研究表明，再结晶晶核是现存于局部高能量区域内的，以多边化形成的亚晶粒为基础形核。亚晶粒本身是发生剧烈应变的基体通过多边化形成的，几乎无位错的低能量区域通过消耗周围高能量区的能量长大成为再结晶的有效核心，因此，随着变形量的增大会产生更多的亚晶粒，有利于再结晶形核。

再结晶过程的几个阶段如图 6.27 所示。照片中的细颗粒状晶粒即为再结晶晶核。

再结晶过程取决于时间和温度。再结晶程度（体积分数）随时间延长而增加，图 6.27a～d 所示为再结晶过程中显微组织的变化。变形黄铜在不同温度下再结晶后（时间均设为 1 h）室温力学性能如图 6.28 所示，再结晶不同阶段的晶粒形貌尺寸变化也附于图中。

由于再结晶可以在一定温度范围内进行，为了便于讨论和比较不同材料再结晶的难易以及各种因素的影响，需对再结晶温度进行定义。冷变形金属等温加热 1 h 完成再结晶过程的相应温度即为再结晶温度。图 6.28 所示黄铜再结晶温度约为 450 ℃。一般来说，金属再结晶温度并不是一个物理常数，受冷变形程度及金属中杂质含量等因素影响，大致范围是熔化温度（热力学温度）的三分之一到二分之一。随着冷加工变形量的增加，再结晶速率增大，再结晶温度降低。但当变形量增大到一定程度后，再结晶温度就基本稳定不变了。但在给定温度下发生再结晶有一个最小变形量（临界变形量），低于此变形度，不发生再结晶，如图 6.29 所示。一般而言，不同材料发生再结晶的临界变形量约为 2%～20%。

与合金相比纯金属的再结晶更容易发生。再结晶形核和长大过程中发生晶界运动，而杂质原子趋于聚集在再结晶晶界并与此交互作用以阻止晶界的运动，导致再结晶速率减慢，使再结晶温度提高。如纯金属的再结晶温度约为 $0.4T_m$（熔点，热力学温度 K），而合金的再结晶温度则高达 $0.7T_m$。部分金属和合金的熔点和再结晶温度列于表 6.4。

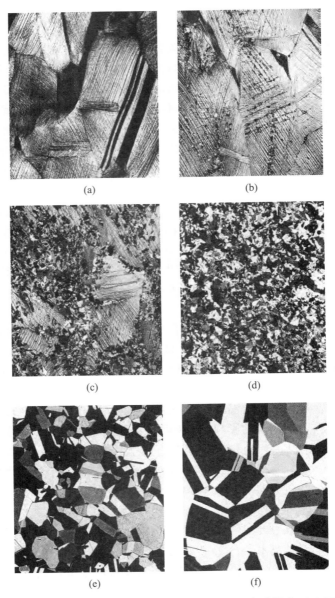

图 6.27　黄铜再结晶过程中微观组织的变化：(a) 冷加工(变形量为 33%CW)；(b) 再结晶开始(3 s，580 ℃)；(c) 冷加工晶粒被部分再结晶晶粒取代(4 s，580 ℃)；(d) 再结晶结束(8 s，580 ℃)；(e) 晶粒长大(15 min，580 ℃)；(f) 晶粒长大(10 min，700 ℃)

(Callister et al.，2011)

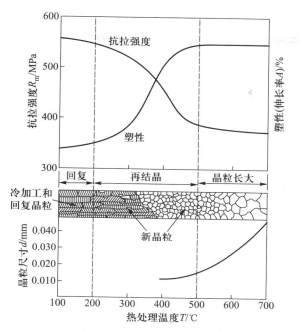

图 6.28 变形黄铜在不同温度下再结晶组织与力学性能变化

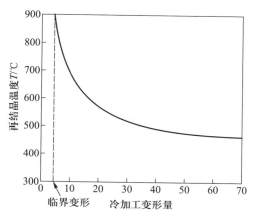

图 6.29 再结晶温度与变形量关系

表 6.4　部分金属的再结晶温度和熔化温度

金属	再结晶温度/℃	熔化温度/℃
Pb	−4	327
Sn	−4	232
Zn	10	420
Al	80	660
Cu	120	1 085
黄铜（60Cu−40Zn）	475	900
Ni	370	1 455
Fe	450	1 538
W	1 200	3 410

工程上常将再结晶温度以上的加工称为热加工。而把再结晶温度以下而又不加热的加工称为冷加工。至于温加工则介于两者之间，其变形温度低于再结晶温度，却高于室温。材料热加工时发生了动态回复及再结晶，故不发生应变硬化，变形过程中有较高的塑性和韧性，故变形量可以很大。

2）晶粒长大。再结晶结束后，材料通常得到细小等轴晶粒，若继续提高温度或延长加热时间，无畸变的晶粒将进一步长大，如图 6.27d~f 所示，此即为晶粒长大。晶粒长大并非都是先有回复和再结晶过程后再发生的，在所有多晶体材料，如金属及陶瓷中均有晶粒长大现象发生。

晶界能是一种能量，晶粒长大意味着晶界面积减小，材料内部总的能量将明显降低。材料内部总能量的降低即为晶粒长大的驱动力。

晶粒长大的微观过程是晶界的移动。试验发现，并非所有晶粒都长大，而是大晶粒长大，小晶粒消失，即"大吞并小"。一般规律是随时间的延长，晶粒尺寸以一定速率长大，晶界移动是原子从晶界一侧至另一侧的短程扩散过程，晶界移动的方向与原子运动的方向相反，如图 6.30 所示。

多晶材料的再结晶晶粒直径 d 与时间的关系如下式所示：

$$d^2 - d_0^2 = kt \tag{6.12}$$

式中：d_0 为 $t=0$ 时起始晶粒直径，k 为与时间无关的常数。

图 6.31 所示为纯铜在不同温度下再结晶晶粒长大的动力学曲线，可以看出，随温度的提高，相变所需的时间缩短，相变速率加快。

晶粒大小与时间和温度的关系如图 6.32 所示，结果表明，不同温度下晶粒尺寸的对数与时间的对数大致呈线性关系。随温度升高，晶粒长大的速率明显加快，其原因是高温下原子的扩散能力加强。

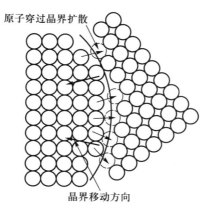

图 6.30 晶粒长大与原子扩散关系

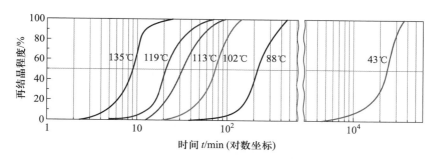

图 6.31 纯铜在不同温度下再结晶晶粒长大的动力学曲线

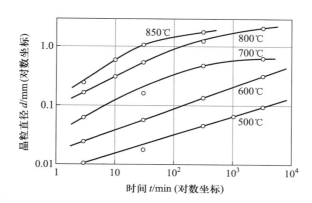

图 6.32 晶粒大小与时间和温度的关系

细晶粒金属材料的室温力学性能通常明显优于粗晶粒材料，即具有高强度和高塑性。若单相合金的晶粒较为粗大，可通过塑性变形后的再结晶工艺使晶粒细化。

容易理解，变形金属再结晶后的显微组织恢复到冷加工前的状态，晶体内部的点、线缺陷密度降至加工前的水平，晶粒形貌亦为等轴状。故再结晶不仅导致所有内应力的消除，更会消除加工硬化，强度、硬度降低，塑性、韧性提高，材料的力学性能恢复到冷加工前的水平。

通过控制冷加工金属的再结晶工艺可获得不同粒径的等轴晶粒，根据晶粒细化强化机制可知，再结晶是控制金属材料组织和性能的重要技术手段。

6.5　金属热处理原理与工艺

热处理是一种加工手段，其目的是改变材料的微观组织进而改变其性能。具体来说，热处理就是将材料在固态下加热到预定的温度，并在该温度下保温一段时间，然后以一定的速度冷却，以改变材料整体或表面组织，从而获得所需性能的热加工工艺。并非所有金属都能通过热处理改善性能，这与合金相图有关。原则上只有在加热和冷却时能发生类似纯铁的同素异构转变或者固溶度出现显著变化的材料，即有固态相变发生的合金才能通过热处理改善其性能。热处理工艺很简单，就是控制加热温度、保温时间和冷却速度三个因素，但热处理后的结果则是千变万化，其奥秘就在于热处理过程中晶体中的原子进行了重排。

本节以钢和铝合金为例介绍热处理的基本规律。

6.5.1　亚稳态和平衡态

第五章中介绍了当温度、成分及压力等变化时合金将发生相变。热处理过程中发生的是由温度变化引起的相变，从相图分析来看，即为给定成分合金的加热或冷却过程穿过了相图中的相界线从而导致相变的发生。

相变过程中，合金处于平衡状态指的是合金中各相的成分及相对含量完全由相图确定的状态。多数相变尤其是固态相变需要原子远程扩散，故时间很长，显然相变时间对热处理时发生的固态相变及其显微组织的变化有着重要影响。事实上相图的局限性也在于它并不能给出达到平衡状态所需的时间。

由于固相体系平衡转变的速率很低，故很难获得真正意义上的平衡组织。温度变化使得相变发生时，只有以非常慢的加热或冷却速度才能保持体系中的平衡条件，而这在实际中并不可能实现。也就是说，工程上的加热或冷却速度所对应的均为非平衡条件。冷却时，真实相变温度低于平衡相图标示的温度；加热时，真实相变温度则高于平衡相图标示的温度。这种偏离平衡相变温度的现象称为过冷或过热。过冷度或过热度的大小取决于温度变化的速度，冷却速度或加热速度越大，过冷度或过热度越大。如共析钢正常冷却速度下的相变温度约低于平衡相变温度 $10 \sim 20$ ℃。

绝大多数工程金属材料的显微组织均处于某种亚稳态，有时还会有目的地得到非平衡状态的组织，因此研究时间对相变的影响意义重大，有关相变动力学方面的信息比最终的平衡状态更为重要。

6.5.2 钢的热处理原理

1. 钢在加热时的转变

大多数热处理工艺（如淬火、退火等）都要将钢加热到临界温度以上，获得全部或部分奥氏体组织，即进行奥氏体化。高温奥氏体化是获得最终组织所必须进行的前期处理过程，奥氏体晶粒大小、形状、亚结构、成分及其均匀性等组织状态将直接影响冷却过程中所发生的相变及其产物，也影响后续工艺（如回火）的组织转变与性能变化。

（1）奥氏体的形成

以共析钢为例，若共析钢的原始组织为片状珠光体（P），当加热至 Ac_1 以上温度时，珠光体转变为奥氏体（A）。该转变可用下式表示：

$$P(\alpha + Fe_3C) \longrightarrow A(\gamma)$$

由于 α、Fe_3C 和 γ 三者的成分和晶体结构都相差很大，因此，奥氏体的形成过程必然包括碳化物溶解，Fe、C 原子的扩散及重新分布和 Fe 晶格的改组。故珠光体向奥氏体的转变是由以下四个基本过程组成：奥氏体的形核、奥氏体的长大、剩余渗碳体的溶解和奥氏体的均匀化，如图 6.33 所示。

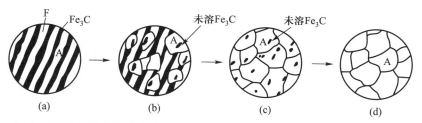

图 6.33 共析钢中奥氏体形成过程示意图：（a）奥氏体形核；（b）奥氏体长大；（c）剩余渗碳体溶解；（d）奥氏体均匀化

奥氏体等温形成动力学曲线如图 6.34 所示。可以看出：① 在 Ac_1 以上某一温度保温时，奥氏体并不立即出现，而是保温一段时间后才开始形成，即珠光体向奥氏体的转变需要孕育期，而且加热温度越高，孕育期越短。② 对具体某一加热温度，奥氏体形成速率也是在开始时较慢，以后逐渐增大，当奥氏体形成量约为 50vol% 时最大，以后又逐渐减慢。③ 在珠光体中的铁素体全部转变为奥氏体后，还需要一段时间使剩余渗碳体溶解和奥氏体均匀化。而在整个奥氏体形成过程中，剩余渗碳体溶解所需时间较长，特别是奥氏体均匀化所需的时间最长。

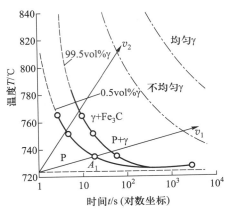

图 6.34　共析钢奥氏体等温形成曲线

对于亚共析钢或过共析钢，当珠光体全部转变为奥氏体后，还存在过剩相（铁素体或渗碳体）的转变过程。这些转变也需要通过碳原子在奥氏体中扩散以及奥氏体与过剩相之间的相界面推移来实现。与共析钢相比，过共析钢的碳化物溶解和奥氏体均匀化所需的时间则长得多，如图 6.35 所示。

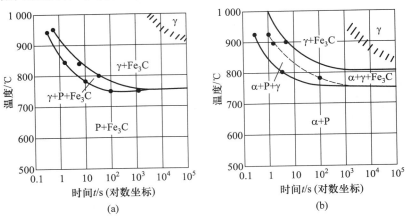

图 6.35　过共析钢及亚共析钢的奥氏体等温形成曲线：（a）1.2wt%C；
（b）0.45wt%C

（2）影响奥氏体形成速率的因素

由于奥氏体的形成是靠形核和长大完成的，故所有影响奥氏体形成速率的因素都是通过对形核和长大的影响而起作用的。除温度外，影响因素主要是原始组织状态和钢中的合金元素。

1）原始组织的影响。如果钢的成分相同，原始组织中碳化物的分散度越大，相界面越多，奥氏体形核率就越大；珠光体层间距越小，奥氏体中碳浓度梯度越大，原子的扩散便越快。碳化物分散度大，就使碳原子的扩散距离缩短，奥氏体形成速率增加。图 6.36 所示为不同珠光体片间距（S_0）的奥氏体形成速率 v 与温度 T 的关系。

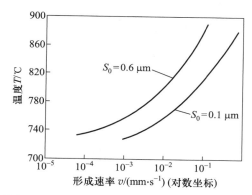

图 6.36　不同珠光体片间距（S_0）的奥氏体形成速率 v 与温度 T 的关系

原始组织中碳化物形状对奥氏体形成速率也有影响。粒状珠光体与片状珠光体相比，由于片状珠光体的相界面较大，渗碳体较薄，容易溶解，所以奥氏体容易形成，如图 6.37 所示。

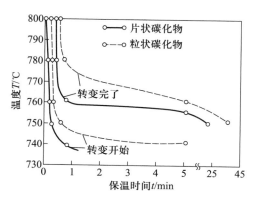

图 6.37　片状和粒状珠光体的奥氏体等温形成动力学图

2）合金元素的影响。钢中碳含量越高，奥氏体形成速率越快。因为碳含量高，碳化物数量多，增加了铁素体与碳化物的相界面，也就增加了奥氏体的形核位置，提高了奥氏体形核率。而且碳化物数量多，碳原子的扩散距离就减小，增大了奥氏体的长大速率。

在钢中加入了合金元素，并不改变奥氏体形成机制。但由于合金元素的加入，改变了碳化物的稳定性，影响了碳在钢中的扩散系数，而且改变了相变临界温度的位置。因此，合金元素将在不同程度上影响奥氏体形核与长大、碳化物的溶解以及奥氏体均匀化等过程。

Ni、Mn 等合金元素扩大了奥氏体相区，降低了相变临界温度，对一定的转变温度来说，这就增加了过热度，使奥氏体形成速率加快。而 Cr、Mo、W、V 等碳化物形成元素提高了相变临界温度，则相对地减慢了奥氏体的形成速率。

Cr、Mo、W、V 等碳化物形成元素如固溶于奥氏体中，就降低了碳在奥氏体中的扩散速度，使转变速率变慢。如钢中加入 3wt% Mo 可使碳在 γ-Fe 中的扩散速度减小一半。Co、Ni 等元素则提高了碳在奥氏体中的扩散速度。

合金元素形成的合金碳化物的溶解难易程度也影响了奥氏体的形成速率。不同的碳化物类型，其稳定性也不相同。碳化物形成元素含量不同时，所形成的碳化物类型可能也会不同。如 Cr 含量较少（如 2wt%）时，形成比 Fe_3C 更稳定的合金渗碳体 $(Fe, Cr)_3C$。碳化物越稳定，越不易溶解，奥氏体的形成速率越慢。

由于钢中的合金元素在原始组织各相（铁素体和碳化物）中的分配是不均匀的，所以在奥氏体转变刚结束时，钢中合金元素的这种不均匀分布将显著地遗留下来，在靠近原碳化物附近的含量比靠近原铁素体区的高。因此，合金钢在奥氏体形成后，往往还要进行奥氏体的均匀化。置换型合金元素的扩散要比碳困难得多，在其他条件相同时，置换型合金元素在奥氏体中的扩散速度比碳的扩散速度要小 3~4 个数量级。另外，碳化物形成元素还减小了碳在奥氏体中的扩散速度，也将降低碳的均匀化速率。因此，实际生产中合金钢的奥氏体化保温时间要比碳钢长。

（3）奥氏体晶粒的长大及其控制

一般情况下，钢件的高温加热处理进行奥氏体化，其主要目的是获得成分较均匀、晶粒较细小的奥氏体组织。高温下奥氏体组织的状态往往影响着随后冷却过程中所发生的转变及其转变所得到的组织，从而也决定了钢件的性能。因此有必要了解高温奥氏体化过程中奥氏体晶粒的长大规律、奥氏体晶粒长大的影响因素以及控制措施。

1）晶粒度。首先介绍奥氏体晶粒度概念。根据体视金相学原理，可用二维金相截面的点、线、面等参数表征三维立体的显微组织。

晶粒度是表示晶粒大小的一种尺度。奥氏体晶粒大小可用奥氏体晶粒的直

径 d、单位面积中的晶粒数 n 等参数来表示。为方便起见，实际应用中常采用晶粒度 N 来表示晶粒大小。设 n 为放大 100 倍时每 645 mm^2 面积内的晶粒数，晶粒度 N 表示晶粒大小的级别，n 和 N 符合下述关系：

$$n = 2^{N-1} \tag{6.13}$$

晶粒越细，单位面积中的晶粒数 n 越大；根据关系式，晶粒度 N 也就越大。表 6.5 列出了晶粒度 N 与其他各种晶粒大小表示方法的对照。一般将晶粒度 N 小于 4 的晶粒称为粗晶粒，N 在 5~8 的晶粒称为细晶粒，8 以上的称为超细晶粒。

表 6.5　晶粒度 N 与晶粒平均直径、晶粒平均弦长的对照

晶粒度 N	放大 100 倍时每 645 mm^2 面积内晶粒数 n	平均每个晶粒所占的面积/mm^2	晶粒平均直径 d/mm	晶粒平均弦长/mm
1	1	0.625	0.25	0.222
2	2	0.031 2	0.177	0.157
3	4	0.015 6	0.125	0.111
4	8	0.007 8	0.088	0.078 3
5	16	0.003 9	0.062	0.055 3
6	32	0.001 95	0.044	0.039 1
7	64	0.000 98	0.031	0.026 7
8	128	0.000 49	0.022	0.019 6
9	256	0.000 244	0.015 6	0.013 8
10	512	0.000 122	0.011 0	0.009 8

2）奥氏体晶粒的长大及其影响因素

① 温度与时间对奥氏体晶粒长大的影响

晶粒长大和原子的扩散过程密切相关，故温度和时间是影响晶粒长大的重要因素。奥氏体形成时，起始晶粒一般都很细小，而且也不均匀，界面弯曲，晶界面积大，因此体系能量高，处于不稳定状态。根据最小自由能原理，从热力学分析知，由于界面能量高，必然要自发地向减小晶界面积、降低界面能的方向发展。研究表明，奥氏体晶粒长大主要是通过晶界的移动来实现的，推动晶界移动的驱动力就是体系中高的界面能。

奥氏体的晶界移动是热激活过程，主要受控于原子的扩散过程。因此，温度越高，原子的扩散能力越强，所以奥氏体晶界的迁移速率也越快。奥氏体晶粒等温长大速率表达式可表示为

$$\overline{D_t^2} = k_0 \exp\left(-\frac{Q}{RT}\right) t \qquad (6.14)$$

式中：$\overline{D_t}$ 为奥氏体晶粒长大速率；Q 为铁原子自扩散激活能；R 为气体常数；T 为热力学温度；t 为时间。

② 第二相颗粒对奥氏体晶粒长大的影响

在实际钢的加热奥氏体化过程中，许多情况下还存在着细小未溶的第二相粒子，当运动着的晶界遇到第二相粒子时，粒子将对晶界施加阻力。设单位体积内有 N 个半径为 r 的粒子，所占的体积分数为 f，则可证明，作用于单位晶界的最大阻力 F_{max} 的表达式为

$$F_{max} = \frac{3f\sigma}{2r} \qquad (6.15)$$

式中：σ 为单位奥氏体晶界的界面能。

如果晶界移动的驱动力完全来自于晶界能，体系中存在第二相粒子，那么当晶界能所能提供的驱动力和弥散粒子对晶界移动的阻力相平衡时，晶粒长大就会停止。

奥氏体形成是碳化物溶解、$\alpha \longrightarrow \gamma$ 的点阵重构、碳及合金元素扩散的过程。奥氏体化是通过晶体形核和长大来完成的。奥氏体晶核的形成在系统内应具备能量起伏、浓度起伏和结构起伏的基本条件，因此往往优先在晶界、相界等晶体缺陷处形核。晶粒长大是一种自发过程，它是靠晶界的移动来实现的，其化学驱动力是界面能。碳及合金元素在铁基体中的扩散速度是影响奥氏体长大的主要因素。体系中若存在弥散分布的细小第二相粒子，则对晶界的移动有很大的抑制作用。

2. 钢在冷却时的转变

热处理工艺中，钢在奥氏体化后，接着进行冷却。由铁碳相图可知，当温度在 A_1 以上时，奥氏体是稳定的，当温度降至 A_1 以下后，奥氏体即处于过冷状态，这种奥氏体称为过冷奥氏体，过冷奥氏体是不稳定的，会转变为其他组织。钢在冷却时的转变实质上是过冷奥氏体的转变。

过冷奥氏体的转变可分为三大类：置换型原子与碳原子均能充分扩散的高温转变，转变产物称为珠光体型组织；置换型原子难以扩散而碳原子尚能扩散的中温转变，转变产物称为贝氏体型组织；置换型原子和碳原子均不能扩散的低温转变，转变产物称为马氏体型组织。

(1) 珠光体相变(高温转变)与珠光体

1) 共析分解动力学。回顾 Fe-C 合金中的共析反应

$$\gamma(0.77\text{wt\%C}) \Longleftrightarrow \alpha(0.0218\text{wt\%C}) + Fe_3C(6.69\text{wt\%C})$$

共析分解是典型的扩散型固态相变，中等碳含量(0.77wt%)的奥氏体冷却

时转变为碳含量(0.021 8wt%)极低的铁素体和碳含量(6.69wt%)很高的渗碳体。转变产物为珠光体(图5.24),珠光体形成机理已在第五章第二节中讨论,这里不再赘述,本节主要考虑温度对共析分解动力学及珠光体形貌及性能的影响。

温度是影响奥氏体向珠光体转变的重要因素,图6.38所示为三个不同转变温度下珠光体相对含量与时间之间的关系曲线。曲线的绘制方法是将钢加热到奥氏体区得到完全的奥氏体后迅速冷却至设定的温度,采集不同保温时间时的珠光体相对含量的数据,再逐点绘制成动力学曲线。

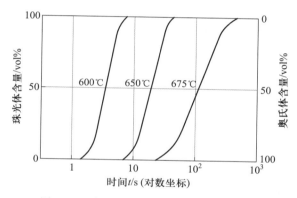

图6.38 共析钢等温冷却转变动力学曲线

实践中常用如图6.39下图所示的曲线表征相变时间和温度之间的关系,图中纵坐标和横坐标分别为温度和时间,图中有两条实线,一条表示在相应温度下相变开始的时间,另一条表示在相应温度下相变结束的时间,虚线表示相变产物为50vol%时的时间。该曲线实际上是由不同转变温度下珠光体相对含量与时间的对数之间的关系曲线汇总而得,结合图6.39上图,可以容易地看出相应数据转换的方式。

从图6.39中可以解读出如下信息:

① 水平线为共析温度(727 ℃),在该温度以上任意时间仅有奥氏体。

② 当奥氏体过冷至共析温度以下时转变为珠光体,转变开始及结束的时间取决于温度的高低。

③ 转变开始线和结束线近似平行,随时间延长渐近于共析温度线。

④ 转变开始线左侧,为非稳态的奥氏体。而结束线右侧,全部为相变产物珠光体。两条线之间为转变过程,奥氏体和珠光体共存。

由第五章第三节给出的固态相变动力学方程式[式(5.34)]可知,相变速率反比于相变产物相对含量为50vol%所需的时间,即图6.39中的虚线。相变

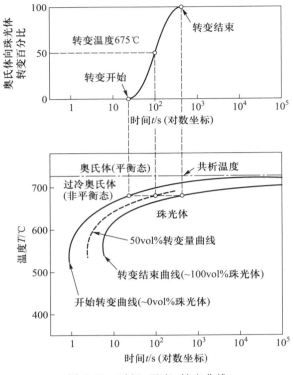

图 6.39　时间-温度-转变曲线

所需的时间越短，相变速率越大。从图 6.39 中看出，越接近共析温度，相变产物相对含量为 50vol% 所需时间越长（达 10^5 s），故相变速率越低。随温度降低，相变速率增大，540 ℃时相变产物相对含量为 50vol% 只需 3 s。

应用图 6.39 分析相变也有不少的限制。首先，该图仅适应于 Fe-Fe$_3$C 合金的共析成分，其他成分合金的相变动力学曲线形状各不相同。另外该图是等温相变动力学，即相变反应要求严格在恒温下进行。

将等温热处理曲线（ABCD）叠加于共析钢等温冷却转变图，如图 6.40 所示，近垂线 AB 表示奥氏体快速冷却至设定温度，水平线 BCD 表示在设定温度下等温处理。奥氏体向珠光体转变开始于 C 点（大约 3.5 s），结束于 D 点（大约 15 s），图中也示出了共析转变各阶段显微组织示意图。

2）共析分解温度对珠光体形貌的影响。珠光体中铁素体层与渗碳体层的厚度比大约为 8∶1。但各层的绝对厚度取决于等温冷却转变温度。当略低于共析温度（650~727 ℃）时，铁素体和渗碳体均较厚，称这种珠光体型组织为珠光体（粗珠光体，习惯用英文字母 P 表示）。珠光体转变为扩散型转变，较

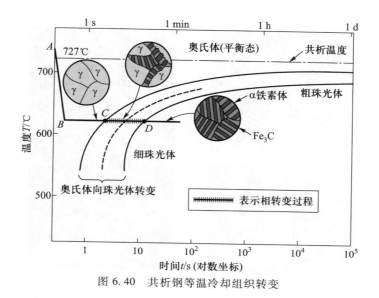

图 6.40 共析钢等温冷却组织转变

高温度下扩散速度较快，碳原子扩散距离更远，故得到的片层更厚些。随温度的降低，碳原子扩散速度减小，片层则逐渐减薄。600~650 ℃区间形成的称为索氏体（细珠光体，习惯用 S 表示），而在 550~600 ℃时薄层结构的珠光体称为屈氏体（极细珠光体，习惯用 T 表示）。图 6.41 所示为珠光体和屈氏体显微组织照片。

片状珠光体中相邻两片渗碳体（或铁素体）中心之间的距离称为珠光体的片间距。温度是影响片间距大小的一个主要因素。随着冷却转变温度的降低（即过冷度增大），转变所形成的珠光体的片间距不断减小。其原因主要有二：一是转变温度越低，碳原子扩散速度越小；二是过冷度越大，形核率越高。

研究表明，碳素钢中珠光体的片间距与过冷度的关系为

$$S_0 = \frac{C}{\Delta T} \tag{6.16}$$

式中：C 为常数，数值大小为 8.02×10^3 nm·K；S_0 为珠光体的片间距，单位为 nm；ΔT 为过冷度，单位为 K。

3）影响共析分解的内在因素。珠光体转变是固态相变中最典型的扩散型形核和长大转变，影响形核与长大及原子扩散过程的因素也就是珠光体转变动力学的综合因素。影响因素很多，一般可分为两大类：钢的成分为内因，加热温度、保温时间等为外因。这里简单介绍内因。

① 碳含量

随着奥氏体中碳含量的增加，亚共析钢经完全奥氏体化后，铁素体的形核

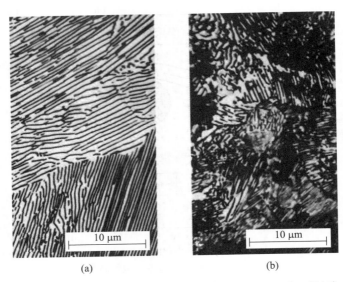

图 6.41 珠光体和屈氏体显微组织照片(Callister et al., 2011)

率下降,因此过冷奥氏体析出先共析铁素体的孕育期长,析出速率减小。与此同时,珠光体转变孕育期随之增长,转变速率也下降。

过共析钢经完全奥氏体化后,由于奥氏体中碳含量高时渗碳体易于形核,所以从过冷奥氏体中析出先共析渗碳体的孕育期则随着碳含量的增加而缩短,析出速率增大。同时,珠光体转变孕育期也随之缩短,转变速率也增大。如果加热温度在 $Ac_1 \sim Ac_3$ 之间,即在两相区加热奥氏体化后,获得奥氏体加残余碳化物组织,这种组织具有促进珠光体形核与长大的作用,使孕育期缩短,转变速率增大。因此,对于相同碳含量的过共析钢,不完全奥氏体化常常比完全奥氏体化容易发生珠光体转变。

其他成分的铁碳合金中的先共析相(铁素体和渗碳体)与珠光体共存,如图 6.42 所示为碳含量为 1.13wt% 的铁碳合金的等温冷却转变曲线局部示意图,可以看出,在等温冷却转变曲线上多了一条先共析线。

② 合金元素

钢中加入合金元素对珠光体转变动力学有很大影响。大多数合金元素都会使 C 曲线向右方移动,使孕育期延长,转变速率变慢。这是因为大多数合金元素都可以降低形核率和长大速率。在合金元素充分溶入奥氏体的情况下,除钴(Co)等少数元素外,常用合金元素均使 C 曲线右移,除镍(Ni)、锰(Mn)等元素外,常用合金元素均使 C 曲线上移。合金元素对珠光体转变动力学的影响很复杂,一般可从以下几个方面分析其综合影响:

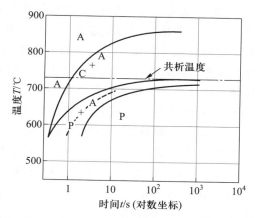

图 6.42　碳含量为 1.13wt% 的铁碳合金的等温冷却转变曲线

（a）合金元素影响碳原子在奥氏体中的扩散速度；
（b）合金元素在奥氏体中的扩散速度；
（c）合金元素影响面心立方转变为体心立方点阵结构的重构速率。

4）球形珠光体。当显微组织为珠光体的钢再次加热至共析温度以下某一温度（如 700 ℃）并保持足够长时间（18 ～ 24 h）时，将形成称为球形珠光体的组织，如图 6.43 所示。该显微组织与层片状的珠光体不同，其特征是球形渗碳体均匀分布在连续的铁素体基体上。该转变也是扩散型转变，但铁素体和渗碳体两相的成分及相对含量不发生变化。由片状变为球形渗碳体的驱动力是铁素体与渗碳体相界面积的减小。

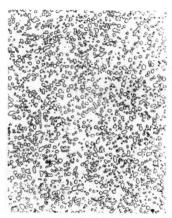

图 6.43　T12 钢球形珠光体显微形貌（李炯辉，2009）

219

5）珠光体的力学性能。珠光体是共析铁素体和共析渗碳体的混合组织，其力学性能与铁素体的成分、碳化物的类型以及铁素体、碳化物的形态有关。共析碳素钢在获得单一片状珠光体的情况下，其力学性能与珠光体的片间距、珠光体团的直径、珠光体中的铁素体片的亚晶粒尺寸、原始奥氏体晶粒大小等因素有关。原始奥氏体晶粒细小，珠光体团直径变小，有利于提高钢的强度。

珠光体的片间距和珠光体团直径对强度和韧性的影响，如图 6.44 及图 6.45 所示。珠光体团直径和片间距越小，强度越高，同时塑性也越大。这主要是由于当铁素体和渗碳体片层薄时，相界面增多，抵抗塑性变形的能力增大。片间距减小有利于提高塑性，这是因为渗碳体片很薄时，在外力作用下，比较容易滑移变形，也容易弯曲，致使塑性提高。例如，细片状的索氏体组织，不仅强度高，还具有优良的冷拔性能。

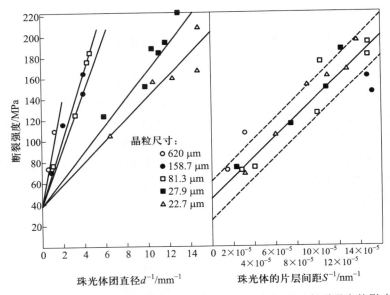

图 6.44　共析碳素钢的珠光体团直径和珠光体的片间距对断裂强度的影响

对于相同成分的钢，在退火状态下，粒状（球状）珠光体比片状珠光体具有较小的相界面积，球状颗粒的碳化物对位错运动的阻力也小，铁素体呈较连续的分布状态，因此，球状珠光体的硬度、强度较低，塑性较高。球状珠光体的塑性较好是因为渗碳体对铁素体基的割裂作用较片状珠光体明显减弱。球状珠光体常常是中高碳钢切削及冷成形前的组织状态。

在相同的强度条件下，球状珠光体比片状珠光体有更高的疲劳强度，如共析钢片状珠光体的弯曲疲劳强度 σ_{-1} 为 235 MPa，而球状珠光体则为 286 MPa。

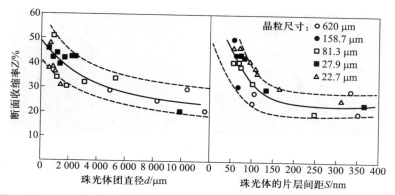

图 6.45　共析碳素钢的珠光体团直径和珠光体的片间距对断面收缩率的影响

这主要是因为在交变负荷的作用下，球状珠光体中碳化物对铁素体基体的割裂作用较小，不易在工件表面和内部产生显微疲劳裂纹。即使产生了疲劳裂纹，由于球状珠光体中的位错易于滑移导致的塑性变形使裂纹尖端的能量得到有效释放，使裂纹扩展速率大大降低，因而减轻和推迟了疲劳破坏过程。

（2）贝氏体相变（中温转变）与贝氏体

将钢加热奥氏体化后，过冷到中温区域时将发生贝氏体转变，得到的产物称为贝氏体（习惯用英文字母 B 表示）。在中温区域，铁和合金元素基本上难以扩散，而碳原子还能进行近距离的扩散，这决定了贝氏体转变不同于珠光体转变，转变机理及所得组织的性能也不一样。贝氏体转变为半扩散型转变。贝氏体是碳化物分布在碳过饱和的铁素体基体上的两相混合物。按转变温度的不同将贝氏体分为上贝氏体（$B_上$）和下贝氏体（$B_下$）两种。

1）上贝氏体。过冷奥氏体在贝氏体转变区较高温度范围内形成的贝氏体称为上贝氏体。对于中高碳钢，上贝氏体在 $350 \sim 600$ ℃ 之间形成。典型的上贝氏体组织在光学显微镜下观察呈羽毛状，在电子显微镜下观察时可以看到它是由奥氏体晶界向晶内生长呈成束分布的条状铁素体和条间分布不连续碳化物所组成，束内相邻铁素体板条之间的位相差很小，束与束之间则有较大的位相差。如图 6.46 所示。铁素体条中含有过饱和的碳，存在位错缠结，其位错密度约为 $10^8 \sim 10^9$ cm^{-2}；而分布于铁素体条之间的碳化物均为渗碳体型碳化物，其形态随奥氏体中碳含量的增加，从沿条间呈不连续的粒状或珠链状分布，变为杆状，甚至为连续分布。一般情形下，随形成温度的下降，上贝氏体中铁素体条宽度变细，渗碳体细化且弥散度增大。因此，上贝氏体是由铁素体和渗碳体两相组成的混合物。

在上贝氏体中，除铁素体和渗碳体外，还可能存在未转变的残余奥氏体。

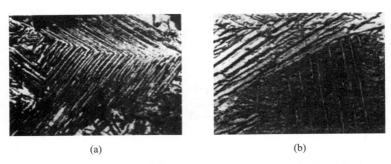

(a)　　　　　　　　　　　　　　　(b)

图 6.46　上贝氏体形貌：（a）金相显微组织；（b）电子显微组织（李炯辉，2009）

2）下贝氏体。下贝氏体形成于较低温度范围的贝氏体转变区，中高碳钢在 $350\,℃\sim M_s$ 之间。碳含量低时，下贝氏体形成温度有可能高于 $350\,℃$。下贝氏体也是由铁素体和渗碳体两相组成，但铁素体的形态与碳化物的分布均与上贝氏体不同。

如图 6.47 所示，光学显微镜下观察，下贝氏体为黑色针状。在电子显微

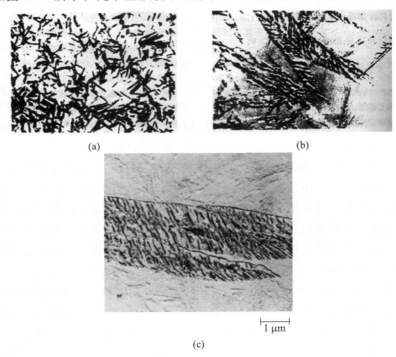

(a)　　　　　　　　　　　　　　　(b)

1 μm

(c)

图 6.47　下贝氏体形貌：（a）光学显微组织；（b）电子显微组织；
（c）高倍电子显微照片（李炯辉，2009）

镜下，下贝氏体由含有过饱和的碳的片状铁素体和其内部析出的微细 ε-碳化物组成。其中铁素体的碳含量高于上贝氏体中的铁素体的碳含量，其立体形态与片状马氏体一样，也是呈双凸透镜状；亚结构为高密度位错，位错密度比上贝氏体中铁素体的高，但没有孪晶亚结构存在。ε-碳化物成分并不固定，以 Fe_xC 表示，它们之间互相平行并与铁素体长轴呈 55°～65°取向。

图 6.48 的下半部为共析钢贝氏体相变的时间-温度转变曲线，其转变温度低于珠光体转变温度，图中完整曲线呈 C 形，N 点为"鼻子尖"，此处的相变速率最快。"鼻子尖"以上温度区间（550～727 ℃）的相变产物为珠光体，以下温度区间（230～540 ℃）为贝氏体。

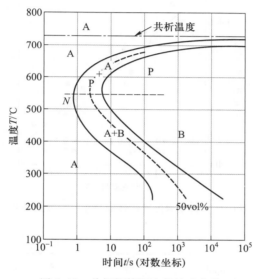

图 6.48　共析钢等温冷却转变曲线

3）贝氏体的力学性能。由于贝氏体为铁素体和碳化物组成的混合物，故它的力学性能主要取决于其组织形态，其中各相的形态、大小和分布均影响其性能。

通常上贝氏体形成温度较高，铁素体晶粒和碳化物颗粒较粗大，碳化物呈短杆状平行分布在铁素体板条之间，具有明显的方向性。这种组织形态致使工件受力时变形不均匀、条间易于开裂，铁素体条本身也可能成为裂纹扩展的通道。故上贝氏体不但硬度低，而且冲击韧性也显著降低。所以在工程材料中一般应避免上贝氏体组织的形成。

下贝氏体中铁素体针细小而均匀分布，位错密度很高，在铁素体内部又沉淀有大量细小而弥散的 ε-碳化物。因此，下贝氏体不但强度高，而且韧性也很好，即具有良好的综合力学性能，甚至比回火高碳马氏体有更高的韧性、较低的缺口敏感性和裂纹敏感性，这可能是高碳马氏体内存在大量孪晶的缘故。过冷奥氏体等温处理得到贝氏体的工艺也称为等温淬火。为了得到这种强、韧结合的下贝氏体组织，工、模具制造中广泛采用这种等温淬火工艺。

图 6.49～图 6.54 所示分别为贝氏体强度与相变温度的关系、贝氏体铁素体晶粒尺寸对强度的影响、不同形成温度下的贝氏体碳化物粒子数密度、贝氏体碳化物粒子数密度与强度的关系、贝氏体组织的冲击韧性与形成温度的关系、30CrMnSi 等温淬火与普通淬火回火的冲击韧性比较曲线。

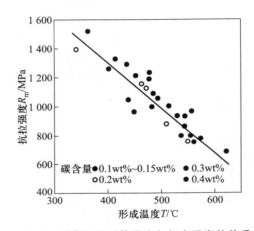

图 6.49　碳素钢贝氏体强度与相变温度的关系

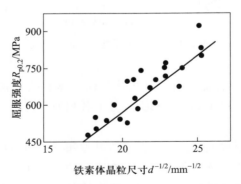

图 6.50　贝氏体铁素体晶粒尺寸对强度的影响

（3）马氏体相变（低温转变）与马氏体

当钢加热至奥氏体后迅速冷却，碳及合金元素均来不及扩散，亦即抑制其

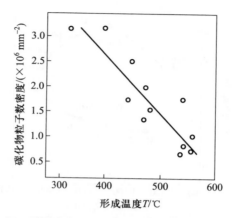

图 6.51　不同形成温度下的贝氏体碳化物粒子数密度

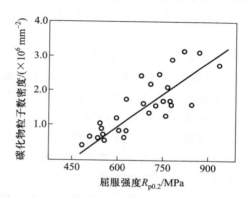

图 6.52　贝氏体碳化物粒子数密度与强度的关系

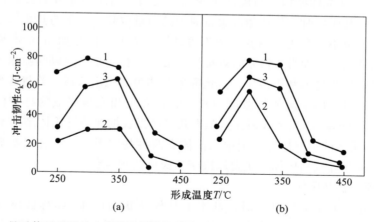

图 6.53　贝氏体组织的冲击韧性与形成温度的关系：（a）等温 30 min；（b）等温 60 min

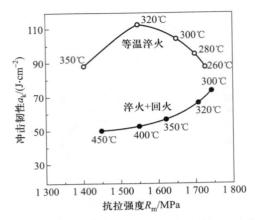

图 6.54　30CrMnSi 等温淬火与普通淬火回火的冲击韧性比较(图中上部曲线所示温度为等温淬火温度，下部曲线所示温度为回火温度)

发生扩散型转变，在较低温度(低于 M_s 点)下所形成的非平衡单相组织称为马氏体(用 M 表示)。钢的马氏体转变是典型的切变型无扩散固态相变，其成分与原先奥氏体相同，通常称之为碳在 α-Fe 中的过饱和固溶体，新、旧相间靠切变维持严格的晶体学位向关系。转变产物为马氏体组织，具有很高的强度和硬度。马氏体转变是钢件热处理强化的主要手段。马氏体也可以认为是与珠光体及贝氏体竞争的相变产物，只有当冷却速度足够快，阻止了碳的扩散而不能形成珠光体或贝氏体时才能发生马氏体相变。

目前已得知，不仅在钢中，在其他合金中也有非扩散型的马氏体相变。

1) 马氏体晶体结构。马氏体相变比较复杂。当面心立方的奥氏体转变成体心立方的马氏体时，将伴随着大量原子的微量位移，原子与其相邻原子之间的距离发生微小的变化。相变产物不再是体心立方，而是如图 6.55 所示的体心正方晶体结构，即沿 c 轴方向被拉长。由于所有碳原子均以间隙原子形式存在，故马氏体为过饱和固溶体，过饱和固溶体为非稳定状态，若将其再次加热到较高温度时，由于碳的扩散能力提高，将发生相变最终成为稳定的相结构(铁素体+渗碳体)。大多数钢在室温下几乎可以长期保持马氏体结构不变。

2) 马氏体的组织形态。钢中马氏体有两种基本形态，一种是板条状马氏体，另一种是片状马氏体。主要取决于奥氏体的碳含量。

① 板条状马氏体

碳含量在 0.25wt% 以下时，基本上是板条状马氏体(亦称低碳马氏体)。在显微镜下，板条状马氏体为一束束平行排列的细板条组成，分布于原奥氏体晶粒内，奥氏体晶粒越大，板条状马氏体长度也越大，如图 6.56a 所示，同一

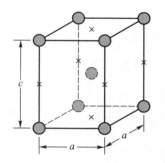

图 6.55 马氏体体心正方晶胞

束马氏体条大致平行分布，而束与束之间则有不同的位向，如图 6.56b 所示。在高倍透射电镜下可看到板条状马氏体内有大量位错缠结的亚结构，所以低碳马氏体也称为位错马氏体。

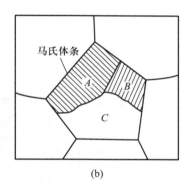

(a)   (b)

图 6.56 低碳(0.03wt%C)马氏体的形貌及示意图(李炯辉，2009)

② 透镜片状马氏体

当碳含量大于 1.0wt% 时，则大多数是片状马氏体。在光学显微镜下，片状马氏体呈凸透镜状，由于试样磨面与其相截，因此在光学显微镜下常呈针状或竹叶状，故有时又称针状或竹叶状马氏体。片状马氏体的显微组织特征是各片之间具有不同的位向，且大小不一。在一个奥氏体晶粒内，第一片形成的马氏体往往贯穿整个奥氏体晶粒并将其分割成两半，使后形成的马氏体长度受到限制，故越是后形成的马氏体片其尺寸越小；大片是先形成者，小片则分布于大片之间。片状马氏体的最大尺寸取决于原始奥氏体晶粒度大小，奥氏体晶粒越大，则马氏体片越粗大。片状马氏体内的亚结构为孪晶，故片状马氏体又称为孪晶马氏体，如图 6.57 所示。

碳含量在 0.25wt% ～ 1.0wt% 之间时，为板条状马氏体和针状马氏体的混合

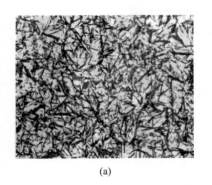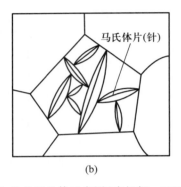

(a)   (b)

图 6.57 （a）T12 钢片状马氏体金相；（b）片状马氏体示意图（李炯辉，2009）

组织，马氏体形态与碳含量的关系如图 6.58 所示。

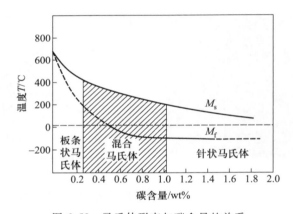

图 6.58 马氏体形态与碳含量的关系

3）残留奥氏体。淬火时奥氏体难以百分之百地转变为马氏体组织，尚残留一部分奥氏体，即所谓残留奥氏体。残留奥氏体的量随淬火时过冷奥氏体中碳含量的增加而增大。通常奥氏体中的碳含量小于 0.6wt% 时，残留奥氏体可忽略。奥氏体的碳含量对残留奥氏体体积分数的影响如图 6.59 所示。研究发现，在高碳钢马氏体片中脊附近存在孪晶，其相邻的残留奥氏体中分布着较高密度的位错。一般认为，由于马氏体片的形成使其体积膨胀，马氏体片间未转变的奥氏体承受来自周围的压应力，导致奥氏体中的位错密度升高，也增加了切变阻力，难以再转变为马氏体，故以奥氏体的形式残留。可以理解，残留奥氏体与过冷奥氏体在物理状态上是有区别的。

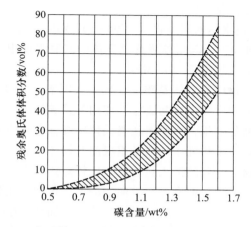

图 6.59 奥氏体的碳含量对残留奥氏体体积分数的影响

4）马氏体的力学性能

① 马氏体的硬度与强度

马氏体最主要的性能特点是具有很高的硬度和强度，而且马氏体的硬度随着碳含量的增加而提高，如图 6.60 所示。固溶在马氏体中的合金元素对马氏体硬度的影响不大。

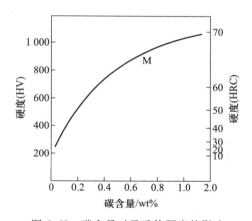

图 6.60 碳含量对马氏体硬度的影响

马氏体强度高、硬度高的原因是多方面的，其强化机理主要包括：相变强化（亚结构强化）、固溶强化、时效强化和晶粒细化强化等。

（a）相变强化。马氏体相变的切变特征造成晶体内大量的微观缺陷，极高密度的位错和层错、大量精细孪晶、大量晶界使马氏体强化和硬化，称为相变强化，其本质与形变强化一样。

Fe-C 合金退火铁素体的屈服强度为 98~137 MPa。试验证明，无碳马氏体的屈服强度可达 284 MPa，与形变强化铁素体的屈服强度很接近，这说明马氏体相变强化使强度提高了 147~186 MPa。

（b）固溶强化。钢中马氏体是碳及合金元素固溶于 α-Fe 相所形成的过饱和固溶体，对马氏体硬度和强度起决定性作用的是碳原子。间隙碳原子在马氏体中能产生强烈的强化效果，而固溶在奥氏体中则强化效应不大。这是因为奥氏体和马氏体中的碳原子均处于铁原子组成的八面体中心，但奥氏体中的八面体为正八面体，间隙原子碳的溶入只能使奥氏体点阵产生均匀的膨胀；而马氏体中的八面体为扁八面体，即有一个方向上的铁原子间距比较小，间隙原子碳溶入后力图使其变成正八面体。这样的结果使扁八面体短轴方向的铁原子间距增长了 36%，而在另外两个方向上则收缩了 4%，从而使体心立方变成了体心正方。并且，这种不对称的畸变产生了一个强烈的应力场，碳原子就在这个应力场的中心。这种畸变应力场与位错可产生强烈的交互作用，阻碍位错运动，使马氏体的强度、硬度显著提高。

（c）时效强化。由于碳原子极易扩散，即使在室温下也可扩散形成偏聚区，产生过渡相，使强度提高。所以，实际生产中所得到的马氏体强度包含时效强化效应。由图 6.61 中曲线 2 可知，如果淬火后在 0 ℃时效 3 小时，再在 0 ℃测量其屈服强度，所得结果较曲线 1 有明显提高，且碳含量越高，提高得越多。

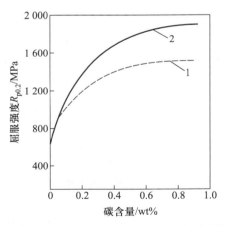

图 6.61　Fe-Ni-C 合金在 0 ℃时屈服强度与碳含量的关系

（d）晶粒细化强化。奥氏体晶粒大小与板条状马氏体（片状马氏体）的大小对强度也有影响。奥氏体晶粒越小，板条状马氏体束（马氏体片）越细，强度就越高，即晶粒细化强化。

② 马氏体的韧性

一般认为，马氏体硬而脆，韧性很差。但马氏体的韧性受碳含量和亚结构的影响，可以在相当大的范围内变化。马氏体的韧性主要受碳含量的影响，但碳含量小于 0.40wt% 时，马氏体具有较高的韧性，碳含量越低，韧性越高。当碳含量大于 0.40wt% 时，马氏体韧性较低，变得硬而脆。研究表明，马氏体的碳含量越低，冷脆转变温度也越低。因此，从保证材料的韧性考虑，马氏体中固溶的碳含量不宜大于 0.4wt%～0.5wt%。

马氏体的亚结构对韧性的影响也很显著。图 6.62 是不同碳含量的铬钢经淬火及回火后的屈服强度与断裂韧性之间的关系。不同的强度是通过淬火成马氏体并经不同温度回火得到的。由图可知，在相同的屈服强度下，位错型马氏体的断裂韧性要比孪晶型马氏体高得多。这是因为孪晶马氏体的滑移系少，应力集中在晶界上，位错不易运动，而使断裂韧性较低。图 6.63 表明钢经回火后仍然具有这种规律。位错型马氏体不仅韧性优良，还具有低的韧-脆转变温度、低的缺口敏感性等优点。

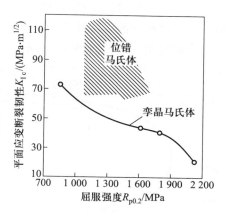

图 6.62　不同碳含量的铬钢经淬火及回火后的性能

综上所述，马氏体的强度主要取决于它的碳含量，而马氏体的韧性则主要由其亚结构所决定。低碳的位错马氏体具有高的强度和韧性。高碳的孪晶马氏体具有高强度和高硬度，但是韧性很差。理论和试验表明，获得位错型马氏体是很重要的强韧化技术途径。

5）马氏体相变动力学。由于马氏体相变时不发生扩散，故其相变在瞬间完成。马氏体形核及长大速率非常快，接近音速，故可以认为马氏体相变速率

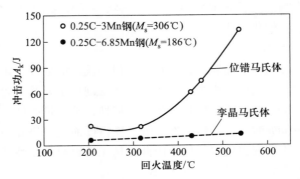

图 6.63　位错型马氏体与孪晶型马氏体经不同温度回火后的冲击功

与时间无关。

　　由于马氏体是非平衡相，故在 Fe-Fe$_3$C 平衡相图中并没有显现。但奥氏体到马氏体的相变可以在过冷奥氏体等温冷却转变曲线上表示，如图 6.64 所示。因为马氏体相变为非扩散型转变且瞬间完成，故其图形与珠光体及贝氏体不同，用三条水平线分别表示马氏体转变开始、转变量为 50vol% 及 90vol% 相对应的温度。合金成分不同，三条曲线的位置也不一样，但总的来说，由于马氏体相变时不能发生碳的扩散，故相变温度均较低。综上所述，马氏体相变动力学与时间无关，只是快速冷却时相应温度的函数。这种相变类型也称为非等温

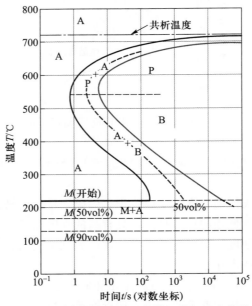

图 6.64　共析钢过冷奥氏体等温冷却转变曲线

转变。

设共析钢加热到共析温度（727 ℃）以上后快速冷却至 165 ℃，从图 6.64
所示等温冷却转变曲线上查得 50vol% 奥氏体转变为马氏体，若始终保持在该
温度，该转变不再继续。

（4）过冷奥氏体等温转变曲线

图 6.64 实际上是将前述共析钢过冷奥氏体的珠光体和贝氏体等温转变及
马氏体非等温转变动力学整合而得，是为共析钢过冷奥氏体等温转变曲线
（time temperature transformation curve，T-T-T），由于其形状像英文字母 C，故
亦称为 C 曲线。

影响过冷奥氏体等温转变的因素很多，凡是能增大过冷奥氏体稳定性的因
素，都会使转变速率减慢，因而使 C 曲线右移；反之，凡是能降低过冷奥氏体
稳定性的因素，都会加速转变，使 C 曲线左移。

1）奥氏体化学成分的影响。奥氏体的碳含量、合金元素等对 C 曲线的影
响最大。由于合金元素的不同影响，C 曲线的形状多种多样。当钢中加入能使
贝氏体转变温度范围下降，或使珠光体转变温度范围上升的合金元素（如 Cr、
Mo、W、V 等）时，则随合金元素含量增加，珠光体转变曲线与贝氏体转变曲
线逐渐分离。当合金元素足够高时，两曲线将完全分开，在珠光体转变和贝氏
体转变之间出现一个过冷奥氏体稳定区，如图 6.65 所示，呈 ε 形。

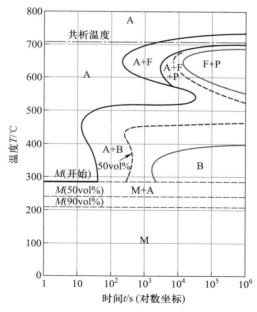

图 6.65　40CrNiMoA 钢（4340 钢）等温冷却转变曲线（ε 形）

　　碳钢以及含有 Si、Ni、Cu、Co 等合金元素的钢具有单一的 C 曲线。图 6.66 所示为普通亚共析钢、共析钢和过共析钢过冷奥氏体等温转变曲线，从图中可以看出，与共析钢相比，在亚、过共析钢的 C 曲线的上部各多出一条先共析相析出线。正是由于亚共析钢和过共析钢在珠光体转变前有先共析相析出，从而影响到 C 曲线上半部的珠光体转变速率。对于亚共析钢，随碳含量的增加 C 曲线逐渐向右移，而对于过共析钢则随着碳含量的增加向左移。因此共析钢的 C 曲线最靠右，过冷奥氏体稳定性最高。对于 C 曲线下半部，即贝氏体转变部分，则随着奥氏体中碳含量的增加逐渐向右移，从图中还可以看出，随奥氏体中碳含量的增大，M_s、M_f 点逐渐降低。

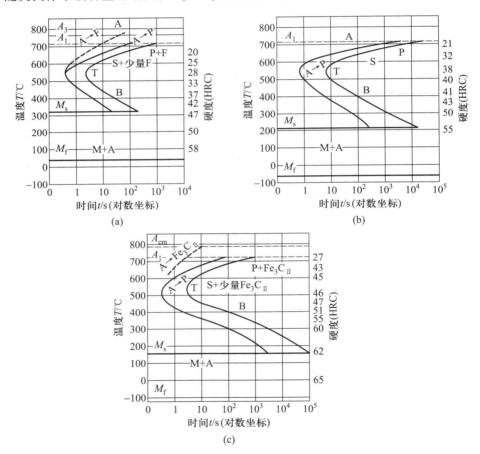

图 6.66　亚共析钢、共析钢和过共析钢过冷奥氏体等温转变曲线：
（a）亚共析钢；（b）共析钢；（c）过共析钢

各种合金元素对 C 曲线的影响比较复杂，总的来说，除 Co 和 Al 外的合金元素均增加过冷奥氏体的稳定性，使 C 曲线右移，并使 M_s 降低，其中 Mo、W、Mn、Ni 的影响最明显。具体讨论见第七章第四节。

2）奥氏体状态的影响。奥氏体晶粒越细小，单位体积内晶界面积越大，奥氏体分解时形核率增多，从而降低奥氏体的稳定性，使 C 曲线左移。

铸态原始组织不均匀，存在成分偏析，轧制可使组织和成分变得均匀。但不均匀的奥氏体可以促进奥氏体分解，使 C 曲线左移。奥氏体化温度越低，保温时间越短，奥氏体晶粒越细，未溶第二相越多，同时奥氏体的碳浓度和合金元素浓度越不均匀，均可促进奥氏体在冷却过程中的分解，使 C 曲线左移。反之，加热温度越高，保温时间越长，奥氏体成分均匀，晶粒长大，过冷奥氏体越稳定，转变速率越慢，C 曲线右移。

3）应力和塑性变形的影响。在奥氏体状态下承受三向拉应力将加速奥氏体的等温转变，而加三向压应力则会阻碍这种转变，这是因为奥氏体比体积最小，发生转变时将伴随比体积的增大，尤其是马氏体转变更为剧烈，所以拉应力促进过冷奥氏体的转变。

由于变形会细化奥氏体晶粒，增加亚结构，故在高温或低温对奥氏体进行变形也会显著影响珠光体转变速率。变形量越大，珠光体转变速率越快，使 C 曲线珠光体转变部分越向左移。

（5）连续冷却转变曲线

前述过冷奥氏体等温转变的热处理并非是工程上最常用的工艺。一般来讲，热处理工艺大多是在共析温度以上某温度保温然后迅速连续冷却至室温。等温冷却转变曲线仅适用于恒定温度下的相变，而当相变在变温过程中进行时，冷却转变曲线将有所变化。连续冷却时，相变开始及结束所需的时间均比等温转变相应的时间更长。图 6.67 所示为共析钢等温及连续两种冷却转变曲线对比。

将标识连续冷却转变开始及结束时间与冷却速度之间关系的曲线称为连续冷却转变曲线。连续冷却转变的英文为"continuous cooling transformation"，故也称为 CCT 曲线。冷却速度的控制或实现主要取决于冷却环境，图 6.68 所示为快速及慢速两条冷却曲线，同样也是共析钢，当冷却速度曲线与连续冷却转变开始线相交时相变开始，与连续冷却转变结束线相交时相变结束。图中两条冷却速度曲线对应的相变产物分别是粗珠光体和细珠光体。

需要指出的是，任何成分的碳钢连续冷却时均不会发生贝氏体相变。这是因为在贝氏体相变之前奥氏体已经转变为珠光体，故奥氏体转变终止线略低于"鼻子尖"，如图 6.68 中的 AB 线所示。当冷却速度曲线穿过 AB 线时，在交点处相变停止，若继续冷却至马氏体转变开始线，则未转变的奥氏体转变成马氏体。

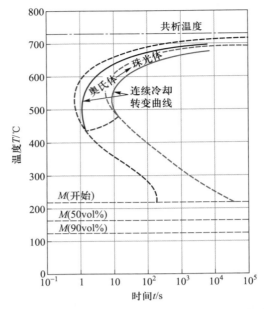

图 6.67　共析钢两种冷却转变曲线对比（实线为连续冷却转变曲线，
虚线为等温冷却转变曲线）

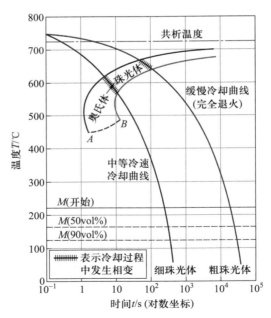

图 6.68　两条不同冷却速度曲线相变示意图

由图 6.67 还可以看到，连续冷却转变曲线中的马氏体转变线（包括马氏体转变开始、转变量为 50vol% 及 90vol% 相对应的温度）与等温冷却转变曲线中的马氏体转变线完全相同。

钢的连续冷却转变存在一临界冷却速度，即相变产物全部是马氏体的最低冷却速度，如图 6.69 所示，该临界冷却速度曲线与珠光体转变"鼻子尖"相切。当冷却速度大于临界冷却速度时，奥氏体将全部转变为马氏体，另外，还有转变产物为珠光体和马氏体共存的冷却速度范围。而当冷却速度较低时相变产物则全部为珠光体。

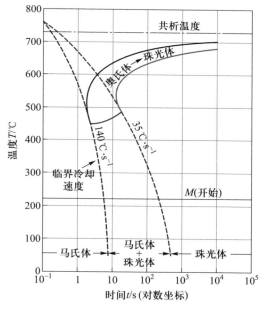

图 6.69　共析钢连续冷却速度曲线

碳及合金元素也将使珠光体和贝氏体的"鼻子"右移，故可降低临界冷却速度。事实上，在钢中添加合金元素的主要目的之一就是使钢更容易发生马氏体相变，以便相对较厚的截面全部转变为马氏体组织。图 6.70 所示为与图 6.65 成分相同的合金钢的连续冷却转变曲线，可以看出，图 6.65 中存在贝氏体转变的"鼻子"，故连续冷却热处理时也将发生贝氏体相变。图 6.70 中还示出几条临界冷却速度曲线，表明冷却速度影响相变特性及最终显微组织。

碳钢的临界冷却速度很大。事实上，当碳含量小于 0.25wt% 时，由于临界冷却速度太大很难通过热处理得到马氏体。而添加了 Cr、Ni、Mo、Mn、Si 及 W 等合金元素的合金钢，当这些合金元素溶入到奥氏体中时可使临界冷却速

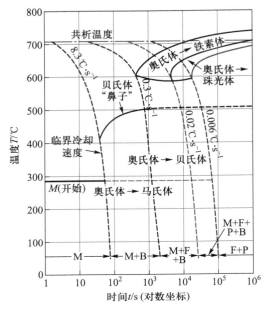

图 6.70　40CrNiMoA 钢（4340 钢）连续冷却速度曲线

度大大降低，也就是说，大多数合金钢相变得到马氏体的能力大。

　　某种意义上讲，钢的等温和连续冷却转变曲线引入了时间变量，不同成分的钢冷却转变与温度及时间的关系曲线均需试验获得，通过这些曲线可预测等温或连续冷却热处理时获得的显微组织。

　　（6）Fe-Fe₃C 合金不同显微组织的力学性能

　　如前所述，不同碳含量的 $Fe\text{-}Fe_3C$ 合金热处理后的显微组织各不相同，有珠光体、球化珠光体、贝氏体及马氏体等，还可能有先共析铁素体或先共析渗碳体。其中马氏体为单相，而珠光体和贝氏体均由两相（铁素体和碳化物）组成。亚共析钢由先共析铁素体和珠光体（或贝氏体）组成，过共析钢则由先共析渗碳体和珠光体（或贝氏体）组成。广义地讲，$Fe\text{-}Fe_3C$ 合金的力学性能由其各组成相的种类、体积分数、形貌、尺寸、分布及界面所决定。

　　1）碳含量对具有珠光体类显微组织钢力学性能的影响。珠光体由片状渗碳体与片状铁素体相间分布组成。与铁素体相比，渗碳体很硬很脆，增加渗碳体的体积分数可提高材料的强度及硬度。图 6.71a 为细晶粒钢的抗拉强度、屈服强度以及布氏硬度与碳含量之间的关系曲线，平衡状态下碳含量与 Fe_3C 的体积分数成正比。可以看出，三个性能指标均随碳含量的增加而提高。同样因为渗碳体很脆，塑性（伸长率及断面收缩率）和韧性（冲击韧性）也随碳含量增加而降低，如图 6.71b 所示。

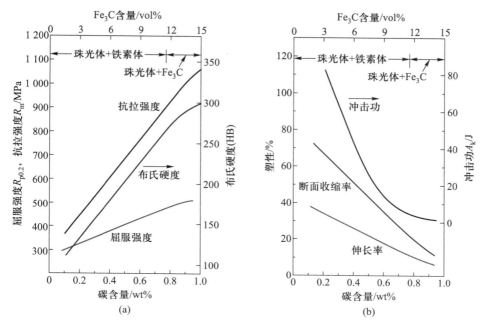

图 6.71 （a）细晶粒钢的抗拉强度、屈服强度及布氏硬度与碳含量之间的关系；
（b）塑性及韧性与碳含量之间的关系

2）珠光体性状对钢力学性能的影响。显微组织中铁素体和渗碳体片的厚度（尺寸因素）也是影响材料力学性能的重要因素，如图 6.72a 所示，细珠光体的硬度高于粗珠光体，球化珠光体则硬度最低。分析认为，该现象主要与铁素体-渗碳体相界有关。首先，两相间的界面结合力很大；其次，强度高、刚性大的渗碳体大大限制了相邻铁素体相的变形，即渗碳体增强了铁素体。细珠光体比粗珠光体有更多的相界，故其强化效果要大得多。球化珠光体中单位体积相界面少于片状珠光体，塑性变形时受到的约束小，故其硬度及强度较低。一般而言，各种成分的球化珠光体钢均具有最低的硬度及强度。

另外，由强化机理可知，相界起着阻碍位错运动的作用，细珠光体钢塑性变形时位错穿过的相界比粗珠光体多，故位错运动受到的限制及阻力大，导致其有更高的硬度及强度。

可以预见，球化珠光体钢的塑性比粗珠光体及细珠光体好，如图 6.72b 所示。另外，球化珠光体的韧性明显高于珠光体，原因在于：① 球化珠光体中相界面较少，裂纹扩展路径短；② 塑性极好的铁素体为连续的基体，裂纹的扩展阻力大，消耗的能量高。

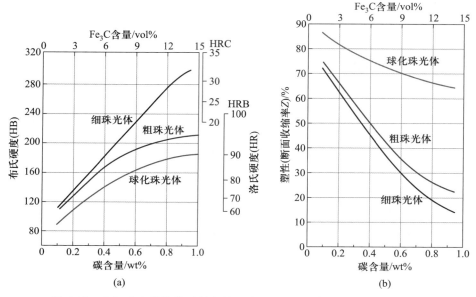

图 6.72　（a）珠光体性状对硬度的影响；（b）珠光体性状对塑性的影响

3）渗碳体形貌及分布对力学性能的影响。钢中第二相渗碳体的形貌及其分布是其显微组织的重要要素。如前所述，片状珠光体和球化珠光体中的渗碳体形貌及其分布明显不同，对钢的力学性能有重要影响。

贝氏体钢显微组织是不连续的 Fe_3C 颗粒分布在细铁素体基体上，故其强度及硬度均比珠光体高，有良好的强韧性。图 6.73 所示为共析钢相变温度对强度及硬度的影响，可以看出，贝氏体的强度及硬度均比珠光体高。

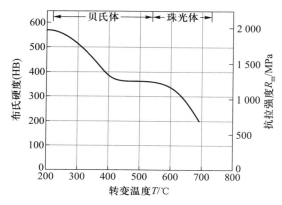

图 6.73　共析钢不同等温冷却转变温度对强度及硬度的影响

4）相的种类对力学性能的影响。对于给定成分的钢来说，在其各种不同的显微组织中，马氏体具有最高的强度及硬度。从图 6.74 中可以看出，当碳含量低于 0.6wt% 时，马氏体硬度随碳含量增加迅速增大，当碳含量约为 0.6wt% 时，硬度值增加缓慢趋于稳定。而细珠光体的硬度与碳含量几乎呈线性关系。

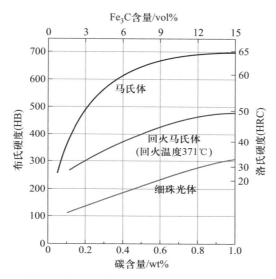

图 6.74　马氏体、回火马氏体及细珠光体中碳含量与硬度之间的关系

3. 淬火钢的回火转变

一般情况下，钢件在淬火后得到的是亚稳态的高硬度、高强度的马氏体及一定量的残留奥氏体。机械零件及工具，按其工作性质的不同，对所用钢材提出了各种不同的要求。为了满足不同零件对材料性能的不同要求，通常都需将钢件淬火后，再重新加热到低于 A_1 临界点以下的某个温度，保温一定时间，使淬火态组织发生一定的变化，以调整钢件的性能。这种处理称为回火。

（1）淬火钢的回火组织转变过程与显微组织

钢件经淬火后，可获得马氏体和残留奥氏体两种亚稳定相，在回火过程中，这两个亚稳定相都有向稳定状态（铁素体+碳化物组织）转变的趋势。淬火钢在回火过程中发生的转变，大致可分为四个不同阶段，每个阶段主要代表了一种相变类型。

1）马氏体分解。碳钢马氏体是碳在 α-Fe 中的过饱和间隙固溶体，对于合金钢，马氏体则是碳及其他合金元素在 α-Fe 中的过饱和固溶体。碳原子分布在体心立方的扁八面体间隙位置，致使晶格产生严重畸变。另外，马氏体中还存在大量的位错、孪晶等晶体缺陷，使马氏体的内能提高，处于不稳定状态。

在 100 ℃ 以下回火时，碳原子只能作短距离的扩散迁移，在晶体内部重新分布形成偏聚状态，以降低弹性畸变能。低碳马氏体（位错型马氏体）的亚结构主要是大量的位错，碳原子便倾向于偏聚在位错线拉应力区附近，使马氏体弹性畸变能降低。点阵常数 c 减小，a 增大，正方度 c/a 减小。对高碳马氏体（孪晶型马氏体）而言，碳原子将向某些特殊晶面上富集，形成薄片状偏聚区（有点类似于将在本章 6.5.4 讨论的 GP 区），其厚度只有零点几纳米。上述两类偏聚区的碳含量高于马氏体的平均碳含量，碳原子偏聚区具备了浓度起伏、结构起伏和能量起伏的形核条件，导致 ε-碳化物的析出。

当回火温度在 150~300 ℃ 之间时，碳原子活动能力增强，能进行较长距离扩散。因此，随着回火保温时间延长，ε-碳化物可从较远处获得碳原子而长大，直到 350 ℃ 左右，α 相碳浓度达到平衡时，正方度趋近于 1。至此，马氏体分解基本结束。

中高碳钢中马氏体的碳含量随回火温度的变化规律如图 6.75 所示。固溶于马氏体中的碳随回火温度的升高，将不断地以碳化物形式从马氏体中析出，马氏体中的碳含量随之也不断下降。并且原始碳含量不同的马氏体，随碳的不断析出，马氏体中的碳含量将趋于一致。从图中还可看出，不同碳钢在 200 ℃ 以上回火时，在一定的回火温度下，马氏体具有一定的碳含量，回火温度越高，马氏体的碳含量越低。

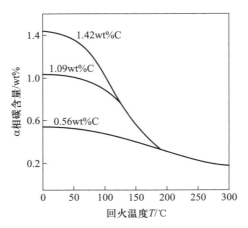

图 6.75　马氏体的碳含量与回火温度的关系

碳含量低于 0.2wt% 的板条状马氏体，在淬火冷却时已发生自回火，绝大部分碳原子都偏聚到位错线附近，因此在 100~200 ℃ 之间回火没有 ε-碳化物析出。因此，与淬火马氏体基本相同。

马氏体分解过程中合金元素的存在主要是改变碳原子的扩散能力及碳化物的稳定性。马氏体分解所得的 ε-碳化物一般用 ε-Fe_xC 表示，其中 $x = 2 \sim 3$。它不是一个平衡相，而是向稳定相(Fe_3C)转变前的过渡相。由于转变温度较低，马氏体中的碳并未全部析出，仍然过饱和，所以该阶段转变后钢的组织由过饱和固溶体 α' 和与母相保持共格关系的 ε-碳化物组成，这种组织称为回火马氏体。其显微形貌与淬火态马氏体并无明显区别，只是回火马氏体易腐蚀呈黑色。

回火马氏体显微组织是在连续的铁素体基体上均匀分布着非常细小的 ε-碳化物颗粒。图 6.76 所示为回火马氏体高倍电子显微形貌照片。

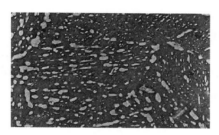

图 6.76　回火马氏体电子显微形貌(Callister et al., 2011)

2）残留奥氏体的转变。中、高碳马氏体淬火后总存在一定的残留奥氏体，而且残留奥氏体量随淬火加热时奥氏体中碳和合金元素含量的增加而增多。

残留奥氏体与过冷奥氏体并无本质区别，不同之处在于：① 已经发生的马氏体转变可能给未转变的残留奥氏体带来化学成分的变化，如板条状马氏体形成时，使周围的残留奥氏体的碳含量比平均碳含量高得多；② 由于马氏体转变的体积效应，使残留奥氏体在物理状态上有所变化，最明显的是可以使残留奥氏体产生相硬化并处于三向压应力状态；③ 在回火过程中，马氏体分解等相变过程也将影响残留奥氏体的转变。

钢中残留奥氏体在 M_s 点以上不同温度回火时将发生如下转变：① 在回火加热、保温过程中不发生分解，而在随后的冷却过程中转变为马氏体；② 在贝氏体形成区域内等温转变为贝氏体；③ 在珠光体形成区域内等温转变为珠光体。

碳钢淬火后于 200 ~ 300 ℃ 之间回火时，将发生残留奥氏体分解，分解产物为低碳马氏体和 ε-碳化物组成的机械混合物，也称为回火马氏体。图 6.77 所示为 T10 钢淬火后经不同温度回火保温 30 min 后，用 X 射线测定的残留奥氏体量，从图中可见，随回火温度的升高，残留奥氏体量迅速减少，乃至消失。

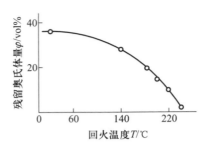

图 6.77 T10 钢淬火后残留奥氏体量与回火温度的关系

图 6.78 所示为高碳铬钢残留奥氏体和过冷奥氏体的 C 曲线，由图可见，与过冷奥氏体相比，残留奥氏体向贝氏体转变速率较快，而向珠光体转变速率则较慢。残留奥氏体在高温区内回火时，先析出先共析碳化物，随后分解为珠光体；在低温区内回火时，将转变为贝氏体。在珠光体和贝氏体转变温度区间也存在一个残留奥氏体的稳定区。

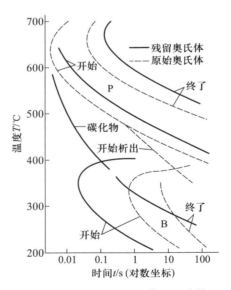

图 6.78 铬钢两种奥氏体的 C 曲线

3）碳化物的转变。中高碳钢马氏体分解及残留奥氏体转变形成的 ε-碳化物是亚稳定的过渡相。当回火温度升高至 250～400 ℃时，碳钢马氏体中过饱和的碳几乎已全部脱溶，并形成比 ε-碳化物更为稳定的碳化物。

　　碳钢中比 ε-碳化物稳定的碳化物有两种：一种是 χ-碳化物（Fe_5C_2，单斜晶系）；一种是更稳定的 θ-碳化物，即渗碳体（Fe_3C，正交晶系）。碳化物的转变主要取决于回火温度，也与回火时间有关。图 6.79 所示为回火温度和回火时间对淬火钢中碳化物变化的影响。由图可见，随着回火时间的延长，发生碳化物转变的温度降低。

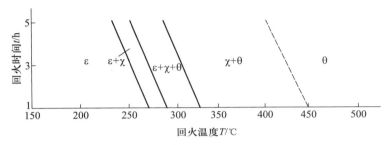

图 6.79　淬火高碳钢回火时碳化物转变温度和时间的关系

　　碳化物转变可通过两种方式进行。一种是在原碳化物的基础上通过成分的改变及点阵改组逐渐转变为新碳化物，称为原位转变，或原位析出。第二种方式是新的碳化物通过形核、长大独立形成，称为独立形核长大，或异位析出。

　　当回火温度升高至 400 ℃ 以后，淬火马氏体完全分解，但 α 相仍然保持针状外形，先前形成的 ε-碳化物和 χ-碳化物此时已经消失，全部转变为细粒状 θ-碳化物，即渗碳体。这种由针状 α 相和无共格联系的细粒状渗碳体组成的机械混合物叫做回火屈氏体。所以淬火中高碳钢回火过程中的碳化物转变序列可能为

$$\alpha' \rightarrow (\alpha+\varepsilon) \rightarrow (\alpha+\varepsilon+\chi) \rightarrow (\alpha+\varepsilon+\chi+\theta) \rightarrow (\alpha+\chi+\theta) \rightarrow (\alpha+\theta)$$

　　低碳马氏体在 200 ℃ 以下回火时，碳原子仅偏聚于位错处而不析出碳化物，这是因为碳原子偏聚于位错处较之析出碳化物更稳定。当回火温度高于 200 ℃ 时，将在碳原子偏聚区直接析出 θ-碳化物。

　　合金元素的种类及含量将影响回火时碳化物的析出温度及其类型转变。一般而言，大多数合金元素将起到延缓马氏体分解的作用，使分解温度提高，即提高钢的回火稳定性。

　　在合金钢淬火后的回火过程中，碳化物成分将发生变化，在一定条件下其类型也会转变。强、中强碳化物形成元素（Mo、V、W、Ta、Nb、Ti 等）不断取代铁原子，当达到一定量时碳化物类型发生转变，生成更稳定的碳化物。碳化物类型转变顺序如图 6.80 所示。当然，并非所有合金钢都有这些碳化物类型转变的。

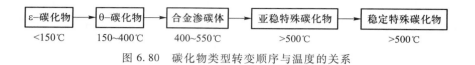

图 6.80 碳化物类型转变顺序与温度的关系

4）渗碳体的聚集长大和 α 相的回复、再结晶。当回火温度超过 400 ℃时，碳化物即开始聚集长大和球化。碳化物的球化和长大过程是按照细颗粒溶解、粗颗粒长大的机制进行的。淬火碳钢经高于 500 ℃ 的回火后，碳化物转变为粒状渗碳体。当回火温度超过 600 ℃时，细粒状渗碳体迅速聚集并粗化。wt%C = 0.34wt%的钢中的渗碳体颗粒直径与回火温度、回火时间的关系如图 6.81 所示。

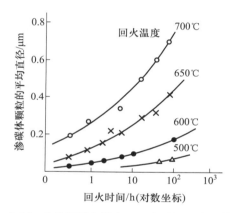

图 6.81 wt%C = 0.34wt%的钢回火温度、回火时间对渗碳体颗粒直径的影响

中低碳钢淬火所得板条状马氏体中存在大量位错，位错密度可达 10^{12} cm^{-2}，所以在回火过程中将发生回复与再结晶。在 400～450 ℃以上回火时，回复已很明显。回复初期，部分位错将通过滑移和攀移而消失，使位错密度下降，部分板条界消失，相邻板条可合并呈较宽的板条。剩下的位错将重新排列形成二维位错网络，逐渐转变为胞块。经过回复，板条特征仍然存在，只是板条宽度显著增大。

回火温度高于 600 ℃以上将发生再结晶。一些位错密度低的胞块将长大成等轴状晶粒。颗粒状碳化物基本上分布在 α 晶粒内。显然，经过再结晶后，板条特征完全消失。

高碳钢淬火后得到的是孪晶型马氏体。当回火温度高于 250 ℃时，孪晶亚结构开始消失，高于 400 ℃时，孪晶完全消失，出现胞块，但片状马氏体的特征依然存在。超过 600～700 ℃时也将发生再结晶而使片状马氏体的特征消失，得到回火索氏体组织。由于碳化物能钉扎界面，阻止再结晶过程的进行，故高碳钢回火过程的 α 相再结晶温度要高于中低碳钢。

合金钢中含有的 Mo、W、V、Cr、Si 等元素有阻止各类缺陷消失的作用，故一般都推迟回火过程的各个阶段，如 α 相的回复与再结晶、碳化物的聚集长大过程，从而抑制了钢强度、硬度的降低，即提高了钢的回火稳定性。

（2）淬火钢在回火时性能的变化

淬火钢回火时，由于内部显微组织结构随回火温度的变化而变化，其力学性能也将随之改变，淬火钢在回火时硬度变化如图 6.82 所示。碳含量 >0.8wt% 的高碳钢在 100 ℃ 左右回火时，硬度略有升高，这是由于马氏体中碳原子的偏聚及 ε-碳化物析出引起弥散强化的缘故；而在 200~300 ℃ 回火时，高碳钢硬度下降趋势比较平缓，这是由于残留奥氏体分解为回火马氏体使钢的硬度升高与马氏体大量分解使钢的硬度下降两方面因素综合作用的结果；回火温度在 300 ℃ 以上时，由于渗碳体与母相的共格关系破坏，以及渗碳体的聚集长大而使钢的硬度呈直线下降。

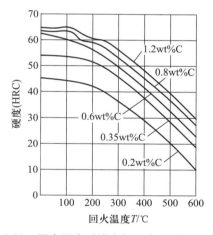

图 6.82　回火温度对淬火钢回火后硬度的影响

碳钢随着回火温度的升高，通常其强度不断下降，而塑性不断升高。但在 200~300 ℃ 较低温度回火时，由于内应力的消除，钢的强度和硬度都得到提高。对于工具钢而言，可采用低温回火处理，以便获得较高的强度和耐磨性。高碳钢低温回火塑性较差，而低碳钢低温回火后具有良好的综合力学性能。在 300~400 ℃ 回火时，钢的弹性极限最高，因此一些弹簧钢均采用中等温度回火。当回火温度进一步提高，钢的强度迅速下降，而塑性和韧性却随回火温度升高而增大。在 500~600 ℃ 回火时，在保留较高强度的前提下，塑性可达到相当高的值。因此中碳钢通常采用淬火加高温回火处理，即调质处理来获得良好的综合力学性能。

回火马氏体的硬度及强度比马氏体略低，但其塑性及韧性有了明显的改善。图 6.74 所示为马氏体、回火马氏体及细珠光体（索氏体）的硬度与碳含量的关系，回火马氏体具有较高硬度及强度的原因是因为数量巨多且非常细小的碳化物颗粒使得单位体积中的相界面大大增加，硬的碳化物相增强了铁素体，大量的相界有效地阻碍了塑性变形时位错的运动。而作为基体的软铁素体相有着优良的塑性及韧性，故回火马氏体的强韧性均得以改善。

从回火转变过程可知，淬火钢回火处理可以得到回火屈氏体和回火索氏体组织，同一钢种也可由过冷奥氏体等温转变得到屈氏体和索氏体组织，这两类转变产物的组织和性能有明显差别。前者的碳化物呈颗粒状，造成的应力集中小，不易产生微裂纹，钢的塑性和韧性好；而后者的碳化物呈片状，故其受力时容易产生应力集中，致使碳化物片产生脆断或形成裂纹。

合金元素可使钢的各种回火转变温度范围向高温推移，并可减缓钢在回火过程中硬度下降的趋势，这说明合金钢的耐回火性好，即回火抗力高。与相同碳含量的碳钢相比，当高于 300 ℃ 回火时，在相同回火温度和回火时间情况下，合金钢具有较高的强度和硬度。反过来，为得到相同钢的强度和硬度，合金钢可以在更高温度下回火，这对提高钢的韧性和塑性是有利的。

在含有 Mo、V、W、Ta、Nb、Ti 等强、中强碳化物形成元素的高合金钢中，如高速钢、冷作模具钢等，高于 500 ℃ 回火时会析出细小、弥散分布的合金碳化物，导致强度和硬度不继续降低反而升高，称为二次硬化现象。图 6.83 所示为低碳钢和几种合金钢回火硬度变化曲线。

图 6.84 所示为 W18Cr4V 高速钢经 1 280 ℃ 淬火再经过不同温度回火后的硬度。回火温度在 300 ℃ 左右时硬度达到最低；当回火温度超过 300～400 ℃ 时，硬度重新回升；在 500 ℃ 左右时为最高值，即出现了二次硬化现象。

由高温回火而引起的残留奥氏体在回火冷却过程中转变为马氏体，即所谓的二次淬火，也能对硬度做出一定的贡献。图 6.84 中经 -196 ℃ 冷处理的硬度比油冷至室温的要高，但曲线变化规律仍然表明了具有明显的二次硬化现象。因此，二次硬化现象的主要原因是特殊碳化物的弥散析出。

淬火钢回火时的冲击韧性并不总是随回火温度的升高呈单调地增大，有些钢在一定的温度范围内回火时，可能出现韧性显著降低的现象，这种脆化现象称为钢的回火脆性。钢在 250～400 ℃ 温度范围内出现的回火脆性称为第一类回火脆性，也称为低温回火脆性；而在 450～650 ℃ 温度范围内出现的回火脆性称为第二类回火脆性，也称为高温回火脆性。

1）第一类回火脆性。第一类回火脆性几乎在所有的钢中均会出现。一般

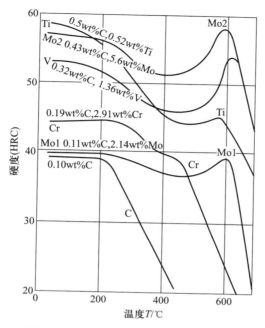

图 6.83 几种合金钢回火硬度变化曲线

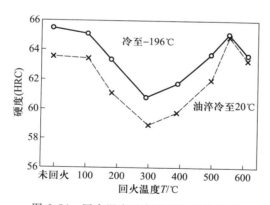

图 6.84 回火温度对高速钢硬度的影响

认为，马氏体分解时沿马氏体条或片的界面析出断续的薄壳状碳化物，降低了晶界的断裂强度，是产生第一类回火脆性的重要原因。若出现第一类回火脆性后再加热到更高温度回火，可以将脆性消除，此时若在该温度范围内回火将不再产生这种脆性。因此，第一类回火脆性是不可逆的，故又称为不可逆回火脆性。为了防止出现第一类回火脆性，通常是避免在该温度范围内回火。合金元素一般不能抑制第一类回火脆性，但 Si、Cr、Mn 等合金元素可将脆化温度推向更高。

2）第二类回火脆性。第二类回火脆性的一个重要特征是除了在 450~650 ℃较长时间回火时出现脆性外，在较高温度回火后缓慢冷却通过该温度时也会引起脆化，即缓冷脆性。若高温回火后快冷通过脆性区则不会出现脆性。另外，对于已经出现第二类回火脆性的钢，若再加热到 650 ℃ 以上，然后快冷至室温，则可消除脆化。但在脆化消除以后若再在脆化温度区间加热，然后缓冷，还可在此发生脆化。因此第二类回火脆性是可逆的，常称为可逆回火脆性。

第二类回火脆性主要在合金结构钢中出现，碳素钢中一般不出现这类回火脆性。当钢中含有 Cr、Mn、P、As、Sb、Sn 等元素时，会使第二类回火脆性倾向增大。若除 Cr 外，还含有 Ni 或较多的 Mn 时，则第二类回火脆性更显著。

产生第二类回火脆性的原因是由于回火慢冷时 Cr、Mn 等合金元素以及 P、As、Sb、Sn 等杂质向原奥氏体晶界偏聚，减弱了晶界上原子间结合力，降低了晶界断裂强度。因此为了消除回火脆性可采用回火后快速冷却的方法外，也可通过提高钢的纯度，减少钢中的杂质元素，以及在钢中加入适量的 Mo、W 等合金元素，来抑制杂质元素向晶界偏聚，从而降低钢的回火脆性。

总之，产生第一类回火脆性的零件，需重新加热淬火；产生第二类回火脆性的零件应重新回火和回火后快速冷却。

6.5.3　钢的热处理工艺

从前节的讨论中可知，钢铁材料可以通过热处理，即加热转变使之奥氏体化，然后过冷奥氏体等温或连续冷却转变，或将快冷得到的马氏体再经加热转变，实现调控其显微组织，进而改变其性能的目的。同一种成分的钢，经不同的热处理工艺，可获得珠光体、索氏体、屈氏体、贝氏体及马氏体等不同组织，其性能差异很大。不同碳含量及合金元素的钢经热处理更能使显微组织中相的种类、体积分数、形貌、尺寸、分布及界面等特征参数千差万别，材料的性能可在更大范围内调整。本节基于前述的热处理原理介绍钢的普通热处理基本工艺，包括退火、正火、淬火及回火工艺等，最后简单介绍钢的表面热处理和化学热处理工艺。

1. 退火

退火是将钢在高温下保持一定时间然后缓慢冷却获得接近平衡组织的工艺。退火的主要目的是均匀钢的化学成分与组织，细化晶粒，调整硬度，消除内应力和加工硬化，改善钢的成形及切削性能，并为淬火做好组织准备。退火的种类很多，主要有：

1）完全退火。是将亚共析钢加热至 Ac_3 以上 30~50 ℃，经保温后随炉冷却，以获得接近平衡组织（铁素体+珠光体）的热处理工艺。

2）等温退火。是将钢加热至 Ac_3 以上 30~50 ℃，保温后较快地冷却到 Ac_1 以下某一温度，使奥氏体在恒温下转变为铁素体和珠光体，然后出炉空冷的热处理工艺。由于转变在恒温下进行，所以组织均匀，而且可大大缩短退火时间。

3）球化退火。是将共析钢或过共析钢加热至 Ac_1 以上 30~50 ℃，保温适当时间后缓慢冷却，以获得球状珠光体组织（铁素体基体上均匀分布着球粒状渗碳体）的热处理工艺。经热轧、锻造空冷后的过共析钢组织为片层状珠光体+网状二次渗碳体，其硬度高，塑性、韧性差，脆性大，不仅切削性能差，而且淬火时易产生变形和开裂。球状珠光体可降低硬度，改善切削性能。

4）去应力退火。是将钢件加热至 Ac_1 以下 100~200 ℃，保温适当时间后缓慢冷却的热处理工艺。其主要目的是消除钢件中的残余内应力。

5）扩散退火。是将钢加热到略低于固相线温度（Ac_3 或 Ac_{cm} 以上 150~300 ℃），长时间保温（10~15 h）然后随炉冷却，以使钢的化学成分和组织均匀化的热处理工艺。

2. 正火

正火是将钢件加热到 Ac_3（对于亚共析钢）、Ac_1（对于共析钢）和 Ac_{cm}（对于过共析钢）以上 30~50 ℃，保温适当时间后，在自由流动的空气中自然冷却的热处理工艺。正火与退火的主要区别是正火的冷却速度稍快，因而获得的组织要更细些。正火后的组织如下：亚共析钢为 α+S，共析钢为 S，过共析钢为 S+Fe₃C_Ⅱ。

正火的主要应用：

1）作为最终热处理。正火可细化晶粒；减少亚共析钢中铁素体含量，增加珠光体型组织（索氏体）含量，从而提高强度、硬度和韧性。对于普通结构钢零件，力学性能要求不是很高时，可将正火作为最终的热处理工艺。低碳钢或低碳合金钢退火后硬度太低，不便于切削加工。正火可提高其硬度，改善切削加工性能。

2）作为预先热处理。中低碳钢淬火或调质处理前进行正火，可以消除带状组织，获得细小而均匀的组织。过共析钢正火可减少二次渗碳体含量，避免渗碳体呈连续网状，为球化退火做好组织准备。

碳钢各种退火及正火工艺的加热温度及冷却方式如图 6.85 所示。

3. 淬火

淬火是指将钢奥氏体化后在一定的介质中（水、油及空气）连续快速冷却形成马氏体或下贝氏体的热处理工艺。钢淬火后得到高体积分数的马氏体，再

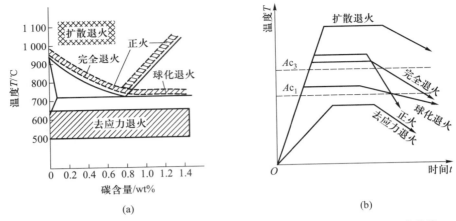

图 6.85　碳钢各种退火和正火工艺示意图：（a）加热温度范围；（b）工艺曲线

经不同回火工艺转变为回火马氏体、回火屈氏体及回火索氏体等组织，可获得很大范围内的综合力学性能组合。

（1）淬火介质

淬火工艺中采用的冷却介质称为淬火介质，对淬火工艺有重要影响。淬火介质要求有足够的能力，必须保证工件冷却时能躲过"鼻尖"温度以避免获得非马氏体组织。但是，冷却速度过快，将增加工件截面温差，增大热应力和组织应力而引起工件变形开裂。因此，淬火介质的理想冷却特性是在"鼻尖"温度附近具有较强的冷却能力，而在 M_s 点附近冷却较慢。

常用的淬火介质有三大类：

1）无物态变化型。包括熔盐（碱浴、硝盐浴等）、熔化金属等介质，用于分级淬火和等温淬火，依靠周围介质的传导和对流将工件的热量带走，实现冷却，其特点是工件温度高时冷却速度快，温度低、接近介质温度时冷速慢。常用的硝盐浴冷速与油接近，碱浴冷速比硝盐浴大。

2）有物态变化型。包括水基、油基两类淬火介质，其特点是工件淬火时，周围淬火介质汽化。工件在静止水（油）中冷却时经历三个阶段，分别是：① 气膜沸腾期，工件温度使水汽化，在工件周围形成一层气膜（热的不良导体），将工件与介质隔开。此时，冷却速度较慢；② 气泡沸腾期，气膜破裂，介质与工件接触。水直接吸收工件热量而汽化沸腾，将热量带走。此时，冷速较快；③ 对流传热期，工件表面温度降到介质沸点以下，工件靠介质的对流传导散热，冷速减慢。

水作为淬火介质其冷却特性与理想淬火介质冷却特性相反，工件高中温区冷速慢(气膜沸腾期),低温区(300 ℃ 左右,大多数钢的 M_s 点附近)冷速快(气泡沸腾期)。矿物油的优点是在 200~300 ℃ 范围内冷却能力低,有利于减小开裂和变形。缺点是在 550~650 ℃ 范围内冷却能力远低于水,因此不适用于碳钢,通常只能作合金钢的淬火介质。

3)有逆溶变化型。聚合物淬火介质是以聚合物、添加剂和缓蚀剂作为溶质的水溶液。聚合物介质的冷却性能可以靠改变浓度的方式在很大范围内调节。大部分聚合物溶液具有逆溶性,高温下溶质析出,附在工件表面,可缩短蒸汽膜时间,提高高温冷速。聚合物淬火介质在使用时必须有良好的搅拌,以保证有足够的介质均匀包围工件表面,形成均匀的聚合物膜,并使介质温度不致局部过度增高,强化聚合物的降解。

当热金属投入淬火剂后,立即被聚合物膜均匀覆盖,随着温度的降低,聚合物膜破裂并重新溶入周围溶液中。此过程的固-液热传导速度取决于聚合物相对分子质量(黏度随相对分子质量增大而增加)。增大溶液浓度会降低冷速,提高溶液浓度又会增加膜厚度。故溶液浓度是一个重要的工艺变量。

用于淬火介质的聚合物有多种,如 PAG(聚亚烷基二醇),PVP(聚乙烯吡咯烷酮)等。聚合物溶液的浓度、搅动和液槽温度等变量均影响聚合物淬火介质的冷却性能。近几十年聚合物淬火介质技术发展很快,获得了越来越多的应用。

(2)淬透性

在淬火过程中整个截面不可能以同样的速度冷却,即表面比芯部冷速更快,故奥氏体是在一个温区内转变为马氏体,样品不同区域的显微组织及力学性能也会各有所不同。

淬火后能否获得整个截面均为马氏体取决于三个因素:① 合金的成分;② 淬火介质特性;③ 样品形状及尺寸。

钢在淬火时获得马氏体的能力称为钢的淬透性。淬火时样品截面径向冷却速度不同,故沿样品截面径向奥氏体转变为马氏体的程度不同,所以沿径向的硬度也不一样。钢的淬透性用样品表面至芯部硬度下降的速度定量表示。淬透性高的钢淬火时,不仅样品表面形成马氏体,而且其整个截面也都容易形成马氏体。

1)淬透性曲线。淬透性可用"末端淬火法"来测定。该法中除了成分以外,所有可能影响样品硬化层深度的因素(如样品尺寸、形状及淬火工艺等)皆保持不变。将标准试样($\phi25$ mm×100 mm)加热,奥氏体化后迅速放入末端淬火试验机的冷却孔中,喷水冷却试样末端。规定喷水管内径为 12.5 mm,水柱自由高度测试装置见图 6.86a 所示。冷却至室温后沿试样长度方向磨去 0.4 mm,呈一平面,在该平面 50 mm 长度内测洛氏硬度,如图 6.86b 所示。绘制硬度与沿长度方向距末端不同距离的关系曲线。

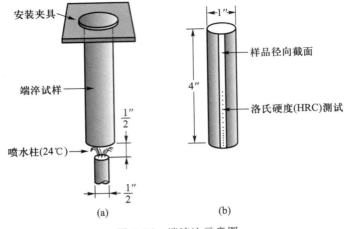

图 6.86　端淬法示意图

　　典型的淬透性曲线如图 6.87 所示。显然，喷水端冷却速度最大，大多数钢在此位置均能获得 100vol% 马氏体。随距末端轴向距离的增大，冷却速度逐渐减小，碳原子扩散时间变长，容易形成更多较软的珠光体，也可能转变为马氏体和贝氏体的混合组织。淬透性高的钢可以在相对较远的距离时亦能保持较高的硬度，而淬透性低的钢则硬度很快地衰减。每种钢都有各自不同的淬透性曲线。

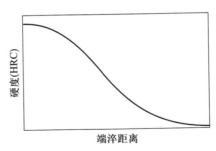

图 6.87　典型淬透性曲线——硬度（HRC）与端淬距离之间的关系

　　淬透性常用硬度与冷却速度之间的关系曲线表征。由于碳素钢及多数合金钢的热导率近似相同，故距末端距离与相应位置的冷却速度对应关系相对固定。图 6.88 所示为末端淬火试样四个不同位置及对应的冷却速度下的共析钢连续冷却转变曲线，同时也给出了各相应的冷却转变组织，这种图示可能更清晰明了。

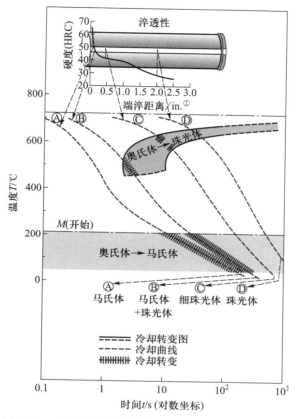

图 6.88　共析钢淬透性与连续冷却转变曲线之间的关系

图 6.89 所示为五种钢的淬透性曲线，钢中的碳含量均为 0.4wt%，但其他合金元素各不相同，具体成分见图中说明。解读此图，可以发现：① 五种钢在末端淬火样品端部的硬度相同，均为 57HRC，说明淬火钢的硬度仅与钢中碳含量有关，与有无其他合金元素关系不大；② 钢中的其他合金元素及含量对淬透性曲线形状影响很大。普通碳素钢 40 钢淬透性较差，硬度降低很快，距末端距离大约 6.4 mm 处硬度已降至 30HRC。而四种合金钢硬度降低的速度则相对平缓得多。如 5140 钢和 1040 钢距末端距离大约 6.4 mm 处的硬度值分别为 50HRC 和 32HRC，对比说明 8640 钢更容易通过淬火得到马氏体。表明 40 钢水淬时只是试样的浅表面被淬火硬化，而四种合金钢淬硬层深度要大得多。

① 1 in. = 2.54 cm。

图 6.89 的硬度曲线还显示了冷却速度对显微组织的影响，在末端的淬火冷却速度约为 600 ℃·s^{-1}，五种钢均能得到马氏体，当冷速降至 70 ℃·s^{-1} 时（相当于距末端距离为 6.4 mm），1040 钢的显微组织为珠光体+先共析铁素体，而四种合金钢的显微组织则为马氏体+贝氏体，且贝氏体含量随冷却速度降低而增加。

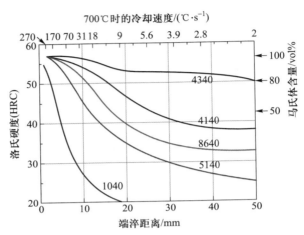

图 6.89 五种合金钢的淬透性曲线，碳含量均为 0.4wt%

4340：Cr(0.40wt% ~ 0.90wt%) Ni(1.65wt% ~ 2.00wt%) Mo(0.20wt% ~ 0.30wt%)

4140：40Cr(0.80wt% ~ 1.10wt%) Mo(0.15wt% ~ 0.25wt%)

8640：40 Cr(0.40wt% ~ 0.60wt%) Ni(0.40wt% ~ 0.70wt%) Mo(0.15wt% ~ 0.25wt%)

5140：40 Cr(0.70wt% ~ 1.10wt%)

1040：40 钢

图 6.89 所示五种钢淬透性特性的差异源于合金钢中含有不同的合金元素且含量不同，四种合金钢中分别含有 Ni、Cr 及 Mo。这些合金元素可推迟奥氏体向珠光体以及贝氏体的转变，正如前所述，可获得更多的马氏体，故硬度更高。图 6.89 右轴给出了上述合金钢中马氏体含量与硬度之间的关系。

淬透性曲线还与碳含量有关，图 6.90 所示为合金元素含量相同，但碳含量不同的四种合金钢的淬透性曲线，明显看出曲线形状不同，随碳含量的增加，距末端距离相同位置的硬度增大。

实际生产中，同样钢号炉次不同钢的成分及晶粒平均尺寸不可避免地存在微小差异，钢的淬透性一般用由淬透性最大值及最小值组成的淬透性带表示，如图 6.91 所示即为 8640 钢的淬透性曲线。

2）影响钢的淬透性的因素。钢的淬透性由其临界冷却速度决定。临界冷却速度越小，即奥氏体越稳定，则钢的淬透性越好。因此，凡是影响奥氏体稳

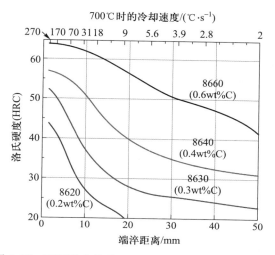

图 6.90 不同碳含量的 NiCrMo 系合金钢的淬透性曲线

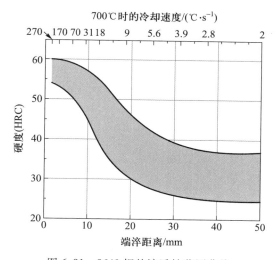

图 6.91 8640 钢的淬透性范围曲线

定性的因素，均影响钢的淬透性。

① 碳含量。对于碳钢，碳含量影响钢的临界冷却速度。亚共析钢随碳含量减少，临界冷却速度增大，淬透性降低。过共析钢随碳含量增加，临界冷却速度增大，淬透性降低。共析钢的临界冷却速度最小，其淬透性最好。

② 合金元素。除 Co 以外，其余合金元素溶于奥氏体后，降低临界冷却

速度，使 C 曲线右移，提高钢的淬透性，因此合金钢往往比碳钢的淬透性要好。

③ 奥氏体化温度。提高奥氏体化温度，将使奥氏体晶粒长大，成分均匀，可减少珠光体的形核率，降低钢的临界冷却速度，提高其淬透性。

④ 钢中未溶第二相。钢中未溶入奥氏体的碳化物、氮化物及其他非金属夹杂物，可成为奥氏体分解的非自发核心，使临界冷却速度增大，降低淬透性。

3）淬火介质、样品尺寸及几何形状对钢件淬透的影响。前面讨论了合金成分及冷却速度对淬火转变的影响。从本质上讲，试样的冷却速度取决于试样内部热能被导出的速度，而该速度显然又受到与样品表面接触的介质的性质、样品尺寸及几何形状的影响。

钢试样淬火过程中，试样内部的热能首先传导至表面然后才能导入介质中，故钢结构件由表及里及各个部位的冷却速度也不一样，显然与构件的尺寸及几何形状有关。图 6.92a 和图 6.92b 所示为冷却速度与圆柱体沿径向四个不同点的关系曲线，四个点分别取表面、3/4 半径、1/2 半径及圆心，淬火介质分别是温和搅拌水（图 6.92a）和油（图 6.92b），图中用距末端距离表示与其对应的冷却速度，这样易与淬透性曲线建立联系。其他几何形状如平板等可绘制成类似的曲线。

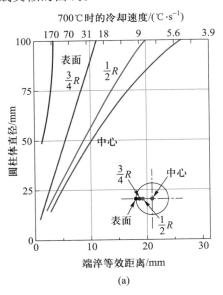

(a)

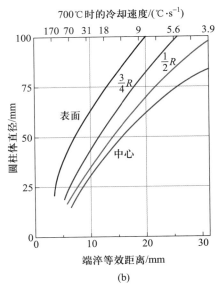

(b)

图 6.92　冷却速度与圆柱体沿径向四个不同位置的关系曲线

用类似图 6.93 曲线可方便地预测样品截面的硬度变化规律。图 6.93a、b 所示分别为普通碳素钢 40 钢和 4140 合金钢圆柱体试样的截面硬度分布曲线，直径均为 50 mm，水淬。从两条曲线中很容易看出它们淬透性的区别。同时还可看出试样的直径对硬度分布的影响，图 6.93b 所示为直径分别为 50 mm 和 75 mm 的圆柱体水淬后截面硬度分布曲线。

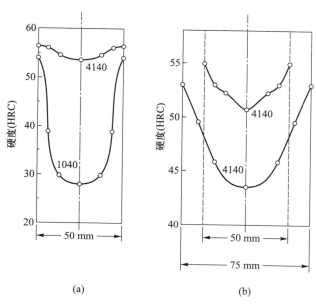

(a)   (b)

图 6.93　普通碳素钢 40 钢和 4140 合金钢圆柱体试样的截面硬度分布曲线

试样形状同样影响着淬火硬化效果，热能经试样表面再传导至淬火介质，在其他条件不变情形下，试样的冷却速度取决于试样表面积与其质量之比。该比值越大，冷却速度越快，淬硬层越深。带棱角非规则形状的试样通常具有较大的表面积与质量之比，更容易淬火硬化。

多数钢需进行淬火热处理，工艺选择最重要的依据就是淬透性。淬透性曲线，以及图 6.92 所示的在不同介质中淬火样品截面硬度分布曲线可用来判断所选择的钢是否满足要求。淬透性曲线还可以用于制定热处理工艺，对于负荷相对较大的钢构件，一般要求淬火工艺能使整个截面获得 80vol% 以上的马氏体，一般负荷的构件应不低于 50vol% 的马氏体。

（3）淬硬性

钢淬火后硬度会大幅度提高，能够达到的最高硬度称为钢的淬硬性，它主要取决于马氏体的碳含量。碳含量小于 0.6wt% 的钢淬火后硬度可用下式估算：

$$HRC = 60\sqrt{C} + 16 \qquad\qquad (6.17)$$

式中：C 是钢的碳含量去掉百分号的数字。如 40 钢水淬后的硬度约为 54HRC。

（4）淬火方法

常用的淬火方法有单介质淬火、双介质淬火、分级淬火和等温淬火，如图 6.94 所示。

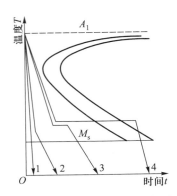

图 6.94　不同淬火方法示意图

1—单介质淬火；2—双介质淬火；3—分级淬火；4—等温淬火

① 单介质淬火：工件在一种介质（水、油或聚合物溶液）中冷却。

② 双介质淬火：工件先在较强冷却能力介质中冷却至 300 ℃ 左右，再在一种冷却能力较弱的介质中冷却，如先水淬后油冷，可有效减少热应力和相变应力，减小工件变形开裂的倾向。用于形状复杂、截面不均匀的工件淬火。

③ 分级淬火：工件迅速放入低温盐浴或碱浴炉（盐浴或碱浴的温度略高于或略低于 M_s 点）保温 2~5 min，然后取出空冷进行马氏体转变，这种冷却方式称为分级淬火。可大大减小淬火应力，防止变形开裂。

④ 等温淬火：工件迅速放入盐浴（盐浴温度在贝氏体区的下部，稍高于 M_s 点）中，等温停留较长时间，直到贝氏体转变结束，取出空冷获得下贝氏体组织。

4. 回火

将淬火钢加热到 Ac_1 以下某一温度，保温一定时间后空冷的热处理工艺称为回火。回火的目的是降低脆性，减少内应力，促进不稳定的淬火马氏体和残留奥氏体转变。钢淬火后一般都必须及时回火。否则，一些大尺寸或形状复杂的工件，如模具等，有开裂的危险。

前已介绍了淬火钢在回火过程中发生的组织演变过程。根据工件最终的性能要求，回火工艺分为低温回火、中温回火和高温回火三种。表 6.6 为三种回火工艺的温度组织及性能特征。

表 6.6 回火工艺的温度组织及性能特征

	低温回火	中温回火	高温回火
回火温度	150~250 ℃	250~500 ℃	500~650 ℃
组织	回火马氏体：较低过饱和度的马氏体+ε-碳化物+残留奥氏体	回火屈氏体：铁素体（保留马氏体形态）+片状或细颗粒状渗碳体（比ε-碳化物粗）	回火索氏体：等轴晶粒铁素体+细粒状渗碳体
性能特征	内应力和脆性降低，保持高硬度（58~62HRC）和耐磨性	硬度 35~45HRC，弹性极限较高，有一定韧性	硬度 25~35HRC，具有良好的综合力学性能
应用举例	具有高硬度的模具、量具及工具	弹簧钢	轴、齿轮等

5. 钢的表面热处理

轴类等零件工作时最大切应力发生在表面，因此要求表面有高强度、高硬度，而芯部有良好的韧性。此外，齿轮、机床导轨等工件要求表面有很高的耐磨性。因此钢的表面强化技术有广泛的应用。

（1）表面淬火

表面淬火实质是一种对工件表面进行加热淬火的工艺。要实现表面淬火，工件表面与芯部必须存在巨大温差。因此，要求加热设备能提供大热流密度（≥ 100 W·cm^{-2}），从而实现表面快速加热。符合要求的加热方法有火焰加热、感应加热、接触加热以及激光加热等，其中以感应加热的应用最为广泛。

感应加热时，零件放在通有交流电的感应线圈内，在交变磁场作用下产生感生电势并在表面形成涡流而发热。电流透入深度与金属电阻率 ρ、相对磁导率 μ、电流频率 f 有关。由于相同温度下，钢的电阻率和相对磁导率变化不大，故电流透入深度，即感应淬火后的硬化层深度主要取决于电流频率。感应加热根据电流频率分类，表 6.7 列出了不同类别感应加热的频率范围及可以获得的硬化层深度。

表 6.7　不同类别感应加热的频率范围及可以获得的硬化层深度

感应加热分类	频率范围	硬化层深度/mm
工频感应加热	50 Hz	>15
中频感应加热	<10 kHz	2~6
高频感应加热	（30~100）kHz	0.25~0.5
超高频感应加热	（2 000~3 000）kHz	0.05~0.5

感应加热淬火前，为了获得良好综合性能的芯部组织，零件一般预先进行调质处理。而后，根据零件尺寸及硬化层深度要求，选择感应加热设备的比功率。由于感应加热速度较快，一般感应淬火加热温度比普通淬火高。感应加热方式可以采用同时加热或连续加热的方式进行。淬火冷却方式一般采用喷射冷却法，工件表面得到马氏体，芯部组织不变。回火工艺可以采用一般的炉中回火、自回火或感应加热回火。炉中回火时的回火温度比普通加热淬火低，一般不高于 200 ℃。自回火是利用控制喷射冷却时间，使硬化区内层的残留热量传到硬化层，达到一定温度下回火的目的。感应加热回火则利用工频、中频感应加热回火。

（2）化学热处理

化学热处理是将钢件置于含特定元素的不同物态介质中，加热到一定温度并保温，以使其表面富含一种或多种元素，或形成具有某些特殊性能（高硬度、减摩、抗咬合、耐疲劳、抗腐蚀等）的改性层的热处理工艺。

化学热处理的过程：首先，含渗入元素的分子被金属表面吸附，并在高温和金属催化作用下发生分解，在表面形成化合物或高浓度固溶体。由于热的激活及元素浓度梯度的推动，渗入原子随时间逐步向内层扩散，形成化学热处理渗层。其中对元素渗入影响最大的是扩散。

常用的化学热处理有渗碳、渗氮、碳氮共渗、渗硼、渗金属等。渗碳工艺有气体渗碳、固体渗碳和液体渗碳等。渗碳工艺温度较高，一般为 900~950℃，如此高温下碳原子的扩散能力较强，故渗碳层的深度较大，保温 1~4 h，渗层厚度为 0.5~2.5 mm。渗碳层表面碳浓度可高达 0.85wt%~1.05wt%（表层为过共析钢组织），由表及里形成碳浓度梯度，逐渐降低（芯部为原始组织）。

钢件渗碳后需经淬火和低温回火等热处理。渗碳件组织是指表层为高碳回火马氏体+粒状碳化物+残留奥氏体，芯部为低碳回火马氏体（或含铁素体、屈氏体）。

渗碳件的性能特点是：① 表面硬度高，可达 58~64HRC 以上，耐磨性较好；芯部韧性较好，硬度较低；② 疲劳强度高，表层高碳马氏体体积膨胀大，芯部低碳马氏体体积膨胀小，结果在表层中造成压应力，提高零件的疲劳强度。

渗氮工艺与渗碳相比，其特点主要是渗氮温度低，一般为 $500 \sim 600\ ℃$，渗后一般不再进行其他热处理。

由于温度低，渗氮时间远长于渗碳工艺，一般为 $20 \sim 50\ h$。同样由于渗氮温度低，渗氮前零件可通过调质处理，改善机加工性能和获得均匀的回火索氏体组织，保证较高的强度和韧性。渗氮温度低还可使零件变形小。

6.5.4 非铁合金的时效与脱溶

大多数非铁合金即有色金属材料是通过热处理获得细小的第二相颗粒在基体相中均匀分布的组织，利用第二相强化机制调控合金的性能。第二相颗粒是从过饱和固溶体中析出的，称为脱溶析出或沉淀析出。多数情形下，合金的性能受析出相的种类、体积分数、形貌、尺寸、分布及与基体相的界面性能等因素所控制。

1. 固溶处理与时效处理

沉淀硬化源于合金中新相颗粒的析出，可用相图解释其析出原理。虽然实际应用的沉淀硬化合金多含有两种或更多的合金组元，但还是可以简化用二元合金相图解释，相图形式可用如图 6.95 的 A–B 合金系表示。

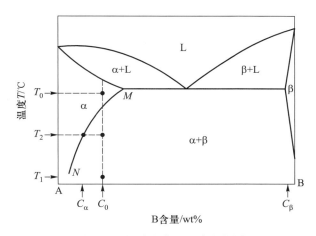

图 6.95 沉淀硬化二元合金相图

可沉淀硬化合金的相图一般有两个重要特征，一是沉淀相在基体相中有较大的固溶度，一般约为百分之几的量级；二是随温度降低沉淀相在基体相中的固溶度急剧减小。设图 6.95 二元相图满足这两个条件，成分为 C_0 的合金最大

固溶度为 M 点，B 组元在 A 组元中的含量沿固溶度线由最大值 M 点降至 N 点，此时 B 组元在 A 组元中的含量极小。另外，沉淀硬化合金的成分必须低于最大固溶度。这些条件对于合金的沉淀硬化来说是必要条件但并非充分条件。

（1）固溶处理

沉淀硬化一般需要两步热处理完成，如图 6.96 所示。第一步是固溶处理，处理后所有溶质原子完全溶解到溶剂原子晶格中形成单相固溶体。以图 6.95 中成分为 C_0 的合金为例，将合金加热至单相区中某一温度 T_0，保持一定的时间，确保合金中的 β 相完全溶解。此时合金的状态为成分为 C_0 的单相 α 相。然后将其迅速冷却或淬火降温至温度 T_1，对于大多数合金而言，该温度为室温。由于冷却速度很快，合金元素不能扩散，也不能生成 β 相。此时合金处于热力学不稳定的非平衡状态，即在温度 T_1 下元素 B 过饱和的 α 固溶体，在此状态下合金强度及硬度相对较低。由于大多数合金在温度 T_1 下扩散速度极慢，单相 α 可保持相当长的时间。

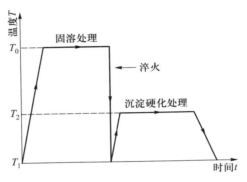

图 6.96　沉淀硬化工艺流程示意图

（2）沉淀处理

沉淀硬化的第二步为沉淀处理，即将过饱和的 α 固溶体加热至 α+β 两相区内的温度 T_2（图 6.95），在 T_2 保持一段时间，再冷却至室温。图 6.96 所示为固溶及沉淀处理的工艺流程。β 相颗粒的特性以及合金的强度及硬度取决于合金的成分、沉淀温度及其保持时间的长短，某些合金甚至在室温下保持足够长时间也能时效。T_2 温度下合金中元素的扩散能力明显提高，溶质原子 B 将在固溶体中的一定区域内聚集进而形成（析出）成分为 $C_β$ 的极细小的 β 相颗粒，是为脱溶过程，沉淀相 β 等温长大动力学类似于图 6.64 共析钢的 C 曲线。产生这种沉淀析出的工艺一般称为时效。在时效析出过程中，合金的力学性能、物理性能等会发生变化。通常，在析出过程中合金的硬度、强度会得到提高，故这种时效现象常称为时效硬化或时效强化，又称为沉淀强化或沉淀硬化。

常用合金抗拉强度、屈服强度及硬度等性能与在设定的温度 T_2 下时效时间对数的变化曲线表示沉淀硬化的规律。图 6.97 即为典型的沉淀硬化合金时效曲线，可以看出，随时间的延长，强度或硬度先增大，达到最大值后再逐渐减小。长时间时效后强度和硬度下降的现象称为过时效。

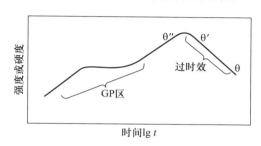

图 6.97　沉淀硬化合金的强度、硬度与时间（恒温）的关系曲线

2. 脱溶过程析出物的组织演变

随合金以及其他条件的不同，过饱和固溶体可以通过不同的序列或不同的途径进行脱溶。

1）原子偏聚区（GP 区）。1938 年，A. Guinier 和 G. D. Preston 各自独立研究发现，Al-Cu 合金经固溶及自然时效（时效温度为室温）后在基体固溶体的（100）晶面上偏聚了一些 Cu 原子，形成了薄圆盘状富铜区，其厚度约为 2 个原子层，直径为 10 nm。为了纪念他们的工作，GP 区已泛指任何固溶体中的溶质原子偏聚区。

GP 区晶体结构与基体相同，由于富集了溶质原子，所以点阵参数有些许改变。GP 区与基体完全共格，界面能很小。但由于溶剂和溶质原子大小不同，可能会产生较大的共格应变，形成弹性畸变场。

从结构角度看，GP 区不是真正的脱溶相，是预脱溶期产物。GP 区大多是比较均匀地弥散分布在基体中，密度可达 10^{18} g·cm^{-3}。GP 区尺寸大小与时效温度有关，在一定温度范围内，其尺寸随温度升高而增大。GP 区的形状主要取决于共格应变能。组元原子半径差不同，所产生的应变能不同，GP 区的形状也不一样，有圆盘状、短棒状及球状等。

2）过渡相。在 GP 区形成后，随着温度升高及时间延长，将析出过渡相。不同合金系在时效过程中所产生的过渡相是不同的。过渡相与基体相可能具有相同的点阵结构，也可能不同。过渡相一般都和基体保持有完全共格或部分共格的晶体学关系。与 GP 区相比，显然在结构上与基体的差别更大，过渡相可以在 GP 区中形成，也可以独立非均匀形核于晶界、位错、层错和空位团等处，以降低应变能和界面能。

过渡相形状主要受合金系中界面能和应变能综合作用的影响。另外，扩散过程的方向性和晶核长大的各向异性也可使某些过渡相具有复杂的形状。在 Al-Cu 合金中，有 θ″ 和 θ′ 两种过渡相。θ″ 均匀分布于基体中，也呈圆盘状，直径约为 100 nm，厚度约 2 nm，点阵结构为正方结构，$a = b = 0.404$ nm，$c = 0.768$ nm。成分接近 $CuAl_2$，仍然保持与基体的完全共格，在 θ″ 相周围的基体中产生较大的共格应变，如图 6.98 所示，从而对位错运动的阻止作用进一步增大，因此时效强化效果更大。

随时效的继续进行，θ″ 相将转变为 θ′ 相。θ′ 相呈圆片状，直径为 100～500 nm。点阵结构也为正方结构，$a = b = 0.571$ nm，$c = 0.580$ nm，成分更接近平衡相 $CuAl_2$。由于 θ′ 相的点阵常数发生了较大变化，故它与基体的共格关系开始破坏，逐步转变为半共格关系。因此，形成 θ′ 相时，基体中的弹性畸变能减小。这时合金的强度、硬度开始降低，处于过时效阶段。

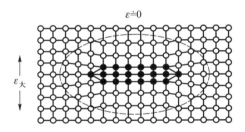

图 6.98　共格的圆盘状过渡相 θ″ 所产生的畸变场

图 6.99 所示为沉淀硬化 7150 铝合金中过渡相颗粒的电子显微形貌。

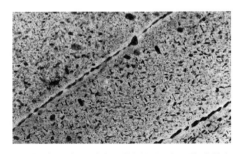

图 6.99　沉淀硬化 7150 铝合金中过渡相颗粒的电子显微形貌（Callister et al.，2011）

3）稳定相。在更高温度或更长的保温时间下，过渡相从基体中完全脱溶形成稳定的平衡相。平衡相成分与结构由合金平衡相图决定，图 6.100 所示为 Al-Cu 二元合金相图的富 Al 端。Al-Cu 合金析出的稳定相为 θ 相（CuAl₂）。θ 相仍为正方点阵结构，$a = b = 0.607$ nm，$c = 0.487$ nm。θ 相能迅速长大成块状，尺寸可达到微米级。θ 相与基体为非共格关系，基体的弹性畸变基本消失，合金的强度、硬度进一步下降。

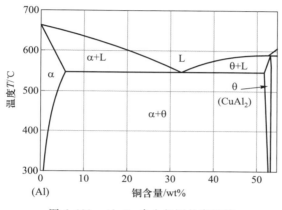

图 6.100　Al-Cu 合金相图的富铝端

3. 合金脱溶（时效）时性能的变化

如本章第二节所述，强化的本质是由于位错的运动受到不同程度的阻碍后所产生的结果。时效强化的主要原因是：① 沉淀析出物周围的基体相中存在弹性畸变场，与位错交互作用，阻止了位错的运动；② 较软的析出物是位错运动的障碍物，位错切过析出物，既消耗能量，又形成新界面，有效地抑制了位错的运动；③ 较硬的析出物使位错运动受阻，位错需绕过析出物才能向前继续运动，即发生所谓的奥罗万机制而产生强化。

图 6.97 所示为数量众多弥散均匀分布的过渡相及亚稳相颗粒对合金强度及硬度的影响规律，如图所示，强化效果最显著的阶段对应的是过渡相 θ″，而过时效则是因为过渡相 θ′ 和平衡相 θ 颗粒的形成及长大所致。

强化过程通常随时效温度的升高而加速，图 6.101a 为不同时效温度下 2014 铝合金抗拉强度与时间的关系曲线。为获得最佳的硬度或强度需设定理想的沉淀处理温度和时间等工艺参数。一般而言，强度的提高伴随着塑性的下降，图 6.101b 给出的不同时效温度下 2014 铝合金塑性（伸长率）与时间的关系曲线也验证了这个规律。

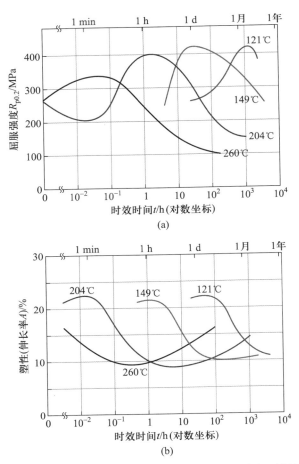

图 6.101　不同时效温度下 2014 铝合金屈服强度及伸长率与时间的关系曲线

　　并非所有满足前述成分及相图特征等条件的合金都能沉淀硬化。事实上，产生沉淀硬化的重要前提是在沉淀相与基体相之间的界面形成足够大的晶格畸变。以 Al-Cu 合金为例，在过渡相颗粒的邻近区域均有晶体结构的畸变（图 6.98）。塑性变形时，这些晶格畸变有效地阻止着位错的运动，结果合金的强度更高，硬度更大。而当平衡相 θ 颗粒形成后，由这些沉淀颗粒所产生的位错滑移阻力减小，故产生过时效，即强度和硬度降低。

　　那些在室温及较短时间内即可发生沉淀硬化的合金则需淬火后在较低温度下存放。某些铝合金铆接件就是利用了这一特性，当铝合金铆钉处于软态时将其变形实现铆接，然后在室温下存放时效硬化。该硬化称为自然时效，而在更高温度下的时效则称为人工时效。

可将应变硬化与沉淀硬化两种强化机制同时应用以获得高强度合金，但硬化工艺顺序对于获得优异的综合力学性能非常重要。一般来讲，理想的程序是先将合金固溶处理，然后淬火，再冷加工，最后进行沉淀硬化热处理。按此程序处理，不会因为沉淀硬化热处理产生再结晶而使合金强度降低。但若在冷加工之前进行沉淀硬化处理，则冷加工变形需更大的能量，同时沉淀硬化导致的材料塑性下降，故冷加工还会容易产生裂纹。

大多数沉淀硬化合金的使用温度均有一定的限制，在邻近时效工艺温度下使用将会由于过时效而导致强度降低。总结合金时效过程，可以看出，随着固溶体的逐步贫化→溶质元素偏聚、沉淀→脱溶相弥散析出过程的进行，强化机制也在不断转化。强化的主要原因是合金中过渡相或沉淀相的存在，产生了弹性畸变场和弥散质点的阻碍作用，其本质是由于位错的运动受到不同程度的阻止后所产生的结果。

沉淀析出相的形状主要取决于界面能和应变能两个因素的综合作用的结果。根据最小阻力原理，在时效过程中，往往会形成形核功最小的过渡相，再逐步演变成稳定相。对于一定成分的合金而言，时效演化过程及其相应的产物又受温度、时间等环境因素所控制。

对于没有同素异构转变的合金来说，时效强化是最为重要的一种强化途径。除了高强度变形铝合金外，马氏体时效钢、沉淀硬化不锈钢及高温合金等也采用时效强化。

本章小结

金属材料塑性变形机制是研究金属材料强化机理的基础。金属材料塑性变形的基本方式有滑移和孪生。滑移是金属晶体的一部分沿一定晶面（滑移面）上的一定方向（滑移方向）相对于另一部分发生滑动。理论和试验研究表明，滑移实质上是晶体内部位错在切应力作用下运动的结果。孪生是指在切应力作用下晶体的一部分相对于另一部分沿一定晶面（孪生面）和晶向（孪生方向）发生切变的变形过程。孪生所需的临界切应力比滑移的大得多，多在滑移很难进行的情况下才发生。金属材料强化的本质可以认为是在材料内部形成位错运动的阻力。

单相金属的强化机理可细分为晶粒细化强化、固溶强化和加工硬化三种。

多相金属的强化机理除了上述三种外，还有第二相强化。金属材料既可以通过变化成分以控制组织改变力学性能，也可以不改变材料成分通过工艺获得新的平衡组织和非平衡组织而改变力学性能。本章重点讨论在不改变金属材料成分的前提下两种调控其组织及性能的原理及工艺，一是调控过程中不发生相变过程的冷塑性变形、回复和再结晶；二是调控过程中发生相变过程的热处理。

　　金属材料经冷塑性变形后微观组织形貌（呈纤维状）及亚结构（位错密度大幅提高）发生了变化，在材料内部产生内应力，结果使材料的强度及硬度增大，塑性及韧性则降低。冷塑性变形后经回复、再结晶热处理，随回复、再结晶温度的升高，材料内应力逐渐减小直至消除，位错密度逐渐降低，形成新的晶核并逐渐长大，微观组织形貌发生变化，逐渐恢复到冷塑性变形前的状态，强度及硬度逐渐降低，塑性及韧性逐渐提高。

　　热处理是将金属材料在固态下加热到预定的温度，并在该温度下保温一段时间，然后以一定的速度冷却，以改变材料整体或表面组织，从而获得所需性能的热加工工艺。

　　钢的热处理过程中发生的转变包括钢的加热组织转变、冷却组织转变以及回火组织转变等。

　　钢的加热组织转变是指钢由原始组织状态转变为奥氏体的过程，分为四个阶段：奥氏体的形核、奥氏体的长大、残余渗碳体的溶解以及奥氏体的均匀化。

　　钢的等温冷却组织转变根据转变温度的不同，分为高温转变（珠光体转变）、中温转变（贝氏体转变）和低温转变（马氏体转变），分别得到珠光体型组织（珠光体、索氏体和屈氏体）、贝氏体型组织（上贝氏体、下贝氏体）以及马氏体型组织（低碳马氏体、高碳马氏体）。珠光体型为平衡组织，贝氏体型为平衡和非平衡混合组织，马氏体则为非平衡组织。不同组织中相的种类、体积分数、形貌、尺寸、分布及界面均各不相同，导致钢的力学性能有很大的不同。可利用强化机理对其力学性能的变化进行分析，一般规律是随等温冷却转变温度的降低，强度、硬度逐渐增高，塑性、韧性逐渐降低。

　　淬火钢（组织为马氏体+残留奥氏体）在一定温度下加热保温将发生回火组织转变，随温度的升高分别发生马氏体分解、残留奥氏体的转变、碳化物的转变及渗碳体的聚集长大以及 α 相的回复、再结晶等微观组织转变。同样可利用强化机理对其力学性能的变化进行分析，一般规律是随回火温度的升高，强度、硬度逐渐降低，塑性、韧性逐渐增大。

　　大多数非铁合金即有色金属材料是通过热处理获得细小的第二相颗粒在基体相中均匀分布的组织，利用第二相强化机制调控合金的性能。热处理包括固溶和时效两个过程，固溶的目的是得到过饱和的固溶体，时效则是将固溶处理得到的过饱和的固溶体在一定温度保温一定时间，以析出第二相颗粒，利用沉淀硬化机制提高其强度、硬度等力学性能。

第七章
金属材料

    金属材料具有良好的强度、韧性配合，还有一定的耐腐蚀性，是最重要的工程材料。

    按金属材料的主要组成，可将金属材料分为黑色金属和有色金属两大类。黑色金属是指铁和以铁为基的合金，包括碳钢、合金钢和铸铁、合金铸铁等铁碳合金，习惯上将黑色金属统称为钢铁。金属材料中约95%为钢铁材料，钢铁材料得到广泛应用有三个主要原因：① 地球表层中含铁化合物储量丰富；② 材料的各种工艺成本低廉；③ 各种力学及物理性能优越。

    有色金属又称为非铁金属材料，是指除铁碳合金之外的所有金属材料，主要包括铝、铜、镁、钛、锌及其合金等。有色金属及其合金具有钢铁材料所没有的许多特殊的力学、物理和化学性能，是一大类不可或缺的金属材料。

    作为广泛用于制造各种构件、机械零件、工具和日常生活用品的金属材料，首先应该具备良好的工艺性能，即能适应铸造、压力加工、焊接、切削等成形工艺以获得所需要形状和尺寸的构件，同时具有预期的力学及理化性能进而满足构件的使用效能。绝大多数金属材料还应适应各种热处理的工艺要求，得到合适的微观组织和性能。

    本章先介绍金属材料的加工及工艺性能，以及金属材料的一般性能特点。然后全面介绍常用碳钢、合金钢、铸铁等黑色金属以及铝、铜、镁、钛等有色金属的成分、分类、牌号、主要用途、热处理特点及性能。最后按基体金属的不同介绍满足更高工作温度及负荷要求的耐热合金以及难熔金属与合金。本章的重点是各类金属材料的合金化原理。

7.1 金属材料加工及工艺性能

金属材料具有许多优良的性能，广泛应用于制造各种工程构件、机械零件、工具等，其应用领域最广、用量最大，是最重要的一大类工程材料。金属材料的性能包含工艺性能和使用性能两方面。工艺性能是指制造工艺过程中材料适应加工的性能；使用性能是指金属材料在使用条件下所表现出来的性能，包括力学、物理和化学性能。

7.1.1 金属材料的材料化过程

所谓材料化过程是指由天然原料（包括人造原料）经过物理和化学变化变为工程上有用的原材料的工艺流程。

金属材料一般从矿石中提取，往往涉及冶炼过程，因此金属材料的生产工艺通称为冶金学。根据工艺特点的不同可分为：火法冶金、湿法冶金、电冶金以及粉末冶金等。

1. 火法冶金

火法冶金是指利用高温（超过金属熔点温度）从矿物中提取金属或其他化合物的方法。如钢铁材料就是由火法冶金工艺制得。冶炼流程可分为三步：原料准备、冶炼、精炼。

1）原料准备。① 制取精矿粉：把从自然界中直接采掘到的矿石破碎后，通过重选、浮选、磁选等方法，获得含金属量较高的精矿粉；② 精矿粉的球团和烧结：把细铁精矿粉与适量的黏结剂和水在造球机内均匀混合制成球团，然后再高温烧结。

2）冶炼生铁。一般金属在矿石中以氧化物或硫化物等化合物的形式存在，用还原剂（如焦炭、CO等）将其还原为金属的过程，称为冶炼。由精矿粉球团及还原剂经高温冶炼冷却后即制得生铁，生铁中碳含量超过 2wt%。

3）精炼（炼钢）。将冶炼得到的生铁进一步去除杂质、提高纯度的过程称为精炼。炼钢实际上是对生铁的一种精炼过程，通过氧气把铁水中的各种杂质（碳、硫和磷等）氧化成炉渣和气体除去，从而降低杂质含量，并用各种铁合金（硅铁、锰铁和铬铁等）来调整成分，再用铝、钛等脱除过量的氧的过程。

采用火法冶炼的还有铜、锡、镍、铅等金属材料。

2. 湿法冶金

利用溶剂，借助于氧化、还原、中和、水解和络合等化学作用，对原料中的金属进行提取和分离，得到金属或其他化合物的过程称为湿法冶金。湿法冶金在机理上属分析化学的内容，其生产步骤主要包括：浸取、分离、富集和提取。

1）浸取。浸取是选择适当的溶剂（如酸、碱、氨、氰化物、有机溶剂等）把经处理过的矿石中的常以化合物形式存在的金属选择性地溶解，以便使其与其他不溶的物质分离的过程。

2）分离。分离是将浸取溶液与不溶的残渣分离的过滤过程。

3）富集。富集是把分离得到的浸取液净化和富集的过程，包括化学沉淀、离子交换、溶剂萃取等方法。

4）提取。从富集后的净化液中获取纯金属的过程。

3. 电冶金

广义地讲电冶金是指应用电能从矿石或其他原料中提取、回收、精炼金属的冶金过程。一般指电解（电化学）冶金，包括水溶液电解和熔盐电解。

1）水溶液电解。水溶液电解是以溶有金属离子的水溶液作为电解质，使金属离子在阴极上析出的过程。水溶液电解过程也可以把含杂质的金属作为阳极，电解过程中使其不断溶解到水溶液中，并在阴极析出，称为电解精炼（可溶阳极电解），如金、银、钴、镍、铜等贵重金属大多采用电解精炼来获得高纯成分；如果阳极材料本身不参与电解过程，只是把湿法冶金中获得的浸取液中的金属在阴极沉淀析出，则称为电解提取（不溶阳极电解），例如锌、铬、锰等的提取。

2）熔盐电解。熔盐电解是以高导电率、低熔点的金属熔盐作为电解质，是金属离子在阴极析出的过程，主要用于不溶于水的金属盐类，如铝、镁、钠等活泼金属。

4. 粉末冶金

用湿法冶金和电冶金获得金属往往是以颗粒的形式存在，要想得到大块的致密金属和金属零部件，可采用粉末冶金的方法。粉末冶金由以下几个主要工艺过程组成：配料、压制成形、坯块烧结和后处理。

7.1.2　材料的加工及工艺性能

材料的加工就是把材料制备成具有一定形状、尺寸和性能的制品的过程。主要指材料的成形加工、内部组织结构的控制以及表面处理等。

金属材料的塑性及延展性好，加工工艺多种多样，包括铸造、压力加工、焊接、热处理、切削加工等。热处理工艺是只改变组织性能，不改变形状的过程，已在第五章、第六章中介绍，这里只讨论铸造、压力加工、焊接和切削加工等。

1. 铸造及金属铸造性能

铸造是将金属材料由液态直接成形的一种方法，即将熔融金属浇注到型腔内，凝固后得到一定形状的铸件。分砂型铸造、金属型铸造、压力铸造、离心铸造和熔模铸造等。

金属材料铸造成形获得优良铸件的能力称为铸造性能，用流动性、收缩性和偏析倾向表征。

1）流动性。熔融金属的流动能力称为流动性。流动性好的金属容易充满铸型，从而获得外形完整、尺寸精确、轮廓清晰的铸件。

2）收缩性。铸件在凝固和冷却过程中，其体积和尺寸减少的现象称为收缩性。铸件收缩不仅影响尺寸，还会使铸件产生缩孔、疏松、内应力、变形和开裂等缺陷。故铸造用金属的收缩率越小越好。

3）偏析倾向。金属凝固后，铸锭或铸件化学成分和组织的不均匀现象称为偏析。偏析会使铸件各部分的力学性能存在很大的差异，降低铸件的质量。

铸件的质量主要取决于合金的成分和铸造性能、铸造工艺和铸件的形状结构。铸件的主要缺点是成分不匀和晶粒尺寸较大。由于非共晶合金的凝固过程是在一定的温度区间内进行的，存在液固两相共存区，高温结晶的部分杂质含量低，低温结晶的部分杂质含量高。此外，同样由于存在液固两相区，先析出的固相往往长成树枝状（枝晶），阻碍液态金属的流动，不利于获得优质铸件。因此，共晶合金（或接近共晶成分的合金）的铸造性能要好于非共晶合金，这就是铸铁铸造性能远优于铸钢的原因。

表 7.1 为几种金属材料铸造性能的比较。

表 7.1　几种金属材料铸造性能的比较

材料	流动性	体积收缩率	偏析倾向	其他
灰口铸铁	好	小	小	铸造内应力小
球墨铸铁	稍差	大	小	易出现缩孔、疏松
铸钢	差	大	大	导热性差、易冷裂
铸造黄铜	好	小	较大	易形成集中缩孔
铸造铝合金	尚好	大	较大	易吸气、易氧化

2. 压力加工及压力加工性能

对固态金属施加外力，通过塑性变形得到一定形状、尺寸和性能的制品的过程就是压力加工。根据加工方式的不同，压力加工可分为锻造、轧制、挤压、拉拔、冲压等过程；根据加工温度的不同，通常分为热加工和冷加工。

热加工是指在再结晶温度以上进行的加工过程。热加工过程中，金属材料不断回复和再结晶，消除加工硬化，而且高温时材料的强度低、塑性好，所以可以进行大变形量、大速率的加工，如锻造和热轧。热加工同时可以改善材料的内部组织结构，其主要缺陷是表面的氧化不可避免，影响表面质量，同时尺寸精度也较低，常用于成形毛坯，供后续工艺进一步精加工。

冷加工是指低于再结晶温度下进行的加工过程。由于温度较低，冷加工过程不能产生动态回复和再结晶现象。冷加工过程中工件将不断产生加工硬化，因此冷加工在使工件成形的同时也使其得到强化，并使进一步的加工越来越困难，往往需要中间退火工序。冷加工可以获得较精密的尺寸和良好的表面质量。

金属材料压力加工性能是指用压力加工方法成形的适应能力。主要取决于金属材料的塑性和变形抗力。塑性越好，变形抗力越小，压力加工性能越好。铜合金和铝合金在室温下就有良好的压力加工性能。碳钢的热加工性能较好，其中低碳钢最好，中高碳钢则不如低碳钢。铸铁不能进行压力加工。

3. 焊接及焊接性能

要把各种零部件组成一个整体、成为一个有机的结构以具备一定的功能，就需要一定的连接手段。连接的方式有两大类，一类是机械连接，如铆接、螺钉连接等，另一类是在工程上广泛使用的借助于物理、化学过程的焊接。

焊接是使两个分离的固态物质借助于原子间结合力而连接在一起的连接方法，它是通过金属间的压结、熔合、扩散、合金化、再结晶等过程，而使零件永久地结合。工程上大量应用的是熔化焊接，它是利用热源把母材局部或焊条合金熔化成液态，将两个分离的金属零件冶金结合在一起。熔化焊接相当于焊接区的局部重新冶炼和热处理过程，可以显著改变焊接区的成分、组织和性能。

熔化焊包括电弧焊、气焊、气体保护焊、电渣焊和钎焊等，新近发展的焊接方法还有等离子弧焊接、电子束焊接、激光焊接和扩散焊接等。金属材料对焊接加工的适应性称为焊接性能。即在一定的焊接工艺条件下，获得优质焊接接头的难易程度。钢材中碳含量是影响焊接性能好坏的主要因素。低碳钢和碳含量低于 0.18wt% 的合金钢有较好的焊接性能，碳含量大于 0.45wt% 的碳钢和碳含量大于 0.35wt% 的合金钢的焊接性能较差。铜合金和铝合金的焊接性能都较差。灰铸铁的焊接性能很差。

4. 切削加工及切削加工性能

很多零部件在通过铸造、压力加工和焊接成形之后，还要通过切削加工

(也称机加工)来提高其尺寸精度和表面光洁度,或者获得其他手段不易得到的特殊形状。金属的切削加工可分为车、铣、刨、钻和磨五种基本方法。此外还有一些特殊的切削方法,如化学蚀刻、电化学加工、超声波加工、电火花加工和激光加工等,主要用于一些特定的、精度要求很高的场合。切削过程基本上是零件的纯粹形状改变过程,一般不引起材料内部组织和性能的变化(少量的加工硬化除外)。

切削加工性能一般用切削后的表面质量(以表面粗糙度高低衡量)和刃具寿命来表示。影响切削加工性能的因素主要有材料的化学成分、组织、硬度、韧性、导热性和形变硬化等。金属材料具有适当的硬度(170~230HBS)和足够的脆性时切削性能良好。表 7.2 所示为几种金属材料的切削加工性能比较。

表 7.2　几种金属材料的切削加工性能

等级	金属材料	切削加工性能
1	铝、镁合金	很容易加工
2	易切削钢	易加工
3	30 钢正火	易加工
4	45 钢、灰铸铁	一般
5	85 钢(轧材)、2Cr13 不锈钢	一般
6	65Mn 钢调质	难加工
7	1Cr18Ni9 不锈钢、W18Cr4V 钢	难加工
8	耐热合金、钴合金	难加工

7.2　金属材料的性能特点

金属材料具有性能多样、资源丰富、生产简单、加工容易、成本低廉等特点,因此,在可预见的未来,金属材料的霸主地位无法撼动。金属材料的使用性能是指金属材料在使用条件下所表现出来的性能,包括力学、物理和化学性能。

本节将分别介绍金属材料的力学性能、热学性能及耐腐蚀性能等特性。

7.2.1　纯金属的性能特点

尽管纯金属很少作为结构材料使用,但其性能是由纯金属合金化制备的合金性能的基础。常用作工程材料的纯金属力学性能及热学性能见表7.3。

表7.3 部分纯金属(软态)的力学性能及热学性能

金属	铁	铝	铜	镁	镍	钛
密度/(g·cm^{-3})	7.86	2.70	8.94	1.74	8.9	4.5
熔点/℃	1 538	660	1 083	650	1 455	1 660
弹性模量/GPa	203	72	130	44	200	115
抗拉强度/MPa	250~330	60	196	200	500	250~300
伸长率/%	45	40	50	10	40	60
断面收缩率/%	75	80	70	15	70	80
硬度 HB	65	20	35	25	70	100
热导率/[W·(m·K)$^{-1}$]	80	237	401	156	91	219
膨胀系数/(×10^{-6}℃$^{-1}$)	12.3	23	16.5	26.1	13.3	8.35

7.2.2 金属材料的性能特点

金属及其合金得到广泛应用的最重要原因是具有优异的强韧性,可以根据使用性能要求(服役条件)选用密度及弹性模量、强度、塑性、韧性、硬度等力学性能合理组合的各类金属材料。同样,各种金属材料具有不同的高温力学性能及抗氧化、耐腐蚀性能。金属材料的性能决定于其成分及微观组织(相的种类、体积分数、尺寸、形貌、分布及界面),成分相同的金属材料可以选用不同的加工及热处理工艺改变微观组织进而调控其性能。

1. 合金的力学性能特点

常用金属材料有碳钢及合金钢、铝合金、铜合金、镁合金、钛合金、镍合金等,不同合金材料的力学性能差异很大。

1)弹性模量。金属材料弹性模量是组织不敏感的力学性能指标。如固溶体合金的弹性模量主要取决于溶剂元素的性质和晶体结构,如碳钢与合金钢的弹性模量相差不超过5%。但也有例外,如某些含第二组元较多的合金,由于合金相的晶体结构发生了变化,其弹性模量与基体金属的弹性模量相比可能有很大差异。而两相合金的弹性模量则将受到第二相的性质、体积分数等的影响。

从表7.3中部分金属材料的弹性模量与熔点数据可以发现,元素的熔点越高其弹性模量越大,合金弹性模量规律也大致如此。

2)室温力学性能。金属材料的力学性能,包括抗拉强度、屈服强度、伸长率、断面收缩率、硬度、冲击韧性、断裂韧性等，随合金体系、加工工艺及热处理工艺的不同有很大的变化，影响因素包括成分、微观组织（包括合金相的种类、体积分数、尺寸、形貌、分布及界面等要素）。其中强度及硬度性能主要决定于溶剂金属的类别。如碳钢及合金钢的屈服强度最低约为 195 MPa，而超高强度钢的则高达 2 000 MPa。常用变形铝合金的抗拉强度范围约为 165～550 MPa。大多数金属材料如低碳钢、低碳合金钢、铝合金、铜合金等具有优异的塑性变形能力，其伸长率均大于 20%，有的甚至高达 80%。金属材料还具有高的冲击韧性和断裂韧性，如高强度钢的断裂韧性范围为 47～150 MPa·$m^{-1/2}$。因此，金属材料具有优异的强度、塑性及韧性的综合性能。

3）高温力学性能。绝大多数碳素钢及低、中合金钢在高于 250 ℃时常会发生微观组织变化（如晶粒长大、中高温回火组织转变等），使其强度降低。同样，常用铝合金在 120 ℃以上较长时间保持也会产生过时效，强度也会减小。各类金属材料在高温和拉伸应力的共同作用下均会发生蠕变现象，故大多数金属材料的耐热性通常不高，明显不如工程陶瓷材料。

火箭发动机、燃气涡轮机、石油化工、原子能、汽轮机、电站锅炉等现代工业设备上的许多构件在 300 ℃以上的条件下服役，有的高达 1 200 ℃以上，因此发展了耐热钢和耐热合金。

2. 金属材料的抗氧化及耐腐蚀性能

1）抗氧化性能。由于多数金属在高温下的氧化物的自由能低于纯金属，所以都能自发地被氧化腐蚀。铁的氧化物有 FeO、Fe_2O_3、Fe_3O_4 三种，在室温下只生成 Fe_2O_3、Fe_3O_4 二层结构，温度高于 570 ℃才生成 FeO 层，其厚度比例约为 1∶10∶100，其中接近基体的一层是 FeO，最外层是 Fe_2O_3。FeO 结构疏松，原子容易通过 FeO 层扩散。氧离子由表向里扩散，而铁离子由里向外扩散，不断被氧化。从高温冷却经过 570 ℃时 FeO 分解，氧化皮容易脱落。故大多数钢的抗氧化性能较差，为此发展了不锈钢，不锈钢中含有较多的 Cr，氧化形成的 Cr_2O_3 膜层致密且稳定，可阻止氧化的继续，大大提高了钢的抗氧化性能。

铝合金和钛合金在氧化性气氛中易形成致密、稳定的 Al_2O_3、TiO_2 惰性氧化膜，因此具有良好的抗氧化性能。

2）耐腐蚀性能。绝大多数工程金属材料具有多个合金相，在各类电解质中形成腐蚀原电池，极易发生电化学腐蚀。添加了较高含量的 Cr、Ni 等合金元素的不锈钢由于具有单相化、提高基体相的电极电位及形成致密稳定的氧化膜等耐电化学腐蚀机制，使其具有良好的耐腐蚀性能。铝合金和钛合金主要由于其表面形成的致密稳定的氧化物膜，减缓甚至隔绝了腐蚀介质的侵入，故它们的耐腐蚀性能更为优异。

综上所述，金属材料的性能特点是：强度高，韧性好，塑性变形能力强，综合力学性能优异，通过热处理还可以大幅度改善力学性能。不同的金属材料抗氧化、耐腐蚀性能相差较大，不锈钢、铝合金及钛合金抗氧化、耐腐蚀性能更好。

7.3 碳钢

工业上使用的钢铁材料中，碳钢占有重要地位。铁碳合金中，碳含量在 $0.02wt\%\sim2.11wt\%$ 的合金称为钢，但满足服役性能要求（强度、塑性及韧性合理配合）的碳钢中的碳含量一般都小于 $1.3wt\%$。

7.3.1 碳钢的成分

碳钢也称为碳素钢，主要由 Fe、C、Mn、Si、S、P 等元素组成。碳含量是影响碳钢性能的主要因素。碳钢的成分标准见表 7.4。Mn、Si 有利于改善钢的力学性能。S 易使钢发生热脆（高温锻轧时开裂），P 易使钢发生冷脆（室温脆性断裂），故 S、P 含量对钢材的性能和质量影响很大，必须严格控制其含量。

表 7.4 碳钢的成分标准

合金元素	Cr	Mn	Mo	Ni	Si	Ti	W	V
最大含量/wt%	0.30	1.00	0.05	0.30	0.50	0.05	0.10	0.04

7.3.2 碳钢的分类

碳钢主要有下列几种分类方法：

1）按用途分类。① 结构钢。用于制造各种工程结构（建筑、船舶、桥梁、车辆、压力容器等）和各种机器零件（轴、齿轮、弹簧等）的钢种称为结构钢。② 工具钢。用于制造各种加工工具的钢种。

2）按碳含量分类。分为低碳钢（$wt\%\ C < 0.25wt\%$）、中碳钢（$wt\%\ C = 0.25wt\%\sim0.6wt\%$）、高碳钢（$wt\%\ C > 0.6wt\%$）。

3）按品质分类。按钢中有害杂质 P、S 的含量分类，可分为普通质量碳素钢、优质碳素钢和高级优质碳素钢。普通质量碳素钢：$wt\%\ S \leqslant 0.050wt\%$，$wt\%\ P \leqslant 0.045wt\%$；优质碳素钢：$wt\%\ S \leqslant 0.035wt\%$，$wt\%\ P \leqslant 0.035wt\%$；高级优质碳素钢：$wt\%\ S \leqslant 0.030wt\%$，$wt\%\ P \leqslant 0.030wt\%$。

7.3.3　碳素结构钢

碳素结构钢的碳含量为 $0.06wt\% \sim 0.38wt\%$，用来制造各种金属结构和机器零件。按冶金质量等级，碳素结构钢包括普通质量碳素结构钢和优质碳素结构钢。

1）普通质量碳素结构钢。这类钢的牌号用"Q＋屈服强度数值（单位为 MPa）＋质量等级＋脱氧方法"等符号表示。例如碳素结构钢牌号 Q235AF、Q235BZ 等。

根据国家标准（GB/T 700—2006），常用普通质量碳素钢的牌号、化学成分和力学性能如表 7.5a 和表 7.5b 所示。

表 7.5a　普通质量碳素钢的牌号及化学成分（GB/T 700—2006）

牌号	等级	化学成分/wt%					脱氧方法
		C	Si	Mn	P	S	
Q195	—	0.12	0.30	0.50	0.035	0.040	F，Z
Q215	A	0.15	0.35	1.20	0.045	0.050	F，Z
	B					0.045	
Q235	A	0.22	0.35	1.40	0.045	0.050	F，Z
	B	0.20				0.045	
	C	0.17			0.040	0.040	Z
	D				0.035	0.035	TZ
Q275	A	0.24	0.35	1.50	0.045	0.050	F，Z
	B					0.045	Z
	C	0.28~0.38			0.040	0.040	Z
	D				0.035	0.035	TZ

注：脱氧方法：F—沸腾钢；Z—镇静钢；TZ—特殊镇静钢。

普通碳素结构钢中 Q195 强度低，塑性好，可制作汽车面板、铁钉、铁丝等。Q215 可用于制作钢管、结构件及板材。Q235 等塑性较好，有一定的强度，通常轧制成钢筋、钢板和钢管等，可用于桥梁、建筑物结构等，也可用作螺钉、螺帽、铆钉等。Q275 强度较高，可轧制成型钢、钢板，可用于压力容器等。

需指出的是，该类钢一般是在热轧状态下使用，不再进行热处理。对某些零件，也可以进行正火、调质、渗碳等处理，以提高其使用性能。

表 7.5b 普通质量碳素结构钢的力学性能（GB/T 700—2006）

牌号	抗拉强度/MPa	屈服强度/MPa	伸长率/%	V 形冲击功 A_k/J
Q195	315～390	≥195	≥33	—
Q215	335～450	≥215	≥31	≥27
Q235	370～500	≥235	≥26	≥27
Q275	410～540	≥275	≥22	≥27

2）优质碳素结构钢。优质碳素结构钢牌号开头的两位数字表示钢的碳含量，以平均碳含量的万分之几表示。

例如平均碳含量为 0.45wt% 的钢，牌号为"45"。如果钢中锰含量较高，应将锰元素标出，如 50Mn，锰含量约为 0.70wt%～1.00wt%。沸腾钢及专门用途的优质碳素结构钢在牌号最后标出，如平均碳含量为 0.1wt% 的沸腾钢牌号为 10F。

优质碳素结构钢的牌号、化学成分如表 7.6a 所示。热处理和力学性能如表 7.6b 所示。

优质碳素结构钢主要用于制造各种机器零件。08F 塑性好，可制造冷冲压零件。10、20 钢冷冲压性与焊接性能良好，可用作冲压件及焊接件，经过热处理（如渗碳）也可以制造轴、销等零件。35、40、45、50 钢也称为碳素调质钢，经调质处理（淬火+高温回火）得到回火索氏体组织，可获得良好的综合力学性能，但碳素调质钢的淬透性较差，仅用于制造小尺寸的齿轮、轴类、套筒等零件。60、65、70 等钢主要用于制造弹簧，也称为碳素弹簧钢，热处理工艺一般为淬火加中温回火，显微组织为回火屈氏体，同样碳素弹簧钢的淬透性较差，只能用于制备直径（厚度）小于 15 mm 的弹簧。

表 7.6a 优质碳素结构钢的牌号、化学成分（GB/T 699—1999）

牌号	化学成分/wt%						交货状态力学性能（≥）				
	C	Si	Mn	Cr	Ni	Cu	R_m/	$R_{p0.2}$/	A/	Z/	A_{KU_2}/
				≥			MPa	MPa	%	%	J
08F	0.05～0.11	≤0.03	0.25～0.50	0.10	0.30	0.25	295	175	35	60	
10F	0.07～0.13	≤0.07	0.25～0.50	0.15	0.30	0.25	315	185	33	55	
15F	0.12～0.18	≤0.07	0.25～0.50	0.25	0.30	0.25	355	205	29	55	

牌号	化学成分/wt%						交货状态力学性能（≥）				
	C	Si	Mn	Cr	Ni	Cu	$R_m/$	$R_{p0.2}/$	$A/$	$Z/$	$A_{KU_2}/$
				≥			MPa	MPa	%	%	J
08	0.05~0.11	0.17~0.37	0.35~0.65	0.10	0.30	0.25	325	195	33	60	
10	0.07~0.13	0.17~0.37	0.35~0.65	0.15	0.30	0.25	335	205	31	55	
15	0.12~0.18	0.17~0.37	0.35~0.65	0.25	0.30	0.25	375	225	27	55	
20	0.17~0.23	0.17~0.37	0.35~0.65	0.25	0.30	0.25	410	245	25	55	
25	0.22~0.29	0.17~0.37	0.50~0.80	0.25	0.30	0.25	450	275	23	50	71
30	0.27~0.34	0.17~0.37	0.50~0.80	0.25	0.30	0.25	490	295	21	50	63
35	0.32~0.39	0.17~0.37	0.50~0.80	0.25	0.30	0.25	530	315	20	45	55
40	0.37~0.44	0.17~0.37	0.50~0.80	0.25	0.30	0.25	570	335	19	45	47
45	0.42~0.50	0.17~0.37	0.50~0.80	0.25	0.30	0.25	600	355	16	40	39
50	0.47~0.55	0.17~0.37	0.50~0.80	0.25	0.30	0.25	630	375	14	40	31
55	0.52~0.60	0.17~0.37	0.50~0.80	0.25	0.30	0.25	645	380	13	35	
60	0.57~0.65	0.17~0.37	0.50~0.80	0.25	0.30	0.25	675	400	12	35	
65	0.62~0.70	0.17~0.37	0.50~0.80	0.25	0.30	0.25	695	410	10	30	
70	0.67~0.75	0.17~0.37	0.50~0.80	0.25	0.30	0.25	715	420	9	30	
75	0.72~0.80	0.17~0.37	0.50~0.80	0.25	0.30	0.25	1 080	880	7	30	
80	0.77~0.85	0.17~0.37	0.50~0.80	0.25	0.30	0.25	1 080	930	6	30	
85	0.82~0.90	0.17~0.37	0.50~0.80	0.25	0.30	0.25	1 130	980	6	30	
15Mn	0.12~0.18	0.17~0.37	0.50~0.80	0.25	0.30	0.25	410	245	26	55	
20Mn	0.17~0.23	0.17~0.37	0.50~0.80	0.25	0.30	0.25	450	275	24	50	
45Mn	0.42~0.50	0.17~0.37	0.50~0.80	0.25	0.30	0.25	620	375	15	40	39
65Mn	0.62~0.70	0.17~0.37	0.50~0.80	0.25	0.30	0.25	735	430	9	30	

表 7.6b　优质碳素结构钢的热处理和力学性能（GB/T 699—1999）

牌号	试样毛坯尺寸/mm	推荐热处理工艺/℃			力学性能				
		正火	淬火	回火	$R_m/$ MPa	$R_{p0.2}/$ MPa	$A/$ %	$Z/$ %	$A_{KU_2}/$ J
08F	25	930			295	175	35	60	—
10F		930			315	185	33	55	—
15F		920			355	205	29	55	—
08		930			325	195	33	60	—
10		930			335	205	31	55	—
15		920			375	225	27	55	—
20		910			410	245	25	55	—
25		900	870	600	450	275	23	50	71
30		880	860		490	295	21	50	63
35		870	850		530	315	20	45	55
40		860	840		570	335	19	45	47
45		850	840		600	355	16	40	39
50		830	830		630	375	14	40	31
55		820	820		645	380	13	35	—
60		810	—	—	675	400	12	35	—
65		810	—	—	695	410	10	30	—
70		790	—	—	715	420	9	30	—
75	试样	—	820	480	1 080	880	7	30	—
80		—	820		1 080	930	6	30	—
85		—	820		1 130	980	6	30	—
15Mn	25	920	—	—	410	245	26	55	—
20Mn		910	—	—	450	275	24	50	—
45Mn		850	840	600	620	375	15	40	39
65Mn		830	—	—	735	430	9	30	—

7.3.4　碳素工具钢

按用途不同，工具钢可分为刃具用钢、模具用钢和量具用钢。刃具钢用来制造各种切削加工的工具；模具钢根据工作状态可分为热作模具钢、冷作模具钢和塑料模具钢；量具钢用来制作量规、卡尺、样板等，用来测量工件尺寸和形状。

按化学成分不同，工具钢又可分为碳素工具钢、合金工具钢和高速钢。各类工具钢在使用性能上有高硬度、高耐磨性等的共性要求。工具若没有足够高的硬度，是无法进行切削加工的。在应力作用下，其形状和尺寸就要发生变化而失效。高耐磨性则是保证和提高工具寿命的必要条件。

碳素工具钢的碳含量在 0.65wt% ~ 1.35wt% 之间，钢号由代表碳素工具钢的字母 T、碳含量（以平均碳含量的千分之几表示）、质量等级符号（不标则为优质，若含硫、磷更低，为高级优质钢，则在钢号后面标注 A）组成。如 T8A 表示碳含量为千分之八，即 0.8wt% 的高级优质碳素工具钢。T10 表示碳含量为 1wt% 的碳素工具钢。碳素工具钢的牌号、化学成分和性能见表 7.7。

表 7.7　碳素工具钢的牌号、化学成分和性能（GB/T 1298—2008）

牌号	化学成分/wt%			交货状态		试样淬火	
	C	Mn	其他	退火	退火后冷拉	淬火温度和冷却剂	HRC（≥）
				HB（≥）			
T7	0.65 ~ 0.74	≤0.40	Si≤0.35 P≤0.035 S≤0.030	187	241	800~820 ℃，水	62
T8	0.75 ~ 0.84					780~800 ℃，水	
T8Mn	0.80 ~ 0.90	0.40 ~ 0.60		192			
T9	0.85 ~ 0.94	≤0.40		197			
T10	0.95 ~ 1.04			207			
T11	1.05 ~ 1.14					760~780 ℃，水	
T12	1.15 ~ 1.24			217			
T13	1.25 ~ 1.35						

碳素工具钢使用前都要进行热处理。预备热处理一般为球化退火，其目的是降低硬度，便于切削加工，并为淬火做组织准备。最终热处理为淬火加低温回火。使用状态下的组织为回火马氏体加颗粒状碳化物及少量残余奥氏体，硬度可达 60~65HRC。

碳素工具钢成本低、耐磨性和加工性能较好，但热硬性差（切削温度低于 200 ℃）、淬透性低，只适于制作尺寸不大、形状简单的低速刃具。T7、T8 硬度高、韧性较高，可制造冲头、凿子、锤子等工具。T9、T10、T11 硬度高，韧性适中，可制造钻头、刨刀、丝锥、手锯条等刃具及冷作模具等。T12、T13 硬度高、韧性较低，可制造锉刀、刮刀等刃具及量规、样套等量具。碳素工具钢使用前都要进行热处理。

7.4 合金化原理

现代科学技术和工业的发展对钢铁材料提出了更高的要求，如更高的强度、耐高温低温、耐腐蚀磨损以及其他特殊物理、化学性能的要求，在很多应用领域碳素钢无法满足这些要求。

碳素钢主要有以下不足：

1）淬透性低。一般情况下，碳素钢水淬的最大淬透性直径只有 15～20 mm，因此制造大尺寸和形状复杂的零件时，不能保证性能均匀性和几何形状的稳定。

2）强度和屈强比（屈服强度与抗拉强度之比）较低。Q235 钢的 R_{eL} 为 235 MPa，而低合金结构钢 16Mn 则为 360 MPa 以上；屈强比低说明强度的有效利用率低，使得工程结构和设备笨重；45 钢的 R_{eL}/R_m 为 0.43，而合金钢 35CrNi3Mo 的 R_{eL}/R_m 可达 0.74。

3）回火稳定性差。碳钢为了保证较高的强度需采用较低的回火温度，此状态下的韧性偏低。而若保证较好的韧性，高的回火温度又使强度明显下降。

4）特殊性能差。碳钢在抗氧化、耐高温低温、耐腐蚀磨损等方面往往较差，不能满足要求。

在碳钢的基础上特别添加一种或几种合金元素，用以保证一定的生产和加工工艺以及所要求的组织与性能的铁基合金即为合金钢。钢铁合金化后，其性能将有很大变化，例如较高的强度与韧性的配合、高的低温韧性、高的蠕变强度以及具有良好的耐蚀性等。此外，在工艺性能方面，可能具有更好的热塑性、冷变形性、切削性、淬透性和焊接性等。这主要是合金元素的添加改变了钢和铁的组织结构，产生了一些新相，改变了相变历程，导致材料性能的变化。

目前钢铁中常用合金化元素包括：B、C、N、Al、Si、P、S、Ti、V、Cr、Mn、Co、Ni、Cu、Zr、Nb、Mo、W 和稀土等。当钢中合金元素小于或等于 5wt%时，称为低合金钢；在 5wt%～10wt% 范围内，称为中合金钢；超过 10wt%时称为高合金钢。

7.4.1　合金元素在钢中的存在方式

一般说来，合金元素加入到钢中后，它们或溶于碳钢原有的相（如铁素体、奥氏体、渗碳体等）中，或者形成普通碳素钢中原来没有的新相。可分为以下四种存在方式：

1) 溶入铁素体、奥氏体和马氏体中，形成间隙或置换固溶体。因晶体结构相同，Ni、Co、Mn 形成以 γ-Fe 为基的无限置换固溶体，而 Cr 和 V 则形成以 α-Fe 为基的置换固溶体。B、C、N、O、H 等元素与 Fe 形成间隙固溶体，间隙固溶体为有限固溶体。间隙固溶体的固溶度随间隙原子尺寸的减小而增加，即按 B、C、N、O、H 的顺序增加。

2) 形成碳化物与氮化物。碳化物与氮化物是钢铁中的重要组成相，其类型、成分、数量、尺寸、形状及分布对钢的性能具有极其重要的影响。碳化物和氮化物与纯金属相比，具有高熔点、高硬度、高弹性模量和脆性特点。其中碳化物的熔点和硬度如表 7.8 所示。

表 7.8　合金钢中碳化物的硬度和熔点

碳化物	TiC	ZrC	NbC	VC	WC	Mo_2C	$Cr_{23}C_6$	Cr_7C_3	Fe_3C
HV	3 200	2 890	2 400	2 094	2 200	1 500	1 650	2 100	860
T_m/℃	3 150	3 530	3 500	2 830	2 867	2 600	1 520	1 780	1 650

根据过渡族金属按其与碳和氮的亲和力、碳化物和氮化物的强度和稳定性，可以按照如下的降序排列：Zr、Ti、Ta、Nb、V、W、Mo、Cr、Mn、Fe。一般说来，碳化物和氮化物的晶体结构不同于相应的过渡族金属的晶体点阵。按照碳化物晶格类型以及成分的不同，碳化物可分为以下几类：

① 当 $R_X/R_M>0.59$ 时，碳与合金元素形成一种复杂点阵结构的碳化物。Cr、Mn、Fe 属于此类元素。

② 当 $R_X/R_M<0.59$ 时，形成简单点阵的碳化物。Mo、W、V、Ti、Nb、Zr 等均属于此类元素，它们形成的碳化物存在 MX 型（WC、VC 等）和 M_2X 型（如 W_2C、Mo_2C 等）。

③ 形成合金渗碳体，如（Fe，Cr）$_3$C、（Fe，Mn）$_3$C 等。

④ 生成具有复杂结构的合金碳化物，如 Fe_3W_3C、Fe_4W_2C、Fe_3Mo_3C 等。

按照合金元素与碳的作用情况，可将合金元素分为非碳化物形成元素和碳化物形成元素两大类。非碳化物形成元素主要有 Ni、Si、Co、Al、Cu 等，通常固溶于铁素体或奥氏体中，起固溶强化作用；有的可形成非金属夹杂物和金属间化合物，如 Al_2O_3、SiO_2、Ni_3Al 等。

按照合金元素与碳亲和力的大小将碳化物形成元素分为强碳化物形成元素、中强碳化物形成元素、弱碳化物形成元素三类。强碳化物形成元素主要有 Zr、Ti、Ta、Nb、V 等，一般与碳形成碳化物；中强碳化物形成元素主要有 W、Mo、Cr 等，这类元素含量较少时，多溶于渗碳体形成合金渗碳体，含量较高时，则形成碳化物；Mn 属于弱碳化物形成元素，除少量可溶于渗碳体中形成合金渗碳体外，几乎都溶解于铁素体和奥氏体中。

氮化物的结构、稳定性与碳化物相似。氮化物之间可以相互溶解，形成完全互溶或有限溶解的复合氮化物。氮化物和碳化物之间也可以互相溶解，形成碳氮化物，如含氮的不锈钢中氮原子可置换 $(Fe，Cr)_{23}C_6$ 中部分碳原子，形成 $(Cr，Fe)_{23}(C，N)_6$ 的碳氮化物。

3）形成金属间化合物。钢中合金元素之间及合金元素与铁之间相互作用，可形成各种金属间化合物。金属间化合物对于奥氏体不锈钢、马氏体时效钢和许多高温合金的强化有较大的影响，其中常见的是 σ 相、AB_2 相（亦称为 Laves 相）及 AB_3 相（有序相）等。

4）形成非金属夹杂物。铁及合金元素生成的氧化物、硫化物和硅酸盐等一般都不具有金属性或者金属性很弱，这些非金属相称为非金属夹杂物。它们常具有复杂的成分、结构和性能，并随着钢中化学成分和一系列冶炼过程的条件而变化。非金属夹杂物对钢材质量具有重要影响，这种影响不仅和夹杂物的成分、数量有关，而且和它的形状、大小特别是分布状况有关。无塑性的非金属夹杂物在钢热加工时可能引起开裂或其他缺陷；塑性的非金属夹杂物在变形后将增加钢材的各向异性。非金属夹杂物在结构钢中可导致塑性、韧性及疲劳强度的降低，降低钢的耐蚀性和耐磨性，影响钢材的淬透性。此外，钢材中存在氧化物和硅酸盐这类非金属夹杂物将使其切削性能恶化。因此，非金属夹杂物在钢材中一般是有害的，需要严格控制。

7.4.2 合金元素对 Fe-Fe₃C 相图的影响

（1）合金元素对 γ 相区变化影响的分类

合金元素对铁的同素异构转变有很大影响，从而改变 Fe-M 二元相图的类型。一般将合金元素分为两大类型，即扩大 γ 相区的元素（称为奥氏体形成元素）和缩小 γ 相区的元素（称为铁素体形成元素），如图 7.1 所示。

1）无限扩大 γ 相区。合金元素降低 A_3 点，升高 A_4 点，与 γ-Fe 形成无限固溶体。当合金元素超过某一限量时，可以在室温得到稳定的 γ 相。这类元素有 Ni、Mn、Co 等，如图 7.1a 所示。

2）有限扩大 γ 相区。合金元素降低 A_3 点，升高 A_4 点，也扩大 γ 相区，

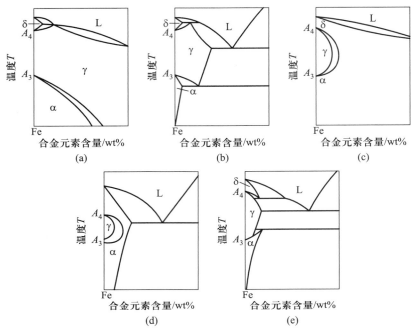

图 7.1　铁及其他合金元素平衡相图的类型

但与 α-Fe 和 γ-Fe 均形成有限固溶体。这类元素有 C、N、Cu、Zn、Al 等，如图 7.1b 所示。

　　3）封闭 γ 相区，扩大 α 相区。合金元素升高 A_3 点，降低 A_4 点，当达到某一含量时，A_3 点与 A_4 点重合，γ 相区被封闭，超过此含量，则合金不再有 α──→γ 相变，与 α-Fe 形成无限固溶体。合金在室温下可获得单相 α 固溶体。这类合金元素有 Si、Cr、P、V、Al、Be 等。另外，合金元素 Mo、W、Ti 也能封闭 γ 相区，但与 α-Fe 形成有限固溶体，如图 7.1c 和图 7.1d 所示。

　　4）缩小 γ 相区。合金元素升高 A_3 点，降低 A_4 点，使 γ 相区缩小，但不封闭。这类合金元素有 B、Nb、Ta、Zr 等，如图 7.1e 所示。

　　扩大 γ 相区的元素均扩大 Fe-Fe$_3$C 相图中奥氏体存在的范围，其中无限扩大 γ 相区的元素 Ni 或 Mn 的含量较多时，可使钢在室温下得到单相奥氏体组织，如 12Cr18Ni9(1Cr18Ni9)高镍不锈钢和 ZGMn13 高锰耐磨钢等。缩小 γ 相区的元素均缩小 Fe-Fe$_3$C 相图中奥氏体存在的区域，其中封闭 γ 相区的元素（如 Cr、Ti、Si 等）超过一定含量后，可使钢在室温下得到单相铁素体组织，如 10Cr17(1Cr17)高铬铁素体不锈钢。括号中为旧牌号。图 7.2 所示为 Mn 对奥氏体相区的影响。图 7.3 所示为 Cr 对奥氏体相区的影响。

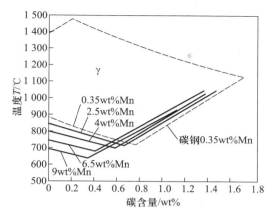

图 7.2 Mn 对奥氏体相区的影响

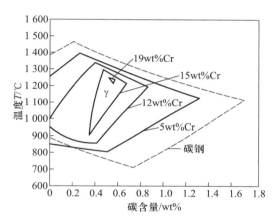

图 7.3 Cr 对奥氏体相区的影响

（2）合金元素对临界点温度的影响

Fe-Fe$_3$C 相图是研究钢中相变和对碳钢进行热处理时选择加热温度的依据，合金元素对 Fe-C 相图的影响是改变临界点的温度，使合金钢的热处理制度不同于普通碳钢。

扩大 γ 相区的元素使 Fe-Fe$_3$C 相图中的共析转变温度下降，缩小 γ 相区的元素使 Fe-Fe$_3$C 相图中的共析转变温度上升，并都使共析反应在一个温度范围内进行。几乎所有的合金元素都使共析点碳含量降低；对共晶点的影响也有类似规律。强碳化物形成元素尤为强烈。共析点（S）和共晶点（E）的碳含量下降，即 S 点和 E 点左移，使合金钢的平衡组织发生变化（即不能完全用于 Fe-Fe$_3$C 相图分析）。图 7.4 所示为合金元素对共析温度的影响，图 7.5 所示为合金元素对共析点碳含量的影响。例如，碳含量为 0.3wt% 的 3Cr2W8V 热作模具钢是过共析钢，而碳含量小于 1.0wt% 的 W18Cr4V 高速钢在铸态下具有莱氏体组织。

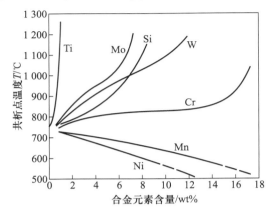

图 7.4　合金元素对共析温度的影响

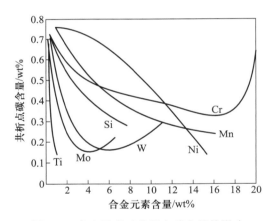

图 7.5　合金元素对共析点碳含量的影响

7.4.3　合金元素对钢加热转变的影响

合金钢加热时的奥氏体化过程，包括奥氏体的形核、长大，碳化物的溶解，奥氏体中合金元素的均匀化四个阶段，从本质上讲钢的加热转变是扩散型转变，其转变速度由碳化物的分解及合金元素和碳的扩散速度所控制。

1）合金元素对奥氏体形成的影响。钢中奥氏体的形成分无扩散和扩散两种机制。当高速加热时，超过临界点可发生 $\alpha \longrightarrow \gamma$ 的无扩散转变，随后碳化物溶于奥氏体中。慢速加热时，超过临界点，奥氏体通过碳化物溶解及 $\alpha \longrightarrow \gamma$ 扩散转变完成。奥氏体的长大依赖于碳化物的溶解、碳和铁原子的扩散。合金元素对奥氏体形成的影响主要体现在对碳化物的稳定性及碳在奥氏体中扩散的影响，如图 7.6 所示。

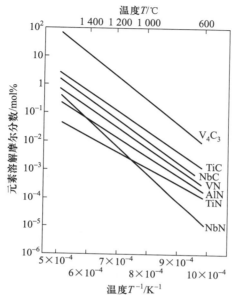

图 7.6 碳化物和氮化物在奥氏体中的固溶度与温度的关系

Cr、Mo、W、V 等强、中强碳化物形成元素与碳的亲和力大，生成的碳化物更稳定，钢加热转变时碳化物的分解温度更高，显著阻碍碳的扩散，故大大减慢奥氏体的形成速率。

Co、Ni 等部分非碳化物形成元素，因增大碳的扩散速度，使奥氏体的形成速率加快。而 Al、Si、Mn 等合金元素对奥氏体的形成速率影响不大。

奥氏体形成转变完成后，还有一个合金元素和碳原子的均匀化过程。由于合金元素扩散较间隙原子 C 慢得多，故对合金钢应采用较高的加热温度和较长的保温时间，以便获得更均匀的奥氏体，充分发挥合金元素的作用。但对需要具有较多未溶碳化物的合金工具钢，则不应采用过高的加热温度和过长的保温时间。

2）合金元素对奥氏体晶粒大小的影响。控制奥氏体的晶粒尺寸对改善钢的强韧性具有重要意义。粗大的晶粒自由能较低，因此晶粒长大为自发过程，其驱动力就是晶界两侧晶粒的自由能差。晶界移动依靠晶界处原子的扩散，因此，凡能影响两者的因素，均能改变晶粒长大过程。

C 和 P 在奥氏体晶界偏聚，降低了晶界铁原子的自扩散激活能，促进奥氏体晶粒长大。Mn 加强了碳促进奥氏体长大的作用，故在高碳钢中可促进晶粒长大。

强碳化物形成元素 V、Ti、Nb、Zr 等因形成的碳化物在高温下较稳定，不易分解，难以溶于奥氏体中，能阻碍奥氏体晶界外移，显著细化晶粒。Al 在钢中易形成高熔点 AlN、Al_2O_3 细质点，也强烈阻止晶粒长大。W、Mo、Cr 等阻止奥氏体晶粒长大的作用中等；非碳化物形成元素 Ni、Si、Cu、Co 等阻止奥氏体长大作用较弱。因此，合金元素的重要作用之一就是细化晶粒。

7.4.4　合金元素对过冷奥氏体冷却转变的影响

过冷奥氏体冷却转变一定程度上可以认为是加热转变的逆过程，尤其是奥氏体向珠光体（铁素体+碳化物）及贝氏体的转变，受碳及合金元素在奥氏体中的扩散和重新分布的双重影响。

（1）合金元素对珠光体转变的影响

1）碳化物形核。含强、中强碳化物形成元素 V、W、Mo 的钢的过冷奥氏体转变时，首先形成的是特殊碳化物而不是渗碳体。含中强碳化物形成元素 Cr 的钢中，随合金元素含量的不同有所变化，含量高时，可直接生成特殊碳化物（$Cr_{23}C_6$、Cr_7C_3）；含量低时，可能生成富 Cr 的合金渗碳体。含弱碳化物形成元素 Mn 的钢中，珠光体转变时形成富 Mn 的合金渗碳体。

过冷奥氏体转变过程包括渗碳体、铁素体的形核及其长大，合金钢中需要碳及合金元素的扩散和重新分布。研究表明，在 650 ℃ 左右，碳在奥氏体中的扩散系数约为 10^{-10} cm·s^{-1}，而相应碳化物形成元素的扩散系数为 10^{-16} cm·s^{-1}，相差 6 个数量级；碳化物形成元素与碳的交互作用还会提高碳的扩散激活能，明显降低碳的扩散速度。总体而言，碳化物形成元素扩散慢是珠光体转变时碳化物形核的控制环节。

2）合金奥氏体——合金铁素体的转变。合金奥氏体——合金铁素体的转变，同样需要碳、铁及合金元素原子的扩散才能实现其转变。一般规律是随碳化物形成能力的提高及合金元素含量的增加，过冷奥氏体的稳定性提高，合金奥氏体——合金铁素体的转变孕育期延长。

合金元素对合金奥氏体——合金铁素体转变的影响还在于提高合金铁素体的形核功或转变激活能，提高过冷奥氏体的稳定性。

3）先共析铁素体的析出与碳化物的相间沉淀。先共析铁素体的形核和长大既受 γ——α 转变的影响，同时还受到碳从正在长大的 α 相界面前端扩散开去的影响。这与珠光体转变时碳的扩散距离有关，此时 α 相界前沿 γ 相中碳原子必须向远处 γ 相中长距离扩散开去，才有利于 α 相长大。碳化物形成元素 W、Mo、Cr 等提高碳在奥氏体中的扩散激活能，减慢先共析铁素体的形核与长大。

　　还有一类晶界偏聚元素如 B、P、稀土等，它们富集于奥氏体晶界，P 和稀土元素为平衡偏聚，B 为非平衡偏聚。这些元素的晶界偏聚降低了奥氏体晶界表面能，阻碍 α 相和碳化物在晶界形核，降低了形核率，延长了转变孕育期。

　　综上所述，过冷奥氏体向珠光体转变过程中，各元素的作用机制并不完全相同。强碳化物形成元素 Nb、V、Ti 主要通过转变时碳化物的形核和长大来增加过冷奥氏体的稳定性。中强碳化物形成元素 W、Mo、Cr 除了上述作用外，还通过增加固溶体原子间结合力，降低铁的自扩散激活能，从而减慢合金奥氏体——合金铁素体转变。弱碳化物形成元素 Mn 推迟合金渗碳体的形核与长大，同时 Mn 又是扩大 γ 相区的元素，具有稳定奥氏体并强烈推迟 γ ——α 转变的作用。非碳化物形成元素 Ni 和 Co 对珠光体转变过程中碳化物形核与长大的影响较小，主要表现在推迟 γ ——α 转变。非碳化物形成元素 Si 和 Al，在渗碳体形核与长大过程中要扩散开去，从而导致珠光体转变过程减慢。

　　（2）合金元素对贝氏体转变的影响

　　发生贝氏体转变时，奥氏体的过冷度进一步增大，此时铁与合金元素不能扩散，只有碳可以进行短程扩散。因此，合金元素对贝氏体转变有对碳原子的扩散速度及对 γ ——α 转变驱动力的双重影响。

　　Mn、Ni 等元素显著减慢贝氏体转变，是因为它们能降低 γ ——α 转变的温度（扩大奥氏体区域），在相应转变温度下 γ ——α 的相变驱动力减小。强、中强碳化物形成元素 W、Mo、V、Ti 等可提高 γ ——α 转变的温度，增大转变驱动力，但这些元素可降低碳原子的扩散速度，故延缓贝氏体转变。

　　由上述讨论得知，大多数合金元素（除 Co 外）溶入奥氏体后都能使钢的过冷奥氏体稳定性增加，推迟珠光体、贝氏体类型组织的转变，使 C 曲线右移，降低钢的马氏体临界冷却速度，提高钢的淬透性。这也是钢中加入合金元素的主要目的之一。钢中常用的合金元素对提高淬透性的能力按下列顺序依次增大：Ni、Si、Cr、Mo、Mn、B。微量 B（0.000 5wt% ~ 0.003wt%）就能明显提高淬透性，但其作用不稳定。必须指出，加入的合金元素，只有完全溶于奥氏体，才能提高淬透性。如果未完全溶解，则碳化物会成为珠光体的核心，反而降低钢的淬透性。另外，两种或多种合金元素同时加入，对淬透性的影响比单个元素的影响更为明显。

　　需注意以下两点：① 某些合金钢中由于含有大量提高淬透性的合金元素，过冷奥氏体非常稳定，甚至空冷也能形成马氏体组织，这类钢称为马氏体钢；② 大多数合金元素（除 Co 外）溶入奥氏体后，过冷奥氏体的稳定性提高，使马氏体转变温度 M_s 点降低。M_s 点越低，淬火后钢中的残余奥氏体的数量越多。

　　（3）合金元素对马氏体转变的影响

　　马氏体转变为非扩散型转变，形核与长大速率极快，故合金元素对马氏体转变动力学影响很小。合金元素的作用主要是影响马氏体相变点 M_s、M_f，同时影响钢中残余奥氏体量及马氏体组织的精细结构。

除 Co、Al 外，大多数固溶于奥氏体中的合金元素均使 M_s 温度下降，增加钢中残余奥氏体含量。奥氏体形成元素 C、Mn、Ni、N 等提高了奥氏体温度范围，而 Cr 可使 A_3 点下降，故可明显降低 M_s 点，同时增加残余奥氏体量。

合金元素还影响马氏体的亚结构。马氏体的亚结构分为具有位错结构的板条状马氏体和具有孪晶结构的片状马氏体。合金元素的含量和马氏体转变温度决定钢的滑移和孪生的临界分切应力，从而影响马氏体的亚结构。当 M_s 点温度较高时，由于滑移的临界分切应力较低，在 M_s 点以下形成位错结构的马氏体；而当 M_s 点温度较低时，孪生分切应力低于滑移临界分切应力，则易得到孪晶结构的马氏体。

7.4.5　合金元素对淬火钢回火转变的影响

钢淬火后获得两种亚稳相，分别为马氏体和残余奥氏体。经一定温度回火后，碳将从马氏体中析出形成碳化物并聚集长大，有些合金钢在高温回火时析出特殊碳化物。具有高应变能的马氏体分解产物 α 相要发生回复与再结晶，同时残余奥氏体要发生转变。这些过程有先有后，有的交叉进行。合金元素的主要作用是提高钢的回火稳定性（钢对回火时发生软化过程的抵抗能力），使回火过程各个阶段的转变速率减慢，或者说将转变过程向高温推移。

1）马氏体分解。在马氏体分解的低温段（150~200 ℃），合金元素的影响不大。随着温度的升高，其作用愈发明显。碳化物形成元素（Cr、W、Mn、V、Nb）强烈推迟马氏体的分解。实际上碳钢中碳从马氏体中的析出温度约为250~300 ℃，而在含碳化物形成元素的合金钢中，由于合金元素与碳原子之间强的结合力，降低了碳在固溶体中的活度，将析出温度推高到 400~500 ℃。

非碳化物形成元素 Si、Al、P 也能阻碍马氏体分解，一般认为其作用机制是这些元素的原子在 α 相中的扩散激活能大，扩散速度慢。

2）合金碳化物的析出。随回火温度升高，合金元素扩散能力增强。但合金元素在 α 相中开始发生明显扩散的温度不同，如 Si 高于 300 ℃，Cr、Mo 在 400~450 ℃，W 和 V 在 500~550 ℃。回火过程中钢中的强碳化物形成元素与碳结合形成特殊碳化物析出；碳化物形成元素形成合金渗碳体析出。

合金碳化物的形成方式大致可分为三种：

① 在预先存在的合金渗碳体颗粒处原位形核，即在渗碳体质点与铁素体的界面处形核，相邻渗碳体提供碳使合金碳化物长大。如中铬钢淬火回火出现 $(Cr，Fe)_7C_3$，它是由合金渗碳体 $(Cr，Fe)_3C$ 因 Cr 的富集而在原位转变的。高铬钢在回火时出现 $(Cr，Fe)_{23}C_6$，也可由 $(Cr，Fe)_7C_3$ 原位转变而来。由于

原来合金渗碳体颗粒较粗大，原位转变的合金碳化物尺寸也较大，同时这类合金碳化物质点间距较大，故对强度的贡献较小。

② 在马氏体中位错处形核，直接析出特殊碳化物；主要发生在含有 V、Nb、Ti 等钢中，当回火温度低于 500 ℃ 时，合金元素仍固溶于马氏体中，强烈阻碍马氏体分解及渗碳体的析出。高于 500 ℃ 时，直接从马氏体基体中析出细片状并与基体保持共格的特殊碳化物。随温度的不断升高，渗碳体逐渐溶解消失，特殊碳化物不断析出。这种形核机制使原有渗碳体质点重溶于 α 相，合金碳化物直接形核于马氏体相变遗传下来的位错处，其分散度比原位形核还要细，故对强韧性有较大的贡献。

③ 在晶界和亚晶界处形核。包括原始奥氏体晶界、原板条相界以及由于再结晶或亚晶界聚合形成的铁素体相界。此种形成方式只是突出了形核位置，形成机制有前述的两种，即在预先存在的合金渗碳体颗粒处原位形核，以及在渗碳体质点与铁素体的界面处形核，相邻渗碳体提供碳使合金碳化物长大；在马氏体中位错处形核，直接析出特殊碳化物。

3）残余奥氏体的分解。残余奥氏体的转变与过冷奥氏体转变规律相同，合金元素大都使残余奥氏体的分解温度提高，其中 Cr、Mn 的作用最为显著。在含有较多的 W、Mo、V 等元素的高合金钢（如高速钢）中，残余奥氏体在回火加热过程中析出细小弥散的碳化物，导致残余奥氏体中的碳及合金元素贫化，使其 M_s 点高于室温，因而在冷却过程中转变为马氏体，这种现象称为二次淬火。这种回火后淬火钢的硬度不但不下降反而有所升高的现象称为二次硬化。

4）α 相的回复与再结晶。淬火钢回火时的回复与再结晶过程与加热时所发生情况类似，其区别仅在于原始组织结构的不同。淬火钢的位错密度与冷变形钢相近，达 $10^8 \sim 10^{10}$ mm^{-2}，但马氏体中没有织构，位错分布比较均匀，且马氏体之间存在许多界面，另外回火时存在碳化物的析出，这些区别导致马氏体基体的回复与再结晶有其特殊性。

随着回火温度的提高，在显微组织中发生位错的重新分布与消失、位错形成网络，构成亚晶界，产生多边形化，并开始再结晶。所有这些过程的温度区间及其实现的程度，直接与杂质原子的偏聚、回火时析出的碳化物（氮化物）类型、数量和特性以及它们对晶体缺陷聚合的影响密切相关。一般而言，合金元素可使回复、铁素体多边形化及再结晶温度升高。例如，当析出渗碳体时，组织中的高密度缺陷（空位、位错等）可以保持到 350～400 ℃；而析出（Cr，Fe）$_7$C$_3$，可到 450～500 ℃；对于 Mo$_2$C 和 VC，可到 500～550 ℃；NbC 则可到 550～570 ℃。

综合上述讨论可知，合金元素能提高回火稳定性是因为合金元素淬火时溶入马氏体，降低回火过程中原子的扩散速度，推迟了马氏体的分解和残余奥氏体的转变（在较高温度才开始分解和转变），提高了铁素体的回复与再结晶的温度，使碳化物难以聚集长大而保持较大的弥散度。因此提高了回火软化的抗力，即提高了钢的回火稳定性，使得合金钢在相同温度下回火时，比同样碳含量的碳钢具有更高的硬度和强度（这对工具钢和耐热钢特别重要），或者在保证相同强度的条件下，可在更高的温度下回火，而使韧性更好一些（对结构钢更为重要）。

回火稳定性作用提高较大的合金元素有 V、Si、Mo、W、Ni、Co 等。

另外合金元素的存在还可使钢淬火后回火时产生二次硬化，如一些 Mo、W、V 含量较高的高合金钢回火时，硬度不是随回火温度升高而单调降低，而是到某一温度（约 400 ℃）后反而开始增大，并在另一更高温度（一般为 550 ℃）达到峰值。当回火温度低于 450 ℃ 时，钢中析出渗碳体。在 450 ℃ 以上渗碳体溶解，钢中开始沉淀出弥散分布的、稳定的难熔碳化物 Mo_2C、W_2C、VC 等，使硬度升高，产生二次硬化现象，该现象有时也称为沉淀硬化。在 550 ℃ 左右硬度出现峰值。二次硬化也包括回火冷却过程中残余奥氏体转变为马氏体（二次淬火）引起的硬度提高。产生以上两类二次硬化效应的合金元素见表 7.9。

表 7.9　产生二次硬化效应的合金元素

产生二次硬化的原因	合金元素
残余奥氏体的转变	Mn、Mo、W、Cr、Ni、Co[1]、V
沉淀硬化	V、Mo、W、Cr、Ni[1]、Co[1]

注：① 仅在高含量并有其他合金元素存在时，由于能生成弥散分布的金属间化合物才有效。

高的回火稳定性和二次硬化在高温下（500~600 ℃）仍保持高硬度，这种性能称为热硬性，热硬性对工具钢意义重大。

7.4.6　合金元素对钢的工艺性能的影响

1）合金元素对钢热加工性能的影响。Cr、Mo、V、Ti、Al 等在钢中形成高熔点碳化物或氧化物质点，增大钢的黏度，降低流动性，使铸造性能恶化。

合金元素溶入固溶体中，或在钢中形成碳化物（如 Cr、Mo、W 等），都使钢的热变形抗力提高，热塑性明显下降而容易断裂。但 Nb、Ti、V 等碳化物在钢中弥散分布时，对塑性影响不大。合金元素一般都降低钢的导热性和使钢的淬透性提高，为了防止开裂，合金钢锻造时加热和冷却都必须缓慢。

合金元素提高钢的淬透性，促进脆性组织（马氏体）的形成，使焊接性能变坏。但钢中含有少量 Ti 和 V,形成稳定的碳化物,使晶粒细化并降低淬透性,可改善钢的焊接性能。合金钢的热加工工艺性能比碳钢要差得多。

2)合金元素对钢冷加工性能的影响。合金元素溶于固溶体,加剧钢的加工硬化,使钢变硬、变脆,易开裂或难以继续变形。Si、Ni、Cr、V、Cu 等降低钢的深冲性能,Nb、Ti、Zr 和稀土(rare earth,RE)元素因能改善碳化物的形态,从而可提高钢的冲压性能。

一般合金钢的切削性能比碳钢差。但适当加入 S、P、Pb 等元素可以大大改善钢的切削性能。

3)合金元素对钢热处理工艺性能的影响。合金钢的淬透性大大提高,一方面可增加大截面零件的淬透深度,从而获得较高的、沿截面均匀的力学性能;另一方面可采用冷却能力较弱的淬火介质(如油等)进行淬火,有利于减小工件淬火变形与开裂倾向。

7.4.7 合金元素对钢的性能的影响

(1)合金元素对钢的力学性能的影响

提高钢的强度是加入合金元素的主要目的之一。

1)合金元素提高正火状态下钢的力学性能。① 固溶强化铁素体或奥氏体前已述及,大多数合金元素都能或多或少地溶入铁素体或奥氏体,产生晶格畸变及固溶强化,使固溶体的强度、硬度升高,塑性、韧性下降。有些合金元素,如 Mn、Cr、Ni 等,配比得当的话,可使钢的强度和韧性同步提高,获得良好的综合性能。② 形成第二相强化,同样,添加碳化物形成元素还可形成合金渗碳体 $(FeMn)_3C$、$(FeCr)_7C_3$ 等和碳化物(如 WC、MoC、VC、TiC 等),含量较高时可形成新的合金碳化物。合金元素在高合金钢中还可能形成金属间化合物。第二相的类型多样,但一般都具有较高的熔点和硬度。当第二相以细小弥散的微粒均匀分布于基体相中时,将会产生显著的强化作用。这种强化作用称为第二相强化。第二相强化的主要原因是它们与位错间的交互作用,阻碍了位错运动,提高了合金的变形抗力。③ 晶粒细化强化,与 C 亲和力更强的碳化物形成元素,如 Zr、Ti、V、Nb 等以及强氮化物形成元素 Al,在钢中可形成稳定的碳化物和氮化物,不易溶入奥氏体中,阻碍奥氏体晶粒粗化,细化铁素体晶粒,从而同步提高钢的强度和韧性。W、Mn、Cr 等合金元素也有类似作用,只是阻碍效果比强碳化物形成元素弱些。另外由于过冷奥氏体稳定性增加,合金钢在正火状态下可得到层片间距更小的珠光体,甚至得到贝氏体或马氏体组织,从而强度大大增加。Mn、Cr、Cu 的强化作用较大,而 Si、Al、V、Mo 等含量少时影响很小。

2)合金元素提高淬火+回火状态下钢的力学性能。钢淬火+回火态下合金元素的强化作用效果最大，因为它充分利用了四种强化机制，即固溶强化、位错强化、细晶强化、第二相强化(弥散强化)。

马氏体可以认为是过饱和铁素体，合金元素同样起着置换固溶强化作用。相对于间隙固溶强化，置换固溶强化的效果较弱，但多种合金元素的协同固溶强化则会产生更好的效果，同时对塑性和韧性的影响不大。淬火马氏体中的位错密度明显增大，而屈服强度随位错密度增加而提高，实现位错强化。马氏体形成时，奥氏体被分割成许多较小的、取向不同的区域(马氏体束)，产生相当于晶粒细化的作用。马氏体是过饱和固溶体，回火时析出碳化物，降低固溶度，可使韧性明显改善。析出的碳化物粒子能产生强烈的第二相强化。第二相强化可分为弥散强化和沉淀强化两种。弥散强化通常在钢中添加强、中强碳化物形成元素 Nb、V、Ti、W、Mo 等，回火后形成不变形、弥散分布、不溶于基体的细小第二相粒子，阻碍位错的运动。沉淀硬化的特点是第二相粒子可变形，并与母相保持共格关系，亦称为时效强化。所以，获得马氏体并对其回火是钢最经济和最有效的强化方法。

合金元素加入钢中提高钢的淬透性，钢淬火时更容易获得马氏体。但合金元素对提高马氏体硬度的作用有限，在完全获得马氏体的条件下，碳含量相同时合金钢和碳钢的硬度基本一样。

合金元素提高钢的回火稳定性，使淬火钢在回火时析出的碳化物更细小、均匀和稳定，并使马氏体的细小晶粒及高密度位错保持到较高温度。在同样条件下，合金钢比碳钢具有更高的强度。此外，有些合金元素还可使钢产生二次硬化，得到良好的高温性能。

（2）合金元素对钢的其他性能的影响

W、Mo、V 可以提高钢的热硬性，即提高钢在高温保持高硬度的能力。Cr、W、Mo、Al、Si 可以提高钢的耐热性。当钢中加入一定量的某种合金元素时，可使钢的组织发生突变，甚至变成了完全由奥氏体或铁素体的单相组织组成，即形成所谓的奥氏体型钢或铁素体型钢，使之具有某种特殊性能，成为特殊性能钢，如不锈钢、耐磨钢、耐热钢等。Cr、Ni 可以提高钢的耐蚀性。W、Mo、V、Ti 可以提高钢的耐磨性。当 Mn、Ni 等合金元素增至一定量时，可形成完全奥氏体单相组织，称为奥氏体钢，如 12Cr18Ni9(1Cr18Ni9)高镍不锈钢和 ZGMn13 高锰耐磨钢。如当 Cr、Ti、Si 等元素超过一定含量后，可使钢在室温下得到单相铁素体组织，如 10Cr17(1Cr17)高铬铁素体不锈钢。括号中为旧牌号。

7.4.8　合金钢的分类及编号

（1）合金钢的分类

合金钢的分类方法很多，如按合金元素含量的多少，可分为低合金钢(合金元素总质量分数低于 5wt%）、中合金钢（5wt%～10wt%）和高合金钢（高于 10wt%）。按所含的主要合金元素的不同，可分为铬钢、铬镍钢、锰钢、硅锰钢等。按小试样正火或铸造状态的显微组织，可分为珠光体钢、马氏体钢、铁素体钢、奥氏体钢和莱氏体钢等。

按用途来分类，一般分为合金结构钢、合金工具钢和合金特殊性能钢三大类。

1）合金结构钢。又细分为两类，一类用于制造各种工程结构（建筑、桥梁、船舶、车辆、锅炉、高压容器、输油输气管道、大型结构等），常称为工程结构合金钢；另一类用于制造机械零件（轴、齿轮、弹簧等），常称为机械零件合金钢。

2）合金工具钢。用于制造各种加工工具用的合金钢种，按用途不同，又细分为合金刃具钢、合金模具钢及合金量具钢。

3）合金特殊性能钢。指具有某些特殊物理或化学性能的钢种，包括不锈钢、耐热钢、耐磨钢、电工钢等。

（2）合金钢的编号

钢的牌号反映其主要成分和用途。我国合金钢是按碳含量、合金元素的种类和含量以及质量级别等信息编号。

1）合金结构钢。在牌号首部用数字标明碳含量。为了标明用途，规定结构钢和特殊性能钢以万分之一为单位的数字（两位数）、工具钢以千分之一为单位的数字（一位数）来表示碳含量，而工具钢的碳含量超过 1wt% 时，碳含量不标出。用元素的化学符号标明钢中主要合金元素，含量由其后面的数字标明，平均含量小于 1.5wt% 时不标出，平均含量为 1.5wt%～2.49wt%、2.5wt%～3.49wt%、…时，相应地标以 2、3、…，如 40Cr 为结构钢，平均碳含量为 0.4wt%，主要合金元素 Cr 的含量在 1.5wt% 以下。30CrMnSi 为结构钢，平均碳含量为 0.3wt%，主要合金元素 Cr、Mn、Si 的含量在 1.5wt% 以下。高级优质钢在钢号的末尾加"A"标示，如 30CrMnSiNi2A 等。

2）合金工具钢。合金工具钢的编号原则与合金结构钢大体相同，不同之处是碳含量的表示方法，如果平均碳含量超过 1.0wt%，则不标出碳含量；若平均碳含量小于 1.0wt%，则在牌号前以千分之几表示。合金元素的表示方法与合金结构钢相同，只有平均铬含量小于 1.0wt% 的合金工具钢，其铬含量以千分之几表示，并在数字前加"0"，以示区别。如 CrWMn 钢中的平均碳含量大于 1.0wt%，含有 Cr、W、Mn，其含量均低于 1.5wt%。9Mn2V 中的碳含量为 0.85wt%～0.95wt%。在高速钢的牌号中，一般不标出碳含量，只标出合金元素含量平均值的百分之几，如 W18Cr4V、W6Mo5Cr4V2 等。

3）铬滚动轴承钢。滚动轴承钢牌号由"GCr+数字"组成，数字表示铬含量平均值的千分之几，如 GCr15 表示碳含量约 1.0wt%、铬含量为 1.5wt% 的滚动轴承钢。

4）不锈钢与耐热钢。不锈钢和耐热钢的牌号由"数字+合金元素符号+数字"组成。前面的数字表示平均碳含量的千分之几。如"9Cr18"表示碳含量为 0.09wt%。但当碳含量小于等于 0.08wt% 时，以"0"表示，如 0Cr18Ni9；当碳含量小于等于 0.03wt% 时，以"00"表示，如 00Cr19Ni10。起重要作用的微量元素也要标出，如 0Cr18Ni9Ti 不锈钢中的钛是微量元素，但也要标出。

7.5　工程结构合金钢

工程结构合金钢专门用来制造各类重要工程结构，如桥梁、船舶、车辆、锅炉、高压容器、输油输气管道、大型结构等。

（1）性能要求

1）工艺性能。① 良好的冷变形性。工程结构钢通常以棒材、板材、管材和带材等供应用户。为了制造各种构件，需要进行必要的冷变形，如弯曲、拉拔、深冲、剪切、冲孔等。冷变形性包括两层意思：（a）变形能力，即钢材制成必要形状的难易程度，能承受一定的塑性变形，且不产生开裂或其他缺陷；（b）变形后性能变化，冷变形后钢材的力学、耐腐蚀性能等将发生变化。要求变化小，不降低其使用性能。② 良好的焊接性。工程结构常用焊接工艺实现钢材间的连接以制备大型复杂构件。所谓焊接性是指要求焊缝与母材有牢固的结合，焊缝强度高，热影响区有较高的韧性，不易形成焊接裂纹。

2）力学性能。① 高强度。屈服强度不低于 300 MPa。强度高才能减轻自重，节约钢材，降低费用。② 高韧性。为避免发生脆断，同时使冷弯、焊接等工艺容易进行，要求伸长率为 15%~20%，室温冲击韧性为 600~800 kJ·m^{-2}。对于大型焊接构件，因不可避免地存在各种缺陷（如焊接冷、热裂纹），还要求有较高的断裂韧性。③ 低的冷脆转变温度。许多构件在低温下工作，为了避免低温脆断，应具有较低的韧-脆转变温度（即良好的低温韧性），以保证构件在较低的使用温度下，仍处于韧性状态。

3）耐蚀性。许多工程构件在潮湿大气或海洋性气候条件下工作，用低合金高强度钢制造的构件的壁厚比碳钢构件小，所以要求有良好的抗大气、海水或土壤腐蚀的能力。

（2）成分特点

1）低碳。为满足工艺性能（冷变形性、焊接性能等）及韧性、耐腐蚀性要求，其碳含量一般不超过 0.20wt%。碳含量低意味着热轧态（接近平衡状态）钢中的铁素体的体积分数较大，钢材具有良好的塑性及韧性，更有利于冷变形。

金属结构要求焊缝与母材有牢固的结合，强度与母材相当，焊缝的热影响区有较高的韧性，没有焊缝裂纹。焊接时，焊缝被钢液填充，电弧移走后焊缝的热量被周围的母材所吸收，焊缝的冷速很大，往往超过母材钢中的临界冷却速度而发生局部淬火，发生相变在焊缝和热影响区产生很大内应力。热影响区由于温度高而引起晶粒粗化。这些都促使焊接裂纹的产生。

钢材的碳含量越高焊缝处的硬化与脆化倾向越显著，在焊接应力的作用下越容易产生裂纹。为了防止焊接裂纹的产生，钢的碳含量应尽可能降低。

2）加入适量的 Mn、Ni、Cr 等合金元素。钢中加入这些合金元素可产生较强的固溶强化效果，细化铁素体晶粒，并使珠光体片变细，提高钢的强度和韧性。Mn 还使共析点的碳含量降低，从而与相同碳含量的碳钢相比，增加了珠光体的含量，提高了钢的强度。

3）加入微量 Nb、Ti、V 等强碳化物形成元素。少量的 Nb、Ti、V 在钢中易形成细碳化物，阻碍钢热轧时奥氏体晶粒的长大，有利于获得细小的铁素体晶粒；另外，热轧时部分固溶在奥氏体内，而冷却时弥散析出，可起到一定的第二相强化作用，从而提高钢的强度和韧性。此外，加入少量 Cu（不大于 0.4wt%）和 P（不大于 0.1wt%）可提高抗腐蚀性能。加入少量稀土元素，可以脱硫、去气，使钢材净化，改善韧性和工艺性能。

（3）热处理

工程结构钢大多在热轧空冷状态下使用，不需要进行专门的热处理。在有特殊需要时，如为改善焊接区性能，可进行一次正火处理。使用状态下的显微组织一般为铁素体+细珠光体。

（4）常用钢种

常用低合金高强度结构钢的牌号、化学成分、力学性能等见表 7.10a、表 7.10b。较低强度级别的钢中，以 Q345（16Mn）最具代表性。该钢使用状态的组织为细晶粒的铁素体+珠光体，强度比普通碳素钢 Q235 高约 20%～30%，耐大气腐蚀性能高 20%～38%。用它制造工程结构，质量可减轻 20%～30%，且低温性能较好。

Q420（15MnVN）是中等级别强度钢中使用最多的钢种。钢中加入 V、N 后，生成钒的氮化物，细化晶粒，又有析出强化的作用，强度有较大提高，而且韧性、焊接性及低温韧性也较好，广泛用于制造桥梁、锅炉、船舶等大型结构。

强度级别超过 500 MPa 后，铁素体+珠光体组织难以满足要求，发展了低碳贝氏体钢。加入 Cr、Mo、Mn、B 等元素可阻碍奥氏体转变，使 C 曲线的珠光体转变区右移，而贝氏体转变区变化不大，有利于空冷条件下得到贝氏体组织，从而获得更高的强度、塑性，焊接性能也较好，多用于高压锅炉、高压容器等。

表 7.10a　低合金高强度结构钢的牌号、化学成分（摘自 GB/T 1591—2008）

牌号	质量等级	化学成分[①]/wt%												旧牌号[②]
		C	Si	Mn	Nb	V	Ti	Cr	Ni	Cu	N	Mo	B	
								(≥)						
Q345	A、B、C	≤0.20	≤0.50	≤1.70	0.07	0.15	0.20	0.30	0.50	0.30	0.012	0.10	—	12MnV, 14MnNb, 16Mn, 18Nb, 16MnRE
	D、E	≤0.18												
Q390	A、B、C、D、E	≤0.20	≤0.50	≤1.70	0.07	0.20	0.20	0.30	0.50	0.30	0.015	0.10	—	15MnV, 15MnTi, 16MnNb
Q420	A、B、C、D、E	≤0.20	≤0.50	≤1.70	0.07	0.20	0.20	0.30	0.80	0.30	0.015	0.20	—	15MnVN, 14MnVTiRE
Q460	C、D、E	≤0.20	≤0.60	≤1.80	0.11	0.20	0.20	0.30	0.80	0.55	0.015	0.20	0.004	
Q500	C、D、E	≤0.18	≤0.60	≤1.80	0.11	0.12	0.20	0.60	0.80	0.55	0.015	0.20	0.004	
Q550	C、D、E	≤0.18	≤0.60	≤2.00	0.11	0.12	0.20	0.80	0.80	0.80	0.015	0.30	0.004	
Q620	C、D、E	≤0.18	≤0.60	≤2.00	0.11	0.12	0.20	1.00	0.80	0.80	0.015	0.30	0.004	
Q690	C、D、E	≤0.18	≤0.60	≤2.00	0.11	0.12	0.20	1.00	0.80	0.80	0.015	0.30	0.004	

注：① 质量等级 A、B：wt% P≤0.35wt%，wt% S≤0.35wt%。质量等级 C：wt% P≤0.030wt%，wt% S≤0.030wt%。质量等级 D：wt% P≤0.030wt%，wt% S≤0.025wt%。质量等级 E：wt% P≤0.025wt%，wt% S≤0.020wt%。
② 国家标准 GB/T 1591—1988。

表 7.10b　低合金高强度结构钢的力学性能（摘自 GB/T 1591—2008）

牌号	质量等级	下屈服强度 R_{eL}/MPa 公称厚度（直径、边长/mm） ≤16	16~40	40~63	63~80	80~100	抗拉强度 R_m/MPa 公称厚度（直径、边长/mm） ≤40	40~63	63~80	80~100	断裂伸长率 A/% 公称厚度（直径、边长/mm） ≤40	40~63	63~100	冲击试验（V形） 公称厚度（直径、边长/mm） 冲击功（纵向）/J 12~150
Q345	A、B	≥345	≥335	≥325	≥315	≥305	470~630	470~630	470~630	470~630	≥20	≥19	≥19	
	C、D、E										≥21	≥20	≥20	≥34
Q390	A、B、C、D、E	≥390	≥370	≥350	≥330	≥330	490~650	490~650	490~650	490~650	≥20	≥19	≥19	≥34
Q420	A、B、C、D、E	≥420	≥400	≥380	≥360	≥360	520~680	520~680	520~680	520~680	≥19	≥18	≥18	≥34
Q460	C、D、E	≥460	≥440	≥420	≥400	≥400	550~720	550~720	550~720	550~720	≥17	≥16	≥16	≥34
Q500	C、D、E	≥500	≥480	≥470	≥450	≥440	610~770	600~760	590~750	540~730	≥17	≥17	≥17	等级 C：≥55 等级 D：≥47 等级 E：≥31
Q550	C、D、E	≥550	≥530	≥520	≥500	≥490	670~830	620~810	600~790	590~780	≥16	≥16	≥16	
Q620	C、D、E	≥620	≥600	≥590	≥570	—	710~880	690~880	670~860	—	≥15	≥15	≥15	
Q690	C、D、E	≥690	≥670	≥660	≥640	—	770~940	770~940	730~900	—	≥14	≥14	≥14	

注：冲击试验温度：B 级钢为 20 ℃，C 级钢为 0 ℃，D 级钢为 −20 ℃，E 级钢为 −40 ℃。

7.6　机械零件合金钢

机械零件合金钢是指用于制造如轴类、紧固件、弹簧、齿轮和轴承等各种机械零件的一大类钢，广泛应用于汽车、机床、工程机械、电站设备、飞机及火箭等装置。这些机械零件功能各异，尺寸形状更是千差万别，承受的负荷也各有不同，如拉、压、弯、扭、冲击、疲劳应力等，且往往是同时承受多种负荷。机械零件要求具有良好的服役性能，其材料应有足够高的强度、塑性、韧性和疲劳强度等。为此，机械零件合金钢通常需经一定的热处理以获得所需要的性能。按热处理状态分类，机械零件合金钢可分为三大类：

1）整体淬火回火状态下使用的钢种。按回火温度及用途的不同，又可分为四类：① 淬火和高温回火状态下使用的调质钢；② 淬火和中温回火状态下使用的弹簧钢；③ 淬火和低温回火状态下使用的滚动轴承钢；④ 超高强度钢，包括在淬火和低温回火下使用的中碳或低碳马氏体型钢、二次硬化型超高强度钢和马氏体时效钢。

2）化学热处理后使用的钢种。分为渗碳钢和氮化钢。

3）微合金化经控轧、控冷加工处理的钢种。如非调质机械零件结构钢。

7.6.1　合金调质钢

（1）用途

合金调质钢主要用于制造各类轴类零件、连杆、高强度螺栓等重要机械零件。

（2）服役条件

合金调质钢制造的机械零件通常承受多种工作负荷，受力情况复杂，要求具有高的强度和良好的塑性、韧性，即所谓高的综合力学性能。如轴类零件既传递转矩，又承受弯曲负荷；有的轴还要与其他配合件有相对运动，产生摩擦和磨损；有时还受到一定的冲击负荷作用，如机器起动或急刹车时。

（3）力学性能要求

合金调质钢的用途及服役条件要求其具有良好的综合力学性能，即强度、塑性、韧性等。力学性能均较高且兼顾。力学性能要求大致如下：

抗拉强度：800~1 200 MPa；屈服强度：700~1 000 MPa；伸长率：8%~15%；冲击韧性：60~120 J·cm^{-2}；韧-脆转变温度：低于-40℃。

（4）成分特点

1）中碳。碳含量一般在0.25wt%~0.45wt%之间，以保证有足够的碳化物起弥散强化作用。碳含量过低，不易淬硬，强度较低；碳含量过高则韧性不足。

2）合金元素。主要加入的合金元素有 Si、Mn、Cr、Ni、B 等，辅助加入的合金元素有 W、Mo、V、Ti 等。主加合金元素的目的是为了提高钢的淬透性，使机械零件整体上获得良好的综合力学性能。调质钢一般用来制作大尺寸构件，所以淬透性至关重要。辅加元素一般为碳化物形成元素，主要作用是细化晶粒、提高回火稳定性及强韧性。加入 W、Mo 等元素可以有效抑制第二类回火脆性，因为调质钢的回火温度正好处于第二类回火脆性的温度范围。

（5）热处理、显微组织

合金调质钢的碳含量属中碳范围，但加入了不同种类及含量的合金元素，故钢在热加工（如热轧和热锻）后的显微组织差异较大，合金元素较少的钢多为珠光体，而合金元素较多的钢则可能为马氏体。为了便于切削加工和改善钢件因热加工不当而造成的粗晶和带状组织，需要进行预备热处理。

1）预备热处理。预备热处理分两步进行，首先将钢件正火，然后根据钢材类型的不同，再分别进行退火（对珠光体型钢）和高温回火（对马氏体型钢）。正火的目的是细化晶粒，降低组织中的带状程度并调整好硬度，便于机械加工。经过正火后钢材具有等轴状细晶粒。再退火或高温回火的目的是进一步调整硬度。

2）最终热处理。将钢件加热到 850 ℃ 左右淬火。淬火介质多为矿物油，合金含量较高，淬透性好的钢材，甚至在空气中也能淬火。合金调质钢的最终性能取决于回火温度，一般为 500~650 ℃，即调质处理。如零件还要求表面有良好耐磨性时，则在调质处理后可再进行表面淬火或化学热处理等，如氮化等。当零件要求较高的强度和适当的塑性和韧性时，还可采用低温或中温回火，获得回火马氏体或回火屈氏体组织。

3）显微组织。合金调质钢热处理后的显微组织为回火索氏体，即细粒状碳化物和铁素体的混合组织。

（6）常用合金调质钢

根据淬透性的高低，调质钢大致可分为三类：① 低淬透性调质钢：油淬临界淬火直径为 30~40 mm，如 45MnV、40Cr、38CrSi、40MnVB 钢等；② 中淬透性调质钢：油淬临界淬火直径为 40~60 mm，如 40CrMn、40CrNi、35CrMo、30CrMnSi 钢等；③ 高淬透性调质钢：油淬临界淬火直径为 60~100 mm，如 40CrNiMoA、40CrMnMo、25CrNi4WA 钢等。

常用合金调质钢的牌号、成分、热处理、机械性能及用途见表 7.11。

表 7.11　常用调质钢的牌号、化学成分、热处理、力学性能和用途（摘自 GB/T 3007—1999）

类别	牌号	化学成分①/wt%					热处理温度/℃		力学性能②(≥)					退火硬度 HB(≤)	用途举例
		C	Mn	Si	Cr	其他	淬火	回火③	R_m /MPa	$R_{p0.2}$ /MPa	A /%	Z /%	A_{KU_2} /J		
	45	0.42~0.50	0.50~0.80	0.17~0.37	≤0.25		830~840 水	580~640 空	600	355	16	40	39	197	小截面、重载荷的调质件，如主轴、曲轴、齿轮、连杆、链轮等
	40Mn	0.37~0.44	0.70~1.00	0.17~0.37	≤0.25		840 水	600	590	355	17	45	47	207	同上
	40Cr	0.37~0.44	0.50~0.80	0.17~0.37	0.80~1.10		850 油	520	980	785	9	45	47	207	重要调质件，如轴类、连杆螺栓、齿轮、蜗杆、进气阀等
低淬透性	45MnB	0.42~0.49	1.10~1.40	0.17~0.37		B: 0.000 5~0.003 5	840 油	500	1 030	835	9	40	39	217	代替 40Cr 做 Φ<50 mm 的重要调质件，如机床主轴、钻床主轴、蜗杆、凸轮等
	40MnVB	0.37~0.44	1.10~1.40	0.17~0.37		V: 0.05~0.10 B: 0.000 5~0.003 5	850 油	520	980	785	10	45	47	207	代替 40Cr 或 40CrNi 制造汽车、拖拉机和机床的重要调质件，如齿轮等

类别	牌号	化学成分①/wt%					热处理温度/℃		力学性能②(≥)					退火硬度(≤) HB	用途举例
		C	Mn	Si	Cr	其他	淬火	回火③	R_m/MPa	$R_{p0.2}$/MPa	A/%	Z/%	A_{KU_2}/J		
中淬透性	40CrNi	0.37~0.44	0.50~0.80	0.17~0.37	0.45~0.75	Ni: 1.00~1.40	820 油	500	980	785	10	45	55	241	做较大截面的重要件，如曲轴、主轴、齿轮、连杆等
	40CrMn	0.37~0.45	0.90~1.20	0.17~0.37	0.90~1.20		840 油	550	980	835	9	45	47	229	代替40CrNi做受冲击负荷不大的零件，如齿轮轴、离合器等
	35CrMo	0.32~0.40	0.40~0.70	0.17~0.37	0.80~1.10	Mo: 0.15~0.25	850 油	550	980	835	12	45	63	229	代替40CrNi做大截面齿轮和高负荷传动轴等，发电机转子等
	30CrMnSi	0.27~0.34	0.80~1.10	0.90~1.20	0.80~1.10		880 油	520	1 080	855	10	45	39	229	用于飞机调质件，如起落架、螺栓等
	38CrMoAl	0.35~0.42	0.30~0.60	0.20~0.45	1.35~1.65	Mo: 0.15~0.25 Al: 0.70~1.10	940 水、油	640	980	835	14	50	71	229	高级氮化钢，做重要丝杠、镗杆、主轴、转子轴等

续表

类别	牌号	化学成分①/wt%					热处理温度/℃		力学性能②（≥）					退火硬度 HB（≤）	用途举例
		C	Mn	Si	Cr	其他	淬火	回火③	R_m /MPa	$R_{p0.2}$ /MPa	A /%	Z /%	A_{KU_2} /J		
高淬透性	37CrNi3	0.34~0.41	0.30~0.60	0.17~0.37	1.20~1.60	Ni：3.00~3.50	820油	500	1 130	980	10	50	47	269	高强韧性的大型重要零件，如汽轮机叶轮、转子轴等
	25CrNi4WA	0.21~0.28	0.30~0.60	0.17~0.37	1.35~1.65	Ni：4.00~4.50	850油	550	1 080	930	11	45	71	269	大截面高负荷的重要调质件，如汽轮主轴、叶轮等
	40CrNiMoA	0.37~0.44	0.50~0.80	0.17~0.37	0.60~0.90	Mo：0.15~0.25	850油	600	980	835	12	55	78	269	高强韧性大型重要零件，如飞机起落架、航空发动机轴等
	40CrMnMo	0.37~0.45	0.90~1.20	0.17~0.37	0.90~1.20	Mo：0.20~0.30	850油	600	980	785	10	45	63	217	部分代替40CrNiMoA，如做卡车后桥半轴、齿轮轴等

注：① 各牌号钢的 wt%S≤0.035wt%，wt%P≤0.035wt%。

② 合金钢的回火冷却剂为水或油。

③ 力学性能测试试样毛坯尺寸为25 mm。

7.6.2 合金弹簧钢

（1）用途

用于制造弹簧或类似弹簧功能的零件，储存能量和减轻振动。按其使用场合和结构外形的不同，弹簧分为板弹簧（板簧）和螺旋弹簧两类，其中螺旋弹簧又分为压力弹簧、拉力弹簧和扭力弹簧三种。

（2）服役条件

板簧的受力以反复弯曲应力为主，同时还承受冲击负荷与振动。板簧的棱角和中心孔处应力集中很明显，其失效形式绝大多数为疲劳破坏。螺旋弹簧承受的应力主要是扭转应力，最大应力在螺旋弹簧的内表面。在动负荷作用下，弹簧的破坏形式是疲劳。

（3）力学性能要求

由弹簧的服役条件，弹簧钢应具有以下性能：① 高的弹性极限或屈服极限和高的屈强比，以保证弹簧有足够高的弹性变形能力，并能承受大的负荷；② 高的疲劳极限，以保证弹簧在长期的振动和交变应力作用下不产生疲劳破坏；③ 为了满足成形需要和可能承受的冲击负荷，弹簧钢应具有一定的塑性和韧性。此外，在一些高温及易腐蚀环境下工作的弹簧，还应具有良好的耐热性和耐蚀性。

（4）成分特点

① 中高碳。弹簧钢的碳含量较高，以保证高的弹性极限与疲劳强度，一般为 0.5wt% ~ 0.7wt%。② 合金元素。Si 和 Mn 是弹簧钢中的主要合金元素，其作用主要是提高淬透性，强化铁素体（固溶强化），提高耐回火性。Si 还可提高屈强比，但硅含量高时有石墨化倾向，加热时使钢易于脱碳，Mn 则使钢易于过热。重要用途的合金弹簧钢需加入 Cr、Mo、V 等元素，这些碳化物形成元素能够防止钢的过热和脱碳，提高淬透性，V 能抑制奥氏体晶粒长大，细化晶粒。

（5）弹簧成形及热处理、显微组织

弹簧的加工处理方法有两种类型。

1）热成形弹簧。较大型的弹簧一般采用热成形工艺制备，原料为热轧钢丝（棒）或钢板。以汽车板簧为例，弹簧的制造工艺路线大致如下：扁钢剪断→热卷成形后直接淬火并中温回火（450 ~ 550 ℃）→喷丸，获得回火屈氏体组织。此时的马氏体已充分分解，析出的渗碳体以细小颗粒状分布在 α 相基体上；α相的回复过程也已充分进行，开始多边形化，但亚结构尚未长大；残留奥氏体已经转变，内应力已大幅度下降，钢的弹性极限达到最高值。弹簧钢也可以采用等温淬火，使钢在恒温下转变为下贝氏体，可提高钢的韧性和强度。

弹簧的表面质量对其使用寿命影响很大，表面微小的缺陷如脱碳、裂纹、夹杂、斑痕等，均可使钢的疲劳强度降低。喷丸处理可消除钢表面的缺陷并造成表面压应力，大幅度提高弹簧的使用寿命。

2）冷成形弹簧。小型弹簧，如丝径<8 mm的螺旋弹簧或弹簧钢带等，多在室温下绕制成形。根据强化方式的不同，可以分为三种情形：① 铅淬冷拔钢丝。冷拔前将热轧钢丝（盘圆）加热奥氏体化后，通过温度为500~520 ℃的铅浴等温处理，以获得适于冷拔的索氏体组织。再经多次冷拉拔至所需直径，其屈服强度可达1 600 MPa以上。然后将冷拔钢丝在室温下绕制成弹簧制品，最后进行消除应力的低温回复处理（200~300 ℃）以定型弹簧；② 淬火回火钢丝。不经铅淬处理，而是直接将热轧钢丝（盘圆）冷拔到所需直径，经淬火及中温回火处理后，得到回火屈氏体组织。再冷绕制成弹簧制品，最后进行消除应力的低温（200~300 ℃）处理以定型弹簧；③ 退火钢丝。将冷拔态钢丝退火后，冷绕制成弹簧制品，然后和热成形弹簧一样进行淬火和中温回火，获得回火屈氏体组织。

（6）常用合金弹簧钢

根据淬透性及服役温度不同，合金弹簧钢可大致分为三类。

1）中等淬透性合金弹簧钢。适于制备厚度或直径≤25 mm的弹簧，用于车厢缓冲卷簧、汽车板簧等，如65Mn、55SiMnVB、60Si2Mn等。

2）高淬透性合金弹簧钢。适于制备厚度或直径≤30 mm的弹簧，用于载重汽车板簧、扭杆簧、低于350 ℃的耐热弹簧、气门及阀门弹簧、悬架簧等，如55SiCrA、50CrVA、55CrMnA等。

3）耐热合金弹簧钢。适于制备服役温度≤500 ℃的耐热弹簧、锅炉安全阀簧、汽轮机簧、汽车厚截面板簧等，如30W4Cr2VA等。

常用合金弹簧钢的牌号、成分、热处理、机械性能及用途见表7.12a，7.12b。

表 7.12a 弹簧钢的牌号、化学成分（摘自 GB/T 1222—2007）

化学成分/wt%

牌号	C	Si	Mn	Cr	V	W	B	Ni	Cu	P	S
										(≥)	
										≤	
65	0.62~0.70	0.17~0.37	0.50~0.80	≤0.25				0.25	0.25	0.035	0.035
70	0.62~0.75	0.17~0.37	0.50~0.80	≤0.25				0.25	0.25	0.035	0.035
85	0.82~0.90	0.17~0.37	0.50~0.80	≤0.25				0.25	0.25	0.035	0.035
65Mn	0.62~0.70	0.17~0.37	0.90~1.20	≤0.25				0.25	0.25	0.035	0.035
55SiMnVB	0.52~0.60	0.70~1.00	1.00~1.30	≤0.35	0.08~0.16		0.000 5~0.003 5	0.35	0.25	0.035	0.035
60Si2Mn	0.56~0.64	1.50~2.00	0.70~1.00	≤0.35				0.35	0.25	0.035	0.035
60Si2MnA	0.56~0.64	1.60~2.00	0.70~1.00	≤0.35				0.35	0.25	0.025	0.025
60Si2CrA	0.56~0.64	1.40~1.80	0.40~0.70	0.70~1.00				0.35	0.25	0.025	0.025
60Si2CrVA	0.56~0.64	1.40~1.80	0.40~0.70	0.90~1.20	0.10~0.20			0.35	0.25	0.025	0.025
55SiCrA	0.51~0.59	1.20~1.60	0.50~0.80	0.50~0.80				0.35	0.25	0.025	0.025
55CrMnA	0.52~0.60	0.17~0.37	0.65~0.95	0.65~0.95				0.35	0.25	0.025	0.025
60CrMnA	0.56~0.64	0.17~0.37	0.70~1.00	0.70~1.00				0.35	0.25	0.025	0.025
50CrVA	0.46~0.54	0.17~0.37	0.50~0.80	0.80~1.10	0.10~0.20			0.35	0.25	0.025	0.025
60CrMnBA	0.56~0.64	0.17~0.37	0.70~1.00	0.70~1.00			0.000 5~0.004 0	0.35	0.25	0.025	0.025
30W4Cr2VA	0.26~0.34	0.17~0.37	≤0.40	2.00~2.50	0.50~0.80	4.00~4.50		0.35	0.25	0.025	0.025
28MnSiB	0.24~0.32	0.60~1.00	1.20~1.60	≤0.25			0.000 5~0.003 5	0.35	0.25	0.35	0.035

表 7.12b 弹簧钢的热处理、力学性能和用途（摘自 GB/T 1222—2007）

牌号	热处理温度①			力学性能（≥）					应用举例
	淬火温度/℃	淬火介质	回火温度/℃	抗拉强度 R_m/MPa	屈服强度 R_{eL}/MPa	断裂伸长率 A/%	断裂伸长率 $A_{11.3}$/%	断面收缩率 Z/%	
65	840	油	500	980	785		9	35	厚度或直径<15 mm 的小弹簧、柱塞弹簧、测力弹簧、一般机械用弹簧
70	830	油	480	1 030	835		8	30	
85	820	油	480	1 130	980		6	30	
65Mn	830	油	540	980	785		8	30	厚度或直径≤25 mm 的弹簧，如车箱缓冲卷簧、汽车板簧、离合器簧片
55SiMnVB	860	油	460	1 375	1 225		5	30	
60Si2Mn	870	油	480	1 275	1 180		5	25	
60Si2MnA	870	油	440	1 570	1 375		5	20	
60Si2CrA	870	油	420	1 765	1 570	6		20	厚度或直径≤30 mm 的重要弹簧，如载重汽车板簧、扭杆簧，低于 350 ℃ 的耐热弹簧、气门弹簧、阀门弹簧、悬架簧
60Si2CrVA	850	油	410	1 860	1 665	6		20	
55SiCrA	860	油	450	1 450~1 750	1 300（$R_{p0.2}$）	6		25	
55CrMnA	830~860	油	460~510	1 225	1 080（$R_{p0.2}$）	9		20	
60CrMnA	830~860	油	460~520	1 225	1 080（$R_{p0.2}$）	9		20	
50CrVA	850	油	500	1 275	1 130	10		40	
60CrMnBA	830~860	油	460~520	1 225	1 080（$R_{p0.2}$）	9		20	
30W4Cr2VA	1 050~1 100	油	600	1 470	1 325	7		40	500 ℃ 以下耐热弹簧、锅炉安全阀簧、汽轮机簧、汽车厚载面板簧
28MnSiB	900	油	320	1 275	1 180		5	25	

注：① 除规定热处理温度上下限外，表中热处理温度允许偏差为：淬火，±20 ℃；回火，±50 ℃。根据需方要求，回火可按±30 ℃进行。

7.6.3 滚动轴承钢

（1）用途

滚动轴承是各种机械传动部分的基础零件之一，其作用主要是支撑轴颈。对轴承的要求包括高精度、高可靠性、长寿命等。对特殊环境中使用的轴承还要求具有耐高温、抗腐蚀、无磁性、耐低温等性能。滚动轴承由内套、外套、滚动体和保持架四部分组成。其中除保持架常用低碳钢薄板冲压外，其他部件均由轴承钢制成。

（2）服役条件

轴承元件大多在点接触或线接触条件下工作，接触面积极小，在接触面上承受极大的压应力。同时轴承工作时，滚动体和套圈高速运转，应力交变次数极高，极易造成接触疲劳破坏。另外滚动体和套圈间不仅有滚动摩擦，而且还有滑动摩擦，故易产生磨损失效。轴承有时还会承受一定的冲击负荷。

（3）力学性能要求

由轴承的服役条件，轴承钢应具有如下性能：很高的抗压强度和硬度，一般硬度应在 62～64HRC；很高的接触疲劳强度，应尽可能减少钢材中的各种微小缺陷；足够的韧性、抗腐蚀性及尺寸稳定性。

（4）成分特点

1）高碳。轴承钢中的碳含量为 0.95wt%～1.10wt%，以保证钢有高的硬度及耐磨性。决定钢硬度的主要因素是马氏体中的碳含量，只有碳含量足够高时，才能获得高硬度，此外，碳还用于形成高硬度的碳化物，进一步提高钢的硬度和耐磨性。

2）合金元素。基本合金元素为 Cr，其作用包括：提高淬透性；形成稳定的合金渗碳体（Fe，Cr）$_3$C，细化组织，提高回火稳定性，提高硬度，进而提高钢的耐磨性和接触疲劳强度；还可以提高钢的耐腐蚀性能。但若铬含量过高（大于 1.65wt%），则会使残留奥氏体增加，降低硬度和尺寸稳定性，同时还会增加碳化物的不均匀性，降低韧性。

Si、Mn 可进一步提高淬透性；Mo、V 可细化奥氏体晶粒，形成碳化物以提高强度及耐磨性。

轴承钢中的非金属夹杂物等微小缺陷对接触疲劳性能的影响很大。其危害程度与夹杂物的种类、数量、尺寸、形状及分布有关。危害最大的是氧化物，其次为硫化物和硅酸盐。轴承钢一般需用真空冶炼及真空脱气处理。

（5）热处理及显微组织、性能

轴承钢的热处理主要为球化退火、淬火及低温回火。

1）球化退火。球化退火的目的有二：一是降低硬度，便于切削加工；

二是获得细小的球状珠光体和均匀分布的细粒状碳化物，为最终热处理做组织准备。碳化物的形状、大小、数量和分布对最终性能影响很大，而碳化物的组织状态是很难由最后的淬火和回火改变的，因为淬火时相当一部分碳化物不能溶解，其组织状态基本上由球化退火决定，所以应对球化退火严格控制。

典型的轴承钢 GCr15 退火温度为 780~810 ℃，保温时间一般为 2~6 h，然后以 10~30 ℃·h^{-1} 的速度冷却至 600 ℃ 出炉空冷。

2）淬火及低温回火。淬火温度应严格控制，温度过高会使钢过热，晶粒长大，降低韧性和疲劳强度，且易淬裂和变形；温度过低，则奥氏体中溶解的 Cr 和 C 量不够，淬火后硬度不足。GCr15 钢的淬火温度应严格控制在 820~840 ℃，回火温度为 150~160 ℃。

轴承钢的淬火回火后的组织为极细的回火马氏体、均匀分布的粒状碳化物以及少量残留奥氏体，硬度大于 62HRC。

（6）常用合金轴承钢

1）铬轴承钢。最常用的是 GCr15，使用量占轴承钢的绝大部分。

2）添加 Mn、Si、Mo、V 的轴承钢。如 GCr15SiMn、GCr15SiMnMoV 等，在铬轴承钢中加入 Mn、Si 可提高淬透性。加入 Mo、V 可节约铬得到无铬轴承钢，如 GSiMnMoV、GSiMnMoVRE 等，其性能与 GCr15 接近。

常用轴承钢的牌号、成分、热处理、机械性能及用途见表 7.13。

7.6.4　超高强度钢

超高强度钢具有极高的比强度（强度/密度）和良好的韧性，是航空、航天领域的关键结构材料，用作航空、航天结构的重要承力件。例如，飞机上高负荷的承力构件，如起落架、大梁等，以及战术导弹固体火箭发动机壳体等，主要用超高强度钢制造。

目前一般将最低屈服强度超过 1 380 MPa 的结构钢称为超高强度钢，随着结构钢的发展，超高强度钢的强度级别还会逐步提高。

按合金元素含量的多少将超高强度钢分为：低合金超高强度钢（合金元素含量<5wt%）、中合金超高强度钢（合金元素含量为 5wt%~10wt%）、高合金超高强度钢（合金元素含量为>10wt%）三类。

（1）低合金超高强度钢

该类超高强度钢合金元素含量少，经济性好，强度高，但屈强比低，韧性相对较差。一些重要的低合金超高强度钢的名义成分和典型性能见表 7.14。

表7.13 部分高碳铬轴承钢的牌号、化学成分、退火硬度和用途（摘自 GB/T 1825—2002）

牌号	化学成分/wt%									退火硬度 HB	用途举例
	C	Si	Mn	Cr	Mo	P	S	Ni	Cu		
						≤					
GCr4	0.95~1.05	0.15~0.30	0.15~0.30	0.35~0.50	≤0.08	0.025	0.020	0.25	0.20	179~207	φ<10 mm 的滚珠、滚柱和滚针
GCr15	0.95~1.05	0.15~0.35	0.25~0.45	1.40~1.65	≤0.10	0.025	0.025	0.30	0.25	179~207	壁厚≤12 mm、外径≤250 mm 的轴承套、精密量具及耐磨件
GCr15SiMn	0.95~1.05	0.40~0.75	0.95~1.25	1.40~1.65	≤0.10	0.025	0.025	0.30	0.25	179~217	大尺寸轴承套、模具、量具、丝锥及耐磨件
GCr15SiMo	0.95~1.05	0.65~0.85	0.20~0.40	1.40~1.70	0.30~0.4	0.027	0.020	0.30	0.25	179~217	大尺寸的轴承套、滚动体、模具、精密量具及高硬度耐磨件
GCr18Mo	0.95~1.05	0.20~0.40	0.25~0.40	1.65~1.95	0.15~0.25	0.025	0.020	0.25	0.25	179~207	与GCr15钢相同

表 7.14　一些低合金超高强度钢的名义成分和典型性能

牌号	化学成分/wt%							R_m/MPa	K_{1c}/ (MPa·m$^{1/2}$)
	C	Si	Mn	Ni	Cr	Mo	V		
40CrNi2Mo(4340)	0.4	0.3	0.7	1.8	0.8	0.25	—	1 800~2 100	57
300M	0.4	1.6	0.8	0.8	0.8	0.4	0.08	1 900~2 100	74
35NCD16	0.35	—	0.15	4.0	1.8	0.5		1 860	91
D6AC	0.4	0.3	0.9	0.7	1.2	1.1	0.1	1 900~2 100	68
30CrMnSiNi2A	0.3	1.0	1.2	1.6	1.0	—		1 760	64
40CrMnSiMoVA	0.4	1.4	1.0	—	1.4	0.5	0.1	1 800~2 100	71

该类钢的成分特点是中碳（0.27wt%~0.45wt%），合金元素种类多但含量低，目的是完全淬透得到马氏体。采用的热处理为淬火和低温回火，获得的组织为回火马氏体，牺牲塑性以保证其超高强度。

30CrMnSiNi2A 钢曾在航空工业中广泛应用，如用于制造飞机起落架和梁等，但其韧性相对较低。40CrMnSiMoVA 钢是在 30CrMnSiNi2A 钢成分的基础上改进发展的，其强度和韧性均有提高。

（2）中合金超高强度钢

典型的有 4Cr5MoVSi（H-11）、4Cr5MoV1Si（H-13）等，属二次硬化钢，表 7.15 列出了它们的名义成分及力学性能。它们是常用的含 5wt%Cr 的热作模具钢，也广泛用作结构材料。这类钢在高温回火后弥散析出 M_7C_3、M_3C 和 MC特殊碳化物，产生二次硬化效应，具有较高的中温强度，在 400~500 ℃ 范围内使用时，钢的瞬时抗拉强度仍可保持 1 300~1 500 MPa，屈服强度为 1 100~1 200 MPa。主要缺点是塑性差、断裂韧性较低，焊接性和冷变形性较差。主要用于制造飞机发动机承受强度的零部件、紧固件等，这类钢还具有大截面时可空冷强化的特点。

两种成分的钢均在 510 ℃ 左右回火获得最佳性能。H-11 的典型应用包括飞机起落架部件、机体部件、蒸汽和燃气轮机内部部件、热作模具等。H-13不如 H-11 应用广泛。

（3）高合金超高强度钢

按热处理强化机制可将高合金超高强度钢分为三类：二次硬化马氏体钢系列，包括 9Ni-4Co、9Ni-5Co、10Ni-8Co（HY180）、10Ni-14Co（AF1410）、AerMet100 等；18Ni 马氏体时效钢系列，包括 18Ni（250）、18Ni（300）、18Ni（350）等；沉淀硬化不锈钢系列，如 PH13-8Mo 等。其中以二次硬化马氏体钢系列综合性能最好。

表 7.15　H-11 和 H-13 钢的名义成分和室温典型性能

牌号	化学成分/wt%						力学性能				
	C	Si	Mn	Cr	Mo	V	$R_m/$ MPa	$R_{eL}/$ MPa	$A/\%$	$Z/\%$	$K_{Ic}/$ (MPa· $m^{1/2}$)
4Cr5MoVSi （H-11）	0.40	0.90	0.30	5.0	1.30	0.50	1 960	1 570	5.9	29.5	13.6
4Cr5MoV1Si （H-13）	0.38	1.0	0.35	5.1	1.4	1.0	1 960	1 570	13	46.2	16

在航空、航天领域应用较多的高合金二次硬化马氏体超高强度钢的成分及力学性能见表 7.16。10Ni-8Co（HY180）钢应用于深海舰艇壳体，海底石油勘探装置等，但其强度还较低。进一步发展出来的 10Ni-14Co（AF1410）和 AerMet100 等具有极其优秀的综合性能。在 AerMet100 基础上发展的 AerMet1310 具有更高的强度。其名义成分为 0.25C-2.4Cr-11Ni-15Co。与 AerMet100 相比，C 和 Mo 含量提高，Cr 含量降低，其强度可达 2 170 MPa。

表 7.16　高合金二次硬化马氏体超高强度钢的名义成分和室温典型性能

牌号	化学成分/wt%					力学性能				
	C	Ni	Cr	Mo	Co	$R_m/$ MPa	$R_{eL}/$ MPa	$A/\%$	$Z/\%$	$K_{Ic}/$ (MPa· $m^{1/2}$)
HY180	0.11	10.0	2.0	1.0	8.0	1 413	1 345	16	75	—
AF1410	0.16	10.0	2.0	1.0	14.0	1 750	1 545	16	69	154
AerMet100	0.24	11.5	2.9	1.2	13.4	1 965	1 758	14	65	115

18Ni 马氏体时效钢系列，包括 18Ni（250）、18Ni（300）、18Ni（350）等，也是一类重要的超高强度钢。它们具有很好的强韧性配合。典型的 18Ni 马氏体时效钢系列的名义成分和力学性能见表 7.17。

表 7.17　典型的 18Ni 马氏体时效钢系列的名义成分和力学性能

牌号	化学成分/wt%					热处理	力学性能				
	Ni	Mo	Co	Ti	Al		$R_m/$ MPa	$R_{eL}/$ MPa	$A/\%$	$Z/\%$	$K_{1c}/$ (MPa·m$^{1/2}$)
18Ni(200)	18	3.3	8.5	0.2	0.1	A	1 500	1 400	10	60	155~240
18Ni(250)	18	5.0	8.5	0.4	0.1	A	1 800	1 700	8	55	110
18Ni(300)	18	5.0	9.0	0.7	0.1	A	2 050	2 000	7	40	73
18Ni(350)	18	4.2	12.5	1.6	0.1	B	2 450	2 400	6	25	32~45
18Ni(cast)	17	4.6	10.0	0.3	0.1	C	1 750	1 650	8	35	95

注：热处理：A—固溶 820 ℃，1 h，时效 480 ℃，3 h；B—固溶 820 ℃，1 h，时效 480 ℃，12 h；C—退火 1 150 ℃，1 h，固溶 820 ℃，1 h，时效 480 ℃，3 h。

比较上述三种超高强度钢的屈服强度和断裂韧性，可以看出，在屈服强度相当的情况下，AF1410 和 AerMet100 的断裂韧性要比 4340 和 300M 高得多，更不用说比 H-11 高了。

比较超高强度钢的应力腐蚀断裂韧性值，AF1410 为最高，其次为 AerMet100。

疲劳性能对比，AerMet100 远远超过其余几种合金。AF1410 居其次，但也超过其余几种合金。目前已有的工业生产的超高强合金中，AerMet100 具有最佳的综合性能，在航空、航天工业中获得了越来越多的应用。

7.6.5　合金渗碳钢和合金氮化钢

合金渗碳钢和合金氮化钢是为适用于渗碳热处理和渗氮热处理的需要而发展起来的钢种。本节重点介绍渗碳钢。

（1）用途

主要用于如汽车用变速齿轮、内燃机上的凸轮、活塞销等机器零件。这类零件在工作中产生强烈的摩擦磨损，同时还承受较大的交变负荷和冲击负荷。

（2）服役条件

以齿轮为例分析其服役条件。

1）齿轮工作时整个齿面均承受脉动的弯曲应力作用，而最大弯曲应力出现在齿根危险断面上，使齿轮产生弯曲疲劳破坏，严重时造成断齿。

2）齿轮是通过齿面接触传递动力的，在接触应力的反复作用下，会使齿面产生接触疲劳破坏，如出现麻点剥落和硬化层剥落。

3）齿轮工作时两齿面相对运动（包括滚动和滑动），产生摩擦力，导致齿面磨损。

4）齿轮工作时有时还会承受强烈的冲击负荷。

（3）力学性能要求

显然，齿轮的服役条件复杂，要求齿轮用钢不但应有高的耐磨性、接触疲劳强度、弯曲疲劳强度和屈服强度，而且还应有较高的塑性和韧性。

（4）成分特点

① 低碳。碳含量一般在 0.1wt% ~ 0.25wt% 之间，以保证零件芯部有足够的塑性和韧性。② 合金元素。常用的合金元素有 Cr、Ni、Mn、Ti、V、W、Mo 等。Cr、Ni、Mn 等提高淬透性，以提高热处理后芯部的强度和韧性。Cr 还能细化碳化物，提高渗碳层的耐磨性，Ni 则可提高渗碳层和芯部的韧性。Ti、V、W、Mo 等强、中强碳化物形成元素可形成稳定的合金碳化物，除了能阻止渗碳时奥氏体晶粒长大外，还能增加渗碳层硬度，提高耐磨性。

（5）热处理

渗碳钢的热处理一般是渗碳后进行淬火及低温回火，以获得高硬度的表层及强而韧的芯部。

（6）常用渗碳钢

按淬透性大小或强度等级将渗碳钢分为三类：① 低淬透性渗碳钢。其强度级别 R_m 在 800 MPa 以下，又称为低强度渗碳钢。主要有 20Mn2、15Cr 钢等。这类钢的淬透性低，仅适用于对芯部要求不高的小型渗碳件，如套筒、链条、活塞销等。② 中淬透性渗碳钢。其强度级别 R_m 在 800 ~ 1 200 MPa 范围内，又称为中强度渗碳钢。常用有 20CrMnTi、20Mn2TiB、20MnVB 等。这类钢的淬透性与芯部的强度均较高，可用于制造一般机器中较为重要的渗碳件，如汽车齿轮及活塞销等。③ 高淬透性渗碳钢。其强度级别 R_m 在 1 200 MPa 以上，又称为高强度渗碳钢。常用的有 20Cr2Ni4A、18Cr2Ni4WA 等。由于具有很高的淬透性，芯部强度很高，故这类钢可用于制造截面较大的重载荷渗碳件，如航空发动机齿轮、曲轴、坦克齿轮等。

常用渗碳钢的牌号、成分、热处理、机械性能及用途见表 7.18。

氮化钢的用途、服役条件、力学性能要求与渗碳钢类似。机械零件经表面氮化处理后，可显著提高其疲劳强度和耐磨性，还具有抗腐蚀能力。氮化层在较高温度下仍能保持其硬度。零件在氮化前要经过调质处理，得到稳定的回火索氏体组织，保证使用过程中尺寸稳定。氮化温度低，零件变形小。常用的氮化温度为 510 ~ 570 ℃，表面形成 Fe_4N 相和 $Fe_{2-3}N$ 相。

表 7.18　常用渗碳钢的牌号、成分、热处理、机械性能及用途

类别	牌号	化学成分①/wt%					毛坯尺寸/mm	热处理②温度/℃			力学性能 (≥)					退火硬度 HB(≤)	用途举例
		C	Mn	Si	Cr	其他		第一次正火或淬火	第二次淬火	回火	R_m /MPa	R_{eL} /MPa	A /%	Z /%	A_{KU_2} /J		
低淬透性	15	0.12~0.18	0.35~0.65	0.17~0.37			25	890±10 空	770~800 水	200	500	300	15	55			小轴、小齿轮、活塞销等小型渗碳件
	20Mn2	0.17~0.24	1.40~1.80	0.17~0.37			15	850 水、油		200 水、空	785	590	10	40	47	187	小齿轮、小轴、活塞锁、十字削头等
	15Cr	0.12~0.18	0.40~0.70	0.17~0.37	0.70~1.00		15	880 水、油	780~820 水、油	200 水、空	735	490	11	45	55	179	船舶主机螺钉、齿轮、活塞销、凸轮、轴等
	20Cr	0.18~0.24	0.50~0.80	0.17~0.37	0.70~1.00		15	880 水、油	780~820 水、油	200 水、空	835	540	10	40	47	179	机床变速箱齿轮、齿销轴、活塞销、凸轮、蜗杆等
	20MnV	0.17~0.24	1.30~1.60	0.17~0.37		V: 0.07~0.12	15	880 水、油		200 水、空	785	590	10	40	55	187	同20Cr，也用作锅炉、高压容器、高压管道等

续表

类别	牌号	化学成分①/wt%					毛坯尺寸/mm	热处理②温度/℃			力学性能(≥)					退火硬度 HB(≤)	用途举例
		C	Mn	Si	Cr	其他		第一次正火或淬火	第二次淬火	回火	R_m /MPa	R_{eL} /MPa	A /%	Z /%	A_{KU_2} /J		
中淬透性	20CrMn	0.17~0.23	0.90~1.20	0.17~0.37	0.90~1.20		15	850 油		200 水、空	930	735	10	45	47	187	齿轮、轴、蜗杆、活塞销、摩擦轮
	20CrMnTi	0.17~0.23	0.80~1.10	0.17~0.37	1.00~1.30	Ti: 0.04~0.10	15	880 油	870 油	200 水、空	1 080	850	10	45	55	217	汽车、拖拉机上的齿轮、齿轮轴、十字头等
	20MnTiB	0.17~0.24	1.30~1.60	0.17~0.37		Ti: 0.04~0.10 B: 0.000 5~0.003 5	15	860 油		200 水、空	1 130	930	10	45	55	187	代替20CrMnTi
	20MnVB	0.17~0.23	1.20~1.60	0.17~0.37		V: 0.07~0.12 B: 0.000 5~0.003 5	15	860 油		200 水、空	1 080	885	10	45	55	207	代替2CrMnTi、20Cr、20CrNi制造重型机床的齿轮和轴、汽车齿轮

续表

类别	牌号	化学成分[①]/wt%					毛坯尺寸/mm	热处理[②]温度/℃			力学性能(≥)					退火硬度 HB(≤)	用途举例
		C	Mn	Si	Cr	其他		第一次正火或淬火	第二次淬火	回火	R_m /MPa	R_{eL} /MPa	A /%	Z /%	A_{KU_2} /J		
高淬透性	18Cr2Ni4WA	0.13~0.19	0.30~0.60	0.17~0.37	1.35~1.65	Ni: 4.0~4.5 W: 0.8~1.2	15	950空	850空	200 水、空	1 180	835	10	45	78	269	大型渗碳齿轮、轴类和飞机发动机齿轮
	20Cr2Ni4	0.17~0.23	0.30~0.60	0.17~0.37	1.25~1.65	Ni: 3.25~3.65	15	880油	780油	200 水、空	1 180	1 080	10	45	63	269	大截面渗碳件,如大型齿轮、轴等
	12Cr2Ni4	0.10~0.16	0.30~0.60	0.17~0.37	1.25~1.65	Ni: 3.25~3.65	15	880油	780油	200 水、空	1 080	835	10	50	71	269	承受高负荷的齿轮、涡轮、蜗杆、轴、方向接头叉等

注：① 各牌号钢的 wt%S≤0.035wt%, wt%P≤0.035wt%。
② 各钢在930℃渗碳后再进行淬火+回火热处理。

钢中加入氮化物形成元素后，氮化层的组织有很大变化，在铁素体相中形成含有 Cr、Mo、W、V、Al 等合金元素的合金氮化物，其尺寸在 5 nm 左右，并与基体共格，产生弥散强化。钢中最有效的氮化元素是 Al、Nb、V，所形成的合金氮化物最稳定，其次是 Cr、Mo、W 的合金氮化物。

要求高耐磨性的零件一般采用含强氮化物形成元素 Al 的钢种，如 38CrMoAl。经调质和表面氮化处理后可获得最高氮化层硬度，可达 9~10HV（GPa）。

仅要求高疲劳强度的零件则采用不含 Al 的 Cr-Mo 型氮化钢，如 35CrMo、40CrV 等，其氮化层的硬度控制在 5~8HV（GPa）。

7.7 合金工模具钢

合金工模具钢是在碳素工具钢的基础上加入某些合金元素发展起来的，其目的是克服碳素工具钢的淬透性低、红硬性差（高温硬度低）、耐磨性不足等缺点。需要指出的是，合金工模具钢按用途也分为合金刃具钢、合金模具钢和合金量具钢，但实际应用界限并非绝对。

7.7.1 合金刃具钢

（1）用途

用于制造各种金属切削刀具，如车刀、铣刀、钻头等。

（2）服役条件

刀具切削时受工件的压力，刃部与切屑之间产生强烈的摩擦。高速切削时发热尤为严重，刃部温度可达 500~600 ℃。另外刃具还承受一定的冲击和振动。

（3）力学性能要求

① 高硬度。高硬度是刃具的基本要求，多数被切削件通常经调质或退火（正火）处理，硬度为 35HRC 或以下，为保证切削效果，刀具的硬度一般应在 60HRC 以上。② 高耐磨性。耐磨性直接影响刀具的寿命。影响刀具耐磨性的因素除硬度外，还有钢中硬质相的性质、体积分数、尺寸、形貌及分布等。③ 高红硬性。红硬性是指钢在高温下保持高硬度的能力。红硬性与钢的回火稳定性和特殊碳化物的弥散析出有关。④ 足够的塑性和韧性。防止刀具受冲击振动时折断和崩刃。

（4）成分特点

合金刃具钢分两类，一类主要用于低速切削，称为低合金刃具钢；另一类用于高速切削，称为高速工具钢，简称高速钢。

　　低合金刃具钢的成分特点：① 高碳。碳含量为 0.9wt% ~ 1.1wt%，以保证高硬度和高耐磨性；② 加入 Cr、Mn、Si、W、V 等合金元素。Cr、Mn、Si 主要是提高钢的淬透性，同时强化马氏体基体，提高钢的回火稳定性；W、V 可以细化晶粒；Cr、Mn 等溶入渗碳体，形成合金渗碳体，有利于提高钢的耐磨性。

　　高速钢的成分特点：① 高碳。碳含量为 0.75wt% ~ 1.5wt%，一方面确保淬火后得到高碳马氏体，保证高硬度；另一方面还有足够数量的碳与 W、Mo、Cr、V 等强、中强碳化物形成元素形成合金碳化物，以提高硬度、耐磨性和红硬性。② 加入 W、Mo、Cr、V 等合金元素。高速钢属于高合金刃具钢，成分大致范围为：wt%W = 0wt% ~ 22wt%，wt%Mo = 0wt% ~ 10wt%，wt%Cr ≈ 4wt%，wt%V = 1wt% ~ 5wt%。高的 Cr 含量可大大提高钢的淬透性，同时明显提高钢的抗氧化、抗脱碳的能力。加入 W、Mo 主要是保证高的热硬性，在退火状态下，W、Mo 以 M_6C 型碳化物形式存在，在淬火加热时较难溶解。加热时，一部分碳化物溶入奥氏体中，淬火后合金元素存在于马氏体中，高温回火（560 ℃）时析出 M_2C 碳化物弥散分布，造成二次硬化。这类碳化物在 500 ~ 600 ℃ 温度范围内非常稳定，不易聚集长大，从而使钢具有良好的热硬性；一部分未溶的碳化物能起阻止奥氏体晶粒长大，提高耐磨性的作用。V 能形成碳化物 VC，非常稳定，极难熔解，硬度极高且颗粒细小、分布均匀，能大大提高钢的硬度和耐磨性，同样也起阻止奥氏体晶粒长大的作用，细化晶粒。

　　（5）热处理

　　低合金刃具钢刃具的加工过程是球化退火→机加工→淬火→低温回火。低合金刃具钢的热处理与碳素刃具钢相似，即加工前的球化退火和成形后的淬火与低温回火（160 ~ 250 ℃）。热处理后的组织为回火马氏体+碳化物+少量残留奥氏体。低合金刃具钢的淬透性较碳素刃具钢好，淬火冷却可在油中进行，热处理变形和开裂倾向小，耐磨性和红硬性也有所提高。

　　高速钢刃具的加工过程是锻造→球化退火→机加工→高温淬火→高温回火。高速钢属于莱氏体钢，铸态组织中含有大量呈鱼骨状分布的粗大共晶碳化物，大大降低钢的韧性。需要用锻打破碎这些粗大的碳化物，并使其均匀分布。

　　高速钢锻后先进行球化退火，其目的不仅在于降低钢的硬度，以便于机械加工，也为淬火做好组织准备。高速钢的优越性只有在正确的淬火及回火之后才能发挥出来，其淬火温度一般较低合金刃具钢要高得多。淬火温度越高，合金元素溶入奥氏体的数量越多，淬火之后马氏体的合金元素亦越高。只有合金元素含量高的马氏体才具有高的红硬性。对高速钢红硬性作用最大的合金元素

（W、Mo、V）只有在 1 000 ℃ 以上时其固溶度才急剧增加，温度超过 1 300 ℃ 时，虽然可继续增加这些合金元素的含量，但此时奥氏体晶粒急剧长大，甚至在晶界处发生局部熔化现象，因此淬火钢的韧性大大下降。所以对于高速钢的淬火加热温度，在不发生过热的前提下，高速钢的淬火温度越高，其红硬性则越好。典型高速钢 W18Cr4V 的淬火加热温度约为 1 280 ℃，淬火后的组织为淬火马氏体+碳化物+大量残留奥氏体。

高速钢通常在二次硬化峰值温度（550～570 ℃）回火三次。在此温度范围内回火时，W、Mo、V 的碳化物从马氏体及残留奥氏体中析出，弥散分布，使钢的硬度明显提高，同时残留奥氏体亦转变为马氏体，进一步提高硬度，二者的叠加产生明显的二次硬化，保证了钢的硬度和红硬性。进行多次回火的目的主要是为了逐步减少残留奥氏体量。W18Cr4V 钢淬火后残留奥氏体的相对体积分数约为 30vol%，一次回火后约降至 15vol%～18vol%，二次回火可降至 3vol%～5vol%，第三次回火后仅剩 1vol%～2vol%。

高速钢淬火、回火后的组织为回火马氏体+碳化物+少量残留奥氏体，其中碳化物由两部分组成：一部分为未溶碳化物，另一部分为回火时析出的碳化物。

（6）典型钢种

常用低合金刃具钢的牌号、成分、热处理、力学性能及用途见表 7.19。

9SiCr 钢是常用的合金刃具钢。经热处理后的硬度可达 60HRC，使用温度可达 250～300 ℃，广泛用于制造各种低速切削的刃具，如板牙、丝锥等。

最重要的高速钢有两种：一种是钨系 W18Cr4V 钢，另一种是钨-钼系 W6Mo5Cr4V2 钢。两种钢的组织性能相似，但 W6Mo5Cr4V2 钢的耐磨性、高温塑性和韧性较好，而 W18Cr4V 钢的红硬性较好，热处理时的脱碳和过热倾向性较小。部分高速工具钢的牌号、化学成分、热处理、硬度和用途见表 7.20a、表 7.20b。

图 7.7 所示为热处理后碳素工具钢、低合金刃具钢、高速钢的硬度与温度的关系。由图可见，碳素工具钢红硬性差，随着使用温度的提高迅速软化。W18Cr4V 钢在 600 ℃ 还保持 56HRC 的高硬度。9SiCr 要保持同样的硬度，工作温度不能超过 350 ℃。

表 7.19 刀具、量具用钢的牌号、化学成分、热处理和用途（摘自 GB/T 1299—2000）

牌号	化学成分①/wt%					淬火		交货状态 硬度 HB	用途举例
	C	Si	Mn	Cr	其他	温度/℃，冷却剂	硬度 HRC		
9SiCr	0.85~0.95	1.20~1.60	0.30~0.60	0.95~1.25		820~860 油	≥62	241~197	丝锥、板牙、钻头、铰刀、齿轮铣刀、冷冲模、冷轧辊
8MnSi	0.75~0.85	0.30~0.60	0.80~1.10			800~820 油	≥60	≤229	凿子、铣刀、车刀、刨刀
Cr06	1.30~1.45	≤0.40	≤0.40	0.50~0.70		780~810 水	≥64	241~187	剃刀、刮刀、刻刀、外科医疗刀具
Cr2	0.95~1.10	≤0.40	≤0.40	1.30~1.65		830~860 油	≥62	229~179	铣刀、车刀、铰刀、量规、冷轧辊等
9Cr2	0.80~0.95	≤0.40	≤0.40	1.30~1.70		820~850 油	≥62	217~179	冷轧辊、冷冲头及木工工具等
W	1.05~1.25	≤0.40	≤0.40	0.10~0.30	0.80~1.20	800~830 水	≥62	229~187	低速切削硬金属的刀具，如麻花钻、车刀、量规、块规等

注：① 各牌号钢的 wt%S≤0.03wt%，wt%P≤0.03wt%。

表 7.20a 部分高速工具钢的牌号和化学成分(摘自 GB/T 9943—2008)

牌号	化学成分/wt%									
	C	Mn	Si	S	P	Cr	V	W	Mo	Co
W3Mo3Cr4V2	0.95~1.03	≤0.40	≤0.45	≤0.030	≤0.030	3.80~4.50	2.20~2.50	2.70~3.00	2.50~2.90	—
W4Mo3Cr4VSi	0.83~0.93	0.20~0.40	0.70~1.00	≤0.030	≤0.030	3.80~4.40	1.20~1.80	3.50~4.50	2.50~3.50	—
W18Cr4V	0.73~0.83	0.10~0.40	0.20~0.40	≤0.030	≤0.030	3.80~4.50	1.00~1.20	17.20~18.70	—	—
W2Mo8Cr4V	0.77~0.87	≤0.40	≤0.70	≤0.030	≤0.030	3.50~4.50	1.00~1.40	1.40~2.00	8.00~9.00	—
W6Mo5Cr4V2	0.80~0.90	0.15~0.40	0.20~0.45	≤0.030	≤0.030	3.80~4.40	1.75~2.20	5.50~6.75	4.50~5.50	—
W9Mo3Cr4V	0.77~0.87	0.20~0.40	0.20~0.40	≤0.030	≤0.030	3.80~4.40	1.30~1.70	8.50~9.50	2.70~3.30	—
CW6Mo5Cr4V3	1.25~1.32	0.15~0.40	≤0.70	≤0.030	≤0.030	3.75~4.50	2.70~3.20	5.90~6.70	4.70~5.20	—
W12Cr4V5Co5	1.50~1.60	0.15~0.40	0.15~0.40	≤0.030	≤0.030	3.75~5.00	4.50~5.25	11.75~13.00	—	4.75~5.25
W6Mo5Cr4V2Co5	0.87~0.95	0.15~0.40	0.20~0.45	≤0.030	≤0.030	3.80~4.50	1.70~2.10	5.90~6.70	4.70~5.20	4.50~5.00
W2Mo9Cr4VCo8	1.05~1.15	0.15~0.40	0.15~0.65	≤0.030	≤0.030	3.50~4.25	0.95~1.35	1.15~1.85	9.00~10.00	7.75~8.75

表 7.20b　部分高速工具钢的热处理、硬度和用途(摘自 GB/T 9943—2008)

牌号	交货硬度①(退火态)HBW ≤	试样热处理温度及淬火回火硬度						用途举例
		预热温度/℃	淬火温度/℃		淬火介质	回火温度②/℃	硬度 HRC	
			盐浴炉	箱式炉				
W3Mo3Cr4V2	255	800~900	1 180~1 120	1 180~1 120	油或盐浴	540~560	≥63	机用锯条、钻头、铣刀、拉刀、刨刀
W4Mo3Cr4VSi	255		1 170~1 190	1 170~1 190		540~560	≥63	高速车刀、钻头、铣刀
W18Cr4V	255		1 250~1 270	1 260~1 280		550~570	≥63	丝锥、铰刀、铣刀、拉刀、锯片
W2Mo8Cr4V	255		1 180~1 200	1 180~1 200		550~570	≥63	
W6Mo5Cr4V2	255		1 200~1 220	1 210~1 230		540~560	≥64	冲击较大刀具、插齿刀、钻头
W9Mo3Cr4V	255		1 200~1 220	1 220~1 240		540~560	≥64	切削刀具、冷、热模具
CW6Mo5Cr4V3	262		1 180~1 200	1 190~1 210		540~560	≥64	拉刀、滚刀、螺纹梳刀、铣刀、车刀、刨刀、钻头、丝锥
W12Cr4V5Co5	277		1 220~1 240	1 230~1 250		540~560	≥65	
W6Mo5Cr4V2Co5	269		1 190~1 210	1 200~1 220		540~560	≥64	高温振动刀具、插齿刀、铣刀
W2Mo9Cr4VCo8	269		1 170~1 190	1 180~1 200		540~560	≥66	高精度复杂刀具、成形铣刀、精密拉刀

注:① 退火+冷拉状态的硬度,允许比退火态指标增加 50HBW。

② 回火温度为 550~570 ℃时,回火 2 次,每次 1 h;回火温度为 540~560 ℃时,回火 2 次,每次 2 h。

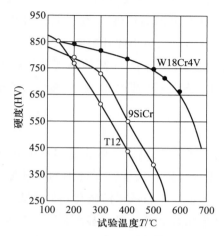

图 7.7 T12、9SiCr、W18Cr4V 钢的硬度与温度的关系

7.7.2 合金模具钢

合金模具钢按其用途分为冷作模具钢和热作模具钢两大类。

（1）用途

冷作模具钢主要用于制造拉延模、拉丝模和压弯模、冲裁模（落料、冲孔、修边、冲头、剪刀等）、冷镦模和冷挤压模等，工作温度一般不超过300 ℃。热作模具钢主要用于制造热锻模、热压模、热挤压模和压铸模等，工作时型腔表面温度最高可达 600 ℃。

（2）服役条件

在室温下服役，被加工材料的变形抗力比较大，冷作模具的工作部分需承受很大的压应力、弯曲力、冲击力及摩擦力。因此，冷作模具钢的主要失效形式是磨损，有时也会发生断裂、崩刃和变形超差等而提前失效。

热作模具钢服役条件的主要特点是与热态金属直接接触。工作时承受很大的冲击负荷、强力的摩擦、剧烈的冷热循环所引起的不均匀热应变和热应力，易发生高温氧化、崩裂、塌陷、磨损、龟裂等失效形式。

（3）性能要求

冷作模具钢对性能的要求与刃具钢相似，即要求模具钢有高的硬度和耐磨性、高的抗弯强度和足够的韧性。但与刃具钢相比不同之处在于：① 模具形状及加工工艺比较复杂，且摩擦面积大，磨损可能性大，修模困难，因此要求模具钢有更高的耐磨性；② 模具服役时承受的冲击力大，由于形状复杂易于产生应力集中，故要求具有更高的韧性；③ 模具尺寸大、形状复杂，要求有更高的淬透性、更小的变形以及更小的开裂倾向性。

热作模具钢的性能要求主要有：① 高的热硬性和高温耐磨性；② 高的抗氧化性；③ 高的高温强度和足够的韧性；④ 高的热疲劳抗力；⑤ 高的淬透性和导热性。

（4）成分特点

冷作模具钢的成分特点：① 高碳。碳含量多在 1.0wt% 以上，个别甚至达到 2.0wt%。一方面是得到高碳马氏体，保证钢的高硬度和耐磨性；另一方面满足与碳化物形成元素形成一定量的未溶碳化物的需要。② 加入 Cr、Mo、W、V 等合金元素。主要合金元素是 Cr，既可显著提高钢的淬透性，又可形成难熔碳化物，提高硬度和耐磨性；同时加入多种合金元素产生协同效应，效果更为显著。

热作模具钢的成分特点：① 中碳。碳含量一般为 0.3wt%～0.6wt%，中碳可以保证钢具有足够的韧性，碳含量太低会导致钢的硬度和强度下降；过高则会降低钢的导热性，不利于抗热疲劳性能。② 加入 Cr、Mn、Ni、Si、W、Mo、V 等合金元素。一方面强化铁素体基体和提高淬透性；另一方面可以提高钢的回火稳定性，并在回火过程中产生二次硬化效应，从而提高钢的高温强度、热塑性变形抗力；同时这些合金元素的加入还可以提高钢的临界点，并使模具表面在交替受热与冷却过程中不致发生体积变化较大的相变，从而提高钢的热疲劳抗力。由于这类钢的最终热处理是淬火加高温回火，加入 Mo、W 等合金元素可防止回火脆性。

（5）热处理

含 Mo、V 的高碳高铬冷作模具钢的热处理有两种工艺：① 一次硬化法。在较低温度（950～1 000 ℃）下淬火，然后低温（150～180 ℃）回火，组织为回火马氏体。硬度可达 61～64HRC，具有较好的耐磨性和韧性，适用于重载模具；② 二次硬化法。在较高温度（1 100～1 150 ℃）下淬火，淬火后有大量残留奥氏体，然后于 510～520 ℃多次（一般为三次）回火，回火过程中残留奥氏体转变为马氏体，产生二次硬化，组织为回火马氏体+碳化物+残留奥氏体，硬度达 60～62HRC，红硬性和耐磨性都较高（但韧性较差）。适用于在 400～450 ℃温度下工作的模具。

热作模具钢一般为亚共析钢（合金元素含量高的属于过共析钢），为了获得热作模具所要求的力学性能，要进行淬火及高温回火。基体组织为回火屈氏体或回火索氏体，以保证较高的韧性；合金元素 W、Mo、V 形成的碳化物在回火过程中析出，产生二次硬化，使模具钢在较高温度下仍能保持相当高的硬度，根据钢种的不同，硬度范围约为 30~50HRC。

（6）典型钢种

冷作模具钢的典型钢种主要有：① 低合金模具钢。典型钢种有 9Mn2V、CrWMn 等，为过共析钢。在油中淬火的淬透直径可达 40 mm 以上。可用于尺寸稍大、形状复杂、轻载荷的冷作模具；② 高铬冷作模具钢。该类钢碳含量高，约为 1.4wt%~2.3wt%。含有大量的 Cr（11wt%~13wt%），有时还加入少量的 Mo 和 V，属于莱氏体钢。这类钢的临界淬火冷却速度小，淬透性很高，用油淬、盐浴分级冷却甚至空气冷却均可淬硬。在正常淬火加热条件下，截面为 200~300 mm 的 Cr12 钢可淬透；截面为 300~400 mm 的 Cr12MoV 钢可完全淬透。③ 中铬冷作模具钢。碳含量与铬含量均相对较低，属于过共析钢。典型钢种有 Cr4W2MoV、Cr5MoV 等。其淬透性介于低合金模具钢与高铬冷作模具钢之间，临界淬透直径约为 100 mm。

热作模具钢的典型钢种主要有：① 热锻模钢。对韧性要求高而红硬性要求相对较低，典型钢种有 5CrMnMo、5CrNiMo、5Cr4W5Mo2V 等；② 大型锻压模或压铸模钢。采用碳含量较低、合金元素更多而热强性更好的模具钢，如 3Cr2W8V、4Cr5W2VSi 等。常用冷作模具钢及热作模具钢的牌号、化学成分、热处理及用途见表 7.21 及表 7.22。

7.7.3 合金量具钢

（1）用途

量具钢是用来制造度量工件尺寸的工具如卡尺、块规、塞规及千分尺等的钢种。

（2）服役条件

量具在使用过程中经常受到工件的摩擦与碰撞，而其本身又必须具备非常高的尺寸精确性和恒定性，因此要求具有以下性能：① 高硬度和高耐磨性，保证在长期使用中不致很快磨损而失去精度；② 高的尺寸稳定性，保证量具在使用和存放过程中保持其形状和尺寸的恒定；③ 足够的韧性，保证量具在使用时不致因偶然因素（如小碰撞）而损坏；④ 在特殊环境下具有抗腐蚀性。

表 7.21　常用冷作模具钢和耐冲击工具用钢的牌号、化学成分、热处理及用途（摘自 GB/T 1299—2000）

牌号	交货状态硬度 HB	化学成分/wt% ①						
		C	Si	Mn	Cr	Mo	W	V
9Mn2V	≤229	0.85~0.95	≤0.40	1.70~2.00				0.10~0.25
CrWMn	207~255	0.90~1.05	≤0.40	0.80~1.10	0.9~1.20		1.20~1.60	
Cr12	217~269	2.00~2.30	≤0.40	≤0.40	11.50~13.00			
Cr12MoV	207~255	1.45~1.70	≤0.40	≤0.40	11.00~12.50	0.40~0.60		0.15~0.30
Cr4W2MoV	≤269	1.12~1.25	0.40~0.70	≤0.40	3.50~4.00	0.80~1.20	1.90~2.60	0.80~1.10
6W6Mo5Cr4V	≤269	0.55~0.65	≤0.40	≤0.60	3.70~4.30	4.50~5.50	6.00~7.00	0.70~1.10
4CrW2Si	179~217	0.35~0.45	0.80~1.10	≤0.40	1.00~1.30		2.00~2.50	
6CrW2Si	229~285	0.55~0.65	0.50~0.80	≤0.40	1.00~1.30		2.20~2.70	

牌号	试样淬火			用途举例
	温度/℃	冷却介质	硬度 HRC(≥)	
9Mn2V	780~810	油	62	滚丝模、冷冲模、冷压模
CrWMn	800~830	油	62	冷冲模、塑料模
Cr12	950~1 000	油	60	冷冲模、拉延模、压印模、滚丝模
Cr12MoV	950~1 000	油	58	冷冲模、压印模、冷镦模、冷挤压模
Cr4W2MoV	960~980 1 020~1 040	油	60	零件模、拉延模　代 Cr12MoV 钢
6W6Mo5Cr4V	1 180~1 200	油	60	冷挤压模（钢件、硬铝件）
4CrW2Si	860~900	油	53	剪刀、切片冲头（耐冲击工具用钢）
6CrW2Si	860~900	油	57	剪刀、切片冲头（耐冲击工具用钢）

注：① wt%S≤0.03wt%，wt%P≤0.03wt%。

表 7.22 常用热作模具钢和耐冲击工具用钢的牌号、化学成分、热处理及用途(摘自 GB/T 1299—2000)

牌号	化学成分/wt%							
	C	Si	Mn	Cr	Mo	W	V	其他
5CrMnMo	0.50~0.60	0.25~0.60	1.20~1.60	0.60~0.90	0.15~0.30			
5CrNiMo	0.50~0.60	≤0.40	0.50~0.80	0.50~0.80	0.15~0.30			Ni: 1.40~1.80
4Cr5MoSiV	0.33~0.42	0.80~1.20	0.20~0.50	4.75~5.50	1.10~1.60		0.30~0.50	
3Cr3Mo3W2V	0.32~0.42	0.60~0.90	≤0.65	2.80~3.30	2.50~3.00	1.20~1.80	0.80~1.20	
5Cr4W5Mo2V	0.40~0.50	≤0.40	≤0.40	3.40~4.40	1.50~2.10	4.50~5.30	0.70~1.10	
3Cr2Mo	0.28~0.40	0.20~0.80	0.60~1.00	1.40~2.00	0.30~0.55			Ni: 0.85~1.15
3Cr2MnNiMo	0.32~0.40	0.20~0.40	1.10~1.50	1.70~2.00	0.25~0.40			Ni: 0.85~1.15

牌号	交货状态硬度 HBW	试样淬火		回火①		用途举例
		温度/℃	冷却介质	温度/℃	硬度 HRC	
5CrMnMo	197~241	820~850	油	490~640	30~47	中型热锻模(模高 275~400 mm)、热切边模
5CrNiMo	197~241	830~860	油	490~660	30~47	形状复杂、冲击负荷大的中、大型热锻模(模高>400 mm)
4Cr5MoSiV	≤235	1 000 ℃(盐浴) 1 010 ℃(炉控气氛)	空气	550±6	40~54	热锻模、压铸模、热压模、精锻模
3Cr3Mo3W2V	≤255	1 060~1 130	油	550~600	40~54	精锻模、热压模
5Cr4W5Mo2V	≤269	1 100~1 150	油	600~630	50~56	热锻模、热压模
3Cr2Mo						形状复杂、精度要求高的塑料模具
3Cr2MnNiMo						大型复杂、精密塑料模具

注: ① 回火温度和硬度仅作参考，GB/T 1299—2000 中无回火栏目。

（3）性能要求

① 高硬度（大于 56HRC）和高耐磨性；② 高尺寸稳定性。热处理变形小，在存放和使用过程中，尺寸不发生变化。尺寸发生变化的原因很多，主要是亚稳态组织如残留奥氏体、马氏体等在室温下长期存放时有向稳定态转变的趋势，导致体积膨胀或收缩等变化。

（4）成分特点

① 高碳。碳含量约为 0.9wt% ~ 1.5wt%，以保证高硬度和高耐磨性；② 加入合金元素 Cr、W、Mn 等。主要目的是提高淬透性。

（5）热处理

量具热处理的主要特点是，在保持高硬度与高耐磨性的前提下，尽量采取各种措施使其在长期使用中保持尺寸的稳定。

1）调质处理。其目的是获得回火索氏体组织，以减小淬火变形和机械加工的粗糙度。

2）淬火和低温回火。量具钢为过共析钢，通常采用不完全淬火加低温回火。

3）冷处理。高精度量具在淬火后必须进行冷处理，以减少残留奥氏体量，从而增加尺寸稳定性。冷处理温度一般为 -70 ~ -80 ℃，并在淬火冷却到室温后立即进行，以免残留奥氏体发生陈化稳定。

4）时效处理。为了进一步提高尺寸稳定性，淬火回火后，再在 120 ~ 150 ℃ 进行 24 ~ 36 h 的时效处理。可消除残余内应力，大大增加尺寸稳定性而不降低其硬度。

（6）典型钢种

① 高碳钢。用于制造尺寸小、形状简单、精度较低的量具。② 低合金刃具钢。用于制造复杂的精密量具，如 9SiCr 等。③ 冷作模具钢或轴承钢。用于制造精度要求更高的量具，如 CrWMn、GCr15 等。④ 不锈钢。在腐蚀条件下工作的量具可选用不锈钢 4Cr13、9Cr18 等制造。

由上述典型钢种可以看出，制作量具的钢多为合金刃具钢及模具钢。量具用钢选例见表 7.23。

表 7.23　量具用钢的选用举例

量具	牌号
平样板或卡板	10、20 或 50、55、60、60Mn、65Mn
一般量规与块规	T10A、T12A、9SiCr
高精度量规与块规	Cr2、GCr15
高精度且形状复杂的量规与块规	低变形钢 CrWMn
抗蚀量具	不锈钢 40Cr13(4Cr13)、95Cr18(9Cr18)

7.8　耐磨钢

耐磨钢是指制造相互接触又相对运动，承受严重磨损和强烈冲击的机械零件的钢种。高锰钢是目前最主要的耐磨钢。

（1）用途

耐磨钢用于制造承受严重磨损和强力冲击的零件，如车辆履带、挖掘机铲斗、破碎机腭板和钢轨分道岔等。

（2）性能要求

耐磨钢要求有很高的耐磨性和韧性。

（3）成分特点

① 高碳。保证钢的高硬度、耐磨性和强度。但碳含量过高时，淬火后韧性下降，且易在高温时析出碳化物。一般碳含量不超过 1.4wt%。② 高锰。锰是扩大奥氏体相区的元素，它和碳配合，保证获得奥氏体组织，提高钢的加工硬化效果及良好的韧性。锰和碳的含量比值约为 10~12（锰含量约为 11wt% ~ 14wt%）。③ 一定量的硅。含量约为 0.3wt% ~ 0.8wt%硅可起固溶强化的作用，但硅含量太高时，容易导致晶界出现碳化物，引起开裂。

（4）典型钢种

高锰钢机械加工困难，构件一般采用铸造成形。典型牌号为 ZGMn13-1、ZGMn13-2 等。常用高锰钢的牌号、化学成分、力学性能和用途见表 7.24。

（5）热处理及显微组织

高锰钢铸造成形，加工后进行水韧处理。所谓水韧处理是将钢加热到1 000~1 100 ℃保温，使碳化物全部溶解，然后在水中冷却，获得均匀单相奥氏体组织。此时钢的硬度很低，但韧性很高。当工件在工作中受到强烈冲击或强大压力变形时，表面层产生强烈的加工硬化，并且发生马氏体转变，使硬度显著提高，芯部则仍保持原来的高韧性状态。

表 7.24　高锰钢的牌号、化学成分、力学性能和用途（摘自 GB/T 5680—1988）

牌号	化学成分/wt%						力学性能②					用途举例
	C	Mn	Si	S≤	P≤	其他	R_{eL}/MPa	R_m/MPa	A/%	A_{KU_2}/(J·cm^{-2})	HB	
ZGMn13-1①	1.00~1.45	11.00~14.00	0.30~1.00	0.040	0.090			≥635	≥20			低冲击耐磨件，如齿轮等
ZGMn13-2	0.90~1.35	11.00~14.00	0.30~1.00	0.040	0.070			≥685	≥25	≥147	≤300	铲齿板等
ZGMn13-3	0.95~1.35	11.00~14.00	0.30~0.80	0.035	0.070			≥735	≥30	≥147	≤300	承受强烈冲击负荷的零件，如前壁、履带板等
ZGMn13-4	0.90~1.30	11.00~14.00	0.30~0.80	0.040	0.070	Cr: 1.50~2.50	≥390	≥735	≥20		≤300	
ZGMn13-5	0.75~1.30	11.00~14.00	0.30~1.00	0.040	0.070	Mo: 0.90~1.20						特殊耐磨件、磨煤机衬板

注：① ZGMn13 系铸造高锰钢，"-"后阿拉伯数字表示品种代号。

② 力学性能为经水韧处理后试样的数值。

7.9 不锈钢

不锈钢是指在大气和一般介质中具有很高耐腐蚀性的钢种。腐蚀是在外部介质的作用下金属逐渐破坏的过程。通常分两大类，一类是化学腐蚀，是金属材料与介质发生化学反应而破坏的过程，其特点是在腐蚀过程中不产生电流，如钢的高温氧化、脱碳，以及在石油燃气中的腐蚀等；另一类是电化学腐蚀，是金属材料在电解质溶液中发生原电池作用而破坏的过程，特点是在腐蚀过程中有电流产生，如金属材料在大气条件下的锈蚀以及在各种电解液中的腐蚀等。

金属材料腐蚀多数为电化学腐蚀。根据腐蚀原电池构成要素（阳极、阴极、电解液、阳极与阴极互联）及腐蚀过程的基本原理，为了提高金属材料的耐蚀能力，可以采用以下三种方法：① 尽可能使金属材料单相化，不易形成腐蚀原电池。并尽可能提高单相（纯金属或固溶体）的电极电位。② 尽可能降低阳极与阴极之间的电极电位差，减小腐蚀电流，降低腐蚀速度。③ 尽可能使金属表面形成绝缘层与电解液隔离，如在金属表面形成致密稳定的绝缘膜层使其表面"钝化"。

（1）用途

制造在各种腐蚀介质中工作并具有较高的腐蚀抗力的零件或构件。

（2）服役条件

在各种腐蚀介质中服役，如潮湿大气、各类酸碱盐电解液等。作为承载构件还需要一定的强度，作为工具要求有高硬度、高耐磨性等。

（3）性能要求

对不锈钢的性能要求最主要的是具有高的耐蚀性。根据不同服役条件，还应有合适的强度、硬度等性能。

（4）成分特点

① 低碳。耐蚀性要求越高，碳含量应越低。碳与铁或合金元素形成的碳化物其电极电位比铁素体高，为阴极相。由于不锈钢中主要合金元素为 Cr，C 与 Cr 形成（FeCr）$_3$C 颗粒在晶界析出，使晶界邻近区域严重贫 Cr，当铬含量低于 12wt%时，晶界区域电极电位急剧下降，耐蚀性能大大降低。多数耐蚀性优良的不锈钢其碳含量均低于 0.2wt%。但需高强度、高硬度的不锈钢，碳含量可较高。② 加入合金元素 Cr、Ni、Ti、Nb、Mo 等。Cr 的主要作用是提高基体相的电极电位。随铬含量的增加，钢的电极电位有突变式的提高。研究表明，当铬含量超过 12wt%时，电极电位急剧升高。如图 7.8 所示。Cr 是扩大铁素体区的元素，含量超过 12.7wt%时可使钢形成单一的铁素体组织。同时 Cr 在氧

化性介质中极易钝化，生成致密的氧化膜，将钢基体与电解液隔离，大大提高耐蚀性。Ni 的作用主要是为了获得奥氏体组织，同时可提高韧性、强度以及改善焊接性能。Ti 或 Nb 与 C 的亲和力大于 Cr 和 C 的亲和力，可以与 C 生成稳定的碳化物，在不锈钢中可避免晶界贫 Cr，减轻晶间腐蚀倾向。

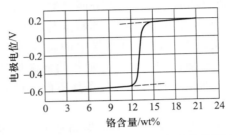

图 7.8　铬含量对 Fe-Cr 合金电极电位的影响

（5）常用不锈钢及应用

按正火状态的组织将不锈钢分为马氏体型不锈钢、铁素体型不锈钢、奥氏体型不锈钢等。

1）马氏体型不锈钢。最常用的马氏体型不锈钢是 Cr13 型钢，牌号有 1Cr13、2Cr13、3Cr13、4Cr13，碳含量分别为 0.1wt%、0.2wt%、0.3wt%、0.4wt%。Cr13 型不锈钢可淬火得到马氏体组织，故称为马氏体不锈钢。热处理工艺为淬火加低温回火，显微组织为回火马氏体。广泛应用于制造腐蚀性介质中承载的零件，如汽轮机叶片、各种泵的机械零件、水压机阀等。还可用来制造医用手术工具、测量工具、不锈钢轴承等在弱腐蚀介质中工作的耐蚀零件。

2）铁素体型不锈钢。铁素体型不锈钢中铬含量约为 17wt%，其典型钢种为 1Cr17 钢。由于铬含量较高，正火状态下不发生相变，始终保持铁素体单相，无需热处理。其耐蚀性优于马氏体不锈钢，但强度较低。主要用于要求有较高耐蚀性，强度要求不高的构件，如化工设备中的容器、管道等。

3）奥氏体型不锈钢。奥氏体型不锈钢中铬含量约为 17wt%~19wt%，镍含量约为 8wt%~11wt%，Ni 是扩大奥氏体区的主要元素，正火状态下同样不发生相变，始终保持奥氏体单相。典型钢种有 1Cr18Ni9Ti 钢，简称 18-8 不锈钢。其耐蚀性优于铁素体型不锈钢，主要用于制造在强腐蚀介质中工作的设备零件，如储槽、输送管道、容器等。常用不锈钢的牌号、化学成分、热处理、力学性能和用途见表 7.25。

表7.25 常用不锈钢的牌号、化学成分、热处理、力学性能和用途（摘自 GB/T 1220—2007）

类型	新牌号①（旧牌号）	主要化学成分/wt%				热处理 温度/℃、冷却剂③	力学性能（≥）				硬度 HBW	用途举例
		C	Ni②	Cr	其他		$R_{p0.2}$/MPa	R_m/MPa	A/%	Z/%		
奥氏体型	12Cr17Ni7（1Cr17Ni7）	≤0.15	6.00~8.00	16.00~18.00	N：≤0.10	固溶处理 1010~1150 水冷	205	520	40	60	≤187	最易冷变形强化的钢，用于铁道车辆、传送带、紧固件等
	12Cr18Ni9*（1Cr18Ni9）	≤0.15	8.00~10.00	17.00~19.00	N：≤0.10	固溶处理 1010~1150 水冷	205	520	40	60	≤187	经冷加工有高的强度，做建筑用装饰部件
	06Cr19Ni10*（0Cr19Ni9）	≤0.08	8.00~11.00	18.00~20.00	—	固溶处理 1010~1150 水冷	205	520	40	60	≤187	用量最大，使用最广。制作深冲成形部件、输酸管道
	06Cr18Ni11Ti（0Cr18Ni10Ti）（1Cr18Ni9Ti）	≤0.08（≤0.08）（≤0.12）	9.00~12.00	17.00~19.00	—	固溶处理 920~1150 水冷	205	520	40	50 60	≤187	耐晶间腐蚀性能优越，制造耐酸容器、抗磁仪表、医疗器械
	10Cr18Ni12（1Cr18Ni12）	≤0.12	10.50~13.00	17.00~19.00	—	固溶处理 1010~1150 水冷	175	480	40	60	≤187	适于旋压加工，特殊冷拉拔，如做冷镦钢等
	06Cr19Ni10N（0Cr19Ni9N）	≤0.08	8.00~11.00	18.00~20.00	N：0.10~0.16	固溶处理 1010~1150 水冷	275	550	35	50	≤217	用于具有耐腐蚀性、较高强度和减重要求的设备部件

续表

类型	新牌号①（旧牌号）	主要化学成分/wt%				热处理	力学性能（≥）				硬度 HBW	用途举例
		C	Ni②	Cr	其他	温度/℃，冷却剂③	$R_{p0.2}$/MPa	R_m/MPa	A/%	Z/%		
奥氏体-铁素体型	022Cr22Ni5Mo3N	≤0.03	4.50~6.50	21.00~23.00	Mo：2.5~3.5 N：0.08~0.20	固溶处理 950~1200 水冷	450	620	25	—	≤290	焊接性良好，制作油井管道、化工储罐、热交换器等
	022Cr25Ni6Mo2N	≤0.03	5.50~6.50	24.00~26.00	Mo：1.2~2.5 N：0.10~0.20	固溶处理 950~1200 水冷	450	620	20	—	≤260	耐点蚀最好的钢。用于石化领域，制作热交换器等
铁素体型	06Cr13Al*（0Cr13Al）	≤0.08	(≤0.60)	11.50~14.50	Al：0.1~0.3	退火 780~830	175	410	20	60	≤183	用于石油精制装置，压力容器衬里，蒸汽透平叶片等
	10Cr17Mo（1Cr17Mo）	≤0.12	(≤0.60)	16.00~18.00	Mo：0.75~1.25	退火 780~830	205	450	22	60	≤183	主要用作汽车车轮毂、紧固件及汽车外装饰材料

续表

类型	主要化学成分/wt%				热处理 温度/℃,冷却剂③	力学性能（≥）				硬度 HBW	用途举例
	新牌号①（旧牌号）	C	Ni②	Cr	其他		$R_{p0.2}$/MPa	R_m/MPa	A/%	Z/%	
马氏体型	12Cr13*（1Cr13）	0.08~0.15	（≤0.60）	11.50~13.50	Si：≤1.00 Mn：≤1.00	950~1000淬 700~750回	345	540	25	55	≥159	用于韧性要求较高且受冲击负荷的刀具、叶片、紧固件等
	20Cr13*（2Cr13）	0.16~0.25	（≤0.60）	12.00~14.00	Si：≤1.00 Mn：≤1.00	920~980淬 600~750回	440	640	20	50	≥192	用于承受高负荷的零件，如汽轮机叶片、热油泵、叶轮
	30Cr13（3Cr13）	0.26~0.35	（≤0.60）	12.00~14.00	Si：≤1.00 Mn：≤1.00	920~980淬 600~750回	540	735	12	40	≥217	300℃以下工作的刀具、弹簧、400℃以下工作的轴等
	40Cr13（4Cr13）	0.36~0.45	（≤0.60）	12.00~14.00	Si：≤0.60 Mn：≤0.80	1050~1100淬 200~300回	—	—	—	—	≥50 HRC	用于外科医疗用具、阀门、弹簧等
	95Cr18（9Cr18）	0.90~1.00	（≤0.60）	17.00~19.00	Si：≤0.80 Mn：≤0.80	1000~1050淬 200~300回	—	—	—	—	≥55 HRC	用于耐蚀、高强、耐磨件，如轴、泵、阀件、弹簧、紧固件等

续表

类型	新牌号①（旧牌号）	主要化学成分/wt%				热处理 温度/℃，冷却剂③	力学性能（≥）				硬度 HBW	用途举例
		C	Ni②	Cr	其他		$R_{p0.2}$/MPa	R_m/MPa	A/%	Z/%		
沉淀硬化型	05Cr17Ni4Cu4Nb（0Cr17Ni4Cu4Nb）	≤0.07	3.00~5.00	15.00~17.50	Cu：3.00~5.00 Nb：0.15~0.45 Si：≤1.00 Mn：≤1.00	固溶处理 1 020~1 060	—	—	—	—	≤363	主要用于要求耐弱酸、碱、盐腐蚀的高强度部件，如汽轮机末级动叶片以及在腐蚀环境下，工作温度低于300 ℃的结构件
						480 时效	1 180	1 310	10	40	≥375	
						550 时效	1 000	1 070	12	45	≥331	
	07Cr17Ni7Al（0Cr17Ni7Al）	≤0.09	6.50~7.75	16.00~18.00	Al：0.75~1.50 Si：≤1.00 Mn：≤1.00	固溶处理 1 000~1 100	≤380	≤1 030	20	—	≤229	具有良好的加工工艺性能，用于350 ℃以下长期工作的结构件、容器、管道、弹簧、垫圈等
						510 时效	1 030	1 230	4	10	≥388	
						565 时效	960	1 140	5	25	≥363	

注：① 标 * 的钢也可作耐热钢使用。
② 括号内数值为允许添加的 Ni 的质量分数。
③ 奥氏体钢和双相钢固溶处理后快冷；铁素体钢退火后空冷或缓冷；马氏体钢淬火质介为油，回火后快冷或空冷；沉淀硬化钢固溶处理后快冷。

7.10 铸铁

铸铁不是纯铁，而是碳含量大于 2.11wt% 的铁碳合金，但工程上应用的铸铁碳含量一般为 2.0wt% ~ 4.5wt%，另外含有比碳钢含量更多的硅、锰、硫、磷等元素。为了提高铸铁的力学或理化性能，还可以加入一些合金元素形成合金铸铁。

铸铁是重要的工程材料之一，与钢相比，铸铁的抗拉强度、塑性及韧性较低，但具有优良的铸造性、减摩性、减振性（图 7.9 所示为灰口铸铁和钢的阻尼性能对比）、可加工性及缺口敏感性，且综合成本低廉。据统计，按质量计，农业机械中铸铁件占 40% ~ 60%，汽车拖拉机中约占 50% ~ 70%，机床约占 60% ~ 90%。

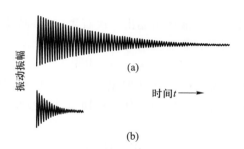

图 7.9 灰口铸铁和钢的阻尼性能对比

（1）石墨化

铁碳合金中，碳以三种形式存在：一是溶于 α-Fe 或 γ-Fe 中形成铁素体或奥氏体，为基体相；二是形成渗碳体 Fe_3C，为硬质相；三是游离态石墨（G）。石墨具有特殊的简单六方晶格，如图 4.9 所示。其底面原子呈六方网格排列，原子之间为共价键结合，间距小，结合力很强；底面层之间为分子键结合，面间距较大，结合较弱，故石墨的强度、硬度和塑性都很差。

渗碳体为亚稳相，在一定条件下能分解为铁和石墨；石墨为稳定相。所以在不同情况下，铁碳合金可以有亚稳定平衡的 Fe-Fe_3C 相图和稳定平衡的 Fe-G 相图。铁碳合金按哪种相图结晶，决定于其成分、加热及冷却条件。图 7.10 所示为铁碳合金相图的复线相图。

铸铁中碳原子析出并形成石墨的过程称为石墨化。石墨既可以从液体、奥氏体、铁素体中析出，也可以通过渗碳体分解获得。

按石墨形成过程不同，习惯上将石墨化分为三个阶段：

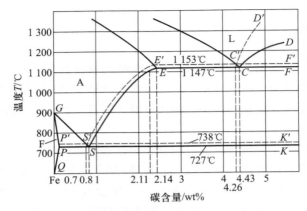

图 7.10　Fe-Fe₃C 与 Fe-G 复线相图

第一阶段石墨化：铸铁液体结晶出一次石墨（过共晶铸铁），在 1 153 ℃ 通过共晶反应形成共晶石墨，其反应式为

$$L_{C'} \longrightarrow A_{E'} + G（共晶）$$

第二阶段石墨化：在 738~1 153 ℃ 温度范围内从奥氏体中析出二次石墨。

第三阶段石墨化：在 738 ℃（P′S′K′线）通过共析反应析出共析石墨，其反应式为

$$A_{S'} \longrightarrow F_{P'} + G（共析）$$

第三阶段石墨化还包括在 738 ℃ 以下从铁素体中析出三次石墨的过程。

影响石墨化的主要因素是加热温度、冷却速度及合金元素。

1）温度和冷却速度。铸铁结晶过程中，在高温慢冷的条件下，由于碳原子能充分扩散，碳以石墨的形式析出。当冷却较快时，由液体中析出的是渗碳体。这是因为渗碳体中的碳含量（6.69wt%）比石墨（100wt%）更接近于合金的碳含量，析出渗碳体所需的碳原子扩散量要少得多。结晶在低温快冷条件下进行时，由于碳原子扩散能力较差，铸铁的石墨化往往难以进行。

由于热力学上石墨比渗碳体更稳定，当动力学条件满足时，渗碳体可以分解为石墨。在共析温度以上，二次渗碳体和一次渗碳体先后分解成奥氏体和石墨。铸铁加热到 550 ℃ 以上保持很长时间，共析渗碳体可分解为石墨和铁素体。

由于渗碳体的分解及碳原子的扩散需高温长时保温才能完成，故在生产过程中，铸铁缓慢冷却，或在高温下长时间保温，均有利于石墨化。

2）合金元素。C、Si、Al、Cu、Ni、Co 等元素促进石墨化，其中以碳和硅最强烈。调整碳、硅含量是控制铸铁组织的基本措施。碳不仅促进石墨化，

而且还影响石墨的数量、大小及分布。Cr、W、Mo、V、Mn、S 等元素阻碍石墨化。硫强烈促进铸铁的白口化(碳以渗碳体形式存在)。

（2）铸铁的分类

石墨化程度不同，得到的铸铁类型和组织也不同。表 7.26 列出了经不同程度石墨化后所得到的铸铁组织和类型。

表 7.26 不同程度石墨化后所得到的铸铁组织和类型

名称	石墨化程度			显微组织
	第一阶段	第二阶段	第三阶段	
灰铸铁	充分进行	充分进行	充分进行	F+G
	充分进行	充分进行	部分进行	F+P+G
	充分进行	充分进行	不进行	P+G
麻口铸铁	部分进行	部分进行	不进行	L+P+G
白口铸铁	不进行	不进行	不进行	$L+P+Fe_3C$

注：灰铸铁其断口呈暗淡灰色；麻口铸铁的断口呈黑白相间的麻点；白口铸铁的断口呈银白色。

常用各类铸铁的组织由石墨和基体组成。基体可以是铁素体、珠光体或铁素体加珠光体。故铸铁的组织可看作纯铁或钢的基体上分布着石墨夹杂。不同类型铸铁组织中的石墨形态也不相同，习惯上按石墨形貌对灰铸铁进行分类，分别为灰铸铁、球墨铸铁、蠕墨铸铁和可锻铸铁。灰铸铁中的石墨呈片状；球墨铸铁中的石墨呈球状；蠕墨铸铁中的石墨呈蠕虫状；可锻铸铁中的石墨呈团絮状。各种铸铁的显微组织如图 7.11 所示。

（3）铸铁的性能特点

一般而言，铸铁的抗拉强度较低，尽管可以通过控制铁水凝固及冷却速度，或经后续热处理可获得较高强度的基体(珠光体)，使其强度有所提高，但铸铁的塑性很低，这是由石墨对基体的严重割裂所导致的。石墨的强度、韧性极低，相当于纯铁或钢基体上的裂纹或空洞，减小基体的有效截面，并引起应力集中。石墨越多、越大，对基体的割裂作用越严重，其抗拉强度越低。石墨形态对应力集中十分敏感，片状石墨引起严重应力集中，团絮状和球状石墨则较轻。因此灰铸铁的抗拉强度最低，可锻铸铁较高，球墨铸铁最高。而铸铁的压缩强度则几乎不受石墨形态的影响。

石墨的性质使铸铁具有某些特殊性能，主要有：① 石墨强度低、塑性差，造成脆性切削，故铸铁的切削加工性能优异；② 铸件凝固时石墨产生体积膨胀，减小铸件体积的收缩，降低铸件中的内应力；③ 石墨有良好的润滑作用，

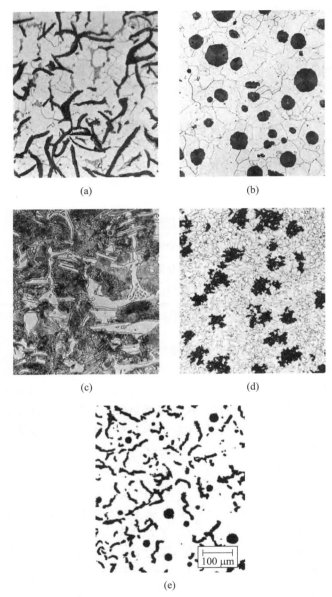

图 7.11　(a)灰口铸铁；(b)球墨铸铁；(c)白口铸铁；
(d)可锻铸铁；(e)蠕墨铸铁(Callister et al., 2011)

并能储存润滑油，使铸件有很好的耐磨性能；④ 石墨对振动的传递有削弱作用，使铸铁有很好的抗振性能。

另外，铸铁为脆性材料，故不能锻造和冲压。碳含量较高，焊接性能差，不宜用作焊接构件。

（4）铸铁的牌号

铸铁牌号由表示该铸铁特征的汉语拼音的第一个大写字母和阿拉伯数字组成，表 7.27 为铸铁的石墨形态、基体组织和牌号表示方法。根据中国国家标准，灰铸铁和蠕墨铸铁后面仅一组数字，表示最低抗拉强度值（MPa）。可锻铸铁和球墨铸铁后面的两组数字，第一组数字表示最低抗拉强度值（MPa），第二组数字表示最低伸长率值（%）。如 HT150 中的"HT"为灰铸铁，最低抗拉强度为 150 MPa。由于"蠕铁"的汉语拼音的第一个大写字母与耐热铸铁"热铁"的汉语拼音的第一个字母相同，所以在"蠕"字的汉语拼音大写字母后加小写字母来区别，即用"RuT"表示蠕墨铸铁。

表 7.27　铸铁的石墨形态、基体组织和牌号表示方法

名称	石墨形态	基体组织	编号方法		牌号实例
灰铸铁	片状	F	HT（灰铸铁）+一组数字（表示最低抗拉强度值，MPa）		HT100
		F+P			HT150
		P			HT200
可锻铸铁	团絮状	F	KTH+两组数字	KTH、KTB、KTZ 分别为黑芯、白芯、珠光体可锻铸铁；第一组数字表示最低抗拉强度值，MPa，第二组数字表示最低伸长率值,%	KTH300-06
		表 F，芯 P	KTB+两组数字		KTB350-04
		P	KTZ+两组数字		KTZ450-06
球墨铸铁	球状	F	QT（球墨铸铁）+两组数字，意义与可锻铸铁同		QT400-15
		F+P			QT600-3
		P			QT700-2
蠕墨铸铁	蠕虫状	F	Ru（蠕墨铸铁）+一组数字（表示最低抗拉强度，MPa）		RuT260
		F+P			RuT300
		P			RuT420

（5）常用铸铁与用途

1）灰铸铁

① 用途。主要用于制造各种机器的底座、机架、工作台、机身、齿轮箱体、阀体及内燃机的气缸体、气缸盖等。

② 化学成分。典型成分为：C：2.7wt% ~ 3.6wt%；Si：1.0wt% ~ 2.5wt%；Mn：0.5wt% ~ 1.3wt%；P：≤0.3wt%；S：≤0.15wt%。

③ 显微组织。灰铸铁的显微组织由铁素体及珠光体和片状石墨组成，如图 7.11a 所示。

④ 力学性能。由于灰铸铁中片状石墨尖端常为初始裂纹的部位，使材料的脆性较大。因此，灰铸铁的抗拉强度、弹性模量均比钢的低，而塑性、韧性近于零，见表 7.28。

表 7.28　灰铸铁与铸钢力学性能比较

材料	R_m/MPa	A/%	A_{KU_2}/(J·cm^{-2})	E/MPa
普通灰铸铁	120 ~ 150	0 ~ 0.5	0 ~ 8	70 000 ~ 100 000
铸造碳素钢	400 ~ 600	20 ~ 30	25 ~ 50	210 000

灰铸铁石墨片越多、越粗大、分布越不均匀或呈方向性，其力学性能越差。但灰铸铁的抗压强度受石墨影响不大，与钢接近，一般达 600 ~ 800 MPa。

灰铸铁的基体组织对性能的影响较大，按其基体组织可将灰铸铁分为珠光体灰铸铁、珠光体-铁素体灰铸铁、铁素体灰铸铁等，其中以珠光体灰铸铁单铸试样的抗拉强度最高，可达 350 MPa。

⑤ 灰铸铁改性（孕育铸铁）。提高灰铸铁的强度有两个基本途径：一是改变石墨的数量、形貌、大小和分布；二是改善基体组织，在石墨的影响减小之后，以期充分发挥金属基体的作用。

孕育铸铁是向低碳（2.7wt% ~ 3.3wt%）、低硅（1wt% ~ 2wt%）铁水中加入少量孕育剂（硅铁、硅钙铁等颗粒）后再浇铸的铸铁。孕育处理后，由于铁水中均匀悬浮着外来的弥散质点，增加了石墨结晶的晶核，使石墨易于析出，且石墨细小、均匀，并获得珠光体基体。因此，孕育铸铁的强度、硬度比普通铸铁显著提高，抗拉强度可达 250 ~ 400 MPa，硬度可达 170 ~ 270HB。

灰铸铁的牌号、力学性能、显微组织及应用可参阅 GB/T 9439—1988。

2）球墨铸铁

在光学显微镜下观察到球磨铸铁中的石墨外观接近于球形，如图 7.11b 所示，故称为球墨铸铁。它是一种高强度铸铁材料，其综合性能接近中低碳钢。由于力学性能好，成本低廉，生产方便，在工业中得到广泛应用。

① 用途。可替代部分锻钢、铸钢及某些合金钢，用于制造一些受力复杂，强度、韧性和耐磨性要求较高的零件。如汽车拖拉机底盘零件，大气压阀体、阀盖，机油泵齿轮，柴油机、汽油机曲轴及传动齿轮，机床主轴，空压机、冷冻机缸体、缸套等。

② 化学成分。球墨铸铁的成分要求比较严格，典型成分为：C：3.6wt%~3.9wt%；Si：2.0wt%~2.8wt%；Mn：0.6wt%~0.8wt%；P：≤0.1wt%；S：≤0.04wt%。与灰铸铁相比，碳当量较高，一般为过晶成分，通常在4.5wt%~4.7wt%范围内变动，以利于石墨球化。球墨铸铁是用灰铸铁成分的铁水经球化处理和孕育处理而制得的。

在球墨铸铁的生产中，铁水在临浇铸前加入一定量的球化剂以使石墨结晶生长为球状石墨的工艺操作称为球墨化处理。所加入的能使石墨呈球状结晶的添加剂称为球化剂。常用的球化剂为镁、稀土-硅铁和稀土-硅铁-镁合金三种。

通常所使用的球化剂都是强烈阻碍石墨化的元素，球化处理的铁水白口倾向增大，难以形成石墨核心，因而在球化处理的同时必须进行孕育处理（亦称为石墨化处理），以期生成球径小、数量多、圆整度好、分布均匀的球化石墨，从而改善球墨铸铁的力学性能。

③ 显微组织。球墨铸铁的显微组织由钢基体和球状石墨组成，如图7.11b所示。根据化学成分和冷却速度的不同，基体组织在铸态下可以是铁素体、铁素体+珠光体、珠光体；如果将铸件进行调质处理或等温淬火，则基体组织可转变为回火索氏体或下贝氏体组织。

④ 力学性能。通过优化设计球墨铸铁的成分、铸造工艺及后续热处理工艺，可获得不同的基体组织，以及体积分数、尺寸、分布及与基体的界面状态不同的球状石墨，从而球墨铸铁的力学性能有很大的变化范围，抗拉强度为400~900 MPa。

与灰铸铁相比，球墨铸铁具有较高的抗拉强度和弯曲疲劳极限，也具有较好的塑性及韧性，这是因为球墨铸铁中的石墨呈球状，使得石墨对基体的削弱作用减小，引起的应力集中减弱，从而提高了基体金属的利用率。球墨铸铁基体强度的利用率可达70%~90%，而灰铸铁的基体强度的利用率仅为30%~50%。

与钢相比，球墨铸铁的屈强比高，为0.7~0.8，约为普通碳钢（0.35~0.5）的一倍。几种球墨铸铁的牌号、单铸试样的力学性能、显微组织及用途可参阅GB/T 1348—2009。

3）蠕墨铸铁

当向铁水中加入变质剂，凝固后石墨形态不再呈片状而是呈蠕虫状，如图7.11e所示。一般把长宽比在 2~10 范围内的石墨称为蠕虫状石墨。因为此种石墨长宽比小，且端部变圆、变钝，所以应力集中效应比片状石墨减轻，同时基体也得到强化，与灰铸铁相比，其力学性能得到明显提高。

① 用途。用于制造增压器废气进气壳体、汽车底盘零件、排气管、变速箱、气缸盖、液压件、纺织机零件、重型机床、大型齿轮箱体（盖、座）、飞轮、起重机卷筒、活塞环、气缸套、制动盘、吸淤泵体等。

② 化学成分。蠕墨铸铁的化学成分与球墨铸铁相似，即要求高碳、高硅、低硫、低磷，并含有一定量的稀土与镁。典型成分范围为 C：3.5wt% ~ 3.9wt%；Si：2.1wt% ~ 2.8wt%；Mn：0.6wt% ~ 0.8wt%；P：≤ 0.1wt%；S：≤ 0.1wt%。

蠕墨铸铁是在上述成分的铁水中加入适量的蠕化剂进行蠕化处理和加入孕育剂进行孕育处理后获得的。蠕化剂有镁类、稀土类两种。蠕化处理后同样需用硅铁进行孕育处理。

③ 显微组织。蠕墨铸铁的显微组织由钢基体和蠕虫状石墨组成。根据化学成分和冷却速度的不同，基体组织在铸态下可以是铁素体、铁素体+珠光体、珠光体。

④ 力学性能。蠕墨铸铁有较好的力学性能，一般抗拉强度约为 400 MPa，硬度达 200~260HB，具有良好的耐磨性。同时，截面力学性能均匀，抗热冲击性能高。此外，所用原铁水碳含量高，故铸造性能显著改善。

蠕墨铸铁的牌号、力学性能、显微组织及用途可参阅 JB/T 4403—1999。

4）可锻铸铁

可锻铸铁是由白口铸铁在固态下经长时间石墨化退火而得到的具有团絮状石墨的一种铸铁，显微组织如图 7.11d 所示。由于石墨形状的改善，它比灰铸铁有更好的强度、塑性及冲击韧性，可以部分代替碳钢。需要指出，可锻铸铁并非指具有良好的锻造性能而可以锻造成形。

① 用途。可锻铸铁的力学性能优于灰铸铁，并接近于各类基体的球墨铸铁，尤其是珠光体基体可锻铸铁，强度可与铸钢媲美。与球墨铸铁相比，可锻铸铁还具有铁水处理简易、质量稳定、废品率低等优点。所以可锻铸铁常用于制作一些截面较薄而形状复杂，工作时受振动而且强度、韧性要求较高的零件，如汽车拖拉机的后桥外壳、管接头、低压阀门等。因为这些零件若用灰铸铁制造，不能满足力学性能要求；若用球墨铸铁铸造，易形成白口；若用铸钢制造，则因铸造性能较差，质量不易保证。此外，珠光体可锻铸铁的可切削加工性在铁基合金中是最优良的，可进行高精度切削加工。

② 化学成分。典型可锻铸铁的成分范围为 C：2.2wt% ~ 2.8wt%；Si：1.2wt% ~ 2.0wt%；Mn：0.4wt% ~ 1.2wt%；P：≤0.1wt%；S：≤0.2wt%。因碳、硅含量低，其铸造性能较灰铸铁差。此外，因生产白口铸铁要求快速冷却，这就限制了可锻铸铁的尺寸及厚度。

③ 分类及显微组织。根据化学成分、石墨化退火工艺及显微组织的不同，可锻铸铁分为黑芯可锻铸铁（铁素体可锻铸铁）、珠光体可锻铸铁及白芯可锻铸铁三类。可锻铸铁的生产过程通常包含两个步骤：一是浇铸成白口铸铁；二是经高温长时间的石墨化退火使渗碳体分解出团絮状石墨。

如果白口铸铁在退火过程中第一阶段石墨化和第二阶段石墨化都能充分进行，则退火后得到铁素体+团絮状石墨组织。由于芯部有石墨析出，则其断口颜色为黑色，表面因退火时有些脱碳而呈白色，故这类铸铁称为黑芯可锻铸铁（铁素体可锻铸铁）。如果退火过程中使第二阶段不进行，则退火后的组织为珠光体+团絮状石墨，称为珠光体可锻铸铁，可锻铸铁的断口虽呈白色，但习惯上仍称为黑芯可锻铸铁。白口铸铁在长时间退火过程中发生氧化脱碳过程，故经退火后在一定深度的表层得到铁素体组织，而芯部由于脱碳不完全则得到珠光体+团絮状石墨组织，甚至残留少量未分解的游离渗碳体，其断口颜色为表层呈黑绒色，而芯部呈白色，故称为白芯可锻铸铁。

④ 力学性能。可锻铸铁区别于其他铸铁的主要特点是其具有较高的塑性，伸长率最高可达 10% ~ 12%。抗拉强度则随基体相的不同有所变化，其中珠光体可锻铸铁的抗拉强度最高，可达 450 ~ 700 MPa；白芯可锻铸铁的抗拉强度居中，为 350 ~ 450 MPa；黑芯可锻铸铁的抗拉强度最低，为 300 ~ 370 MPa。

可锻铸铁的牌号、力学性能和应用可参阅 GB/T 9440—1988。

5）白口铸铁

白口铸铁为低硅铸铁（硅含量低于 1wt%）且快速冷却时，碳以渗碳体形式存在。这种铸铁的断口呈白色，故称为白口铸铁。显微组织如图 7.11c 所示。若铸件截面较厚，在铸造过程中可能只有表层被"冷冻"为白口铸铁，而芯部由于冷速较慢则为灰口铸铁。由于存在大量的渗碳体相，故白口铸铁相当硬，脆性很大，难于机械加工。其应用主要局限于需要非常硬和耐磨的表面且对塑性没有太高要求的场合，如钻矿用钻头等。多数情况下，白口铸铁是作为制备另一种称为可锻铸铁的中间状态存在的。

图 7.12 所示为 Fe-C 相图中铸铁碳含量范围、各类铸铁制备工艺及显微组织示意图。

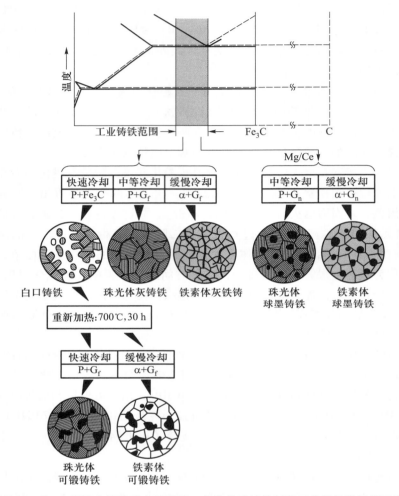

图 7.12　Fe-C 相图中铸铁碳含量范围、各种类型铸铁制备工艺及显微组织示意图

7.11　有色金属及其合金

　　钢及铸铁等黑色金属由于其力学性能宽泛、制造工艺相对简单及低的生产成本等原因而得到非常广泛的应用。然而，它们也有一些性能上的不足使其应用受到一定限制，如① 密度相对较高；② 电导率、热导率较低；③ 耐腐蚀性较差。在很多应用场合选用具有良好综合性能的其他合金往往优势明显，有时甚至是不可替代的。

常用有色金属和铁的物理性能比较如表 7.3 所示。

7.11.1　铝及铝合金

与钢相比，低密度和高比强度是铝合金用作结构材料的关键因素。虽然铝的强度比铁合金低得多，但其具有高比强度，因此在航空、航天、交通运输等领域比钢铁材料具有较大的应用优势。

1. 纯铝

（1）纯铝的特性

固态铝的晶体结构是面心立方，无同素异构转变。主要物理性能见表 7.3。

1）优点。密度低，导电及导热性优良（仅次于银、铜、金），耐腐蚀性能好，塑性极佳。铝的化学性质虽然很活泼，但在空气中易与氧结合，在金属的表面形成一层致密的稳定的氧化铝薄膜，可保护内层金属不再被继续氧化侵蚀。纯度为 99.99wt% 的纯铝的伸长率可达 50%，塑性极为优良。纯铝的低温性能良好，在 0～-253 ℃之间其塑性和冲击韧度均不降低。

纯铝的工艺性能也很好，易于铸造和切削加工成形，适应各种冷、热压力加工。此外，纯铝还具有良好的焊接性能，可采用气焊、氩弧焊等焊接方法进行焊接。

2）缺点。纯铝的缺点是硬度及强度都相当低，如退火态纯铝（99.99wt%）的抗拉强度只有 45 MPa，工业纯铝（退火态，99wt%）的抗拉强度也只有 90 MPa，故不能用作结构材料，而主要用作导线和熔炼铝合金的原料。

铝不发生同素异构转变，故纯铝不能通过热处理强化，只能通过冷塑性变形即加工硬化手段提高其强度，但塑性明显降低。表 7.29 列出了纯铝力学性能的比较。

表 7.29　纯铝力学性能比较

纯铝及状态	抗拉强度/MPa	屈服强度/MPa	伸长率/%
退火态纯铝（99.99wt%）	45	17	60
退火态工业纯铝（99wt%）	90	35	45
75%冷加工纯铝（99wt%）	165	152	15

（2）纯铝的牌号

按 GB/T 3190—2008，纯铝加工产品牌号用"1xxx"四位数表示，牌号中第一位数字"1"表示纯铝，第二位"x"为数字或字母，表示对原始纯铝的改型情况（0~9）或 A~Y，但不包括 C、I、L、N、O、P、Q、Z，最后两位"xx"为数字，代表纯铝最低的铝含量 99.xxwt% 中小数点后的两位数。典型的纯铝牌号有 1199、1090、1180、1170 等。

2. 铝合金

工业纯铝的强度和硬度都很低，虽然可通过加工硬化方式强化，但其塑性明显降低。因此，必须进行合金化，目前铝合金常用的合金元素可分为主加元素和辅加元素。主加元素有 Si、Cu、Mn、Zn 和 Li 等，这些元素单独加入或配合加入，可获得性能各异的铝合金以满足工程应用的各种需求。辅加元素有 Cr、Ti、Zr、Ni、Ca、B 和 RE 等，其目的是进一步提高铝合金的综合性能，改善铝合金的某些工艺性能。

（1）铝合金的强化机制

由于固态铝没有同素异构转变，因此不能像钢那样借助于热处理相变强化。合金元素对铝的强化作用主要表现为固溶强化、沉淀强化、过剩相强化及晶粒细化强化。

1）固溶强化。合金元素可溶入铝中形成置换铝基固溶体。这将导致铝的晶格发生畸变，增加位错运动的阻力，提高铝的强度。合金元素对铝的固溶强化能力同其本身的性质及固溶度有关。

表 7.30 列出了部分合金元素在铝中的极限固溶度和室温固溶度数据。其中，Zn、Ag、Mg 的极限固溶度较高，可以超过 10at%；其次是 Cu、Li、Mn、Si 等，极限固溶度大于 1at%；其余合金元素在铝中的极限固溶度则不超过 1at%。

表 7.30　部分合金元素在铝中的极限固溶度和室温固溶度

合金元素	固溶度/at%		合金元素	固溶度/at%		合金元素	固溶度/at%	
	极限	室温		极限	室温		极限	室温
Zn	82.2	4.0	Cu	5.6	0.1	Si	1.65	0.17
Ag	55.5	0.7	Li	4.2	0.85	Cr	0.4	0.002
Mg	17.4	1.9	Mn	1.8	0.3	Ca	0.6	0.3

可见，合金元素加入到铝中一般都形成有限固溶体。固溶强化的效果取决于合金元素加入后对基体金属产生的晶格畸变程度，包括固溶度大小及溶剂与溶质组元间物理化学性质及原子尺寸差异。如 Al-Zn、Al-Ag 系合金，尽管固溶度很高，但强化效果并不显著，这也是铝合金的强化主要不是依靠合金元素固溶强化的原因。

2）沉淀强化。合金元素除固溶在铝基体中外，还会以第二相的形式存在。由于某些合金元素在铝中有较大的固溶度，且固溶度随温度降低而急剧减小，因此可以通过将溶有一定合金元素的铝合金加热到某一温度后快冷，得到过饱和固溶体，通常将该工艺称为固溶处理（也有称淬火）。需注意的是，固溶处理过程中基体晶体（铝）晶格点阵不发生改变，而钢的淬火过程中基体晶体（铁）晶格点阵发生了改变。另外，经固溶处理得到的过饱和固溶体和经淬火所得碳溶入铁中的过饱和固溶体（马氏体）不同，合金元素溶于铝中形成的过饱和固溶体是置换型的过饱和固溶体，引起的晶格畸变不大，故强度不是很高，而塑性仍然很好。

将过饱和的铝基固溶体放置在室温（自然时效）或加热到一定温度（人工时效），基体中过饱和的溶质原子可与基体金属铝或其他合金元素以沉淀相呈弥散状析出。这个第二相的析出会使合金的强度、硬度增加，塑性和韧性下降。由于强化源于过饱和铝基固溶体中第二相以沉淀相析出的形式产生，故称为沉淀强化。过饱和固溶体沉淀析出第二相的工艺通常称为时效，沉淀强化也称为时效强化。固溶处理与时效处理的工艺过程如图7.13所示。

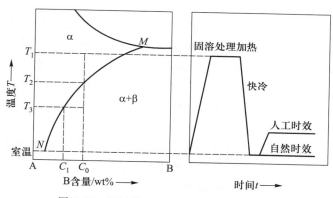

图7.13　固溶处理与时效处理的工艺过程

铝合金时效强化效果不仅与第二相的形状、尺寸、体积分数及分布有关，而且最重要的是取决于第二相的结构和特性。因此，对铝合金进行合金化的合金元素，不仅要求能在铝中有较高的极限固溶度和明显的温度关系（即固溶度随温度降低变化明显），而且还要求在沉淀过程中能形成均匀、弥散的共格或半共格过渡强化相，因为这类强化相在铝基体中可造成较强烈的应变场，增加对位错运动的阻力。

铝合金中常用的主加元素 Cu、Mg、Zn、Si、Mn 等在铝中虽然都有较高的极限固溶度，并且固溶度的大小随温度的下降急剧减小，但是除 Cu 以外，就它们与铝形成的二元合金而言，沉淀相的强化效果不够明显。这是因为它们与铝形成的沉淀相或因共格界面错配度低而使相应的应变场减弱，或因预沉淀阶段短，很快与基体丧失共格或半共格关系而形成非共格的平衡相。如 $MnAl_6$、Mg_5Al_8 相就不具有沉淀强化效果。因此，为了充分发挥沉淀强化的效果，铝合金中常还加入第三或第四合金组元，以形成多种沉淀强化相，如表 7.31 所示。

表 7.31　铝合金中集中沉淀相的沉淀顺序

合金系	脱溶沉淀的顺序	平衡沉淀相
Al–Cu	GP 区（圆盘）→θ″（圆盘）→θ′	θ（$CuAl_2$）
Al–Li	GP 区（球状）→δ′（片状）	δ（AlLi）
Al–Mg–Si	GP 区（棒状）→β″→β′（杆状）	β（Mg_2Si）
Al–Cu–Mg	GP 区（棒或球状）→S′	S（Al_2CuMg）
Al–Zn–Mg	GP 区（球状）→η′（片状）	η（$MgZn_2$）

3）过剩相强化。当铝合金中加入的合金元素量超过其固溶度极限时，合金在固溶处理加热时便有一部分不能溶入铝基固溶体中而以第二相的形式出现，称为过剩相。这些过剩相多为硬而脆的金属间化合物，它们在铝合金中能够起阻碍位错滑移和运动的作用，从而提高铝合金的强度和硬度。铝合金中的过剩相在一定限度内，数量越多、粒径越细，其强化效果越好，但合金的塑性和韧性却下降。铸造铝合金时为了获得良好的铸造性能，一般希望合金成分接近共晶成分，共晶成分的铸造合金就是利用共晶中的第二相作为过剩相来强化铝合金的。如二元铝硅合金中的过剩相即为共晶中的硅晶体。在该合金中，随着硅含量的增加，硅晶体的数量增多，合金的强度及硬度相应提高。当合金中的硅含量超过共晶成分时，由于过剩相数量过多以及多角形的板块初晶的出现，导致合金的强度和塑性急剧下降。因此，对于二元铝硅合金，一方面要限制硅含量，一般不要超过共晶成分太多；另一方面，通过变质处理，使共晶合金中的硅晶体细化，以获得最佳的硬度、强度和良好的塑性、韧性的配合。

4）晶粒细化强化。晶粒细化强化除了上述细过剩相外，还可在铝合金中加入微量合金元素 Ti、Zr、RE 等，形成难熔的金属间化合物，在合金结晶过程中起非自发形核心的作用，细化铝基固溶体的晶粒，产生晶粒细化强化。如铝合金中加入微量的 Ti、Zr 可形成高熔点的 $TiAl_3$、$ZrAl_3$ 等，即作为铝基固溶体结晶的非自发形核核心而细化晶粒。稀土元素既可细化晶粒，又能起到脱氧和脱硫的作用，降低铝合金中的夹杂物含量而起到净化作用。

　　此外，铝合金还可以采用冷变形强化的方法进行强化，也可以将形变强化与热处理强化相结合，进行所谓的形变热处理。这种方法既能提高强度，又能增加塑性和韧性，非常适用于沉淀强化相的析出强烈依赖于位错等晶体缺陷的铝合金。

　　（2）铝合金的分类

　　根据铝合金的化学成分和生产工艺特点，通常将铝合金分为变形铝合金和铸造铝合金两大类。所谓变形铝合金是指合金经熔炼而成的铸锭经过热变形或冷变形加工后再使用，这类铝合金具有较高的塑性和良好的成形性能，它们与铁碳合金中的钢对应，一般需经锻造、轧制、挤压等压力加工制成板材、带材、棒材、管材、丝材以及其他各种型材。铸造铝合金则是将液态铝合金直接浇铸在砂型或金属型内，制成各种形状复杂的甚至薄壁的零件或毛坯，此类合金与铁碳合金中的铸铁相对应，具有良好的铸造性能，如流动性好、收缩小、抗裂性高等。铝合金的分类如图 7.14 所示。

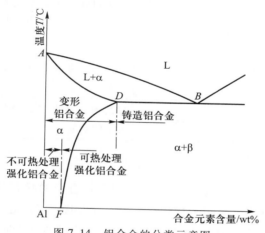

图 7.14　铝合金的分类示意图

　　铝合金根据溶质原子有无固溶度的变化又可分为可热处理铝合金和不可热处理铝合金两类。凡是溶质成分位于 F 点以左的合金，其固溶体的成分不随温度而变化，不能借助时效强化来强化合金，故称为不可热处理强化的铝合金；溶质成分位于 F 点以右的合金，其固溶度随温度发生变化，可进行热处理时效强化处理，故称为可热处理强化铝合金。

　　在工程应用中，变形铝合金还根据性能和工艺特点分为防锈铝合金（LF）、硬铝合金（LY）、超硬铝合金（LC）和锻造铝合金（LD）。

　　（3）变形铝合金

　　1）变形铝合金的命名方法。国际上，变形铝合金是按其主要合金元素来标记和命名的。用四位数字，第一位表示其合金系，第二位数字表示合金的改型，第三和第四位数字表示合金的编号，用以标识同一组不同的铝合金或表示铝的纯度。我国变形铝合金的牌号于 1997 年 1 月 1 日开始使用新标准，其表示方法与国际类似，用四位字符标识。第一、第三和第四位为数字，其意义与在国际四位数字体系牌号命名方法中的相同；第二位用英文大写字母（C、I、L、N、O、P、Q、Z 字母除外）表示原始纯铝或铝合金的改型。表 7.32 为变形铝合金的标记法。

表 7.32　变形铝合金的标记法

合金系的组别	四位字符标记	合金系的组别	四位字符标记
纯铝（铝含量不小于99wt%）	1xxx	以镁为主要合金元素的合金	5xxx
以铜为主要合金元素的合金	2xxx	以镁和硅为主要合金元素，并以 Mg_2Si 为强化相的铝合金	6xxx
以锰为主要合金元素的合金	3xxx	以锌为主要合金元素的合金	7xxx
以硅为主要合金元素的合金	4xxx	以其他元素为主要合金元素的合金	8xxx

注：9xxx 为备用合金系。

2）变形铝合金的状态标记和命名。变形铝合金的状态各有不同，如自由加工状态、退火状态、加工硬化状态、固溶处理状态、热处理状态五种基础状态。热处理状态又细分自然时效、人工时效及冷热加工与时效交替进行等状态。不同状态的性能及用途也各不相同。我国已制定了变形铝合金的状态标记和命名国家标准。见表 7.33、表 7.34、表 7.35。

3）典型的变形铝合金。变形铝合金分为不能热处理强化铝合金和可热处理强化铝合金两大类。

① 不能热处理强化的铝合金。

顾名思义，这类铝合金不能通过热处理强化，而主要依靠加工硬化、固溶强化（Al-Mg）、弥散强化（Al-Mn）或这几种强化机制（Al-Mg-Mn）的共同作用。其特点是具有很高的塑性、较低的或中等的强度、优良的耐蚀性能（故又称为防锈铝）和良好的焊接性能，适于压力加工和焊接。主要包括以下几种合金系：

表 7.33 变形铝合金基础状态代号、名称及说明与应用

代号	名称	说明与应用
F	自由加工状态	适用于成形过程中对于加工硬化和热处理条件无特殊要求的产品，该状态下产品的力学性能不做规定
O	退火状态	适用于经完全退火获得最低强度的加工产品
H	加工硬化状态	适用于通过加工硬化提高强度的产品，产品在加工硬化后可进行（或不进行）使强度有所降低的附加热处理，H 代号后面必须有两位或三位数字，以表示其细分状态
W	固溶处理状态	一种不稳定状态，仅适用于固溶热处理后室温下自然时效的合金，该状态代号仅表示产品处于自然时效阶段
T	热处理状态（不同于 F、O、H 状态）	适用于热处理后，经过（或不经过）加工硬化达到稳定状态的产品，T 代号后有一位或多位数字，表示其细分状态

表 7.34 变形铝合金 Tx 细分状态代号、说明与应用

状态代号	细分状态说明	应用
T0	固溶热处理后，经自然时效，再进行冷加工的状态	适用于通过冷加工提高强度的产品
T1	在高温成形过程中冷却，然后自然时效至基本稳定的状态	适用于高温成形冷却后，不再进行冷加工（可进行矫直、矫平，但不影响力学性能极限）的产品
T2	在高温成形过程中冷却，经冷加工后自然时效至基本稳定的状态	适用于高温成形冷却后，进行冷加工或矫直、矫平，以提高强度的产品
T3	固溶热处理后进行冷加工，再自然时效至基本稳定的状态	适用于固溶热处理后，进行冷加工或矫直、矫平以提高强度的产品
T4	固溶热处理后，自然时效至基本稳定的状态	适用于固溶热处理后，不再进行冷加工（可进行矫直、矫平，但不影响力学性能极限）的产品
T5	在高温成形过程中冷却，然后人工时效的状态	适用于高温成形冷却后，不经过冷加工（可进行矫直、矫平，但不影响力学性能极限）的产品

续表

状态代号	细分状态说明	应用
T6	固溶热处理后，进行人工时效的状态	适用于固溶热处理后，不再进行冷加工（可进行矫直、矫平但不影响力学性能极限）的产品
T7	固溶热处理后，进行过时效的状态	适用于固溶热处理后，为获取某些重要特性，在人工时效时，强度在时效曲线上越过了最高峰点的产品
T8	固溶热处理后，经冷加工，再进行人工时效的状态	适用于通过冷加工或矫直、矫平，以提高强度的产品
T9	固溶热处理后，人工时效，然后进行冷加工的状态	适用于通过冷加工提高强度的产品
T10	在高温成形过程中冷却，再进行冷加工，然后人工时效的状态	适用于通过冷加工或矫直、矫平以提高强度的产品

表 7.35　变形铝合金 Txx 细分状态代号、说明与应用

状态代号	说明与应用
T42	适用于自 O 或 F 状态固溶热处理后，自然时效到充分稳定状态的产品，也适用于需方对任何状态的加工产品热处理后，力学性能达到 T42 状态的产品
T62	适用于自 O 或 F 状态固溶热处理后，进行人工时效的产品，也适用于需方对任何状态的加工产品热处理后，力学性能达到 T62 状态的产品
T73	适用于固溶热处理后，经过时效以达到规定的力学性能和抗应力腐蚀指标的产品
T74	与 T73 状态定义相同。该状态的抗拉强度大于 T73 状态，但小于 T76 状态
T76	与 T73 状态定义相同。该状态的抗拉强度分别高于 T73、T74 状态，抗应力腐蚀断裂性能分别低于 T73、T74 状态，但其抗剥落腐蚀性能仍较好
T7x2	适用于自 O 或 F 状态固溶热处理后，进行人工时效处理，力学性能及抗腐蚀性能达到 T7x 状态的产品
T81	适用于固溶热处理后，经 1% 左右的冷加工变形提高强度，然后进行人工时效的产品
T87	适用于固溶热处理后，经 7% 左右的冷加工变形提高强度，然后进行人工时效的产品

（a）Al-Mn 系合金（3000 系列）

常用合金为 3A21 等，合金中锰为主要合金元素，当其含量达 1wt% ~ 1.6wt%时合金具有较高的强度、良好的塑性及工艺性能。3A21 合金在室温下的组织主要为 α 固溶体和在晶界上形成的少量 α+Al$_6$Mn 共晶体。由于 α 固溶体与 Al$_6$Mn 相的电极电位几乎相等，因此合金的耐蚀性较好。热处理状态为退火时的抗拉强度 ≤165 MPa，伸长率为 15%。适于制造中载零件、铆钉、焊接油箱、油管等。

（b）Al-Mg 系合金

常用合金为 5A03（LF3）、5A05（LF5）、5A06（LF6）等，镁为主要合金元素。镁在铝中的固溶度较大（在 451 ℃时固溶度约为 15at%），但当镁含量超过 8wt%时，合金中会析出脆性很大的化合物相 Al$_3$Mg$_2$，合金的塑性很低。所以这类合金中的镁含量一般控制在 8wt%以内，并且还配合加入其他元素，如 Si、Mn、Ti 等。少量的硅可改善铝镁合金的流动性，减少焊接裂纹倾向；锰的加入能增强固溶强化，改善耐蚀性能；钒和钛的加入可细化晶粒，提高强度和塑性。

镁含量小于 2wt%的 Al-Mg 系合金在退火处理后为单相 α 固溶体，随着镁含量的增加。组织中出现 β 相 Al$_3$Mg$_2$，当大于 5wt%时，为 α+β 两相组成。随着 β 相的增加，合金的塑性下降。

上述两种防锈铝不可热处理强化，只能根据合金特性和使用要求进行不完全退火或完全退火。不完全退火的加热温度一般为 150~300 ℃，而完全退火的加热温度为 310~450 ℃。

Al-Mg 系合金的强度高于 Al-Mn 系合金。在大气和海水中耐蚀性也优于 Al-Mn 系合金，而相当于纯铝，但在酸性和碱性介质中比 3A21 稍差。

5A05 和 3A21 防锈铝合金的主要化学成分、力学性能及用途见表 7.36。

② 可热处理强化的铝合金

这类铝合金可以通过热处理来充分发挥沉淀强化效果。这类合金的强度较高，是航空、航天领域主要应用的铝合金。主要包括以下几类：

（a）Al-Cu-Mg 和 Al-Cu-Mn 系合金（2000 系列）

Al-Cu-Mg 和 Al-Cu-Mn 系合金（2000 系列）又称为硬铝合金。根据合金化程度、力学性能和工艺性能的不同，又分为低强度硬铝合金（2A01、2A10）、中强度硬铝合金（2A11）、高强度硬铝合金（2A12、2A06）和耐热硬铝合金（2A02、2A16、2A17）。

表 7.36　变形铝合金的主要牌号、成分、力学性能及用途（摘自 GB/T 3190—2008）

类别	牌号（旧牌号）	主要化学成分/wt%						热处理状态	力学性能（≥）		用途
		Cu	Mg	Mn	Zn	其他	Al		R_m/MPa	A/%	
防锈铝合金	5A05（LF5）	≤0.10	4.8~5.5	0.3~0.6	≤0.20	Si：0.50	余量	退火	265	15	中载零件、铆钉、焊接油箱、油管
	3A21（LF21）	≤0.20	≤0.05	1.0~1.6	≤0.10	Si：0.60	余量		≤165	20	管道、容器、油箱、铆钉及轻载零件和制品
硬铝合金	2A02（LY2）	2.6~3.2	2.0~2.4	0.45~0.7	≤0.10	Si：0.30	余量	固溶处理+人工时效	430	10	200~300 ℃工作的叶轮、锻件
	2A11（LY11）	3.8~4.8	0.4~0.8	0.4~0.8	≤0.30	Si：0.70 Ni：0.10	余量	固溶处理+自然时效	390	8	中等强度构件和零件，如骨架、螺旋桨叶片、铆钉
	2A12（LY12）	3.8~4.9	1.2~1.8	0.3~0.9	≤0.30	Si：0.50 Ni：0.10	余量		440	8	高强度的构件及150 ℃以下工作的零件，如飞机骨架、梁、铆钉、蒙皮

续表

类别	牌号（旧牌号）	主要化学成分/wt%						热处理 状态	力学性能（≥）		用途
		Cu	Mg	Mn	Zn	其他	Al		R_m/MPa	A/%	
超硬铝合金	7A04(LC4)	1.4~2.0	1.8~2.8	0.2~0.6	5.0~7.0	Si: 0.50 Cr: 0.1~0.25	余量	固溶处理+人工时效	550	6	主要受力构件及高负荷零件，如飞机大梁、强框、起落架
	7A09(LC9)	1.2~2.0	2.0~3.0	≤0.15	5.1~6.1	Si: 0.50 Cr: 0.16~0.30	余量		550	6	主要受力构件及高负荷零件，如飞机大梁、强框、起落架
锻铝合金	2A50(LD5)	1.8~2.6	0.4~0.8	0.4~0.8	≤0.30	Ni: 0.10 Si: 0.7~1.2	余量		380	10	形状复杂和中等强度的锻件及模锻件
	2A70(LD7)	1.9~2.5	1.4~1.8	≤0.20	≤0.30	Ti: 0.02~0.1 Ni: 0.9~1.5 Fe: 0.9~1.5	余量	固溶处理+人工时效	355	8	高温下工作的复杂锻件和结构件、内燃机、活塞、叶轮
	2A14(LD10)	3.9~4.8	0.4~0.8	0.4~1.0	≤0.30	Si: 0.6~1.2 Ti: 0.15	余量		460	8	高负荷锻件和模锻件

注：力学性能（棒材）摘自 GB/T 3191—1998。

　　从 Al-Cu-Mg 三元相图平衡结晶终了的铝角部分（图 7.15）可知，Al-Cu-Mg 合金中可产生四种金属间化合物相：θ（Al_2Cu）、S（Al_2CuMg）、T（Al_2CuMg_4）、β（Al_2Mg_3），其中有两个强化相，即 θ（Al_2Cu）、S（Al_2CuMg）。由于 S 相（Al_2CuMg）有很高的稳定性和沉淀强化效果，其室温和高温强化作用均高于 θ 相（Al_2Cu），因此这类合金可以通过控制 Cu/Mg 比值来控制析出强化相的种类。S（Al_2CuMg）中 Cu/Mg 比值为 2.61，低于此比值的合金，其主要强化相为 S 相。随着铜含量的增加及镁含量的减少，主要强化相由 S 相过渡到 θ。Cu 和 Mg 总量越大，强化相数量越多，强化效果越大；S 相越多，则耐热性越好。

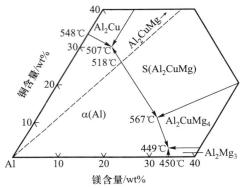

图 7.15　Al-Cu-Mg 三元相图

　　低强度硬铝合金（2A01、2A10）中的镁含量较低，主要强化相为 θ（Al_2Cu）相，时效强化效果较小，合金强度偏低，但塑性很好，主要用作铆钉材料。

　　中强度硬铝合金（2A11）亦称为标准硬铝，合金的主要强化相是 θ（Al_2Cu），其次是 S（Al_2CuMg），既具有相当高的强度，又有足够的塑性，经过 350~420 ℃退火后具有良好的工艺性能，可进行冷弯、卷边、冲压等变形加工，耐蚀性能中等，是硬铝合金中应用最广的一类合金。2A11 合金可用于要求中等强度的结构件，如整流罩、螺旋桨等。

　　高强度硬铝合金（2A12、2024）是在中等强度硬铝合金的基础上同时提高铜和镁的含量或单独提高镁的含量而发展起来的。这类合金中的主要强化相是 S（Al_2CuMg），其次是 θ（Al_2Cu）。由于 S 相（Al_2CuMg）的强化效果高于 θ 相（Al_2Cu），且具有一定的耐热性，所以在热处理状态下，这类合金比中等强度的 2A11 合金具有更高的强度和良好的耐热性。2A12 合金广泛用于要求较高强度的结构件，如飞机蒙皮、壁板、翼梁、长桁等。2024 合金也广泛用于各种航空、航天结构，它在 T3 状态断裂韧性高，疲劳裂纹扩展速率低，目前 2024 系列中最新的、性能最好的合金是 2524，其韧性和抗疲劳性能均较 2024 有重大改善，已成功用于波音 777 客机。

Al-Cu-Mn 系合金中铜和锰是主要组成元素，与 Al-Cu-Mg 合金的主要区别在于铜含量较高，镁含量很低或不含镁。合金中的铜含量高达 6wt%~7wt%，与 Al 形成强化相 θ(Al$_2$Cu)，在固溶+人工时效后使合金强化。铜还可提高合金的再结晶温度，增强合金的耐热性。Mn 也是提高合金耐热性的主要元素，在铝中扩散系数小，降低固溶体的分解速率和 θ(Al$_2$Cu) 在高温下的聚集倾向。当固溶体分解时，析出相 T(Al$_2$CuMn$_2$) 的形成和长大过程非常缓慢，当锰含量为 0.4wt%~0.5wt% 时，弥散析出的细小 T 相(Al$_2$CuMn$_2$) 对合金耐热性有良好的作用。

常用的 2000 系列硬铝合金(2A02、2A11、2A12)的主要化学成分、力学性能及用途见表 7.36。

（b）Al-Zn-Mg-Cu 系合金(7000 系列)

Al-Zn-Mg-Cu 系合金(7000 系列)又称为超硬铝合金。常用的有 7075、7A03、7A04、7A05、7A09 等。该系合金中的主要合金元素为 Zn、Mg、Cu。合金中的强化相除 θ(Al$_2$Cu) 和 S(Al$_2$CuMg) 外，还有 T 相(Mg$_3$Zn$_3$Al$_2$) 和 η 相(Mg$_2$Zn)，其中 η 相(Mg$_2$Zn) 和 T 相(Mg$_3$Zn$_3$Al$_2$) 在铝中有较高的固溶度，并随温度的下降而减小，因而有强烈的时效强化效应，故是这类铝合金中的主要强化相。除了各种强化相的沉淀强化外，合金的强化部分还来自于 Zn 的固溶强化。当合金中的 Zn+Mg 总量超过 9wt% 时，合金的强度最高；超过这一数值后，析出相将以网状分布于晶界而使合金脆化。加入 Cu 既可以产生固溶强化，析出 S 相(Al$_2$CuMg) 沉淀强化，还可提高沉淀相的弥散度，消除晶界网状脆性相，从而降低晶间腐蚀和应力腐蚀倾向。

常用的 7000 系列超硬铝合金(7A04、7A09)的主要化学成分、力学性能及用途见表 7.36。

（c）Al-Mg-Si 系合金(6000 系列)和 Al-Mg-Si-Cu 系合金(2000 系列)

Al-Mg-Si 系合金常用的有 6A02、6061、6070、6013 等。该系合金中主要强化相是 Mg$_2$Si。为了有最大的强化效果，Mg 和 Si 的质量比应为 1.73。由于合金中存在与硅结合生成的(Fe，Mn，Si)Al$_6$ 相，所以为了弥补硅的消耗，合金中硅含量应适当提高。Al-Mg-Si 系合金中存在较严重的停放效应。所谓停放效应是指合金淬火后在室温停置一段时间再进行人工时效时，合金的沉淀强化效应将降低。产生停放效应的原因是，合金中的镁和硅在铝中的固溶度不同，即硅的固溶度小，先于镁发生偏聚；硅原子的偏聚区小而弥散，基体中固溶的硅含量大大减少。当再进行人工时效时，那些小于临界尺寸的硅的偏聚区(GP 区)将重新溶解，导致形成介稳相 β″ 的有效核心数量减少，从而生成粗大的 β″ 相。

这类合金中，6A02 的强化相为 Mg$_2$Si，该合金塑性良好，在自然时效状态下，其性能与 Al-Mn 系中的 3A21 相当。

为了减小 Al-Mg-Si 系合金的停放效应，加入一定量的 Cu，形成 Al-Mg-Si-Cu 系合金（2A50、2A70、2A14 等）。这类合金中加入的 Cu 可形成 θ 相（Al_2Cu）和 S 相（Al_2CuMg）等强化相。随着铜含量的增加，合金的室温强度和高温强度增加，但耐蚀性和塑性降低。合金中均加入一定数量的 Mn（或 Cr），目的在于提高合金的强度、韧性和耐蚀性能。微量的 Ti 可以细化晶粒，防止形成粗晶粒，提高合金在热态下的塑性。

Al-Mg-Si-Cu 系合金铸造性能良好，同时成形工艺性能优异，适于进行自由锻造、挤压、轧制、冲压等压力加工，故称为锻铝。但该系合金的耐蚀性和焊接性能较差。因此这类合金可用于制造大型锻件、模锻件及相应的大型铸锭。2A50、2A70 合金多用于制造各种形状复杂的要求中等强度的锻件和模锻件，如各种叶轮、接头、框架等；2A14 合金则用来制造承受高负荷或较大型的锻件，是目前航空、航天工业中应用最多的铝合金之一，是制造运载火箭、导弹的重要结构材料。

常用的锻铝合金（2A50、2A70、2A14）的主要化学成分、力学性能及用途见表 7.36。

（d）含锂铝合金 Al-Li（Al-Li-Cu 和 Al-Li-Mg）

铝锂合金是一种新型的以锂为主要合金元素的变形铝合金，主要有 Al-Li-Cu 和 Al-Li-Mg 两个体系，其密度低，比强度、比刚度大，疲劳性能良好，耐蚀性、耐热性较高，可用于制造航空、航天构件。

表 7.37 为变形铝合金系列及其牌号标记方法。

表 7.37　变形铝合金系列及其牌号标记方法

四位字符标记	合金系	状态
1xxx	工业纯铝，wt% Al>99wt%	不可热处理强化
2xxx	Al-Cu 合金、Al-Cu-Li 合金	可热处理强化
3xxx	Al-Mn 合金	不可热处理强化
4xxx	Al-Si 合金	若含镁，则可热处理强化
5xxx	Al-Mg 合金	不可热处理强化
6xxx	Al-Mg-Si 合金	可热处理强化
7xxx	Al-Zn-Mg 合金	可热处理强化
8xxx	Al-Li、Al-Sn、Al-Zr 或 Al-B 合金	可热处理强化
9xxx	备用合金系列	—

（4）铸造铝合金

1）铸造铝合金及其状态的标记和命名。国际上，铸造铝合金的牌号是由主要合金元素符号以及表明合金化元素名义质量分数的数字组成的，例如 Al-Si7Mg 等。

我国铸造铝合金的合金牌号由 ZAl、主要合金元素符号以及表明合金化元素名义质量分数的数字组成。当合金元素多于两个时，合金牌号中应列出足以表明合金主要特性的元素符号及其名义质量分数的数字。合金元素符号按其名义质量分数递减的次序排列。除基体元素的名义质量分数不标注外，其他合金元素的名义质量分数均标注于该元素符号之后。对那些杂质含量要求严，性能要求高的优质合金，在牌号后面标注大写字母"A"以表示优质，如 ZAlSi7MgA 等。

我国铸铝合金的合金代号由字母 ZL（铸铝的汉语拼音第一个字母）及其后面的三个阿拉伯数字组成。ZL 后面第一个数字表示合金系列，其中 1、2、3、4 分别表示铝硅、铝铜、铝镁、铝锌系合金；ZL 后面第二、第三两个数字表示顺序号。优质合金在数字后面附加字母"A"，如 ZAlSi7MgA 牌号的优质铸造铝合金的代号是 ZL101A。

铸造铝合金也有不同的热处理状态，其代号及用途见表 7.38。

表 7.38　铸造铝合金的热处理种类和应用

热处理类型	符号	工艺特点	目的和应用
不固溶处理，人工时效	T1	铸件快冷（金属型铸造、压铸或精密铸造）后进行时效	改善切削性能，降低表面粗糙度，提高力学性能
退火	T2	退火温度一般为（290±10）℃，保温 2~4 h	消除铸造内应力或加工硬化，提高塑性
淬火	T3		使合金得到过饱和固溶体，以提高强度，改善耐蚀性
固溶处理＋自然时效	T4	淬火后常温下时效	提高零件的强度
固溶处理＋不完全人工时效	T5	淬火后进行短时间时效（时效温度较低或时间较短）	得到一定的强度并保持较高的塑性
固溶处理＋完全人工时效	T6	时效温度较高（约 180 ℃），时间较长	得到最大强度和硬度，但塑性有所下降

续表

热处理类型	符号	工艺特点	目的和应用
固溶处理 + 稳定回火	T7	时效温度比 T5、T6 高，接近零件的工作温度	保持较高的组织稳定性和尺寸稳定性
固溶处理 + 软化回火	T8	回火温度高于 T7	降低硬度，提高塑性
循环处理	T9		使铸件保持更高的尺寸稳定性

2）典型的铸造铝合金。为了使合金具有良好的铸造性能和足够的强度，铸造铝合金中合金元素的含量一般要比变形铝合金多。常用的铸造铝合金中合金元素的总量约为 8wt% ~ 25wt%。铸造铝合金除具有良好的铸造性能外，还具有较好的抗腐蚀性能和切削加工性能，可制成各种形状复杂的零件，并可通过热处理改善铸件的力学性能。同时由于冶炼工艺和设备比较简单，铸造铝合金的生产成本低，尽管其力学性能不如变形铝合金，但仍在许多工业领域获得了广泛应用。铸造铝合金主要有 Al-Si 系、Al-Cu 系、Al-Mg 系和 Al-Zn 系。

（a）Al-Si 系铸造铝合金

Al-Si 二元合金相图如图 7.16 所示。Al-Si 系铸造铝合金俗称"硅铝明"，是一种以 Al-Si 为基的二元或多元铝合金，是工业上应用最为广泛的铝合金之一。这类合金中最简单的是 ZL102，它是硅含量为 10wt% ~ 13wt% 的 Al-Si 二元合金，共晶成分为含硅 11.7wt%，共晶温度为 577 ℃。这种合金液态时有良好

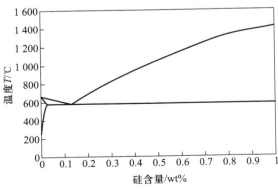

图 7.16 Al-Si 二元合金相图

的流动性，是铸造铝合金中流动性最好的。但在一般情况下，其共晶组织中的硅晶体呈粗大的针状或片状，过共晶合金中还含有少量板块状初生硅，因此这种状态下合金的力学性能不高。一般需要进行变质处理，以改变共晶硅的形态，使硅晶体细化和颗粒化，其组织由共晶或过共晶变为亚共晶。ZL102 合金经过变质处理后，强度和塑性由未变质处理的 $R_m = 147$ MPa、$A = 2\% \sim 3\%$ 上升到 $R_m = 166$ MPa、$A = 6\% \sim 10\%$。ZL102 合金的强度虽然不高，但流动性好，可生产形状复杂、受力不大的薄壁精密铸件。

硅铝明不能进行固溶时效强化。为提高硅铝明的强度，在合金中加入一些能形成强化相 θ 相（Al_2Cu）、β 相（Mg_2Si）、S 相（Al_2CuMg）的 Cu、Mg 等元素，以获得能进行时效强化的特殊硅铝明。如 ZL101 和 ZL104 中含有少量镁，能生成 β 相（Mg_2Si），所以除变质处理外，还可进行固溶+人工时效处理。经处理后 R_m 可达 200~300 MPa。ZL107 中含有少量铜，能形成 θ 相（Al_2Cu）、β 相（Mg_2Si）、S 相（Al_2CuMg）等多种强化相，经固溶+时效处理后可获得很高的强度和硬度。

（b）Al-Cu 铸造铝合金

Al-Cu 铸造铝合金的强度较高，耐热性好，但铸造性能不好，有热裂和疏松倾向，耐热性较差。ZL201 的室温强度、塑性比较好，可制作在 300 ℃ 以下工作的零件，常用于铸造内燃机气缸、活塞等零件。

ZL202 塑性较低，多用于高温下不受冲击的零件。ZL203 经固溶+时效处理后，强度较高，可作结构材料，铸造承受中等负荷和形状较简单的零件。

（c）Al-Mg 铸造铝合金

Al-Mg 铸造铝合金（ZL301、ZL302）强度高，密度小，有良好的耐蚀性，但铸造性能不好，耐热性低。这类合金可进行固溶时效处理，通常采用自然时效，多用于制造能承受冲击负荷、在腐蚀性介质中工作的、外形不太复杂的零件。

（d）Al-Zn 铸造铝合金

Al-Zn 铸造铝合金（ZL401、ZL402）价格便宜，铸造性能优良，经变质处理和固溶时效处理后强度较高，但抗蚀性差，热裂倾向大，常用于制造汽车、拖拉机的发动机零件及形状复杂的仪器零件。

表 7.39 列出了铸造铝合金的主要牌号、成分、力学性能及用途。

表 7.39 铸造铝合金的主要牌号、成分、力学性能及用途（摘自 GB/T 1173—1995）

组别	牌号	合金代号	化学成分/wt%						铸造方法	热处理①	力学性能（≥）			用途
			Si	Cu	Mg	Mn	其他	Al			R_m/MPa	A/%	硬度HB	
铝硅合金	ZAlSi7Mg	ZL101	6.5~7.5		0.25~0.45		Ti: 0.08~0.20	余量	J J S、B	T4 T5 T6	185 205 225	4 2 1	50 60 70	形状复杂的零件，如飞机、仪器零件、抽水机壳体
	ZAlSi12	ZL102	10.0~13.0					余量	J	T2	145	3	50	形状复杂、低负荷薄壁零件，如船舶零件、仪表壳体、机器罩、盖子
	ZAlSi9Mg	ZL104	8.0~10.5		0.17~0.35	0.2~0.5		余量	J J	T1 T6	195 235	1.5 2	65 70	形状复杂、工作温度为200℃以下的零件，如电动机壳体、气缸体
	ZAlSi5Cu1Mg	ZL105	4.5~5.5	1.0~1.5	0.40~0.60			余量	J J	T5 T7	235 175	0.5 1	70 65	形状复杂、工作温度为250℃以下的零件，如风冷发动机的气缸头、油泵壳体
	ZAlSi7Cu4	ZL107	6.5~7.5	3.5~4.5				余量	S、B J	T6 T6	245 275	2 2.5	90 100	强度和硬度较高的零件
	ZAlSi12Cu1Mg1Ni1	ZL109	11.0~13.0	0.5~1.5	0.8~1.3		Ni: 0.8~1.5	余量	J J	T1 T6	195 245	0.5 —	90 100	较高温度下工作的零件
	ZAlSi5Cu6Mg	ZL110	4.0~6.0	5.0~8.0	0.2~0.5			余量	J S	T1 T1	165 145	— —	90 80	活塞及高温下工作的其他零件

续表

组别	牌号	合金代号	化学成分/wt%						铸造方法	热处理①	力学性能（≥）			用途
			Si	Cu	Mg	Mn	其他	Al			R_m/MPa	A/%	硬度HB	
铝铜合金	ZAlCu5Mn	ZL201		4.5~5.3		0.6~1.0	Ti: 0.15~0.35	余量	S	T4	295	8	70	砂型铸造工作温度为175~300℃的零件，如内燃机气缸头、活塞
									S	T5	335	4	90	
	ZAlCu5MnA②	ZL201A②		4.8~5.3		0.6~1.0	Ti: 0.15~0.35	余量	S、J	T5	390	8	100	高温下工作不受冲击的零件
	ZAlCu4	ZL203		4.0~5.0				余量	J	T4	205	6	60	中等负荷，形状比较简单的零件
									J	T5	225	3	70	
铝镁合金	ZAlMg10	ZL301	0.8~1.3		9.5~11.0	0.1~0.4		余量	S	T4	280	10	60	大气或海水中工作的零件，承受冲击负荷，外形不太复杂的零件，如舰船配件、氨用泵体等
	ZAlMg5Si1	ZL303	0.8~1.3		4.5~5.5	0.1~0.4		余量	S、J	铸态	145	1	55	
铝锌合金	ZAlZn11Si7	ZL401	6.0~8.0		0.1~0.3		Zn: 9.0~13.0	余量	J	T1	245	1.5	90	结构形状复杂的汽车、飞机、仪器零件，也可制造日用品
	ZAlZn6Mg	ZL402	6.0~8.0		0.5~0.65		Zn: 5.0~6.5 Cr: 0.4~0.6 Ti: 0.15~0.25	余量	J	T1	235	4	70	

注：J—金属模；S—砂模；B—变质处理。
① 热处理符号的含义见表7.38。
② A 为优质合金。

371

7.11.2　铜及铜合金

铜及铜合金具有优良的物理性能，导电性、导热性极佳。耐各种环境腐蚀，包括大气、海水及工业化学品。塑性极佳，便于各种冷热成形加工。纯铜很软，强度低，当通过合金化可提高其力学及耐腐蚀性能。

1. 纯铜

纯铜呈玫瑰红色，因其表面在空气中氧化形成一层紫红色的氧化物而常被称为紫铜，密度为 8.94 g·cm^{-3}，熔点为 $1\,083$ ℃，具有面心立方晶体结构，没有同素异构转变。纯铜强度较低，在各种冷热加工条件下有很好的变形能力，可通过冷变形加工硬化强化。

工业纯铜中铜的含量为 99.5wt% ~ 99.95wt%，其牌号以"铜"的汉语拼音字首"T"+顺序号表示，如 T1、T2、T3、T4，顺序号数字越大，纯度越低，分别为 99.95wt%、99.90wt%、99.70wt%、99.50wt%。

无氧铜用两个汉语拼音字母"TU"加顺序号表示，共有 TU0、TU1、TU2 三个代号，其铜含量分别不小于 99.99wt%、99.97wt%、99.95wt%。

2. 铜合金

（1）铜的合金化

纯铜的强度较低，不能直接用作结构材料，虽然可以通过加工硬化提高其强度和硬度，但塑性会急剧下降，而且导电性也大为降低。因此，为了保持其高塑性等特性，合金化是提高其力学性能的有效途径。

根据合金元素的结构、性质以及它们与 Cu 原子的相互作用情况，Cu 的合金化可通过以下形式达到强化的目的：

1）固溶强化。Cu 与近 20 种元素有一定的互溶能力，可形成二元合金 Cu-M，其中在铜中的固溶度约为 10at% 左右的 Zn、Al、Sn、Mn、Ni 等适合作为产生固溶强化效果的合金元素，可将铜的强度由 240 MPa 提高到 650 MPa。

2）时效强化。与铝合金时效强化相似，Be、Ai、Al、Ni 等元素在 Cu 中的固溶度随温度下降会急剧减小，它们与铜形成的合金可进行固溶时效强化。其中，Be 的固溶强化效果最好，Be 含量为 2wt% 的铜合金经固溶时效处理后，抗拉强度可高达 1 400 MPa。

3）过剩相强化。铜中的合金元素超过极限固溶度后，合金在固溶加热时便有一部分不能溶入铜基体固溶体中而以第二相的形式存在，使强度提高。过剩相多为脆性化合物，数量较少时，对塑性的影响不大；数量较多时，会使强度和塑性同时急剧降低。

（2）铜合金的分类和编号及用途

根据合金元素的不同，铜合金分为黄铜、青铜、白铜三大类。

1）黄铜

① 黄铜的分类与编号

黄铜是以 Zn 为主加元素的铜合金，具有较高的强度和塑性，良好的导电、导热性和铸造工艺性能，耐蚀性与纯铜相近。按化学成分可分为普通黄铜及特殊黄铜；按生产方式可分为压力加工黄铜及铸造黄铜。

普通黄铜的牌号以"黄"的汉语拼音字首"H"+数字表示，数字表示铜的含量，如 H62 表示铜含量为 62wt%，其余为 Zn 的普通黄铜。

复杂黄铜的代号表示形式是"H+第一合金元素含量+第二合金元素含量"，数字之间用"-"分开，如 HAl59-3-2，表示 Cu 含量为 59wt%，Al 含量为 3wt%，Ni 含量为 2wt%，余者为 Zn 的特殊黄铜。

复杂黄铜有铅黄铜、铝黄铜、硅黄铜、锰黄铜、铁黄铜、锡黄铜及镍黄铜七种。

铸造黄铜的牌号则以"铸"字汉语拼音字首"Z"+铜、锌元素符号"ZCuZn"表示，具体为"ZCuZn+锌含量+第二合金元素符号及含量"，如 ZCuZn40Pb2 表示 Zn 含量为 40wt%，Pb 含量为 2wt%，余者为 Cu 的铸造黄铜。

② 普通黄铜

Cu-Zn 二元合金相图如图 5.17 和 5.19 所示。

从 Cu-Zn 二元合金相图中可以看出，随着黄铜中锌含量的增加，固态下可析出 α、β、γ 三种相。α 相是 Zn 溶入 Cu 中形成的固溶体，Zn 的固溶度随温度变化而变化，在 456 ℃（Zn 的固溶度最大为 39wt%）以下降温，固溶度略有下降。β 相是以电子化合物 CuZn 为基的固溶体，具有体心立方晶体结构，当温度降至 456~468 ℃ 及以下时，发生有序化转变，β 相转变为有序固溶体 β′，β′相硬且脆，难以进行加工变形。γ 相是以电子化合物 CuZn$_3$ 为基的固溶体，具有六方晶体结构，更脆，强度和塑性极差。工业上使用的黄铜中 Zn 的含量一般不超过 47wt%，否则会因性能太差而无使用价值。

仅有 α 固溶体的黄铜为单相黄铜，有较高的强度和塑性，可进行冷热变形加工；还具有良好的锻造、焊接性能。常用单相黄铜有 H68、H70、H90 等，H68、H70 因具有较高的强度和塑性，常用作子弹和炮弹的壳体，故又称为"弹壳黄铜"。当 Zn 含量超过 32wt% 时，就为 α+β′双相黄铜。与单相黄铜相比，双相黄铜塑性下降，强度随 Zn 含量提高而升高。α+β′双相黄铜具有良好的热变形能力，故通常选用热加工。常用牌号有 H59、H62 等，可用于散热器、水管、油管、弹簧等。当 Zn 含量超过 45wt% 以后，组织全部为 β′相，强度急剧下降，塑性继续降低。部分加工普通黄铜的牌号、化学成分、力学性能及用途见表 7.40。

表 7.40　部分加工普通黄铜的牌号、化学成分、力学性能及用途
（摘自 GB/T 5231—2001、GB/T 2040—2008）

牌号	化学成分/wt%		板材力学性能				用途
	Cu	Zn	加工状态	R_m/MPa	A/%	硬度 HV	
H96	95.0~97.0	余量	M	≥215	≥30		冷凝管、热交换器、散热器及导电零件、空调器、冷冻机部件、计算机接插件、引线框架
			Y	≥320	≥3		
H80	79.0~81.0	余量	M	≥265	≥50		薄壁管、装饰品
			Y	≥390	≥3		
H70	68.5~71.5	余量	M	≥290	≥40	≤90	弹壳、机械及电器零件
			Y	410~540	≥10	120~160	
H68	67.0~70.0	余量	M	≥290	≥40	≤90	形状复杂的深冲零件，散热器外壳
			Y	410~540	≥10	120~160	
H62	60.5~63.5	余量	M	≥290	≥35	≤95	机械、电器零件，铆钉、螺帽、垫圈、散热器及焊接件、冲压件
			Y	410~630	≥10	125~165	
H59	57.0~60.0	余量	M	≥290	≥10	—	机械、电器零件，铆钉、螺帽、垫圈、散热器及焊接件、冲压件
			Y	≥410	≥5	≥130	

注：M—退火状态；Y—变形加工冷作硬化状态。

③ 复杂黄铜

在 Cu-Zn 合金中加入少量（一般为 1wt%~2wt%，少数达 3wt%~4wt%，极个别的达 5wt%~6wt%）Sn、Al、Mn、Fe、Si、Ni、Pb 等元素，构成三元、四元甚至五元合金，即为复杂黄铜。合金元素的加入，使得特殊黄铜的力学性能、铸造性能、耐蚀性能等得到进一步提高，拓宽了应用范围。Sn、Al、Si、Mn 主要提高合金的耐蚀性，Pb、Si 能改善耐磨性，Ni 能降低应力腐蚀敏感性，合金元素一般都能提高强度。

铸造黄铜含较多的 Cu 及少量合金元素，如 Pb、Si、Al 等。熔点比纯铜低，液、固相线间隔小，流动性较好，铸件致密，偏析较小，具有良好的铸造成形能力。铸造黄铜的耐磨性，耐大气、海水腐蚀的性能也较好，适于制造轴套、在腐蚀介质下工作的泵体、叶轮等。

普通黄铜和复杂黄铜均不能通过固溶时效强化，其强化手段主要有固溶强化、加工硬化强化及晶粒细化强化等。

2）青铜

① 青铜的分类与编号

青铜是以除 Zn 和 Ni 以外的合金元素为主加元素的铜合金。青铜具有良好的耐蚀性、耐磨性、导电性、导热性、切削加工性能及较小的体积收缩率。按主加合金元素的不同可分为锡青铜、铝青铜、铍青铜等；按生产方式的不同可分为压力加工青铜、铸造青铜。压力加工青铜牌号以"青"字汉语拼音字首"Q"开头，后面是主加元素符号及含量，最后是其他元素的含量，数字间以"-"隔开，如 QAl10-3-1.5 表示主加元素为 Al，含量为 10wt%，且 Fe 含量为 3wt%，Mn 含量为 1.5wt%，余者为 Cu 的铝青铜。铸造青铜表示方法是"ZCu+第一主加元素符号+含量+合金元素符号+含量"，如 ZCuSn5Pb5Zn5 表示 Sn 含量为 5wt%，Pb 含量为 5wt%，Zn 含量为 5wt%，余者为 Cu 的铸造锡青铜。

② 锡青铜

锡青铜是人类使用最早的一种铜合金，古钱币、古铜镜、古剑及钟鼎之类皆系锡青铜所制。现代工业使用的锡青铜中还加入了 P、Zn、Pb 等合金元素，锡青铜的强度较纯铜、黄铜更高且耐腐蚀，可焊接，耐低温，冲击时不产生火花，因而得到了广泛应用。

工业上获得应用的锡青铜中锡含量大都不超过 12wt%，在不超过 20wt% 的 Cu-Sn 二元合金中随锡含量增加可能出现的相分别为 α、β、γ、δ、ε 五种相。α 相是 Sn 溶入 Cu 中形成的固溶体，是锡青铜中最基本的组成相。β 相是以电子化合物 Cu_5Sn 为基的固溶体，具有体心立方晶体结构。只在高温下存在，温度降至 586 ℃ 发生 $\beta \longrightarrow \alpha+\beta$ 共析转变。若在高温 β 相区淬火急冷，则可得到硬脆的 β' 马氏体非稳定相。γ 相只在高温下存在，复杂立方晶体晶格。温度降至 520 ℃ 发生 $\gamma \longrightarrow \alpha+\delta$ 共析转变。δ 相是以电子化合物 $Cu_{31}Sn_8$ 为基的固溶体，具有复杂立方晶格。在 350 ℃ 发生 $\delta \longrightarrow \alpha+\varepsilon$ 共析转变，但实际上这种转变极为困难，故 δ 相也是 Cu-Sn 合金室温下的常见相。δ 相属硬脆相，不能进行塑性变形，它的出现会导致合金的塑性下降。按平衡相图，室温下似应有 ε 相存在，但此相不论由 δ 相共析分解或自 α 相析出都极为缓慢，故实际上极难出现。

一般而言，锡含量为 5wt%~6wt% 及以下时，合金的组织为 α 单相固溶体，具有良好的塑性，且强度随锡含量增加而增大；当超过 6wt%~7wt% 后，组织中出现硬而脆的 α 相，塑性显著下降，强度继续增加；当含量超过 20wt% 时，由于有大量的 δ 相，使合金变脆，强度和塑性均下降。因此，采用压力加工的锡青铜的锡含量一般低于 7wt%~8wt%，高于 10wt% 的合金适宜用铸造法制备。

由于锡青铜表面生成由 $Cu_2O \cdot 2CuCO_3 \cdot Cu(OH)_2$ 构成的致密薄膜，因此锡青铜在大气、海水、碱性溶液和其他无机盐类溶液中有极高的耐蚀性，但在酸性溶液中耐蚀性较差。

锡青铜的结晶温度区间较大，流动性差，易形成枝状偏析和分散缩孔，铸件致密性差。但是锡青铜的线收缩率小，热裂倾向性小，可铸造形状复杂、厚薄不均匀的铸件，尤其是构图精巧、纹路复杂的工艺品。

为了改善锡青铜的铸造性能、力学性能、耐磨性能、弹性性能和切削性能，常加入 Zn、P、Ni 等元素形成多元锡青铜。锡青铜可用作轴套、弹簧等抗磨、耐蚀、抗磁零件，广泛应用于化工、机械、仪器、造船等行业。

③ 铍青铜

铍青铜是铜合金中综合性能极佳、时效强化效果极好的一种典型铜合金。它具有很高的强度、硬度和弹性极限，且弹性滞后小，稳定性高，抗蠕变，耐磨，耐蚀，耐疲劳，无磁性，导电、导热性好，冲击时不产生火花等优良性能。缺点是生产中有毒性、价格高。工业上铍青铜还常加有 Ni、Co、Ti、Al 等其他元素。

铍青铜中可能出现 α、β、γ 三种相，各相的显微硬度在不同状态有很大的变化，如表 7.41 所示。

表 7.41　铍青铜中各相的显微硬度

相及其状态	维氏硬度 HV	相及其状态	维氏硬度 HV
780 ℃ 淬火后的 α 相	100~130	780 ℃ 淬火后的 β 相	200~240
冷变形后的 α 相	200~280	冷变形后的 β 相	340~400
320 ℃ 时效 2 h 后的 α 相	320~400	320 ℃ 时效后的 γ 相	600~660

α 相是 Be 在 Cu 中的固溶体，β 相为无序体心立方晶格的固溶体，有良好的高温塑性，为高温稳定相，经淬火后可保留至室温。γ 相为体心立方晶格的有限固溶体。

二元铜铍合金在加热时晶粒极易长大，冷却时过饱和的 α 相会很快分解并发生明显的体积变化（3%~9%），易在材料内部形成应力而导致开裂，为此需在高温下快速冷却，淬火后的铍青铜性质柔软，易于冷态加工。

淬火的铍青铜时效的效果极为显著，含铍为 2wt%~2.5wt% 的铍青铜，经 780 ℃ 淬火后抗拉强度为 450~500 MPa，伸长率为 40%~50%，硬度为 90HV；经过 320 ℃，2 h 时效，抗拉强度猛增到 1 250~1 400 MPa，硬度为 375HV，伸长率则降至 2%~3%。

部分加工青铜的牌号、化学成分、力学性能及用途见表 7.42。

表7.42 部分加工青铜的牌号、化学成分、力学性能及用途（摘自GB/T 5231—2001、GB/T 2040—2008）

组别	牌号	化学成分/wt%						板材力学性能（≥）				用途
		Sn	Al	Be	Si	其他	Cu	加工状态①	R_m/MPa	A_{10}/%	A_5/%	
锡青铜	QSn6.5-0.1	6.0~7.0				P: 0.1~0.25	余量	M	315	40		精密仪器中的耐磨零件和抗磁元件、弹簧、艺术品
								Y	590~690		5	
	QSn4-4-2.5	3.0~5.0				Zn: 3.0~5.0 Pb: 1.5~3.5		M	290	35		飞机、拖拉机、汽车用轴承和轴套的衬垫
								Y	510		5	
	QSn4-3	3.5~4.5				Zn: 2.7~3.3	余量	M	290	40		弹簧、化工机械耐磨零件和抗磁元件
								Y	540~690		3	
铝青铜	QAl9-4		8.0~10.0			Fe: 2.0~4.0 Zn: 1.0	余量	Y	585			船舶及电器零件、耐磨零件
	QAl7		6.0~8.5				余量	Y	635		5	重要的弹簧及弹性元件
	QAl9-2		8.0~10.0			Mn: 1.5~2.5 Zn: 1.0 Ni: 0.5	余量	M	440	18		高温高强耐磨件，如轴衬、轴套、齿轮等
								Y	585		5	

续表

组别	牌号	化学成分/wt%						板材力学性能（≥）				用途
		Sn	Al	Be	Si	其他	Cu	加工状态①	R_m/MPa	A_{10}/%	A_5/%	
铍青铜②	QBe2			1.8~2.1		Ni: 0.2~0.5	余量	M	400		30	重要的弹簧及弹性元件、耐磨零件、高压高速高温零件、钟表齿轮、轴承、罗盘零件
								Y	590~830		2	
								时效	1000~1380		2	
	QBe1.9			1.85~2.1		Ni: 0.2~0.4 Ti: 0.1~0.25	余量	M	400		30	
								Y	590~830		2	
								时效	1200~1500		1	
	QBe1.7			1.6~1.85		Ni: 0.2~0.4 Ti: 0.1~0.25	余量	M	400		30	
								Y	590~830		2	
								时效	1100~1400		1	
硅青铜	QSi3-1				2.70~3.50	Mn: 1.0~1.5 Zn: 0.5	余量	M	340	40		弹簧、耐蚀零件、蜗轮、蜗杆齿轮
								Y	585~735	3		

注：① 加工状态：M—退火；Y—变形加工冷作硬化。
② 青铜（棒材）力学性能摘自 YS/T 334—1995。

3）白铜

白铜是以镍为主加元素的铜基合金，呈银白色，故称白铜。铜、镍之间彼此可无限互溶，从而形成连续固溶体，如图 5.3 所示。白铜具有高的耐蚀性，优良的冷热加工工艺性能。因此广泛用于制造精密仪器、仪表、化工、机械及医疗器械中的关键零件。

按合金成分，白铜有普通白铜和特殊白铜。普通白铜是 Cu-Ni 二元合金，编号方法为"B+镍的平均含量"，如 B10 表示镍含量为 10wt% 的白铜，主要种类有 B5、B10、B19、B30 等。特殊白铜是在 Cu-Ni 合金基础上加入 Zn、Mn、Al 等合金元素，分别称为锌白铜、锰白铜、铝白铜等。

工业用白铜按用途分为结构白铜和精密电阻用白铜（电工白铜）两大类。部分加工白铜的牌号、化学成分、力学性能及用途见表 7.43。

7.11.3 镁及镁合金

1. 纯镁

纯镁的外观呈银白色，晶体结构为密排六方，密度为 $1.74\ \mathrm{g \cdot cm^{-3}}$，熔点为 648 ℃。纯镁的力学性能差，20 ℃时弹性模量只有 45 GPa，抗拉强度仅为 90 MPa，硬度为 30HB。因此，纯镁很少用于工程用途。通常将某些合金元素加入纯镁中制成强度较高的镁合金。

GB/T 5153—2003 规定纯镁的牌号有 Mg9998、Mg9995、Mg9990、Mg9980 等，后四位阿拉伯数字代表镁含量分别为 99.98wt%、99.95wt%、99.90wt%、99.80wt%。

2. 镁合金

镁合金是近年来快速发展的一类轻合金。其特点是：相对密度小，比强度高，比模量大，消振性好，承受冲击负荷能力比铝合金大，耐有机物和碱的腐蚀性好。

主要合金元素有 Al、Zn、Mn、稀土元素及少量 Zr、Cd 等，Al、Zn 既固溶 Mg，又可与 Mg 形成强化相，并通过时效强化和第二相强化提高合金的强度和塑性；Mn 可以提高合金的耐热性和耐蚀性，改善合金的焊接性能；Zn 和稀土元素可以细化晶粒，提高合金的强度和塑性，并减小热裂倾向，改善铸造性能和焊接性能；Li 可以减轻合金质量。目前使用最广的是镁铝合金，其次是镁锰合金和镁锌合金。

镁合金也分为变形镁合金和铸造镁合金两种。我国镁合金新牌号中前两个字母代表合金的两种主要合金元素（如 A、K、M、Z、E、H 分别表示 Al、Zr、Mn、Zn、稀土和 Th），其后的数字表示这两种合金元素的质量分数，最后的字母用来标示该合金成分经过微量调整。

表 7.43 部分加工白铜的牌号、化学成分、力学性能及用途（摘自 GB/T 5231—2001、GB/T 2040—2008）

组别	牌号	化学成分/wt%				板材力学性能（≥）			用途
		Ni(+Co)	Mn	Zn	Cu	加工状态	R_m/MPa	A/%	
普通白铜	B19	18.0~20.0	0.5	0.3	余量	M	290	25	船舶仪器零件、化工、机械零件
						Y	390	3	
	B5	4.4~5.0	—	—	余量	M	215	30	
						Y	370	10	
锌白铜	BZn15-20	13.5~16.5	0.3	余量	62.0~65.0	M	340	35	潮湿条件下和强腐蚀介质中工作的仪器零件
						Y	540~690	1.5	
锰白铜	BMn3-12	2.0~3.5	11.5~13.5	余量	余量	M	350	25	弹簧
	BMn40-1.5	39.0~41.0	1.0~2.0	余量	余量	M	390~590	25	热电偶丝
						Y	590	25	

（1）变形镁合金

变形镁合金按其化学成分分为 Mg-Mn、Mg-Al-Zn、Mg-Zn-Zr 系等。

① Mg-Mn 系。这类合金具有良好的耐蚀性和焊接性能，可以进行冲压、挤压和锻压等压力加工；② Mg-Al-Zn 系。该类合金强度较高、塑性较好，具有较好的热塑性和耐蚀性，应用较多；③ Mg-Zn-Zr 系。该合金经热挤压等热变形加工后直接进行人工时效，其抗拉强度可达 329 MPa，屈服强度可达 275 MPa，是航空、航天领域应用最多的变形镁合金。但使用温度不能超过 150 ℃，一般不用作焊接结构件。

（2）铸造镁合金

铸造镁合金分为高强度铸造镁合金和耐热铸造镁合金两类，其牌号由"Z+Mg+主要合金元素符号及平均含量"组成。其中"Z+Mg"表示铸造镁合金，如果合金元素平均含量不小于 1wt%，该数字用整数表示；如果合金元素平均含量小于 1wt%，一般不标数字。例如，ZMgZn5Zr 表示合金中锌含量为 5wt%，锆含量小于 1wt%。

1）高强度铸造镁合金

这类合金有 Mg-Al-Zn 系的 ZMgAl8Zn、ZMgAl10Zn 和 Mg-Zn-Zr 系的 ZMgZn5Zr、ZMgZn4RE1Zr 和 ZMgZn8AgZr 等。这类合金具有较高的室温强度、良好的塑性和铸造性能，适于铸造各种类型的零件。其缺点是耐热性差，使用温度不超过 150 ℃。航空、航天中应用最广的高强度铸造镁合金是 ZMgAl8Zn，在固溶或固溶+人工时效状态下使用，用于制作飞机、发动机、卫星及导弹仪器舱中承受较高负荷的结构或壳体。

2）耐热铸造镁合金

这类合金有 Mg-RE-Zr 系的 ZMgRE3ZnZr、ZMgRE3Zn2Zr、ZMgRE2ZnZr 等，具有良好的铸造性能，热裂倾向小，铸造致密性高，耐热性好，长期使用温度为 200~250 ℃。主要用于制作飞机和发动机形状复杂、要求高的耐热性结构件。近年来，镁合金应用领域不断扩大，发展非常迅速。由于镁合金密度与工程塑料接近，韧性更好，可循环利用，成本较低，故在很多场合可以替代工程塑料。如镁合金现在已经广泛应用于各类手提装置（如链锯、电动工具、修剪工具等）、汽车（如轮毂、座椅、变速箱等）以及音频、视频、计算机、通信等装置（如电视机、笔记本电脑、手机、数码相机）等。

在航空、航天领域，质量是"克克计较"，减重不仅能减少燃料费用，还提高了安全性。镁合金由于其质轻和比强度、比刚度高等优点，大量用于轻型结构零件、减振系统，如发动机零件、油箱隔板、翼肋、飞机舱体隔框、座舱舱架等。表 7.44 列出了几种常用镁合金的牌号、成分、力学性能和用途。

表 7.44　常用镁合金的牌号、化学成分、力学性能及应用（摘自 GB/T5153—2003、GB/T 1177—1991）

类别	合金组别	牌号	旧牌号	化学成分/wt%				加工状态	棒材力学性能（≥）			应用
				Al	Zn	Mn	其他		R_m/MPa	R_{eL}/MPa	A/%	
变形镁合金	MgAlZn	AZ40M	MB2	3.0~4.0	0.2~0.8	0.15~0.50		热成形	245		5	中等负荷结构件、锻件
		AZ61M	MB5	5.5~7.0	0.5~1.5	0.15~0.50		热成形	260	170	15	
		AZ80M	MB7	7.8~9.2	0.2~0.8	0.15~0.5		热成形	330	230	11	高负荷结构件
	MgZnRE	ME20M	MB8	≤0.20	≤0.30	1.3~2.2	Ce: 0.15~0.35	热成形	195		2	飞机部件
	MgZnZr	ZK61M	MB15	≤0.05	5.0~6.0	≤0.1	Zr: 0.3~0.9	热成形+时效	305	235	6	高负荷、高强度飞机锻件、机翼长桁
铸造镁合金	MgZnZr	ZMgZn5Zr	ZM1		3.5~5.5		Zr: 0.5~1.0	人工时效	235	140	5	抗冲击零件、飞机轮毂
	MgREZnZr	ZMgRE3Zn2Zr	ZM4		2.0~3.0		Zr: 0.5~1.0　RE: 2.5~4.0	人工时效	140	95	2	高气密零件、仪表壳体
	MgAlZn	ZMgAl8Zn	ZM5	7.5~9.0	0.2~0.8	0.15~0.50		固溶处理+人工时效	230	100	2	中等负荷零件、飞机翼助、机匣、导弹部件

7.11.4 钛及钛合金

钛的密度为 4.5 g·cm⁻³，只有铁的 57%。钛合金的强度可与高强度钢媲美；具有很好的耐热和耐低温性能；抗氧化能力优于大多数奥氏体不锈钢，具有很好的耐盐类、海水和酸类腐蚀的能力。钛合金的这些优点使其当之无愧地被称为"太空"金属及"海洋"金属。钛的资源也非常丰富，故被称为继钢铁、铝之后崛起的"第三金属"。但是目前钛及钛合金的加工条件复杂，成本昂贵，限制了它们的应用。

1. 纯钛

钛的熔点高(1 670 ℃)，热膨胀系数(9.35×10⁻⁶ K⁻¹)小，导热性差[热导率为 21.9 W·(m·K)⁻¹]。纯钛塑性好，强度低，容易加工成形。固态钛在 882.5 ℃发生同素异构转变，882.5 ℃以下为密排六方晶格结构，称为 α-Ti；882.5 ℃以上直到熔点为体心立方晶格结构，称为 β-Ti。钛具有同素异构转变的特性对钛合金的强化有着非常重要的意义。工业纯钛按杂质含量不同共分为 TA1、TA2、TA3(见表 7.45)三种，编号越大，杂质越多。室温下呈稳定的密排六方晶体结构，不能通过热处理提高强度。工业纯钛可制作在 350 ℃以下工作的、强度要求不高的零件。

2. 钛合金

(1) 合金元素对相图的影响

合金元素在钛中的存在方式有置换固溶，形成固溶体，也可形成金属间化合物固溶体。

合金元素对 α 相区域和 β 相区域的影响。合金元素的种类对钛由 α ⟶ β 的转变温度有不同的影响，根据其作用的不同，将合金元素分为 α 稳定化元素(扩大 α 相区域)和 β 稳定化元素(扩大 β 相区域)。

1) 扩大 α 相区域

亦即使 α ⟶ β 的转变温度上升。扩大 α 相区域的元素称为 α 稳定化元素，主要有 Al、Sn、O、N、C 等，其中 Sn 是中间型元素，Al 是钛合金主要合金元素。Al 的添加使 α ⟶ β 的转变温度上升，将 α 稳定到较高的温度。但添加量超过 6wt%，就会形成金属间化合物 TiAl₃。O、N、C 等为间隙溶质原子，亦可使 α ⟶ β 的转变温度上升。

表 7.45　部分工业纯钛和钛合金的牌号、化学成分、力学性能及用途（摘自 GB/T 3620.1—2007，GB/T2965—2007）

组别	牌号	化学成分/wt%	热处理	室温力学性能（≥）				高温力学性能（≥）			用途
				R_m/MPa	R_{eL}/MPa	A/%	Z/%	试验温度/℃	R_m/MPa	σ_{100h}/MPa	
工业纯钛	TA1	Ti（杂质极微）	退火	240	140	24	30				在 350 ℃ 以下工作、强度要求不高的零件，如飞机骨架、蒙皮、船用阀门、管道、化工用泵、叶轮
	TA2	Ti（杂质微）	退火	400	275	20	30				
	TA3	Ti（杂质微）	退火	500	380	18	30				
α 钛合金	TA4	Ti（杂质微）	退火	580	485	15	25				在 500 ℃ 以下工作的零件，如导弹料罐、超音速飞机的涡轮机匣、压气机叶片
	TA5	Ti–4Al– 0.005B　Al3.3~4.7　B0.005	退火	685	585	15	40				
	TA6	Ti–5Al　Al4.0~5.5	退火	685	585	10	27	350	420	390	
β 钛合金	TB2	5V–8Cr–3Al　Mo: 4.7~5.7　V: 4.7~5.7　Cr: 7.5~8.5　Al: 2.5~3.5	淬火	≤980	820	18	40				
			淬火+时效	1 370	1 100	7	10				
α+β 钛合金	TC1	Ti–2Al– 1.5Mn　Al: 1.0~2.5　Mn: 0.7~2.0	退火	585	460	15	30	350	345	325	在 400 ℃ 以下工作的零件，具有一定高温强度的发动机零件，低温用部件、容器、泵、舰船耐压壳体
	TC2	Ti–4Al– 1.5Mn　Al: 3.5~5.0　Mn: 0.8~2.0	退火	685	560	12	30	350	420	390	
	TC3	Ti–5Al– 4V　Al: 4.5~6.0　V: 3.5~4.5	退火	800	700	10	25				
	TC4	Ti–6Al– 4V　Al: 5.5~6.75　V: 3.5~4.5	退火	895	825	10	25	400	620	570	

2）扩大 β 相区域

亦即使 α ——→β 的转变温度下降。扩大 β 相区域的元素称为 β 稳定化元素。根据相图的类型，可分为连续固溶体型及形成金属间化合物的 β 共析型。前者的合金元素主要有 Mo、V、Nb 及 Ta，后者有 Cr、W、Mn、Fe、RE、Co、Ni、Ag、Au、Si 及 Sb 等。在二元相图中，使 β ——→α+β 的边界，即 β 转变线的斜率越大，而且 α 相区域越小的元素，对 β 的稳定性能力越强。上述元素中 Fe、Mn、Cr、Co、Ni 为作用强烈的元素，Cu、Mo、V、W、Nb、Ta 为作用弱的元素。

对 α ——→β 的转变温度起中间作用的元素有 Zr 和 Hf。与 α 相、β 相分别形成连续固溶体的元素是 Sn。β 稳定化元素的添加，除了使 β 稳定到较低的温度（甚至室温）外，还可使合金具有热处理（固溶+时效）强化效果，扩大形成金属间化合物 TiAl$_3$ 的温度范围。图 7.17 所示为合金元素对钛同素异构转变温度的影响。

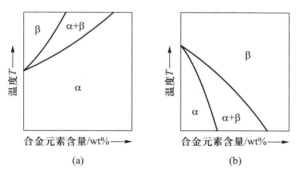

图 7.17 合金元素对钛同素异构转变温度的影响：
（a）α 稳定化元素的影响；（b）β 稳定化元素的影响

（2）钛合金的分类

钛合金按在室温下的组织不同，分为 α 钛合金、β 钛合金和 α+β 钛合金三类，分别用 TA、TB、TC 作为字头表示。

1）α 钛合金（TA）。主要含有 α 稳定化元素，在室温稳定状态基本为 α 相单相，如 TA6（Ti-5Al）。α 钛合金是耐热钛合金的基础，具有良好的焊接性。α 相弹性模量比 β 相大 10%，因而 α 钛合金适于制作耐高温蠕变的构件。

2）近 α 钛合金（TA）。近 α 钛合金是在 α 钛合金中加入少量 β 稳定化元素，在室温稳定状态 β 相数量一般小于 10vol% 的钛合金。根据添加元素的性质，退火组织中将包含少量 β 相和金属化合物，称为近 α 钛合金，如 TA15（Ti-6.5Al-2Zr-1Mo-1V）、Ti-8Al-1Mo-1V 和 Ti-2.5Cu（α 相+金属间化合物）。

　　3）α+β 钛合金（TC）。含有较多的 β 稳定化元素，在室温稳定状态由两相组成，β 相数量一般为 10vol%~50vol%。α+β 钛合金具有中等强度，与钢一样是具有淬透性的合金，合金的热处理温度通常落在 α+β 两相区，两相的体积分数和各相中的元素质量分数可通过不同的热处理温度来调节。α+β 钛合金可热处理强化，即固溶+时效强化，其强度与化学成分、淬火冷却速度及工件尺寸密切相关，但焊接性较差。常用的 α+β 钛合金有 TC1（Ti-2Al-1.5Mn）、TC2（Ti-4Al-1.5Mn）、TC4（Ti-6Al-4V）等。其中 TC4 应用最为广泛，研究表明，经 844 ℃淬火后，可获得最大延展性和最佳成形性；955 ℃淬火+482 ℃时效，可获得最好的综合性能。一般认为，固溶处理时的冷却速度快，时效后的强度较高，钛合金的显微形貌如图 7.18 和图 7.19 所示。

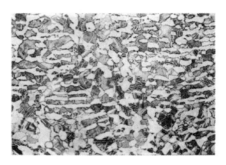

图 7.18　TC4 钛合金退火处理金相（浅色为 α 相，深色为 β 相）
（李炯辉，2009）

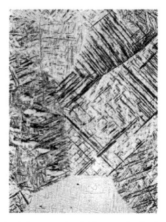

图 7.19　TC4 钛合金退火+985 ℃水淬，组织为马氏体+少量初生 α 相
（李炯辉，2009）

4）β 钛合金（TB）。含有足够多的 β 稳定化元素，在适当冷却速度下能使其室温组织全部为 β 相，具有体心立方晶体结构。β 钛合金通常又可分为可热处理强化 β 钛合金（亚稳定 β 钛合金）和热稳定 β 钛合金。可热处理强化 β 钛合金其固溶强化效果明显，还可以通过热处理实现析出强化。β 钛合金在淬火状态下有非常好的成形工艺性能，并能通过时效处理获得高达 1 300 ～ 1 400 MPa的室温抗拉强度。常用的 β 钛合金有 TB2 等。

部分纯钛及钛合金的牌号、化学成分、力学性能及用途见表 7.45。

7.12 耐热合金

火箭发动机、石油化工、原子能、汽轮机、电站锅炉等现代工业设备上的许多构件在 200 ℃以上的条件下工作，有的高达 1 500 ℃以上，对材料的耐热性提出了更高的要求。传统金属材料如钢铁、铝合金、镁合金、钛合金等的性能各有特点，但大多数材料的成分、微观组织控制及性能均按室温下受力的工作条件设计并实现的，不能满足更高耐热性的使用要求。为了满足不同工作温度及受力状态的需要，发展了轻质耐热合金、耐热钢、高温合金及难熔合金等。

7.12.1 提高金属材料热强性的技术途径

金属材料的耐热性一般包含高温抗氧化性和高温强度两方面性能，也称为热稳定性和热强性。热稳定性是指在高温下能抗氧化或抗高温介质腐蚀而不破坏的性质；热强性则是指在高温下有一定的抗氧化能力并具有足够强度而不产生大量变形或断裂的性质。耐热合金大多指具有高热强性的金属材料。热强性的主要性能指标有蠕变极限、持久强度、高温疲劳强度和持久寿命等。

提高钢热强性的基本原理是提高金属和合金基体的原子结合力，使其具有对抗蠕变有利的组织结构。技术途径主要有提高合金基体的原子间结合力、强化基体、强化晶界、弥散相强化等。

（1）提高合金基体的原子间结合力和强化基体

金属的熔点是表征金属原子间结合力大小的重要性质。熔点越高，金属原子间结合力越强。因此，耐热温度要求越高，应选用熔点越高的金属作基体，耐热合金中轻金属（Mg 、Al）、铁基、钛基、镍基、难熔金属（Nb、Ta、Mo、W）等的熔点顺序依次升高。

原子间结合力也与金属或合金的晶格类型有关，对铁基合金来说，面心立方晶格的原子间结合力较强，体心立方的较弱，所以奥氏体型钢要比铁素体型钢、马氏体型钢、珠光体型钢的蠕变抗力高。因此可应用合金化获得奥氏体基体的方法提高钢的热强性。

固溶强化可提高原子间结合力，在晶体中产生晶格畸变和应力场，增加位错的运动阻力，提高合金的再结晶温度，提高蠕变强度。

（2）强化晶界

高温下晶界的强度将不同程度地降低，所以在耐热合金中一般不追求细化晶粒强化，而是适当地粗化晶粒以减少薄弱的晶界数量，从而提高蠕变抗力。与此同时，采用合适的合金化措施，可进一步强化晶界。强化晶界的合金化措施主要有：

1）净化晶界。如钢中的 S、P 等杂质元素易偏聚在晶界，并与铁原子形成低熔点的夹杂物，削弱了晶界强度，使钢的高温强度明显降低。在钢中加入稀土、B 等化学性质比较活泼的元素，这些元素有些和杂质元素化合，形成熔点高且稳定的化合物，在结晶过程中作为异质晶核，使杂质从晶界转移至晶内，从而净化晶界。

2）填充晶界空位。晶界上存在有较多的空位，原子易通过晶界快速扩散，微裂纹也容易扩展。如在钢中添加 B 等元素，B 的原子半径比铁小，但比 C、N 等间隙元素的半径要大，也是易偏聚于晶界的元素，B 填充于晶界空位可大大减弱扩散过程，提高蠕变抗力。

3）弥散相强化。金属基体上分布着细小的第二相质点，可有效地阻止位错运动，从而显著提高合金的高温强度。弥散相的获得有时效析出和直接加入难熔质点两种方法，如在镍基高温合金中时效析出金属间化合物（Ni_3AlTi）等，在合金中加入难熔的化合物有氧化物、硼化物、碳化物、氮化物等。

7.12.2　轻质耐热合金

（1）耐热镁合金

高温镁合金具有变形和铸造镁合金两类。镁稀土合金是耐热镁合金的主要系列，使用温度 150 ℃以上的称为高温镁合金，通常在 200~250 ℃具有良好的抗蠕变性能。Mg 与稀土元素形成的 Mg_xRE_y 相是一种耐热强化相，稀土元素有 Th、Y、Ce、Nd 等，稀土元素在镁合金中的固溶度随原子系数增大而增大，固溶沉淀强化效果随之提高，在晶内形成适当排列的沉淀强化相，可综合提高镁合金的室温和高温拉伸、蠕变、持久强度性能，起耐热强化作用。

典型的耐热变形镁合金的牌号有 MB8、MB22，其成分及性能如表 7.46所示。

表 7.46 典型耐热变形镁合金的牌号、成分及性能

牌号	化学成分/wt%					使用温度/℃	室温性能		
	Mn	Zn	Zr	Y	Ce		R_m/MPa	R_{eL}/MPa	A/%
MB8	1.3~2.2				0.15~0.35	长时 150 短时 200	245	157	18
MB22		1.2~1.6	0.45~0.8	2.9~3.5		长时 200 短时 300	245	155	7

典型的耐热铸造镁合金牌号有 ZM3、ZM4、ZM6、ZM9 等，这些镁合金中含有 Zn、Zr 合金元素，其中 ZM6、ZM9 还分别添加有稀土元素 Nd 和 Y。ZM3、ZM4 用于飞机发动机 150~250 ℃ 压气机匣，ZM6、ZM9 则可制备在更高温度（分别为 250 ℃、300 ℃）下的高负荷零件。

（2）耐热铝合金

传统铝合金的使用温度一般低于 150 ℃，使用温度超过 200 ℃ 甚至达到 300~350 ℃ 的铝合金具有重要应用价值，可用作部分代替钛合金，成为制造飞机发动机机匣、缸盖、空气分配器、进气道等的优选材料，使飞行器和发动机减轻质量、降低成本。传统铝合金时效析出强化相在高温下继续长大，产生过时效，显著降低沉淀硬化强化效果，导致高温性能下降。耐热铝合金采用多种强化方法使合金得到稳定的固溶体、沉淀相、晶界组织结构，获得均匀、稳定的弥散相及增强相。一般添加高平衡固溶度元素可以达到固溶强化效果；添加低平衡固溶度、低扩散系数元素可以使其形成铝的金属间化合物，提高高温强度。耐热铝合金中添加的合金元素有 Fe、Mo、Zr、V、Cr、Si、Ti、Sc、稀土等多种，耐热铝合金中常添加多种合金元素以达到提高其耐热性能的目的。

耐热铝合金分为变形铝合金、铸造铝合金及粉末铝合金三类。典型耐热铝合金的室温及高温（100 h）力学性能如表 7.47 所示。

表 7.47 典型耐热铝合金的室温及高温（100 h）力学性能

铝合金	室温			315 ℃		
	R_m/MPa	R_{eL}/MPa	A/%	R_m/MPa	R_{eL}/MPa	A/%
Al-8Fe-4Ce	589	460	2.4	163	132	5.5
Al-9.5Fe-1.6V	544	—	14	330	—	5
Al-12.4Fe-1.2V-2.3Si	720	588	5.8	311	298	6.5

（3）高温钛合金

钛合金具有较高的使用温度（一般不超过 400 ℃），将使用温度超过 400 ℃ 的钛合金称为高温钛合金。主要用于飞行器的高温部位，替代耐热不锈钢、镍基高温合金等，可显著减轻零部件的质量，如发动机压气机叶片、盘、壳体以及蒙皮等。为提高和改善钛合金在 400 ℃ 以上的持久、蠕变、疲劳等性能，需要采用更多种强化方法。固溶强化是添加 α 稳定元素如 Al、Sn、Zr，可固溶强化 α 相，提高其持久、蠕变强度；添加 β 稳定元素如 Mo 等，提高室温和高温强度，改善合金的组织和性能。弥散强化是添加少量 Si 和稀土元素等，或者在合金中产生弥散强化的难熔化合物。热处理强化使马氏体型的 α+β 合金中含有一定数量的 β 相，在固溶处理后进行时效处理，β 相可分解析出二次 α 相，使合金得到强化。形变热处理强化是在高温下变形，然后在一定温度下进行稳定化处理，使之获得最佳显微组织，得到高的持久、蠕变、疲劳性能。

我国的典型高温钛合金有：α+β 型高温钛合金，如 TC-11，可在 500 ℃ 以下长期工作；近 α 型高温钛合金，如 Ti-60，可在 600 ℃ 以下长期服役。

TC-11 的成分是：Al（6.5wt%）；Zr（1.5wt%）；Mo（3.5wt%）。

Ti-60 的成分是：Al（5.8wt%）；Sn（5.0wt%）；Zr（2.0wt%）；Mo（1.0wt%）；Fe（≤0.25wt%）；Si（0.35wt%）。

7.12.3　耐热钢

耐热钢是指在高温下具有高的热稳定性和热强性的一类特殊钢。按钢的显微组织的不同一般分为珠光体型耐热钢、奥氏体型耐热钢和马氏体型耐热钢三类。

耐热钢中常用的合金元素有 Cr、Mo、W、Al、Si、Ni、Ti、Nb、V 等。Cr 是提高钢抗氧化性的主要元素，能形成附着性很强的致密而稳定的氧化物 Cr_2O_3，提高钢的抗氧化性。随着温度的升高，所需的 Cr 含量也要增加。Cr 也能起到固溶强化的作用，提高钢的持久强度和蠕变极限。Mo 和 W 是提高低合金耐热钢热强性能的主要元素。Mo 和 W 均可溶入基体起固溶强化作用，提高钢的再结晶温度，也能析出稳定相，从而提高热强性。Al 和 Si 是提高钢抗氧化性的有效元素。Ni 主要是为了获得工艺性能良好的奥氏体组织而添加的，对抗氧化性影响不大，Mn 可以部分替代 Ni，是奥氏体耐热钢的常用元素。Ti、Nb、V 等是微合金化元素，与 C 形成稳定的碳化物可提高热强性，同时也可起到固溶强化的作用。

C 是钢中最重要的组成元素，常温下 C 是钢中最为重要的强化元素，但在高温下 C 会促进铁原子的自扩散，另外碳化物在高温下容易聚集长大，降低了钢的热强性，所以耐热钢中一般尽可能地降低碳含量。

（1）珠光体型耐热钢

珠光体型耐热钢中的合金元素含量较小，属于低合金钢（合金元素含量不超过5wt%），使用状态的显微组织是珠光体+铁素体，工作温度低于500～620℃。该类耐热钢按碳含量和应用特点又分为低碳珠光体耐热钢和中碳珠光体耐热钢。

低碳珠光体耐热钢主要用于制作锅炉钢管，具有良好的加工工艺性能。要求在500～600℃具有高的高温持久强度和一定的抗氧化性能。该类钢中的碳含量一般为0.08wt%～0.2wt%，合金元素主要有Cr、Mo、V等。典型钢种有12Cr1MoV、12Cr2Mo、15CrMo等，热处理一般采用正火+高温稳定化处理。正火温度通常为980～1 020℃，使碳化物完全溶解并均匀分布，由于经正火处理后得到的并不是稳定组织，通常采用高于使用温度100～150℃的高温稳定化处理（类似于回火处理），通常温度为720～740℃。

中碳珠光体耐热钢主要用于制作汽轮机等耐热紧固件及汽轮机转子（主轴、叶轮等），采用热锻成形，较少使用冷弯、焊接等加工工艺，但对淬透性有更高的要求。该类钢中的碳含量一般为0.25wt%～0.4wt%，合金元素与低碳珠光体耐热钢相同。典型钢种有25Cr2MoVA、35Cr2MoV、20Cr1MoVTiB等，其中20Cr1MoVTiB的碳含量较低，加入了碳化物形成元素V、Ti，同时加入B元素强化晶界，从而使其不但具有高的持久强度，而且具有高的塑性，主要用于570℃左右工作的紧固件。该类耐热钢的热处理一般采用油淬+高温回火，同样回火通常要求高于使用温度100℃左右。

（2）马氏体型耐热钢

按用途不同，马氏体型耐热钢又分为汽轮机叶片用和排气阀用马氏体型耐热钢两类。

（a）汽轮机叶片用马氏体型耐热钢汽轮机叶片的工作温度在450～620℃范围内，与锅炉钢管工作温度相近，但要求更高的蠕变强度、耐蚀性和耐腐蚀磨损性能，珠光体型耐热钢难以适应这些要求，故应选用马氏体型耐热钢。该类耐热钢是在1Cr13型马氏体不锈钢的基础上进一步合金化发展的，一般称为Cr12型马氏体耐热钢。Cr12型马氏体耐热钢通过加入Mo、W、V、Nb、N、B等元素进行综合强化。Mo、W与C形成碳化物以弥散强化；V、Nb等强碳化物形成元素在钢中形成更为稳定的合金碳化物，并且使绝大部分Mo、W溶入固溶体，从而提高热强性和使用温度。添加N形成氮化物加强沉淀强化效果；B可强化晶界、降低晶界扩散，有利于提高钢的热强性。典型钢种有1Cr12MoV、2Cr12NiMo1W1V等。热处理工艺为950～1 050℃油淬+660～720℃回火。

（b）排气阀用马氏体型耐热钢内燃机排气阀的工作温度通常在700～850℃，

要求更高的热强性、硬度、韧性、高温下的抗氧化性、耐腐蚀性以及高温下的组织稳定性和良好的工艺性能，排气阀用马氏体型耐热钢比叶片马氏体钢具有更高的碳含量、更高的 Cr、Si 等抗氧化性和更高的耐热性的合金元素含量，该类耐热钢的成分设计是：碳含量约为 0.4wt%，以提高其综合机械性能和耐磨性；配合添加 Cr、Si 元素，提高钢的 Ac_1 和 Ac_3，从而提高钢的抗氧化性和热强性；加入 Mo 既能提高热强性，又能溶于 Cr 的碳化物中，提高其稳定性，还能降低高温回火脆性。

典型钢种有 4Cr9Si2、4Cr10Si2Mo、4Cr14Ni14W2Mo 等，热处理工艺为 1 020~1 200 ℃油淬，650~750 ℃回火。

（3）奥氏体型耐热钢

具有体心立方结构铁素体的珠光体型耐热钢在 600~650 ℃下的蠕变强度明显下降，而具有面心立方结构的奥氏体型耐热钢在 650 ℃或更高温度下有较高的高温强度，且高温和室温还有良好的塑性和韧性、可焊性和冷成形性。按强化机理不同，奥氏体型耐热钢可分为固溶强化型、碳化物沉淀强化型两类。

1）固溶强化型奥氏体耐热钢。该类耐热钢是在 18-8 奥氏体不锈钢的基础上发展起来的。在具有良好耐蚀性的奥氏体基体中添加 Mo、W、Nb 等合金元素，提高奥氏体的原子间结合力强化奥氏体，同时形成碳化物以强化晶界。由于 Mo、W、Nb 等都是扩大铁素体区的元素，为了保持奥氏体组织，将 18-8型奥氏体钢发展成 18-11 和 14-19 型钢的 Cr-Ni 成分。这类钢具有良好的焊接以及冷热加工性能，能制管和轧成薄板，主要用于制作在 600~700 ℃下工作的蒸汽过热器和动力装置的管路和燃气轮机动、静叶片及其他锻件。

该类耐热钢的典型钢种有 1Cr18Ni11Nb、1Cr14Ni19W2Nb、Cr20Ni32 等，热处理工艺是经 1 100~1 150 ℃固溶处理，具有中等持久强度和高塑性，在 650 ℃时，10 000 h 后的持久强度可达 100 MPa，伸长率为 36%左右。

2）碳化物沉淀强化型奥氏体耐热钢。该类耐热钢的成分特点是既具有较高的 Cr、Ni 含量以形成奥氏体，又含有 W、Mo、V、Nb 等强、中强碳化物形成元素和较高的碳含量（0.35wt%~0.5wt%）以形成碳化物强化相，同时还可以用 Mn 代替部分 Ni。为了获得良好的沉淀强化效果，热处理通常为固溶淬火+时效沉淀。

该类耐热钢的典型钢种有 4Cr14Ni14W2Mo、5Cr21Mn9Ni4N 和 4Cr13Ni8Mn8MoVNb（GH36）等，固溶温度一般约为 1 100~1 180 ℃，水淬，时效温度在 750~850 ℃。使用温度一般在 600~700 ℃。

7.12.4　高温合金

高温合金是指以镍、钴为基体，能在 600 ℃以上温度、一定应力条件下适应不同环境短时或长时使用的金属材料。具有较高的高温强度、塑性，良好的抗氧化、抗热腐蚀性能，良好的热疲劳性能、断裂韧性，良好的组织稳定性和使用可靠性。高温合金是制造航空发动机、火箭发动机、燃气轮机等高温热端部件的重要材料。

（1）高温合金的强化机理

镍、钴基奥氏体高温合金可添加多种合金元素对奥氏体基体进行固溶、沉淀第二相、晶界强化。镍具有较高的化学稳定性，在 500 ℃以下几乎不氧化，常温下不易受潮气、水、盐类水溶液的腐蚀，是一种最佳的基体金属。钴导热性较好，膨胀系数较低，热疲劳性能较优。铁只能固溶较少的合金元素，析出有害相倾向性大，相不稳定。三种基体均须加入 Cr、Al 抗表面氧化元素，添加金属间化合物的元素如 Al、Ti 等，添加形成碳化物元素 C，添加强化固溶体元素 W、Mo、Ta、Nb 等，添加完善晶界的 B、Zr、稀土元素等。

1）固溶强化。在镍、钴基奥氏体高温合金中添加溶质元素 Co、Cr、W、Mo、Nb、Ta、Ti 和 Al 等，可提高原子间结合力，产生点阵畸变，降低堆垛层错能，产生短程有序及其他原子偏聚，阻止位错运动，降低固溶体中元素扩散系数，提高再结晶温度使合金得到强化。

2）第二相强化和弥散强化。通过添加 Al、Ti、Nb、Ta、Hf 形成共格稳定的金属间化合物；添加 C、B、Cr、W、V、Nb、Ta、Hf 等形成各类碳化物和硼化物，以获得晶内和晶界强化。

3）晶界强化。高温合金在高温、应力长时间作用下晶界是薄弱环节。晶界除碳化物强化外，需要添加 B、Zr、稀土等吸附在晶界的元素，形成微合金化，减缓晶界扩散，降低晶界低熔点元素和气体的有害作用，改善晶界组织，起强化晶界的微合金化作用。

（2）常用高温合金

1）钴基高温合金。钴基高温合金是以钴为基体的奥氏体型合金，在 730～1 100 ℃具有一定的高温强度，良好的抗热腐蚀和抗氧化能力。成分特点是：① Ni 含量（10wt%～26wt%）较高，目的是稳定奥氏体；② Cr 含量（20wt%～30wt%）高，作用包括形成碳化物和提高合金的抗热腐蚀能力；③ 含有 W、Mo、Ta、Nb 等碳化物形成元素较多，其中 W 含量（7wt%～15wt%）高，碳含量约为 0.1wt%～0.65wt%，以形成难熔碳化物作为主要强化相。主要碳化物类型有 MC、$M_{23}C_6$、M_6C。特点是中温强度较低，碳化物热稳定性好，980 ℃以上具有高强度，抗高温热腐蚀和热疲劳性能良好，适用于燃气轮机导向叶片、喷嘴等。也分变形钴基高温合金和铸造钴基高温合金两类。

2）镍基高温合金。镍基高温合金是指可在 650～1 200 ℃范围内使用，以镍为基体的奥氏体型合金。在使用温度下具有较高的强度，优良的抗氧化和抗腐蚀性,是应用最广泛的高温合金。分为变形、铸造(定向、单晶、共晶)、弥散强化、机械合金化、快速凝固粉末合金四类。

① 镍基变形高温合金。镍基变形高温合金是以镍为基体(大于 50wt%)的可塑性变形的高温合金。在 650~1 000 ℃ 温度下具有较好的性能。又可细分为固溶强化型和沉淀硬化强化型两类。

固溶强化型高温合金的合金化基本原理是:通过添加与 Ni 原子尺寸不同的 W、Mo、Cr 等使基体产生晶格畸变,同时 W、Mo 还可减缓基体的扩散速度;加入元素 Co 以降低合金层错能,使合金获得一定的高温强度,抗氧化、抗燃气腐蚀、冷热疲劳性能好,具有良好冷成形和焊接性能。适用于高温受力不大的燃气涡轮发动机燃烧室部件。该类合金在 44 MPa、100 h 条件下工作温度不超过 950 ℃,典型牌号及成分见表 7.48。

表 7.48　典型固溶强化型镍基变形高温合金的牌号及成分(wt%)

合金牌号	Mo	W	Cr	Nb	其他微量元素
GH625	9		21.5	3.7	Ti、Al、C
GH3128	8	8	20		Ti、Al、C、B、Ce、Zr

沉淀硬化强化型高温合金主要是通过固溶处理后进行时效处理,从过饱和固溶体(奥氏体)中析出细小的沉淀相(包括金属间化合物和碳化物),阻碍位错运动而实现强化效果,其次还辅助以固溶强化和晶界强化。对于高温合金来说,晶界是最薄弱的微观区域,晶界运动是高温蠕变的主要机制,因此晶界强化尤为重要。晶界强化的机制主要有二:一是细小弥散分布的金属间化合物及碳化物强化晶界,这些第二相可起到阻止晶界运动的作用;二是加入微量 B、Zr、稀土元素填补原子空位,提高晶界合金化程度,净化晶界,减缓晶界运动。与固溶强化型高温合金相比,沉淀硬化强化型高温合金具有更高的高温蠕变强度、抗疲劳性与抗氧化、抗腐蚀性能。该类合金在 140 MPa、100 h 条件下工作温度不超过 1 000 ℃,主要用于制造承受应力较高的部件如低压涡轮叶片、涡轮盘等。典型牌号及成分如表 7.49 所示。

表 7.49　典型沉淀硬化强化型镍基变形高温合金的牌号及成分(wt%)

合金牌号	Al+Ti	Mo+W	Nb	Cr	Co	其他微量元素
GH4133	3.7		1.5	20		C、B、Ce
GH4049	5.7	10.5		10	15	C、B、Ce、V

固溶强化型合金在经固溶热处理的状态下使用，而沉淀硬化型合金在固溶热处理后需经中间（二次固溶）处理，析出晶界碳化物和颗粒较大的金属间化合物，最终进行时效处理以析出细小的金属间化合物，使合金获得最佳的组织结构与使用性能。

② 镍基铸造高温合金。镍基铸造高温合金是以镍为基体，用铸造工艺成形的高温合金，可在 600~1 100 ℃ 的氧化和燃气腐蚀气氛中承受复杂应力，长期可靠的使用。广泛应用于制造燃气涡轮发动机导向叶片、涡轮转子叶片以及航天、能源、石油化工等领域的高温结构件。

镍基铸造高温合金的成分设计与镍基变形高温合金类似，也是综合了固溶强化、沉淀硬化强化和晶界强化等多种机制。

铸造镍基高温合金按使用部位不同分为导向叶片和涡轮叶片两类。导向叶片合金有 K401、K403、K412、K438、K40 等；涡轮叶片合金有 K405、K406、K417、K418、K419、K002 等。其中 K419 合金的持久强度高达 $\sigma_{10^2\,h}^{1\,000\,℃}=186$ MPa。

③ 定向凝固和单晶高温合金。定向凝固高温合金是以定向凝固技术直接铸成零部件的镍基高温合金。组织特点是晶粒按照特殊位向[001]择优取向生长和排列（柱状晶），基本消除了垂直于晶体生长方向的横向晶界。与传统的普通铸造高温合金相比，其纵向（平行于晶粒生长方向）的高温抗蠕变强度较高，中温强度和塑性及高温抗热疲劳性能显著提高，具有明显的各向异性。

目前广泛用于燃气涡轮叶片的高性能定向凝固高温合金有 DZ4、DZ22 等，其合金的成分设计与镍基铸造高温合金类似，但使用温度有所提高。DZ4、DZ22 的成分如表 7.50 所示。DZ4 和 DZ22 合金的持久强度分别为 $\sigma_{10^2\,h}^{1\,040\,℃}=142$ MPa 和 $\sigma_{10^2\,h}^{1\,040\,℃}=137$ MPa。

表 7.50　两种定向凝固高温合金的牌号和成分（wt%）

牌号	C	Cr	Nb	Co	W	Mo	Al	Ti	B	Zr	其他
DZ4	0.13	9.5	—	5.7	5.5	3.9	6.0	1.9	0.018	0.02	—
DZ22	0.14	9.0	1.0	10.0	12	—	5.0	2.0	0.015	0.10	Hf: 1.5

采用定向凝固和选晶技术可制成只有单个晶粒的镍基高温合金。合金成分特点是无晶界，不需要添加晶界强化元素如 B、C、Zr、Hf 等；增加 Mo、Ta、W、Re 等难熔元素的含量可提高高温性能。单晶镍基高温合金的工作温度可达到 1 100 ℃，我国的牌号主要有 DD3、DD8 等，合金成分如表 7.51 所示。

表 7.51　典型单晶镍基高温合金的牌号和成分（wt%）

牌号	Cr	Co	Mo	W	Al	Ti
DD3	9.5	5	3.8	5.2	5.9	2.1
DD8	16	8.5		6	3.9	3.8

7.12.5　难熔金属与合金

熔点高于 2 200 ℃ 的金属称为难熔金属，主要有 W、Re、Mo、Ta、Nb、Hf 等。以上述金属为基体，添加各种合金元素或化合物制成的合金称为难熔合金，工程上应用的难熔合金主要有 W、Mo、Ta、Nb 等合金。

（1）难熔金属与合金的一般特性

W、Mo、Ta、Nb 等几种难熔金属的晶体结构均为体心立方，具有良好的高温强度和耐热性能，较低的蒸气压，主要缺点是抗高温氧化性能差，有些元素如 W、Mo 脆性大，不易塑性加工。主要物理性质如表 7.52 所示。

表 7.52　难熔金属的主要物理性质

性质	W	Re	Ta	Mo	Nb	Hf
熔点/℃	3 400	3 180	2 980	2 615	2 467	2 227
密度/(g·cm^{-3})	19.3	21.0	16.6	10.2	8.6	13.1
室温电阻率/(μΩ·cm)	5.4	18.9	13.5	5.7	16.0	32.2
室温热导率/[W·(m·K)$^{-1}$]	174	47.6	57.55	137	54.1	22.9

W、Mo、Nb 等难熔金属与合金在较低温度下呈脆性，故难熔金属变形加工较为困难。高温下呈塑性，其间有塑-脆转变温度。塑-脆转变温度对加工变形很重要，材料纯度、合金成分、加工工艺、组织结构、表面状态对变形加工有重要影响。为了降低塑-脆转变温度，通常可采用添加合金元素，如在 W 和 M 中加入 RE 提高材料纯度，采用合理的变形加工工艺来实现。

难熔金属与合金抗氧化性能差，在室温时不氧化，在 400 ℃ 以上，W 和 Mo 均开始氧化，温度升高则加速氧化。因此难熔合金通常要在涂覆表面防护层下使用，主要用于航空器的高温部件，可在 1 400~1 700 ℃ 短时使用。

难熔金属与合金大多具有较好的耐酸性，对低熔点金属熔体也有较好的耐腐蚀性能。

（2）难熔合金的合金化

难熔金属可采用合金化法制备难熔合金，使其具有更高的强度、硬度、高温蠕变性能、耐蚀性，以及更好的导电、导热等物理特性。合金化原理包括固溶强化、沉淀硬化强化、弥散强化等。难熔合金中主要合金元素如表 7.53 所示，从表中可以看出，难熔合金中的合金元素基本上都是难熔金属，这是由于它们的理化性能相近。加入 C、N 等可与强碳化物形成元素形成碳化物及氮化物沉淀相。弥散强化相则多为稀土氧化物。

难熔合金的制备方法有粉末冶金法和熔炼法两种，粉末冶金法主要用于 W、Mo、Re 及其合金的制备。Ta、Nb、Hf 及其合金主要采用电子束熔炼法制备。

表 7.53　难熔合金中主要合金元素

基体	置换固溶强化元素	沉淀硬化元素	间隙化合物元素	弥散强化
W	Re、Hf、Mo、Nb、Ta	Hf	C	ThO_2、Y_2O_3
Mo	W、Re	Ti、Zr、Hf	C、N	
Ta	W、Re、Hf、Mo、Nb	Hf	C、N	
Nb	W、Mo、Ta、Hf	Ti、Zr、Hf	C、N	

（3）钨基合金

以 W 为基体，添加合金元素或化合物制成的钨基合金，按用途分类有：

1）硬质合金。主要有 WC-Co、WC-TiC-Co、WC-TiC-TaC（NbC）-Co 等，用作切削刀具及工模具。

2）高密度钨合金。主要有 W-Ni-Fe、W-Ni-Cu、W-Ta、W-Re 等。其中 W-Ni-Fe 的用途很广，烧结后密度高，强度和塑性好，具有铁磁性，经热处理和变形后强度和塑性均有明显提高，可用于配重、平衡锤、防辐射屏蔽装置等，也可用于穿甲弹弹芯。W-Ta、W-Re 等是穿甲弹的优选材料。

3）发汗、触头、封装材料。主要有 W-Cu、W-Ag 等。

4）电极材料。主要有 W-ThO_2、W-HfC、W-Re 等。

（4）钼基合金

钼基合金是以钼为基体，添加 Ti、Zr、W、Re、Hf、C、B 等元素，通过固溶时效生成碳化物相，提高合金的强度。W、Mo 可形成无限固溶体，是钼合金的主要固溶强化元素；Ti、Zr 可形成碳化物；Re 可以改变电子结构，净化晶界，防止孪晶变形，将塑-脆转变温度降至-200 ℃；B 为间隙元素，形成间隙固溶体。

典型钼合金的牌号、性能与用途如表 7.54 所示。

表 7.54 典型钼合金的牌号、性能与用途

牌号	化学成分/wt%	高温抗拉强度/MPa	用途
TZM	Mo-0.5Ti-0.1Zr-0.02C	315(1 315 ℃)	喉衬、尾翼、前缘
HCM	Mo-1.1Hf-0.06C	455(1 315 ℃)	喉衬、尾翼、前缘
TZC	Mo-1.25Ti-0.15Zr-0.15C	—	粉末高温合金等温锻模具
ZHM4	Mo-0.4Zr-1.2Hf-0.15C	—	粉末高温合金等温锻模具
Mo-Re	Mo-5Re, Mo-35Re	420(1 650 ℃)	X 射线管靶材、栅极

（5）钽基合金

钽的熔点高达 2 980 ℃，是难熔金属中塑-脆转变温度最低的，低温塑性最好。具有优异的电学性能，广泛用于高性能电容器，具有优异的耐蚀性能。

钽基合金是 1 600~1 800 ℃下理想的结构材料，多用于制造航空、航天和空间核动力系统的零部件，也是化学工业极好的耐蚀材料。

钽基合金中添加元素有固溶强化元素如 Re、W、Hf，过多加入会使塑性变差；沉淀硬化元素主要有 Zr、Hf 等，与元素 C 形成碳化物。

钽基合金主要有 Ta-W 和 Ta-Nb 系两种。

Ta-W 系有 Ta-10W、Ta-8W-2Hf、Ta-10W-2.5Hf-0.01C 等，主要用于制造火箭、导弹、航天飞行器的高温结构件。其中 Ta-10W 合金在 1 000 ℃高温下抗拉强度和屈服强度分别高达 305 MPa 和 205 MPa。

Ta-Nb 系有 Ta-3Nb、Ta-25Nb、Ta-40Nb、Ta-37.5Nb-2.5W-2Mo 等，是化学工业广泛应用的合金。

（6）铌基合金

铌是密度（8.6 g·cm^{-3}）较小，熔点（2 467 ℃）较低的难熔金属，在 1 100~1 250 ℃具有最高的比强度，许多性质与 Ta 相同。如较低的塑-脆转变温度，较好的耐蚀性能和焊接性能，高温下与氧发生反应，用作高温结构材料时需要用防护涂层。

铌基合金的强化方法有固溶强化、沉淀强化和形变强化。添加 W、Mo 可固溶强化，提高铌合金的高温和低温强度，过量添加则会降低加工性能。Ta 是中等强化元素，降低合金的塑-脆转变温度。Ti、Zr、Hf 与 C 可形成碳化物，起弥散沉淀强化作用，Ti 可改善合金抗氧化和工艺性能，Hf 还可改善合金抗氧化和焊接性能。铌合金在 600 ℃左右开始迅速氧化，一般采用涂层保护，较好的涂层有 Si-Cr-Fe、Cr-Ti-Si 和 Al-Cr-Si 系。

典型铌基合金的成分与性能如表 7.55 所示。

表 7.55 典型铌基合金的成分与性能

分类	牌号（状态）	试验温度/℃	抗拉强度/MPa	屈服强度/MPa	伸长率/%
低强度	Nb-10Hf-0.7Zr-1Ti（退火）	1 500	78～98	—	50
		1 649	34	20	>70
中强度	Nb-10W-10Hf-0.1Y（退火）	1 316	274	206	45
		1 649	77	72	78
高强度	Nb-20Ta-15W-5Mo-1.5Zr-0.1C（挤压）	室温	909	848	4
		1 316	391	339	37

铌基合金主要用于航天工业领域，制作各种尺寸液体火箭发动机的辐射冷却式喷管或燃烧室等。

7.12.6 金属间化合物

金属间化合物是指金属元素间、金属元素与准金属元素间按整数比组成的化合物，而其成分又可以在一定范围内变化而形成以化合物为基体的固溶体，其结构为有序的超点阵结构。金属间化合物的结合键包括金属键、共价键和离子键。由于键合类型呈多样化，使金属间化合物具有了很多新的性能和用途。金属间化合物作为结构材料，其具有耐高温、抗腐蚀、抗氧化等特点，可应用在航空、航天、汽车、化工等领域。目前，金属间化合物结构材料研究较多的是 Ti-Al 系、Ni-Al 系和 Fe-Al 系金属间化合物，相关物理性能见表 7.56。但是金属间化合物结构材料的室温塑性差没有得到很好的解决，限制了它们在生产实践中的应用。

表 7.56 金属间化合物结构材料的物理性能

金属间化合物	熔点/℃	密度/（g·cm^{-3}）	弹性模量/GPa
TiAl	1 460	3.91	175.6
Ti$_3$Al	1 600	4.2	144.7
NiAl	1 640	5.86	188
Ni$_3$Al	1 390	7.5	178.5
FeAl	1 250	5.56	180
Fe$_3$Al	1 540	6.72	140.0

（1）Ti-Al 系金属间化合物

Ti-Al 系金属间化合物具有低密度、良好的高温强度、抗蠕变和抗氧化性能。目前具有应用前景的主要有 TiAl 基合金和 Ti₃Al 基合金。

1）TiAl 基合金。TiAl 基合金是在航空、航天、汽车等领域具有广阔应用前景的新型轻质耐高温结构材料，其服役温度范围在 700~850 ℃ 内，可制备成压气机叶片、整体叶轮转子、涡轮盘、燃烧系统中的燃烧室外壳等部分。

目前 TiAl 基合金发展经历了四个阶段。第一代合金主要代表为 Ti-48Al-1V-0.3C(at%，下同)。20 世纪 80 年代末，美国空军材料实验室与 GE 公司合作开发出第二代 TiAl 基合金 Ti-48Al-2Cr-2Nb。TiAl 基合金发展到第三代，合金成分设计主要通过合金化和先进的制备工艺细化组织，兼顾合金的综合性能。近年来，TiAl 基合金设计有两个重要的研究方向：高铌 TiAl 基合金和 β/γ-TiAl 基合金。

TiAl 基合金主要有四种组织。近 γ 组织是在共析温度附近的 α+γ 两相区热处理得到的，由等轴的 γ 晶粒和少量的 α₂ 相组成，该组织具有良好的超塑性变形能力。双态组织是由等轴的 γ 晶粒和片层组织组成，可以在 α 相相变点以下 60 ℃ 附近热处理得到。双态组织具有较高的强度和较好的塑性，但材料的断裂韧性和抗蠕变能力较差。近片层组织是由片层组织与少量等轴 γ 晶粒组成，可以在稍低于 α 相相变点的温度下进行热处理得到。全片层组织的片层较宽且相互间平行。全片层组织具有良好的断裂韧性和抗蠕变性能，但室温塑性较差。目前通过热机械处理工艺得到细小全片层组织，该组织在保持较好的强度和塑性前提下，提高了 TiAl 合金的断裂韧性和抗蠕变能力，具有良好的综合性能。因此作为结构材料的 TiAl 合金，控制细小全片层组织是重点。

2）Ti₃Al 基合金。Ti₃Al 基合金的服役温度在 650~750 ℃ 范围内，主要应用在航空、航天领域的发热部件，主要目的是替代部分比重大的高温合金，减轻飞行器的质量。Ti₃Al 基合金多以 Ti-(22~25)Al-(10~30)Nb 为基础成分，根据 Nb 含量的不同，Ti₃Al 基合金可分为三类：Nb 含量为 10wt%~12wt% 的 α₂+B2 两相合金；Nb 含量为 14wt%~17wt% 的 α₂+B2+O 三相合金和高 Nb 含量为 23wt%~27wt% 的 O 相合金。

室温下，Ti₃Al 相的基面滑移与锥面滑移很难开动，因此二元 Ti₃Al 基合金的塑性很差。为了提高 Ti₃Al 基合金的力学性能，主要采用合金化、熔炼工艺和热机械处理工艺等方法。

（2）Ni-Al 系金属间化合物

Ni-Al 系金属间化合物具有低密度、高熔点、高热传导性能和良好的抗氧化性能等优点，使得 Ni-Al 系金属间化合物在现实生活中有广泛的用途。NiAl、Ni₃Al 是 Ni-Al 系金属间化合物的典型代表。

1）NiAl 基合金。NiAl 合金的主要用途是制作先进航空发动机的涡轮导向叶片、涡轮叶片和燃烧室的某些零件。NiAl 单相区范围很宽，可在 Ni 含量为 45at%~60at% 的范围内稳定存在。但 NiAl 相脆性大，必须通过添加合金元素改善 NiAl 基合金的性能。合金元素主要分为三类：A 类元素固溶度极小，与 NiAl 形成三元相，如 Hf、Ta、Nb、Zr 等合金。B 类元素固溶度小，与 NiAl 形成伪二元共晶系，Cr 是典型的 B 类元素。C 类元素在 NiAl 中有很大的固溶度，如 Mn、Cu 和Ⅷ族元素。

室温下，NiAl 单晶的屈服强度为 1 250 MPa。温度为 600 ℃ 时，屈服强度迅速下降至 220 MPa。多晶 NiAl 的屈服强度在室温至 500 ℃ 之间变化不大，高于 600 ℃，屈服强度随温度升高而迅速下降。NiAl 单晶在弹性应变后断裂，室温塑性为零。温度高于 300 ℃ 时塑性明显提高。350 ℃ 的伸长率为 20%，450 ℃ 达到 90%。微合金化可显著改善 NiAl 的室温塑性，如 Fe、Ga 和 Mo。二元多晶 NiAl 的室温拉伸塑性为 0%~2%。高纯 NiAl 单晶的断裂韧性常为 $10~12$ MPa $\cdot$ m$^{1/2}$。蠕变激活能在 $250~300$ kJ $\cdot$ mol^{-1}。NiAl 在 $850~1\,150$ ℃ 温度范围形成 α-Al$_2$O$_3$ 氧化膜，具有非常好的抗氧化性和抗热腐蚀性。

2）Ni$_3$Al 基合金。Ni$_3$Al 基合金由于其优异的抗渗碳和抗氧化性能，在还原和空气气氛条件下，表现出极好的使用性能，已成为了实用的工程材料，主要应用在高温耐磨蚀领域，如航空发动机热端关键部件、增压涡轮、高温锻造模具、柴油机气缸和气阀等。Ni$_3$Al 基合金是目前应用最广泛的金属间化合物结构材料，这与其良好的综合性能相关。Ni$_3$Al 工程化合金主要有 IC 系列合金和 MX246。

IC 合金具有熔点高，密度小，比强度高，抗氧化性能好的优点，高弹性模量和高刚度，疲劳性能优异，裂纹扩展速率小，而且在一定温度以下，屈服强度随温度上升而提高。但 IC 合金也存在塑性偏低，高温蠕变速率偏大，400 ℃ 以下的强度不足。IC 合金在 $600~850$ ℃ 温区存在严重的塑性低谷，添加 Cr 使合金表面迅速生成 Cr$_2$O$_3$ 保护膜层，显著改善合金的中温塑性，而且也提高了合金的高温强度。

（3）Fe-Al 系金属间化合物

Fe-Al 系金属间化合物具有优异的高温氧化和硫化腐蚀抗力，并且不含或少含贵重金属元素，成本低，其代表主要是 FeAl 和 Fe$_3$Al 基合金。但是其综合性能不如目前研究比较成熟的 Ni-Al 及 Ti-Al 系金属间化合物。

FeAl 具有体心立方 B2 有序结构，其 Al 含量在 36wt%~45wt% 之间。它有良好的抗氧化性和在中温时有较高的强度。但是 Al 含量太高，有严重晶界脆性并仍未得到解决，所以目前未得到工程应用。FeAl 的常温脆性主要由环境引起。通过添加 Cr、Mn、Ti、B、Zr 等元素可以改善 FeAl 基合金的室温塑性。

Cr、Ti 等合金元素提高高温强度。FeAl 基合金要实现工程应用，还需更深入的研究。

Fe_3Al 具有体心立方 DO_3 有序结构，其 Al 含量在 23wt% ~ 32wt% 之间。Fe_3Al 基合金一般以 Fe-28Al-5Cr-B 为基础，添加若干强化合金元素组成。Cr 是唯一固溶软化元素，提高合金的塑性，加入 5wt% ~ 10wt% 可使 Fe_3Al 合金的室温拉伸塑性提高至 5%。C、Ti、Mo、Zr、Nb、Ta、Si、Ce 均能强化 Fe_3Al 基合金，但降低了塑性。Mo 和 Nb 提高了蠕变强度。但是 Fe_3Al 基合金持久强度较差。Fe_3Al 基合金具有十分优异的抗氧化性能，700 ~ 1 200 ℃ 的抗氧化性优于不锈钢、高温合金及电热合金，耐热腐蚀性也优于不锈钢，在高温 S-O 混合气氛中也表现良好的耐腐蚀性。Fe_3Al 基合金由于经济性好，成本低，在高温氧化、硫化等气氛中具有较好的应用前景。

7.12.7　低温用钢

（1）用途

低温用钢是指用于工作温度低于 0 ℃ 的零件和结构件的钢种。广泛应用于低温工作的设备，如冷冻设备，制氧设备，石油液化设备，舰船的船体，航空、航天用液氢、液氧等燃料的制造、储运装置及海洋工程，寒冷地区所用的机械设备等。

（2）性能要求

工程上常用的中低强度结构钢，当其使用温度低于某一温度时，材料的冲击韧性显著下降，即发生韧-脆转变，对应冲击韧性下降的温度称为韧-脆转变温度。衡量低温用钢的主要性能要求为：满足要求的强度；高的低温冲击韧性；低的韧-脆转变温度。

（3）影响低温用钢低温韧性的因素

1）成分。碳含量低有利于降低韧-脆转变温度，Ni、Mn 同样可降低韧-脆转变温度，尤其是当 Ni 含量增高时，可在很低温度下保持相对高的冲击韧性。P 明显提高韧-脆转变温度，故应严格控制 P、S 等杂质元素含量。V、Ti、Nb、Al 等元素有利于细化晶粒，有利于低温韧性的提高。

2）晶体结构。一般体心立方晶体结构的金属，随着温度的降低，韧性显著下降，而面心立方结构的金属，其韧性变化则较小。低碳钢的基体是体心立方结构的铁素体，其冲击韧性随温度的降低比面心立方晶体结构的奥氏体钢及铝、铜、镍等要显著得多。

（4）典型钢种

根据使用温度的不同，可分为：① -100 ~ -40 ℃ 用钢。低碳低合金钢，如 0.1wt%C、3.5wt%Ni 钢；② -196 ~ -160 ℃ 用钢。奥氏体不锈钢，低碳镍系低温钢，成分约为 0.1wt%C、9wt%Ni，高锰奥氏体钢 20Mn23Al 等；③ -269 ~ -253 ℃用钢。以 18-8 型不锈钢为基础发展的超低温用奥氏体不锈钢、高锰奥氏体不锈钢 15Mn26Al4 以及 13wt%Ni-3wt%Mo 钢等。

（5）显微组织

低温用钢一般在热轧态下使用，低碳低合金钢的显微组织为先共析铁素体+珠光体。各类低温用奥氏体不锈钢显微组织为奥氏体。

7.12.8　超级钢

1997 年，日本首先提出了"超级钢"的概念，超级钢的重要特征是在基本不改变普通低碳钢成分、不明显提高生产成本的前提下，通过控制轧制工艺和轧制温度，使材料强度提高一倍，而其他性能保持不变。超级钢的特点是：低成本，具有高强韧性，环境友好、节省合金元素以有利于可持续发展，被视为钢铁领域的一次重大革命。

为了达到超级钢的性能指标，采取的关键技术主要有：① 超洁净化，一是最大限度的去除钢中 S、P、O、N、H（有时包括 C）等杂质元素，杂质总含量小于 0.005wt%；二是严格控制钢中夹杂物的数量、成分、尺寸、形态及分布。② 高度均匀化，即指钢材成分、组织和性能的高度均匀，尽可能减少钢在凝固过程中的偏析。③ 超细晶粒化，即要求钢的铸态组织充分细化，原始晶粒能被充分破碎，最终晶粒尺寸小于 10 μm 甚至在 1 μm 以下。实践证明，在保证上述技术指标的条件下可使钢的强韧性获得大幅度提高。

（1）典型超级钢品种：400 MPa 级超细晶粒钢

400 MPa 级超细晶粒钢是在目前设备条件下，以普通碳素钢或碳锰钢为基本成分，开发研制的低成本、高性能钢材品种。它是通过轧制与冷却工艺的改进以细化晶粒，并配合相变强化等手段，使量大、面广的普通结构钢在保证其他性能要求的前提下，大幅度提高强度，使屈服强度从 200 MPa 级提高到 300 ~500 MPa 级，从而取代一部分这一级别的微合金钢和低合金高强度钢。

400 MPa 级超细晶粒钢是目前实现批量生产并广泛应用的一种超级钢，产品类别有超级钢热轧带钢、超级钢棒（线）材、超级钢中厚板等，应用领域包括汽车、建筑、船舶、桥梁以及压力容器等，实现减少合金元素用量、降低成本、改善性能的目的。

400 MPa 级超细晶粒钢具有优异的塑性、韧性、屈强比和良好的焊接性等，并大幅度降低成本。超级钢的开发成功与推广应用，可以不使用或较少使用昂贵的合金元素，有效地降低资源消耗，增加高附加值产品的生产能力，进而带动钢铁及相关领域的生产工艺、设备和产品的升级换代，全面提升钢铁基础材料产业的技术水平。另外，合金元素使用量的减少，还能够使废钢的回收利用变得容易，有利于环境保护。

400 MPa 超级钢的生产技术可以应用于更高强度级别超级钢（如 800 MPa）的开发，并由此带动普碳钢乃至结构钢的更新换代。

（2）超级钢的焊接

由于超级钢是在不改变原材料成分及其他工艺性能的基础上，通过控制轧制工艺及温度，使材料组织细化从而使材料强度提高的。显然在超级钢焊接过程中，由于受焊接热源的热循环作用，焊缝及热影响区势必会造成晶粒长大现象，从而引起焊接接头组织和性能的恶化。由于超级钢晶粒极度细化，焊接时需面临以下主要问题：一是焊缝金属的强韧化；二是热影响区晶粒长大的问题。

焊缝金属主要是通过合金化控制焊缝的组织实现强韧化。对 400 MPa 级超细晶粒钢，通过调整焊缝组织使其获得针状铁素体即可获得理想的强韧性。而对 800 MPa 级超细晶钢，要实现焊缝金属与母材等匹配较为困难。因为随着强度级别的提高，碳当量增大，焊缝的冷裂倾向增大。要实现焊缝的强韧化，并避免冷裂纹，需开发与母材性能相匹配的焊接材料，但在这方面尚无成熟的经验。目前韩国拟开发的与 800 MPa 级匹配的是无预热超低碳贝氏体焊接材料。

对于超细晶粒钢，不论是 400 MPa 级还是 800 MPa 级钢种，由于晶粒极度细小，焊接时均会出现严重的晶粒长大倾向。晶粒长大不仅会造成热影响区的脆化，也会导致热影响区的软化，为解决这一问题，应采用低热输入的焊接方法，如有/无金属供给的激光焊，也可用高速焊。

本章小结

金属材料具有优异的工艺性能和使用性能。工艺性能是指制造工艺过程中材料适应加工的性能。金属材料可以采用铸造、压力加工、焊接、切削等工艺加工成具有所需形状及尺寸的构件，并可根据用途选用合适的热处理工艺使构件获得所需的使用性能。使用性能是指金属材料在使用条件下所表现出来的性能。作为制造工程应用零构件的金属材料，最关注的是力学性能、耐热性能及耐环境介质性能。

广义地讲，作为工程材料的金属材料都是合金，其工艺性能及使用性能均受合金的成分和微观组织结构控制，合金的成分设计是基础，相同成分的合金经不同冷、热加工工艺可得到不同的微观组织，进而获得不同的使用性能。影响金属材料性能的组织因素包括相的种类、体积分数、形貌、尺寸、分布及界面，强化机制主要有固溶强化、加工硬化强化、晶粒细化强化及第二相强化。

金属材料的种类很多，包括钢铁材料和铸铁、常用有色金属（铝合金、铜合金、镁合金及钛合金等）、高温合金及难熔金属等，不同金属材料有不同的工艺性能及使用性能。

　　钢铁材料是最重要的一类金属材料，包括碳钢和合金钢。

　　碳钢是用量最大的一类钢铁材料，主要特点是成本低，成形工艺性能好，但淬透性差，综合力学性能一般，广泛用于使用性能要求不高的各类工程结构（建筑、船舶、桥梁、车辆、压力容器等）和各种小尺寸机器零件（轴、齿轮、弹簧等）及工模具。

　　合金钢的种类繁多，用于制造各类重要的工程结构、机器零件及工模具。绝大多数合金钢的淬透性好，综合力学性能优异，可满足不同的使用性能要求。不锈钢是合金钢中具有优异抗氧化、耐腐蚀性能的一类特殊钢种。

　　铸铁是重要的工程材料之一，与钢相比，铸铁的抗拉强度、塑性及韧性较低，但具有优良的铸造型、减摩性、减振性、可加工性及缺口敏感性，且综合成本低廉。

　　铝合金、铜合金、镁合金及钛合金具有不同于钢铁材料的性质，应用非常广泛，通常称为有色金属合金，有色金属的强化机制有别于钢铁材料。

　　耐热合金及难熔金属具有更高的耐热性能，可满足工程零构件不同的力学负荷及热负荷下的使用性能要求。

第八章
陶瓷材料的相结构与
性能及制备工艺

　　陶瓷是由天然或人工化合物原料通过高温烧结而成的致密固体材料，大多具有熔点高、弹性模量大、硬度大、绝缘性好、耐腐蚀、脆性、耐热冲击性差等特点。

　　与金属材料一样，陶瓷材料的性能也是由陶瓷组成相的种类、体积分数、形貌、尺寸、分布及界面等组织要素所决定。陶瓷材料中的相一般分为晶体相、玻璃相及气相。与金属材料不同的是，陶瓷材料中的固体相（晶体相和玻璃相）主要由离子键、共价键或者它们的混合键结合，并因此决定了陶瓷材料不同于金属材料（金属键为主）的性能特点。同样，不同陶瓷材料中的微观组织不同，性能也有差异。

　　陶瓷材料中的晶体相分为离子晶体和共价晶体两大类。与金属晶体相似，陶瓷晶体中也有点缺陷、线缺陷及面缺陷等缺陷；也形成间隙和置换陶瓷固溶体。陶瓷晶体中存在同素异构转变现象，即发生固态相变。由两种化合物晶体组成的二元相图同样可以获得不同组成的陶瓷体系在不同温度下存在的组成相的种类、成分及体积分数等陶瓷材料组织的重要信息。

　　结构陶瓷是主要发挥材料强度、硬度、耐热、耐蚀等性能的一类先进陶瓷，需承受一定的力学负荷、热负荷及力、热复合负荷的作用，应有较高的强韧性才能使其满足使用性能要求。因此了解结构陶瓷的力学性能、热性能及耐蚀性能与陶瓷微观组织之间的一般规律尤为重要。

陶瓷材料的化学键（离子键和共价键）属性决定其高熔点、高硬度及脆性的本质，在受力的时候只有很小的变形或没有变形发生。这种本性限定了陶瓷材料不能采用金属材料的各种工艺过程如冷热压力加工、焊接及切削等制备构件，极少通过热处理工艺调控其微观组织以改变材料的性能。陶瓷构件的制造与材料制备过程基本上是同时完成的，其性能由其原料组成、成型及烧结工艺所决定。

本章首先介绍陶瓷材料中的相组成，重点介绍晶体相中的原子（离子）排列方式、缺陷及同素异构转变，简单介绍玻璃相的结构及其特性；然后详细分析陶瓷材料的力学性能、热性能及耐腐蚀性能的影响因素及一般规律；最后讨论结构陶瓷的制备工艺。

8.1 陶瓷材料中的相组成

与金属材料不同，陶瓷材料的组织结构要复杂得多。陶瓷的制备包括粉体制备、成型及烧结三大步骤，烧结过程中各组分间发生复杂的物理和化学转变，且通常不能充分进行，往往得不到平衡相，导致组织很不均匀、不致密。一般而言，室温下陶瓷的典型组织由晶体相、玻璃相和气相组成。

8.1.1 晶体相

陶瓷中的晶体相，也称为晶相，包括化合物晶体相以及以化合物晶体为基体的固溶体。陶瓷中的晶体相是决定陶瓷材料物理、化学和力学性能的主要组成物。陶瓷的晶体相通常可能不止一个，其结构、数量、形貌、尺寸和分布等决定陶瓷材料的性能。

1. 化合物晶体相

晶相主要有氧化物晶体相、硅酸盐晶体相及非氧化物（碳化物、氮化物等）晶体相三大类。

与金属材料相似，陶瓷中的晶体相也普遍存在同质异构现象，晶体相在烧结过程中也将发生复杂的相变。由于烧结后的冷却速度较快，陶瓷在室温下存在的晶体相常有一些亚平衡相（亚稳晶相），亦即部分在室温以上存在的平衡晶体相保留到室温，以亚稳晶相存在。亚稳相的能量比母相低，但不是最低能量的平衡相，从最高能量向中间能量状态的转变比向最稳定状态的转变所需的激活能要低得多。最常见的亚稳晶相是各种形态的二氧化硅，当含有石英组分的陶瓷在 1 200~1 400 ℃烧结时，从相图上看，鳞石英是最稳定的形态，但往往以石英形态出现。

2. 固溶体

与金属一样，杂质原子在陶瓷材料中也可以形成固溶体，同样也分为置换固溶体和间隙固溶体两种。杂质离子半径远小于负离子时，才有可能形成间隙固溶体。置换杂质离子的电荷性质（即正离子或负离子）与被置换基体离子的电荷性质应相同，即杂质原子若在陶瓷材料中成为正离子，则基体化合物中的一个正离子将被它置换。同样，只有当置换杂质离子的尺寸及电荷与被置换的基体离子相似时，才可能获得高杂质浓度的固溶体。而当杂质离子的电荷与被置换的基体离子异性时，需通过某种形式补偿电荷以保持晶体材料的电中性，方法之一是如前所述的形成不同离子类型的空位或间隙等晶格缺陷。

8.1.2 玻璃相

传统陶瓷材料中存在的各种硅酸盐成分，以及在各种工程陶瓷烧结过程中为促进烧结致密化、降低烧结温度、改善理化性能而加入的各种添加剂，在高温烧结时会形成熔体，冷却时熔体固化，由于冷却速度较快，难以达到相平衡的最低能量状态，故经常在晶体颗粒周围不结晶而直接生成很薄的玻璃相，玻璃相处于非平衡状态。由于玻璃相的结构比较松散、不均匀、存在缺陷，故玻璃相的存在往往会降低陶瓷材料的力学性能，尤其是高温力学性能。

8.1.3 气孔相

陶瓷坯体烧结后，所获得的陶瓷烧结体中将不可避免地出现气相，即气孔。气孔是一种体缺陷，气孔的特征参数包括体积分数、尺寸、形貌和分布等。气孔包括显气孔和闭气孔。显气孔是与表面相连通的气孔，也称为开口气孔。闭气孔是与表面不相连通的气孔。气孔在材料中的相对体积分数称为总气孔率，相应地有总气孔率、显气孔率和闭气孔率。除了多孔陶瓷以外，气孔的存在对陶瓷的性能是不利的，它降低了陶瓷的强度，常常是造成裂纹的根源。

8.2 工程陶瓷中的晶体结构

按化学键类型可将陶瓷中的晶体相分为离子晶体和共价晶体。工程上常按组成将陶瓷中的晶体相分为氧化物、硅酸盐和非氧化物三大类。近年来，也有将石墨归为特种工程陶瓷的分类方法，石墨（碳）纤维更是各类先进复合材料中的关键材料，新近发展的富勒烯、石墨烯等也引起广泛的关注。

8.2.1　典型氧化物晶体结构

氧化物是大多数工程陶瓷中的主要组成和晶体相，氧化物晶体具有离子晶体特征。大多数简单的金属氧化物结构可以在氧离子近似密堆的基础上形成，而正离子则配置于适当的间隙中。表 8.1 列出了工程陶瓷中常用的纯氧化物 Al_2O_3、ZrO_2、MgO、CaO、BeO 等的离子晶体结构特性。

表 8.1　常见纯金属氧化物的离子结构特性

负离子的堆积	M 和 O 的配位数	正离子位置	结构名称	举例
立方密堆	6：6(MO)	全部八面体间隙	NaCl	MgO、CaO
六角密堆	6：4(M_2O_3)	2/3 八面体间隙	刚玉	Al_2O_3
简单密堆	8：4(MO_2)	1/2 立方体间隙	萤石	ZrO_2
立方密堆	4：4(MO)	1/2 四面体间隙	闪锌矿	BeO

8.2.2　硅酸盐晶体结构

硅酸盐是由硅酸根离子（$[SiO_4]^{4-}$、$[Si_2O_7]^{6-}$、$[Si_3O_9]^{6-}$ 等）与各种金属离子结合而成的硅的含氧酸盐。硅酸盐也是离子晶体。

硅酸盐是由地球上储量最丰富的硅和氧组成的一类材料，广义地讲，土壤、岩石、黏土及砂子等均属于硅酸盐材料。与用晶胞表示晶体结构的特征不同，习惯上用 $[SiO_4]^{4-}$ 四面体（图 8.1）的不同空间排列方式表征硅酸盐材料的结构。硅氧四面体中 1 个硅与 4 个氧键合，其中硅原子在四面体的中心，氧位于 4 个角上。由于它是硅酸盐的基本结构单元，常被作为带电荷的单元处理。

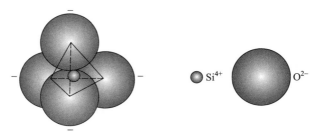

图 8.1　$[SiO_4]^{4-}$ 四面体

由于 Si-O 键具有一定的共价键属性，约占 50%，故硅酸盐材料一般不被看作离子晶体。4 个氧原子中的每个原子获得了 1 个电子成为稳定电子结构，故每个 $[SiO_4]^{4-}$ 四面体尚有 4 个负电荷。故硅酸盐结构是由 $[SiO_4]^{4-}$ 四面体结构单元以不同方式相互连成的一维、二维和三维的复杂结构。

（1）二氧化硅

最简单的硅酸盐材料是 SiO_2，从结构上看，二氧化硅是每个硅氧四面体角上的氧与相邻硅氧四面体共用的三维网状结构，保持了电中性，所有原子均具有稳定的电子结构。Si 与 O 的原子比为 1∶2，可用化学式表示，即 SiO_2。

当硅氧四面体规则、有序排列时，则得到晶体结构。SiO_2 有三种主要晶体形式，即石英、方石英（图 8.2）和鳞石英。这些晶体结构较为复杂，但又比较疏松，即其晶体并非密排结构。故 SiO_2 的密度相对较低，室温下仅有 $2.65\ \mathrm{g\cdot cm^{-3}}$。Si—O 键能较大，熔点较高，约为 1 710 ℃。

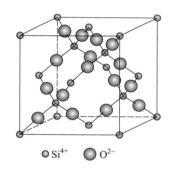

○ Si^{4+}　● O^{2-}

图 8.2　方石英晶胞中 Si 和 O 原子的排列

（2）硅酸盐结构

硅酸盐的成分复杂，结构形式多样。$[SiO_4]^{4-}$ 四面体结构单元以不同形式相互连接，$[SiO_4]^{4-}$ 四面体可以通过共用 1 个、2 个或 3 个氧（桥氧）相连成为各种复杂的结构单元，如图 8.3 所示，可以为 $[SiO_4]^{4-}$、$[Si_2O_7]^{6-}$、$[Si_3O_9]^{6-}$ 等。也有可能连成单链结构，如图 8.3e 所示。硅酸盐材料中通常含有 Ca^{2+}、Mg^{2+}、Al^{3+} 等正离子，这些正离子主要有两个作用：一个是平衡 $[SiO_4]^{4-}$ 四面体的负电荷以保持电中性；另一个是这些正离子以离子键将硅氧四面体连接起来。

1）简单硅酸盐结构。硅酸盐中最简单的是孤岛状结构，仅有 1 个硅氧四面体，如图 8.3a 所示，如镁橄榄石（Mg_2SiO_4）中 2 个 Mg^{2+} 离子与 1 个硅氧四面体的电荷数相等，每个 Mg^{2+} 离子有 6 个最相邻氧。当 2 个硅氧四面体共用 1 个桥氧时形成 $[Si_2O_7]^{6-}$，如图 8.3b 所示，如镁黄长石（$Ca_2MgSi_2O_7$）就是由 2 个 Ca^{2+} 和 1 个 Mg^{2+} 离子与 1 个 $[Si_2O_7]^{6-}$ 键合而成。

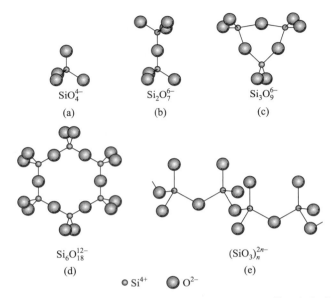

SiO_4^{4-}
(a)

$Si_2O_7^{6-}$
(b)

$Si_3O_9^{6-}$
(c)

$Si_6O_{18}^{12-}$
(d)

$(SiO_3)_n^{2n-}$
(e)

● Si^{4+}　　⬤ O^{2-}

图 8.3　由硅氧四面体形成的五种硅酸盐结构：（a）单个四面体；（b）成对四面体；
（c）三节单环；（d）六节单环链状结构；（e）单链

2）层状硅酸盐。当硅氧四面体的某一个面（由 3 个氧离子组成，即 3 个桥氧）在平面内以共用顶点的方式连接成六角对称的二维结构即为层状结构（图8.4），即以 $(Si_2O_5)^{2-}$ 为其重复单元，呈净负电荷，金属正离子（如 Mg^{2+}、Al^{3+}、Fe^{3+}、Mn^{3+}、Li^+、Na^+、K^+ 等）与两层 $(Si_2O_5)^{2-}$ 中未成键的氧离子键合形成稳定结构以保持电中性。这种材料称为层状硅酸盐，黏土及一些矿物的特性正是由层状结构所决定的。

高岭土是最常用的黏土矿，具有简单的两层硅酸盐结构，其分子式是 $Al_2(Si_2O_5)(OH)_4$，硅氧四面体层为 $(Si_2O_5)^{2-}$，两层间为 $[Al_2(OH)_4]^{2+}$，保持电中性。其基本单元如图 8.5 所示，图中标示了两层结构，中间负离子面由 $(Si_2O_5)^{2-}$ 层中的 O^{2-} 以及 $[Al_2(OH)_4]^{2+}$ 层中的 OH^- 离子构成，硅氧四面体层内为离子-共价混合键结合，键能大，结合力强，但相邻层间则由较弱的范德瓦耳斯力结合在一起。

高岭土晶体由若干上述两层结构平行堆垛而成，晶体形状呈近正六边形的小片状，直径小于 1 μm。层状硅酸盐还有滑石 $[Mg_3(Si_2O_5)_2(OH)_2]$、云母 $[KAl_3Si_3O_{10}(OH)_2]$ 等，均为重要的陶瓷原料。从这些化学式即可看出，该类硅酸盐结构非常复杂。

离子晶体的结构与性能的一般特性见第四章第一节。

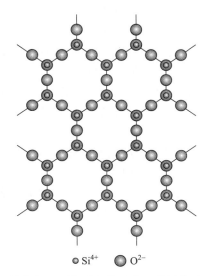

○ Si⁴⁺   ● O²⁻

图 8.4　具有$(Si_2O_5)^{2-}$重复单元的二维层状硅酸盐结构

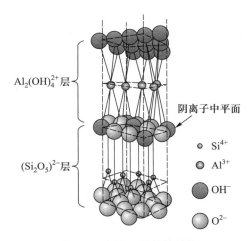

$Al_2(OH)_4^{2+}$层

阴离子中平面

$(Si_2O_5)^{2-}$层

○ Si⁴⁺

● Al³⁺

● OH⁻

○ O²⁻

图 8.5　高岭土的晶体结构

8.2.3　非氧化物晶体结构

非氧化物主要指碳化物、氮化物、硼化物和硅化物等。主要通过强大的共价键进行结合，但其中也有一定比例的金属键和离子键。

在金属或类金属碳化物晶体中，较小尺寸的碳原子决定了碳化物的结构类

413

型。金属碳化物结构有两类：一类是间隙相，小尺寸的碳原子多填入密排立方或六方金属晶格的八面体间隙中，如 TiC、ZrC、HfC、VC、NbC 和 TaC 等；另一类是复杂碳化物，由碳原子与金属原子构成各种复杂的结构，如斜方结构的 Fe_3C、Mn_3C、Co_3C 和 Cr_2C_3，立方结构的 $Cr_{23}C_6$，六方结构的 WC、MoC 和 Cr_7C_3 等。在这些碳化物结构中，金属原子与碳原子的键合介于共价键与金属键的中间类型，以共价键为主。关于金属碳化物的晶体结构及其特性的讨论详见第四章第四节。

碳和电负性相似的类金属原子形成的碳化物如 SiC，则几乎纯粹是共价型的，其比较普通的晶型与纤锌矿结构相似。

氮化物晶体结构与碳化物类似，但金属-氮的键与金属-碳的键相比，其金属键的属性较少，并且有一定的离子键。

硼化物和硅化物的结构比较相近。硼原子间、硅原子间都是较强的共价键结合，能连接成链（形成无机大分子链）、网和骨架，构成独立结构单元，而金属原子位于单元之间。

8.2.4　石墨晶体结构

碳的另一种晶型是石墨，其晶体结构如图 4.9 所示，与金刚石晶体结构不同的是，石墨在常温、常压下比金刚石更稳定。石墨晶体结构的特点是层状，由碳原子组成正六边形，层内每个碳原子与相邻的 3 个碳原子以共价键结合。第 4 个成键电子与相邻碳原子面以范德瓦耳斯力结合。由于层间的化学键较弱，极易产生层间解理，使得石墨具有良好的润滑特性。同样由于这个原因，平行于正六方形碳原子面晶体学方向的电导率相对较高。

8.3　陶瓷晶体中的缺陷

与金属材料相似，陶瓷材料中也存在着各种晶体缺陷，如点缺陷（空位、间隙原子、置换原子等）、线缺陷（位错）以及面缺陷（晶界和亚晶界）等。

陶瓷化合物晶体中有如空位、间隙原子、置换原子等点缺陷。与金属晶体不一样的是，陶瓷化合物晶体中至少有两种不同的离子，每种离子均有可能存在点缺陷。如 NaCl 晶体中，Na^+ 空位与间隙离子及 Cl^- 空位与间隙离子均可能存在。但间隙负离子的浓度一般较小，其原因是负离子尺寸较大，当填充到较小的间隙时，会在其周围产生较大的应变。负离子空位、正离子空位和间隙正离子如图 8.6 所示。

习惯上常根据陶瓷中原子缺陷类型及浓度的不同对缺陷结构进行分类。由于陶瓷中的原子是以带电离子的形式存在，缺陷结构需保持电中性。电中性是

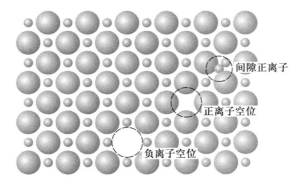

图 8.6　负离子空位及正离子空位和间隙正离子

指材料中离子的正电荷总数与负电荷总数相等的状态。也就是说，陶瓷中的缺陷是成对出现。一种缺陷类型为正离子空位与间隙正离子配对型，称为弗仑克尔缺陷（Frenkel defect）（图 8.7）。弗仑克尔缺陷可以看作是由离开了正常位置的正离子填充到负离子的间隙里所形成的。由于只是正离子位置发生改变，故电荷数并没变化。

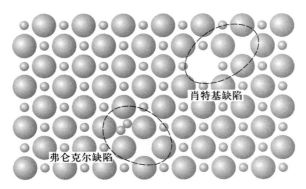

图 8.7　离子晶体中的弗仑克尔缺陷和肖特基缺陷

　　AX 型材料中的另一种点缺陷类型是正离子空位和负离子空位配对型，称为肖特基缺陷（Schottky defect）（图 8.7）。肖特基缺陷可以看作正离子和负离子由晶体内部离开移至外表面所形成。同样由于正、负离子具有相同的电荷数，每个负离子空位均对应存在一个正离子空位，故晶体仍保持电中性。

　　弗仑克尔缺陷或肖特基缺陷的形成并不改变正离子和负离子的比例。将仅含有这两类缺陷的化合物称为化学计量比化合物，即化合物中正、负离子数的比值符合其化学式。如当 Na^+ 和 Cl^- 离子数的比值等于 1 : 1 时，则 NaCl 就是化学计量比化合物。如果偏离了化学式中正、负离子数的比值，则称为非化学计量比化合物。

　　当陶瓷化合物的正、负离子中有一种离子存在两种价态时，常会出现非化学计量比情形。氧化亚铁（FeO）就是这种类型的化合物，铁离子有 Fe^{2+} 和 Fe^{3+} 两种状态，FeO 中 Fe^{2+} 和 Fe^{3+} 的数量取决于温度及环境中的氧分压。Fe^{3+} 的生成引入了一个多余正电荷，破坏了晶体的电中性，必须由其他类型缺陷来平衡，可以认为每形成两个 Fe^{3+} 离子就形成一个 Fe^{2+} 空位（即去除两个正电荷），如图 8.8 所示。此时 O 离子比 Fe 离子多一个，不再为化学计量比，但仍保持电中性。这种现象在氧化铁中很普遍，其化学式常写成 $Fe_{1-x}O$（x 是小于 1 的变量）以表示化合物为缺铁的非化学计量比状态。

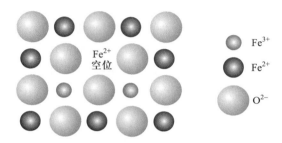

图 8.8　FeO 中每形成两个 Fe^{3+} 离子就会形成一个 Fe^{2+} 空位示意图

　　陶瓷晶体相中也存在位错，由于陶瓷晶体的点阵常数较大，因而位错的伯格斯矢量较大，位错能量很高。因此陶瓷晶体中的位错密度一般都比较低。另外陶瓷晶体有极强的共价键和离子键属性，离子键使同号离子斥力很大，共价键要保持其方向性和饱和性，因此陶瓷晶体中的位错很难移动。

　　在一些陶瓷材料中也观察到孪晶或堆垛层错的存在。陶瓷材料的制备通常要借助颗粒粉体的烧结过程，因此陶瓷中也会存在晶界和亚晶界。

　　陶瓷中的空位、位错、晶界等晶体缺陷的存在为烧结过程中原子的扩散提供了方便的通道。

8.4　陶瓷晶体的晶型转变

　　与金属材料相似，陶瓷材料也普遍存在同质异构现象。例如，二氧化锆（ZrO_2）在室温下的稳定晶型属单斜晶系，但在 1 000 ℃ 左右向四方晶型转化，这种晶型的转化伴随着很大的体积变化，导致材料在室温下碎裂。即使热力学上十分稳定的 $\alpha\text{-}Al_2O_3$ 在某些情况下也能形成立方晶型的 $\gamma\text{-}Al_2O_3$。许多其他的陶瓷材料，如 C、BN、ZrO_2、SiC、Si_3N_4、SiO_2、TiO_2、$CaTiO_3$、Al_2SiO_5 等也都有不同的同质异构体。

晶体同质异构转变的类型按热力学可分为可逆与不可逆两大类。按同质异构的动力学又可将其分为位移型和重建型两大类。如果最临近的配位数没有变化或化学键没有破坏，只是由于结构畸变引起次近邻配位的变化，那么这种转变称为位移型转变。这种转变只要原子从其原先位置上稍加位移即可实现，其特点是转变过程进行得非常迅速，而且是在确定温度下进行的。反之，如果原子的次近邻配位发生重大变化，需要破坏化学键以重建新的结构，这种转变被称为重建型转变。化学键的断裂与新结构的重建均需要较大能量，使得晶型间的转变进行得非常缓慢，常常使得高温型来不及在较快的冷却过程中转变成低温稳定型，高温型就能以介稳态形式保留到室温。下面简要介绍三种典型陶瓷晶体的晶型转变。

（1）二氧化硅的晶型转变

二氧化硅的晶型转变在硅酸盐制造工艺中受到特别的重视。室温下的稳定晶型是低温型石英，在 573 ℃ 通过位移型转变或为高温型石英；在 867 ℃ 石英缓慢地变成稳定的鳞石英。实际上，研究表明如果不存在任何其他杂质，石英不可能转变成鳞石英。鳞石英可以稳定到 1 470 ℃，鳞石英在 1 470 ℃ 时转变成方石英，这是又一次重建型转变。高温冷却时方石英和磷石英都会发生位移型转变，高温型方石英在 200 ℃ ~ 270 ℃ 通过畸变转变成低温型；高温型鳞石英在 160 ℃ 时转变成中间型，后者到 105 ℃ 时再转变成低温型。二氧化硅共有7 种不同的同质异构晶型，其中有 3 种基本结构。这 3 种基本结构间的转变是重建型的，这种转变的发生十分困难，即使发生也非常缓慢，为加速这种转变，一般需要加入添加剂作为溶剂。与此相反，每个基本结构的高、低温转变均为位移型的，转变进行得非常迅速，并且无法阻止，这些转变一般伴随着巨大的体积变化，当陶瓷体中存在大量石英时会造成石英晶粒破裂，降低陶瓷强度。

（2）三氧化二铝的晶型转变

Al_2O_3 低于 2 050 ℃ 时只有 α-Al_2O_3（刚玉）一种热力学稳定晶型，但还有一些不稳定的晶型，它们是从氢氧化铝和铝的有机醇盐、无机盐脱水而成的，由于煅烧温度和原料不同，得到的晶体也不一样。将氢氧化铝脱水，约在450 ℃ 形成 γ-Al_2O_3，具有尖晶石结构是最常见的晶型。由于化合价的差异，某些四面体间隙没有被填充，因而密度较小，加热到较高的温度后，将转化为刚玉。

（3）二氧化锆的晶型转变

ZrO_2 有三种晶型：单斜、四方和立方。单斜 ZrO_2 加热到 1 200 ℃ 时转变

为四方 ZrO_2，这个转变速率很快，并伴随 7%～9% 的体积收缩。但在冷却过程中，四方 ZrO_2 往往不在 1 200 ℃ 转变成单斜 ZrO_2，而在 1 000 ℃ 左右转变，如图 8.9 所示 ZrO_2 差热分析曲线，这种滞后现象在多晶转变中是普遍现象。

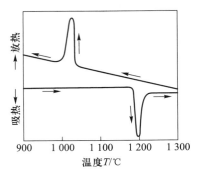

图 8.9　ZrO_2 差热分析曲线

ZrO_2 是特种陶瓷的重要原料，由于其单斜相与四方相之间的晶型转变伴随着显著的体积变化，造成 ZrO_2 制品在烧成过程中容易开裂，生产上需采取稳定措施，通常是加入适量的 CaO 或 Y_2O_3，四方 ZrO_2 在 1 500 ℃ 以上可以与这些稳定剂形成立方晶型的固溶体。在冷却过程中不会发生晶型转变，没有体积效应，因而可以避免 ZrO_2 制品的开裂。这种通过稳定处理的 ZrO_2 称为稳定化立方 ZrO_2。

8.5　陶瓷相图

与合金一样，人们已经制得了大量的陶瓷相图。由于陶瓷的高温属性，制备相图极为困难。目前研究较成熟的是二元氧化物相图，且为数不多。相图形态与二元合金相图相似，表征方法也一样。

（1）SiO_2-Al_2O_3 系二元相图

SiO_2 和 Al_2O_3 是绝大多数耐火陶瓷材料的两个主要组元，故 SiO_2-Al_2O_3 系非常重要，图 8.10 所示为 SiO_2-Al_2O_3 相图。前已述及，二氧化硅是多晶型物质，在不同温度下其稳态晶型是方石英。从相图中可以看出，SiO_2 和 Al_2O_3 完全不互溶，但存在中间相化合物，即莫来石，化学式为 $3Al_2O_3 \cdot 2SiO_2$。严格地讲，莫来石是固溶体，只不过其相区范围很窄，莫来石约在 1 890 ℃ 熔化。共晶反应发生时，成分为 7.7wt%Al_2O_3，温度为 1 587 ℃。

（2）MgO-Al_2O_3 系二元相图

MgO-Al_2O_3 系相图（图 8.11）与 Mg-Pb 相图（图 5.18）比较相似，存在一

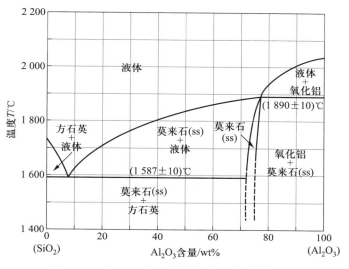

图 8.10 $SiO_2-Al_2O_3$ 相图(下标 ss 代表固溶体)

个中间相,或者说是称为尖晶石的化合物,其分子式为 $MgAl_2O_4$($MgO-Al_2O_3$)。尽管尖晶石是成分确定的化合物($50mol\% Al_2O_3-50mol\% MgO$),但在相图中是用一个单相区表示,并非像 Mg_2Pb 那样的一条垂线(图 5.18)。表明尖晶石有一个成分范围而不是一个稳定的化合物,也就是说尖晶石是非化学计量比的。另外,如图 8.11 所示,由于 Mg^{2+} 和 Al^{3+} 的电荷数不同且离子半径相

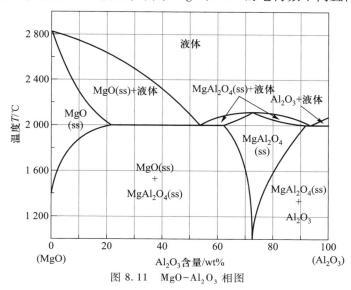

图 8.11 $MgO-Al_2O_3$ 相图

差较大（0.072 nm 和 0.053 nm），低于 1 400 ℃时，Al_2O_3 在 MgO 中几乎不能固溶。基于同样原因，MgO 在 Al_2O_3 中完全不固溶，不能形成端固溶体。两个共晶体分别位于尖晶石相区的两侧，非化学计量比的尖晶石大约在 2 100 ℃熔化。

8.6　玻璃相

自然界中的任何固体物质按其内部结构来区分都可以以两种不同的形态存在，即结晶态固体与非晶态固体。非晶态和玻璃态常作同义语，但很多非晶态有机材料及非晶态金属与合金通常并不称为玻璃，故非晶态含义更广。陶瓷材料中的玻璃一般指由无机非金属熔体过冷而形成的一种无定形固体，因此在结构上与熔体有相似之处，即原子（离子）呈无规则排列。

8.6.1　玻璃的基本特性及其在转变区的结构、性能变化规律

无机玻璃的宏观特征是在常温下能保持一定的外形，具有较高的硬度、较大的脆性，对可见光具有一定的透明度。但其非晶态的属性决定了玻璃具有与晶体材料不同的特性，如材料性质的各向同性及结构的介稳性。并且，与晶体材料由熔融态至固态的结晶过程不同，玻璃熔体自高温逐渐冷却时，要通过一个过渡温度区，在此区域（转变温度区）内，玻璃由典型的液体状态逐渐转变为具有固体各项性质（即弹性、脆性等）的物体。在转变温度区内，玻璃的黏度、线膨胀系数、热导率等理化性能的变化规律更为复杂。

（1）玻璃的基本特性

1）各向同性

无内应力存在的均质玻璃在各个方向的物理性质如硬度、导电性、弹性模量、热膨胀系数、热导率等都是相同的，这与晶体的各向异性不同，与液体更相似。

2）介稳性

在一定的热力学条件下，系统虽未处于最低能量状态，却处于一种可以较长时间存在的状态，称为介稳状态。当熔体冷却成玻璃时，其状态并不是处于最低的能量状态。它能在较长时间于低温下保留高温时的结构而不变化，因而为介稳状态。它含有过剩内能，有析晶的可能。

从热力学观点看，玻璃态是一种高能量状态，它必然有向低能量状态转化的趋势，即有析晶的可能。但是由于常温下玻璃的黏度非常大，使得玻璃态自发转变为晶体的速率极小，在常温下几乎不能结晶，因而从动力学观点看，它是稳定的。

（2）玻璃在温度转变区的结构、性能变化规律

当玻璃熔体向固体转变时，如果是析晶过程，当温度降至熔点 T_m 时，随着新相的出现，会同时伴随着体积、内能及其他一些性能的突变（内能、体积突然下降与黏度的剧烈上升）；如果是向玻璃转变，当熔体冷却到 T_m 时，体积及内能不发生异常变化，而是变为过冷液体，当温度达到 T_g 时，熔体开始固化，这时的温度称为玻璃转变温度或脆性温度，对应黏度为 10^{12} Pa·s。T_g 是玻璃出现脆性的最高温度，由于在该温度附近可以消除玻璃制品因不均匀冷却而产生的内应力，因而也称为退火上限温度（退火点）。

在由玻璃态加热至熔融态的过程中，通常将黏度为 10^8 Pa·s 对应的温度 T_f 称为玻璃软化温度，玻璃加热到此温度即软化，高于此温度玻璃就呈现液态的一般性质，T_f 为玻璃开始出现液体状态典型性质的温度，是玻璃拉制成纤维的最低温度。$T_g \sim T_f$ 的温度范围称为玻璃转变范围，它为玻璃转变所特有。由熔融态向玻璃态转变的过程是在较宽的温度范围内完成的，随着温度的下降，熔体的黏度越来越大，最后形成固态的玻璃，其间没有新相出现。相反，由玻璃加热转变为熔体的过程也是渐变的，因此具有可逆性。

玻璃体没有固定的熔点，只有一个从软化温度到脆性温度的范围，在这个温度范围内玻璃在外力作用下的变形特性有明显变化，即由塑性变形（不可恢复）转为弹性变形（可恢复）。

T_g 和 T_f 与实验条件有关，因此一般由于黏度较大，质点之间将按照化学键和结晶化学等一系列的要求进行重排，是一个结构重排的微观过程。因此玻璃的某些属于结构灵敏的性能都出现明显的连续反常变化，而与晶体熔融时的性质突变有本质的不同，如图 8.12 所示，其中 G 表示热焓、比热容等性质；dG/dT 表示其对温度的导数，如热容、线膨胀系数等；d^2G/dT^2 表示与温度二阶导数有关的各项性质，如热导率、机械性质等。

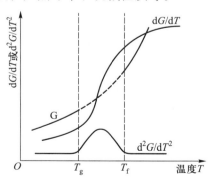

图 8.12 玻璃在转变温度范围的性质变化

$T_g \sim T_f$ 范围内及其附近的结构变化情况可以从三个温度范围来说明：

T_f 以上：由于此时温度较高，玻璃黏度相应较小，质点的流动和扩散较快，结构的改变能立即适应温度的变化，因而结构变化几乎是瞬时的，经常保持其平衡状态。因而在这温度范围内，温度的变化快慢对玻璃的结构及其相应的性能（如黏度、热容、膨胀系数、密度等）影响不大。

T_g 以下：玻璃基本上已转变为具有弹性和脆性特点的固体，温度变化的快慢对结构、性能影响也相当小。当然，在这个温度范围（特别是靠近 T_g 时）内，玻璃内部的结构组团间仍具有一定的永久位移的能力。如在这一阶段进行热处理，在一定限度内仍可以清除以往所产生的内应力或内部结构状态的不均匀性。但由于黏度极大，质点重排的速率很低，以至实际上不可能觉察出结构上的变化，因此，玻璃的低温性质常常落后于温度。这一区域的黏度范围在 $10^{12} \sim 10^{13.5}$ Pa·s 之间。这个温度间距一般称为退火区域。低于这一温度范围，玻璃结构实际上可认为已被"固定"，即不随加热及冷却的快慢而改变。

$T_g \sim T_f$ 范围内：玻璃的黏度介于上述两种情况之间，质点可以适当移动，结构状态趋向平衡所需的时间较短。因此玻璃的结构状态以及玻璃的一些结构灵敏的性能，由 $T_g \sim T_f$ 区间内保持的温度所决定。当玻璃冷却到室温时，它保持着与此温度区间的某一温度相应的平衡结构状态和性能。这一温度也就是图尔（Tool）提出的著名的"假想温度"。在此温度范围内，温度越低，结构达到平衡所需的时间越长，即滞后时间越长。总体来说，在 $T_g \sim T_f$ 范围内，固态玻璃向玻璃熔体转变，由于结构随温度急剧变化，因而性质变化虽然有连续性，但变化剧烈，并不呈线性关系。由此可见，$T_g \sim T_f$ 对于控制玻璃的物理性质有重要意义。

8.6.2　玻璃的结构

玻璃结构是指玻璃中质点在空间的几何配置、有序程度以及它们彼此间的结合状态。由于目前人们还不能直接观察到玻璃的微观结构，关于玻璃结构的信息是通过特定条件下某种性质的测量而间接获得的。一般对晶体结构很有效的研究方法在玻璃结构研究中并不能简单地应用。大多依据某些实验现象提出假说。由于玻璃结构的复杂性，还没有一种学说能将玻璃的结构完整、严密地揭示清楚。在各种学说中最有影响的玻璃结构学说是无规则网络学说和晶子学说，这里主要介绍无规则网络学说。

德国学者扎哈利阿森（W. H. Zachariasen）根据结晶体化学的观点于 1932 年提出了无规则网络学说。该学说认为，凡是称为玻璃的物质与相应的晶体结构一样，也是能形成连续的三维空间网络结构的。但玻璃的网络与晶体的网络不通，玻璃的网络是不规则的、非周期性的，因此玻璃的内能比晶体的内能要大。由于玻璃的强度与晶体的强度属于同一个数量级，玻璃的内能与相应晶体的内能相差并不多，因此它们的结构单元（四面体或三角体）应是相同的，不同之处在于排列的周期性。

如石英玻璃像石英晶体一样，基本结构单元也是硅氧四面体 $[SiO_4]^{4-}$，硅氧四面体都是通过顶点连接成三维空间网络，但在石英晶体中，硅氧四面体有着严格的规则排列，如图 8.13a 所示；而在石英玻璃中，硅氧四面体的排列是无序的，缺乏对称性和周期性的重复，如图 8.13b 所示。

该学说认为玻璃和其相应的晶体具有相似的内能，并提出了形成氧化物玻璃的四条规则：① 网络中每个氧离子最多与 2 个网络形成离子相连；② 氧多面体中，阳离子配位数必须是最小的，即为 4 或更小；③ 氧多面体相互共角而不共棱及不共面；④ 每个氧多面体至少有 3 个顶角与相邻多面体共有，以形成连续的无规则空间结构网络。

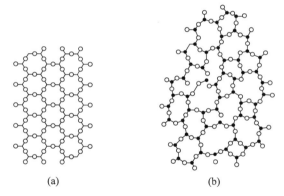

(a)   (b)

图 8.13   石英结构模型：（a）石英晶体；（b）石英玻璃

根据上述条件可将氧化物划分为三种类型：SiO_2、B_2O、P_2O_5、As_2O_3、SbO_3 等氧化物都能形成四面体配位，称为网络的基本结构单元，属于网络形成体；Na_2O、K_2O、CaO、MgO、BaO 等氧化物，不能满足上述条件，本身不能构成网络形成玻璃，只能作为网络改变体参加玻璃结构；Al_2O_3、TiO_2 等氧化物，配位数有 4 或 6，有时可在一定程度上满足以上条件形成网络，有时只能处于网络之外，称为网络中间体。

当石英玻璃中引入网络改变体氧化物如 R_2O 或 RO 时，它们引入的阳离子，将使部分 Si-O-Si 键断裂，即硅氧网络断裂，金属阳离子 R^+ 或 R^{2+} 均匀而无序地分布在四面体骨架的间隙中，以维持网络中局部的电中性。图 8.14 为无规则网络学说的钠硅酸盐玻璃结构示意图。显然，硅氧四面体的结合程度其至整个网络结合程度都取决于桥氧离子的百分数。

根据熔体组成的不同(不同 O/Si、O/P、O/B 值等),引起离子团的聚合程度也不同。而玻璃结构对熔体结构又有继承性,故玻璃中的无规则网络也随玻璃的组成不同和网络被切断的程度不同而异,可以是三维骨架,也可以是二维层状结构或一维链状结构,甚至是大小不等的环状结构,也可能是多种不同结构共存。

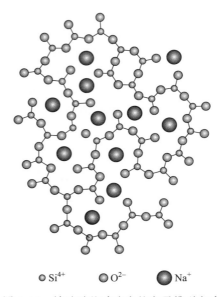

● Si^{4+} ● O^{2-} ● Na^{+}

图 8.14 钠硅酸盐玻璃中的离子排列方式

无规则网络学说强调了玻璃中多面体相互间排列的均匀性、连续性及无序性等结构特征。这可以说明玻璃的各向同性、内部性质的均匀性以及随成分改变时玻璃性质变化的连续性等基本特性。如玻璃的各向同性可以认为是由形成网络的多面体(如硅氧四面体)的取向不规则性所导致的,而玻璃之所以没有固定熔点是由于多面体的取向不同,结构中的键角大小不一,因此加热时弱键先断裂,然后强键才断裂,结构被连续破坏。宏观上表现出玻璃的逐渐软化,理化性能表现出渐变性。因此,网络学说能解释一系列玻璃性质的变化,是玻璃结构的主要学派。

8.7 陶瓷材料的力学性能

陶瓷材料中存在晶体相、玻璃相和气相,其性能主要取决于这三种相的种类、体积分数、形貌、尺寸、分布及界面等因素。

对于结构陶瓷来说，力学性能是材料应用选择和设计的重要依据。与金属材料和高分子材料相比，结构陶瓷具有弹性模量高、抗压强度和高温强度高、高温蠕变小等优异力学性能。同时其断裂韧性又比较低，表现出脆性断裂。

8.7.1 弹性变形与弹性模量

1. 弹性变形

与金属材料的应力-应变行为不同，陶瓷材料在室温或中等温度下经受静拉伸或静弯曲负荷时，在短暂的弹性阶段后立即发生断裂，一般不出现塑性变形。这种断裂形式称为脆性断裂。图 8.15 为陶瓷与金属材料的应力-应变行为示意图。

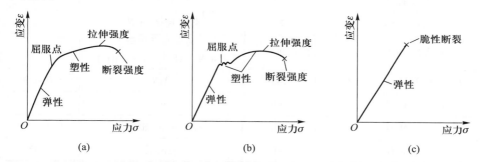

图 8.15　陶瓷与金属材料的应力-应变行为：（a）铝合金；（b）低碳钢；（c）陶瓷

2. 弹性模量

弹性模量在工程上反映了材料的刚度大小，在微观上反映原子的键合强度。键合越强，则使原子间隙加大所需的应力越大，弹性模量就越高。因此弹性模量与陶瓷的键合类型有关。通常具有共价键的陶瓷其价键强，弹性模量也高。如碳化硅和碳化钛，其弹性模量大约为 414 GPa 和 462 GPa，共价键最强的金刚石，其弹性模量最大，达到 1 035 GPa。陶瓷材料的弹性模量是三大类材料中最高的，各种陶瓷的弹性模量的顺序大致为：碳化物>氮化物≈硼化物>氧化物，常用结构陶瓷的室温弹性模量如表 8.2 所示。常用金属材料如钢约为 206 GPa，铝合金约为 69 GPa。常用塑料的弹性模量更低，一般均在 4 GPa 以下，如尼龙 66 的为 1.59~3.79 GPa，高密度聚乙烯的为 1.08 GPa，聚氯乙烯的为 2.41~4.14 GPa。

各种陶瓷材料随烧结工艺的不同，其气孔率有所差异，弹性模量亦有变化。总体而言，气孔率越低，弹性模量越大。弹性模量 E 与气孔率 p 之间满足如下关系：

$$E = E_0(1 - f_1 p + f_2 p^2) \tag{8.1}$$

式中：E_0 为材料完全致密时的弹性模量；f_1、f_2 是由气孔形状决定的常数。

对于封闭气孔，$f_1 = 1.9$、$f_2 = 0.9$。当气孔率小于 50vol% 时，上式仍有效。如果气孔变成连续相，则其影响将比上式预测的要大。图 8.16 所示为气孔率对氧化铝陶瓷的弹性模量的影响。

陶瓷材料的弹性模量对温度变化也较为敏感，一般规律是随着温度上升，弹性模量降低，但降低幅度比金属材料要低得多。

表 8.2 常见结构陶瓷的室温弹性模量

材料	E/GPa	材料	E/GPa
钠硅酸盐玻璃	69	99.9wt% Al_2O_3	380
石英（SiO_2）	73	热压烧结 Si_3N_4	310
尖晶石（MgO-SiO_2）	90	热压赛隆陶瓷（Si_3N_4-Al_2O_3-AlN-SiO_2）	288
莫来石（$3Al_2O_3 \cdot 2SiO_2$）	145	AlN	310~350
ZrO_2（3mol% Y_2O_3）	200	SiC	414
MgO	310	石墨纤维（轴向）	400~650
BeO	340	金刚石	1 035

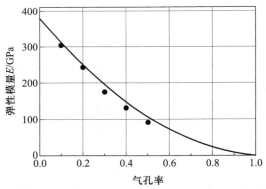

图 8.16 气孔率对氧化铝陶瓷的弹性模量的影响

8.7.2 硬度

陶瓷材料的离子半径越小，离子电价越高，配位数越小，离子间结合能就越大，抵抗外力刻划和压入的能力就越强，即硬度越高。这与弹性模量的情况很相似，材料的硬度与其弹性模量之间有较好的对应关系。如在常温下，结构陶瓷材料的维氏硬度 HV 与弹性模量 E 之间大体上呈线性关系，如图 8.17 所示，其定量关系式为 $E \approx 20HV$。

陶瓷材料的硬度是各类材料中最高的，部分常用结构陶瓷的硬度如表 8.3 所示。陶瓷的硬度随温度升高而降低，但其在高温时仍具有较高的硬度，如硼化物、碳化物在 1 000 ℃仍可具有 4HV（GPa）以上的硬度。图 8.18 所示为部分陶瓷硬度与温度的变化曲线。相比之下，硬度对温度的敏感性比弹性模量对温度的敏感性更强，即随温度的升高，硬度的下降比弹性模量的下降更明显。

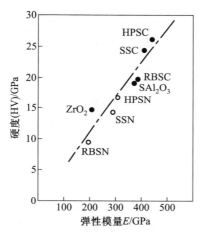

图 8.17　部分陶瓷材料硬度与弹性模量之间的关系

HPSC—热压烧结 SiC；SSC—常压烧结（简称烧结，余同）SiC；RBSC—反应烧结 SiC；
SAl$_2$O$_3$—烧结 Al$_2$O$_3$；HPSN—热压烧结 Si$_3$N$_4$；SSN—烧结 Si$_3$N$_4$；RBSN—反应烧结 Si$_3$N$_4$

表 8.3　各种常用陶瓷材料的维氏硬度及努氏硬度

材料	维氏硬度 HV/GPa	努氏硬度 HK	备注
金刚石	130	103	单晶，（100）面
碳化硼（B$_4$C）	44.2	—	多晶，烧结
氧化铝（Al$_2$O$_3$）	26.5	—	多晶，烧结，纯度为 99.7wt%
碳化硅（SiC）	25.4	19.8	多晶，反应烧结
碳化钨（WC）	22.1	—	烧结
氮化硅（Si$_3$N$_4$）	16.0	17.2	多晶，热压烧结
氧化锆（PSZ）	11.7	—	多晶，9mol% Y$_2$O$_3$
钠钙硅酸盐	6.1	—	

而金属材料中相对硬度较高的轴承钢(淬火+低温回火)其维氏硬度约为7.5HV(GPa),可见绝大多数陶瓷材料具有相当高的硬度。

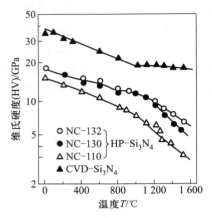

图 8.18　部分陶瓷的硬度与温度的变化关系

8.7.3　强度

陶瓷材料的强度,若根据化学键断裂来计算可得到理论强度。若将材料内部和表面的各种缺陷,如裂纹、气孔或夹杂物都考虑进去,则为实际强度。陶瓷材料理论强度的范围一般为弹性模量的 1/10~1/5。例如,氧化铝的平均弹性模量为 380 GPa,其理论强度的范围为 38~76 GPa;碳化硅的平均弹性模量为 440 GPa,理论强度为 44~88 GPa。然而,陶瓷材料的实际强度远达不到理论强度,这是由于材料中存在制造缺陷和结构缺陷,如气孔、夹杂物、裂纹、团聚等,从而导致应力集中,使材料在远低于理论强度的负荷下发生断裂。通常多晶陶瓷的实际断裂强度大约为理论强度的 1/50~1/500,表 8.4 列出氧化铝和碳化硅的弹性模量、理论强度和测出的实际强度,同时也列出了氧化铝和碳化硅纤维的实测强度。陶瓷材料强度大多用弯曲强度表示,表 8.5 列出部分结构陶瓷材料在室温下的典型强度。

表 8.4　氧化铝和碳化硅的弹性模量、理论强度和测出的实际强度

材料	E/GPa	理论强度/GPa	测出的纤维强度/GPa	测出的多晶试样强度/GPa
Al_2O_3	380	38	16	0.4
SiC	440	44	21	0.7

表 8.5 部分陶瓷材料在室温下的典型强度

材料	弯曲强度/MPa	材料	弯曲强度/MPa
单晶 Al_2O_3	620	热压 Si_3N_4（气孔率<1vol%）	620~965
Al_2O_3（气孔率：0vol%~2vol%）	350~580	烧结 Si_3N_4（气孔率：1vol%~2vol%）	414~580
Al_2O_3（气孔率：<5vol%）	200~350	反应烧结 Si_3N_4（气孔率：15vol%~25vol%）	200~350
Al_2O_3（90wt%~95wt%）瓷	275~350	热压 SiC（气孔率：<1vol%）	621~825
烧结 BeO（气孔率：3.5vol%）	172~275	烧结 SiC（气孔率：<2vol%）	450~520
ZrO_2（气孔率：<5vol%）	138~275	反应烧结 SiC（游离硅含量为 10wt%~15wt%）	240~450
烧结莫来石（气孔率：<5vol%）	175	热压 BN（气孔率：<5vol%）	48~100
熔融 SiO_2	110	热压 B_4C（气孔率：<5vol%）	310~350

从表 8.5 中可以看出，各种结构陶瓷的弯曲强度均存在一个数值范围，呈一定的分散性，且强度随气孔率的增大而逐渐减小，这是由陶瓷材料存在数量不等、形貌尺寸不一的气孔、夹杂物、裂纹、团聚等缺陷所致。

陶瓷材料的抗压强度比拉伸强度和弯曲强度都要高很多，因而陶瓷部件处于受压状态下更有利于发挥陶瓷材料的力学性能，抗压强度高对结构陶瓷部件的设计非常有利。

8.7.4 断裂韧性

离子键及共价键的键合特征以及大量气孔的存在，导致陶瓷的塑性变形能力极差。陶瓷在室温下几乎没有塑性（有些陶瓷在高温时可出现一定的塑性变形能力，如 MgO），断裂韧性极低，完全是脆性断裂，这是陶瓷作为工程材料应用的致命弱点。事实上，陶瓷材料的强韧化始终是陶瓷研究的核心问题。

陶瓷材料的断裂韧性很低，一般在 5 MPa·m$^{1/2}$ 以下，即便是增韧陶瓷也仅为 10 MPa·m$^{1/2}$ 左右。表 8.6 列出了部分陶瓷材料的断裂韧性值。显然，陶瓷材料的断裂韧性远低于金属材料的，如 40 钢的断裂韧性约为 54 MPa·m$^{1/2}$，2024 高强度铝合金的断裂韧性约为 44 MPa·m$^{1/2}$，TC4 钛合金的断裂韧性约为 45 MPa·m$^{1/2}$。

表 8.6　部分陶瓷材料的断裂韧性

材料	断裂韧性/ ($MPa \cdot m^{1/2}$)	材料	断裂韧性/ ($MPa \cdot m^{1/2}$)
Al_2O_3(99.9wt%)	4.2~5.9	钠硅酸盐玻璃	0.75
Al_2O_3(96wt%)	3.85~3.95	石英	0.79
金刚石（人工合成）	6.0~10.7	热压烧结碳化硅	4.8~6.1
热压烧结氮化硅	4.1~6.0	ZrO_2，3mol%Y_2O_3	7.0~12.0

8.8　陶瓷材料的热学性能

众所周知，大多数陶瓷材料可在比金属和高分子材料更高的温度下使用，但陶瓷材料最重要的特点是其抗热震性较差，抗热震性是材料的热学性能与力学性能的综合表现。陶瓷材料的热学性能包括熔点、热膨胀系数、热导率等。

8.8.1　熔点

与金属和高分子材料相比，耐高温是陶瓷材料的优异特性之一。作为重要耐热材料的陶瓷，其熔点必须要高。熔点是维持晶体结构的原子间结合力大小的反映，原子间结合力越大，原子的热振动越稳定，越能将晶体结构维持到更高温度，熔点就越高；否则，熔点就越低。陶瓷材料的熔点主要取决于晶体中化学键的类型和键能的高低。通常弱键结合的碱金属和一价离子陶瓷的熔点低些，而碱土金属和二价离子陶瓷的熔点更高，键合很强的共价键陶瓷具有很高的熔点。

表 8.7 列出了部分陶瓷材料的熔点。

表 8.7　部分陶瓷材料的熔点

材料	大致熔点/℃	材料	大致熔点/℃
Al_2O_3	2 050	莫来石	1 850
BeO	2 570	B_4C	2 425
SiO_2	1 650	SiC	2 300~2 500
ZrO_2	2 500~2 600	WC	2 775
B_2O_3	460	HfC	3 890

8.8.2　热膨胀系数

通常共价键陶瓷具有较低的热膨胀系数，例如，SiC 的热膨胀系数为 4.0×10^{-6} ℃$^{-1}$（20～500 ℃），Si_3N_4 的热膨胀系数为 3.2×10^{-6} ℃$^{-1}$（20～1 000 ℃），金刚石的热膨胀系数为 1.0×10^{-6} ℃$^{-1}$（20 ℃）。这是由于共价键的方向性使这类陶瓷中易产生一些空隙，受热时各原子产生振动的振幅中有一些被结构内的空隙和键角的改变所吸收，从而使整个部件的膨胀小得多。而对于离子键陶瓷或金属材料，由于它们具有紧密堆积结构，受热时每个原子的振幅累积起来使得整个材料发生比较大的膨胀。例如，常见的离子键陶瓷 Al_2O_3 和 ZrO_2 的热膨胀系数分别为 10×10^{-6} ℃$^{-1}$（20～1 000 ℃）和 8.6×10^{-6} ℃$^{-1}$（20～1 000 ℃），均明显大于共价键陶瓷。

对于组成相同的材料，由于结构不同，热膨胀系数也不同。通常结构紧密的晶体，其热膨胀系数都较大；而类似于无定形的玻璃，则往往有较小的热膨胀系数。如 SiO_2、多晶石英的热膨胀系数为 12×10^{-6} ℃$^{-1}$，而石英玻璃的热膨胀系数则只有 0.5×10^{-6} ℃$^{-1}$。这是由于玻璃的结构较松弛，结构内部的空隙较多，所以温度升高，原子振幅加大而原子间距增加时，部分地被结构内部的空隙所容纳，整个物体宏观的膨胀量就会小些。部分常用陶瓷材料的热膨胀系数见表 8.8。

表 8.8　部分常用陶瓷材料的热膨胀系数

材料	热膨胀系数/ ($\times 10^{-6}$ ℃$^{-1}$)	材料	热膨胀系数/ ($\times 10^{-6}$ ℃$^{-1}$)
Al_2O_3（99.9wt%）	7.4	钠硅酸盐玻璃	9.0
Al_2O_3（96wt%）	7.4	石英	0.4
金刚石（天然）	0.1～1.23	热压烧结碳化硅	4.6
热压烧结氮化硅	2.7	ZrO_2，3mol% Y_2O_3	9.6

常用金属材料的热膨胀系数一般较大，如低合金高强度钢的热膨胀系数约为 12.3×10^{-6} ℃$^{-1}$，2024 铝合金的热膨胀系数约为 22.9×10^{-6} ℃$^{-1}$，钛合金的热膨胀系数相对较小，如 TC4 的热膨胀系数为 8.6×10^{-6} ℃$^{-1}$。

8.8.3　热导率

依据热导率的高低，陶瓷材料大致可分为三类：① 高热导率陶瓷，如

BeO、AlN、SiC；② 低热导率陶瓷，如 UO_2、ThO_2；③ 中等热导率陶瓷，如 MgO、Al_2O_3 等。

　　热导率与热容、载流子的数目和迁移速率、平均自由程等有关，增加热容、载流子数目和载流子的迁移速率，增大平均自由程（即减少衰减或散射），会使热导率增加。由于陶瓷晶体中不存在可自由运动的电子，陶瓷导热主要由晶体中原子的晶格振动来完成，所以多数陶瓷的导热能力较差。

　　陶瓷热导率的影响因素主要有：

　　1）晶体结构。晶体结构越简单，晶格波受到的散射越小，平均自由程越大，热导率就越高。例如，金刚石和石墨是由单个元素构成的简单结构陶瓷，其热导率高。陶瓷晶体的热导率总是比单晶小，这是由于晶粒尺寸小、晶界多、缺陷多、晶界处杂质也多，声子更易受到散射，故热导率小。

　　2）化学组成。不同化学组成的晶体，热导率往往相差很大。一般说来，质点的相对原子质量越小，晶体的密度越小，弹性模量越大，热导率越大。对于氧化物和碳化物陶瓷（如 BeO、MgO、Al_2O_3、B_4C、SiC、TiC 等），凡是阳离子的相对原子质量较小的，即阳离子的相对原子质量与氧及碳的相对原子质量相近的氧化物和碳化物，其热导率比阳离子的相对原子质量较大的要大些。固溶体可降低热导率，这是因为当原子发生置换形成固溶体时，尽管不改变晶体结构，但离子尺寸和电子分布的微小差别也很可能导致晶格有相当大的畸变而增加晶格波的散射，从而使热导率下降。

　　3）温度。由于平均自由程与温度成反比，故通常随温度的升高，大多数陶瓷的热导率下降。

　　4）气孔。通常陶瓷材料含有一定量的气孔，气孔可看作分散相。因为气孔（空气）的热导率很小，与固相的热导率相比，可近似为零，故一般情况下气孔率越高，陶瓷材料的热导率越低，气孔率大的陶瓷保温材料往往具有很低的热导率。表8.9列出了部分常用陶瓷材料的热导率。

表 8.9　部分常用陶瓷材料的热导率

材料	热导率/$[W \cdot (m \cdot K)^{-1}]$	材料	热导率/$[W \cdot (m \cdot K)^{-1}]$
Al_2O_3（99.9wt%）	39	钠硅酸盐玻璃	1.0
Al_2O_3（96wt%）	35	石英	1.4
金刚石（人工合成）	3 150	热压烧结碳化硅	80
热压烧结氮化硅	29	ZrO_2，$3mol\% Y_2O_3$	2.0~3.3

8.8.4 抗热震性

结构陶瓷构件常用于高温领域，由于温度急剧变化引起的热冲击应力很大，如果材料具有塑性，热应力可以通过塑性变形吸收冲击功，降低应力集中，防止裂纹的萌生与扩展。陶瓷材料不仅几乎没有塑性，而且热导率低，温度变化引起的应力梯度大，极易产生热冲击断裂或损伤。因此，抗热震性是评价结构陶瓷使用性能的重要指标，见第三章第二节式(3.37)。

由式(3.37)可知，影响陶瓷材料抗热震性的因素主要有：弹性模量 E，强度 σ_f，泊松比 μ，热膨胀系数 α，热导率 λ 等。表8.10列出了部分结构陶瓷的抗热震性指标。

表 8.10 部分结构陶瓷的抗热震性指标

材料	σ_f/MPa	μ	$\alpha/\times10^{-6}\,K^{-1}$	E/GPa	ΔT/℃
Al_2O_3	345	0.22	7.4	379	96
SiC	414	0.17	3.8	400	226
反应烧结 Si_3N_4	310	0.24	2.5	172	547
热压烧结 Si_3N_4	690	0.27	3.2	310	500
锂辉石	138	0.27	1.0	70	1 460

8.8.5 高温性能

前已述及，陶瓷的熔点一般在1 500 ℃以上，部分陶瓷的熔点超过2 000 ℃。故陶瓷材料常在高温下使用。但是高温环境会降低陶瓷的大部分性能，如强度、硬度、热导率等，其中与使用密切相关的是强度在高温环境中的变化，相应的是材料在高温下发生蠕变。因此，陶瓷材料的高温蠕变和高温强度的变化是结构陶瓷最重要的高温性能。

1. 陶瓷的高温强度

结构陶瓷的耐高温性大都比较好，通常在800 ℃以下，温度对陶瓷材料的强度影响不大。离子键陶瓷与共价键陶瓷相比，前者的耐高温性要差些。

高温下绝大多数陶瓷材料的强度随着温度的升高而下降，表8.11列出了典型结构陶瓷材料的使用温度，从表中可见承受负荷下长期使用的温度与无负荷时短期使用的温度差别很大，前者低于后者可达几百摄氏度。

最近发展的以 ZrB_2、HfB_2 为代表的超高温陶瓷，其使用温度可达2 000 ℃，甚至更高。

表 8.11　典型结构陶瓷材料的使用温度

材料	承受负荷下长期使用温度/℃	承受负荷下出现蠕变温度/℃	无负荷时短期使用温度/℃
95wt% Al_2O_3	900	1 000	1 100
莫来石	1 000	1 200	1 600
Al_2O_3(>99.5wt%)	1 200	1 400	1 700
耐火型高纯 Al_2O_3	1 400	1 550	1 900
稳定 ZrO_2	1 200	1 300	2 000
Si_3N_4(热压烧结)	1 200	1 300	1 600
Si_3N_4(反应烧结)	1 600	1 700	1 800
SiC(反应烧结)	1 400	1 600	1 600
SiC(热压致密烧结)	>1 500	>2 000	>2 100
ThO_2	1 500	1 600	2 200
BN(热压烧结)	1 200	1 500	>2 000
硼硅酸盐玻璃	300	450	480
可加工云母玻璃陶瓷	600	750	950
硅酸盐玻璃与熔融石英玻璃	800	950	1 400

2. 高温蠕变

蠕变是指材料在恒定应力下随时间变化而产生的变形。蠕变是塑性变形，在应力去除后不能复原，这是因为在高温下由于外力和热激活的共同作用，陶瓷具有半塑性特征，因此出现高温蠕变现象。

陶瓷的高温蠕变机制有位错运动、晶界滑移及空位扩散等。

影响蠕变的因素有：

1）温度和应力。随温度的升高和应力的增加，蠕变速率增大。

2）晶体结构和化学键。高度对称的立方结构滑移系比对称性低的晶体要多，故一般更易产生蠕变。结合力越大，越不易发生蠕变。对于弱离子键合的，如 NaCl 晶体，在较低温度和应力下就可能发生蠕变。而强共价键的金刚石或 TiC 则需在更高的温度和更大应力下才发生蠕变。

3）显微结构。蠕变是结构敏感的性能，多晶陶瓷中的气孔、晶粒尺寸和玻璃相等均对蠕变有较大影响。通常情况下，气孔率越大，晶粒尺寸越小，蠕变速率越大。由于晶界玻璃相在高温下黏度降低，因此在比结晶相的正常蠕变温度低得多的温度下软化，使滑移沿晶界进行，进而发生蠕变。

8.9 陶瓷材料的抗高温氧化及耐蚀性

与金属材料及高分子材料相比,陶瓷材料具有优异的抗高温氧化及耐化学腐蚀性能,尤其是耐高温化学腐蚀。在大多数高温腐蚀环境下,陶瓷材料几乎是唯一选择。

8.9.1 抗高温氧化性能

氧化物陶瓷及硅酸盐陶瓷中的晶体相处于热力学最稳定的状态,在低于其使用温度下,具有优异的抗氧化性能及耐烧蚀性。

非氧化物陶瓷,如氮化物陶瓷、碳化物陶瓷、硼化物陶瓷等,则显示出与氧化物陶瓷不同的抗高温氧化特性,这是由于氮化物、碳化物及硼化物等高温下与氧气发生反应,形成不同的反应产物。一般而言,非氧化物陶瓷的抗氧化性能低于氧化物陶瓷。

氮化硅在空气中的氧化始于 800 ℃,在表面形成无定形 SiO_2 保护层,从而可阻止进一步氧化,其化学反应式为

$$Si_3N_4 + 3O_2 === 3SiO_2 + 2N_2$$

但在 900~1 200 ℃ 温度范围内,SiO_2 保护层将发生破坏,引起大面积的开裂,使其氧化增重明显。在氮化硅陶瓷中添加稀土氧化物可改善其抗高温氧化性能。

碳化硅在 1 000 ℃ 以下开始氧化,1 300~1 500 ℃ 时反应生成 SiO_2 保护层,可阻止碳化硅进一步氧化。

8.9.2 耐化学腐蚀性能

氧化物陶瓷的化学稳定性优异。如氧化铝陶瓷,硫酸、盐酸、硝酸、氢氟酸等都不与 Al_2O_3 反应,许多复合的硫化物、磷化物、氯化物、氮化物、溴化物等也不与 Al_2O_3 反应。同时能较好地抗 Al、Mn、Fe 等熔融金属的侵蚀,对 NaOH、玻璃、炉渣的侵蚀也有很高的抵抗能力。

氮化物陶瓷如氮化硅也具有优良的化学稳定性,几乎能耐所有的无机酸、某些碱液与盐的腐蚀。对多数金属、合金熔体(特别是非铁熔体)是稳定的,例如其不受 Zn、Al、钢铁熔体的侵蚀。

碳化物陶瓷与氮化物陶瓷的耐化学腐蚀及金属熔体侵蚀的性能相近。

8.10　陶瓷材料的其他特性

陶瓷材料优异的绝缘性、低密度等特性是其获得广泛应用的重要原因。但是，陶瓷材料的高硬度使其加工困难，必须选用合适的切削加工工艺才能获得所需要的形状及尺寸。

8.10.1　陶瓷材料的绝缘性

结构陶瓷大多具有优异的电绝缘性，这是由于陶瓷晶体中不存在可自由运动的电子。如在室温下普通陶瓷的电阻率大于 $10^7\ \Omega \cdot cm$，氧化铝陶瓷的电阻率大于 $10^{14}\ \Omega \cdot cm$。但是某些陶瓷的内部因离子移动而产生离子电导或因存在未充满电子的能带而产生电子传导，从而使陶瓷的电阻率下降或显示出一定的导电性或半导体特性。部分绝缘陶瓷的室温电阻率如表 8.12 所示。

表 8.12　部分陶瓷的室温电阻率

材料	电阻率/($\Omega \cdot cm$)	材料	电阻率/($\Omega \cdot cm$)
Al_2O_3 瓷	10^{16}	热导 SiC 瓷	10^{13}
莫来石瓷	10^{14}	热导 AlN 瓷	10^{14}
BeO 瓷	10^{16}	Si_3N_4 瓷	10^{14}
ZrO_2 瓷	10^9	低压瓷	$10^{12} \sim 10^{14}$

8.10.2　陶瓷材料的密度

与常用耐热金属材料相比，陶瓷材料具有密度相对较小的特性。固体材料的密度主要取决于元素的尺寸、元素的质量和结构堆积的紧密程度。原子序数和相对原子质量小的元素使材料具有低的结晶学密度或理论密度，如 B_4C 的密度仅为 $2.51\ g \cdot cm^{-3}$。而相对原子质量大的元素构成的一些陶瓷材料则具有高的密度，如 WC 的密度高达 $15.7\ g \cdot cm^{-3}$。表 8.13 列出了部分常用工程陶瓷的密度。

表 8.13 部分陶瓷的密度

材料	密度/$(g \cdot cm^{-3})$	材料	密度/$(g \cdot cm^{-3})$
$\alpha - Al_2O_3$	3.95	B_4C	2.51
$\gamma - Al_2O_3$	3.47	SiC	3.17
ZrO_2	5.8	WC	15.70
莫来石($3Al_2O_3 \cdot 2SiO_2$)	3.23	AlN	3.52
BeO	3.06	Si_3N_4	3.19
石英(SiO_2)	2.65	金刚石	3.52
钠硅酸盐玻璃	2.5	石墨	2.1~2.3

8.10.3 陶瓷材料的切削加工特性

多数工程陶瓷作为结构件时都需要进行精密加工,特别是对形状复杂、精度要求高的陶瓷部件。由于陶瓷在烧结过程中发生收缩和变形,其尺寸公差和表面都难以满足要求,因此烧结后需要精密加工。通过陶瓷的精密加工除了能够达到产品的尺寸精度和改善表面光洁度外,还可以去除表面缺陷。

结构陶瓷主要由离子键和共价键或两者混合的化学键结合,弹性模量大,强度及硬度高,为高脆性材料。给精密加工带来了极大的困难,稍有不慎即可产生裂纹和破坏。另外,精加工成本也相当高。

陶瓷精密加工技术中应用最多的还是传统的机械加工,如磨削、研磨、抛光等,可选用金刚石、立方氮化硼、硬质合金、金属陶瓷、宝石等超硬磨削研磨工具。

近几十年来,还发展了电火花加工、化学加工、激光加工、超声波加工等新技术。

8.11 结构陶瓷的制备

传统意义上的陶瓷主要是指陶器和瓷器,也包括玻璃、搪瓷、耐火材料、砖瓦、水泥、石膏等。这些材料都是以黏土、石灰石、长石、石英、砂子等天然硅酸盐矿物为原料生产的。因此,传统的陶瓷材料是指硅酸盐材料。近几十年来,陶瓷材料有了巨大发展,许多新型陶瓷的成分已经超出了硅酸盐的范畴,其性能也有了重大突破,如具有优异高温性能的 Al_2O_3、ZrO_2、SiC、Si_3N_4、AlN 等氧化物、碳化物、氮化物陶瓷,因此,现今意义上的陶瓷材料是各种无机非金属材料的统称。

陶瓷材料的种类很多，通常将陶瓷材料分为玻璃、玻璃陶瓷和陶瓷三大类。本节只讨论结构陶瓷，习惯上按化学组成将结构陶瓷分为硅酸盐陶瓷、氧化物陶瓷、玻璃陶瓷、非氧化物陶瓷（碳化物陶瓷、氮化物陶瓷、硼化物陶瓷、硅化物陶瓷、复合陶瓷、金属陶瓷等）。

陶瓷的生产过程比较复杂，但基本的工序过程包括：原料的制备、坯料的成型和制品的烧成或烧结三大步骤。

8.11.1　原料的制备

不论是传统陶瓷还是新型结构陶瓷，其原料性状均为粉末，且要求有合适的粒径分布。不同陶瓷粉体原料的制备方法不尽相同。

传统陶瓷的主要原料包括黏土、石英、长石等天然矿物，经过拣选、破碎等工序后，进行配料，然后再经过混合、磨细等加工，得到所要求的粉体。

先进结构陶瓷对原料（粉料）的纯度和粒度有着更严格的要求。一般采用人工的化学或化工原料，其粉料的制备方法可分为固相法、液相法和气相法三大类。

（1）固相法

固相法利用固态物质间所发生的各种固相反应来制取粉末。在制备陶瓷粉体原料过程中，常用的固态反应包括化合反应、热分解反应和氧化物还原反应。使用固态法制备的粉末有时不能直接作为原料使用，需进一步加以粉碎。

1）化合反应法。化合反应一般是指两种或两种以上的固态物质，经混合后在一定的温度和气氛条件下生成另一种或多种复合固态物质的粉末的反应，有时也可能伴随着某些气体的逸出。如合成尖晶石的反应是

$$Al_2O_3 + MgO \Longrightarrow MgAl_2O_4$$

合成莫来石的反应是

$$3Al_2O_3 + 2SiO_2 \Longrightarrow 3Al_2O_3 \cdot 2SiO_2$$

2）热分解反应法。许多高纯氧化物粉末可以通过加热相应金属的硫酸盐、硝酸盐的方法来制备，通过热分解制得性能优异的粉末。如用铝的硫酸铵盐 $[Al_2(NH_4)_2 \cdot (SO_4)_4 \cdot 24H_2O]$ 在空气中加热，可以得到高纯的氧化铝粉末。

3）氧化物还原法。碳化硅和氮化硅陶瓷原料粉末多用氧化物还原法制备，如碳化硅粉体制备时发生的基本反应如下：

$$SiO_2 + C \Longrightarrow SiO + CO$$

$$SiO + 2C \Longrightarrow SiC + CO$$

$$SiO + C \Longrightarrow Si + CO$$

$$Si + C \Longrightarrow SiC$$

在氮气条件下，通过 SiO_2 与 C 的还原与氮化，可以制备氮化硅粉末

$$3SiO_2+6C+2N_2 \xrightarrow{} Si_3N_4+6CO$$

4）直接固态反应法。许多碳化物陶瓷材料的原料可以直接用固态反应法制备。使用金属硅粉与碳粉直接反应可以在 1 000~1 400 ℃ 制备碳化硅，反应式是

$$Si+C \xrightarrow{} SiC$$

（2）液相法

1）沉淀法。沉淀法的基本工艺是在金属盐溶液中添加或生成沉淀剂，并使溶液挥发，所得的盐和氢氧化物通过加热分解得到所需的陶瓷粉末，如钛酸钡（$BaTiO_3$）微粉可以通过直接沉淀法合成。

2）醇盐加水分解法。增韧二氧化锆中稳定剂（Y_2O_3、CeO_2 等）的加入具有决定性作用，为得到均匀弥散的分布，一般采用醇盐加水分解法制备粉料。将锆或锆盐与乙醇一起反应合成锆的醇盐，用同样方法合成钇的醇盐，将两者混合于有机溶剂中，加水使其分解，将水解生成的溶胶洗净，干燥，并在 850 ℃ 煅烧得到粉料。

3）溶胶凝胶法。将金属氧化物和氢氧化物的溶胶加以适当调整，在 90~100 ℃ 加热形成凝胶物质，经过滤、脱水、干燥，再在适当的温度煅烧，即可制得高纯度超细氧化物粉末。

4）水热法。如把锆盐等的水溶液放入高压釜中加热，通过与高压水的反应进行水解，可直接析晶得到纳米级 ZrO_2 的超细粉。

5）喷雾法。将金属盐的水溶液分散成小液滴喷入高温气氛中，引起溶剂蒸发和金属盐的热分解，从而直接合成氧化物粉料。

（3）气相法

气相法制备陶瓷粉料的方法有两种：物理蒸发–凝聚法（physical vapor deposition，PVD）和化学气相沉积法（chemical vapor deposition，CVD）。

1）蒸发–凝聚法（PVD）。将原料用电弧或等离子体高温加热至气化，然后在加热源与环境之间很大的温度梯度条件下急冷，凝聚成粉状颗粒。采用 PVD 方法所制得的陶瓷粉料直径为 5~100 nm，这种方法适用于制备单相氧化物、复合氧化物、碳化物等。

2）化学气相沉积法（CVD）。化学气相反应法是采用挥发性金属化合物蒸气通过化学反应合成所需物质的方法。气相化学反应可分为两类：一类为单一化合物的热分解；另一类为两种以上化学物质之间的反应。气相化学反应法制备陶瓷粉料的特点是：① 纯度高，生成粉料无需粉碎；② 生成粉料的分散性良好；③ 颗粒直径分布窄；④ 容易控制气氛；⑤ 适用于制备多种不同的陶瓷粉料。

8.11.2　成型

将陶瓷粉料加工制备成具有一定形状和尺寸，并具有必要的机械强度和一定致密度的毛坯的过程称为成型。虽然原料及其制备方法对结构陶瓷材料的性能起到十分重要的作用，但要获得既具有优异性能，又能满足使用要求的原件与制品，成型是一个很重要的工艺环节。

结构陶瓷毛坯的成型方法可分为可塑成型、注浆成型、模压成型与冷等静压成型等多种。

（1）可塑成型

可塑性是指坯料在外力作用下发生无裂纹变形，且外力去除后不恢复原状的性能。传统的黏土质陶瓷坯料中含有一定量的黏土，因此本身就有一定的可塑性。而先进结构陶瓷材料必须依靠塑化剂的作用才能具有成型能力。塑化剂包括无机和有机塑化剂两种，无机塑化剂主要指黏土物质，先进陶瓷一般采用有机塑化剂。根据塑化剂在陶瓷成型中的作用，可分为：① 黏合剂。常温下能将粉料颗粒黏合在一起，使坯料具有成型性能并具有一定强度，高温烧成时它们会氧化、分解和挥发。② 增塑剂。溶于有机黏合剂中，在粉料之间形成液态间层，提高坯料的可塑性。③ 溶剂。能溶解黏合剂和增塑剂。

可塑成型即为施加压力于可塑性坯料，制成具有一定形状的毛坯的过程。

1）挤压成型。挤压成型是将可塑原料用挤压机的螺旋活塞挤压向前，通过机嘴成为所要求的各种形状。挤压成型适宜成型各种管状产品和断面规则的产品，也可用来挤制片状膜。

2）轧膜成型。一些薄片状的陶瓷产品，如集成电路基板等，厚度一般在 1 mm 以下，甚至更薄，广泛采用轧膜成型工艺生产。轧膜成型时，可塑坯料在厚度和前进方向受到碾压至所需厚度。

3）注射成型。注射成型是应用塑料成型方法，在陶瓷粉料中加入一定含量的热塑性树脂、石蜡、增塑剂和溶剂等，将加热混匀的可塑性坯料放入注射成型机中，经加热熔融，通过喷嘴把其压入金属模具，经冷却脱模得到产品坯体。

（2）注浆成型

在溶剂量较大时，形成含有陶瓷粉料的悬浮液，具有一定的流动性，将悬浮液注入模腔中得到具有一定形状的毛坯，这种方法称为注浆成型。

1）注浆法。注浆成型是一种常用生坯制备工艺。它是将含有陶瓷粉料的悬浮液（浆料）倒入多孔材料制备的模具（通常为石膏）中后，浆料中的水被模具吸收，在模具型腔内壁黏附具有一定厚度的近固态生坯，如图 8.19（a）所示，保持足够长时间可获得充满整个型腔的近固态生坯。控制时间获得设计壁厚的近固态薄壁生坯，如图8.19(b)所示。再将模具翻转倒出多余浆料，生坯经干燥后收缩，与模具内壁分离，打开模具后即可取出生坯制品。

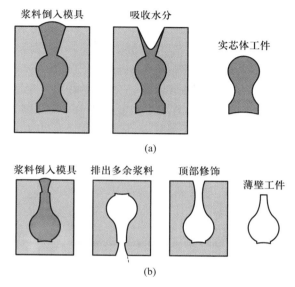

图8.19 注浆成型法制作生坯

为了保证注浆生坯的质量，注浆用浆料必须满足以下要求：① 黏度小，流动性好，以保证浆料充满型腔；② 浆料稳定性好，不易沉淀和分层；③ 在保证流动性的前提下，含水量应尽量少，以避免成型和干燥后的收缩、变形和开裂；④ 触变性要小，保证浆料黏度不随时间而变化，同时在脱模后生坯不会在外力作用下变软；⑤ 浆料中的水分容易通过已形成的坯体被模壁吸收；⑥ 形成的坯体容易从模型上脱离，并不与模型反应；⑦ 尽可能不含气泡，可在浇注前对浆料进行真空处理。

先进结构陶瓷的原料一般都是瘠性物料，难以悬浮，通常根据粉料的不同性质采用不同的方法达到悬浮的目的。一般采用控制pH值或加入有机表面活性剂的方法。

2）热压注法。热压注法是在压力作用下，将熔化的含蜡浆料注入金属模具中，冷却凝固后得到所要的形状。这种方法所得到的产品尺寸准确、光洁度高，所用设备简单，模具寿命长，广泛用于制造形状复杂、精度和尺寸都要求较高的陶瓷产品。

3）流延法。流延法是一种重要的陶瓷制备工艺，从流延的英译可以看出，其原意是将陶瓷浆料用类似注浆的工艺制备成薄带状的材料，即生带（green tape）。流延工艺用浆料是陶瓷粉体与含有黏结剂及增塑剂等有机溶液混合成的黏稠状悬浮液，黏结剂及增塑剂赋予生带以一定的强度及柔韧性。浆料流延前需真空脱泡，以去除浆料中细小的气泡，否则，这些气泡有可能成为最终陶瓷制品中的裂纹源。具体流延工艺是将浆料置于一容器中，然后浆料流入平整的专用基带（不锈钢板、玻璃板、塑料薄膜及纸张等）表面，设置刮刀使其与基带表面有一定尺寸的间隙，基带以一定的速度平移后，浆料被刮刀刮压涂敷在基带上，经干燥、固化后，即制得具有一定厚度的均匀生带薄膜，流延工艺如图 8.20 所示。通常按陶瓷制品的尺寸和形状要求，对生带进行冲孔、裁切、层合等加工处理，制成待烧结的毛坯。生带的厚度通常约为 0.1～2 mm。流延工艺广泛应用于集成电路用陶瓷基板及多层片式电容等电子元器件的制备。

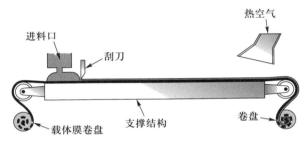

图 8.20　流延工艺示意图

（3）模压成型与冷等静压成型

工程陶瓷生产中常采用压力成型，将陶瓷粉料中添加少量黏结剂，然后造粒，将造粒后的干燥粉料填入模型，再加压成型。成型方法主要有模压成型和冷等静压成型。

1）模压成型。模压成型是在压力作用下将粉料压制成一定形状的坯体。在模压成型的粉料中，一般需加入成型润滑剂、黏结剂和表面活性剂等物质，以减少颗粒间的摩擦力，提高粉料成型密度和强度。

根据陶瓷粉料中所含水分或溶剂的多少又分为干压和半干压两种。模压成型加压方式有单向加压和双向加压两种，双向加压可使坯体中的密度分布更加均匀。图 8.21 为单向压制成型工艺步骤分解示意图。

2）冷等静压成型。冷等静压是指在常温下对密封于塑性模具（如橡胶）中的粉料各向同时施压的一种成型工艺。冷等静压设备主要有高压缸、高压发生装置和辅助设备组成。高压缸所用的液体传压介质具有一定的可压缩性，以创造高压储存能量的环境，常用的液体有甘油、水、刹车油等。在冷等静压过程中，成型压力不受或很少受模壁摩擦力的抵消，成型压力通过包套壁在各个方

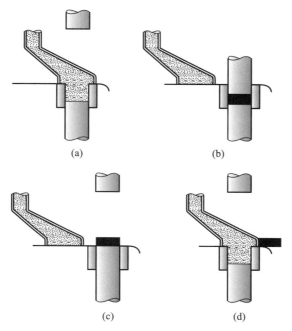

图 8.21 单向压制成型工艺步骤分解

向作用于粉料,所得到的坯体密度比常规模压高,更均匀。

8.11.3 烧结

将干燥后的坯料加热到高温下,使其进行一系列的物理化学变化而成瓷的过程称为烧结或烧成。烧结是制备陶瓷材料的重要工序。烧结的目的是将粉状物料转变为致密体。这种烧结致密体是一种多晶材料,其显微结构由晶体、玻璃体和气孔所组成,烧结过程直接影响显微结构中的晶粒尺寸和分布、气孔尺寸和分布以及晶界体积分数等,故陶瓷材料的性能不仅与材料的化学组成有关,还与材料的显微结构有密切的关系。如配方相同而晶粒尺寸不同的两个烧结体,由于晶粒在长度或宽度方向上的某些参数的叠加,晶界出现的频率不同,从而引起材料性能的差异。而一般情况下,细小晶粒有利于强度的提高。除晶粒尺寸外,显微结构中的气孔常成为应力的集中点,影响材料的强度,而烧结过程可以通过控制晶界移动而抑制晶粒的异常生长或通过控制表面扩散、晶界扩散和晶格扩散而填充气孔,用改变显微结构的方法使材料性能改善。因此,当配方、原料粒度、成型等工序完成后,烧结是使材料获得预期的显微结构,以使材料性能充分发挥的关键工序。

（1）烧结的基本概念

粉料成型后形成具有一定外形的坯体，坯体内一般含有25vol%～60vol%（若用等静压成型，气孔率更小些）的气孔，而颗粒之间只有点接触，如图8.22a所示。在高温下发生的主要变化是颗粒间接触面积扩大、颗粒聚集、颗粒中心距逼近，如图8.22b所示，逐渐形成晶界，气孔形状变化，体积缩小，从连通的气孔变成各自孤立的气孔并逐渐缩小，如图8.22c所示，以致最后大部分甚至全部气孔从坯体中排除，这就是烧结所包含的主要物理过程。这些物理过程随烧结温度的升高而逐渐推进。同时，粉末压块的性质也随着这些物理过程的进行而出现坯体收缩、气孔率下降、致密度提高、强度增加等变化。

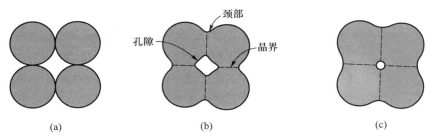

图8.22　烧结过程中球形颗粒间颈部长大、气孔形状改变：
（a）压制成型后颗粒；（b）烧结初期，粉体聚结并形成孔洞；
（c）烧结继续，孔洞尺寸及形状改变

根据陶瓷烧结过程发生的宏观变化可以将烧结过程定义为：经过成型的粉末在加热到一定温度后开始收缩，在低于主晶相物质熔点温度之下变成致密、坚硬烧结体的过程。烧结程度可以用坯体收缩率、气孔率、吸水率或烧结体的体积密度与理论密度之比（相对密度）等指标衡量。

严格地讲，烧结仅仅指粉料经加热致密化的简单物理过程，而更应该用烧成的概念来表述脱水、坯体内气体分解、多相反应、溶解、烧结等一系列过程。烧成的涵义和范围比烧结更宽，可以表述多相系统的变化，烧结则仅仅是其中的一部分。

（2）烧结类型

粉末体压制成型后，点接触的颗粒经烧结成为紧密结合的致密多晶物体，该过程从系统能量角度来看，是能量降低的自发过程。烧结理论认为，烧结过程是由低能量晶界取代高能量晶粒表面和粉末体收缩引起的总界面能减少来驱动的。但只有在高温下该能量差才足够大，亦即随温度升高，烧结过程的热力学驱动力增大；从动力学来看，温度升高，原子的扩散能力增大，才能实现物质的远程扩散（传质），使材料致密化。

根据烧结过程中传质机制的不同，可将烧结分为固相烧结、液相烧结两大类。

1）固相烧结。固相烧结是指烧结过程中没有液相参与的烧结。单一粉末体的烧结属于典型的固态烧结。固态烧结的主要传质方式有蒸发-凝聚传质和扩散传质。

蒸发-凝聚传质理论是基于高温下颗粒表面曲率不同的部位其饱和蒸气压也不同，这种饱和蒸气压的压差可实现气相传质。主要发生于高温下蒸气压较大的材料体系，如氧化铍陶瓷。

蒸发-凝聚传质基本过程如图 8.23 所示：球形颗粒表面为正曲率半径，而在两个颗粒连接处有一个小的负曲率半径的颈部，高温下物质将从饱和蒸气压高的凸形颗粒表面蒸发，通过气相传递而凝聚到饱和蒸气压低的凹形颈部，从而使颈部逐渐被填充。

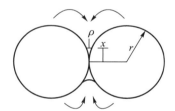

图 8.23 蒸发-凝聚传质过程

从工艺控制角度考虑，粉末的起始粒径越小，传质速率越大。饱和蒸气压随温度呈指数增加，因而提高温度对烧结过程的传质有利。而对于高温下蒸气压较低的大多数固体材料，传质主要通过固体内质点扩散过程进行。

扩散传质理论认为，颗粒接触的颈部受到拉应力，而颗粒接触中心处受压应力，如图 8.24 所示，故颈部拉应力区的空位浓度大于晶粒内部的空位浓度，受压应力的颗粒接触中心的空位浓度最低。不同部位空位浓度的差异决定了扩散时空位的漂移方向。高温下固态质点的扩散首先从空位浓度最大的部位（颈部表面）向空位浓度最低的部位（颗粒接触点）进行，然后是颈部向颗粒内部扩散。空位扩散即原子或离子的反向扩散。因此，扩散传质时，原子或离子由颗粒接触点向颈部迁移，达到气孔被填充的目的。

2）液相烧结。凡是有液相参与的烧结过程称为液相烧结。由于粉末中总含有少量杂质，因而大多数材料在烧结中都会或多或少地出现液相。即使在没有杂质的纯固相系统中，高温下还会出现"接触"熔融现象。因而纯粹的固相烧结实际上并不多见。工程陶瓷制造过程中，液相烧结的应用范围最为广泛，

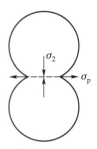

图 8.24　作用在颈部表面的最大应力

绝大多数氧化物、氮化物及碳化物陶瓷等都采用液相烧结。

液相烧结与固相烧结的共同之处是烧结的推动力都是表面能；烧结过程也是由颗粒重排、气孔填充和晶粒生长等阶段组成。不同点是由于流动传质速率比扩散块，因而液相烧结的致密化速率高，可使坯体在比固相烧结温度低得多的情况下获得致密的烧结体。此外，液相烧结过程的速率与液相的数量、性质（黏度、表面张力等）、液相与固相的润湿情况、固相在液相中的固溶质等有密切的关系。

液相烧结的传质方式主要有两种：流动传质；溶解-沉淀传质。

流动传质是指在液相烧结时，由于高温下黏性液体（熔融体）出现牛顿流动而产生的传质。一般情况下，黏性液体的黏度越小，颗粒半径越小，烧结就越快。

溶解-沉淀传质是指在有固、液两相的烧结中，当固相可溶于液相时，烧结传质过程就是部分固相溶解，而在另一部分固相上沉积的过程。其传质过程是：第一，随着烧结温度升高，出现足够量液相，分散在液相中的固体颗粒在毛细管力的作用下，颗粒相对运动，发生重新排列，颗粒的堆积更紧密；第二，被薄液膜分开的颗粒之间搭桥，在点接触处有高的局部应力导致塑性变形和蠕变，促进颗粒进一步重排；第三，由于较小的颗粒或颗粒接触点处溶解，通过液相传质，而在较大的颗粒或颗粒的自由表面上沉积，从而出现晶粒长大和晶粒形状的变化，同时颗粒不断进行重排而致密化。

（3）影响烧结的因素

影响烧结的因素很复杂，包括原始粉料的粒径、添加剂、烧结温度和保温时间、气氛及压力等。

1）原始粉料的粒径。无论在固相烧结还是在液相烧结中，细颗粒均可增加烧结的推动力，缩短原子扩散距离和提高颗粒在液相中的固溶度可使烧结过程加速。

2）添加剂。在固相烧结中，少量添加剂（烧结助剂）可与主晶相形成固溶体，促进缺陷增加。在液相烧结中，添加剂能改变液相的性质（如黏度、组成等），因而能够促进烧结。添加剂在烧结体中的作用主要有：① 与烧结主体形成固溶体；② 与烧结主体形成液相；③ 与烧结主体形成化合物；④ 阻止多晶转变；⑤ 扩大烧结温度范围。

3）烧结温度和保温时间。一般情况下，提高烧结温度无论对固相扩散还是对溶解-沉淀等传质方式都是有利的。研究表明，高温短时间烧结更有利于制造致密陶瓷材料。

4）气氛。烧结气氛一般分为氧化、还原和中性三种，气氛对烧结的影响很复杂，与材料的组成、烧结条件、添加剂种类和数量等有关，必须根据具体情况慎重选择。

5）成型压力。一般地说，成型压力越大，颗粒间接触越紧密，对烧结越有利。但若压力过大使粉料超过塑性变形限度，就会发生脆性断裂。适当的成型压力可以提高生坯的密度，而生坯的密度与烧结体的致密化程度成正比关系。

6）烧结压力。按烧结压力的不同可分为普通烧结（无压烧结）、气压烧结、热压烧结以及热等静压烧结等几种。

普通烧结（无压烧结）是指烧结在无外加压力下进行的烧结。其烧结温度一般较高，适用于烧结时存在较多液相的陶瓷材料，普通烧结（无压烧结）的陶瓷制品一般存在一定含量的气孔。这是因为一方面随着气孔的收缩，气孔中的气压逐渐增大而抵消了作为烧结推动力的界面能的作用；另一方面封闭气孔只能由晶格内扩散物质填充。

气压烧结是指陶瓷在高温烧结过程中，施加一定的气体压力，通常为 N_2，压力范围在 1~10 MPa，以便抑制在高温下陶瓷材料的分解和失重，从而可提高烧结温度，进一步促使材料的致密化，获得高密度的陶瓷制品。

热压烧结是指在机械加压下的烧结，分为轴向单向加压和轴向双向加压两种。根据陶瓷种类的不同，压力有较大的变化范围，一般为 10~75 MPa。热压烧结是将陶瓷粉体装在模腔内，在加压的同时将粉体加热到烧成温度，由于从外部施加压力而补充了驱动力，因此可在较短时间内达到致密化，并且获得具有细小、均匀晶粒的显微结构。对以共价键结合为主的碳化物、氮化物等，由于它们在烧结温度下有高的分解压力和低的原子扩散率，因而普通烧结（无压烧结）很难使其致密化，故常采用热压烧结工艺。研究表明，热压烧结还可明显降低烧结温度，比普通烧结可低 100~200 ℃。

热等静压烧结是以高压气体作为压力介质作用于陶瓷材料（包封的粉末和素坯，或烧结体），使其在加热过程中经受各向均衡的压力，借助于高温和高压的共同作用达到材料致密化。典型的压力为 100～320 MPa。由于热等静压烧结的压力大，是热压烧结的 5～10 倍，且受压坯体不存在任何与模壁的摩擦，从而使热压烧结陶瓷致密化更有效，甚至难烧结的共价键陶瓷也能充分致密化。热等静压烧结是工程陶瓷快速致密化烧结最有效的一种方法。

本章小结

　　陶瓷材料的制备通常分为原料的制备、坯料的成型和制品的烧成（或烧结）三大步骤。陶瓷中的相一般分为晶体相、玻璃相及气相。结构陶瓷的性能主要决定于其晶体相的种类、体积分数、形貌、尺寸、分布等组织要素，玻璃相的存在通常对材料的性能不利，但又是在陶瓷中不可或缺的。气相则不可避免地在陶瓷材料制备过程中残留。

　　陶瓷中的晶体相分离子晶体和共价晶体两类。离子晶体主要有氧化物晶体、硅酸盐晶体等；共价晶体主要有碳化物、氮化物、硼化物和硅化物等非氧化物晶体。晶体相中原子（离子）间的键合方式及结合力是影响陶瓷材料基本力学性能及热学性质的关键因素。一般规律是共价晶体陶瓷比离子晶体陶瓷有更高的熔点、更好的耐热性、更大的弹性模量及硬度、更低的膨胀系数及更高的热导率，故抗热震性更好。但离子晶体陶瓷中的晶体相为氧化物晶体，热力学更稳定，其抗氧化性及耐腐蚀性又明显优于共价晶体陶瓷。

　　陶瓷材料的实际强度远达不到其理论强度，这主要由于材料中存在制造缺陷和结构缺陷，如气孔、夹杂物、裂纹、团聚等，从而导致应力集中，使材料在远低于理论强度的负荷下发生断裂。同样由于陶瓷材料晶体相的离子键及共价键的键合特征以及大量气孔的存在，导致陶瓷的塑性变形能力极差。在室温下几乎没有塑性，完全是脆性断裂，断裂韧性极低，这是陶瓷作为工程材料应用的致命弱点。陶瓷材料的强韧化始终是陶瓷材料研究的热点和重点。

　　由于陶瓷晶体中不存在可自由运动的电子，陶瓷导热主要由晶体中原子的晶格振动来完成，大多数结构陶瓷的导热性均小于常用金属材料。一般规律是共价晶体陶瓷的热导率明显高于离子晶体陶瓷。

　　高温蠕变是微观结构敏感的性能，多晶陶瓷中的气孔、晶粒尺寸和玻璃相等均对蠕变有较大影响。通常情况下，气孔率越大，晶粒尺寸越小，蠕变速率越大。由于晶界玻璃相在高温下黏度降低，使滑移沿晶界进行，进而发生蠕变。

　　由于陶瓷晶体中不存在可自由运动的电子，故结构陶瓷大多具有优异的电绝缘性。陶瓷材料密度小是其作为工程材料不可多得的优势之一，常用结构陶瓷的密度均小于 4 g·cm⁻³（ZrO$_2$ 例外，其密度为 5.8 g·cm⁻³）。

陶瓷材料的制备工艺对于其性能非常关键，要控制原料的纯度，采用合适的成型工艺以适应不同制品的形状及尺寸要求，通过严格的烧结工艺，尤其是采用各种压力下的烧结工艺，控制材料中晶粒尺寸和形貌，减少气孔、微裂纹等缺陷，有利于使材料获得更优异的性能。

第九章
结构陶瓷材料

陶瓷材料主要由离子键、共价键，或者它们的混合键键合组成，具有熔点高、硬度大、耐高温、绝缘性好、耐腐蚀等优异性能，但陶瓷材料的致命不足是韧性差（脆性）、耐热冲击性差等，严重限制了其作为受力、受热结构件的应用。结构陶瓷是主要发挥材料强度、硬度、耐高温、耐热冲击、耐蚀等性能的一类陶瓷，大多需承受一定的力学负荷、热负荷的作用，应有较高的强韧性才能使其满足使用效能，因此陶瓷材料的强韧化是陶瓷材料研究及应用最重要的课题。

陶瓷材料的脆性源于化学键的高键能和制备工艺产生的气孔及微裂纹等微观缺陷，从本质上讲，陶瓷材料的强韧化就是降低其对缺陷的敏感性。陶瓷材料缺陷的敏感性特点是块体材料的尺寸越大，缺陷数量越多。缺陷越多，大尺寸缺陷出现的概率越大。缺陷的尺寸越大，对陶瓷材料的强度和韧性的影响也越大。

为了提高陶瓷对断裂的抵抗能力，首先应尽量减小各类缺陷的数量及尺寸，增加裂纹形成或扩展的应力强度因子，即断裂韧性；其次是在陶瓷材料结构中设置其他耗能机制以提高断裂能量释放率，即断裂能。一般将提高陶瓷断裂韧性的机制称为韧化，而将强度和韧性同时增加的机制称为强韧化。习惯上统称为陶瓷材料的强韧化。

本章首先讨论陶瓷强韧化的两大类机制；然后根据陶瓷强韧化机制的不同，分别介绍各类常用结构陶瓷的结构、性能特点及典型应用，包括常用氧化物结构陶瓷、复合氧化物结构陶瓷、氧化锆增韧氧化物陶瓷、常用氮化物及碳化物陶瓷、超高温陶瓷等；最后介绍晶须补强增韧多相复合陶瓷及陶瓷基复合材料。

9.1　自增强增韧

自增强增韧，即利用陶瓷自身的相变、组织和微结构特点产生增韧效果，如高密度、高纯度增强增韧，晶界增强增韧，细化陶瓷晶粒增强增韧，相变增韧，控制晶粒形状增强增韧，消除陶瓷表面缺陷增强增韧，残余（压）应力增强增韧等。

9.1.1　高密度、高纯度增强增韧

陶瓷材料的实际断裂韧度远低于理论断裂韧度，其原因是由于陶瓷材料在制备过程中不可避免地存在气孔和裂纹等缺陷。消除气孔、微裂纹等缺陷，提高晶体的完整性，使材料密、匀、纯是陶瓷强韧化的最直接有效的途径之一。例如，陶瓷材料原料颗粒（粉体）的超细化和纳米化，充分利用超细粉体的高烧结活性，可有效地减少陶瓷烧结体中的气孔、裂纹和不均匀性。另外，可以采取先进的烧结工艺，如热等静压烧结和热压烧结。例如，热压烧结制成的 Si_3N_4 的气孔率极低，其强度接近理论值。

氧化铝结构陶瓷通常含有 90wt% ～ 99wt% 的 Al_2O_3，其余为晶界玻璃相。致密氧化铝陶瓷的强度一般随着氧化铝含量的增加而增大，韧性亦是如此。

9.1.2　晶界增强增韧

沿陶瓷晶相两侧形成的晶界层多为玻璃相，断裂时裂纹常沿最薄弱的晶界穿过。通过控制成分和热处理工艺，从玻璃相中析出高强度的晶体相可提高陶瓷的强度，此即为晶界增强增韧。如 Si_3N_4 陶瓷常用 Y_2O_3 作为烧结助剂，但 Si_3N_4 和 Y_2O_3 常形成晶界氮氧玻璃相，影响 Si_3N_4 陶瓷的高温强度。如果在原料中再加入适量的 Al_2O_3，热压烧结后在氮气中进行热处理，可在晶界玻璃相中析出多种固溶体晶相，高温强度提高 20% 以上。

9.1.3　细化陶瓷晶粒增强增韧

细化晶粒的方法不仅对金属的强韧化有效，对陶瓷材料同样有效。除了晶界对于裂纹扩展的阻碍作用外，细化的内部组织对于陶瓷材料韧性的提高有特

殊作用。即一方面，由于陶瓷沿晶破坏的性质，细晶材料使断裂路径迂回曲折、长度增加，并使裂纹转向次数增多，这样阻碍了裂纹的扩展，从而达到增韧效果；另一方面，陶瓷在加工制造时形成的发裂（微裂纹）对于决定其断裂强度很关键，较大的发裂往往是影响陶瓷强度的主要因素。在没有大缝隙、完全致密的陶瓷材料中，发裂尺寸通常与晶粒尺寸有关。在无孔隙陶瓷中，纯陶瓷材料的强度与韧性完全取决于其晶粒大小；晶粒越细，位于晶界的发裂尺寸也越小，因而，其强韧性高于晶粒尺寸较大的陶瓷。如微晶刚玉由于组织细化，其强度要比一般刚玉高出很多倍，如表 9.1 所示。

表 9.1　刚玉瓷的晶粒尺寸与强度的关系

晶粒平均尺寸/μm	抗弯强度/MPa	晶粒平均尺寸/μm	抗弯强度/MPa
193.7	75	8.7	484
90.5	140	6.7	485
54.3	209	3.2	552
25.1	311	2.1	579
11.5	431	1.8	581

9.1.4　控制晶粒形状增强增韧

虽然用高纯亚微米级 Al_2O_3 超细粉可以制备出抗弯强度达 700~1 000 MPa 的氧化铝陶瓷，但这种显微组织一般为等轴状晶粒，断裂韧性较低，通常只有 3 MPa·$m^{1/2}$。在 Al_2O_3 粉末中引入晶种或少量的某些添加剂，在一定的温度条件下可以使 Al_2O_3 在烧结过程中发育呈板状或长柱状，可获得理想的增强增韧的效果，如添加 Y_2O_3、Ce_2O_3 可使 Al_2O_3 陶瓷的断裂韧性达到 6.5 MPa·$m^{1/2}$。

控制工艺参数，使陶瓷晶粒在原位形成有较大长径比，可起到类似于晶须补强的作用。如控制 Si_3N_4 制备过程中的氮气压，就可得到长径比不同的条状、针状晶粒，这种晶粒形状可显著提高陶瓷材料的断裂韧性。

提高陶瓷晶粒长径比增强增韧的机理与本章第二节中介绍的复合增强增韧相同。

9.1.5　消除陶瓷表面缺陷增强增韧

陶瓷材料的脆性断裂，往往是由于结构敏感部位产生应力集中所致。断裂一般从表面或接近表面的缺陷处开始，因此消除表面缺陷可有效提高陶瓷材料的强韧性。如机械抛光、化学抛光、激光表面处理等都是改善陶瓷表面状态、提高韧性的方法。

9.1.6 残余(压)应力增强增韧

脆性断裂通常是由拉应力所引起。通过工艺方法在陶瓷表面造成压应力层，则可部分抵消外界拉应力，从而减小表面处的拉应力峰值，阻止表面裂纹的产生和扩展，起到增强增韧效果。

当陶瓷材料从高温状态冷却至室温时，由于陶瓷构件表面和内部的冷却速度及由此产生的收缩不同，将在材料中产生内应力，即所谓的"热应力"。对于脆性的陶瓷材料而言，热应力非常重要，尤其是玻璃，因为热应力的存在将使材料的强度明显降低，极端状态下可能导致其发生断裂。工程上采用各种工艺避免或降低材料内部的热应力，最简单的工艺是将陶瓷构件以非常缓慢的速度降温。当材料内部已产生了内应力时，可以通过退火工艺消除或减小，其工艺过程是将玻璃制品加热至玻璃退火点后缓慢冷却至室温。

在玻璃表面引入残余压应力可显著提高玻璃制品的强度，相应的处理工艺称为钢化处理。其过程是将玻璃制品加热至玻璃转变温度和软化点之间的温度，然后在压缩空气或油浴中快速冷却至室温。残余应力的产生源于表面和内部冷却速度的差异。开始冷却时，玻璃表面的冷却速度更大，当降至应变点温度以下时变成刚性固体。与此同时，由于玻璃内部冷却速度较小，仍处于较高温度(高于应变点温度)，故仍保持塑性状态。继续降温，玻璃内部收缩，但受到刚性表面的限制，其收缩量将小于没有刚性表面限制时的状态。故材料内部趋于"拉紧"表面，或者说给表面施加了压应力。当玻璃降至室温后，表面呈压应力状态，内部呈拉应力状态。玻璃板截面应力状态如图9.1所示。

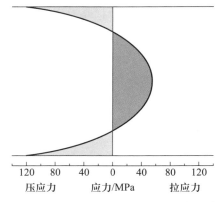

图 9.1 钢化处理后玻璃板截面应力状态

一般而言，陶瓷材料的失效是由其表面承受拉应力形成的裂纹及其扩展所致。钢化玻璃承受外力时，首先抵消表层的残余压应力，从而提高了其承载能力，增强玻璃自身的抗风压性、寒暑性、冲击性等。

9.2 复合增强增韧

前已述及，陶瓷材料的强韧化本质上是降低其对缺陷的敏感性。陶瓷块体材料的尺寸越大，缺陷数量越多。缺陷越多，缺陷的概率尺寸越大。陶瓷材料的强度和韧性取决于缺陷的最大尺寸而不是数量。多相复合陶瓷的强韧化就是利用了缺陷的尺寸效应。与块体材料相比，陶瓷基多相复合材料的增强体（如晶须、纤维）由于尺寸小，因而强度和模量高。如果将陶瓷材料与缺陷尺寸更小的增强体复合在一起，将会降低陶瓷材料的缺陷敏感性，从而提高强度和韧性。

复合强韧化机制主要有两类：屏蔽型和非屏蔽型。当裂纹受到外界施加的拉应力时，在裂纹尖端区域，微结构和相态的变化会产生一种与外力相反的作用力，这种既抵消或缓解外力，又屏蔽了外力的作用，称为屏蔽机制，如纤维、晶须或延性颗粒的桥接、拔出机理均属于屏蔽型机制；利用裂纹与材料间的相互作用而消耗额外的能量，这种相互作用可以使裂纹发生偏转、弯曲或分叉，要使主裂纹扩展必须消耗更多的能量，从而起到对外力的抵消或缓解作用，这就是非屏蔽型机制。

按复合强韧化机制的不同，可将其分为相变增韧和多相复合增韧两类。

9.2.1 相变增韧

相变增韧的典型例子是将氧化锆颗粒加入到其他陶瓷基体（如氧化铝、莫来石、玻璃陶瓷等）中，氧化锆的相变可大大提高陶瓷的韧性。目前被普遍接受的有关氧化锆增韧的机制主要有三种：应力诱导相变增韧、微裂纹增韧、表面相变残余压应力增韧。

1. 应力诱导相变增韧

应力诱导相变增韧是指陶瓷基体内处于亚稳状态的四方相 ZrO_2 颗粒，在裂纹尖端应力的诱导作用下发生相变并伴随体积膨胀，相变和体积膨胀的过程可吸收或消耗裂纹尖端能量，同时将在主裂纹作用区产生压应力，从而有效阻止裂纹的扩展，此时，只有增加外力做功才能使裂纹继续扩展，于是使材料强度和断裂韧性大幅度提高。

纯 ZrO_2 晶体有三种同素异构体，即高温立方相 c、中温四方相 t 和低温单斜相 m，其随温度上升或下降会发生同素异构转变。其中，冷却时发生 t —→ m

转变将产生约 5% 的体积膨胀，并吸收大量能量。若能将 t 相稳定到室温，使其在承载时应力诱导 t ——→m 转变，从而表现出较高的韧性。

为了使中温四方相 t 亚稳定至室温，通常需加入稳定剂，如 Y_2O_3、CaO、CeO 等。随着稳定剂的含量及热处理工艺的不同，室温下可分别获得四种类型的组织：第一类是 t+m 双相组织；第二类是 c+t 双相组织；第三类是 c+t+m 三相组织；第四类是全稳定 t 相组织。其中，前三种均为含有亚稳 t 相的多相组织。

图 9.2 所示为含有亚稳 $t-ZrO_2$ 的陶瓷中裂纹扩展时，裂纹尖端应力诱导 t ——→m 转变及其引起的应力变化。当裂纹扩展进入含有 $t-ZrO_2$ 晶粒的区域时，在裂纹尖端应力场作用下形成过程区，即过程区内的 $t-ZrO_2$ 将发生 t ——→m 转变，除产生新的断裂表面而吸收能量外，还因相变体积膨胀效应而吸收能量。同时，由于过程区内 t ——→m 转变粒子的体积膨胀效应而对裂纹产生压应力，阻碍裂纹扩展。具体体现在裂纹尖端应力强度因子降低，裂纹停止扩展。必须提高外力才能使其继续扩展。这样，随着应力水平的增加，裂纹尖端产生的 t ——→m 转变的过程区不断前进，并在后面裂纹上留下过程区轨迹。显然，t ——→m 转变的增韧效果随过程区内的 t 相体积分数的增加而增大。

以应力诱导相变为增韧机制的部分稳定 ZrO_2 陶瓷，其断裂韧性可达 $8\sim9$ MPa·$m^{1/2}$ 或更高（15 MPa·$m^{1/2}$），已很接近铸铁（断裂韧度为 $6\sim20$ MPa·$m^{1/2}$）和淬火高碳工具钢。例如，用热压烧结工艺制备的 Y_2O_3 部分稳定的 ZrO_2 陶瓷，室温强度可达 1 570 MPa，断裂韧度可达 15.3 MPa·$m^{1/2}$。ZrO_2 增韧 Al_2O_3 陶瓷，室温强度可达 1 200 MPa，断裂韧度达到 15 MPa·$m^{1/2}$。尽管还远低于一般结构金属材料（中碳钢的断裂韧度约为 51 MPa·$m^{1/2}$，高强度钢的约为 $50\sim154$ MPa·$m^{1/2}$），但对于本质硬而脆的陶瓷材料来说，已经是很大的进步。

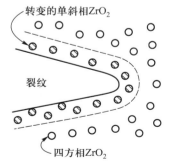

图 9.2　裂纹尖端应力诱导 t ——→m 相变增韧机理

2. 微裂纹增韧

在材料冷却至室温过程中，基体中某些四方相 ZrO_2 颗粒向单斜相转变并发生体积膨胀，在相变颗粒的周围产生许多小于临界尺寸的微裂纹或裂纹核，这些微裂纹在外界应力作用下是非扩展的、非破坏性的。当大的裂纹扩展遇到这些裂纹时，将发生新的相变，由于微裂纹的延伸可释放主裂纹的部分应变能，并使裂纹发生偏转，以增加主裂纹扩展所需能量，从而有效地抑制住裂纹扩展，如图 9.3 所示，材料的弹性应变能将主要转换为微裂纹的新生表面能，从而提高材料的断裂韧性。

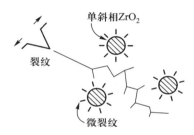

图 9.3 ZrO_2 颗粒相变形成的微裂纹使扩展的主裂纹发生偏转

3. 表面相变残余压应力增韧

由于陶瓷材料表面处的 t-ZrO_2 颗粒没有基体约束，故容易发生 $t \longrightarrow m$ 转变，而内部的四方相 ZrO_2 因受到基体各方面压力而保持亚稳状态。由于表层发生 $t \longrightarrow m$ 转变引起体积膨胀形成压应力，如图 9.4 所示。这种表面压应力有利于阻止来自表面的裂纹的扩展，从而起到增韧和增强的作用。

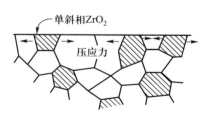

图 9.4 陶瓷表面发生 $t \longrightarrow m$ 相变形成压应力

表 9.2 列出了莫来石、氮化硅与 ZrO_2 增韧莫来石、氮化硅陶瓷的性能对比。

表 9.2　莫来石、氮化硅与 ZrO_2 增韧莫来石、氮化硅陶瓷的性能

材料	σ_f/MPa	K_{Ic}/(MPa·m$^{1/2}$)
莫来石	224	2.8
莫来石+ZrO_2	450	4.5
Si_3N_4	650	4.8~5.8
Si_3N_4+ZrO_2	750	6~7

9.2.2　多相陶瓷的复合增强增韧

尽管前述的相变增韧是添加第二相 ZrO_2，利用 ZrO_2 的相变达到增强增韧的目的。但由于添加的 ZrO_2 量较小，习惯上人们并不将 ZrO_2 相变增韧看作复合增韧。复合增强增韧通常特指在陶瓷基体中加入较大体积分数的第二相增强体，使脆性较大的陶瓷得到补强和增韧的效果。

按多相复合陶瓷中的增强体的长径比，可将增韧方式分为颗粒增韧、晶须增韧和纤维增韧三种。其中颗粒增强体按照颗粒的尺度又可以分为微米颗粒增韧和纳米颗粒增韧。由于纳米颗粒增韧主要是晶界的作用，因而又称为晶界增韧。晶须增强体的长径比介于颗粒和纤维增强体之间，而纤维增强体长径比远大于临界值，可以分为短纤维增韧和连续长纤维增韧。临界长径比是指增强体能够有效承载而发生断裂的最小长径比，它与增强体的强度和界面结合强度有关。

1. 颗粒弥散增强增韧

按颗粒增韧机制的不同，可将其分为相变颗粒弥散增韧和非相变弥散增韧两种。相变颗粒弥散增韧机理前已介绍，本节重点介绍非相变弥散增韧机理。

（1）裂纹偏折和裂纹弯曲

1）弥散第二相的存在会扰动裂纹尖端附近应力场，引起局部应力强度因子减小，该效应取决于第二相粒子的形状特征及其与裂纹作用的属性。当裂纹遇到不可穿越的障碍物时，有两种并存的扰动作用，即裂纹偏折和裂纹弯曲。裂纹偏折产生非平面裂纹，而裂纹弯曲产生非线性裂纹前沿。裂纹偏折和裂纹弯曲均导致裂纹路径加长，形成更多的裂纹表面，耗散更大的能量，提高陶瓷材料的强韧性。

研究表明，球状颗粒对裂纹偏转基本没有增韧作用，裂纹扭转是提高断裂韧性的根源。而当第二相粒子为片状或棒状时，裂纹的偏转虽然具有明显的增韧作用，但裂纹扭转的效果更为明显。裂纹偏折增韧作用随第二相含量增加而增大。

2）裂纹弯曲。裂纹前沿遇到障碍物时被钉扎，在障碍物之间产生向前弯曲的次生裂纹，次生裂纹处基体的应力强度因子下降，而障碍物上应力强度因子上升。次生裂纹向前弯曲程度随外力增加而增加，直到障碍物上应力强度因子达到临界值。裂纹弯曲带来的应力强度因子下降使得材料断裂韧性增加。

（2）应力诱导微开裂

应力诱导微开裂是指由于第二相粒子与基体之间热膨胀系数的失配而形成的微裂纹。增韧机理同样也是形成裂纹以耗散能量，达到增韧的目的。应力诱导微裂纹增韧效果的影响因素主要有：基体相与第二相的弹性模量差、膨胀系数差，第二相粒子的体积分数、尺寸等。

（3）桥联与拔出作用

研究表明，当第二相粒子为棒状且长径比越大时，增韧效果越明显。裂纹桥联增韧不仅存在于纤维、晶须增强陶瓷材料中，在粗晶氧化铝陶瓷中也发现裂纹桥联的存在，并且伴有断裂阻力增大的效果。

研究表明，桥联相与基体界面间分离长度及拔出相的长度影响桥联和拔出作用的增韧效果。桥联相与基体在理化性能上的相互匹配十分重要，合理的两相界面设计是提高桥联和拔出增韧效果的关键。界面剪切力对桥联增韧有重要作用，较大的界面粗糙度、较高的界面结合强度或界面存在压应力有利于提高桥联增韧的效果。

（4）延性颗粒增韧

在脆性陶瓷基体中加入第二相延性颗粒，利用其塑性变形缓解裂纹尖端应力集中的程度，可明显提高材料的断裂韧性。延性颗粒还会产生与纤维或晶须同样效果的裂纹桥联，提高陶瓷材料的韧性。金属陶瓷就是利用延性颗粒增韧机制，金属相与陶瓷相能否良好润湿，进而形成三维互穿网络结构对增韧效果的影响很大。图 9.5 所示为延性颗粒产生的裂纹桥联。

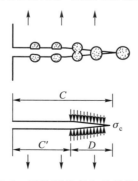

图 9.5 延性颗粒产生的裂纹桥联

（5）纳米颗粒增强增韧

在陶瓷基体中加入纳米级第二相颗粒可产生良好的增强增韧效果。

纳米颗粒增强增韧的机制主要有：

1）晶粒细化增强。纳米颗粒对晶界起钉扎作用，弥散在基体粒子中的纳米颗粒可抑制基体晶粒的异常长大，形成较窄的晶粒尺寸分布，提高显微结构的均匀性，产生晶粒细化增强的效果。

2）裂纹偏转增强增韧。陶瓷晶界相中的纳米颗粒可改变主裂纹的扩展方向，耗散更多的能量。

2. 晶须/纤维增强增韧

晶须是指胡须状的单晶体，长度为几至几百微米，直径在亚微米至数微米之间。因为晶须非常细小，所包含的缺陷少，因而有很高的抗拉强度，可接近理论值。主要有 C、SiC、Si_3N_4、SiO_2、Al_2O_3、TiC、TiN、AlN 等。多相复合陶瓷中的晶须要求具有耐高温、强度高、弹性模量高、化学稳定性好等性能。

纤维增强体包括有机纤维、金属纤维和无机纤维。多相复合陶瓷中主要用无机纤维。无机纤维分为玻璃纤维、碳纤维和多种陶瓷纤维。具有陶瓷化学组分的纤维称为陶瓷纤维，常用的有氧化铝纤维、氧化锆纤维、碳化硅纤维、氮化硼纤维等。同样由于纤维的直径很小（通常为微米级），故所包含的缺陷少，强度很高。无机纤维与晶须相比，不同之处主要有：① 纤维的长径比要大得多，纤维的长度可长达数百米；② 纤维通常为多晶结构，强度要低些；③ 纤维中的杂质含量更高些。陶瓷纤维的特点是可耐 1 260~1 790 ℃的高温（在惰性和氧化气氛中）、耐磨、耐腐蚀以及物理、机械性能良好，特别适合于用作多相复合陶瓷增强体。

晶须/纤维增强增韧机制大体相近，晶须增强体在多相复合陶瓷中的作用主要是增韧，对提高强度的贡献不大，故称为晶须补强增韧；而纤维增强体是多相复合陶瓷中的主承载相，起着重要的增强作用，同时对韧性的提高也有较大贡献，故称为纤维增强增韧。

晶须/纤维增强增韧机制主要有：

（1）桥联补强增强增韧

在对晶须/纤维增强增韧陶瓷基复合材料裂纹扩展过程的观察中发现，在裂纹尖端附近存在晶须/纤维桥联现象，提出的晶须桥联增韧的模型如图 9.6 所示。

如图所示，裂纹扩展段基体已经开裂，由于晶须/纤维的高强度特性，部分晶须/纤维的断裂可消耗部分断裂功，起到补强的作用。而在裂纹尖端附近 D_B 区域内的晶须/纤维没有断裂，在裂纹面上产生闭合应力 σ^c，缓和了裂纹尖端的应力集中，阻止了裂纹的扩展，从而起到增韧作用。

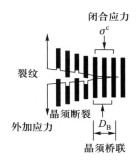

图 9.6 晶须/纤维桥联增韧模型

（2）拔出效应增强增韧

晶须/纤维拔出增韧机制如图 9.7 所示。晶须/纤维具有高的强度，基体相与晶须或纤维间界面有相当的结合强度。裂纹扩展时，在应力作用下晶须/纤维沿与主裂纹方向垂直的方向从基体中拔出，晶须/纤维拔出时，需克服晶须/纤维与基体间的摩擦阻力而耗散能量，从而起到增韧效果。

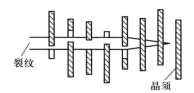

图 9.7 拔出效应增韧模型

（3）裂纹偏转增强增韧

裂纹偏转增韧是考虑到裂纹遇到刚性晶须/纤维产生非平面裂纹效应的一种增韧机制。当裂纹尖端遇到弹性模量比基体大的第二相晶须时，裂纹可能偏离原来前进的方向，发生倾斜或扭曲，沿两相界面扩展。这种非平面的断裂比平面断裂产生的断裂表面更大，因而能吸收更多的能量，起到增韧作用。裂纹偏转增韧的模型如图 9.8 所示。

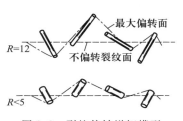

图 9.8 裂纹偏转增韧模型

（4）微裂纹增强增韧

在晶须/纤维增韧陶瓷基复合材料中，由于晶须与基体的热膨胀系数不同，当材料从烧结温度降到室温时，不可避免地会产生局部残余应力，当残余应力大于某一数值时，将导致微裂纹的产生。当主裂纹遇到微裂纹或进入微裂纹区后，将分化为一系列小裂纹，形成许多新的断裂表面而吸收能量，也就是说微裂纹对主裂纹产生屏蔽作用，从而起到增韧作用。

对于特定的材料体系，上述四种增强增韧可能同时存在，也就是说增强增韧作用往往是几种机制共同作用的结果，至于哪种机制起主要作用，与晶须/纤维的强度和尺寸、晶须/纤维增强体的体积分数、基体的性质以及界面的结合状态有关。

表 9.3 列出了几种晶须补强增韧陶瓷基复合材料的力学性能，可以看出晶须补强增韧效果非常明显。

表 9.3　几种晶须补强增韧陶瓷基复合材料的力学性能

多相复合陶瓷	强度/MPa	断裂韧性/($MPa \cdot m^{1/2}$)
Al_2O_3	520	4.7
$Al_2O_3+15vol\%ZrO_2$	1 080	6.2
$Al_2O_3+20vol\%SiC$	650	8.5
$Al_2O_3+15vol\%ZrO_2+20vol\%SiC$	700	13.5
莫来石	244	2.8
莫来石+20vol%SiC	452	4.4
莫来石+15vol%ZrO_2+20vol%SiC	551~580	5.4~6.7

晶须补强增韧作用的影响因素主要有：晶须直径，晶须及基体的强度、弹性模量等力学性能，晶须及基体的热学性能（如热导率、膨胀系数等）以及界面的性质。

表 9.4 列出了几种陶瓷材料及纤维增强增韧陶瓷基复合材料的断裂功及冲击韧性值，可以看出纤维强韧化的效果非常显著。

纤维增强增韧作用的影响因素比晶须要复杂得多，这是因为晶须增强相在基体中的分布基本是均匀弥散的，而纤维增强相则涉及在基体相中的空间取向，故增强增韧作用的影响因素除了纤维直径，纤维及基体的强度、弹性模量等力学性能，纤维及基体的热学性能（如热导率、膨胀系数等）以及界面的性质外，纤维在基体中的空间取向及分布更为重要。

表 9.4　几种纤维增强增韧陶瓷基复合材料的断裂功及冲击韧性

材料	断裂功/$(J \cdot m^{-2})$	冲击韧性/$(kJ \cdot m^{-2})$
Al_2O_3	40	48
热压烧结 Si_3N_4	100	193
BN_f/Si_3N_4	>4 000	632

9.3　氧化物结构陶瓷材料

氧化物结构陶瓷是发展较早、应用较广的一大类陶瓷材料，一般是指熔点高于 SiO_2 晶体熔点（1 730 ℃）的各种简单氧化物陶瓷，如 Al_2O_3、ZrO_2、BeO、MgO 等以及复合氧化物陶瓷，如 $3Al_2O_3 \cdot 2SiO_2$（莫来石）、$Al_2O_3 \cdot MgO$（尖晶石）、$2MgO \cdot 2Al_2O_3 \cdot 5SiO_2$（堇青石）等。

氧化物陶瓷是典型的离子型晶体，具有高强度、耐高温、抗氧化及良好的化学稳定性和电绝缘性等优异性能。其中 Al_2O_3 陶瓷具有优异的综合性能及相对较低的制造成本，是目前使用最多的氧化物陶瓷。相变增韧的 ZrO_2 陶瓷及 ZrO_2 增韧 Al_2O_3 陶瓷在现有陶瓷材料中具有最优异的力学性能，其抗弯强度可达 2.0 GPa，断裂韧性超过 15 $MPa \cdot m^{1/2}$，在现代工业领域得到越来越广泛的应用。

热膨胀系数及热导率是结构陶瓷的重要性质。氧化物陶瓷的热膨胀系数相差较大，如 MgO、ZrO_2 的热膨胀系数接近或大于 10×10^{-6} ℃$^{-1}$；而堇青石、锂辉石（$Li_2O \cdot Al_2O_3 \cdot 4SiO_2$）、熔融石英等陶瓷的热膨胀系数却非常低，通常小于 2×10^{-6} ℃$^{-1}$。BeO 陶瓷是目前热导率最高的陶瓷；Al_2O_3 陶瓷也具有较高的热导率，与不锈钢相当；而 ZrO_2 陶瓷的热导率较低。一般而言，离子晶体晶格的复杂化将引起热导率的减小，故莫来石、尖晶石的热导率都较小。

表 9.5 及表 9.6 列出了部分氧化物陶瓷的主要物性及热学性能。

氧化物陶瓷在机械、化工、电子、能源、环保、航天等领域作为耐热、耐磨损、耐腐蚀、绝缘和抗氧化等结构材料而得到广泛应用。

本节主要介绍常用的 Al_2O_3、ZrO_2、BeO、MgO、莫来石、低膨胀氧化物（复合氧化物）陶瓷、ZrO_2 增韧 Al_2O_3、ZrO_2 增韧莫来石等氧化物陶瓷。

表 9.5　部分氧化物陶瓷的主要物性

材料	熔点/℃	密度/(g·cm⁻³)	热导率/[W·(m·K)⁻¹]	
			500 ℃	1 000 ℃
Al_2O_3	2 015	3.97	10.9	6.2
BeO	2 550	3.01	65.4	20.3
SiO_2	2.20	2.20	1.6	2.1
ZrO_2	2 677	5.90	2.1	2.3
$3Al_2O_3 \cdot 2SiO_2$	1 850	3.16	4.4	4.0

表 9.6　部分氧化物陶瓷的热膨胀性能分类

类型	材料	热膨胀系数/(×10⁻⁶ K⁻¹)
高热膨胀系数	ZrO_2	11.4(20~1 000 ℃)
	BeO	8.8(20~1 000 ℃)
	Al_2O_3	8.5(20~1 000 ℃)
中热膨胀系数	$3Al_2O_3 \cdot 2SiO_2$	5.0(20~1 000 ℃)
低热膨胀系数	$2MgO \cdot 2Al_2O_3 \cdot 5SiO_2$	0.5~1(20~1 000 ℃)
	$Li_2O \cdot Al_2O_3 \cdot 4SiO_2$	1.9(20~1 000 ℃)
	熔融石英陶瓷	0.5(20~1 000 ℃)

9.3.1　氧化铝陶瓷

1. 氧化铝的晶体结构

氧化铝有许多同质异构晶体，研究报道的变体有 10 多种，如 α、β、γ、X、η、ζ、τ、ε、δ、θ、κ，除常见的 α-Al_2O_3、β-Al_2O_3、γ-Al_2O_3 外，其余的主要是铝土矿热分解过程中的过渡相。α-Al_2O_3 是氧化铝晶型中唯一热力学稳定的相，也是自然界稳定存在的一种矿物，α-Al_2O_3 矿物称为刚玉。纯净的刚玉晶体是无色透明的，含有微量 Cr^{3+} 离子的刚玉晶体呈淡红色，俗称红宝石；含有微量 Ti^{4+} 离子的刚玉晶体呈蓝色，俗称蓝宝石。

2. 氧化铝陶瓷的烧结

高密度氧化铝陶瓷烧结可分为两大类：① 通过扩散过程的固相烧结达到致密化，烧结过程中几乎不出现液相；② 借助液相的黏滞流动而达到致密化烧结。固相烧结的氧化铝陶瓷材料的纯度（>99.9wt%）高，主要应用在高温环

9.3 氧化物结构陶瓷材料

境并要求具有极好的耐腐蚀性的情况，如高压钠灯的透明氧化铝管。液相烧结可降低烧结温度和促进致密化，Al_2O_3 含量的范围一般为 80wt%～99wt%，材料内部含有晶界玻璃相或其他相。通过引入某些可与 Al_2O_3 生成固溶体的氧化物添加剂，可促进固相烧结，称为固溶活化烧结。添加剂主要有 TiO_2、Cr_2O_3 等。

3. 氧化铝陶瓷的显微结构与性能

作为结构材料使用的氧化铝陶瓷，其 Al_2O_3 含量通常不小于 95wt%，可高至 99.7wt%，表 9.7 列出了常用 Al_2O_3 陶瓷的配方及主要物性。

表 9.7　常用 Al_2O_3 陶瓷的配方及主要物性

名称		95 瓷	95 瓷	95 瓷	97 瓷	97 瓷	99 瓷
组分及含量/wt%	Al_2O_3	93.5	95.0	95.0	97.0	97.0	99.0
	高岭土	1.95	2.0		1.0	1.0	0.75
	滑石		3.0	3.75	1.3	0.8	
	$CaCO_3$	3.27		0.63			
	$MgCO_3$						0.25
	SiO_2			0.63			
	Cr_2O_3					0.05	
	Nb_2O_5					0.9	
	La_2O_3				0.5		
	$SrCO_3$				0.3	0.3	
主要物性	烧成温度/℃	1 600	1 610	1 760	1 740	1 740	1 750
	抗弯强度/MPa	>320	217	235	>320	>320	370～450
	体电阻/(Ω·m)	10^{11}～10^{12}	2×10^8	10^{11}	10^{11}	10^{11}	10^{12}～10^{13}

对于固相烧结的 99.9wt% 的 Al_2O_3 陶瓷，Al_2O_3 晶粒呈六角形或其他多边形等轴状，平均晶粒尺寸由 Al_2O_3 粉控制，一般含 0.25wt%MgO 等晶粒生长抑制剂，烧结后晶粒尺寸一般约为 2～3 μm，晶界较洁净，不含玻璃相。图 9.9 所示为固相烧结的 99.9wt% 的 Al_2O_3 陶瓷的显微组织。采用热压烧结或热等静压烧结，可获得晶粒尺寸更小(< 1 μm)，但晶粒形貌呈等轴状的显微结构。

许多工程氧化铝陶瓷含 99wt%～99.7wt% 的氧化铝，因此都含有非常少量玻璃相，通常在空气中于 1 600～1 700 ℃烧结，典型晶粒尺寸在 2～25 μm 之

图 9.9　固相烧结的 99.9wt% 的 Al_2O_3 陶瓷显微组织(谢志鹏，2011)

间，强度很高。对于这类 Al_2O_3 陶瓷的烧结，通常需掺入晶粒生长抑制剂(如 MgO)，否则将发生晶粒异常长大，导致显微结构的不均匀，降低材料的力学性能。

表 9.8 列出了纯度>99wt% 的 Al_2O_3 陶瓷的主要性能，可见 99.9wt% Al_2O_3 陶瓷的硬度(19.3 GPa)非常高、抗弯强度(550~600 MPa)大、热导率 $[38.9\ W/(m\cdot K)^{-1}]$ 高；99wt%~99.7wt% 的 Al_2O_3 陶瓷的性能同样优异，但不含 MgO 的 99.7% Al_2O_3 陶瓷因发生再结晶，其抗弯强度明显下降，只有 160~300 MPa。

表 9.8　Al_2O_3(>99wt%) 陶瓷的典型性能数据

项目	>99.9wt%	>99.7wt%[1]	>99.7wt%[2]	99wt%~99.7wt%
密度/($g\cdot cm^{-3}$)	3.96~3.98	3.6~3.89	3.65~3.89	3.89~3.96
硬度 HV/GPa	19.3	16.3	15~16	15~16
抗弯强度/MPa	550~600	160~300	245~412	370~450
断裂韧性/($MPa\cdot m^{1/2}$)	3.8~4.5			5.6~6
弹性模量/GPa	400~410	300~380	300~380	330~400
抗压强度/MPa	>2 600	2 000	2 600	2 600
热膨胀系数(200~1 200 ℃)/($\times10^{-6}\ K^{-1}$)	6.5~8.9	5.4~8.4	5.4~8.4	6.4~8.2
室温热导率/$[W\cdot(m\cdot K)^{-1}]$	38.9	28~30	30	30.4

注：① 不含 MgO 但再结晶试样；

　② 含 MgO。

94.5wt%~99wt%氧化铝陶瓷的晶界有较多玻璃相,晶粒形貌一般以等轴状为主,但少数可能发育为短柱状或板状。图 9.10 所示为 96wt%氧化铝陶瓷的显微组织,可以明显看出晶粒不完全是等轴状。

50 μm

图 9.10 96wt%氧化铝陶瓷的显微组织(添加 MgO)(谢志鹏,2011)

含玻璃相氧化铝陶瓷的力学性能取决于玻璃相的热导率和晶化程度,特别是晶界玻璃相析晶引起的体积变化可能产生微裂纹,降低强度。常见的 96wt%氧化铝陶瓷及其他 80wt%~99wt%的氧化铝陶瓷的性能数据如表 9.9 所示。

表 9.9 Al_2O_3(>80wt%) 陶瓷的典型性能数据

项目	96.5wt% ~ 99wt%	94.5wt% ~ 96.5wt%	86wt% ~ 94.5wt%	80wt% ~ 86wt%
密度/(g · cm^{-3})	3.73~3.8	3.7~3.9	3.4~3.7	3.3~3.4
硬度 HV/GPa	12.8~15	12~15.6	9.7~12	
抗弯强度/MPa	230~350	310~330	250~330	200~300
断裂韧性/(MPa · m$^{1/2}$)				3~4
弹性模量/GPa	300~380	300	250~300	200~240
抗压强度/MPa	1 700~2 500	2 000~2 100	1 800~2 000	
热膨胀系数(20~800 ℃)/(×10^{-6} K^{-1})	8~8.1	7.6~8	7.6~7	
热导率/[W · (m · K)$^{-1}$]	24~26	20~24	15~20	
烧成温度/℃		1 520~1 600	1 440~1 600	

晶界的玻璃相并非完全有害,适量的玻璃相有利于陶瓷表面金属化,实现陶瓷与陶瓷或陶瓷与金属的连接。氧化铝陶瓷表面 Mo(Mn)金属化工艺通常是

将 Mo、MnO、SiO_2 三者与有机黏结剂混合制成浆料，涂覆或用网板印刷在 Al_2O_3 陶瓷表面，再于 1 300~1 500 ℃在氢气中烧结。

4. 氧化铝陶瓷的特性与工业应用

Al_2O_3 陶瓷的主要优点有：① 硬度高（莫氏硬度为 9），耐磨性好；② 良好的机械强度，抗弯强度通常可达 300~500 MPa；③ 耐热性能优异（连续使用温度可达 1 000 ℃）；④ 电阻率高，电绝缘性能好，特别是具有优异的高温绝缘性和抗电压击穿性能，常温电阻率为 10^{15} Ω·cm，绝缘强度为 15 kV·mm^{-1}；⑤ 化学稳定性好，硫酸、盐酸、硝酸、氢氟酸都不与 Al_2O_3 作用，许多复合的硫化物、磷化物、氯化物、氮化物、溴化物也不与 Al_2O_3 反应；⑥ 耐高温腐蚀性好，能较好地抗 Be、Sr、Ni、Al、V、Ta、Mn、Fe、Co 等熔融金属的侵蚀，对 NaOH、玻璃、炉渣的侵蚀也有很高的抵抗能力；⑦ 透光性，可制成透明和半透明材料。因此，Al_2O_3 陶瓷在现代工业领域得到广泛应用。主要应用如下：

1）机械工业领域。利用 Al_2O_3 的高硬度和耐磨性可以制造切削金属的陶瓷刀头、拉丝模、轴承球、球磨介质及各种耐磨瓷件。

2）电子工业领域。利用其优良的电绝缘性，95wt%或 96wt% Al_2O_3 陶瓷可用来制造陶瓷基板、真空开关陶瓷管壳、真空电器件绝缘陶瓷等。其中 Al_2O_3 陶瓷基板具有良好的介电特性和热导率，尤其是其制造成本低（远低于 AlN 等高热导率材料），因此，目前仍是应用最广的陶瓷基板材料。

3）高温环境中应用。氧化铝陶瓷常用作加热元件，如坩埚、热电偶保护管、炉管等。

4）化工、轻工、纺织等领域。Al_2O_3 陶瓷作为各种耐磨部件而得到广泛使用，特别是 95wt% Al_2O_3 陶瓷，如用作柱塞泵、机械垫圈、喷嘴、耐磨损衬套、衬板、水阀片等。

9.3.2 氧化锆陶瓷

1. 氧化锆的晶体结构

纯氧化锆具有立方相（cubic）、四方相（tetragonal）和单斜相（monoclinic）三种晶型，分别记为 c-ZrO_2、t-ZrO_2、m-ZrO_2，它们分别稳定于高温、中温及低温区。氧化锆三种晶型的相互转变呈如下关系：

$$m\text{-}ZrO_2 \Longleftrightarrow t\text{-}ZrO_2 \Longleftrightarrow c\text{-}ZrO_2 \rightarrow 熔融$$

其中，m-$ZrO_2 \Longleftrightarrow$ t-ZrO_2 正向转变温度约为 1 170 ℃，并伴有 7%~9%的体积收缩，而 t-$ZrO_2 \Longleftrightarrow$ m-ZrO_2 逆向转变温度约为 950 ℃，即由四方相转变为单斜相有滞后现象，同时伴有 3%~4%的体积增加。t-$ZrO_2 \Longleftrightarrow$ c-ZrO_2 转变温度为 2 370 ℃，c-ZrO_2 的熔融温度为 2 680 ℃。

2. 增韧氧化锆陶瓷的制备与性能

由于纯 ZrO_2 在加热、冷却过程中，晶型转变引起体积变化，因此难以烧得块状致密陶瓷。当烧结升温至 1 100 ℃ 左右时，ZrO_2 颗粒发生的突然收缩将影响整个体系的颗粒重排过程；当高温烧结致密后降温至 1 000 ℃ 左右时，ZrO_2 发生的突然膨胀又将导致制品的严重开裂，以致无法得到致密块状纯 ZrO_2 陶瓷材料。

为了消除体积变化的破坏作用，通常在纯 ZrO_2 中加入适量立方晶型氧化物稳定剂，这类氧化物的金属离子半径与 Zr^{4+} 相近，如 MgO、CaO、CeO、Y_2O_3 等，在高温烧结时它们将与 ZrO_2 形成立方固溶体，消除了单斜相与四方相的转变及相应的体积变化，所得到的 ZrO_2 陶瓷称作稳定化的 ZrO_2 陶瓷。如果添加的氧化物量较少，则可将部分四方相 ZrO_2 亚稳定至室温，称作部分稳定 ZrO_2 陶瓷。

稳定化 ZrO_2 陶瓷的室温及高温力学性能一般，优点是耐火度高，比热容与热导率小，是理想的高温隔热材料，可以用作高温炉内衬，也可作为各种耐热涂层，改善金属或低耐火度陶瓷的耐高温、抗腐蚀能力。

作为承载用的增韧氧化锆陶瓷通常指部分稳定氧化锆陶瓷，可分为两大类：① 部分稳定氧化锆（partially stabilized zirconia，PSZ）陶瓷；② 四方氧化锆多晶（tetragonal ziroconia polycrystal，TZP）陶瓷。

（1）部分稳定氧化锆陶瓷

部分稳定氧化锆陶瓷的结构特征是在立方相 ZrO_2 基体内均匀分散着细小的亚稳四方 ZrO_2 析出相，添加物主要有 MgO、CaO、Y_2O_3 等，可单组分加入，也可多组分加入。在外界应力作用下，这些四方相 ZrO_2 转变为单斜相 ZrO_2，产生增韧增强效应。

部分稳定氧化锆陶瓷的制备过程也是制粉、成型及烧结。其关键是烧结过程，包括固溶与退火热处理等。以氧化镁稳定氧化锆陶瓷为例，固溶是使 ZrO_2 与 MgO 等稳定剂充分固溶形成立方氧化锆固溶体。形成立方相的固溶体随后迅速冷却至室温，冷却速度一般为 500 ℃·h^{-1}，由于冷速较快以致不能析出平衡数量的四方相，但却能促使很细的四方相析出物均匀成核。

重新加热到 1 400 ℃ 进行退火热处理，使四方相晶核粗化并抑制 MgO 进入立方相 ZrO_2 基体，在立方相基体中出现很细的凸透镜状四方相析出物。重新冷却至室温，使小的四方相 ZrO_2 在冷却时以亚稳态形式保留下来，较粗的四方相颗粒在冷却时可能自发地转变为单斜相。图 9.11 所示为添加 7mol% Y_2O_3 的部分稳定氧化锆陶瓷的显微结构，左上角为在立方相 ZrO_2 基体中的四方相 ZrO_2 的电子显微组织。

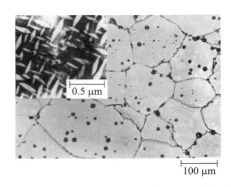

图 9.11　添加 7mol%Y_2O_3 的部分稳定氧化锆陶瓷的显微组织（谢志鹏，2011）

表 9.10 列出了添加 MgO、Y_2O_3 等氧化物的部分稳定氧化锆陶瓷的主要性能。

表 9.10　高强度和高抗热震性 Mg-PSZ 的主要性能

性能指标		高强度 Mg-PSZ	高抗热震性 Mg-PSZ
抗弯强度/MPa	20 ℃	690	600
	820 ℃	370	350
断裂韧性/（MPa·$m^{1/2}$）	20 ℃	9	8.15
	820 ℃	5	5
弹性模量/GPa		205	205
硬度 HV/GPa		11.2	10.2
热膨胀系数（25～925 ℃）/（×10^{-6} K^{-1}）		10.0	8.6
热导率/［W·(m·K)$^{-1}$］		18	22
抗热震性/℃		300	500

（2）四方氧化锆多晶陶瓷

Y_2O_3 稳定的四方氧化锆多晶陶瓷，因四方相的可相变量多而成为目前力学性能非常优异的结构陶瓷。Y-TZP 陶瓷的商业化产品，其室温抗弯强度通常为 800～1 200 MPa，断裂韧性为 8～12 MPa·$m^{1/2}$。而在实验室研究的 Y-TZP 陶瓷的抗弯强度和断裂韧性分别达到 2 000 MPa 和 20 MPa·$m^{1/2}$。图 9.12 所示为添加 2mol%Y_2O_3 稳定的四方氧化锆多晶陶瓷显微组织。

以 CeO_2 稳定的四方氧化锆多晶陶瓷的抗弯强度不如 Y_2O_3 稳定的四方氧化锆多晶陶瓷，但具有更高的断裂韧性，经常压烧结后再进行热等静压，当晶

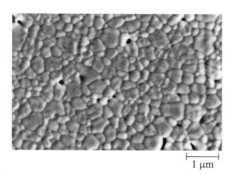

图 9.12 添加 2mol% Y_2O_3 稳定的四方氧化锆多晶陶瓷显微组织(谢志鹏，2011)

粒尺寸为 1 μm 及 CeO_2 含量为 12mol% 时，断裂韧性高达 30 MPa·$m^{1/2}$。

3. 氧化锆陶瓷的典型应用

氧化锆陶瓷在现代工业和生活中得到广泛的应用，主要应用介绍如下：

（1）研磨介质（即不同尺寸的研磨球或微珠）

通常采用 Y-TZP 陶瓷。同其他研磨介质如氧化铝和玛瑙相比，由于 Y-TZP 陶瓷研磨介质的密度高、强度和韧性很高，因此具有优异的耐磨性和非常高的研磨效率，并可防止物料污染，特别适用于湿法研磨和分散的场合，目前已广泛应用于陶瓷、磁性材料、涂料、釉料、医药、食品等工业领域。其典型性能如下：密度为 6.0 g·cm^{-3}，抗弯强度为 1 200 MPa，维氏硬度为 12.5HV（GPa），弹性模量为 210 MPa，断裂韧性为 6.0 MPa·$m^{1/2}$。

（2）陶瓷轴承

采用 TZP 制备的陶瓷轴承具有耐磨损、耐酸碱、耐腐蚀、转速高、噪音低、不导电、不导磁、相对金属轴承质量轻等特点，并且能在润滑条件恶劣的工况下作业，因此该轴承可应用于石油、化工、纺织、医药等领域。

（3）陶瓷插芯和套筒

目前光纤连接器接插件广泛使用 Y-TZP 陶瓷插芯和套筒。采用高强度和高韧性的数百纳米细晶粒 Y-TZP 陶瓷制备的陶瓷插芯，不但可达到高精度的要求，而且使用寿命长，插入损耗和回波损耗非常低。

（4）发动机零部件

ZrO_2 陶瓷的热导率小，而热膨胀系数又比较大，所以用它做成发动机燃烧室的零部件有很好的隔热性，同时其热膨胀系数又与金属材料较接近。部分稳定的 ZrO_2（PSZ）用于制备陶瓷零部件，包括缸盖底板、气缸内衬、活塞顶、气门座圈等。由于发动机工作条件的苛刻性，PSZ 陶瓷部件在高温下强度变化较大，因此距离商业应用仍有一段距离，但 ZrO_2 陶瓷涂层已在发动机零部件上获得应用。

（5）冶金高温应用

氧化锆是一种弱酸性氧化物，它能抵抗酸性或中性熔渣的侵蚀（但会被碱性炉渣侵蚀），采用 PSZ 作为耐火坩埚，用于真空感应熔化或在空气气氛中熔化高温金属，如钴合金或贵金属铂、钯、铑。PSZ 对酸碱熔渣和钢水是相当稳定的，氧化锆与其他耐火材料相比，其相对较高的价格使其只能应用于有特殊性能要求的场合。

（6）耐磨结构件

利用 TZP 陶瓷的高强度、高韧性、耐磨损、抗腐蚀的特点，可以制备高压泵用陶瓷柱塞、石油钻井用陶瓷缸套、抽油泵陶瓷阀和球阀等，广泛用于石油、化工、食品、机械等行业。制备的陶瓷拉线轮，用于电线、电缆、电子等部门的线材生产上。此外，还可制备喷嘴、陶瓷轧辊、研磨环等产品。

（7）生物医用材料

氧化锆由于其高强度、高韧性、耐腐蚀、耐磨损和良好的生物相容性，已广泛应用于口腔齿科材料，开始用作牙桩。早期，氧化锆大量应用于髋关节植入材料，如氧化锆髋关节球和帽，但由于长时间使用后会发生老化现象，导致材料性能下降和表面凸起。现在已不再使用氧化锆陶瓷髋关节球，而使用性能稳定的、细晶粒的氧化铝基陶瓷复合材料。

（8）日用生活品

氧化锆陶瓷表面光洁、质感好，不氧化，比金属具有更好的耐磨性，已用于制造高档手表的表壳、表链、刀及剪刀。

9.3.3　氧化铍陶瓷

氧化铍（BeO）陶瓷是所有陶瓷材料中热导率最大的，其室温下的热导率可达 310 W·(m·K)$^{-1}$，与金属铝相近。同时，其具有良好的高温绝缘性、热稳定性和耐高温特性，以及低介电常数和低介质损耗，从而在真空电子技术、核技术、微电子与光电子技术、特种冶金等领域得到广泛应用。

1. 氧化铍的晶体结构与物性

氧化铍为纤锌矿（ZnS）型结构，属六方晶系晶体结构。氧离子为六方紧密堆积，较小的铍离子处于中间并和氧离子形成四面体配位，结构稳定，约在 2 050 ℃时出现晶型转变，即从低温型（也称 α 型）转变为高温型（也称为 β 型）。高温型 BeO 属四方晶系的金红石型结构，晶型转变导致密度也发生变化，由低温型的 3.02 g·cm^{-3} 降低至高温型的 2.69 g·cm^{-3}。

氧化铍的熔点为（2 570±30）℃，纯氧化铍密度为 3.02 g·cm^{-3}，莫氏硬度为 9，晶体的显微硬度为 15.2HV（GPa），热膨胀系数在室温至 1 000 ℃范围的

平均值为 $(5 \sim 8.9) \times 10^{-6} \, ℃^{-1}$。

BeO 的电阻率很高，20 ℃时的电阻率为 $10^{17} \, \Omega \cdot cm$，1 500 ℃时的电阻率为 $10^{5} \, \Omega \cdot cm$；介电常数在 20 ℃，1 MHz 时为 6.5；介质损耗小，如在 10 MHz，100 ℃时的 $\tan \delta$ 为 0.000 4，300 ℃时为 0.000 43。

值得注意的是，氧化铍陶瓷粉末和氧化铍蒸气都有毒性，操作时应进行防护，但烧结后的氧化铍陶瓷没有毒性。

2. 氧化铍陶瓷的主要性能指标

表 9.11 列出了国内外氧化铍陶瓷的主要性能指标。

表 9.11 国内外氧化铍陶瓷的主要性能指标

性能指标	美国氧化铍公司	美国 BRUSH 公司	国内研制水平
介电常数	6.6(1 MHz)	6.73	7.2
	6.7(10 GHz)	6.67	6.93
$\tan \delta / 10^{-4}$	3(2 MHz)	4(1 MHz)	1.4(1 MHz)
	9(10 GHz)	40(10 GHz)	3.6(10 GHz)
电阻率/($\Omega \cdot cm$)	1×10^{15}	1×10^{15}	4×10^{15}
介电强度/($kV \cdot mm^{-1}$)	11.8(厚 3.17 mm)	9(厚 6.35 mm)	50(厚 1.5 mm)
热导率/[$W \cdot (m \cdot K)^{-1}$]	265	285(25 ℃) 220(100 ℃)	286(25 ℃) 215(100 ℃)
线膨胀系数/($\times 10^{-6} \, K^{-1}$)	8.0(25~1 000 ℃)	9.0(25~1 000 ℃)	7.6(25~500 ℃) 9.0(25~1 000 ℃)
抗弯强度/MPa	242	220	230
密度/($g \cdot cm^{-3}$)	2.85	2.85	2.92

3. 氧化铍陶瓷的特点与应用

（1）氧化铍陶瓷的主要特点

1）极高的热导率。目前，95wt%BeO 陶瓷的热导率 $\geqslant 176 \, W \cdot (m \cdot K)^{-1}$，99wt%BeO 陶瓷的热导率 $\geqslant 220 \, W \cdot (m \cdot K)^{-1}$，远远高于其他氧化物陶瓷。但随温度升高，热导率下降较快。

2）优异的抗热震性。BeO 陶瓷可承受多次由 1 500 ℃的高温至室温的急冷的热交换处理而不破坏，其抗热震性高于其他氧化物陶瓷材料，这是由于其优异的导热性，同时热膨胀系数也不大。

3）良好的高温稳定性和电绝缘特性。由于氧化铍的蒸气压较低，在

1 800 ℃高真空下可以长期使用，在 2 000 ℃的惰性气氛中没有明显的质量损失。

4）化学特性。BeO 介于 Al_2O_3 和 MgO 之间，属于弱碱性；高温下 BeO 烧结体与水蒸气发生反应，这是由于 BeO 和 H_2O 反应生成了挥发性的 $Be(OH)_2$。BeO 陶瓷能抵抗碱性物质的侵蚀，但易受酸的侵蚀生成可溶性的铍盐。

5）较高的机械性能。99wt%BeO 陶瓷的抗弯强度可达 250 MPa，其突出特点是在温度升高时，机械强度下降比其他氧化物陶瓷都要缓慢。

（2）主要应用

1）在电子工业中可制作大功率散热器件，电真空器件，混合集成电路，大功率半导体器件。

2）冶金工业上用来做冶炼稀有金属、高纯金属铍、铂、钒的坩埚及容器，可以熔化碱类及其碳酸盐，可以长时间保存液态氧化铅和熔融硼酸盐。也是熔制高纯度金属铀的最好的坩埚材料，由于铀不浸润 BeO 陶瓷，所以铀熔体能够很容易地从坩埚上分离开。

3）可用作常温和高温下的核反应堆的结构件，包括中子减速剂和防辐射材料，这是因为氧化铍陶瓷具有较低的中子俘获截面积和较高的中子减速能力，在热中子产生时，对促进^{235}U 裂变十分有效。此外，氧化铍陶瓷还可用作核反应堆中的控制棒，它和 UO_2 陶瓷可以联合使用而成为核燃料。

4）透明 BeO 陶瓷可做存储装置的微波基板和集成电路板，可制作仪器的高温观察窗。

9.3.4 氧化镁陶瓷

1. 氧化镁的晶体结构与物性

MgO 是立方晶系结构的离子键化合物，属于 NaCl 面心立方结构，单位晶胞含有 4 个 MgO 分子，每个 O^{2-} 离子被 6 个 Mg^{2+} 离子包围。同样，每个 Mg^{2+} 离子也被 6 个 O^{2-} 离子包围。

MgO 的熔点为 2 800 ℃，密度为 3.58 $g \cdot cm^{-3}$，弹性模量为 300 GPa，莫氏硬度为 6，热导率高，热膨胀系数较大，在 0~1 000 ℃范围内为 13.9×10^{-6} ℃$^{-1}$。室温下电阻率大于 10^{14} $\Omega \cdot cm$，是良好的绝缘体，随温度升高电阻率急剧降低，高于 2 300 ℃时易挥发。

2. 氧化镁陶瓷的特点与应用

（1）主要特点

1）熔点高达 2 800 ℃，蒸气压较高，真空中温度达 2 300 ℃时容易挥发，所以氧化镁制品使用温度在空气中限制在 2 200 ℃以下，还原气氛中为

1 700 ℃，真空中为 1 600 ℃。

2）属于弱碱性材料，具有良好抗碱性熔渣侵蚀能力。

3）在高温下氧化镁很容易被碳还原成金属镁，如果在空气中，被还原的金属镁立即与空气中的氧作用形成氧化镁的白色浓烟；在氮气气氛中，氧化镁和碳不起作用。此外，氯气在高温下能腐蚀氧化镁。

4）热膨胀系数大，在所有纯氧化物陶瓷中属于最高者之一，其抗热震性并不好。

（2）主要应用

1）用作熔炼金属的坩埚或金属溶液浇注用模子，这些金属包括铁、镍、锌、铝、钼、镁、铜、铂、钴，它们都不与多晶氧化镁发生作用。此外，在原子能工业中熔炼高纯度钍和铀也很合适。

2）用作高温热电偶保护管，保护金属电偶丝在高温下不被氧化脆裂，尤其是在 2 000 ℃ 以上，例如，镁铝尖晶石单晶炉的热电偶套管，只能采用 MgO 陶瓷保护管。

3）透明 MgO 陶瓷，可以用作雷达罩、红外探测器罩、化工窗口材料等。但是由于 MgO 陶瓷的热膨胀系数大，抗热震性差，难于进行陶瓷金属封接，加之在空气中高温易蒸发，因而不适宜做高压钠灯。

4）高温炉的炉衬材料，特别是用于碱性炉衬的炼炉中，使用温度可达 1 900 ℃。

9.3.5 莫来石陶瓷

1. 莫来石的晶体结构与性质

莫来石晶体属斜方晶系。莫来石是有缺陷的结构，为非化学计量固体。平均化学组成近似在 $3Al_2O_3 \cdot 2SiO_2$ 和 $3Al_2O_3 \cdot SiO_2$ 之间（通常表示为 3：2 和 3：1）。莫来石的密度为 3.17 $g \cdot cm^{-3}$，熔点为 1 870 ℃，弹性模量为 200 GPa，莫氏硬度为 6～7，热导率为 5.48 $W \cdot (m \cdot K)^{-1}$，热膨胀系数在 20～400 ℃，平均值为 4.2×10^{-6} ℃$^{-1}$，而在 20～1 000 ℃ 的平均值为 5.6×10^{-6} ℃$^{-1}$，介电常数在 25 ℃，1MHz 时为 6.4～7.0。

2. 莫来石陶瓷的性能及应用

致密莫来石陶瓷的主要性能如表 9.12 所示。其显著的特点是高温强度优异，通常高温强度高于室温强度，在 1 300 ℃ 时抗弯强度显著提高。可通过在 1 500 ℃ 长时间热处理使组成中非晶态的二氧化硅发生结晶形成高温方石英，从而使这一强度的峰值后移。此外，莫来石陶瓷的高温稳定性和抗蠕变性好，隔热性能优异，其热导率小；相对于 Al_2O_3 和 ZrO_2 陶瓷，其热膨胀系数较低。但其不足之处是断裂韧性较低，一般为 2 $MPa \cdot m^{1/2}$ 左右。

由于莫来石的高温热学性能和力学性能优异，而室温性能并不突出，因此高纯莫来石陶瓷主要在高温环境下使用：① 高温隔热部件，例如，在先进陶瓷发动机中用作缸盖底板；② 热交换器部件，如炉芯管、热电偶管和坩埚；③ 在高温隧道窑中，莫来石陶瓷用作传送带和滚筒，取代不锈钢，用于 1 000 ℃以上陶瓷元件的烧结；④ 莫来石陶瓷对气体的抗腐蚀性优于氧化锆，且气密性好，适用于制作保护管；⑤ 高温垫板和喷嘴。

表 9.12　致密莫来石陶瓷的特性

密度/(g·cm^{-3})		3.16~3.22
硬度 HV/GPa	室温	13~15
	1 000 ℃	10
断裂韧性 K_{Ic}/(MPa·m$^{1/2}$)		1.5~3
弹性模量/GPa		140~250
抗弯强度/MPa		150~500
热膨胀系数(300~900 ℃)/(×10^{-6} K^{-1})		3.1~4.1 // a
		5.6~7.0 // b
		5.6~6.1 // c
室温下热导率/[W·(m·K)$^{-1}$]	100 ℃	6.07
	600 ℃	4.31
	1 000 ℃	3.98
	1 400 ℃	3.89

9.3.6　低膨胀氧化物(复合氧化物)陶瓷

低热膨胀系数陶瓷($\alpha<2.0\times10^{-6}$ ℃$^{-1}$)具有优异的抗热震性，是一类重要的耐热结构陶瓷材料。主要有董青石、钛酸铝、熔融石英、锂铝硅酸盐陶瓷等。

低膨胀氧化物具有非立方结构。大多数低膨胀系数氧化物的共同结构特征是在最低膨胀方向上，常含有链状或螺旋状的共顶连接的多面体，在三维空间延伸，键长变化小；具有开放的结构或结构中存在空旷的通道或孔腔，可以填入小原子，晶格可以容纳键的横向振动热能，这就是低膨胀氧化物都存在很大的各向异性膨胀的原因。在某个方向为负膨胀，导致整体膨胀系数显著降低。

此外，因膨胀的各向异性导致冷却时晶界上产生内应力，当应力超过抗拉强度时产生微裂纹，微裂纹也可以吸收热振动，从而导致低膨胀。

部分常用低膨胀氧化物晶体的各向异性膨胀系数见表 9.13。

表 9.13 部分常用低膨胀氧化物晶体的各向异性膨胀系数

晶体	垂直于 c 轴的膨胀系数/($\times 10^{-6}$ K^{-1})	平行于 c 轴的膨胀系数/($\times 10^{-6}$ K^{-1})
堇青石($2MgO \cdot 2Al_2O_3 \cdot 5SiO_2$)	2.9	-0.9
钛酸铝($Al_2O_3 \cdot TiO_2$)	-2.6	11.5
锂辉石($Li_2O \cdot Al_2O_3 \cdot 4SiO_2$)	6.5	-2.0
锂霞石($Li_2O \cdot Al_2O_3 \cdot 2SiO_2$)	8.2	-17.6

常用低膨胀结构陶瓷性能及主要用途如下：

1）堇青石陶瓷。目前堇青石陶瓷多以蜂窝陶瓷形式应用，其热膨胀系数及抗弯强度不仅决定于原料配方及烧结工艺，还受制品的气孔尺寸及气孔率影响。超低膨胀堇青石蜂窝陶瓷的平均孔径约为 2.0~3.3 μm，开口气孔率范围（14vol%~36vol%）较大。热膨胀系数可控制在（-0.05~0.63）$\times 10^{-6}$ ℃$^{-1}$ 范围内，抗弯强度较小，一般低于 30 MPa。

堇青石陶瓷具有低的热膨胀系数、优异的高温稳定性、良好的红外辐射能力及化学稳定性，已在汽车、环保、冶金、化工等领域获得了广泛的应用。如汽车尾气净化用催化剂载体、高温液体与微粒过滤、红外辐射材料及窑具材料等。

2）钛酸铝陶瓷。钛酸铝是一种兼具高熔点、低膨胀、低热导率等性质的工业陶瓷材料。熔点高（1 860 ℃），热膨胀系数小，在 20~1 000 ℃仅为（0.5~2.0）$\times 10^{-6}$ ℃$^{-1}$，热导率小于 2.0 W · (m · K)$^{-1}$。利用钛酸铝陶瓷的耐高温、抗热震和隔热性能，可制作汽车发动机中的排气管和排气道的隔热部件。

钛酸铝还具有抗渣、耐蚀及铝熔液不浸润特性，因而广泛用于冶金工业。

3）熔融石英陶瓷。熔融石英陶瓷又称为石英陶瓷，是一种主要由玻璃相组成，而不是以结晶相为主的陶瓷材料。它是以熔融石英或石英玻璃为原料，通过粉碎、球磨、成型、烧结而得到的材料。

熔融石英陶瓷不仅具有石英玻璃的许多性质，如密度小、热膨胀系数小、热稳定性好、热导率低、电绝缘性好、耐化学侵蚀性好，而且还有一个最大优点就是，在 1 100 ℃ 以下其强度随温度的升高而显著增大，由室温升高至1 100 ℃时,强度可增加33%。

熔融石英陶瓷的性质随气孔率的不同略有差异，热膨胀系数约为 0.5×10^{-6} ℃$^{-1}$，热导率小于 1.0 W·(m·K)$^{-1}$，抗弯强度较小，一般小于 60 MPa。熔融石英陶瓷具有的上述性能特点使其在飞船、火箭、导弹、原子能、微电子及钢铁、有色金属、玻璃等工业中得到越来越多的应用。

4）锂质陶瓷。锂质陶瓷包括锂辉石、锂霞石和透锂长石（$Li_2O \cdot Al_2O_3 \cdot 8SiO_2$）等，是一类无膨胀和低膨胀陶瓷。在 400～500 ℃以下，锂质陶瓷显示出负的膨胀系数，即这类陶瓷材料加热时不仅不膨胀，反而收缩；即使温度在 800 ℃，其热膨胀系数也非常小，低于熔融石英玻璃，因此具有特别优异的抗热震性。图 9.13 所示为锂辉石和透锂长石的膨胀特性。

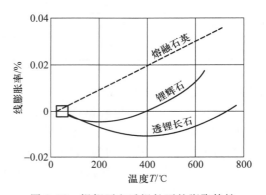

图 9.13　锂辉石和透锂长石的膨胀特性

目前应用最为广泛的锂质陶瓷为锂辉石陶瓷。如利用其优异的抗热震性，制作窑具、感应加热部件（如微波炉垫盘）、高温夹具、高压输电绝缘子、家庭用耐火餐具；利用其极低或零的热膨胀系数，制备叶轮翼片、喷气发动机部件、喷嘴衬片、内燃机部件以及要求尺寸极其稳定的高精度电子元件等。

9.3.7　氧化锆增韧氧化铝陶瓷

1. 氧化锆增韧氧化铝陶瓷简述

氧化铝陶瓷硬度高，弹性模量大，具有优异的化学稳定性和高温性能，但其断裂韧性比较低，一般为 3 MPa·m$^{1/2}$，因此表现出较大的脆性。通过添加第二相颗粒或晶须进行 Al_2O_3 增韧补强得到普遍关注，而在 Al_2O_3 中引入 ZrO_2 被认为是改善 Al_2O_3 陶瓷断裂韧性和强度的最有效方法。

2. 氧化锆增韧氧化铝体系及其增韧机制

氧化锆增韧氧化铝（zirconia toughened alumina，ZTA）的增韧机制与部分稳定氧化锆陶瓷相同。在 ZrO_2-Al_2O_3 复合陶瓷中，ZrO_2 颗粒以独立分散形式存

在于 Al_2O_3 基体中，在制造和使用过程中由于存在四方(t)——→单斜(m)的相转变，而伴随产生体积膨胀和切应变，使 ZrO_2 颗粒在体系中的增韧途径存在多种形式，如应力诱导相变增韧、微裂纹增韧、裂纹转向增韧。此外，表面层 ZrO_2 发生相变产生压应力同样具有强韧化作用。大量研究表明，应力诱导相变增韧和微裂纹增韧是 ZTA 材料的两种主要韧化机制，并且这两种增韧机制是可以叠加的。对于具体某一种 ZTA 材料是以何种增韧机制为主，又与引入的 ZrO_2 颗粒的尺寸大小、加入量，特别是 ZrO_2 是否已稳定化处理有关。目前有关增韧机制研究最多的体系主要有两类：一类是不含稳定剂的 ZrO_2 增韧 Al_2O_3 陶瓷；另一类是含稳定剂(如 Y_2O_3 、CeO_2)的 ZrO_2 增韧 Al_2O_3 陶瓷。

图 9.14 所示为 ZrO_2 增韧 Al_2O_3 陶瓷的显微组织，可以看出，细小的 ZrO_2 颗粒均匀分布在 Al_2O_3 颗粒基体间。

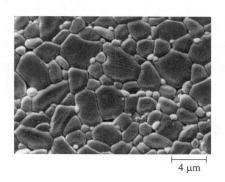

4 μm

图 9.14　ZrO_2 增韧 Al_2O_3 陶瓷的显微组织(黄勇，2008)

3. 不同体系氧化锆增韧氧化铝陶瓷的特性

对于不含稳定剂的 ZrO_2 增韧 Al_2O_3 陶瓷，增韧机制为微裂纹增韧，通常 ZTA 材料的断裂韧性会增大并达到一个峰值，但是其强度随加入的 ZrO_2 体积分数的增加而下降，特别是在达到某一临界值时，强度会剧烈下降，这是因为众多微裂纹相互连接后形成大的缺陷所致。因此这一体系作为先进结构陶瓷部件应用较少，而在高级耐火材料中有很好的应用价值，因为微裂纹的存在可使材料具有良好的抗热震性。

对于含稳定剂的亚稳四方相 ZrO_2 增韧 Al_2O_3 陶瓷，由于其增韧机制以应力诱导相变为主，通常随加入四方 ZrO_2 粒子体积分数的增加，ZTA 材料的断裂韧性和抗弯强度都会增大，如表 9.14 所示。

表 9.14 热压烧结 ZTA 强度和韧性随 t-ZrO₂ 含量变化

ZTA 中 t-ZrO₂ 含量/vol%	15	25	50	75
抗弯强度/MPa	950	960	1 000	1 590
断裂韧性/(MPa·m¹ᐟ²)	5.6	6.6	11.1	14.4

9.3.8 氧化锆增韧莫来石陶瓷

莫来石陶瓷具有非常好的抗高温蠕变性和抗热冲击性能，是一种有吸引力的结构材料。但由于其室温力学性能不高，特别是断裂韧性只有 $2\ \mathrm{MPa\cdot m^{1/2}}$，从而限制了它的应用。将具有相变增韧或微裂纹增韧作用的四方 $\mathrm{ZrO_2}$ 引入莫来石陶瓷中，可以较大幅度提高莫来石材料的室温力学性能。目前采用不同方法制得的氧化锆增韧莫来石(zirconia toughened mullite，ZTM)陶瓷的室温强度和韧性可分别达到 $300\sim520\ \mathrm{MPa}$ 和 $3.2\sim5.7\ \mathrm{MPa\cdot m^{1/2}}$，并且保持其良好的高温性能。与纯莫来石陶瓷材料的抗弯强度($\sim200\ \mathrm{MPa}$)和断裂韧性($\sim2.0\ \mathrm{MPa\cdot m^{1/2}}$)相比，ZTM 陶瓷材料的室温力学性能得到明显改善，扩大了其应用领域。

9.4 氮化物陶瓷

氮化物陶瓷是 20 世纪 70 年代后迅速发展起来的一类具有高强度、高硬度，耐高温以及热学、电学性能优良的陶瓷材料，其中最为重要的是 $\mathrm{Si_3N_4}$、AlN、BN 以及在 $\mathrm{Si_3N_4}$ 晶格中固溶 Al、O 形成的 Sialon(赛隆)陶瓷。

氮化物几乎都是通过人工合成以共价键结合的高温化合物，除了 $\mathrm{Si_3N_4}$、AlN、BN 外，还有稀有及难熔金属(Ti、Zr、Hf、Ta、Nb、V 等)的氮化物。晶体结构多为六方晶系和立方晶系。表 9.15 列出常用氮化物陶瓷的主要性质，其主要特征如下：

1) 耐热性好。常用氮化物 BN、$\mathrm{Si_3N_4}$、AlN 等在高温下(1 900 ℃ 以上)不出现熔融状态而直接升华分解。

2) 硬度及强度高。$\mathrm{Si_3N_4}$、AlN 以及 Sialon(赛隆)等陶瓷的硬度均较高，六方氮化硼(h-BN)的硬度很低，但其晶体结构在高温、高压下从六方晶系转变为立方晶系，硬度非常高，仅次于金刚石。这些氮化物陶瓷通常还具有较高的强度及断裂韧性。

3) 绝缘性能优良。常用的 $\mathrm{Si_3N_4}$、BN、AlN、Sialon 陶瓷是良好的绝缘体，体电阻大。

4) 抗氧化能力较差。氮化物容易氧化，所以氮化物陶瓷烧结要在无氧气氮下（如 N_2 中）进行。而氮化物制品在空气中、一定温度下就要发生氧化。某些氮化物氧化时在表面可形成氧化物保护层，从而可阻止其进一步氧化。如对 Si_3N_4 陶瓷进行预氧化，表面可形成氧化硅保护层。

表 9.15　典型氮化物的主要性质

材料	熔点/℃	密度/ $(g \cdot cm^{-3})$	电阻率/ $(\Omega \cdot cm)$	热导率/ $[W \cdot (m \cdot K)^{-1}]$	线膨胀系数/ $(\times 10^{-6} K^{-1})$
Si_3N_4	1 900（升华分解）	3.184（α） 3.187（β）	10^{11}	1.67~2.09	2.5
AlN	2 450（升华分解）	3.26	2.00×10^9	20.10~30.14	4.03~6.09
BN	3 000（升华分解）	2.27	10^{11}	15.07~28.89	0.59~10.51

9.4.1　氮化硅陶瓷

1. 氮化硅的晶型与结构

Si_3N_4 有两种晶型：α-Si_3N_4 和 β-Si_3N_4。两种晶型都属于六方晶系。

2. 氮化硅陶瓷的制备工艺

Si_3N_4 陶瓷的制备方法很多，由于氮化硅的共价键特点，自扩散系数小，难以固相烧结致密化，故多选用热压烧结工艺，同时还需添加烧结助剂，如 Y_2O_3、MgO、Al_2O_3 等（一种或多种）。目前，工程用氮化硅陶瓷的常用烧结工艺主要有：

1）热压烧结。Si_3N_4 的热压烧结是将 Si_3N_4 粉末与少量烧结助剂混合均匀后装入石墨模具，内置于感应加热或石墨发热体的高温炉中，在氮气保护气氛下同时进行加热和单轴向加压，温度范围为 1 650~1 850 ℃，压力通常为 15~40 MPa。热压烧结 Si_3N_4 的制品密度高，气孔率小，具有高的抗弯强度及断裂韧性以及良好的高温性能。缺点是无法烧结成形状复杂的制品，且每炉烧结制品的数量有限。

2）气压烧结。Si_3N_4 的气压烧结是指在高温烧结过程中，施加 1~10 MPa 的 N_2 气体压力，以便抑制在高温下陶瓷材料的分解和失重，从而可提高烧结温度，进一步促使材料的致密化，获得高密度的 Si_3N_4 陶瓷制品。

3）常压烧结。Si_3N_4 陶瓷的常压烧结是指在 0.1 MPa 的氮气气氛下进行的烧结。为提高致密度，一般需添加更多的烧结助剂（体积分数为 7vol%~15vol%），同时选用更高的烧结温度。常压烧结是批量制备具有不同形状的、致密的氮化硅制品的一种较为经济的方法。缺点是由于坯体及烧成制品中的玻璃相较多，烧成收缩较大，制品容易开裂变形，同时也影响材料的高温强度。

还有热等静压烧结、反应烧结、反应结合重烧结等烧结工艺。

图 9.15 所示为反应烧结、热压烧结、气压烧结及热等静压烧结 Si_3N_4 陶瓷的显微组织。

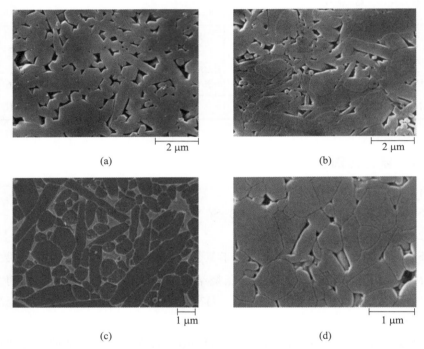

图 9.15　（a）反应烧结 Si_3N_4 陶瓷的显微组织；（b）热压烧结 Si_3N_4 陶瓷的显微组织；
（c）气压烧结 Si_3N_4 陶瓷的显微组织；（d）热等静压烧结 Si_3N_4 陶瓷的显微组织
（谢志鹏，2011）

3. 氮化硅陶瓷的性能

Si_3N_4 陶瓷具有优异的力学性能、热学性能及化学稳定性，是结构陶瓷家族中综合性能优良的一类材料。

（1）力学性能

氮化硅陶瓷具有较高的室温抗弯强度和断裂韧性。如热压烧结致密氮化硅，其室温抗弯强度通常在 $800 \sim 1\,050$ MPa，断裂韧性为 $6 \sim 7$ MPa·$m^{1/2}$。无压烧结或气压烧结 Si_3N_4 材料的室温抗弯强度为 $400 \sim 1\,000$ MPa，断裂韧性为

$4 \sim 7$ MPa·m$^{1/2}$。氮化硅陶瓷显微结构对其力学性能产生直接影响，一般来说均匀细晶粒的显微结构有利于抗弯强度提高，而晶粒粗化则有利于断裂韧性提高。通过控制氮化硅长柱状晶粒尺寸，同时可获得抗弯强度为 1 000 MPa，断裂韧性为 8.4 MPa·m$^{1/2}$ 的氮化硅陶瓷。若通过流延成型使长柱状 β-Si$_3$N$_4$ 晶粒取向排列，则可显著提高 Si$_3$N$_4$ 陶瓷的抗弯强度和断裂韧性，分别达到 1 500 MPa 和 11 MPa·m$^{1/2}$。提高断裂韧性的另一种途径是预先加入 β-Si$_3$N$_4$ 晶种，促进 β-Si$_3$N$_4$ 晶粒的异向生长。研究表明，含有适量晶种的 Si$_3$N$_4$ 陶瓷的断裂韧性达到 10 MPa·m$^{1/2}$，并且韧性是由大晶粒直径分布来决定的。

氮化硅的硬度高，为 18～21HV（GPa）或 91～93HRA，仅次于金刚石和立方 BN、B$_4$C、SiC 等少数几种陶瓷。

（2）热学性能

1）热膨胀系数。氮化硅的热膨胀系数较小（远低于氧化铝和氧化锆等氧化物陶瓷），在 25～1 000 ℃ 温度范围内，α-Si$_3$N$_4$ 的线膨胀系数为 2.8×10^{-6} ℃$^{-1}$，β-Si$_3$N$_4$ 的热膨胀系数为 3.0×10^{-6} ℃$^{-1}$。氮化硅陶瓷的线膨胀系数通常在 3.3×10^{-6} ℃$^{-1}$，材料密度对热膨胀系数会有影响，一般密度较低的反应烧结 Si$_3$N$_4$ 陶瓷的线膨胀系数偏低一些，而高密度的热压烧结 Si$_3$N$_4$ 陶瓷的线膨胀系数略高一些。氮化硅陶瓷的线膨胀系数还明显地随温度提高而增大。

2）热导率。氮化硅的导热性较好，通常无压和热压烧结的致密氮化硅陶瓷的室温热导率在 30 W·(m·K)$^{-1}$ 左右。热导率随温度升高而增大。高热导率 Si$_3$N$_4$ 陶瓷的制备可采用提高烧结温度或热处理温度、添加晶种定向排列和选择合适的添加剂。

3）抗热震性。氮化硅陶瓷的热膨胀系数较小，热导率较高，这种材料不易产生热应力，材料的强度及断裂韧性高，因而具有良好的抗热震性，承受由室温至 1 000 ℃ 的热冲击不会开裂。

（3）高温性能

晶界玻璃相对 Si$_3$N$_4$ 陶瓷高温力学性能有重要影响。通常晶界玻璃相在 1 000 ℃ 左右开始软化，导致 Si$_3$N$_4$ 陶瓷的高温强度、抗热震性、抗氧化性能、静压疲劳和抗蠕变性能下降。在 1 000 ℃ 以内，氮化硅的强度下降很小，热压烧结 Si$_3$N$_4$ 的强度仍可保持在 800～1 000 MPa，在 1 200 ℃ 时强度下降较明显，为 250～950 MPa，1 350 ℃ 时仅为 250～450 MPa。

改善氮化硅陶瓷高温性能的方法主要有两种途径：一是通过控制玻璃相组成来提高软化点，例如，可提高玻璃相中的氮含量，或选择 Y$_2$O$_3$ 和 La$_2$O$_3$ 作为烧结助剂比 MgO 有利；二是使晶界玻璃相发生结晶化，形成更多的耐高温晶相。如析出 Y$_2$Si$_2$O$_7$，其熔点为 1 775 ℃，或析出钇铝石榴石（yttrium aluminum garnet，YAG），其熔点达 2 110 ℃。

（4）高温氧化性

氮化硅在空气中的氧化始于 800 ℃，在表面生成无定形 SiO_2 保护层，其化学反应式为

$$Si_3N_4 + 3O_2 \longrightarrow 3SiO_2 + 2N_2$$

上述反应式描述的是没有添加剂的反应烧结氮化硅。对于具有晶界相的氮化硅陶瓷，其抗氧化性取决于晶界相的组成、结构与含量，其氧化行为也不尽相同。对于添加较高含量 Y_2O_3 的热压氮化硅陶瓷，因为在晶界上不形成玻璃相，而是生成耐高温的四元化合物如 $Y_2Si_3O_3N_4$、$Y_4Si_2O_7N_2$、$YSiO_2N$ 等，在 1 400℃仍具有一定的抗氧化能力，因为其表面形成保护膜。

（5）理化性能

1）密度。$\alpha\text{-}Si_3N_4$ 的密度为 3.184 $g \cdot cm^{-3}$，$\beta\text{-}Si_3N_4$ 的密度为 3.187 $g \cdot cm^{-3}$。氮化硅陶瓷的外观颜色因纯度、密度以及 α 与 β 两相比例不同而异，可呈灰白、蓝灰到灰黑色。氮化硅陶瓷表面经抛光后，具有金属光泽。

2）电绝缘性。氮化硅陶瓷在室温和高温下都是电绝缘材料，在室温下干燥介质中的电阻率为 $10^{15} \sim 10^{16}$ $\Omega \cdot m$。

3）化学稳定性。氮化硅具有优良的化学稳定性，几乎能耐所有的无机酸和某些碱液与盐的腐蚀。

氮化硅对多数金属、合金熔体，特别是非铁金属熔体是稳定的，例如，不受锌、铝、钢铁熔体的侵蚀。但是，不耐镍铬合金和不锈钢的腐蚀，对大多数熔融碱液与盐是不稳定的，在高温下，煤和重油炉渣也能腐蚀氮化硅。此外，一些高温气体也会腐蚀氮化硅。

4. 氮化硅陶瓷的工程应用

由于氮化硅陶瓷具有强度高、硬度高、断裂韧性较高、耐高温、耐磨损、耐腐蚀、热膨胀系数小、抗热冲击性好等优良性能，因此在冶金、机械、能源、汽车、半导体、化工等现代科学技术和工业领域已获得愈来愈多的应用。

（1）切削刀具

Si_3N_4 陶瓷因具有较高的强度、硬度和断裂韧性，而且又有较小的热膨胀系数，因而作为金属切削刀具使用时，表现出很好的耐磨性、红硬性、抗机械冲击性和抗热冲击性。与硬质合金刀具相比，热压烧结 Si_3N_4 陶瓷刀具的耐用度提高了 5~15 倍，切削速度提高了 3~10 倍。

在 Si_3N_4 基体中加入 TiC、HfC、ZrC 等硬质分散相可制备出复合氮化硅陶瓷刀具，从而可进一步提高 Si_3N_4 刀具的耐磨性和切削寿命，可满足不同金属材料和硬质合金件的加工。

（2）发动机高温部件

汽车发动机用的 Si_3N_4 陶瓷部件包括：增压器涡轮转子、预热燃烧室、摇臂镶块、喷射器连杆、气门导管、陶瓷活塞顶、电热塞等。

（3）陶瓷轴承

作为轴承材料考虑，最基本的特性是滚动疲劳寿命，各种陶瓷轴承的滚动寿命由小到大的排序结果为：氧化铝，碳化硅，氧化锆，氮化硅。这四种常见结构陶瓷中，Si_3N_4 最适合用作轴承材料。

Si_3N_4 与轴承钢对比具有如下特点：① 密度低，只有轴承钢的 40% 左右，用作滚动体时，轴承旋转受转动体作用产生的离心力减轻，因而有利于高速旋转；② 热膨胀系数小，为轴承钢的 25%，可减小对温度变化的敏感性，使轴承工作范围更宽；③ 较高的弹性模量（为轴承钢的 1.5 倍）和高的抗压强度，有利于提高滚动轴承承受应力；④ 耐高温、耐腐蚀及优良化学稳定性，因此 Si_3N_4 陶瓷轴承适合于在高速、高温、腐蚀性等特殊环境下工作；⑤ Si_3N_4 陶瓷具有自润滑性，即使接触部油膜破裂也很难发生轴承黏着，故对于防止轴承的烧损可起到有利作用；⑥ 长寿命、低温升，由于 Si_3N_4 密度低，因此离心力减小，从而大大减小对轴承外圈的压力和摩擦力矩，提高轴承的寿命。试验研究表明，混合陶瓷轴承与同规格、同精度等级的钢轴承相比，其寿命提高 3~6 倍，温升可降低 35%~60%。

（4）冶金用高温制品

Si_3N_4 陶瓷对合金熔体，特别是非铁金属（Zn、Al）熔体相当稳定，耐熔融铝液腐蚀性能非常优异，可以作为炼铝工艺中测温热电偶保护管，还可以作为炼铝熔炉的炉衬、盛铝液的容器内衬、坩埚等，甚至输送铝液的泵、管道、阀门。铸铝的模具都可采用 Si_3N_4 陶瓷。Si_3N_4 陶瓷热电偶保护管在铝液中可长期稳定地工作，间断插入测温 1 200 次以上不开裂，刚玉保护管则承受不了这种热冲击。

（5）化工耐腐蚀耐磨部件

化工泵、泥浆泵在工作过程中，旋转轴与泵壳间作相对转动的机械密封件端面受腐蚀和磨损，容易造成泄漏，若采用反应烧结 Si_3N_4 陶瓷作为密封件，与传统的材料（如铸铁、不锈钢、锡青铜、石墨、聚四氟乙烯）相比，其寿命大大提高。在输送腐蚀性液体的全封闭磁力泵中，Si_3N_4 陶瓷可用作球阀、泵体、油压无隔膜柱塞泵的柱塞、其他密封件、喷嘴、过滤器、蒸发皿等。

（6）航天、航空领域

Si_3N_4 陶瓷可用作火箭喷嘴、喉衬和其他高温结构部件。Si_3N_4 陶瓷因密度较小、透波性能好、介电性能稳定，并且抗热震性和抗雨蚀性好，因此是新一代雷达天线罩的理想材料。

（7）其他领域应用

包括军事工业用导弹尾喷管、民用电热水器和电暖器中的 Si_3N_4 陶瓷电热元件、原子反应堆中的支撑件和隔离件。新开发的 Si_3N_4 陶瓷螺旋弹簧不仅在 1 000 ℃温度下仍保持高强度，而且具有极强的耐腐蚀性，用作特殊阀门中。

9.4.2 氮化铝陶瓷

氮化铝陶瓷的热导率高［理论热导率为 319 W·(m·K)$^{-1}$］，介电常数低，热膨胀系数与单晶硅相匹配，电绝缘性能良好，具有比传统基板材料 Al_2O_3 和 BeO 更优异的综合性能，因而成为微电子工业中电路基板与封装的理想材料。氮化铝陶瓷具有良好的高温力学性能、热学性能及其化学稳定性，也是高温结构陶瓷部件的重要材料。图 9.16 所示为添加 La_2O_3 的 AlN 陶瓷的显微组织。

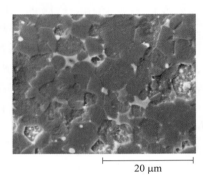

20 μm

图 9.16 添加 La_2O_3 的 AlN 陶瓷的显微组织（明亮的为 $LaAlO_3$）（黄勇，2008）

1. 氮化铝的晶体结构与物性

氮化铝为共价键化合物，具有六方铅锌矿结构。

AlN 的理论密度为 3.26 g·cm^{-3}，其理论热导率为 319 W·(m·K)$^{-1}$，莫氏硬度为 7~8。在一个标准大气压下，AlN 不会熔化而是在 2 200~2 250 ℃升华分解。室温电阻率大于 10^{16} Ω·m，热膨胀系数为 $3.5×10^{-6}$ K^{-1}（室温~200 ℃）。纯净的 AlN 陶瓷无色透明，但通常为灰色、灰白色或淡黄色，这是由于混入杂质而呈现各种颜色。

2. 氮化铝陶瓷的热导率及导热机理

AlN 的传热属于声子导热，当晶格完整无缺陷时，声子的平均自由程大，热导率就高。纯净的 AlN 晶体，其室温热导率为 319 W·(m·K)$^{-1}$。研究表明，对于具有 100~220 W·(m·K)$^{-1}$ 的 AlN 陶瓷，其在室温下的声子平均自由程仅为 10~30 nm，远小于 AlN 的晶粒尺寸（1~40 um）。因此，晶粒尺寸因素对热导率影响不大，对热导率影响最大的是杂质（碳、氧、硅），特别是氧杂质引起的缺陷。

3. 氮化铝陶瓷的特性与应用

AlN 陶瓷除了高的热导率外，还具有以下优点：① 电绝缘性好；② 热膨胀系数与硅单晶相近，优于 BeO 和 Al_2O_3 材料；③ 机械强度高，其抗弯强度与 Al_2O_3 陶瓷相近；④ 介电常数及介电损耗适中；⑤ 与 BeO 相比，AlN 陶瓷的热导率受温度的影响较小，特别是在 200 ℃ 以上；⑥ 耐高温和耐腐蚀性良好；⑦ 无毒性。表 9.16 列出了 AlN 基片材料的性能，为了便于比较，表中同时列出 BeO 和 Al_2O_3 基片的性能。

1）半导体工业。AlN 陶瓷的主要用途是用作高密度封装用大规模集成电路基板和散热基片，过去的基板材料主要是 Al_2O_3，而 AlN 的热导率是 Al_2O_3 的 5～10 倍，更适合大规模集成电路要求，BeO 陶瓷的热导率很高，但 BeO 粉体的毒性限制了其工业应用。虽然金刚石的导热性能优良，但其价格十分昂贵，不宜用作基片材料。SiC 材料热导率虽高，但由于它的介电常数大，电阻率低(一旦混入其他杂质就很容易成为半导体，电阻率降低)，也不适应工业化生产。此外，AlN 陶瓷可用作硅片支撑用托盘。

表 9.16 AlN 基片的性能

材料种类	密度/($g \cdot cm^{-3}$)	热导率/[$W \cdot (m \cdot K)^{-1}$]	热膨胀系数/($\times 10^{-6} K^{-1}$)(室温~500 ℃)	电阻率/($\Omega \cdot cm$)	抗弯强度/MPa	介电常数/MHz	击穿强度(50Hz)/($kV \cdot mm^{-1}$)
AlN(A)	3.3	70	4.6	>10^{14}	350	8.8	14～15
AlN(B)		130					
AlN(C)		170					
AlN(D)		200					
Al_2O_3	3.6	21	7.3	>10^{14}	300	9.5	15
BeO	2.9	240	7.5	>10^{14}	200	6.5	10

2）化工冶金行业。AlN 陶瓷具有良好的耐高温和耐蚀性，它能与许多金属在高温下共存，不被多种熔融金属和熔盐所浸润，因此是优良的坩埚材料。可用作真空蒸发和熔炼金属的容器，特别适于做真空蒸发 Al 的坩埚，因为 AlN 在真空中加热蒸气压低，即使分解也不会污染铝。AlN 也可以做热电偶保护套，在空气中于 800～1 000 ℃ 铝池中连续浸泡 300 h 以上也没有侵蚀破坏。另外，由于 AlN 对砷化镓的稳定性，用 AlN 坩埚代替石英坩埚来合成砷化镓，

可以消除硅对砷化镓的污染而得到高纯产品。

3）其他工业应用。AlN 陶瓷的室温强度高，且稳定性好，具有很高的热导率和较低的热膨胀系数，是一种良好的耐热冲击和热交换材料，有望用于燃气轮机的热交换器中，也可用作导热环形耐热盘。此外，AlN 还具有优良的耐磨性，可用作研磨材料和耐磨损零件。AlN 陶瓷的高导热性和绝缘性，也在微波管和其他领域用作散热元件。

9.4.3　赛隆陶瓷

20 世纪 70 年代，陶瓷学家在研究 $Si_3N_4 - Al_2O_3$ 热压烧结中发现 $\beta - Si_3N_4$ 晶格中可溶进 65wt% 的 Al_2O_3，形成一种范围很宽的固溶体并保持电中性。这种由 Al_2O_3 的 Al、O 原子部分地置换 Si_3N_4 中的 Si、N 原子而形成的简单固溶体，仍保留着六方晶系的 $\beta - Si_3N_4$ 结构，只不过晶胞尺寸增大了，形成了由 Si-Al-O-N 元素组成的一系列结构相同的新的陶瓷材料，将组成元素依次排列起来便称为 Sialon，中文译为"赛隆"。赛隆陶瓷保留了 Si_3N_4 陶瓷的优良性能，特别是具有低热膨胀系数和优异的抗热震性，因此被认为是最有希望的高温结构陶瓷之一。

赛隆陶瓷主要包括长柱状晶形的 $\beta - Sialon$ 陶瓷、等轴状晶粒的 $\alpha - Sialon$ 陶瓷以及 $(\alpha + \beta) - Sialon$ 复合陶瓷。后来，又发展了新型长柱状晶 $\alpha - Sialon$ 陶瓷，既保持了 $\alpha - Sialon$ 陶瓷原有的高硬度，又能大大提高材料的断裂韧性，不像 $(\alpha + \beta) - Sialon$ 复合陶瓷中断裂韧性的提高是通过牺牲部分 $\alpha - Sialon$ 陶瓷的高硬度作为代价的，因而长柱状晶的 $\alpha - Sialon$ 陶瓷具有高硬度、高韧性和优异特性。

由于赛隆陶瓷具有良好的机械性能和热性能，抗腐蚀、抗氧化性强，因此作为一种高温结构陶瓷，可用作切削刀具、发动机用热机部件，在环保、冶金等领域也得到愈来愈多的应用。

1）赛隆陶瓷刀具。$\beta - Sialon$ 陶瓷的强度、断裂韧性、热导率都比较高，而热膨胀系数又比较小，所以有很好的红硬性、抗冲击性和抗热震性，和 Al_2O_3 陶瓷相比，其抗热震性提高了 3 倍。

$\beta - Sialon$ 陶瓷刀具加工铸铁和镍基高温合金的效果非常好，在高速铣削镍基合金的情况下，刀刃要承受很高的周期性机械负荷和热负荷，采用 $\beta - Sialon$ 陶瓷刀具相对于 TiN 涂层硬质合金刀具，切削速度可提高 3 倍，达到 460 m · min^{-1}。

2）发动机热机部件。$\beta - Sialon$ 陶瓷具有良好的断裂韧性、抗高温蠕变性、耐磨性和耐腐蚀性，特别是耐热性和抗热冲击性，因此是汽车发动机许多耐热部件的候选材料。

9.4.4 立方氮化硼陶瓷

氮化硼陶瓷通常是指六方氮化硼，在高温、高压下可将六方 BN 制备成立方 BN，它是继人造金刚石后的又一种超硬材料，同时它比金刚石更耐高温，其抗氧化性能更优异，高温化学稳定性更佳。

9.5 碳化物陶瓷

碳化物陶瓷主要分为两类：一类是非金属碳化物，如碳化硅（SiC）、碳化硼（B_4C）；另一类是过渡金属碳化物，如碳化钛（TiC）、碳化锆（ZrC）、碳化铪（HfC）、碳化钽（TaC）、碳化铬（Cr_3C_2），属间隙相的金属碳化物，其结构是碳原子嵌入到金属原子空隙中，金属原子构成密堆的立方或六方晶格，碳原子存在于晶格的八面体空隙中。

碳化物陶瓷以共价键为主，结合强度很高，因此，具有高熔点、高硬度、高弹性模量、良好的导热性和较低的热膨胀系数。碳化物的熔点明显高于一般氧化物和氮化物，大多数熔点都在 3 000 ℃ 以上，其中，HfC 和 TaC 的熔点最高，分别为 3 887 ℃ 和 3 880 ℃。许多碳化物都有非常高的硬度，特别是 B_4C，其硬度仅次于金刚石和立方氮化硼。但是一般来说，碳化物陶瓷的脆性比较大。几乎所有的碳化物在非常高的温度下都会氧化，不过很多碳化物的抗氧化能力都比高熔点金属如钨（W）和钼（Mo）等好。这是由于一些碳化物氧化后形成的氧化膜可明显提高抗氧化性能。例如，SiC 在 1 000 ℃ 时就会氧化，氧化后表面形成的 SiO_2 膜显著增加了抗氧化性，使其能在 1 350 ℃ 以上的氧化气氛中使用。碳化物在空气中发生强烈氧化的温度见表 9.17。

表 9.17 碳化物在空气中发生强烈氧化的温度

碳化物	氧化温度/℃	碳化物	氧化温度/℃
SiC	1 400~1 700	TaC	1 100~1 400
TiC	1 100~1 400	Cr_2C_3	1 100~1 400
ZrC	1 100~1 400	Mo_2C	500~800
VC	800~1 100	WC	500~800
NbC	1 100~1 400	BC	900~1 000

工程上应用较广泛的高温碳化物材料主要是 SiC、B_4C、TiC 等。例如，碳化硅可用于发动机的涡轮增压器转子、燃气轮机叶片、滑动轴承、密封环、高

温热交换器等；B_4C 可用于制备喷沙嘴、防弹装甲等；TiC 因具有非常高的硬度和优异的耐磨性，可作为切削刀具和耐磨材料，特别是作为陶瓷的分散相，如在 Al_2O_3、Si_3N_4 陶瓷基体中引入 TiC 硬质相制备复合陶瓷，可显著提高材料的硬度，使其具有较高的切削能力。

此外，TiC、WC 等与其他组成构成的复合材料也称为金属陶瓷，它既有陶瓷的高强度、高硬度、耐磨损、耐高温、抗氧化及良好的化学稳定性等特性，又有较好的金属韧性和可塑性及导电特性，是一类非常重要的工具材料和结构材料。而 WC 通常需要与 Ni、Co 等金属复合才能实现致密化，且表现出许多硬质合金的特点，因此，一般将其纳入硬质合金中。表 9.18 列出了典型碳化物陶瓷的基本物理性能。

表 9.18　典型碳化物陶瓷的基本物理特性

化合物	密度/ $(g \cdot cm^{-3})$	熔点/ ℃	热膨胀系数/ $(\times 10^{-6} K^{-1})$	热导率/ $[W \cdot (m \cdot K)^{-1}]$	电阻率/ $(\Omega \cdot cm)$	弹性模量/ GPa	显微硬度 HV/GPa
TiC	4.93	3 147	7.74	17.10	1.05×10^{-4}	460	30.0
ZrC	6.90	3 530	6.74	20.50	7.0×10^{-5}	355	29.3
HfC	12.6	3 890	5.60	6.27	—	359	29.1
VC	5.36	2 816	4.2	24.70	1.56×10^{-4}	430	20.9
NbC	7.85	3 480	6.5	14.20	7.4×10^{-4}	345	24.7
TaC	14.3	3 877	8.3	22.20	3.0×10^{-3}	291	18.0
Cr_2O_3	6.68	1 890	11.7	19.20	—	388	13.5
WC	15.55	2 720	3.84	31.80	1.2×10^{-4}	710	24.6
B_4C	2.51	2 450	4.5	$8.36 \sim 29.30$	0.3×10^{-4}	380	28.0
α-SiC	3.21	2 600 (分解)	4.7			$400 \sim 440$	—
β-SiC	3.21	2 100 (相变)	4.35	0.418		—	25.5

9.5.1　碳化硅陶瓷

1. 碳化硅的晶型与结构

SiC 主要有两种晶型，即立方晶系的 β-SiC 和六方晶系的 α-SiC。β-SiC

为低温型，合成温度低于 2 100 ℃，它属于面心立方（FCC）闪锌矿结构。α-SiC 为高温稳定型，它有许多变体。

尽管 SiC 存在很多种多型体，且晶格常数各不相同，但其密度均很接近。β-SiC 的密度为 3.215 g·cm^{-3}，各种 α-SiC 的变体的密度基本相同，为 3.217 g·cm^{-3}。

2. 碳化硅陶瓷的制备工艺

碳化硅与氮化硅一样，是共价键化合物，难以烧结致密化，工业上采用的烧结工艺与氮化硅相同，包括反应结合烧结、热压烧结、常压烧结、重结晶烧结等。图 9.17 所示为常压烧结及液相烧结碳化硅的显微组织。

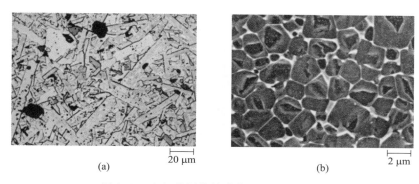

(a)　　　　　　　20 μm　　　　　　(b)　　　　　　　2 μm

图 9.17　（a）常压烧结碳化硅的显微组织；
（b）液相烧结碳化硅的显微组织（谢志鹏，2011）

3. 碳化硅陶瓷的性能

（1）力学性能

1）硬度。SiC 材料的硬度很高，其莫氏硬度为 9.2~9.5；热压烧结 SiC 的硬度为 25HV（GPa），仅次于金刚石、立方 BN 和 B$_4$C 等少数几种材料。

2）抗弯强度。SiC 材料的抗弯强度随烧结方式和助剂的不同而变化。热压烧结强度较高，可达 700 MPa；固相无压烧结的强度一般在 400~500 MPa，但采用 Al$_2$O$_3$-Y$_2$O$_3$ 系添加剂的液相烧结得到细晶粒 SiC 及 YAG（钇铝石榴石）析晶的晶界相，其强度可达到 800 MPa；反应烧结 SiC 强度通常在 350~500 MPa。与其他结构陶瓷（如 Al$_2$O$_3$，Si$_3$N$_4$，ZrO$_2$ 等）相比，SiC 材料的高温强度和抗高温蠕变能力非常优异，由室温直至 1 400 ℃时，其强度并无明显下降，常压烧结 SiC 和重结晶 SiC 的高温强度还有所增加。

3）断裂韧性。SiC 陶瓷的断裂韧性比较低，通常为 3~4.5 MPa·m$^{1/2}$，明显低于 Si$_3$N$_4$ 陶瓷（6~7 MPa·m$^{1/2}$），这是因为大多数 SiC 陶瓷的显微结构主要为等轴状和板状晶粒，一般表现为穿晶断裂，不具有 Si$_3$N$_4$ 长柱状晶的晶粒拔出、裂纹偏转及桥接这些增韧机制。液相烧结得到的细晶粒 SiC 及 YAG 析晶的晶界相的 SiC 复合陶瓷，因具有微裂纹增韧和裂纹偏转的沿晶断裂方式，断裂韧性可达到 7 MPa·m$^{1/2}$，但是其工艺控制非常复杂，商业化产品较少。

不同厂家生产的 SiC 陶瓷性能有所不同，这取决于各公司所采用的原料、组成和工艺。表 9.19 列出了不同烧结方法生产的 SiC 陶瓷的性能。

表 9.19　三种烧结工艺得到的 SiC 陶瓷的主要性能

性能指标		反应结合烧结 SiC	热压烧结 SiC	常压烧结 SiC
密度/(g·cm^{-3})		3.18	3.20	3.08~3.15
硬度 HV/GPa				21~25
室温下断裂韧性 K_{Ic}/(MPa·m$^{1/2}$)		4.4~5	5.7	3~5
弹性模量/GPa		280~390	450	410
弯曲强度/MPa	室温	350~540	640	430
	1 400 ℃	—	650	450
热膨胀系数(0~1 500 ℃)/(×10^{-6} K^{-1})		4.2	3.7~4.5	4.9
600 ℃ 热导率/[W·(m·K)$^{-1}$]		—	50	55

（2）热性能

1）熔点。在大气压(10^5 Pa)下，SiC 没有熔点，而是发生分解：SiC ⟶ Si+C。分解温度始于 2 050 ℃，分解达到平衡的温度约为 2 500 ℃。在 35 atm (3.5 MPa)压力下，碳化硅约在 2 830 ℃时分解。

2）热膨胀系数。SiC 陶瓷的热膨胀系数较低，通常为$(4~4.8)×10^{-6}$ K^{-1}。

3）热导率。SiC 陶瓷具有高的热导率，常压烧结和热压烧结致密 SiC 的室温热导率可达到 100~125 W·(m·K)$^{-1}$。高的热导率和较低的热膨胀系数使 SiC 材料具有较好的抗热冲击性。

（3）电性能

纯的 SiC 是绝缘体，不导电，其电阻率达 10^{12} Ω·m。但含有杂质时，电阻率大幅度下降，可降至 10^{-2} Ω·m，加之 SiC 具有负温度系数特点，即随温度升高电阻率下降，因此 SiC 可用作发热元件。

SiC 还具有半导体性质，随着所含杂质不同，电阻率变化范围很大。例如，含有 Fe^{3+}、Cr^{3+} 离子时，电阻率下降。若存在 B^{4+} 离子，电阻率下降更显著，20 ℃时，该离子能将电阻降到 0.1~10^2 Ω·m。

（4）化学稳定性

1）耐酸性。SiC 材料的化学稳定性高，不溶于一般的酸和混合酸。沸腾的盐酸、硫酸、氢氟酸也不分解 SiC，但硝酸和氢氟酸的混合液能将 SiC 表面的 SiO_2 层溶解，对 SiC 本身并无作用。

2）耐碱性。SiC 具有一定抵抗碱液的能力，如熔融氢氧化钾、氢氧化钠、碳酸钠、碳酸钾。

3）熔融金属 Zn、Pb、Ca 不与 SiC 发生反应，但 Mg、Fe、Co、Ni、Cr、Pt 等熔融金属能与 SiC 反应。

（5）抗氧化性

SiC 在 1 000 ℃ 以下开始氧化，1 300~1 500 ℃ 时反应生成 SiO_2 层，可阻碍 SiC 的进一步氧化。对于致密的碳化硅材料，在普通条件（如大气中，1 000~2 000 ℃）下具有较好的抗氧化性能，这是由于在高温条件下碳化硅材料表面产生了一层非常薄的、致密的、结合牢固的 SiO_2 膜，氧在 SiO_2 膜中的扩散系数非常小，因此致密碳化硅材料的氧化非常缓慢。

4. 碳化硅陶瓷的用途

作为性能优异的结构陶瓷和高温材料，SiC 陶瓷已在石油化工、钢铁冶金、机械电子、航天、航空、能源环保、核能、汽车、高温窑炉等工业领域得到越来越多的应用。

1）密封环和轴承。无压烧结和反应烧结致密的 SiC 材料，因其优异耐磨性、高导热性、耐高温和耐腐蚀性，是制造密封环、滑动轴承及摩擦保护轴套的理想材料。

2）防弹陶瓷。SiC 陶瓷由于硬度高、韧性较好、密度小和价格较低（与 B_4C 陶瓷比较），可用于制作防弹装甲。其防护性能优于 Al_2O_3 陶瓷，虽略逊于 B_4C 陶瓷（约为 B_4C 陶瓷的 70%~80%），但 SiC 陶瓷制造成本远低于 B_4C。目前，常压烧结 SiC 和反应烧结 SiC 陶瓷板特别适合用量大且防护装甲不能过厚、过重的场合。

3）喷嘴。在石油工业、能源、环保、宇航火箭和机械制造业等领域都需要使用各种喷嘴。SiC 陶瓷因具有比 Al_2O_3 和 Si_3N_4 陶瓷更高的硬度和抗热冲击性以及优良的耐腐蚀性，因而得到广泛应用。例如，喷砂器用喷嘴，SiC 陶瓷的使用寿命是 Al_2O_3 陶瓷的 3.5 倍。

4）研磨盘。研磨盘是半导体工业中超大规模集成电路用硅晶片生产的重要工艺装备，采用碳化硅陶瓷的研磨盘由于硬度高而磨损小，且热膨胀系数与硅晶片基本相同，因而可以进行高速研磨抛光。

5）高温热交换器。在许多情况下，例如，在金属和玻璃熔窑、煅烧炉和烧煤的炉中，放出的气体不仅温度高而且有腐蚀性，要求热交换器同时具有耐高温、耐腐蚀和抗热震性，可承受大的热应力。对热交换器材料的另一性能要求是高热导率，以使传热速率最大和热交换器效率最佳。SiC 具有高的热导率、优良的耐高温能力和耐腐蚀性以及较好的抗热震性，一直是工业热交换器的最主要材料。

6）热机部件。SiC 陶瓷突出的高温强度和优良的抗高温蠕变能力以及抗热震性，使其成为火箭、飞机、汽车发动机和燃气轮机中热机部件的主要材料之一。如车用陶瓷燃气轮机采用 SiC 陶瓷用作燃烧室环、燃烧室筒体、导向叶片和涡轮转子等高温部件。这些 SiC 部件主要通过反应烧结、无压烧结或热压烧结制备而成。由于 SiC 陶瓷韧性较差，因此在发动机或燃气轮机中主要作为静态热机部件使用。

9.5.2　碳化硼陶瓷

碳化硼是目前已知材料中硬度仅次于金刚石和立方氮化硼的超硬材料，是硼-碳体系中最重要的化合物。这是由于 B 和 C 原子很接近，两者的电负性差值很小，形成很强的共价键结合。

碳化硼的硬度高，达 30HV(GPa)；密度仅为 2.52 $g \cdot cm^{-3}$，是钢铁的 1/3；弹性模量高，为 450 GPa；熔点很高，约为 2 447 ℃；热膨胀系数低；热导率较高。碳化硼具有很好的化学稳定性，耐酸、耐碱腐蚀，在高温下不与酸、碱和大多数无机化合物液体反应，仅在氢氟酸+硫酸、氢氟酸+硝酸混合液中有缓慢的腐蚀；且与大多数熔融金属不润湿、不发生作用。表 9.20 列出 B_4C 的物理性能与力学性能。

表 9.20　B_4C 的物理性能与力学性能

性能指标	单位	数值
密度	$g \cdot cm^{-3}$	2.51
熔点	℃	2 447
热膨胀系数	$10^{-6}\ K^{-1}$	5
热导率(室温)	$W \cdot (m \cdot K)^{-1}$	29~67
显微硬度(HK_{100}，室温)	GPa	29~31
四点抗弯强度(室温)	MPa	300~500
抗压强度(室温)	MPa	2 800
断裂韧性	$MPa \cdot m^{1/2}$	3~5
弹性模量(室温)	GPa	450

碳化硼因具有低密度（低于 SiC 和 Si_3N_4 陶瓷）、高硬度（高于 SiC 和 Si_3N_4）、高弹性模量、耐腐蚀、耐磨损和吸收中子以及高温半导体特性，因而在国防、核能和耐磨技术等领域得到广泛应用。

1）防弹材料。由于 B_4C 陶瓷具有轻质、超硬和高弹性模量特性，是防弹背心、防弹头盔和防弹装甲的最佳材料。与其他防弹材料（如 SiC，Al_2O_3）比较，B_4C 陶瓷更轻、更硬，也非常适宜用于武装直升机、陆上装甲车和其他航空器作为防弹装甲材料，可有效抵挡炮弹。

2）耐磨喷嘴。在耐磨技术与工程领域，利用 B_4C 的高硬度可制备各种喷嘴，用于船体除锈的除砂器喷嘴及高压喷射水切割用喷嘴。B_4C 喷嘴在严酷使用条件下寿命很长，比 Al_2O_3 喷嘴的寿命要高几十倍，比 SiC 和 WC 喷嘴的寿命也要长许多。B_4C 的优异化学稳定性，使其可用于泥浆和液态研磨剂的喷嘴。由 B_4C 制成的研钵、研磨棒及类似研磨装置，是化学分析工作中的首选，因为它可避免研磨过程中带来的磨耗污染。

3）其他应用。由于 B_4C 陶瓷对铁水稳定，且导热性好，可以用作机械工业连续铸模。利用 B_4C 的抗强酸腐蚀和抗磨损特性，可用于火箭液体发动机燃料的流量变送器。B_4C 还是飞机、舰船、航天飞行器等运载体的惯性导航和惯性制导系统中长寿命陀螺仪中优异的气体轴承材料。

9.6 超高温陶瓷

超高温陶瓷（ultra high temperature ceramics，UHTCs）通常指的是在高温环境（1 650~2 200 ℃）下，以及在反应气氛中（如原子氧环境），能够保持物理和化学稳定性的一类特种陶瓷材料。与工作温度在 1 600 ℃ 以下的普通高温陶瓷，如氮化硅和碳化硅比较，超高温陶瓷不仅使用温度更高，而且对高温化学稳定性和耐烧蚀性等有更特殊的要求。这类陶瓷主要是一些过渡金属硼化物（如 ZrB_2、HfB_2、TaB_2）、碳化物（如 ZrC、HfC、TaC）和氮化物（HfN）。原子之间为很强的共价键结合，这些陶瓷及其复合材料具有高的熔点，特别是硼化物陶瓷由于具有较好的高温抗氧化性、良好的导热性和抗热震性而成为超高温陶瓷的主要候选材料和研究重点。

表 9.21 列出了部分熔点超过 2 000 ℃ 的超高温陶瓷材料的密度和熔融温度。

在硼化物、碳化物和氮化物这三种超高温陶瓷中，碳化物的熔点最高，但它的断裂韧性很低，且容易氧化。硼化物具有良好的综合性能，包括高温下抗氧化和抗热冲击性能，以及抗蠕变性能都非常好，使其成为超音速飞行（空气中，1 400 ℃ 以上）、大气层再入（在氧原子、氮原子环境中，2 000 ℃ 以上）、火箭发动机(化学反应气氛中,3 000 ℃以上)等极端环境下的最佳候选材料。特别是 ZrB_2/SiC、HfB_2/SiC 复合陶瓷有望应用于航天飞行器前缘和热防护系统部件,经过多次推进试验发现,硼化物和碳化物在高热流密度和高气体冲刷速度作用下仍具有良好的抗腐蚀性。

超高温陶瓷主要是一些过渡金属的硼化物(如 ZrB_2、HfB_2、TaB_2),碳化物(如 ZrC、HfC、TaC)和氮化物(如 HfN、ZrN、TaN),原子之间通过很强的共价键结合。

硼化物、碳化物、氮化物超高温陶瓷的相应密度和熔点如表 9.21 所示。可见,其密度差异比较大,密度的变化主要是随着金属原子质量增加而增大。Ta 和 Hf 的氮化物、碳化物、硼化物具有高的密度,其中 TaC 的密度最高,为 $14.50 \ g \cdot cm^{-3}$。这些陶瓷的熔点大都在 3 000 ℃以上,特别是碳化物与相同金属原子的硼化物和氮化物比较,具有更高的熔点。如 HfC 的熔点最高,为 3 900 ℃,高于 HfB_2 的熔点(3 380 ℃)和 HfN 的熔点(3 385 ℃)。ZrC 的熔点为 3 400 ℃,高于 ZrB_2 的熔点(3 245 ℃)和 ZrN 的熔点(2 950 ℃)。

表 9.21　超高温陶瓷的密度和熔点

材料	HfB_2	HfC	HfN	ZrB_2	ZrC	ZrN	TiB_2	TiC	TiN	TaB_2	TaC	TaN
密度/$(g \cdot cm^{-3})$	11.19	12.76	13.9	6.10	6.56	7.29	4.52	4.94	5.39	12.54	14.50	14.30
熔点/℃	3 380	3 900	3 385	3 245	3 400	2 950	3 225	3 100	2 950	3 040	3 800	2 700

部分超高温陶瓷的力学性能如表 9.22 所示,其中包括 SiC 作为添加剂的 ZrB_2 和 HfB_2 复合陶瓷。由表可见,这些陶瓷都具有很高的硬度。另外,同一材料其硬度值在一定范围变化,这可能是由于制备工艺不同,导致材料的晶粒尺寸和气孔率不同所致。ZrB_2 和 HfB_2 具有高的弹性模量,不论是单相 HfB_2 和 ZrB_2 陶瓷,还是 HfB_2/SiC、ZrB_2/SiC 复合陶瓷,弹性模量都达到 500 GPa 以上。从表中还可看出,HfB_2、ZrB_2、HfB_2/SiC、ZrB_2/SiC 复合陶瓷的弹性模量随温度的升高,其下降不明显。HfB_2、ZrB_2 及其含 SiC 复合陶瓷的弯曲强度大约在 400~500 GPa。通常,较小晶粒尺寸的试样具有更高的强度,对于晶粒尺寸大约为 $3\mu m$ 的 ZrB_2-30vol%SiC 复合材料,其室温抗弯强度可以达到 1 000 MPa。弯曲强度开始随温度升高而增大,直到 800 ℃以后,强度开始下降。几种超高温陶瓷比较而言,ZrB_2-SiC 复合陶瓷的强度在 800 ℃后随温度下降比较平缓,表明添加 SiC 对 ZrB_2 陶瓷的高温强度是有利的。

表 9.22 部分超高温陶瓷的力学性能

材料	温度/℃	弹性模量/GPa	弯曲强度/MPa	硬度 HV/GPa
HfB_2	23	530	480	21.2~28.4
	1 400	300	170	—
	1 800	—	280	—
HfB_2-20vol%SiC	23	540	420	
	1 400	410	180	
	1 800	—	280	
HfC	23	352	—	26.0
ZrB_2	23	500	380	25.3~28.0
	1 400	360	150	—
	1 800	—	200	—
ZrB_2-20vol%SiC	23	540	400	
	1 400	430	340	
	1 800	—	270	
ZrB_2-30vol%SiC	25	484	1 089	24
ZrC	23	348	—	27.0
TiB_2	23	551	300~370	25~33
TiC	23	451	—	30.0
TaB_2	23	257	—	19~25
TaC	23	285	—	18.2

硼化物、碳化物、氮化物的单相陶瓷,以及 HfB_2-20vol%SiC、ZrB_2-20vol%SiC 复合陶瓷在不同温度范围的热膨胀系数和热导率见表 9.23。

此外,由表 9.23 还可发现,硼化物陶瓷如 HfB_2、HfB_2-20vol%SiC、ZrB_2-20vol%SiC 都具有较高的热导率,明显比碳化物和氮化物的热导率要高。尽管硼化物陶瓷(HfB_2、HfB_2-20vol%SiC)的热导率随温度的升高有一定程度下降,但其热导率均远大于碳化物($HfC_{0.98}$)和氮化物($HfN_{0.92}$)。高的热导率有助于减小部件内热梯度,从而可减小材料内部的热应力,这对于航天飞行器前端部件是非常有利的。

在超高温度条件下,陶瓷材料的稳定性是至关重要的。美国空军 Manlabs

实验室最早的研究工作确定了硼化物陶瓷的高温稳定性的顺序如下：$HfB_2 >$ $ZrB_2 > TiB_2 > NbB_2$。其后的高温氧化试验研究也表明，HfB_2 和 ZrB_2 比其他硼化物陶瓷材料具有更好的抗氧化性，因此以 HfB_2 和 ZrB_2 作为以后高温应用研究的最佳候选材料。

SiC、Si_3N_4 等材料的氧化速率要小于 HfB_2、ZrB_2 以及含 SiC 的 HfB_2/SiC、ZrB_2/SiC 复合陶瓷。但是 SiC、Si_3N_4 这些硅基陶瓷可应用的温度范围约在 1 700 ℃以下。当高于 1 700 ℃时，这些陶瓷材料将产生分解和不稳定，此时较剧烈的氧化反应占主导地位。在剧烈的氧化期间，SiC、Si_3N_4 高温陶瓷表面的 SiO_2 保护层被破坏，暴露的新表面使氧化继续进行。因此，在超高温度范围，像 SiC、Si_3N_4 这类硅基陶瓷就不再稳定。

HfB_2 比 ZrB_2 具有更低的氧化速率，与单相的 HfB_2 比较，添加 SiC 的 HfB_2/SiC 复合陶瓷的抗氧化性得到进一步改善。HfB_2 和 HfB_2/SiC 的抗氧化性均优于 HfC 陶瓷。

表 9.23　部分超高温陶瓷的热膨胀系数和热导率

材料	热膨胀系数/ ($\times 10^{-6}$ K^{-1})	温度范围/℃	热导率/ [W·(m·K)$^{-1}$]	温度/℃
HfB₂	6.3	20~1 207	105	20
	7.6	20~2 205	70	800
HfB₂-20vol%SiC	—	—	79	100
	—	—	62	1 000
HfC	6.6	20~1 500	20	20
	—	—	30	800
HfN	~6.5	20~1 000	18	20
	—	—	22	800
ZrB₂	5.9	20~1 027	—	—
	6.5	1 027~2 027	—	—
ZrB₂-20vol%SiC	5~7.8	400~1 600	98.7	100
	—	—	78	1 000
ZrC	6.7	20~1 500	—	—
TiB₂	4.6	20~1 027	—	—
	5.2	1 027~2 027	—	—

续表

材料	热膨胀系数/ ($\times 10^{-6}$ K^{-1})	温度范围/℃	热导率/ [W·(m·K)$^{-1}$]	温度/℃
TiC	7.7	20~1 500	—	
TaB$_2$	8.2	20~1 027	16.0	20
	8.4	1 027~2 027	16.1	1 027
TaC	6.3	20~1 500	—	

添加 SiC 对硼化物陶瓷的抗氧化性有显著改善。研究表明，ZrB$_2$-50vol%SiC 试样分别在 1 800 ℃、1 950 ℃下保温 1 h，抗氧化性有明显改善，但在 2 100 ℃下保温 1 h 后试样会被氧化。当在 ZrB$_2$ 和 HfB$_2$ 中引入 35vol%SiC 时，材料在高达 2 100 ℃的超高温条件下，因可形成最有利的保护层而减少氧化。但实际上只要在 ZrB$_2$ 中添加 15vol%SiC，在 HfB$_2$ 中添加 10vol%SiC 就可获得一个较为合适的抗氧化保护作用。

ZrB$_2$(HfB$_2$)陶瓷的氧化过程及添加 SiC 可改善抗氧化性能的机理是：在氧化初期，ZrB$_2$(HfB$_2$)与氧反应生成固相 ZrO$_2$(HfO$_2$)和 B$_2$O$_3$ 液相，反应式为

$$ZrB_2(s)+5/2O_2(g)\longrightarrow ZrO_2(s)+B_2O_3(l)$$
$$HfB_2(s)+5/2O_2(g)\longrightarrow HfO_2(s)+B_2O_3(l)$$

此时，B$_2$O$_3$ 在 ZrO$_2$(HfB$_2$)细晶中填充孔隙和晶粒边界形成连续层，可阻止氧扩散到 ZrO$_2$(HfB$_2$)表面而起到保护作用。当温度超过 1 100 ℃时，B$_2$O$_3$ 液相容易蒸发，导致质量损失，并形成一个不具有保护作用的多孔 ZrO$_2$ 层。温度超过 1 200 ℃以后，因 B$_2$O$_3$ 液相层剧烈蒸发而导致单相 ZrB$_2$ 陶瓷快速氧化。若在 ZrB$_2$ 中添加 SiC，在 1 200 ℃以上 SiC 表面层与氧发生反应，形成富 SiO$_2$ 的硅酸盐玻璃相覆盖在材料表层，或生成硼硅酸盐保护层。由于该玻璃相具有高熔点、高黏度、低氧扩散速度和低蒸气压的特点，因此可有效阻止氧的进一步侵入，从而使 ZrB$_2$-SiC 复合陶瓷比 ZrB$_2$ 单相陶瓷的抗氧化性显著提高。

9.7 晶须补强增韧多相复合陶瓷

在基体陶瓷中添加晶须制得的晶须补强增韧多相复合陶瓷，应用了晶须桥联增韧、拔出增强增韧、裂纹偏转增韧以及微裂纹增韧等补强增韧机制，具有比基体陶瓷更优异的力学性能及抗热震性。近 20 年来，晶须补强增韧多相复合陶瓷材料技术发展迅速，已成为一类重要的陶瓷基复合材料。研究认为，当

晶须加入的体积分数与纤维加入量相同时，晶须的增韧效果和纤维相近。另外，由于晶须尺度很小，可视作粉体，成分设计的自由度大，可应用结构陶瓷的各种成型及烧结工艺。

9.7.1　陶瓷基体、晶须及其基本性能

表 9.24 列出了几种常见陶瓷基体的基本性能。晶须的直径通常为 0.1～0.5 μm，长度约为 30～100 μm。表 9.25 列出了常用于补强增韧多相复合陶瓷的晶须及其基本性能。从表中可以看出，晶须的强度远高于同种类块体材料。

表 9.24　几种常见陶瓷基体的基本性能

陶瓷种类	弹性模量/GPa	热膨胀系数/($\times 10^{-6}$ K^{-1})	室温强度/MPa	断裂韧性/(MPa·$m^{1/2}$)
Si_3N_4	300	3.2	500～800	4～6
Al_2O_3	390	8.9	300～500	2.5～4
莫来石	140	4.5	200～400	2～3
玻璃	60～80	3～10	—	1～2

表 9.25　常用于补强增韧多相复合陶瓷的晶须及其基本性能

晶须种类	熔点/℃	密度/(g·cm^{-3})	强度/GPa	弹性模量/GPa	热膨胀系数[2]/($\times 10^{-6}$ K^{-1})
β-SiC	2 690[1]	3.21	16～23	580	4.5
Si_3N_4	1 900[1]	3.18	9.7	387	3.4
Al_2O_3	2 040	3.96	14.5	436	8.8
BeO	2 570	2.85	9.2	352	9.2
B_4C	2 450	2.52	9.7	492	4.5
C	3 650[1]	1.66	13.8	10	—
莫来石	1 850[1]	3.16	—	220	5.2
TiC	—	4.9	—	430	7.5

注：① 指升华温度。

　　② 温差范围为 20～1 000 ℃。

9.7.2 晶须增韧作用的影响因素

前已介绍了晶须增韧机制,对于特定的材料体系,几种机制可能同时存在,晶须的增韧作用往往是几种机制共同作用的结果。晶须增韧作用的影响因素主要如下:

1)晶须半径。晶须的桥联增韧作用一般随晶须半径的增大而增大。在晶须拔出过程中,对一定的晶须含量及外加负荷,晶须所受的剪切应力随晶须半径的增大而增大,晶须拔出的长度越大,增韧效果越好。对于裂纹偏转增韧机制,晶须增韧效果与晶须的绝对尺寸无关,一般情况下,晶须半径越大,裂纹发生偏转的可能性越大。

因此,就增韧机制而言,晶须的半径越大,增韧效果越显著。但是晶须的半径越大,复合材料烧结的难度也越大,可能导致材料缺陷的尺寸增大,使复合材料强度下降。因此从增强的角度考虑,晶须半径不宜太大。

2)晶须强度。不论是晶须桥联增韧机制还是晶须拔出机制起作用,增韧效果均与晶须的强度成正比。对于裂纹偏转增韧机制,提高晶须的强度可以降低晶须直接断裂的概率,增强裂纹偏转的效应。因此,不论是哪一种增韧机制起作用,选用高强度的晶须总是有利的。

3)弹性模量。根据晶须桥联及拔出增韧机制,提高复合材料的弹性模量,有助于提高复合材料的断裂韧性。按照复合法则,提高基体的弹性模量,将导致复合材料弹性模量的增大,有利于晶须的增韧作用。

4)基体性质。复合材料的断裂韧性与基体的性质密切相关。因此陶瓷基体的气孔率及气孔的尺寸和形貌、晶粒尺寸及形貌等对增韧效果有重要的影响。

5)界面性质。无论何种增韧机制,界面的性质都至关重要。界面结合力太强,裂纹在扩展过程中遇到晶须,晶须就要断裂,达不到增韧的目的。若界面结合力太弱,晶须就无法起到承受负荷的作用。如果晶须通过界面桥联、脱黏、拔出等消耗的能量很小,增韧效果也差。因此,界面的结合力是晶须能否有效增韧的关键因素,一般要求界面结合力比较适中。

晶须与基体的界面结合状态取决于晶须与基体间的相互作用,可分为物理作用和化学作用。

晶须与基体之间的物理作用导致了晶须-基体界面的物理结合,晶须与基体之间的物理匹配将对界面的应力状态、负荷的传递以及整个复合材料的性能产生影响。物理匹配主要是晶须与基体之间的弹性模量匹配和热膨胀系数的匹配。

理想的物理匹配要求是:① 晶须的弹性模量大于基体的。在应变相同的情况下，晶须分担大部分负荷；②晶须的热膨胀系数稍大于或与基体的接近，使基体承受压应力，有利于复合材料强度的提高。

从化学相容性角度考虑，晶须与基体之间不能发生反应，因为化学反应必然带来过强的界面结合，这对增韧补强不利。通常情况下，晶须补强增韧多相复合陶瓷的烧结温度不宜太高。

9.7.3　常用晶须补强增韧多相复合陶瓷

由于晶须的制备成本相对较高，晶须补强增韧多相复合陶瓷的商业化程度并不高，多为实验室研究，工程应用有限。常用的陶瓷基体主要有：氧化铝陶瓷、氮化硅陶瓷、氧化锆陶瓷基莫来石陶瓷。

1）晶须补强增韧氧化铝多相复合陶瓷。表 9.26 列出了 SiC 晶须补强 Al_2O_3 多相陶瓷的力学性能与 Al_2O_3 陶瓷的力学性能的对比。可以看出，相对于 Al_2O_3 陶瓷而言，SiC 晶须补强 Al_2O_3 多相陶瓷的抗弯强度和断裂韧性得到了显著提高。

表 9.26　SiC 晶须补强 Al_2O_3 多相陶瓷与 Al_2O_3 陶瓷力学性能的对比

力学性能	Al_2O_3 陶瓷	SiC(w) 35vol%+Al_2O_3
弹性模量/GPa	406	421
维氏硬度 HV(10 kgf)/GPa	1 854	2 100
抗弯强度/MPa	488	640
断裂韧性/($MPa \cdot m^{1/2}$)	5.1	8.0

还有研究用 TiC 晶须补强增韧 Al_2O_3，TiC 晶须的体积分数为 40vol% 时，抗弯强度可达 780 MPa，断裂韧性达 7.30 $MPa \cdot m^{1/2}$。

2）晶须补强增韧氮化硅多相复合陶瓷。研究表明，SiC(w)/Si_3N_4 多相陶瓷的室温强度可达 1 000~1 200 MPa，断裂韧性达 10~12.4 $MPa \cdot m^{1/2}$，在 1 370 ℃高温下的抗弯强度仍可达到 850 MPa。

3）晶须补强增韧氧化锆多相复合陶瓷。有报道 30vol% SiC(w)/70vol% 3mol% Y_2O_3-ZrO_2 的室温抗弯强度达 900 MPa，断裂韧性约为 8 $MPa \cdot m^{1/2}$。

4）晶须补强增韧莫来石多相复合陶瓷。有报道 20vol% SiC(w)/80vol% 莫来石复合材料的抗弯强度可达 438 MPa，断裂韧性达 4.6 $MPa \cdot m^{1/2}$。若综合利用 ZrO_2 相变增韧和 SiC 晶须补强增韧莫来石可进一步提高其力学性能。

总体而言，晶须补强增韧多相复合陶瓷具有比基体陶瓷更为优异的断裂韧性、更高的抗弯强度、更好的高温抗蠕变性能等性能。

9.8 连续纤维增强增韧陶瓷基复合材料

前已述及，常见的增强增韧途径有：长（连续）纤维增强增韧、短纤维（晶须）补强增韧、相变增韧、颗粒弥散增韧等。其中，以连续纤维增强增韧效果最好。长纤维增强增韧陶瓷基复合材料的主要特点是：

1）高比强度和高比模量。为了获得高比强度和高比模量的陶瓷基复合材料，选用纤维的比强度和比模量要比基体材料的高得多。高强度、高模量的纤维承担了一部分负荷，在复合材料中有效地引入了不同的吸收能量机制（与晶须增韧机制类似），提高了复合材料的断裂韧性，基体陶瓷则使复合材料保持了陶瓷材料的耐高温、低膨胀、热稳定性好、强度高等优点。

2）性能的可设计性。可通过对物相组成的选择（化学相容性）、物理性能的匹配（物理相容性）以及制备工艺对复合材料的性能进行设计，得到能够适应不同使用部位和不同使用环境要求的、性能相差很大的各种复合材料。

3）性能的各向异性。可通过性能设计和一定的成型工艺，制备出符合需要的性能各向异性的材料，以满足复合材料构件在不同方向上的性能要求，达到优化设计的目的。

4）破坏的非灾难性。当复合材料受载产生裂纹扩展时，高强、高模的纤维通过多种耗能机制，如纤维的脱黏、桥联和拔出等，提高材料的韧性，防止复合材料出现灾难性的脆性断裂。

由于高性能连续纤维的品种少、制造成本高、价格昂贵，加之连续纤维的排布和编织等工艺比较复杂，复合材料的成型和烧结致密化都比较困难，生产周期长，而且制备的材料从结构、性能上还不能满足陶瓷材料的增韧要求。目前相对成熟的纤维增强陶瓷基复合材料的种类有限。

9.8.1 增强纤维

虽然可用于纤维增强陶瓷基复合材料的纤维种类较多，但真正实用的并不多。目前能工业化生产的主要有四类：

1）氧化铝（包括莫来石）系列纤维。该系列纤维的成分可有较大变化，如 $99vol\% \alpha - Al_2O_3$、$80vol\% \alpha - Al_2O_3 + 20vol\% ZrO_2$、$85vol\% \alpha - Al_2O_3 + 15vol\% SiO_2$ 等。纤维直径约为 $5 \sim 20 \mu m$，抗拉强度为 $1\ 380 \sim 2\ 100\ MPa$ 不等。该类纤维的主要优点是高温抗氧化性能优异，有可能用于 $1\ 400\ ℃$ 以上的高温环境。

2）碳化硅纤维。同样该类纤维的成分不尽相同，常用的有 $Si - C - O$（Nicalon），还有 $Si - C$（Hi - Nicalon）等。制备方法有化学气相沉积法（CVD）、有机聚合物先驱体转化法等，实用化的为有机聚合物先驱体转化法，该法制备的碳化硅纤维其直径在 10 μm 左右，抗拉强度极高，约为 2 800~3 020 MPa，模量为 200~280 GPa。有机聚合物先驱体转化法制备的碳化硅纤维中不同程度地含有氧和游离碳杂质，从而影响纤维的高温性能。多数在 1 000 ℃ 下即出现明显的强度下降，低氧含量碳化硅纤维（Hi–Nicalon）具有更高的高温稳定性，其强度在 1 500~1 600 ℃ 变化不大。

3）氮化硅系列纤维。该类纤维实际上是由 Si、N、C 和 O 等组成的复相陶瓷纤维，其抗拉强度约为 2 100~2 450 MPa，模量约为 210 GPa。与碳化硅纤维同样存在高温氧化性能下降的问题。

4）碳纤维。碳纤维已有 30 余年的发展历史，是目前最成熟、性能最好的纤维之一。碳纤维的种类较多，工艺方法多样，一般含有 N、H 等元素。习惯上按强度及模量的性能指标进行分类，如高强碳纤维（抗拉强度约为 3 650 MPa）、中模、高强碳纤维（抗拉强度约为 4 320~5 600 MPa，模量约为 290~300 GPa）、高模碳纤维（模量约为 350~390 GPa）及高强、高模碳纤维（抗拉强度约为 3 100~3 500 MPa，模量约为 350~4 900 GPa）等。碳纤维的共同特点是高温性能非常好，在惰性气氛中，2 000 ℃ 温度范围内其强度基本不下降，是增强纤维中高温性能最佳的一类纤维。高温抗氧化性能差是其最大弱点，在空气中、360 ℃ 以上即出现明显氧化失重和强度下降。

除上述几种系列纤维外，开发中的还有 BN、TiC、B_4C 等纤维。纤维通常的供货状态为束丝，即数千根单丝呈束状。

9.8.2　陶瓷基体

纤维增强陶瓷基复合材料的基体种类很多，大致可分为三类：

1）玻璃及玻璃陶瓷。玻璃及玻璃陶瓷具有高温流动性的特点，有利于复合材料的烧结。常用的有钙铝硅酸盐玻璃（CLS）、锂铝硅酸盐玻璃（LAS）、镁铝硅酸盐玻璃（MLS）、硼硅酸盐（BS）玻璃及石英玻璃等。

2）氧化物陶瓷基体。主要有氧化铝、氧化锆及复合氧化物等陶瓷。

3）非氧化物陶瓷基体。主要有碳化硅、氮化硅、氮化硼等。

4）碳（石墨）。碳、石墨化的树脂碳以及化学气相沉积（CVD）碳也是一类重要的基体材料。

9.8.3　纤维增强增韧陶瓷基复合材料的制备工艺

对于纤维增强增韧陶瓷基复合材料，其纤维的完整性和分布状态、纤维的体积分数、基体的遏制密度和均匀性、气孔的体积分数和分布状态等因素对性能有很大的影响，这些因素绝大多数均受复合材料制备方法的控制。为了适应纤维增强增韧陶瓷基复合材料的结构以及在成型和烧成方面的特点，人们在传统的陶瓷制备方法的基础上开发了多种新颖的制备方法，这些方法分别适应于不同的纤维增强增韧陶瓷基复合材料系统，主要有：

1）浆料浸渍-热压法。主要工艺过程是将纤维浸渍在含有基体粉料的浆料中，然后将浸有浆料的纤维通过缠绕支撑无纬布，经切片、铺叠装模、热压成型和热压烧结，制得复合材料制品。

2）化学反应法。主要包括化学气相沉积（CVD）、化学气相渗透（CVI）、反应烧结（RS）等。如 CVI 法是将反应气体渗入纤维预制体的空隙内，发生反应并将反应产物沉积在空隙内形成陶瓷基体。

3）熔体渗透（浸渍）法。基本过程是用外压迫使熔融的陶瓷基体渗透进纤维预制体并与之复合，从而得到陶瓷基复合材料制品。

4）溶胶-凝胶法。利用溶胶浸渍增强体骨架并凝胶化，然后再经热解而制得陶瓷基复合材料。

5）先驱体转化法。先驱体转化法又称聚合物浸渍裂解或先驱体裂解法，是近年来发展迅速的一种陶瓷基复合材料的制备工艺。类似于溶胶-凝胶法，也是利用有机先驱体在高温下裂解而转化为陶瓷基体的。

9.8.4 常用纤维增强陶瓷基复合材料

按纤维在基体中排布方式的不同，可将纤维增强陶瓷基复合材料分为单向排布纤维增强陶瓷基复合材料和多向排布纤维增强陶瓷基复合材料。

1. 单向排布纤维增强陶瓷基复合材料

单向排布纤维增强陶瓷基复合材料的显著特点是具有各向异性，即沿纤维长度方向上的纵向性能要大大高于其横向性能。该类陶瓷基复合材料构件主要利用其优异的纵向力学性能，在纤维种类及性质、基体陶瓷种类等一定的情形下，复合材料纵向力学性能的影响因素主要有纤维的体积分数、纤维与基体的界面性质、复合材料的孔隙率、孔隙尺寸及分布等。

部分单向排布纤维增强陶瓷基复合材料的力学性能如表 9.27 所示。

表 9.27　部分单向排布纤维增强陶瓷基复合材料的力学性能

复合材料体系	断裂韧性/(MPa·m$^{1/2}$)		室温与高温抗拉强度/MPa		
	基体陶瓷	复合材料	室温	1 000 ℃	1 200 ℃
SiC$_f$/LAS	1.2	24	850	820	—
SiC$_f$/SiC	3.5	33	300	400	280
C$_f$/SiC	3.5	36	500	700	700
C$_f$/Si$_3$N$_4$	4.6	29	480	440	—

对 BN 纤维单向排布增强 Si_3N_4 的研究表明，复合材料的断裂功及冲击韧性明显优于热压烧结 Si_3N_4 基体、陶瓷基 SiC 晶须补强增韧 Si_3N_4 多相复合陶瓷，如表 9.28 所示。

表 9.28　BN_f/Si_3N_4 复合材料与 Si_3N_4 基体陶瓷及 SiC(w)/ Si_3N_4 性能对比

材料	热压烧结 Si_3N_4 陶瓷	SiC(w)/ Si_3N_4	BN_f/Si_3N_4
断裂功/($J \cdot m^{-2}$)	100		>4 000
冲击韧性/($kJ \cdot m^{-2}$)	193	261	632

单向纤维排布增强陶瓷基复合材料的工程应用价值并不高，属于基础研究范畴，可为多向排布纤维增强陶瓷基复合材料的设计与制备奠定坚实基础。

2. 多向排布纤维增强陶瓷基复合材料

单向排布纤维增强陶瓷基复合材料只是在纤维排列方向上的纵向性能优越，而其横向性能则显著低于纵向性能，故仅适用于单轴应力的场合。而大多数工程陶瓷构件要求在二维及三维方向上均具有优良的性能。

纤维的多向排布通常以二维织物及三维织物的形式实现。二维编织物中纤维束基本处于同一平面（或曲面）内，形成的织物为平面状（像织布），垂直于平面（或曲面）方向尺寸相对较小。由二维织物制得的复合材料常称为层状复合材料，其平面二维方向的力学性能可由纤维铺排方向的设计控制实现增强增韧，但由于层间没有纤维的增强增韧，故垂直于平面上的力学性能较差，工程应用受到了很大的限制。

三维编织物则在空间三维中均有纤维束布置，形成块状编织体。由于三维编织的纤维在空间是多向分布，大大扩大了复合材料的性能在空间各方向的可设计性，同时可以采用各种整体编织技术将纤维编织成所要求的异性整体织物作为复合材料的增强体，甚至可以使编织预成型体具有复合材料制品要求的形状和尺寸。

目前连续纤维增强陶瓷基复合材料制备工艺相对成熟且已实现工程应用的主要有碳纤维增强碳化硅复合材料（C_f/SiC）、碳纤维增强碳复合材料（C_f/C）及石英纤维增强石英复合材料（SiO_{2f}/SiO_2）。

（1）碳纤维增强碳（C_f/C）复合材料

C_f/C 复合材料完全是由碳元素组成，能够承受极高的温度和极大的加热速度。它具有高的烧蚀热和低的烧蚀率，抗热冲击和在超热环境下具有高强度，被认为是超热环境中高性能的烧蚀材料。作为航天飞行器部件的结构材料和热防护材料，不仅可满足苛刻环境的要求，还可大大减轻部件的质量，提高有效负荷、航程和射程。C_f/C 复合材料还具有优异的耐摩擦性能和高的热导率，使其在汽车、飞机刹车片和轴承等方面得到了广泛应用。

C_f/C 复合材料的力学性能、物理性能等与纤维的类型、空间铺排方向、制造工艺以及基体碳的微观结构等因素密切相关，其性能可在很宽的范围内变化。

1) 力学性能。研究表明，C_f/C 复合材料的高强度、高模量特性主要来自于碳纤维，碳纤维强度的利用率可达 25%~50%。一般来说，C_f/C 复合材料的抗弯强度介于 150~1 400 MPa 之间，弹性模量介于 50~200 GPa 之间。在温度高达 1 600 ℃ 时，仍能保持其在室温时的强度，甚至还有所提高，是目前工程材料中唯一保持这一特性的材料。

2) 化学和物理性能。

① 抗氧化性能。C_f/C 复合材料在常温下不与氧气发生作用，开始氧化的温度约为 400 ℃，温度高于 600 ℃ 将会严重氧化。

② 体积密度。C_f/C 复合材料的体积密度随制造工艺的不同变化较大，密度范围为 $1.5~2.0 \text{ g} \cdot \text{cm}^{-3}$。

③ 热导率。C_f/C 复合材料的热导率随石墨化程度的提高而增加。热导率约为 $2~50 \text{ W} \cdot (\text{m} \cdot \text{K})^{-1}$。

④ 热膨胀系数。C_f/C 复合材料的热膨胀系数较小，约为 $(0.5~1.5) \times 10^{-6} \text{ K}^{-1}$。

3) 特殊性能。

① 抗热震性。由于碳纤维的增强作用以及材料结构中的空隙网络，同时 C_f/C 复合材料的热膨胀系数低、热导率较高，使其具有优异的抗热震性。

② 抗烧蚀性。这里的"烧蚀"是指高速飞行器再入大气层在热流作用下，由热化学和机械过程引起的固体表面的质量迁移（材料消耗）的现象。C_f/C 复合材料暴露于高温和快速加热的环境中，由于蒸发、升华和可能的热化学氧化，其部分表面可被烧蚀。但是由于它的表面的凹陷浅，良好地保留其外形，烧蚀均匀而对称，这是它被广泛用作防热材料的原因之一。由于碳的升华温度高达 3 000 ℃ 以上，因此 C_f/C 复合材料的表面烧蚀温度高。在现有材料中，C_f/C 复合材料是最好的抗烧蚀材料，具有较高的烧蚀热和较大的辐射系数及较高的表面温度，在材料质量消耗时，吸收的热量大，向周围辐射的热流也大，故具有很好的抗烧蚀性能。

③ 摩擦磨损性能。C_f/C 复合材料中碳纤维的微观结构为乱层石墨结构，

其摩擦系数比石墨高，因而碳纤维除了起增强碳基体作用外，也提高了复合材料的摩擦系数。石墨因其层状结构而具有固体润滑能力，可以降低摩擦副的摩擦系数。通过改变基体碳的石墨化程度，可以获得摩擦系数适中，又有足够强度和刚度的 C_f/C 复合材料。C_f/C 复合材料摩擦制动时吸收的能量大，磨损率仅为金属陶瓷/钢摩擦副的 $1/4 \sim 1/10$。特别是 C_f/C 复合材料的高温性能特点，可以在高速、高能量条件下摩擦升温达 1 000 ℃ 以上时，其摩擦性能仍然保持平稳。因此，C_f/C 复合材料作为军用和民用飞机的刹车盘材料已得到越来越广泛的应用。

（2）C_f/SiC 复合材料

C_f/SiC 复合材料是以碳纤维为增强相，以碳化硅陶瓷为基体，充分结合了碳纤维的耐热、耐磨损、高导热、高强度和高模量，以及 SiC 陶瓷的高比强、高比模、高硬度以及抗氧化等性能特点，同时利用碳纤维的界面脱黏、断裂以及拔出等增韧机制，克服了 SiC 单相陶瓷原有的脆性，材料表现出低密度、高强度、高韧性、耐高温、抗氧化、耐化学腐蚀、耐烧蚀、抗冲刷等特点。C_f/SiC 复合材料在战略武器、空间技术、能源技术、化工、交通工业等领域具有广阔的应用前景。C_f/SiC 复合材料现已成功应用于热防护系统、空间推进系统、航空涡轮发动机、光学系统等。利用 C_f/SiC 复合材料替代原有金属热防护材料能够使质量减少 50%，提高系统安全性与可靠性，通过延长使用时间降低成本，同时实现耐烧蚀、隔热、承载等结构功能一体化。

C_f/SiC 复合材料的制备工艺主要有：聚合物浸渍裂解法（polymer impregnation and pyrolysis，PIP）、化学气相渗透法（chemical vapor infiltration，CVI）、液相硅浸渍法（liquid silicon infiltration，LSI）等。其中 PIP 法又被称作液相聚合物浸渍法（liquid polymer infiltration，LPI）。PIP 法通常以聚碳硅烷（polycarbosilane，PCS）为主要原材料，经液相浸渍和高温裂解得到 SiC 陶瓷基体；CVI 法通常是以三氯甲基硅烷（methyltrichlorosilane，MTS）为主要原料，在 H_2 作用下，分解并沉积形成 SiC 基体；LSI 法是以 C_f/C 复合材料为基材，液相硅与 C 基体反应形成 SiC 基体，由于 C 基体难以完全转化，LSI 法制备的 C_f/SiC 复合材料又被称作 $C_f/C-SiC$ 复合材料。不同工艺制备的 C_f/SiC 复合材料表现出不同的力学、热物理等性能特征。表 9.29 列出了不同工艺制备所得 C_f/SiC 材料性能。

表 9.29　不同工艺制备的 C_f/SiC 复合材料主要性能

制造商		CVI				PIP		LSI	
		SPS Snecma	MT Aerospace	西工大	EADS	DLR	国防科大	SKT	SGL
纤维含量	vol%	45	42~47	45	45	55~65	45		
密度	$g \cdot cm^{-3}$	2.1	2.1~2.2	2.0~2.1	1.8	1.9~2.0	1.8~1.9	>1.8	2
孔隙率	vol%	10	10~15	10	10	2~5	15		2
拉伸强度	MPa	350	300~320	270	250	80~190	240		110
应变	%	0.9	0.6~0.9		0.5	0.15~0.35	0.5~1.0	0.23~0.3	0.3
弹性模量	GPa	90~100	90~100	140	65	50~70	90~100		65
压缩强度	MPa	580~700	450~550	235	590	210~320	390		470
弯曲强度	MPa	500~700	450~500	700	500	160~300	680	130~240	190
剪切强度	MPa	35	45~48		40	28~33	45	14~20	
热膨胀系数 //①	$\times 10^{-6} K^{-1}$	3	3	1.14	1.16	-1~2.5	0.15	0.8~1.5	-0.3
热膨胀系数 ⊥②	$\times 10^{-6} K^{-1}$	5	5		4.06	2.5~7	2.6	5.5~6.5	-0.03~1.36
热导率 //①	$W \cdot (m \cdot K)^{-1}$	14.3~20.6	14		11.3~12.6	17.0~22.6	7~14	12~22	23~12
热导率 ⊥②	$W \cdot (m \cdot K)^{-1}$	6.5~5.9	7		5.3~5.5	7.5~10.3	1.2~2.7	28~35	
比热容	$J \cdot (kg \cdot K)^{-1}$	620~1 400			900~1 600	690~1 550	380~800		

注：① 与纤维方向平行；
② 与纤维方向垂直。

本章小结

陶瓷材料的强韧化是陶瓷材料研究及应用的关键课题。

陶瓷材料具有脆性大、抗弯强度低等性能特征，从材料的成分及微观组织分析主要有三大本征特性，一是陶瓷材料中的固体相（晶体相及玻璃相）化学键的键能高；二是陶瓷材料制备过程不可避免地产生气孔及微裂纹等缺陷（气相），成为断裂裂纹源；三是材料在应力作用下几乎没有塑性变形等能量耗散机制。另外，玻璃相软化点低、微观缺陷多，是陶瓷材料的薄弱环节。

因此，陶瓷材料强韧化的技术途径实质上有三条，一是尽量减小各类缺陷的数量及尺寸；二是尽量减少玻璃相；三是在陶瓷材料结构中尽可能设置其余耗能机制以提高断裂能量释放率，即断裂能。

习惯上将陶瓷强韧化机制分为两大类：一类是自增强增韧，另一类是外增强增韧，也称为复合增强增韧。

结构陶瓷是主要发挥材料硬度、强度、耐热、耐热冲击、抗氧化及耐蚀等性能的一类陶瓷。陶瓷中主晶相的熔点越高，弹性模量和硬度越大，膨胀系数越小，耐磨性、耐热性及耐热冲击性越好。一般规律是共价晶体陶瓷的熔点更高些。陶瓷中的玻璃相越多，硬度、强度、耐热性等降低越明显。陶瓷中的气孔率越大，强度及断裂韧性越低。氧化物晶体陶瓷的抗氧化性及耐蚀性明显优于非氧化物晶体陶瓷。

常用氧化物结构陶瓷可分为：氧化铝、氧化锆、氧化铍及氧化镁等氧化物陶瓷；莫来石、低膨胀等复合氧化物陶瓷；氧化锆增韧氧化铝、氧化锆增韧莫来石陶瓷等。

常用非氧化物结构陶瓷主要有：氮化硅、氮化铝、赛隆及氮化硼等氮化物陶瓷；碳化硅、碳化硼等碳化物陶瓷；超高温陶瓷等。

还有晶须补强增韧多相复合陶瓷、连续纤维增强增韧陶瓷基复合材料等。

结构陶瓷的种类繁多，成分复杂，强韧化机制各异，力学性能、热性能、抗氧化性及耐腐蚀性也不尽相同，应根据使用性能要求合理选择。

第十章
高分子材料的结构与性能基础

    高分子材料是指以高分子化合物为主要组分的有机材料，可分为天然高分子材料和人工合成高分子材料两大类。工程上使用的主要是人工合成高分子材料，包括塑料、合成橡胶、合成纤维、胶黏剂和涂料等。

    高分子材料具有许多优异的性能，如弹性高、密度小、电绝缘、耐磨、减摩性和耐腐蚀性好等，同时还具有加工成型容易、价格低等特点，是应用非常广泛的一大类工程材料。

    高分子材料之所以具有优异的工艺性能及使用性能，是由其独特的内部结构决定的。与金属及陶瓷相比，高分子材料的结构更为复杂。一是要考虑大分子链本身的结构，即所谓的高分子的链结构；二是要考虑大分子链之间的结构形式，也就是聚集态结构。

    高分子的链结构是指单个分子的化学结构、立体化学结构以及高分子的大小和形态，又细分为近程结构和远程结构。

    近程结构包括构造和构型。构造是指分子中原子和键的序列而不考虑其空间排列；而构型是指分子中通过化学键所固定的原子或基团在空间的相对位置和排列。

    远程结构包括高分子的大小（分子量及分子量分布）、尺寸、构象和形态。

    聚集态结构是指高分子链凝聚在一起形成的高分子材料整体的

内部结构，包括晶态结构、非晶态结构、取向态结构、液晶态结构以及多相体系的织态结构(共混物、共聚物的相态等)。

　　本章首先简单介绍高分子材料的基本概念，以及高分子化合物的合成反应及命名方法，重点讨论高分子材料的结构及高分子运动的特点，影响高分子材料的玻璃化温度、黏流温度的因素，高分子材料的结构及高分子运动与高分子材料的工艺性能和使用性能的关系。

10.1　高分子材料的基本概念

　　高分子材料是由一种或几种简单低分子化合物聚合而成的、相对分子质量很大的化合物组成的，高分子化合物也称为聚合物或高聚物。虽然高分子化合物的分子量很大，但其组成并不复杂，主要是由 C、H、O、N、P、S 等原子以共价键组成的大分子链。而大分子链间的结合则是范德瓦耳斯力和氢键。

　　1) 高分子化合物。高分子化合物是指分子中的原子数很多、相对分子质量很大的物质。通常将相对分子质量在 10 000 以上的称为高分子化合物，一般高分子化合物的相对分子质量为 $10^4 \sim 10^6$，大于这个范围的称为超高相对分子质量高分子化合物。低分子化合物的相对分子质量在 1 000 以下。一般来说，高分子化合物具有较好的强度、硬度和塑性，而低分子化合物的这些性能较低。

　　2) 单体。高分子化合物的相对分子质量虽然很大，但它的每个分子都是由一种或几种较简单的低分子化合物重复连接而成。这类组成高分子化合物的低分子化合物称为单体。高分子化合物是由单体聚合而成，单体是高分子化合物的合成原料。例如，聚乙烯是由低分子乙烯($CH_2 = CH_2$)单体聚合而成的，合成聚氯乙烯的单体为氯乙烯($CH_2 = CHCl$)。

　　3) (结构)重复单元。结构重复单元是指大分子链上化学组成和结构均可重复的最小单位，简称重复单元，也称为链节。高分子的结构式常用 n 表示链节的数目，即 + 链节 +_n。

　　4) 结构单元。结构单元指由一种单体分子通过聚合反应而进入聚合物重复单元的那一部分。

　　5) 单体单元。单体单元指与单体的化学组成完全相同，只是化学结构不同的结构单元。

　　要特别注意单体单元、结构单元和重复单元的异同。

　　如果高分子是由一种单体聚合而成的，其单体单元、结构单元和重复单元相同，如聚氯乙烯

$$\left[\!\!\begin{array}{c} CH_2 \!-\! \underset{\displaystyle Cl}{\overset{\displaystyle |}{CH}} \end{array}\!\!\right]_{\!n}$$

$$\begin{array}{c} |\!\leftarrow 结构单元 \rightarrow\! | \\ |\!\leftarrow 重复单元 \rightarrow\! | \\ |\!\leftarrow 单体单元 \rightarrow\! | \end{array}$$

　　如果高分子是由两种或两种以上单体缩聚而成的，则其重复单元由不同的结构单元组成。例如，尼龙66的重复单元是—NH$(CH_2)_6$NHCO$(CH_2)_4$CO—，结构单元分别是—NH$(CH_2)_6$NH—和—CO$(CH_2)_4$CO—，无单体单元。

$$\left[\!\!\begin{array}{c} NH\!-\!\!\!\underset{6}{(CH_2)}\!\!\!-\!HN\!-\!\!\overset{\displaystyle O}{\overset{\displaystyle \|}{C}}\!-\!\!\!\underset{4}{(CH_2)}\!\!\!-\!\overset{\displaystyle O}{\overset{\displaystyle \|}{C}} \end{array}\!\!\right]_{\!n}$$

$$\begin{array}{c} |\!\leftarrow 结构单元 \rightarrow\!|\!\leftarrow 结构单元 \rightarrow\!| \\ |\!\leftarrow\qquad 重复单元 \qquad\rightarrow\!| \end{array}$$

　　如果两种或两种以上单体无规共聚，如乙烯和丙烯共聚，所得聚合物不能写成$\left[CH_2\!-\!CH_2\!-\!CH_2\!-\!\underset{\displaystyle CH_3}{\overset{\displaystyle |}{CH}}\right]_n$，可以写成$\left[CH_2\!-\!CH_2\right]_m\!\left[CH_2\!-\!\underset{\displaystyle CH_3}{\overset{\displaystyle |}{CH}}\right]_n$。

　　6）主链。主链指构成高分子骨架结构，以化学键结合的原子集合。最常见的是碳链，也有非碳原子夹入，如 O、S、N 等原子，以及没有碳原子的主链。

　　7）侧链或侧基。侧链或侧基是指连接在主链原子上的原子或原子集合，又称支链。支链可以较小，称为侧基；可以较大，称为侧链。

　　8）聚合度。高分子化合物的大分子链是由大量链节连成的，大分子链中链节的重复次数称为聚合度，以 n 表示。一个大分子链的相对分子质量 M 等于它的链节质量 m 和聚合度 n 的乘积，即 $M=n\times m$。聚合度反映了大分子链的长短和相对分子质量的大小。

10.2　高分子化合物的合成反应及命名

　　高分子是由一种或多种小分子单体通过聚合反应以共价键结合起来的长链分子，称为高分子链。高分子链中的(结构)重复单元的数目称为聚合度。不同化学组成的单体可以聚合形成不同的聚合物。由单体聚合形成高分子化合物的反应称为聚合反应，可以分为加聚反应和缩聚反应两类。

　　高分子化合物的命名相对比较复杂，有多种命名方法，熟悉命名法对于了解并掌握不同高分子化合物的理化性能非常重要。

10.2.1　高分子化合物的合成反应简介

1. 加聚反应

烯类单体 π 键断裂后加成聚合起来的反应称为加聚反应，产物称为加聚物。加聚物结构单元的元素组成与其单体相同，仅仅是电子结构有所变化，因此加聚物的分子量是单体分子量的整数倍。以乙烯形成聚乙烯为例来说明加聚反应的过程，加聚反应开始是有条件的，如加压、升温或添加引发剂。例如，添加 H_2O_2 就可以使乙烯单体中碳、碳原子间的双键破坏，形成链节。一旦反应开始就会自发进行下去，这是由于连接聚合放出的能量大于破坏双键所需能量。当单体的供应耗竭时，或链的活性消失，如一个活性链端吸引了一个引发基，反应就会终止，故可以通过控制引发剂的数量来控制链的长度，引发剂添加的少，链就会长得较长。

加聚反应可以是一种单体，也可以用几种不同的单体。由几种不同单体经过加聚反应形成的产物称为共聚物。如人造橡胶就是丁二烯（$CH_2=CH-CH=CH_2$）和苯乙烯（$CH_2=CH$ 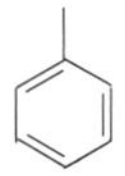 ）的共聚物，共聚物的性能可以与构成它们的组分性能完全不同，这就为开发新品种高分子材料提供了手段。加聚反应是高分子合成工艺的基础，大约有 80% 的高分子材料是利用加聚反应生产的。

2. 缩聚反应

缩聚反应是指由一种或多种单体相互混合而连接成聚合物，同时析出（缩出）某种低分子物质（如水、氨、醇、卤化氢等）的反应。其生成物称为缩聚物。通常情况下，热、压力、催化剂都会引起这种反应。如涤纶（聚酯）就是由两种单体对苯二甲酸酯和乙二醇缩聚而成，如图 10.1 所示。同时对苯二甲酸酯一端的—CH_3 基团和乙二醇一端的—OH 基团在缩聚时变成了甲醇这种副

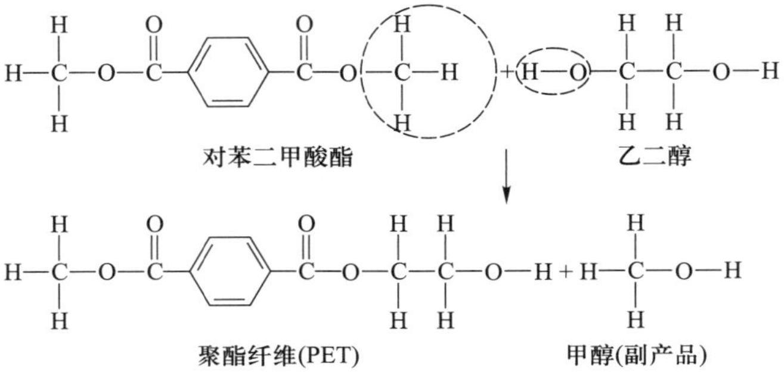

图 10.1　聚酯的缩聚反应

产品。

原则上讲，已知的聚合物都可由缩聚反应来合成。它是目前涤纶、尼龙、聚碳酸酯、聚氨酯、环氧树脂、酚醛树脂、有机硅树脂等的合成方法。缩聚反应因其特有的反应规律和产物结构上的多样性，而成为合成杂链高分子化合物的重要途径，对发展新品种高分子化合物有重要意义。

3. 开环聚合

环状单体 σ 键断裂后而聚合成线型聚合物的反应称为开环聚合。杂环开环聚合物是杂链聚合物，其结构类似缩聚物；反应时无低分子副产物产生，又有点类似加聚反应。例如，环氧乙烷开环聚合成聚氧乙烯，己内酰胺开环聚合成聚酰胺 6（尼龙 6）

$$n CH_2—CH_2 \longrightarrow \text{⨍OCH}_2CH_2\text{⨎}_n$$
$$\overset{\diagdown\diagup}{O}$$

环氧乙烷　　　聚氧乙烯

$$n HN(CH_2)_5CO \longrightarrow \text{⨍HN}(CH_2)_5CO\text{⨎}_n$$

己内酰胺　　　　聚酰胺 6

单体聚合形成的大分子链由许多结构相同的基本单元重复连接构成，大分子链的长度可达几百纳米以上，而截面不到 1 nm。

通过聚合反应制得的合成树脂按其黏流温度的不同，其性状可分为粉状、颗粒状以及液体。

10.2.2 高分子化合物的命名

高分子化合物的命名有三类。

1）按聚合物的化学结构命名，也就是以聚合物链节的化学组成和结构命名。要求指出链中的基团，如聚酯（$—\overset{O}{\overset{\|}{C}}—O—$）、聚氨酯（$—O—\overset{O}{\overset{\|}{C}}—\overset{H}{\overset{|}{N}}—$）、聚烯烃（$\overset{|}{\underset{|}{C}}=\overset{|}{\underset{|}{C}}$）等。

2）根据聚合物的原料单体命名。对加聚类聚合物，在其链节所对应的单体前加一"聚"字来命名，如聚甲醛、聚苯乙烯等；对于缩聚类以及某些共聚类聚合物，在其低分子原料后加"树脂"二字，如酚类和醛类的缩聚产物称酚醛树脂。

3）采用商品名称和代表符号命名。如有机玻璃（聚甲基丙烯酸甲酯）、胶木（酚醛树脂）等。

10.3　高分子的链结构

　　高分子材料的结构可分为两个主层次，分别是链结构和聚集态（凝聚态）结构。高分子的链结构是指单个高分子的化学结构、立体化学结构以及高分子的大小和形态，又细分为近程结构和远程结构。

10.3.1　大分子内和大分子间的相互作用

　　大分子链中原子间及链节间均为共价键结合。不同的化学组成，其键长与键能不同，这种结合力为高分子化合物的主价力，对高分子化合物的熔点、强度有重要影响。表 10.1 列出了主要共价键的键长和键能。大分子链间的结合是范德瓦耳斯力和氢键，这类结合力为次价力，比主价力小得多，只为其 1% ~ 10%。但由于分子链特别长，所以有时总的次价力也会超过主价力。次价力的大小对高分子材料的力学性能也有很大影响，如橡胶材料，分子链间作用力小，就表现出很大的弹性；如果链的运动受阻，则高分子材料的强度、硬度较高；如果分子间力很大且分子排列较为规整，这种高分子材料就是强度很高的纤维材料。

表 10.1　常用共价键的键长和键能

键	键长/nm	键能/$(kJ \cdot mol^{-1})$	键	键长/nm	键能/$(kJ \cdot mol^{-1})$
C—C	0.154	348	C≡N	0.115	892
C=C	0.134	611	C—F[①]	0.13 ~ 0.14	431 ~ 515
C—H	0.110	415	C—Cl	0.177	339
C—O	0.143	360	N—H	0.101	389
C=O	0.123	745	O—H	0.096	465
C—N	0.147	306	O—O	0.132	147

　　注：① 当几个 F 原子结合在同一个 C 原子上时，键长缩短，键能增加。

10.3.2　高分子链的近程结构

　　高分子链的近程结构主要指结构单元的化学组成、结构单元的键接方式、空间构型等原子的空间排列分布与键合等微观结构特征。

1. 结构单元的化学组成

高分子是由一种或多种小分子单体通过聚合反应以共价键结合起来的长链分子，高分子化合物是相对分子质量很大的化合物，不同化学组成的单体可以聚合形成不同的聚合物。聚合物的分子结构首先与重复单元（又称链节）的化学组成有关，由参与聚合的单体的化学组成和聚合方式决定，重复单元的化学组成是影响聚合物性能的本质因素。另外，主链侧基的有无、组成等也对高分子化合物的性能有影响。

按主链所包含原子的种类不同，高分子可分为以下几个类型：

1）碳链高分子。大分子主链全部由碳原子构成，碳原子间以共价键连接，如—C—C—C—C—C—C—或—C—C═C—C—。前者主链中没有双键，为饱和碳链；后者主链中有双键，为不饱和碳链。它们的侧基有氢原子、有机基团或其他取代基，是最常见的一类高分子，绝大多数烯烃类和二烯烃类聚合物都属于碳链高分子。常见的如聚乙烯、聚丙烯、聚苯乙烯、聚氯乙烯、聚丙烯腈、聚甲基丙烯酸甲酯等。

2）杂链高分子。大分子主链中除碳原子外，还含有氧、氮、硫等其他原子，两种或两种以上的原子以共价键相连接，称为杂链高分子。例如

—C—C—O—C—C—，—C—C—N—C—C—，—C—C—S—C—C—

杂链高分子的分子通式为：—C—R—C—R—C—R—C—，R 表示其他原子或原子团。

杂链高分子中其他原子的存在能大大改变聚合物的性能。例如，氧原子能增强分子链的柔性，因而提高聚合物的弹性；磷和氯原子能提高耐火、耐热性；氟原子能提高化学稳定性，等。这类分子链的侧基通常比较简单，属于此类聚合物的有聚酯、聚酰胺、聚碳酸酯、环氧树脂、酚醛树脂等。

以上两类均为有机聚合物，主要包括塑料和橡胶两类物质。它们的塑性好，易加工，化学性能好，但强度较低，易老化，易燃烧。

3）元素有机高分子。大分子主链不含碳原子，而是由硅、铝、钛、硼、氧等元素组成，称为元素有机高分子。例如—Si—O—Si—O—Si—O—Si—。

它的侧基一般为有机基团，如甲基、乙基、芳基等。有机基团使聚合物具有较高的强度和弹性；无机原子则能提高耐热性。有机硅树脂和有机硅橡胶等属于此类。

总之，聚合物大分子链由主链和侧基组成，主链可以全部由碳原子组成，也可以不完全或完全没有碳原子，与主链相连的侧基一般是有机取代基，如—H、—Cl、—OH、—F、—CH_3、—NH_2、⟨苯环⟩、—O—CH_3、

$$\overset{\displaystyle O}{\underset{\displaystyle \|}{—C}}—O—CH_3 \quad、\quad \overset{\displaystyle O}{\underset{\displaystyle \|}{—C}}—NH_2 \quad 等。$$

大分子链的原子以共价键结合，因其组成元素不同，原子间共价键力就不同，高分子材料的性能因而也不尽相同。

2. 结构单元的键接方式

键接方式是指结构单元在分子链中的连接方式和顺序，取决于单体和聚合反应的性质。

（1）均聚物的键接方式

由缩聚或开环聚合生成的高分子，其结构单元键接方式是确定的。但由自由基或离子型加聚反应生成的高分子，结构单元的键接会因单体结构和聚合反应条件的不同而出现不同的方式，对产物性能有重要影响。

1）单烯类。结构单元对称的高分子，如聚乙烯，结构单元的键接方式只有一种。带有不对称取代基的单烯类单体（CH_2 $=CHR$）聚合生成高分子时，结构单元的键接方式则可能有头-尾、头-头和尾-尾三种不同方式，而尾-尾结构往往伴随着头-头结构，所以一般不讨论尾-尾结构

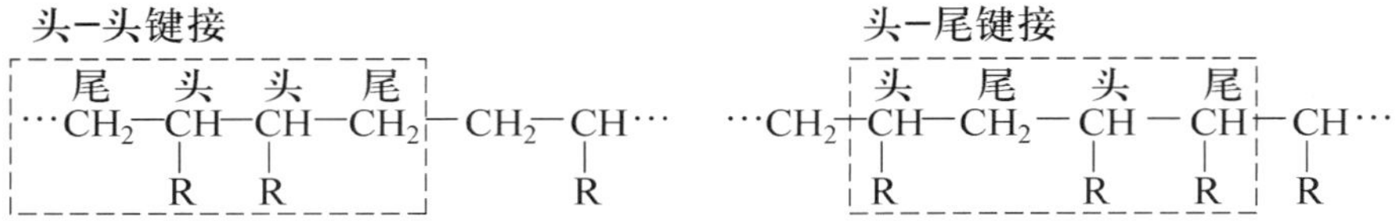

这种由键接方式不同而产生的异构体称为顺序异构体。由于聚合时的位阻效应和端基活性物种的共振稳定性两方面原因，绝大多数由自由基或离子型聚合生成的高分子采取头-尾键接方式，其中掺杂少量（约1%）头-头键接。

2）双烯类。双烯类单体如 CH_2 $=CR$ $=CH$ $=CH_2$ 聚合成高分子，其结构单元键接方式更加复杂。首先因双键打开位置不同而有 1，2-加聚、3，4-加聚和 1，4-加聚三种方式，如异戊二烯聚合反应

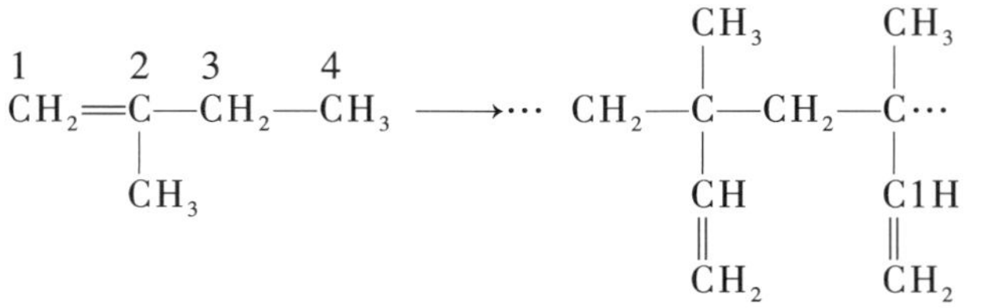

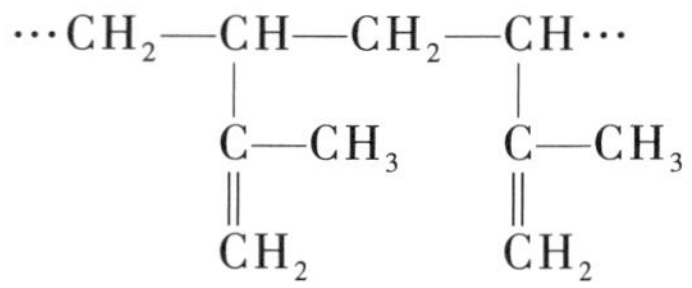

$$\cdots CH_2-\underset{\underset{CH_3}{|}}{C}=CH-CH_2-CH_2-\underset{\underset{CH_3}{|}}{C}=CH-CH_2\cdots \qquad 1,4-加聚$$

对每一种加聚产物而言，键接方式又都有头-尾和头-头键接之分。对于
1,2-加聚和3,4-加聚的聚异戊二烯，有全同、间同和无规等旋光异构体之
分；而对于1,4-加聚的聚异戊二烯，因含有双键，又有顺式和反式几何异构
体之分。

键接方式对高分子的物理性质有明显影响，最显著的是不同键接方式使分
子链具有不同的结构规整性，影响结晶能力，从而影响材料的性能。如用作纤
维的高分子，通常希望分子链中的结构单元排列规整，使其结晶性好、强度
高，便于拉伸抽丝。用聚乙烯醇制造维尼纶（聚乙烯醇缩丁醛）时，只有头-尾
键接的聚乙烯醇才能与甲醛缩合生成聚乙烯醇缩丁醛，头-头键接的羟基就不
能缩醛化。这些不能缩醛化的羟基将影响维尼纶纤维的强度，增加纤维的缩水
率。又如用丁二烯生产顺丁橡胶时，若调整其中1,2结构含量，可使分子链
中产生乙烯基侧基。当1,2结构含量为35mol%~55mol%时，顺丁橡胶的抗湿
滑性明显改善，综合性能提高。为了控制高分子链的结构，往往需要改变聚合
条件。一般来说，离子型聚合与自由基聚合相比，前者产物中的头-尾键接的
比例要大些。

（2）共聚物的键接方式

共聚物分子链的键接方式除具有均聚物的各种类型外，两种或两种以上不
同化学链节的序列排布方式（又称序列结构）更为多样。例如，某二元共聚物
由 A、B 两种单体单元生成，按序列排布方式可分为无规共聚物、交替共聚
物、嵌段共聚物和接枝共聚物四种。

下面以二元共聚物为例说明。

1）无规共聚物。共聚物中不同单体单元的排列是完全无规的，例如

        …AAABABBAABBBAABAABBBAB…

75mol%的丁二烯和25mol%的苯乙烯共聚可以得到无规共聚的丁苯橡胶。
聚甲基丙烯酸甲酯（PMMA）是一种很好的塑料，但由于分子链上带有极性的酯
基，分子间作用力比聚苯乙烯（PS）的大，因而高温流动性差，不宜采取注塑
成型法加工。为了改善其高温流动性，可在聚合过程中加入少量的苯乙烯进行
共聚，这样得到的 PMMA 可用注塑法生产各种制品。又如苯乙烯与少量的丙
烯腈共聚，能够提高 PS 的抗冲击性能、耐热性及耐化学腐蚀性能等。

2）交替共聚物。两种单体单元交替排列在主链中的共聚物，如

        …ABABABABABABABAB…

交替共聚物是近年来研究较多的一类共聚物。例如，将苯乙烯与马来酸酐

共聚得到交替共聚物；以丙烯与丁二烯进行交替共聚可以获得很好的橡胶产品；丁二烯与丙烯腈进行交替共聚可得到交替共聚丁腈橡胶，它比一般的丁腈橡胶具有更好的耐油性和弹性。

3）嵌段共聚物。共聚物的线型主链是由两种均聚物彼此键接镶嵌而成的，例如

…AAABBBBBAAABBAAAAABBB…

用阴离子聚合方法制得的苯乙烯–丁二烯–苯乙烯三元嵌段共聚物（SBS）是热塑性弹性体，高温下能塑化成型而在常温下显示橡胶弹性。其分子链的中段是聚丁二烯（PB），两端是 PS。常温下 PB 是一种橡胶，而 PS 是硬塑料，两者是不相容的，因此，SBS 具有微相分离结构。PB 段形成连续的橡胶相，而 PS 段形成微区分散在树脂中，它对 PB 起着物理交联的作用，这种物理交联起了类似橡胶硫化的作用，从而能有回弹性。由于 PS 是热塑性的，在高温下能流动，所以，SBS 是一种可用注塑法进行加工而不需要硫化的橡胶。

4）接枝共聚物。共聚物中由一种单体单元的均聚物形成主链，在主链上接上另一种单体单元的均聚物形成侧链

四种不同的共聚物连接方式如图 10.2 所示。

例如，聚氯乙烯（PVC）的低温性能很差，低温下容易发脆。如果将丁二烯接枝到 PVC 的主链上，得到接枝共聚物。该共聚物在 $-30\ ℃$ 时的强度是 PVC 均聚物的 50 倍以上，是一种耐寒性很好的产品。以 20mol% 的丁二烯与 80mol% 的苯乙烯进行接枝共聚，可以得到高抗冲击的聚苯乙烯（HIPS），它是一种韧性很好的塑料。

除排布方式外，共聚物的组成比、单体单元序列长度和序列长度分布等均与共聚物的结构和性能相关。如嵌段共聚物有嵌段平均长度及分布问题，接枝共聚物有支链平均长度及分布问题，无规共聚物也有无规序列长度和长度分布问题等。这些结构参数常用来表征共聚物序列结构的差异。

不同组分、不同序列结构的共聚物，其物理、力学性能不同。通过分子设计，改变共聚物的组成和结构，已成为开发新材料和进行高分子改性的重要手段。

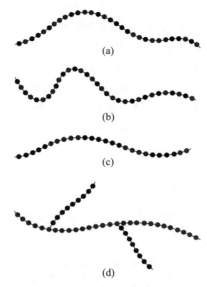

图 10.2 四种不同的共聚物：（a）无规共聚物；（b）交替共聚物；
（c）嵌段共聚物；（d）接枝共聚物

3. 空间构型

大分子链中结构单元由化学键所构成的空间排布称为分子链的空间构型。大分子中往往含有不同的取代基，可以是不同的原子或原子团。取代基的排布可以有不同的方式，即有不同的构型（称为异构体）。

如果分子链的侧基为氢原子时，如聚乙烯分子链，因氢原子沿主链的排列方式只有一种，即

$$\begin{array}{cccccccc} H & H & H & H & H & H & H & H \\ | & | & | & | & | & | & | & | \\ -C- & C- & C- & C- & C- & C- & C- & C- \\ | & | & | & | & | & | & | & | \\ H & H & H & H & H & H & H & H \end{array}$$

所以其排列顺序不影响分子链的空间构型，但是，如果分子链的侧基中有其他原子或原子团，则排列方式可能不止一种，以乙烯类聚合物为例，这类聚合物的分子通式可以写成

$$\left[\begin{array}{cc} H & H \\ | & | \\ C & C^* \\ | & | \\ H & R \end{array}\right]_n$$

式中：R 表示其他原子或原子团，即为不对称取代基。若 R 为氯，则为聚氯乙烯；若 R 为苯环，则为聚苯乙烯。C* 即为带有不对称取代基的碳原子。取代基 R 沿主链的排列位置不同，分子链可有不同的空间构型。化学成分相同而不对称取代基沿分子主链占据位置不同，因而具有不同链结构的现象称为立体异构（类似于金属的同素异构）。图 10.3 所示为乙烯类聚合物常见的三种空间构型。取代基 R 有规律地位于碳链平面同一侧，称为全同立构；取代基 R 交替地排列在碳链平面两侧，称为间同立构；取代基 R 无规律地排列在碳链平面两侧，则称为无规立构。

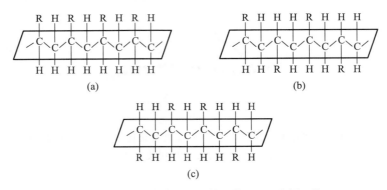

图 10.3 乙烯类聚合物的立体异构：（a）全同立构；
（b）间同立构；（c）无规立构

可见，聚合物的分子链中如果有不对称的取代基，就可能有不同的链结构。高分子链的立构规整性对高分子材料的性能有很大的影响。例如，全同或间同立构的聚丙烯，结构比较规整，容易结晶，熔点远高于聚乙烯，用作塑料时较耐热，可用作微波炉容器，还可以纺丝制成纤维（丙纶）或成膜。而无规立构聚丙烯呈细软的橡胶状，力学性能差，不能作为材料使用。

10.3.3 高分子链的远程结构

高分子链的远程结构是指大分子链的几何形态、构象及分子链的长短（分子量的大小）等结构特征。

大分子链的几何形态通常分为三种，即线型、支化型及体型。

1）线型高分子。一般高分子链是线型的，高分子链直径为零点几纳米，长度为数百纳米，长径比极大。高分子链可以卷曲成团，也可以伸展成直线，这取决于高分子链本身的柔性及外部条件。自然状态下，柔性高分子处于卷曲状态。线型高分子的几何形态如图 10.4 所示。

线型高分子的分子间由范德瓦耳斯力结合，在受热或受力时可以相互移

图 10.4　线型高分子的几何形态

动，因而线型高分子在适当溶剂中可溶解，加热时可熔融，易于加工成型，是可溶、可熔的热塑性高分子。

2）支化型高分子。支化型高分子链的结构是在大分子主链节上有一些或长或短的小支链。短链支化一般呈梳形，长链支化除梳形支链外，还有无规支化、星形、超支化、树形等类型。星形支化是从一个支化点放射出三根以上的支链。如图 10.5 所示。

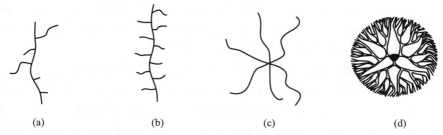

(a)　　　　　(b)　　　　　(c)　　　　　(d)

图 10.5　几种典型的支化高分子链的模型：（a）短链和长链支化高分子；
（b）具有接枝低聚物侧链的梳形高分子；（c）星形高分子；（d）树形高分子

支化高分子的性质与线型高分子一样，也是可溶、可熔的热塑性高分子，既能溶于适当的溶剂中，加热也能熔融流动，具有较好的加工成型性能。但支化对聚合物的物理、力学性能的影响有时相当显著。支化程度越高，支链结构越复杂，则影响越大。链的支化破坏了分子的规整性，使其密度、结晶度、熔点、硬度等都比线型聚合物低；而长支链的存在则对聚合物的物理、机械性能影响不大，但对其溶液的性质和熔体的流动性影响较大。例如，其流动性要比同类线型高分子熔体的流动性差。

以聚乙烯为例，高压下由自由基聚合得到的低密度聚乙烯为长链支化高分子，而在低压下由催化剂配位聚合得到的高密度聚乙烯属于线型高分子，只有少量的短支链。两者化学性质相同，但其结晶度、熔点、密度等性质差别很大（表 10.2）。这种性能上的差异主要是由于支化结构不同造成的。

表 10.2　几种聚乙烯性能的比较

性能	低密度聚乙烯	高密度聚乙烯	交联聚乙烯
分子链形态	支化分子	线型分子	网状分子
密度/$(g \cdot cm^{-3})$	0.91~0.94	0.95~0.97	0.95~1.04
结晶度	60%~70%	95%	—
熔点/℃	105	135	不溶、不熔
断裂强度/MPa	10~20	20~70	50~100
最高使用温度/℃	80~100	120	135
用途	软塑料制品、薄膜材料等	硬塑料制品、管棒材、单丝、绳缆、工程塑料部件等	电工器材、海底电缆等

支链的长短同样对高分子材料的性能有影响。一般短链支化主要对材料熔点、屈服强度、刚性、透气性以及与分子链结晶性有关的物理性能影响较大，而长链支化则对黏弹性和熔体流动性能有较大的影响。

3）体型高分子。借助于多官能团单体的反应或某种助剂将大分子链之间通过支链或某种化学键相键接，形成一个分子量无限大的三维网状结构的过程称为交联，形成的交联高分子又称为体型高分子（也称为网状高分子）。羊毛、硫化橡胶、热固性塑料（酚醛、环氧、不饱和树脂）等都是交联结构的网状高分子。交联后，整块材料可看作是一个大分子。体型高分子的几何形态如图 10.6 所示。

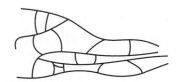

图 10.6　体型高分子的几何形态

交联高分子的最大特点是既不能溶解也不能熔融（即不溶、不熔），只有当交联程度不太大时才能在溶剂中溶胀，这与支化结构有本质区别。交联高分子在溶剂中发生溶胀，其分子链间因有化学键连接而不能相对滑移，因而不能溶解。未经硫化的橡胶（生橡胶）极易溶于溶剂，分子之间容易滑动，受热变软、发黏，受力后橡胶会产生永久变形，不能恢复原状，因而没有使用价值。而橡胶经过硫化（交联）后，高分子主链之间通过硫桥相连接，分子链形成具有一定强度的网状结构，分子之间不能滑动，不仅具有很好的可逆弹性变形

（高弹性）和相当的强度，还有良好的耐热、耐溶剂性能，成为性能优良的弹性体材料。但是交联的程度又不宜过大，否则就会失去弹性，成为硬橡皮，反而没有使用价值。一般橡胶的硫含量在 5mol% 以下。热固性塑料都是交联高分子，例如，传统的酚醛树脂就是用模塑粉在模具中热压成型，成型后已交联，不能再次熔融成型加工。

交联高分子的交联程度通常用交联度来表征。而交联度又通常用相邻两交联点之间的链（称为网链）的平均分子量表示，或者用交联点密度表示。交联点密度定义为交联的结构单元占总的结构单元的分数，即每一结构单元的交联概率。

交联高分子具有优良的耐热性、耐溶剂性能及尺寸稳定性等，可用作特种高分子材料，如耐烧蚀的酚醛树脂可做火箭的外壳材料。经过辐射交联或化学交联的聚乙烯具有较高的软化点及强度，用于电线包层的聚乙烯就需要交联。

聚合物互穿网络（interpenetration polymer network，IPN）是一种高分子共混物，其特点是两种或两种以上的组分共聚物各自独立进行交联共聚反应。与其他高分子共混物一样，IPN 呈两相或多相结构，这种相互贯穿的特殊结构有利于各相之间发挥良好的协同效应而赋予 IPN 许多优异的性能。

10.3.4 高分子链的内旋转构象

与其他物质的分子一样，聚合物大分子链也在不停地热运动，这种运动是由单键内旋转引起的。高分子链由于单键内旋转而产生的分子在空间的不同形态称为构象，又称为内旋转异构体。构象与构型的根本区别在于，构象通过单键内旋转可以改变，而构型无法通过内旋转改变。大分子链的直径极细，而长度很大，通常在无扰状态下，这样的链状分子不是笔直的，而是呈现或伸展或紧缩的卷曲图像。这种卷曲成团的倾向与分子链上的单键发生内旋转有关。

图 10.7 为碳链大分子链的内旋转示意图，图中 C_1—C_2—C_3—C_4 为碳链中的一段。在保持键角（109°28′）和键长（0.154 nm）不变的情况下，当 b_1 键内旋转时，b_2 键将沿以 C_2 为顶点的圆锥面旋转。同样，b_2 键内旋转时，b_3 键可在以 C_3 为顶点的圆锥面上旋转。这样，3 个键组成的键段就会出现许多构象。正是这种极高频率的单键内旋转随时改变着大分子链的构象，使线型大分子链在空间很容易呈卷曲状或线团状，如图 10.8 所示。如果是借助外力使链拉直，再除去外力时，由于热运动，链会自动回缩到自然卷曲的状态，这就是为什么高分子普遍存在一定弹性的原因。

一般认为，高分子链有四种形态，即无规线团、伸直链、折叠链和螺旋链。无规线团是线型高分子在溶液和熔体中以及在非晶态中的主要形态，如图 10.9 所示。折叠链、螺旋链和伸直链主要存在于结晶中。

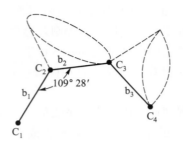

图 10.7　分子链的内旋转

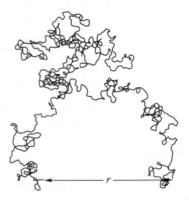

图 10.8　大分子链因链节旋转导致链段弯曲、扭曲及扭结而形成的几何形状

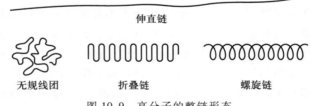

图 10.9　高分子的整链形态

　　影响高分子链的构象因素有很多，包括温度、聚集态中分子间的相互作用、溶液中高分子与溶剂分子间的相互作用以及外加的力场等。

10.3.5　影响高分子链柔顺性的结构因素

　　高分子链由于内旋转能够不断改变其构象的性质称为柔顺性（柔性）。其表象是分子链能拉伸且可回缩，这是聚合物的许多性能不同于低分子物质的主要原因。柔性的相反概念是刚性。高分子链的柔顺性或刚性的大小，主要取决于结构因素。

1) 主链结构的影响。主链结构对高分子链柔顺性的影响十分显著。不同的单键内旋转能力不同，主链全部由 C—C 单键组成的高分子（如聚乙烯、聚丙烯等），一般其柔顺性较好。主链有杂原子（如聚酯、硅橡胶等）时，由于杂原子上无氢原子或取代基和/或键长、键角较大，从而内旋转的能垒比 C—C 键更低而更为柔顺。表 10.3 列出了部分共价键的键角。例如，Si—O—Si 键比 C—C 键内旋转容易的原因有二，一是因为氧原子周围没有其他原子或基团，使非键合原子间距增大，内旋转的能垒降低；二是 Si—O—Si 键的键长、键角均比 C—C 键大，使相互作用进一步减少。硅橡胶（聚二甲基硅氧烷）分子链柔性极好，是低温性能良好（耐-90 ℃）的橡胶品种。

表 10.3 部分共价键的键角

键	键角	键	键角
C—C—C	109.5°	Si—O—Si	142°
C—O—C	108°	O—Si—O	110°
O—C—C	110°		

主链含芳环或杂环时，由于芳环或杂环不能内旋转，使可旋转的单键数目减少，所以这类分子链的柔顺性较差，芳环越多，柔顺性越差，即使在较高温度下，链段也不能运动。而如果将这类聚合物作塑料使用，则具有耐高温的特点，刚性还提高了材料的力学性能。如聚碳酸酯、聚酰亚胺和芳香尼龙等工程塑料就是这种情况。

结构中保留适当的柔性基团可以改善加工性能。例如，对于聚苯醚（PPO），其结构如下所示：

在主链中含有苯环，具有刚性，能使材料耐高温，同时又含有 C—O 键，具有柔性，产品可注塑成型。但总的来说，PPO 还是偏刚性的。

如果主链全部为芳环或共轭双键，如聚苯（撑）、聚乙炔等，由于这种大共轭体系中 π 电子云没有轴对称性，不能内旋转，所以分子链的刚性极大。

聚苯（撑）

$$\cdots —CH=CH—HC=CH—CH=CH—\cdots \qquad 聚乙炔$$

如果主链含孤立双键，情况与共轭双键完全相反。孤立双键相邻的单键内旋转更容易，这是因为键角（120°）较大且相连的双键上的氢原子或取代基只有一个。这类结构的聚合物如聚丁二烯、聚异戊二烯等都是柔顺性很好的橡胶。

根据以上讨论，主链基团对柔性的影响可排成以下次序：

$$—O— > —S— > —N— > —C\equiv C—C— > \;\diagdown C=C—C— > —C—O— >$$

$$—CH_2— > —C— > \text{（苯环）} > —C=C—C=C—$$

（注：上式中含 $\overset{\diagup}{\underset{|}{N}}$、$\overset{}{\underset{\parallel}{C}}_{O}$ 等结构）

2）侧基的影响。侧基的影响主要取决于取代基的极性、体积、取代基密度和对称性等。侧基的极性（偶极矩的大小）决定分子内和分子间相互作用力的大小。对于非对称型取代，侧基的极性越大或数目越多，相互作用力越大，分子链内旋转受阻，柔性变差。聚乙烯和聚丙烯的柔顺性就优于极性的聚氯乙烯和聚丙烯腈。

非极性侧基的体积对分子链的柔顺性有两方面的影响。一方面，取代基的存在增加了内旋转的空间位阻，使柔性降低；另一方面，取代基也增大了分子链间距，降低了分子间相互作用，使柔性增大。聚苯乙烯中苯基的极性小，但体积大，空间位阻大，使单键不易内旋转，分子链的刚性大于聚丙烯和聚乙烯的。

对于乙烯基聚合物（CH_2CHX）结构对玻璃化转变温度 T_g 的影响主要是侧取代基—X 的体积和极性，表 10.4 列出了几种乙烯基聚合物的玻璃化转变温度与取代基的范德瓦尔斯体积及极性数值。

表 10.4　几种乙烯基聚合物的玻璃化转变温度与侧取代基的范德瓦尔斯体积及极性数值

聚合物	$T_g/℃$	侧取代基（—X）		
		结构式	范德瓦尔斯体积/（$cm^3 \cdot mol^{-1}$）	极性常数
聚乙烯	−80	—H	3.5	0
聚丙烯	−20	—CH_3	13.7	−0.06
聚氯乙烯	83	—Cl	11.6	0.47
聚苯乙烯	100	—C_6H_5	45.9	0.10

注：极性常数以氢为基准（等于 0），推电子基团为负值，吸电子基团为正值。

　　有的聚合物(如聚丙烯酸酯类)分子链侧基的主要作用是增大分子链间距，侧基的增大会使分子间作用力减小，其影响超过空间位阻的影响。如果对称取代，偶极矩抵消了一部分，整个分子极性减小。而且，由于增大分子链间距的影响超过增加空间位阻的影响，柔性显著增加。

　　3) 其他影响因素。以上讨论的是单链的结构。一些聚合物从化学结构来看应当相当柔顺，但实际上却有较大刚性，原因是还要考虑除极性外分子间的其他相互作用力。分子间相互作用的大小对分子链的柔顺性有重要影响。因为要实现高分子链的构象转变，必须同时克服分子内的阻力和分子链间的作用力，即分子间内摩擦，才能以一定速度从一种构象过渡到另一种构象。如果分子间的作用力较大，那么分子链作内旋转运动的动力学过程特别缓慢，致使分子链本身的柔性在实际上无法显现。因而分子间作用力越大，链的柔顺性越差。

　　首先是氢键，氢键力是分子间作用力中最强的一种，因而氢键的影响也较大。例如，同是极性分子链，聚酰胺分子链的柔顺性比聚乙酸乙烯差，原因就在于聚酰胺的分子链之间存在大量氢键，强相互作用使分子链构象难以改变，导致刚性增大。蛋白质、纤维素等天然高分子的分子链内和链间有很强的氢键，所以完全是刚性链。

　　其次是结晶，聚乙烯从结构来说应具有橡胶状弹性，但实际上是塑料。原因是高对称性结构使其极易结晶，一旦结晶，分子中的原子或基团被严格固定在晶格上，单键内旋转不能进行，因此聚乙烯材料内部出现两相区，晶相的分子链呈刚性，非晶相的分子链呈柔性。上述能形成氢键的聚合物也往往导致结晶。

　　最后是交联，轻度交联对柔性影响不大，如硫含量为 2mol% ~ 3mol% 的橡胶。但交联度达到一定程度时，如硫含量为 30mol% 以上，则链的柔性大为降低，称为硬橡皮。

　　分子量的大小对柔顺性的影响是：分子量越大，构象数目越多，链的柔性越好。如果分子链很短，可内旋转的单键数目很少，分子的构象数也很少，必然呈刚性，所以小分子无柔性可言。而如果链的长度较大，内旋转即使受到某种程度的限制，整个分子仍可以出现很多构象，因而分子具有柔性。不过，当分子量达到一定数值，分子的构象服从统计规律时，分子量对柔顺性的影响也就不存在了。

　　除分子结构的影响以外，温度、外力等外界因素也会影响柔顺性。温度越高，柔性越大。外力作用速度越慢，柔性越容易显示出来。

　　此外，如交联、共混、增塑等因素，都会不同程度地影响高分子的柔顺性。

10.3.6　高分子链的分子量及其对高分子材料性能的影响

（1）高分子链的分子量

聚合物由很大数目的单体分子通过聚合反应而形成。在加成聚合过程中形成的聚合物的分子量将是组成这个聚合物的单体分子量的整倍数。由于聚合反应中分子链的增长和终止受反应概率和可能存在的杂质的影响，高聚物中各个分子并不是由相同数目的单体聚合而成的，因而试样中各个分子的分子量将不完全相同。通常将这种分子量的不均一性称作分子量的多分散性。由于聚合物的分子量有多分散性，要表征聚合物的分子量就需要应用统计方法。最完整的表达形式应该是高聚物的分子量分布，因为它表明了试样中不同分子量组分的相对含量。

用一般分子量测定方法来测定聚合物的分子量时，所得到的将是分子量的平均值。具体数值将决定于所用的方法和该方法的统计基础。计算平均分子量以不同的权重方式分为数均分子量、黏均分子量、重均分子量等。

数均分子量 $\overline{M}_n$ 是指聚合物中用不同分子量的分子数目统计的平均的分子量（图10.10a），数均分子量的计算式如下：

$$\overline{M}_n = \sum x_i M_i \tag{10.1}$$

式中：M_i 为分子量范围为 i 的平均值；x_i 为对应分子量范围所占百分比。

重均分子量 $\overline{M}_w$ 是指聚合物中用不同分子的分子质量统计的平均分子量（图10.10b）。重均分子量的计算式如下：

$$\overline{M}_w = \sum w_i M_i \tag{10.2}$$

式中：M_i 为分子量范围为 i 的平均值；w_i 为对应分子量范围所占质量比。聚合物的平均链长也可用聚合度 DP 表示，聚合度即为大分子链中重复单元的平均数目。

DP 与数均分子量 $\overline{M}_n$ 之间的关系如下式：

$$DP = \frac{\overline{M}_n}{m} \tag{10.3}$$

式中：m 为重复单元分子量。

（2）高分子链的分子量对高分子材料性能的影响

聚合物的分子量不仅是表征高分子结构的重要参数，而且对高分子材料的各项物理性能有着十分重要的影响。深入了解聚合物分子量与其性能之间的关系，就可以通过聚合过程中分子量的调节和控制，使高分子材料具有合适的性能。

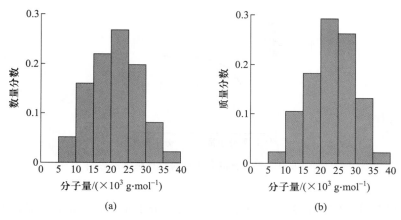

图 10.10　（a）与分子量相应的高分子所占的数量分数；
（b）与分子量相应的高分子所占的质量分数

1）分子量对力学性能的影响。聚合物的分子量或聚合度一定要达到某一数值后，才会具有实用的机械强度，这一数值称为临界分子量（或临界聚合度）。对强极性聚合物来说，其临界聚合度约为 40，而非极性聚合物约为 80，弱极性的介于二者之间。在临界聚合度以上，刚开始时，聚合物的机械强度随着聚合度的增加而很快增大；当聚合度大于 200~250 后，机械强度的增加趋势逐渐变缓；当聚合度达到 600~700 时，机械强度趋近于某种极限值，与聚合度的关系不大，如图 10.11 所示。

分子量对聚合物拉伸强度的影响可用下式表示：

$$\sigma = \sigma_\infty - \frac{B}{\overline{M}_n} \tag{10.4}$$

式中：σ_∞ 是分子量为无穷大时聚合物的拉伸强度；B 为常数。

此外，分子量对聚合物的韧性也有影响。由于分子量对聚合物屈服应力影响不大，但是脆性断裂应力随着分子量的增加而增大，因此，随着分子量的增大，聚合物趋于韧性断裂。

分子量分布对强度也有一定的影响。当分布变宽时，特别是小于临界分子量的低分子量部分增多，通常使强度降低，但断裂伸长率却有增加的趋势。

2）分子量对加工性能的影响。聚合物就是利用其在高温下的流动性来进行加工的，其中黏流温度和熔体黏度是表征聚合物加工性能的重要参数。而聚合物的分子量及其分布对其黏流温度和熔体黏度具有重要的影响。因此，分子量的调节和控制成为决定聚合物加工性能的关键。

黏流温度是整个聚合物链开始滑移的温度，聚合物进入黏流态后，其分子

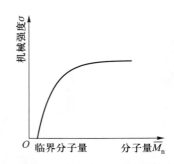

图 10.11　聚合物的分子量对机械强度的影响

运动不仅与分子结构有关，还与分子量有关。分子量越大，聚合物链越长，整个分子链相对滑动时的内摩擦阻力就越大，并且整个分子链本身的热运动阻碍其在外力作用下的定向运动。所以，分子量越大，整个分子链之间相互移动就越困难，聚合物需在更高的温度下才能发生黏性流动，即黏流温度越高。从成型加工角度来看，黏流温度越高，成型加工温度就越高，这对聚合物加工是不利的。因此，在满足必要的力学性能的前提下，适当降低分子量是必要的。这里必须指出，正是由于聚合物的黏流温度随着分子量的增大而持续上升，而聚合物的分子量又具有多分散性，所以实际上非晶态聚合物并没有明晰的黏流温度，而往往是一个比较宽的软化区域，在这个温度区域内均易流动，均可以进行成型加工。

聚合物熔体的黏性流动虽然是通过链段的运动来实现的，但本质上是聚合物链的重心沿流动方向发生位移和链间相互滑移的结果。聚合物的分子量越大，一个分子链包含的链段数越多，链间的相对滑移越困难，因此，分子量的大小对黏性流动有着很大的影响。分子量越大，熔体黏度就越高，流动性就越差。

在没有剪切力的作用下，聚合物的熔体黏度（零剪切黏度）与分子量的关系如图 10.12 所示。

从图中可见，存在一个临界分子量 M_c，在低于 M_c 时，聚合物的零剪切黏度与重均分子量间的关系为

$$\lg \eta_0 = \lg K_1 + \lg \overline{M}_w \qquad (10.5)$$

在高于 M_c 时，零剪切黏度与重均分子量的 3.4 次方成比例

$$\lg \eta_0 = \lg K_2 + 3.4\lg \overline{M}_w \qquad (10.6)$$

临界分子量的存在反映了随着分子量的提高，大分子链间的缠结和相互作用增强，黏度急剧上升。临界分子量的数值依聚合物的种类而异，约在 4 000～

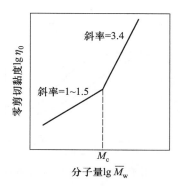

图 10.12 聚合物的零剪切黏度与分子量的关系

30 000 之间，一些聚合物的临界分子量值列于表 10.5。

表 10.5 几种常见聚合物的临界分子量值

高聚物	M_c	高聚物	M_c
聚乙烯	4 000	天然橡胶	5 000
聚丙烯	7 000	聚异丁烯	17 000
聚氯乙烯	6 200	聚氧乙烯	6 000
聚乙烯醇	7 500	聚醋酸乙烯酯	25 000
尼龙 6	5 000	聚二甲基硅氧烷	30 000
尼龙 66	7 000	聚苯乙烯	35 000

分子量大小不同，对剪切速率的敏感性也不同。分子量越大，对剪切速率越敏感，剪切引起的黏度降低也越大，从第一牛顿区进入假塑性区也越早，即在更低的剪切速率下便发生黏度随剪切速率增大而减小的现象。分子量及其分布对聚合物熔体流变曲线的影响如图 10.13 及图 10.14 所示。

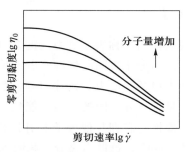

图 10.13 分子量对流变曲线的影响

533

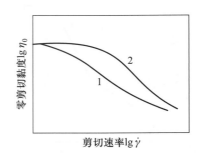

图 10.14　分子量分布对流变曲线的影响（1 分布较宽，2 分布较窄）

10.4　高分子材料的聚集态结构

　　低分子化合物的基本性质和使用性能都主要取决于化学结构。但高分子却很不同，高分子的基本性质主要取决于链结构，而其使用性能除了与链结构有关外，很大程度上还取决于加工成型过程中形成的聚集态结构。例如，同样是聚对苯二甲酸乙二醇酯（简称聚酯），如果挤出造粒时从熔融状态下进入液体介质中迅速冷却，得到的切片（即粒料）是透明的（非晶态）；相反，如果在空气中缓慢冷却，结晶得到的是乳白色的切片（晶态）。用聚酯制作的矿泉水瓶未经过取向，抗拉强度不高；经双轴拉伸取向的聚酯薄膜则有较高的强度，适合用作电影胶卷和录音、录像带的基片；而经一维高度牵引取向的聚酯纤维（涤纶）的强度更高，用作织物纤维。可见不同取向态对高分子材料的使用性能有显著的影响。

　　高分子的聚集态可分为晶态、非晶态、取向态、液晶态等，晶态与非晶态是高分子最重要的两种聚集态，其次是取向态。液晶态比较特殊，由于其应用的重要性已成为高分子材料研究的前沿领域。

10.4.1　高分子间的作用力

　　通常将分子中原子间的作用力称为主价力或键合力，而分子间的作用力称为次价力。与小分子一样，高分子之间同样存在着次价力，包括范德瓦耳斯力和氢键，其中范德瓦耳斯力包括静电力、诱导力和色散力。

　　静电力是偶极作用，是极性分子间的引力，能量一般为 $13\sim21$ kJ·mol^{-1}；诱导力是极性分子的永久偶极与它在其他分子上引起的诱导偶极间的相互作用力，能量一般为 $6\sim13$ kJ·mol^{-1}；色散力是分子瞬时偶极间的相互作用力，它普遍存在于一切分子间，能量一般为 $0.8\sim8$ kJ·mol^{-1}。这三种范德瓦耳斯力没有方向性和饱和性，作用能约比化学键小 1~2 个数量级。

氢键是强极性的 X—H 上的氢原子与另一个键上电负性很大的原子 Y 上的孤对电子相互吸引而形成的一种键（X—H···Y）。氢键有方向性和饱和性，它可以在分子间形成，也可以在分子内形成。键能在几至几十 $kJ \cdot mol^{-1}$，通常小于 40 $kJ \cdot mol^{-1}$。它比化学键小得多，却比范德瓦耳斯力大，是分子间作用力中最重要的一种，对于高分子的性质起很大的作用。以尼龙为例，当氨基酸单元为奇数碳时，每个酰胺基都能形成氢键；当氨基酸单元为偶数碳时，只有一半酰胺基可以形成氢键。因而奇数尼龙的熔点高于偶数尼龙，呈现所谓的"奇偶规律"。

分子间作用力对物质的许多性质具有重要的影响，例如，沸点、熔点、汽化热、熔融热、溶解度、黏度和强度等都与分子间作用力的大小有关。对于聚合物来说，由于其分子量很大，分子链很长，结构单元很多，分子之间互相邻近的范围很大，其分子间作用力是很大的，大到超过了组成它的化学键的键能。因此高分子的聚集态只有固态和液态，而没有气态。换句话说，高分子在未汽化前，其中的化学键就断裂了。这样，聚合物中分子间的作用力起着更加特殊的重要作用。可以说，离开了分子间的相互作用来解释聚合物的聚集态结构和各种物理性能是不可能的。

分子间的作用力的大小通常采用内聚能或内聚能密度来衡量。内聚能定义为克服分子间的作用力，把 1 mol 液体或固体分子移到其分子间的引力范围之外所需要的能量

$$\Delta E = \Delta H_v - P\Delta V \text{ 或 } \Delta E = \Delta H_v - RT \tag{10.7}$$

式中：ΔE 是内聚能；ΔH_v 是摩尔蒸发热；RT 是转化为气体时所做的膨胀功 $P\Delta V$。

对于低分子化合物，其内聚能近似等于恒容蒸发热或升华热，可以直接由热力学数据估计其内聚能密度。单位体积内的内聚能称为内聚能密度（cohesion energy density，CED）

$$CED = \Delta E/\overline{V} \tag{10.8}$$

它可用于比较不同高分子内分子间作用力的大小。表 10.6 列出了部分线型聚合物的内聚能密度。从这些数据可以看出，内聚能密度的大小与聚合物的物理性质之间存在着明显的对应关系。内聚能密度小于 290 $J \cdot cm^{-3}$ 时，由于它们的分子链上不含有极性基团，分子间作用力主要是色散力，分子间相互作用较弱，分子链的柔顺性较好，使这些材料易于变形，富有弹性，可用作橡胶（聚乙烯除外，由于它易于结晶而失去弹性，只能用作塑料）；内聚能密度大于 420 $J \cdot cm^{-3}$ 的聚合物，由于分子链上有强极性基团，或者分子链之间能形

成氢键，分子间作用力大，因而具有较好的机械强度和耐热性，再加上分子链结构比较规整，易于结晶、取向，使强度更高，成为优良的纤维材料；内聚能密度在 $290\sim420\ J\cdot cm^{-3}$ 之间的聚合物，分子间作用力居中，适合作为塑料使用。由此可见，分子间作用力的大小，对聚合物的强度、耐热性和聚集态结构都有很大影响，因而也决定着其使用性能。

表 10.6　一些聚合物的内聚能密度

聚合物	CED/$(J\cdot cm^{-3})$	聚合物	CED/$(J\cdot cm^{-3})$
聚乙烯	260	聚甲基丙烯酸甲酯	347
聚异丁烯	272	聚乙酸乙烯酯	368
丁苯橡胶	276	聚氯乙烯	381
聚丁二烯	276	聚对苯二甲酸乙二醇酯	477
天然橡胶	280	尼龙 66	774
聚苯乙烯	306	聚丙烯腈	992

10.4.2　高分子结晶的形态

所谓结晶形态，是指微观结构堆砌而成的晶体外形，一般尺寸为微米到毫米数量级，可在显微镜下观察到。结晶形态可分为单晶和多晶：单晶是结晶体内部的微观粒子在三维空间呈规律性的、周期性的排列，特点是具有一定外形、存在长程有序；多晶是由无数微小的单晶体无规则地聚集而成的晶体结构。多晶更为普遍，多晶包括球晶、树枝晶、伸直链晶、串晶、纤维状晶、柱晶等。

与金属及陶瓷不同的是，聚合物晶体是指由于分子链堆垛形成的原子在三维空间呈周期性重复排列的固体。晶体结构可以按其晶胞分类，但非常复杂。例如，图 10.15 所示为聚乙烯的晶胞以及与分子链结构间的关系，可以看出所定义的晶胞为正交结构，分子链并不受限于一个晶胞。

分子量小的物质(如水和甲烷)通常或者为完全结晶态(固态)或者为完全非晶态(液态)，而聚合物材料的分子量大且复杂，只能为部分结晶，即晶态区分布于非晶态基体上。分子链杂乱无序分布有利于非晶态区的形成，故非晶态更常见，这是因为分子链的缠结、扭结及卷曲等基本特性将阻止每个分子链的每个链段严格有序排列。

聚合物的分子链长度比一般高分子结晶的晶区的尺寸大，在晶态聚合物中

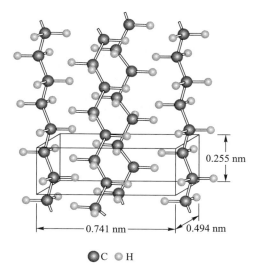

●C ●H

图 10.15 聚乙烯的晶胞以及与分子链结构间的关系

分子链如何排列的呢？主要有三种聚合物晶态结构模型。

1）缨状微束模型。缨状微束模型如图 10.16 所示，该模型认为结晶聚合物中，晶区与非晶区互相穿插，同时存在，在晶区中高分子链互相平行排列形成规整的结构，通常情况是无规取向的；非晶区中，分子链的堆砌是完全无序的。晶区的长度远小于高分子链的总长度，所以一根高分子链可以穿过多个晶区和非晶区。

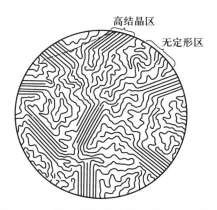

图 10.16 部分结晶高分子的缨状微束模型

2）折叠链模型。该模型认为分子链采取规则近邻折叠的方式，夹在片晶之间的不规则排列链段形成非晶区，如图 10.17 所示。

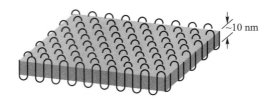

图 10.17　折叠链模型示意图

3）插线板模型。该模型认为组成片晶的"杆"是无规连接的，即从一个片晶出来的分子链并不在其邻近处折回到同一片晶，而是在进入非晶区后，在非邻位以无规方式再回到同一片晶或者进入另一个片晶。非晶区中，分子链段或无规地排列或互相有所缠绕，形象地称为插线板模型，如图 10.18 所示。

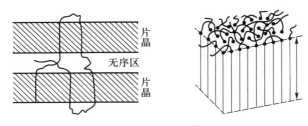

图 10.18　插线板模型

高分子非晶态结构的经典模型是无规线团模型，该模型认为在非晶态聚合物的本体中，分子链构象与溶液中一样，呈无规线团状，线团分子相互缠结，整个聚集态结构是均相的。

可以认为有三种聚集态结构基本单元，即无规线团的非晶结构、折叠链结晶结构和伸直链结晶结构，如图 10.19 所示。例如，串晶可以看成是由折叠链结晶结构和伸直链结晶结构组成的多晶聚集体。而缨状微束模型则包含了所有三种基本结构单元。

由熔融态结晶的聚合物一般为部分结晶，通常为近球形结构，亦称为球晶。其结构特征是由若干厚度约为 10 nm 的多层片晶由中心（晶核）向外张开生长。微观结构细节如图 10.20 所示，各多层片晶由无定形物质相间隔。系带分子链穿过无定形区将各多层片晶相互连接。

当聚合物球晶长大临近结束时，相邻球晶相互紧密靠近，形成近平面的界面。而在此之前它们仍保持其球形形貌。图 10.21 所示为偏振光显微镜观察到的聚乙烯球晶界面，同时可以看出，球晶内部十字轮结构特征非常明显。而球

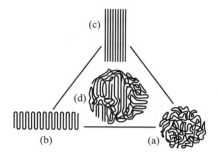

图 10.19　线型高分子聚集态结构的三种基本结构单元：（a）无规线团；
（b）折叠链；（c）伸直链；（d）缨状微束模型

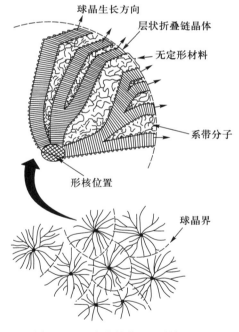

图 10.20　球晶结构微观结构细节

晶图形中的带或环线则是由多层片晶的扭转所致。

　　聚合物中的球晶有点类似于金属和陶瓷中的晶粒，然而这并不准确，如前所述，每个球晶由许多不同的多层片晶所组成，且含有部分无定形物质。聚乙烯、聚丙烯、聚氯乙烯、聚四氟乙烯及尼龙等聚合物由熔融状态结晶时都会形成球晶结构。

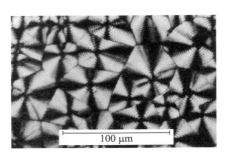

图 10.21 聚乙烯球晶偏振光显微形貌（Callister，2011）

10.4.3 影响高分子结晶能力的结构因素

高分子结晶的能力要比小分子弱得多。由于高分子结构的复杂性，高分子结晶总是不完全的，即便是结构最简单的聚乙烯也不能 100% 结晶，因而所谓结晶高分子实际上只是部分结晶聚合物，即含有一些非晶相。相当大的一部分高分子是不结晶或很难结晶的。能结晶的称为结晶性聚合物，不能结晶的称为非结晶性聚合物。影响结晶能力的除了高分子的结构因素外，还有温度等外界因素。

影响高分子结晶能力的结构因素主要有：

1）规整性。影响结晶过程的内部因素之一是聚合物必须具有化学结构的规则性和几何结构的规整性。

链结构规整性好的聚乙烯、偏聚氯乙烯、聚异丁烯、聚四氟乙烯、反式聚丁二烯、全同聚丙烯、全同聚苯乙烯等易结晶，而链结构规整性差的无规聚丙烯、聚苯乙烯、聚甲基丙烯酸甲酯、顺式聚丁二烯、乙烯丙烯无规共聚物等不结晶。

比较以下聚合物的结构及其最大结晶度就能说明这个问题：聚乙烯的链的对称性和规整性最好，结晶度也最高；有一个氯取代以后，规整性大为降低，聚氯乙烯称为低结晶度高分子；对称取代的偏聚二氯乙烯的结构又较为规整，结晶度较高；但无规氯代的氯化聚乙烯或氯化聚氯乙烯却不能结晶，室温下是弹性体；对于聚三氟氯乙烯，由于氟和氯的体积相差不是很大，结构规整性好，结晶度提高

$$\{CH_2-CH_2\}_n \quad \{CH_2-CH\}_n \quad \{CH_2-C\}_n \quad \{C-C\}_n$$

结晶度   95%   7%   75%   90%

全同立构的聚丙烯比间同立构的聚丙烯更易结晶，而无规聚丙烯不能结晶，实际上无规聚丙烯没有强度，根本不能作为塑料使用。

对于二烯类聚合物，反式的对称性比顺式好，所以反式更易结晶。如反式聚1，4-丁二烯比顺式聚1，4-丁二烯易结晶，因为反式结构的重复周期较短，规整性好。顺式结构的重复周期较长，常温下不结晶，呈现高弹态，是一种橡胶（顺丁橡胶）。实际上，顺式聚1，4-丁二烯的链结构也有一定的规整性，但熔点低，只有低温时才形成结晶。

共聚破坏了链的规整性，所以无规共聚物通常不能结晶或结晶度很低。例如，聚乙烯和聚丙烯都是塑料，但乙烯和丙烯的无规共聚物（丙烯含量为25mol%以上）却是橡胶。聚对苯甲酸乙二醇酯（PET）能结晶，但用30mol%~40mol%环己二醇残余PET共聚改性的聚酯（PETG）是一种非晶聚合物，其透光性和韧性均优于PET。

2）柔顺性。柔顺性提高了链段向结晶扩散和排列的活动能力。柔性很好的聚乙烯即使从熔融态直接投入液氮中也能结晶。相反，链结构具有一定的规整性，但柔性差的聚碳酸酯的结晶速率十分缓慢，以至于熔体在通常的冷却速度下得不到可观的结晶，呈玻璃态结构。柔性中等的聚对苯二甲酸乙二醇酯只有缓慢冷却时才结晶，冷却稍快就不结晶。

3）分子间作用力。分子间作用力强使结晶结构稳定，从而有利于结晶。典型例子是尼龙，强的氢键是其易于结晶的主要原因。

10.4.4　结晶度及其对结晶性能的影响

（1）结晶度

聚合物中结晶部分所占的质量分数或体积分数称为结晶度。

相同材料种类及分子量的晶态聚合物的密度一般大于非晶态聚合物的密度，这是因为晶体结构中分子链更为密排。常用测试密度的方法确定聚合物材料的结晶度，如下式：

$$\% \text{ 结晶度} = \frac{\rho_c(\rho_s - \rho_a)}{\rho_s(\rho_c - \rho_a)} \times 100 \tag{10.9}$$

式中：ρ_s 是待测定结晶度的试样的密度；ρ_a 为非晶态聚合物试样的密度；ρ_c 为完全结晶态聚合物试样的密度。ρ_a 和 ρ_c 需用其他试验方法测得。

（2）结晶度和结晶尺寸对结晶性能的影响

结晶对聚合物性能的影响因素主要是结晶度和结晶尺寸。

1）力学性能。结晶一般使塑料变脆（冲击强度和断裂伸长率下降），抗拉强度下降，但硬度提高；使橡胶的抗拉强度提高，硬度提高，断裂伸长率下降。对于橡胶，抗拉强度的反常增加是由于少量结晶成为橡胶分子间的物理交联点。球晶（或晶粒）越大，力学性能越差。球晶生长过程中，不能结晶的杂质被排斥，集中在球晶边界，形成裂缝和晶间缺陷，成为力学薄弱处。球晶越大，裂缝越大。

2）光学性能。结晶使聚合物不透明，结晶聚合物通常呈乳白色，如聚乙烯、尼龙以及结晶的聚酯切片，这是因为晶区与非晶区的界面会发生光散射。

3）热性能。聚合物的结晶度达 40% 以上时，由于晶区相互连接，贯穿整个材料，因此它在 T_g 以上仍不软化，其最高使用温度可提高到接近材料的熔点，这对提高塑料的热变形温度有重要意义。

4）耐溶剂性、抗渗透性。因为晶体中分子链堆砌紧密，能更好地阻挡各种试剂的渗入，提高了材料的耐溶剂性。因而对于纤维材料来说，结晶度过高不利于它的染色性。

因此，结晶度的高、低要根据材料使用的要求适当控制。用退火的方法不仅可增加结晶度，还可提高结晶完善程度和消除内应力，调控结晶性高分子材料的力学性能。

可以采用以下方法控制球晶的大小，以改善结晶性高分子材料的力学性能和光学性能：

① 控制成型速率，将熔体急速冷却（称为淬火），生成较小的球晶；如果缓慢冷却，则生成较大的球晶；

② 采用共聚的方法，破坏链的均一性和规整性，生成较小的球晶；

③ 外加成核剂，好的成核剂应使球晶半径减少 1/5～1/10，所以成核剂又被称为透明剂。好的成核剂有金属盐类（特别是碱金属盐）、有机颜料等。

10.4.5　取向结构

1. 取向的概念

聚合物分子链细而长，长度一般为其宽度的几百倍甚至几万倍，分子的形状具有明显的几何不对称性。通常沿着分子链方向是共价键结合，而垂直于分子链方向则是范德瓦耳斯力结合，因此在某些外场作用下，大分子链、链段或微晶可以沿着外场方向有序排列，这种有序的平行排列称为取向，形成的聚集态结构称为取向结构。很多聚合物产品，如合成纤维、塑料打包带、双轴拉伸和吹塑的薄膜、挤出的管材等，都存在取向结构，研究取向有着重要的实际意义。取向结构对材料的力学和热性能影响显著。平行于取向方向的力学强度大大提高，而垂直于取向方向的则降低。这是因为取向方向的强度是化学键键能的加和，而垂直于取向方向的是范德瓦耳斯力的加和。取向使材料的玻璃化温度和使用温度提高。对于晶态聚合物，取向使其密度和结晶度提高，热稳定性也提高。

取向态结构、液晶态结构与结晶态结构虽然都与高分子的有序性有关，但它们的有序性不同。取向态是一维或二维有序结构，而结晶态是三维有序结构。因而能够很好取向的聚合物不一定能结晶。例如，聚氯乙烯能纺成纤维，有很好的取向，但其结晶能力很低。另一方面，取向态与液晶态都是一维或二维有序结构，但液晶态的有序是自发形成的，取向态的有序是在外场作用下形成的，当然对液晶态也能施加外场以形成液晶取向态。

取向态的有序性可以被"冻结"下来，在纤维中，人们将高度取向的结构固定下来，这对提高其使用性能有利。但有时被"冻结"的有序性是不利的，例如，注射制品中被冻结的不均匀取向结构导致内应力，在存放和使用过程中会引起制品开裂或翘曲。解决的办法是加热退火以消除内应力。聚碳酸酯是典型的易于开裂的聚合物，其制品要在异丙醇中加热退火，溶剂的溶胀作用有助于分子链或链段的取向松弛。

对于不同的材料、不同的使用要求，可采用不同的取向方式。一般按照外力作用方式可分为两类：单轴取向和双轴取向。单轴取向就是聚合物材料只沿一个方向拉伸，长度增加，而宽度和厚度减小，分子链和链段倾向于沿着与拉伸方向平行的方向排列，如图10.22a所示，如纤维纺丝，薄膜的单轴拉伸等。双轴拉伸时，聚合物薄膜或板材沿着它的平面纵向与横向分别拉伸，面积增加，而厚度减小，分子链和链段倾向于与薄膜平面平行的方向排列，但是在此平面内分子链的方向是无规的，如图10.22b所示。薄膜平面各方向的性能相近，但薄膜平面与平面之间易剥离。

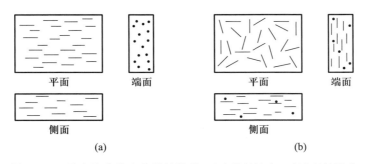

图 10.22　取向聚合物中分子的排列：（a）单轴取向；（b）双轴取向

对于未取向的聚合物来说，其中链段是随机取向的。即链段朝着任意方向的概率相等，因而未取向的聚合物是各向同性的。而取向的聚合物，链段在某一方向上择优取向，因此呈现各向异性。例如，在单轴拉伸取向的表面平面上会出现明显光学、力学等物理性能的各向异性。

2. 取向的过程

聚合物的聚集态不同，其取向过程也不同。非晶聚合物的拉伸取向比较简单，非晶态聚合物有两种不同的运动单元：整个分子链和链段，因而可分为整链的取向和链段的取向，也称为大尺寸和小尺寸的取向。链段的取向通过单键的内旋转运动来完成，链段沿外场作用方向平行排列，但整个分子链的排列仍然是杂乱无章的，例如，在聚合物高弹态下拉伸。这种取向一般在温度较低或拉力较小的情况下就可以进行。而整个分子链的取向则需要聚合物各链段的协同运动才能实现，分子链均沿外场方向平行排列。因此，只有在温度很高（如熔体纺丝）或拉力很大的情况下才能进行。例如，在黏流态下，外力可使整个分子链取向。

由于取向过程是一个链段运动的过程，必须克服聚合物内部的黏滞阻力，因而完成取向过程需要一定的时间。两种取向方式所受到的阻力是不同的。因此，这两种取向过程的速率有快慢之分。在外力作用下，首先发生链段的取向，然后才是整个分子链的取向。另外，取向过程是分子的有序化过程，而热运动却是分子趋向于杂乱无序，即所谓的解取向过程。链段比较容易发生取向，也容易发生解取向。在热力学上，取向过程必须在外场作用下使构象熵减小，而解取向则是构象熵增加的自发过程。只要发生取向过程，就存在解取向过程。所以，取向状态是热力学的非平衡状态。

结晶聚合物的取向过程要比非晶聚合物复杂得多。结晶聚合物的拉伸取向过程除了其非晶区可能发生链段和分子链的取向外，还可能发生晶粒的取向。在外力作用下，晶粒将沿外力方向择优取向，伴随着片晶的倾斜、滑移过程，原有的折叠链片晶被拉伸破坏，重排为新的取向折叠链片晶或伸直链微晶（图10.23），球晶发生形态的变化，从球形到椭球形，直至转变为微纤结构（图10.24）。

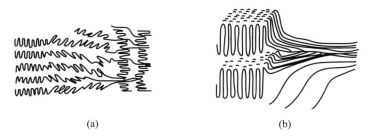

(a)　　　　　　　　　　　　(b)

图 10.23　晶态聚合物在拉伸时结构的变化：（a）形成新的取向的
折叠链片晶；（b）形成伸直链晶体

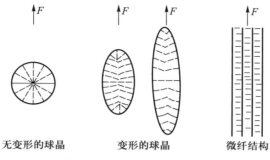

无变形的球晶　　　变形的球晶　　　微纤结构

图 10.24　球晶拉伸变形时形态和内部片晶的变化

3. 取向的应用

1）纤维的牵伸和热处理。牵伸工艺可大幅度地提高纤维的强度，如未牵伸的尼龙丝的抗拉强度为 70~80 MPa，牵伸后达 470~570 MPa。但牵伸也明显降低断裂伸长率，使纤维缺乏弹性。为了使纤维既有适当强度又有适当弹性，利用分子取向慢而链段取向快的特点，首先用慢的取向过程（牵伸）使整个高分子链得到良好的取向，以达到高强度，然后用快的热处理过程（称为热定型）使链段解取向，同时保持分子链的取向，使纤维获得弹性。这两步处理后纤维内分子的结构如图 10.25 所示。

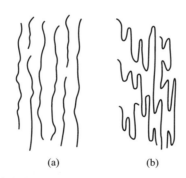

(a)　　　　　　(b)

图 10.25　纤维内分子链和链段取向：（a）牵伸后；（b）热定型后

2）片材和薄膜的取向。取向的片材在抗冲击强度、拉伸屈服强度和抗应力龟裂方面有显著的提高。例如，聚苯乙烯片材经双轴取向成为高柔性的材料，而未取向的片材是很脆的。

薄膜既可单轴取向也可双轴取向，聚丙烯薄膜经单轴取向后获得 6 倍以上的强度，称为撕裂薄膜（因为垂向强度降低可以撕裂而得名），用作包装绳。双轴拉伸的聚丙烯薄膜用作包装材料。双轴拉伸的聚乙烯可用作具有收缩记忆功能的缠绕膜，具有较高的拉伸强度、抗撕裂强度，并具有良好的自粘性，因此能使物体裹成一个整体。防止运输时散落倒塌，是货物运输的重要包装材料。双轴拉伸的聚乙烯或聚氯乙烯热收缩膜，用于商品的贴体包装。双轴拉伸的 PET 薄膜用作摄影胶片片基，录音、录像磁带，使用强度和耐折性提高。

10.5　高分子运动

一种聚合物是塑料还是橡胶，一般由温度决定。室温下的聚甲基丙烯酸甲酯(有机玻璃)坚硬且透明，但加热到其玻璃化温度(105 ℃)以上时，开始出现类似橡胶的高弹性。常温下的天然橡胶(玻璃化温度为-73 ℃)是柔软而富有弹性的材料，但当温度降至约-100 ℃时，却是像玻璃一样硬而脆的固体。对于非晶态聚合物，仅可以通过改变温度，在没有发生相态转变的情况下，表现出变形能力的不同，呈现不同力学性能的状态。

从分子运动角度来看，非晶态聚合物随温度变化出现的不同力学状态与内部分子在不同温度下处于不同运动状态密切相关。这是聚合物独有的特点，即一种聚合物，微观结构不变，只是由于分子运动的情况不同，就可以表现出非常不同的性质。

因此，高分子运动是联系高分子复杂的结构与聚合物丰富的物理行为和性能之间的桥梁。故不仅要了解高分子的结构，还要把高分子运动的特点尤其是高分子运动的温度依赖关系理解透彻，才能建立高分子结构与聚合物性能之间的内在联系。

10.5.1　高分子运动的特点

通常把小分子的运动称为热运动，小分子的热运动有分子质心的整体平动、分子的转动以及组成分子的各原子间的相对振动等多种模式。热运动能量(热能)包括上述所有模式热运动的动能和原子、分子间的相互作用势能。

高分子链很长，其结构远比小分子化合物复杂，运动形式也更显复杂和多样性。除了可以像小分子那样移动、转动和振动以外，高分子的一部分还可以相对于其他部分进行移动、转动或取向，且服从不同的规律。

1)含有多重运动单元。高分子的运动单元是多重的，可以是整个分子链、链段、链节、侧基、支链等。通常按照单元大小，可分为小尺寸运动单元和大尺寸运动单元，小尺寸运动单元包括链段、链节、侧基、支链等，大尺寸运动单元指整个分子链。

链节的转动是由单键内旋转引起的，是高分子运动的基本单元。侧基亦可转动，有一定柔性的侧链(支链)也有自身的内旋转。

链段是把高分子链作为等效自由连接链时，人为划分出来的能够独立运动的最小统计单元，是由若干个键组成的一段链，大小与高分子链的柔顺性有关。高分子链越柔顺，链段就越小。链段运动是通过主链的内旋转来实现的，而分子质心可能并没有移动。链段的运动对聚合物来说非常重要，对应于聚合物从玻璃态到高弹态的转变，即聚合物特有的高弹性就是由于链段的运动。

高分子链可以作为一个整体呈现质心的移动，聚合物熔体以及聚合物材料的永久变形就是整链移动的宏观表现。

2）对时间的依赖性（弛豫特性）。高分子运动的另一特点是对时间的依赖性，这一性质称为弛豫特性。在一定的外界条件下，物体偏离某种平衡态，而通过分子运动达到与外界条件相适应的新的平衡态需要一定的时间，也就是说要经过一个过程，这个过程称为弛豫过程。弛豫时间是用来描述弛豫过程快慢的物理量，常用 τ 表示。

小分子物质（如金属和陶瓷）在应力作用下的应变是瞬间产生的，这是因为小分子运动的弛豫时间很短，只有 $10^{-10} \sim 10^{-8}$ s，弛豫过程瞬间完成。而对于聚合物，由于高分子大，高分子间作用力大，高分子运动单元运动时所受到的内摩擦力也就大，故运动单元的运动相当缓慢，弛豫时间很长，弛豫过程进行得很缓慢，并且由于高分子分子量的不均一以及运动单元大小不一，聚合物的弛豫时间并不是单一数值，分布很宽，甚至可看作一个连续的分布。

3）对温度的依赖性。温度对高分子运动有着重要的影响。其影响体现在两个方面：

① 温度升高，各运动单元的热运动能量增加。任何运动单元的运动都要克服一定的能垒，当温度升高，分子热运动能量增加到足以克服能垒时，该单元即可实现一定形式的运动。

② 温度升高，自由体积增加。任何运动单元的运动还必须有一定的自由空间，温度升高，自由体积增大，有利于单元运动。当自由体积增加到该单元运动所需的空间大小时，其运动就是一般的活化过程，只要热运动能量足够，单元即可自由地运动。

这两方面的影响都可加快弛豫过程的进行，也就是弛豫时间随温度升高而减小。因此，对于同一个弛豫过程，既可以在较低的温度、较长的时间内来实现，也可以在较高的温度、较短的时间内实现，升高温度与延长时间对分子运动具有等同的效果。这种弛豫过程规律称为时温等效原理。

由于运动单元大小不同，热运动所需活化能和自由体积各不相同，因此热运动的温度范围是不同的，且不同运动单元的弛豫时间对温度的依赖关系也可能不同，即服从不同的规律。

10.5.2　温度对聚合物力学状态的影响

如前所述，聚合物的变形行为受到力、温度及时间等多个因素的影响。与金属和陶瓷相比，温度对聚合物的应力-应变行为的影响更为复杂且具有其独有的特性，结构不同的聚合物也有不同的热-力-变形的特性。

1）线型非晶态聚合物。在一定负荷和等速升温下，聚合物变形的大小与温度的关系曲线称为变形-温度曲线。典型线型非晶态聚合物的变形-温度曲线如图 10.26 所示，有三种不同的力学状态，下面分别介绍它们的宏观力学性能及相应的分子运动机制。

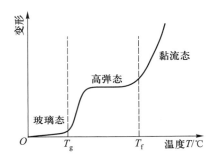

图 10.26　非晶态聚合物的变形-温度曲线

① 玻璃态。在 T_g 温度以下，曲线基本是水平的，变形量很小，且瞬间完成，而弹性模量较高，聚合物呈刚性固体状。外力去除，变形瞬间即可恢复。由于多数非晶态聚合物是透明的，类似小分子玻璃，因此把这种状态称为玻璃态。

② 高弹态。温度升到某一温度范围，聚合物的变形明显增加，可达 100% ~ 1 000%，比普通弹性变形高得多，并在这一温度范围保持相对稳定变形。相对于玻璃态，弹性模量明显减小，如果外力除去，变形逐渐恢复，表现出高弹性，因此把这种状态称为高弹态。

③ 黏流态。温度继续升高到某一温度，变形又要逐渐增大，且不可恢复，模量逐渐减小，聚合物则变成黏性液体，这种状态称为黏流态。

也就是说随温度变化，非晶态聚合物可以表现出具有不同力学性能的三种状态，即玻璃态、高弹态和黏流态，它们之间的区别主要是变形能力的不同（模量的不同），因此又称为聚合物的三种力学状态。

图 10.27 所示的模量-温度曲线也能反映非晶态聚合物的三种力学状态间的转变，随着温度升至玻璃化温度，聚合物从处于玻璃态的较刚硬固体到高弹态的柔软弹性体，模量下降 3~4 个数量级，材料的使用性能完全改变，原先

作为塑料使用的聚合物不再具有塑料的性能；反之，原先作为橡胶使用的聚合物当温度降到玻璃化温度以下时，便失去了橡胶的高弹性，变成了较刚硬的固体。因此，玻璃化温度是塑料（非晶态的热塑性塑料）的使用上限温度或橡胶的使用下限温度。而当温度升至黏流温度时，模量进一步减小。

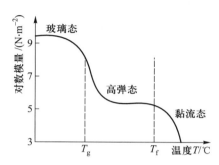

图 10.27　非晶态聚合物的模量-温度曲线

非晶态聚合物随温度变化出现的三种力学状态与内部分子在不同温度下处于不同的运动状态有关。

在玻璃态下（$<T_g$），由于温度较低，分子运动的能量很低，链段以及整个分子链均不能运动，只有比链段更小的结构，如链节、侧基、原子等，可以在其平衡位置附近作小范围振动。受力时，链段进行瞬时的微量伸缩，键角有微小变化。外力一旦去除，变形恢复，呈现普通的弹性行为。

当达到 T_g 时（$T_g \sim T_f$），随着温度升高，分子热运动能量逐渐增加，结构内空隙增多，几十个相邻单键内旋转的协同运动被激发，链段可以运动来改变链的构象。如受力时，高分子链可以通过主链上单键的内旋转从卷曲状态逐渐伸展开，产生大变形，外力去除后又自发地回复到卷曲状态。此时分子的动能还不足以使大分子链发生整体运动，但分子链的柔顺性已大大增加，因此，受力时可达到很大的变形量，表现出很高的弹性，聚合物进入高弹态。由于链段的运动与时间有关，所以这种弹性变形也表现出明显的时间依赖性。链段运动是高分子所特有的一种运动方式，所以高弹态仅为聚合物所独有。

当温度进一步升高至 T_f 以上时，分子的动能进一步增大，可以实现许多链段同时或相继向一定方向移动，从而导致整个分子链的移动。在受力时，极易实现分子链间的相对滑动，产生很大的、不可逆的流动变形，出现聚合物的黏性流动。故黏流态的行为与大分子链的运动有关。

2）晶态聚合物。晶态聚合物的情况比较复杂，一般分为三种情况：

① 一般分子量的晶态聚合物。这类聚合物和普通晶体材料一样，有明确的熔点 T_m。熔点以下为晶态，熔点以上变为液体，进入黏流态，所以 T_m 也就

是黏流温度。这类聚合物随温度变化只有晶态和黏流态两种状态。

② 分子量较大的晶态聚合物。这类聚合物也有一个确定的熔点 T_m，当 $T>T_m$ 时，分子链转变为无规排列，但因分子链很长，在受力时还不能进行整个大分子链的滑动，故也出现高弹态。当温度继续升高至更高时（$>T_f$），整个分子链在外力作用下可以流动，进入黏流态。

③ 部分晶态聚合物。部分晶态聚合物含有相当多的非晶态区，该区有链段运动的可能，故存在有玻璃态、高弹态和黏流态。晶态区则如上所述，随分子量的大小不同，有可能出现或不出现高弹态。因此部分晶态聚合物的力学状态比较复杂。

3）体型聚合物。体型聚合物的运动特性与分子链的交联程度有关。轻度交联时，有大量链段可以进行热运动，所以可以有玻璃态和高弹态。但交联束缚了大分子链，使其不能发生滑动，因而没有黏流态。随着交联密度的增大，交联点间的距离变短，链段运动的阻力增大，玻璃态温度提高，高弹区缩小；当交联密度增大到一定程度，链段运动消失，则此时聚合物只能有玻璃态一种状态。

10.5.3　聚合物玻璃化温度的影响因素

从分子运动角度来看，玻璃化温度是链段由冻结到运动的一个转变温度。由于链段是主链上划分出来的最小的独立运动单元，如果链段越小（链越柔顺），这种聚合物的玻璃化温度必然越低，因为激发较小的单元运动所需的温度较低。因此，凡是影响高分子链柔性的因素（自身化学结构、分子量、增塑剂等）都对玻璃化温度有影响。又因为链段运动的弛豫特性，玻璃化温度还与外界测试条件有关，如升、降温速率，外力作用频率等。

具体讨论参见影响高分子链柔顺性的结构因素，即本章第三节影响高分子链柔顺性的结构因素。主要有化学结构，包括主链结构、取代基团、分子链长度（分子量）以及大分子链间的相互作用力。

乙烯基聚合物结构尤其是侧取代基—X 的体积和极性对玻璃化转变温度 T_g 的影响较大，表 10.4 列出了几种乙烯基聚合物的玻璃化转变温度与取代基的范德瓦耳斯体积及极性数值。

其他结构因素如增塑、共聚及交联也影响着聚合物的玻璃化温度。

工程上常对聚合物进行改性以满足不同的使用性能及工艺性能要求，常用的改性手段有增塑、共聚和共混以及交联等，制得的诸如聚合物-增塑剂混合物、共聚物、聚合物-聚合物混合物（或称共混聚合物）以及交联聚合物的玻璃化温度也将发生相应的变化。

1）增塑。在聚合物中加入高沸点、低挥发性并能与聚合物互溶的小分子物质，用以改变聚合物的力学性能，如改善聚合物的耐寒、抗冲击性能，这一手段称为增塑，所加的小分子物质即为增塑剂。

聚合物中加入增塑剂后，玻璃化温度下降。例如，聚氯乙烯是一种质地较硬的塑料，加入增塑剂[如邻苯二甲酸二辛酯（DOP）]后，玻璃化温度明显下降，可以成为软塑料，甚至是橡胶的代用品。例如，在聚氯乙烯中加入45mol%的增塑剂后，玻璃化温度降至-30 ℃。常用作塑料拖鞋原料的增塑聚氯乙烯，一般其玻璃化温度在10~20 ℃。夏天的室温高于玻璃化温度，拖鞋质地较软、有弹性。但到了冬天，室温如果低于其玻璃化温度，拖鞋质地明显变硬。

2）共聚。由两种或两种以上单体共同参与的聚合反应称为共聚，形成的聚合物称为共聚物。以二元共聚物为例，按照两种单体单元的连接方式，可分为无规共聚物、交替共聚物、嵌段共聚物和接枝共聚物四种类型。

共聚后，聚合物的性质将发生明显变化。例如，聚乙烯、聚丙烯均用作塑料，而乙丙共聚物则用作橡胶（乙丙橡胶）。聚四氟乙烯是不能熔融加工的塑料，而四氟乙烯与六氟乙烯的共聚物则是热塑性塑料。聚甲基丙烯酸甲酯在高温时流动性差，不易于加工，将甲基丙烯酸甲酯与少量丙烯腈共聚后，流动性能明显改善，可以注射成型。聚苯乙烯的抗冲击性能较差，将苯乙烯与少量丙烯腈共聚后，抗冲击性能、韧性提高。而由丁二烯、苯乙烯共聚形成的苯乙烯-丁二烯-苯乙烯三嵌段共聚物（SBS）是一种像塑料一样可通过注射成型的方法进行加工而不需要硫化的橡胶，称为热塑弹性体。

3）交联。交联对玻璃化温度势必产生影响，导致玻璃化温度升高。这是因为交联结构约束了交联点间的链的运动，限制了链的内旋转。按照自由体积理论，链间交联后，自由体积减小，因此需要在更高的温度下使自由体积增加到一定值后发生玻璃化转变。

交联聚合物的玻璃化温度与交联点密度有关，交联点密度是指交联的结构单元占总结构单元的分数，玻璃化温度随着交联点密度的增加而升高。

实际上，在考虑交联结构对聚合物玻璃化温度的影响时，还需要同时考虑共聚的作用。这是因为交联引入了与原聚合物化学结构不同的组分，且随着交联程度的增加，化学结构也随之变化。只是通常认为引入的这一部分与原高分子相比，分子量要小得多，因此不把共聚作为主要因素来考虑。

10.5.4　影响黏流温度的因素

黏流温度 T_f 是整个高分子链开始运动的温度，而整链的运动是通过链段的逐段位移来实现的，因此，黏流温度与链的柔性、分子间作用力、分子量以及外界条件有关。

1）链的柔性。高分子链越柔顺，高分子中可划分出来的最小独立运动单元（链段）及其流动所需的空间就越小，流动的活化能也就越低，这样在较低的温度就能实现整链的移动，即黏流温度低。反之，对于柔性较差的高分子，由于链段随柔性减弱而增大，高分子链分段运动所需的空间也要增大，流动活化能必然增加，因此要在更高的温度才能激发整链的运动，即黏流温度高。例如，分子链较为刚硬的聚苯醚、聚碳酸酯的黏流温度分别大约为 300 ℃、230 ℃，都很高。而对于分子链较为柔顺的聚乙烯、聚丙烯，其黏流温度明显低于前两种聚合物，分别为 100~130 ℃、170~175 ℃。

2）高分子间相互作用力。高分子间相互作用力越强，分子移动所受到的内摩擦力就越大，黏流温度就越高。例如，聚苯乙烯由于分子间相互作用力较小，因此，T_f 较低（112~146 ℃），易于加工成型；而聚氯乙烯由于分子极性较大，分子间作用力强，T_f 较高（165~190 ℃），甚至高于分解温度（140 ℃），通常需要加入增塑剂以减弱分子间的相互作用力，从而降低黏流温度，或是加入稳定剂以提高它的分解温度，最后只有当聚合物的黏流温度低于分解温度时，才能对该聚合物进行有效的加工。

3）分子量。通常，高分子中的链单元数目大约为 10^3~10^5，每个链单元的大小相当于一个小分子，每两个链单元之间的相互作用就相当于小分子之间的作用，那么高分子之间的相互作用能应是链单元之间的作用能与链单元数目的乘积，因此分子量越大，高分子间相互作用能越大，高分子移动所受到的内摩擦力就越大，黏流温度越高，黏度也越大。又由于高分子的分子量多呈分散性，实际的聚合物没有确定的黏流温度，而是一个大致的软化温度范围。

从加工方面考虑，聚合物熔体的黏度太大是不宜加工成型的，因此减小分子量可以增加流动性，改善其加工性能。而从使用性能考虑，材料的强度是随分子量增加而增加的，过分地减小分子量，又会影响聚合物的机械强度。因此兼顾加工和使用性能两方面的要求，需要对分子量加以控制。

4）添加剂。为了改变某些聚合物的使用性能或加工性能，常常要在聚合物中混入小分子物质。例如，聚氯乙烯是一种硬塑料，但是混入大量的增塑剂后，可以成为软塑料，甚至是橡胶的代用品。同时，大量增塑剂的加入可以明显降低聚合物的黏度和黏流温度，改善其加工性能。通常小分子增塑剂的黏度仅有 10^{-3} Pa·s，而聚合物的黏度大约是 10^{12} Pa·s，因此，在聚合物中加入不同量的增塑剂，其流动性可以得到不同程度的改善。增塑剂对黏流温度的影响与上面讨论的增塑剂对玻璃化温度的影响是一致的，都是由于增塑剂的加入减弱了高分子间的相互作用力，使得整链和链段的运动变得容易了。

5）外界条件。在对聚合物加工的过程中，增大注射压力和延长外力作用时间是有助于高分子链的运动的。因为外力增加，更多地抵消了分子沿外力相反方向的热运动，提高了链段沿外力方向跃迁的概率，促进了整链沿外力方向的运动，因此，黏流温度降低。又由于高分子运动的弛豫特性，延长外力作用时间有助于高分子链沿外力方向的运动，也相当于黏流温度降低。

10.6 聚合物的力学和流变性能

聚合物的力学性能首先决定于自身的化学和物理性质，同时与其在加工过程中形成的形态结构密切相关，而这又取决于聚合物的流变性能。

由于聚合物的分子是长链状大分子，其分子运动具有明显的松弛特性，因此，高分子材料兼具黏性液体和刚性固体的双重特点，即高分子材料具有黏弹性。黏弹性是高分子材料所特有的，这种特性使得高分子材料与金属或陶瓷材料相比，其力学性能表现出更加明显的温度和时间依赖性，而且其流动和变形特性既不同于小分子液体，也不同于刚性固体。

聚合物的结构是决定其力学性能和流变性能的关键因素，除化学组成外，这些结构因素还包括分子量及其分布、交联和支化、结晶度和结晶形态、共聚、增塑、取向、填料等。此外，聚合物的力学行为和流变行为还受到环境或外界因素的影响，如温度、外力作用的大小、时间和频率、压力、变形方式以及湿度等。

10.6.1 聚合物的拉伸性能

聚合物的拉伸性能是指材料受到拉伸应力时的变形方式和破坏特性，聚合物的拉伸性能通过拉伸试验表征。

1. 聚合物拉伸行为的特点

玻璃态聚合物在一定温度下拉伸时，可以得到如图 10.28 所示的应力-应变曲线。

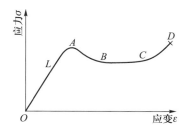

图 10.28　典型非晶聚合物的应力-应变曲线

在很小的应变范围内，即曲线的起始阶段(OL)，应力与应变呈线性关系，符合胡克定律。如果在这个阶段停止拉伸，变形则会立刻回复，表明这个阶段的变形以弹性变形为主，这种弹性变形是聚合物分子的键长、键角变化的结果。继续拉伸，应力出现一极大值（A 点），此处称为屈服点，屈服点 A 对应的应力称为屈服强度或屈服应力，屈服点对应的应变称为屈服应变，若此时去除应力，变形一般已无法完全回复，表明在屈服点后产生的变形以不可逆的塑性变形为主。与此同时，出现应力随应变增大而降低的现象，这一现象称为应变软化（AB）。产生应变软化的原因是：在外力作用下，聚合物分子链沿外力方向发生取向，同时分子链之间发生解缠结作用，这两方面的效果都会使聚合物的拉伸强度降低，从而更容易发生塑性变形。到 C 点以后，应力又随着应变的增大而增加，这称为应变硬化。应变硬化的产生是由于高度拉伸后，聚合物分子链的取向过程全部完成，导致沿拉伸方向的强度提高。此外，聚合物分子链已经沿应力方向几乎伸展到最大限度，因此，这种情况下要使得聚合物继续变形，就需要更大的外力。随着应力的增加，到 D 点时，外加应力已经达到材料能承受的最大应力，于是在 D 点发生断裂。断裂点 D 所对应的应力称为断裂应力或断裂强度，对应的应变称为断裂伸长率。整个应力-应变曲线下的面积是样品在整个拉伸过程中外力对样品所做的功，也就是样品在拉伸破坏过程中吸收的能量，可以作为材料韧性的一个衡量指标。

　　不同聚合物在拉伸过程中表现出来的应力-应变行为是不同的，最后的断裂方式也有差别。如果样品在屈服点出现之前就发生断裂，称为脆性断裂；而在屈服点之后的断裂称为韧性断裂。按应力-应变曲线的特点，可将聚合物材料大致分为如图 10.29 所示的五种类型。

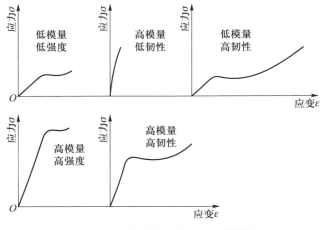

图 10.29　聚合物的应力-应变曲线类型

结晶性聚合物的拉伸行为与非晶聚合物有所不同，几乎所有的结晶性聚合物在室温下拉伸都会表现出冷拉行为，即局部变细，形成颈缩，这与低碳钢应力-应变曲线有点类似。图 10.30 是典型的结晶性聚合物拉伸过程中的应力-应变曲线及不同拉伸阶段试样外形变化的示意图。

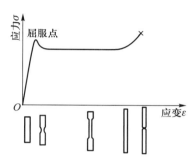

图 10.30　结晶性聚合物拉伸过程中的应力-应变曲线及不同拉伸阶段试样的形状变化

2. 影响聚合物拉伸性能的因素

不同聚合物在同样的试验条件下表现出完全不同的拉伸行为，这是由它们自身的结构所决定的。影响聚合物拉伸性能的结构因素主要有：

1）分子量。分子量对聚合物断裂强度的影响可用下式表示：

$$\sigma_{\mathrm{f}} = A - B/\sqrt{\overline{M}_{\mathrm{n}}} \tag{10.10}$$

式中：A、B 分别为常数；$\overline{M}_{\mathrm{n}}$ 为聚合物的数均分子量。A 实际上就是当聚合物趋于无穷大时的断裂强度。随着分子量的增大，聚合物的断裂强度提高。但当分子量超过一定值（临界分子量）时，强度就基本不变了。不同的聚合物具有不同的临界分子量，聚酰胺、聚对苯二甲酸乙二醇酯等极性聚合物一般要求分子量在 1.5 万~2 万左右。非极性聚合物则需要较大的分子量才能达到一定的强度，如聚乙烯的分子量在 3 万~6 万左右。分子量对聚合物的模量影响不大，但是随着分子量的增大，聚合物趋于韧性断裂，断裂伸长率通常随分子量的增大而增加。

2）侧基。刚性侧基使聚合物的屈服强度和断裂强度都提高，而柔性侧基则使两者都降低，因此，侧基对脆韧转变的影响较为复杂，无明显规律性。

3）分子间力。增加分子链间的作用力可以提高聚合物的强度，引入极性基团和能形成氢键的基团可增加链间相互作用。例如，聚酰胺、聚氯乙烯和聚乙烯三者相比，因聚酰胺分子链间能形成氢键，强度特别高；聚氯乙烯分子中有极性氯原子，强度次之；聚乙烯分子间的作用力主要为色散力，强度较低。

极性基团密度增大，强度也增加，如尼龙 66 因氢键密度大于尼龙 6，强度较高。如果极性基团密度太大或取代基团体积过大，不利于分子运动，反而会使材料变脆，如聚苯乙烯。

4）交联。适度的交联可以有效地增加分子链间的相互作用，使分子链不易发生相对滑移，强度和模量提高。例如，生橡胶经过硫化后，强度大大提高，可以加工成各种橡胶制品。又如酚醛树脂、脲醛树脂、环氧树脂和不饱和树脂，都是通过交联提高强度而开拓了各种用途。交联通常使聚合物韧-脆转变温度升高，即随着交联密度的增大，高分子材料区域脆性断裂。因此，交联会使聚合物的断裂伸长率降低，所以过分的交联会使材料变硬、脆。如硫化度过高的橡胶就变成硬橡皮，失去了弹性，限制了它的使用。

5）结晶。一般来说，随着结晶度的增加，聚合物的屈服强度、断裂强度和模量等均有所提高，而断裂伸长率则降低。如聚乙烯由于存在结晶而呈现韧性塑料的行为，但提高橡胶中的结晶度却会使材料变得硬韧而失去弹性。晶体的大小对断裂行为有很大的影响，对于球晶结构，一般来说，球晶尺寸越大，聚合物的断裂伸长率越低，材料越脆。

6）取向。分子链适度的取向可使拉伸强度成倍提高，合成纤维的纺丝过程和塑料薄膜的拉伸都是提高强度的重要工艺措施。聚合物分子在外力作用下发生取向后，材料便呈现各向异性。与取向前的聚合物相比，材料沿取向方向的模量、强度都有所提高，如果不是过度取向，韧性也会有所提高。但是在与取向垂直的方向上进行拉伸时，与未取向的聚合物相比，则更容易发生脆性断裂。双轴取向对强度的影响也很大，聚苯乙烯和聚甲基丙烯酸甲酯经过双轴取向后，能使这些脆性的聚合物变成韧性材料，拉伸强度和断裂伸长率都提高。

7）增塑。由于增塑剂的加入，通常导致聚合物的模量及强度下降，但材料的韧性会得到明显改善。

8）填料。在聚合物中添加合适的填料，可以明显提高聚合物的拉伸模量和强度，这种填料在塑料中称为增强剂，在橡胶中称为补强剂。

在塑料中有利用木粉填充酚醛树脂的压塑粉，棉布织物增强的层压板，玻璃纤维增强的环氧树脂玻璃钢等；橡胶中有炭黑和纤维增强的各种制品。加有纤维填料的环氧树脂与未加纤维的环氧树脂在强度上有很大的区别，环氧树脂玻璃钢的比强度已超过合金钢。同时，不同纤维增强的环氧树脂，其强度也有很大的差别。

粉状填料（如木粉、石棉粉、炭黑等）的应用也很广泛，其增强机理也不一样，有的是因为本身就具有高于树脂的强度。炭黑本身并没有什么强度，可它对橡胶的补强效果却十分显著。这是因为炭黑粒子表面存在着许多活性基团，这些活性基团与橡胶分子形成化学交联和物理吸附，因而提高了橡胶的强度。

10.6.2 聚合物的冲击性能

与拉伸性能一样，聚合物的冲击强度也主要受结构因素的影响。

对于结晶性聚合物，如果它的玻璃化温度比试验温度低，结晶的存在一般使冲击强度提高；如果试验温度比玻璃化温度低，则结晶的存在会导致冲击强度降低，这时微晶起着应力集中体的作用。结晶的形态对冲击强度也有一定的影响，大尺寸的球晶，一般会使冲击强度降低。如果在结晶过程中加入成核剂，或采取快速冷却等方法减小球晶尺寸，则可提高材料的冲击韧性。

聚合物的冲击韧性一般随着聚合物分子量的增大而增加。

填料对聚合物冲击韧性的影响十分复杂，取决于填料的形状、尺寸、含量以及填料与基体的界面黏合等因素。纤维状填料的存在可提高聚合物的冲击强度，如热固性酚醛树脂是脆性的，加入纤维状填料后，冲击强度提高。

共聚或共混是提高高分子材料冲击强度的重要途径。如聚苯乙烯是脆性的，如果在苯乙烯中引入丙烯腈和丁二烯单体进行接枝共聚获得ABS，其冲击强度大大提高。又如将橡胶粒子分散到脆性塑料聚苯乙烯中，由于橡胶粒子起到应力集中体的作用，可以诱发大量细小的银纹，同时又能阻止银纹和裂缝的扩展，使共混物具有很好的韧性。

在聚合物中加入增塑剂通常可以提高冲击强度，这是因为增塑剂能降低聚合物的脆化温度，可使硬脆型聚合物变得富有韧性和弹性。但少数情况下，当增塑剂加入量较少时，聚合物非但未被增塑，反而变得更硬、更脆，这种现象称为反增塑作用。其原因可能是：在少量增塑剂作用下，大分子链段的活动能力有所增强，使它们更整齐、紧密地堆砌排列起来，甚至发生结晶，从而使链段及更小运动单元的运动能力下降。

10.6.3 聚合物的韧性

聚合物的韧性是指在拉应力作用下产生塑性变形的能力，或者在冲击过程中吸收能量的能力，也可以是对破坏的抵抗能力。

聚合物的韧性除了取决于分子量、多分散性、堆砌方式、链的缠结、结晶度、规整度等结构因素外，还与温度、压力、负荷速度、材料的形状以及负荷的类型(剪切、压缩、弯曲、撕裂等)有很大的关系。聚合物的韧性可用多种参数表征，如断裂伸长率、冲击强度和断裂韧性等。

10.6.4 橡胶的弹性

高弹性是聚合物所特有的一个性质。一般材料如金属、陶瓷等在受力时仅表现出很小的弹性变形，一般很少超过1%。而非晶态聚合物在玻璃化转变温度到黏流温度之间处于高弹态，在不太大的外力作用下，可以产生很大的变形，除去外力后，变形几乎完全回复。聚合物的这种特性称为高弹性，室温附近处于高弹态的高分子材料称为橡胶。

聚合物的高弹性具有明显不同于其他材料的特性，主要表现如下：

1）变形大，模量低。高弹态聚合物在不太大的外力作用下可以产生很大的变形，达到100%以上，甚至超过1 000%。聚合物的高弹性是由高分子的结构和分子运动决定的。橡胶是由线型的长链分子组成的，由于热运动，这种长链分子在不断地改变着自己的形状，因此，常温下橡胶的长链分子处于卷曲状态。在外力作用下，卷曲的分子链沿外力方向伸展。据计算，卷曲分子的均方末端距是完全伸直的分子的0.1%~1%，因此，把卷曲分子拉直就会显示出变形量很大的特点。

高弹变形的微观过程与普通固体的弹性变形过程是不同的，前者是高分子链沿外力方向由卷曲到伸展，外力所克服的是链段热运动所产生的回复力；后者是键长、键角的改变或原子位置的变化，所需要的能量比高分子链的伸长要大得多。因此，橡胶的弹性模量要比普通固体的模量低4~5个数量级，固体的弹性模量一般为几十到几百GPa，而高弹态聚合物的弹性模量仅约为1 MPa。

2）交联橡胶的模量随温度升高而增大。一般固体材料的弹性模量是随温度升高而下降，而交联橡胶的弹性模量在一定的温度范围内随温度升高而增大，这是因为温度升高后，链段的热运动加剧，由此产生的对抗外力的回复力就增大，导致橡胶的模量升高。

3）具有热弹性效应。橡胶在拉伸时放出热量，回缩时吸收热量。橡胶伸长变形时，分子链或链段由无序状态变成比较有规则的排列。同时分子链在伸展过程中需克服链段间的内摩擦而产生热量。另外，分子链的规则排列有可能诱发结晶，在结晶过程中也会放出热量。由于以上三个原因，橡胶在拉伸时放出热量。

4）具有明显的松弛特性。在橡胶态，高分子构象的伸展和回复过程是通过链段运动实现的，链段的运动需克服分子间的作用力和内摩擦力，因此变形及其回复过程都需要时间。

10.6.5　聚合物的流变性能

聚合物的流变性能包括聚合物熔体和聚合物溶液的流动特性，以及在拉伸、弯曲等外力作用下的塑性流动行为，本节主要讨论聚合物熔体的流变性能。

1. 聚合物熔体的流动性的表征

聚合物熔体属非牛顿流体，在恒定的温度下，其黏度不是常数，而是随剪切应力的变化而变化，因此，将其剪切应力与剪切速率之比称为表观黏度，即

$$\eta = \frac{\tau}{\dot{\gamma}} \tag{10.11}$$

由于表观黏度的测试比较麻烦，通常用熔融指数表征聚合物熔体的流动性：在一定温度下处于熔融状态的聚合物在一定负荷下，十分钟内从规定直径和长度的标准毛细管中流出的质量（克数）。

2. 聚合物结构对流动性能的影响

聚合物从高弹态转变为黏流态时的温度称为黏流温度，通常用 T_f 表示。聚合物就是利用其在黏流态下的流动性进行加工的，因此，黏流温度也是表征聚合物的流动性能的一个重要参数，它与聚合物的结构有密切关系。

聚合物的分子链柔顺性越好，内旋转的能垒就越低，流动单元的链段尺寸就越小，链段跃迁时需要的空穴尺寸也小，流动活化能也较低，因而在较低的温度下即可发生黏性流动。

极性聚合物的分子间相互作用比较强，需要在较高的温度下，链段才能具有足够的动能以克服分子间的相互作用而产生黏性流动，所以极性聚合物的黏流温度一般都比非极性聚合物的高。

聚合物的分子之间发生相对移动才能产生黏性流动，聚合物的分子量越大，高分子链越长，整个分子链相对滑动时的内摩擦力就越大，而且分子链中各链段的热运动阻碍着整个分子链在外力作用下的定向运动，因此，聚合物的分子量越大，其黏流温度越高。

聚合物熔体的黏度通常随剪切速率的增加而减小。但不同结构的聚合物，其熔体黏度对剪切速率的依赖性有明显差异。聚合物的柔顺性越好，在外力作用下越容易发生取向，分子链之间也很容易发生解缠结，因此，熔体黏度随剪切速率增大而急剧下降。相反，刚性聚合物的熔体黏度随剪切速率的增大而下降的幅度就要小得多。

随着温度的升高，链段的活动能力增加，分子间的相互作用减弱，所以聚合物的熔体黏度降低，流动性增大。在黏流温度以上，黏度与温度的关系可以用阿雷尼乌斯（Arrhennius）方程表示

$$\eta = A\mathrm{e}^{E/RT} \tag{10.12}$$

式中：A 为常数，E 为黏流活化能。

聚合物的黏流活化能越大，黏度对温度越敏感。一般而言，聚合物分子链的刚性越大或分子间相互作用力越强，黏流活化能也越高，熔体黏度对温度也

就越敏感。

10.6.6 聚合物的黏弹性

理想弹性固体有固定的形状,其在外力作用下的变形和去除外力后的回复过程都是瞬间完成的,其力学行为符合胡克定律,简单拉伸时其应力-应变之间的关系为

$$\sigma = E\varepsilon \qquad (10.13)$$

而理想黏性液体没有固定形状,在外力作用下发生不可逆流动,变形随时间的增加而增大,外力所做的功用于克服分子之间的黏滞阻力,并以热的形式耗散。理想黏性液体的力学行为符合牛顿流体定律,通常也称为牛顿流体

$$\sigma = \eta \frac{\mathrm{d}\varepsilon}{\mathrm{d}t} \qquad (10.14)$$

式中:η 为液体黏度;t 为时间。

显然,理想黏性液体在应力保持不变的情况下,其变形与时间呈线性关系,当外力去除后,将保持最终的变形。

理想弹性固体和理想黏性流体的变形和回复过程可用图 10.31 中的(a)和(b)表示,图中 t_1 和 t_2 分别为施加和去除应力的时间。

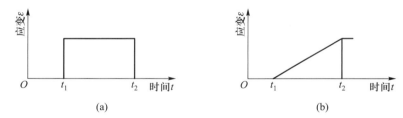

图 10.31 (a)理想弹性固体和(b)理想黏性流体的变形和回复曲线

高分子材料的变形介于理想弹性固体与理想黏性液体之间,既具有固体的弹性又具有液体的黏性,其变形具有时间依赖性,这种材料的力学性能随时间变化的现象称为力学松弛现象或黏弹性,黏弹性是高分子材料独特的性质。

广义地讲,松弛过程是材料体系(始态)从受外场(力、热等)作用的瞬间开始,经过一系列非平衡态(中间状态)而过渡到平衡态(终态)的过程。聚合物在低温或快速变形时表现为弹性,这时为玻璃态;在高温或缓慢变形时表现为黏性,这时为黏流态;在中等温度和中等速率变形时,表现为黏弹性,这时为高弹态(橡胶态)。通常在玻璃化转变区松弛现象表现得最明显。

黏弹性现象主要包括蠕变、应力松弛两类静态力学行为和滞后、内耗两类动态力学行为。

1）蠕变。高分子的蠕变是在一定温度下和较小的恒定外力下，材料变形随时间而逐渐增大的现象。从分子运动的机理来看，聚合物的蠕变包括三种变形：弹性变形、高弹变形和永久变形。其中，弹性变形是指当聚合物受到外力作用时，高分子链内的键角、键长立即发生的变化，由于化学键是刚性的，这种键角和键长的改变有限，且瞬间完成，可立刻回复。高弹变形则是由于高分子链通常处于卷曲状态，在外力作用下高分子链段逐渐伸展拉长，变形量比弹性变形要大得多，且这种变形也是可以回复的，即是可逆变形。与弹性变形不同的是，高弹变形的回复不是瞬间完成的，而是随时间缓慢进行。永久变形则对应着聚合物中高分子整链的相对滑移，即所谓的黏流。外力去除后变形不可回复，即为永久变形。

聚合物的蠕变行为与其结构有密切的关系，柔性聚合物的蠕变现象较为显著，而完全交联的刚性聚合物的蠕变则不明显。蠕变影响了聚合物材料的尺寸稳定性。图 10.32 所示为线型聚合物的蠕变及回复曲线。

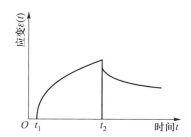

图 10.32　线型聚合物的蠕变及回复曲线

2）应力松弛。所谓应力松弛是指在固定的温度和恒定的变形时，聚合物内部的应力随时间增加而逐渐衰减的现象。这种现象在日常生活中能观察到，如橡胶松紧带开始使用时感觉比较紧，过了一段时间后越来越松。也就是说，实现同样的变形量，所需的力越来越小。

应力松弛过程中应力随时间的衰减可用指数关系表示

$$\sigma = \sigma_0 e^{-t/\tau} \tag{10.15}$$

式中：σ 为 t 时刻的应力；σ_0 为初始应力；τ 为松弛时间。

应力松弛和蠕变都是由于高分子在外力作用下分子运动的结果，本质上都是聚合物内部高分子三种运动模式的反映。当聚合物开始被拉伸时，分子链处于不平衡的构象，在外力作用下，链段或整个分子链顺着外力方向运动，并逐渐调整到平衡态构象，从而使应力逐渐下降。图 10.33 所示为聚合物的应力松弛曲线，从图中可以看出，线型高聚物随时间延长产生的黏性流动使高分子链的弹性变形及高弹变形都不断减小，如果时间足够长，应力可降低到零。而交联聚合物由于高分子链不能发生相对滑移，应力下降到一定值后维持不变。

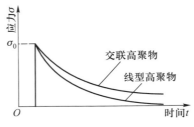

图 10.33　聚合物的应力松弛曲线

本章小结

高分子材料(又称为高分子化合物、高分子聚合物，简称高聚物)是相对分子质量很大的有机化合物的总称。它是由低分子化合物通过聚合反应获得的。高分子化合物主要呈长链状，称为大分子链。

高分子材料的结构分为大分子链结构和聚集态结构。大分子链结构是指单个分子的结构和形态，又分为近程结构和远程结构。近程结构是指单个大分子结构单元的化学组成、键接方式和立体构型等；远程结构是指分子的大小与形态及分子的构象。构象是键的旋转引起的原子在空间不同位置所构成的各种形象。大分子由构象变化获得不同卷曲程度的特性称为柔顺性。

高分子材料的聚集态结构是指高聚物材料整体的内部结构，即分子间的结构形式，有晶态、部分晶态和非晶态三种。不同的聚集态结构对高聚物的性能产生重要影响。

高分子运动是联系高分子复杂的结构与聚合物丰富的物理行为和性能之间的桥梁。与金属及陶瓷材料的应力-应变行为明显不同，高分子材料的变形(即微观结构的运动)对时间具有依赖性，即有弛豫特性，温度对高分子材料的力学状态影响很大。

高分子的运动单元具有不同的结构层次，包括链节、侧基、支链、链段及整个分子链等。

习惯上根据温度对高分子材料力学状态的影响，将线型非晶态高分子材料的力学状态分为玻璃态、高弹态及黏流态三种。玻璃态对应的是链节、侧基、原子等在其平衡位置附近作小范围振动；高弹态对应的是链段的运动；黏流态则对应整个高分子链的运动。高分子材料的不同力学状态也对应着材料的使用状态，如玻璃态为塑料，高弹态为橡胶，而黏流态则为高分子材料的加工状态

（或胶黏剂）。

聚合物玻璃化温度是聚合物材料的重要参数，其影响因素主要有化学结构，包括主链结构、取代基团、分子链长度（分子量）以及大分子链间的相互作用力。其他结构因素如增塑、共聚及交联也影响着聚合物玻璃化温度。

聚合物的黏流温度与链的柔性、分子间作用力、分子量以及外界条件有关。

聚合物的力学性能包括拉伸性能、冲击韧性、韧性、橡胶的弹性以及黏弹性等，影响聚合物力学性能的因素非常复杂，包括主链结构、分子量、侧基、分子间力、交联、结晶度、取向、增塑剂、填料等。

第十一章
高分子材料

　　高分子材料有着许多金属和陶瓷材料所不具备的优点，如原料丰富、成本低廉，它们大多可以从石油、天然气或煤中提取；密度小；化学稳定性好，一般对酸碱和有机溶剂均有良好的抗蚀性能；有良好的电绝缘性能；有优良的耐磨、减摩和自润滑性；能吸振和减小噪声；优良的光学性能。其性能的不足也很突出，如耐热性较差、不耐老化等。近几十年来，高分子材料的品种及产量都有突飞猛进的发展，应用越来越广泛。

　　高分子材料的种类很多，作为结构（工程）材料使用的大体上可以分为塑料、合成橡胶、合成纤维三大类。

　　塑料是指在常温下具有一定的形状和强度、受力后能发生一定的变形、在高温下具有可塑性的高聚物。合成橡胶是指具有显著高弹性的聚合物，与塑料的区别是其在很宽的温度范围内都能处于高弹态，具有极高的弹性、优良的伸缩性和积储能量的能力。合成纤维则是指经一定的机械加工（牵引、拉伸、定型等）后有极大长径比的均匀丝状聚合物，其在室温下轴向强度很大，受力后变形较小，在一定温度范围内力学性能变化不大。

　　本章首先介绍高分子材料的一般性能特点，然后分别讨论常用塑料（包括通用塑料、工程塑料、特种工程塑料及热固性塑料）、常用橡胶（包括通用橡胶和特种橡胶）的分子结构与性能的关系，同时介绍这些高分子材料的力学性能、耐热性能、耐环境介质性能等特性以及它们的主要应用。有关合成纤维的内容不作介绍，作为复合材料增强体的芳纶纤维在第十二章第四节中讨论。

11.1 高分子材料的性能特点

高分子材料的结构复杂、状态具有多重性，如近程结构包括主链的化学组成、侧基（官能团）的极性、键接方式、构型具有多样性，远程结构包括分子链形态、分子量及其分散性、聚集态及取向等各有不同。在不同温度下外力作用于高分子材料时材料内部所产生的大分子链的主链键角及键长的变化、链段及整链的运动更具有不同的特征。高分子材料中还常加入各类添加剂，对高分子材料的性能也有着不同的影响。高分子材料的性能对温度、时间和使用环境都比较敏感，因而一般来说高分子材料的工程稳定性较差。

高分子材料的力学性能、物理性能和化学性能具有以下特点。

11.1.1 力学性能

1）模量小。尽管高分子主链原子间的化学键为共价键，结合力较强，但大分子链之间为范德瓦耳斯力结合，结合力较弱，故高分子材料的弹性模量一般较低，绝大多数都在 5 GPa 以下。如通用塑料的典型代表聚乙烯（PE），低密度聚乙烯的模量仅约为 0.2 GPa，即便是超高分子量聚乙烯，其模量也仅为 8 GPa；通用工程塑料中的聚酰胺类的聚对苯酰胺纤维（著名的防弹衣、帽用 Kevlar 纤维）的模量约为 35 GPa。而金属材料和陶瓷材料的模量则相对大得多，如各类钢的模量为 203~210 GPa，大多数工程陶瓷的模量均大于 300 GPa。

2）强度低。无论是通用塑料、通用工程塑料还是特种工程塑料，与金属材料及陶瓷材料相比，室温强度要低得多。高分子材料的屈服强度范围为 10~90 MPa，抗拉强度一般小于 100 MPa。

3）塑性好。塑性好是大多数高分子材料的一个重要性能特点，其中聚丙烯树脂及聚四氟乙烯的断裂伸长率高达 200% 以上。但聚苯乙烯、聚丙烯酸甲酯等塑料的断裂伸长率相对较低，一般低于 10%。

4）冲击韧性低。高分子材料的冲击韧性明显低于金属材料的，仅为金属材料的冲击韧性百分之一的数量级。热塑性塑料的冲击韧性一般为 2~15 kJ·m^{-2}，热固性塑料的更低，为 0.5~5 kJ·m^{-2}。冲击韧性低的主要原因是高分子材料的强度太低。

5）断裂韧性小。高分子材料的断裂韧性小，其数值与陶瓷材料的相近。断裂韧性在 0.6~4.5 MPa·m$^{1/2}$ 的范围，远低于金属材料的。

6）弹性大。弹性大是橡胶类高分子材料非常重要的性能特点。绝大多数橡胶的弹性变形高达 100%~700%，最高的可达 1 000%，在 350% 的范围内伸缩，回弹率可达 85% 以上，即永久变形在 15% 以内。

高分子材料的力学性能的一个重要特点是随温度及时间的变化各种力学性能变化较大，即高分子材料的力学性能对温度及时间很敏感。

7）摩擦系数小。摩擦力是接触表面之间的机械黏结和分子黏着所引起的。大多数塑料对金属和对塑料的摩擦系数值一般在 0.2~0.4 范围内，但有一些塑料的摩擦系数很低，例如，聚四氟乙烯对聚四氟乙烯的摩擦系数仅有 0.04，几乎是所有固体材料中最低的。

11.1.2 耐热性

高分子材料耐热性差也是高分子材料的固有性能特点。

高分子材料的耐热性是指它在温度升高时抵抗性能降低的能力。包括力学性能和化学性能两方面，一般多指前者，所以耐热性常用高分子材料开始软化或变形的温度来表示，也就是高分子材料的使用温度上限。线型高分子材料的耐热性与玻璃化温度有关，晶态高分子材料则与熔点有关。

热固性塑料的耐热性比热塑性塑料的高。常用热塑性塑料如聚乙烯、聚氯乙烯、尼龙等，长期使用温度一般在 100 ℃ 以下；热固性塑料如酚醛树脂，其长期使用温度为 130~150 ℃；耐高温塑料如有机硅塑料，可在 200~300 ℃ 使用。聚酰亚胺的耐热温度可以达到 350 ℃。与金属材料及陶瓷材料相比，高分子材料的耐热性明显较低。

11.1.3 物理性能

1）热导率小。高分子化合物中通常没有自由电子，其导热主要靠原子或分子间的振动实现，故其导热性差，热导率一般在 $0.12 \sim 0.5 \ W \cdot (m \cdot K)^{-1}$，远低于金属材料的热导率，也低于陶瓷材料的热导率。

2）膨胀系数大。高分子材料的膨胀系数一般比金属材料的要大得多。一般而言，热塑性塑料的膨胀系数更大些，如聚丙烯的膨胀系数为 $(60 \sim 100) \times 10^{-6} \ K^{-1}$，聚苯乙烯的膨胀系数约为 $(60 \sim 80) \times 10^{-6} \ K^{-1}$，聚氯乙烯的膨胀系数为 $(50 \sim 250) \times 10^{-6} \ K^{-1}$，聚碳酸酯的膨胀系数为 $(60 \sim 70) \times 10^{-6} \ K^{-1}$，ABS 的膨胀系数为 $(55 \sim 110) \times 10^{-6} \ K^{-1}$。热固性塑料的则比热塑性塑料的稍低些，如聚酰亚胺的膨胀系数为 $(10 \sim 50) \times 10^{-6} \ K^{-1}$；酚醛树脂的膨胀系数为 $(30 \sim 80) \times 10^{-6} \ K^{-1}$。

3）电绝缘性及隔音性优异。高分子材料中的化学键为共价键及大分子间的范德瓦耳斯力，不能电离，没有自由电子和可移动的离子，不存在电子的定向运动，因此，是良好的电绝缘体，绝缘性能与陶瓷相当。另外，由于高分子材料的大分子细长并卷曲，分子的振动困难，所以对声音也有较好的隔离性能。

4）密度低。在金属、陶瓷及高分子三大类材料中，高分子材料的密度最低，这是因为高分子材料主要由 C 和 H 及其他相对原子质量小的元素如 Cl 和 F 等构成的。

尽管高分子材料种类多样，但其密度大多在 $0.9 \sim 1.4\ \mathrm{g \cdot cm^{-3}}$ 范围内。

11.1.4　耐腐蚀性能

高分子材料是绝缘体，不发生电化学过程，故难以电化学腐蚀。高分子材料的化学稳定性很好，耐化学腐蚀。尤其一些特殊的聚合物（如聚四氟乙烯），可耐强酸、强碱及沸腾王水的腐蚀。

11.1.5　老化性能

老化是指高分子材料在自然环境中长期使用和存放过程中，由于受到热、氧、水、光、微生物、力、化学介质甚至电等环境因素的综合作用，其化学组成和结构发生一系列变化，物理和力学性能发生相应变化，表现出发硬、发黏、变脆、变色和失去强度等特性，这些变化和现象称为自然环境老化。老化是高分子材料共有的特性。

影响高分子材料老化的因素非常复杂，不同成分及结构的高分子材料的老化性能差异很大。从材料自身因素来看，主要包括高分子近程结构及远程结构的特征、分子极性、缺陷以及配方等。从环境因素来看，主要包括化学介质（如物理状态、化学性质、分子体积和形状、分子极性、流动状况等）、使用条件（如光、高能辐射、热以及作用力等）。

改进高分子材料的抗老化能力的主要措施有三方面：表面防护，在表面涂镀一层金属或防老化涂料，以隔离或减弱外界中的老化因素的作用；改进高分子材料的结构，减少高分子材料各层结构上的弱点，如降低结晶度；提高相对分子质量；降低相对分子质量的分散度；提高分子链的支化程度；使分子链间产生交联等，提高材料的稳定性，推迟老化过程；加入防老化剂，消除在外界因素影响下高分子材料中产生的游离基，或使活泼的游离基变成比较稳定的游离基，以抑制其链式反应，阻碍分子链的降解和交联，达到防止老化的目的。

11.2　高分子材料的成型性能及成型工艺

与金属及陶瓷材料相比，高分子材料不仅具有特有的力学、物理、化学性能，而且在成型过程中具有良好的可模塑性、可挤压性和可延性。这些成型性质为高分子材料提供了适于多样成型技术的可能性，也是高分子材料得到广泛应用的重要前提。

黏流态是高分子材料加工成型的状态，将高分子原料加热到黏流态后，通过喷丝、吹塑、注塑、挤压、模铸等方法，可制成各种形状的零件、型材、纤维和薄膜等。

作为结构材料使用的高分子材料主要是塑料和橡胶，本节将分别讨论它们的成型性能及成型工艺。

11.2.1　塑料的成型性能

塑料是以合成树脂为主要成分，添加一定数量的稳定剂、填充剂、增塑剂、润滑剂、着色剂、固化剂等辅助剂的高分子混合物。表征塑料成型性能的参数主要如下：

1）流动性。成型过程中，塑料熔体在一定温度与压力作用下充满模具型腔的能力称为塑料的流动性。热塑性塑料的流动性的大小一般可通过熔体指数、阿基米德螺旋线长度、表观黏度及流动比（流程长度/塑料件壁厚）等参数进行分析。一般而言，熔体指数越大、流动长度越大、表观黏度越小则流动性越好。通常相对分子质量小、相对分子质量分布宽、分子结构规整性差的塑料，其流动性好。

2）收缩性。塑料件自模具中取出冷却到室温，发生尺寸收缩的特性称为收缩性。由于这种收缩不仅是树脂本身的热胀冷缩造成的，还与成型工艺因素有关。成型后塑料件的收缩可由收缩率表征。

影响收缩率大小的因素很多，主要包括塑料种类、塑料件结构、模具结构、成型工艺等。

3）热敏性。热敏性是指某些热稳定性差的塑料，在料温高和受热时间长的情况下就会产生降解、分解、变色的特性，具有这种特性的塑料叫做热敏性塑料。

4）吸水性。塑料吸收水分的性质称为吸水性。如果成型时塑料中的水分和挥发物过多，将使其流动性增大，易产生溢料，成型周期长，收缩率大，塑料件易产生气泡、组织疏松、翘曲变形、波皱等缺陷。

5）硬化特性。硬化特性是热固性塑料特有的性能，专指热固性塑料的交联反应。硬化程度与硬化速率不仅与塑料品种有关，而且还受塑料件形状、模具温度和成型工艺条件的影响。

11.2.2　塑料的成型工艺

塑料在适当的压力和温度下能塑制成各种形状规格的制品，成型效率高，能耗和制件成本低。塑料制品的成型过程可分为两个阶段：一是使塑料原料达到可流动状态或至少是部分可塑状态；二是通过施加压力等方式使其充满型腔或通过模口而成为所需制品或型坯。成型过程中热塑性塑料与热固性塑料会表现出不同的成型工艺性能。所以每种塑料都有其适合的成型工艺。

塑料的种类很多，其成型工艺多样，常用的塑料成型工艺有注射成型、压塑成型、挤出成型、压注成型、压延成型等。

1）注射成型。注射成型又称为注塑成型，其原理是将颗粒状态或粉状塑料从注射机的料斗送进加热的料筒中，经过加热熔融成黏流态熔体，在注射机柱塞或螺杆的高压推动下，以很大的流速通过喷嘴注入模具型腔，经一定时间的保压、冷却、定型后可保持模具型腔所赋予的形状，然后开模分型获得成型塑件。

注射成型是热塑性塑料的主要成型工艺，适用于几乎所有品种的热塑性塑料和部分热固性塑料。

2）压塑成型。压塑成型又称压缩成型、模压成型、压制成型等，其基本原理是将粒状、粉状或片状塑料原料放在金属模具中加热软化熔融，在压力下充满模具成型，塑料中的高分子产生交联反应而固化转变为具有一定形状和尺寸的塑料制品。压塑成型主要用于热固性塑料，也可用于热塑性塑料，如聚四氟乙烯等流动性差的塑料。

压塑成型特别适用于形状复杂的或带有复杂嵌件的制品，如电器零件、仪表壳、电闸板、电器开关、插座或生活用具等。

3）挤出成型。挤出成型又称挤塑成型，它是使加热或未经加热的塑料借助螺杆的旋转推进力通过模孔连续地挤出，经冷却凝固而成为具有恒定界面的连续成型制品的方法。挤出成型用于热塑性塑料型材的生产，如管材、板材、薄膜、各种异型截面型材等。

4）压延成型。压延成型是使加热软化的物料通过一系列相向旋转的辊筒之间，受挤压和延展作用成为平面状连续材料的成型方法。可用于各类热塑性塑料，主要产品有薄膜、片材等。

5）吹塑成型。吹塑成型又称为吹塑模塑，是制造空心塑料制品的成型方法。吹塑成型制品包括塑料瓶、容器及各种形状的中空制品。

吹塑包括挤出吹塑、注射吹塑和拉伸吹塑等，其生产过程都包括型坯的制造和型坯的吹胀。挤出吹塑和注射吹塑工艺是先用挤出或注射工艺制备型坯，然后将型坯送入模具并闭合，用吹胀装置将管状型坯吹胀成模腔所具有的精确形状、尺寸及厚度，进而冷却、定型、脱模取出制品。而拉伸吹塑则是先通过挤出法或注射法制成型坯，然后将型坯处理到塑料适宜的拉伸温度，通过内部（用拉伸芯棒）或外部（用拉伸夹具）的机械力作用而进行纵向拉伸，同时或稍后经压缩空气吹胀进行横向拉伸，最后制得制品。拉伸的目的是为了改善塑料的物理、力学性能。

几乎所有的热塑性塑料均可用吹塑成型工艺制备中空塑料制品。

11.2.3 橡胶的成型性能

1）流动性。与塑料相同。

2）流变性。胶料的黏度随剪切速率的增大而减低的特性称为流变性。流变性对橡胶的加工过程影响很大，当流动性差甚至流动停止时，胶料的黏度变得很大，使半成品有良好的挺直性而不宜变形。在压出、注射成型时由于剪切速率很高，胶料的黏度低，流动性好。流变性与橡胶的分子量及压力、温度、成型速率等加工条件有关。

3）硫化性能。为改善橡胶的性能必须进行硫化，在硫化过程中橡胶的各种性能都随时间的增加而发生变化，胶料硫化性能的优劣主要体现在快速硫化、高交联率、存放稳定性等方面。

11.2.4 橡胶制品成型

橡胶的成型是将生胶(天然胶、合成胶)和各种配合剂(硫化剂、硫化促进剂、防老化剂、填充剂、软化剂、发泡剂、补强剂、着色剂等)用炼胶机混炼成胶料，再按照制品要求放入骨架材料(玻璃纤维、钢丝等)，在成型模具中经加压、加热(即硫化处理)使橡胶分子的结构由线型转变为网状，从而获得所需制品。

橡胶的生产过程主要包括配料、塑炼、混炼、成型和硫化等工序。

1）配料。按配方对生胶和所有配合剂进行称量配料。

2）塑炼。塑炼的实质是使橡胶分子链断裂，相对分子量降低，从而降低橡胶的高弹性。在橡胶塑炼时，主要受到机械力、氧、热和某些化学增塑剂等因素的影响，其中氧和机械力起主要作用。

3）混炼。混炼的目的是将各种配合剂与可塑度合乎要求的生胶或塑炼胶在机械作用下混合均匀，制造性能符合要求的混炼胶，保证成品具有良好的力学性能和工艺性能。

4）成型。通过挤出、压延、注射和模压等成型方法，将混炼胶制成所需形状和尺寸的成品。

5）硫化。硫化是在硫化剂和硫化促进剂等的作用下，橡胶内部发生交联反应，使大分子从线型结构转变为体型结构。硫化是橡胶制品生产中最后一道主要工序，它使橡胶的强度、硬度和弹性升高，而塑性降低，同时改善其他性能(如耐磨性、耐热性和化学稳定性)等。

多数橡胶制品的硫化都是在加热（一般为 130～180 ℃）和加压（一般为 0.1～15 MPa)的条件下经过一定时间完成，因此，硫化温度、压力和时间是影响硫化过程和效果的主要因素。硫化时施加一定压力，有利于消除制品中的气泡，提高致密性且可促进胶料充模；提高硫化温度，可以促进硫化反应。

11.3 塑料

塑料是以合成树脂为主要成分，加入助剂（如填料、增塑剂、稳定剂、润滑剂、交联剂及其他添加剂），在一定条件（温度、压力等）下可塑成一定形状并在常温下保持其形状的材料。

11.3.1 塑料的分类及特点

塑料有不同的分类方法，习惯上常用的有以下两种：

1）按用途分类，塑料可分为通用塑料、通用工程塑料和特种工程塑料。通用塑料的产量大、用途广、占塑料应用量的80%以上。使用温度在100 ℃以下，价格低，性能一般，主要用于非结构材料和生活用品。通用塑料有聚乙烯、聚丙烯、聚苯乙烯、聚氯乙烯、ABS、聚甲基丙烯酸甲酯等品种。ABS一方面从性能上看应属于工程塑料，但由于其产量很大，已接近聚苯乙烯，且用途十分广泛，因而也有将其划入通用塑料的，本书将采取这种分类。

通用工程塑料具有较好的力学性能，使用温度在100~150 ℃，且可作为结构材料制造机械零部件。主要有聚酰胺、聚甲醛、聚碳酸酯、聚苯醚、热塑性聚酯等品种。

特种工程塑料的使用温度在150 ℃以上，力学性能更好，主要用于质量轻、力学性能高、能代替金属材料的航空、航天等各领域中，有聚酰亚胺、氟塑料等。

2）按受热时的表现，塑料可分为热塑性塑料和热固性塑料两大类。热塑性塑料中的树脂为线型高分子，受热能软化，会融化，具有可塑性，可制成一定形状，冷却后变硬。该过程可反复进行，一般来说，热塑性塑料的柔性大、脆性低，而刚性、耐热性和尺寸稳定性较差。

热固性塑料制品的主要成分是体型结构的聚合物，刚性较高，耐热，不易变形。由于其强度一般都大，因而，多数要加填料来增强。这类塑料的共同特点是所用原料均为分子量低（数百或数千）的线型或支链型预聚体，其分子内存在反应性基团，在成型过程中通过自身或与固化剂反应由线型转变为体型结构，此后如果再加热，塑料也不会软化，如果温度过高将导致分解。

11.3.2 通用塑料

通用塑料主要有聚乙烯、聚丙烯、聚氯乙烯、聚苯乙烯及ABS五类。

1. 聚乙烯

1）简介。聚乙烯是由乙烯为单体聚合而成的聚合物（polyethylene，PE），PE 分子结构式为 $\overline{\xi CH_2—CH_2\xi}_n$。作为高分子材料使用时，其平均相对分子质量在 1 万以上。聚乙烯的化学组成和分子结构最简单，是目前世界塑料品种产量最大、应用最广的塑料，约占世界塑料总量的 1/3。

2）种类及结构参数。根据聚合工艺条件不同，聚乙烯的工业化生产可有多种聚合方法，可得到多种不同密度的聚乙烯。主要有：高压气相本体法合成的低密度聚乙烯（low density polyethylene，LDPE）、低压溶液法合成的高密度聚乙烯（high density polyethylene，HDPE）及超高分子量聚乙烯（ultra high molecular weight polyethylene，UHMWPE）、低压气相本体法合成的线型低密度聚乙烯（linear low density polyethylene，LLDPE）。

各种 PE 的结构参数如表 11.1 所示。

表 11.1　各种 PE 的结构参数

聚乙烯	10^3 个碳原子含支链数/个	相对分子质量/万	相对分子质量分布	大分子形态	结晶度/%	密度/（$g \cdot cm^{-3}$）
LDPE	20~30	2.5~3	25~50	树枝状	65	0.91~0.925
HDPE	4~7	10~30	4~15	线型	80~90	0.94~0.965
LLDPE	规整短支链	15~18	3~11	短支链	65~75	0.916~0.92
UHMWPE	4~7	>150	4~15	线型	80~85	0.93~0.94

3）各种 PE 的结构与性能。聚乙烯是含有 C、H 两种元素的长链脂肪烃化合物，为线型聚合物，分子对称，并且非极性，分子间作用力小，分子链堆砌的紧密程度较低，所以熔点低，力学性能不高。

从表 11.1 中可以看出，不同的 PE 其相对分子质量及其分布不同，大分子形态、支链数、规整度及结晶度等结构参数也有较大区别，而这些特征参数影响着 PE 的各种性能。

不同品种的 PE 大分子的支链形状如图 11.1 所示。

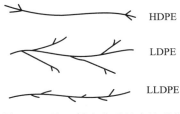

图 11.1　聚乙烯大分子的支链形状

　　PE 分子链上含有短的甲基和长的烷基支链，不同品种 PE 上支链数目的大小依次为 LDPE>LLDPE>HDPE，支链越多，其耐光降解、耐氧化能力越差。

　　低密度聚乙烯（LDPE）支化度高，长、短支链不规整，呈树枝状。相对分子质量低，相对分子质量分布宽，所以结晶度低，密度小，制品柔软，透气性、透明度高，而熔点低，机械性能低。

　　线型低密度聚乙烯（LLDPE）具有规整的短支链结构，虽然结晶度和密度与 LDPE 相似，但其由于分子间力加大，使其熔点与 HDPE 相近，但其抗撕裂性和耐应力开裂性比 LDPE 和 HDPE 都高。

　　超高分子量聚乙烯（UHMWPE）由于其巨大的相对分子质量，增大了大分子间的缠结程度，虽然其结晶度、密度介于 LDPE 与 HDPE 之间，但冲击韧性和抗拉强度成倍增加，并具有耐磨、自润滑性，使用温度在 100 ℃ 以上。

　　改善 PE 的耐环境应力开裂的方法有：降低材料的结晶度；提高相对分子质量；降低相对分子质量的分散度；提高分子链的支化程度；使分子链间产生交联等。各种 PE 的性能及主要用途比较见表 11.2。

表 11.2　各种 PE 的性能及主要产品形式比较

性能	LDPE	HDPE	LLDPE	UHMWPE
透明性	半透明	不透明	半透明	不透明
吸水率/wt%	<0.01	<0.01	<0.01	<0.01
抗拉强度/MPa	7~15	21~37	15~25	30~50
拉伸模量/GPa	0.17~0.35	1.3~1.5	0.25~0.55	1~7
缺口冲击韧性/$(kJ \cdot m^{-2})$	80~90	40~70	>70	>100
熔点/℃	105~115	131~137	122~124	135~137
热变形温度（1.82 MPa）/℃	50	78	75	95
脆化温度/℃	−80~−55	−140~−100	<−120	<−137
熔体流动速率/$[g \cdot (10min)^{-1}]$	1~31	0.2~8	0.5~30	
成型收缩率/%	1.5~5.0	2.0~5.0	1.5~5.0	2~3
主要产品形式	薄膜	薄膜、注射制品	注射机吹塑中空制品	高性能而低造价的工程塑料

　　4）PE 的主要用途。

　　① 薄膜类制品。LDPE 用于食品、日用品、蔬菜等轻质包装膜以及农业地膜、棚膜、保鲜膜等。HDPE 因其薄膜强度高，主要用于包装膜、撕裂膜等。

LLDPE 膜具有延伸性好，拉伸性、耐穿刺性较高，耐环境应力开裂及低温冲击韧性好等优点，主要用于包装膜、垃圾袋、保鲜膜、自粘膜等。

② 注塑制品。由于 PE 的加工性好而广泛用于注塑制品，其中 HDPE 占 30% 以上，LDPE 和 LLDPE 各占 10% 以上。主要产品为日用品，如盘、筒、篓、盒等，周转箱、瓦楞箱、暖瓶壳、杯和玩具等。

③ 中空制品。中空制品以 HDPE 树脂为主，占树脂用量的 20%。其制品具有耐应力开裂性好、耐油性好、耐低温冲击韧性好等优点，可用于食品油、酒类、汽油及化学试剂等液体的包装。

④ 管材类制品。管材类制品以 HDPE 树脂为主，主要用于生活给水、煤气输送、农业灌溉、液体吸管及圆珠笔芯等；LDPE 管还可用于化妆品、药品、牙膏等化学品的包装。

⑤ 其他。HDPE 还可用于丝类制品，如渔网、缆绳、滤网、纱窗等；HDPE 和 LLDPE 还可用于编织袋、打包带；LDPE 广泛应用于高压电缆的绝缘和护套材料。

2. 聚丙烯

1）简介。聚丙烯是用途最为广泛的通用型热塑性塑料。聚丙烯（polypropylene，PP）是由丙烯（$CH_3—CH=CH_2$）经自由基聚合而成的聚合物。其分子结构式为 $\left[CH_2—CH \right]_n$，下接 CH_3。

按构型不同，PP 可分为等规、间规及无规聚丙烯三类。目前工业上应用的主要是等规 PP，用量占 PP 的 90% 以上。PP 是发展最快的塑料品种，产量仅次于聚乙烯和聚氯乙烯，位居第三。

2）常用 PP 的结构特性。PP 的分子结构根据所用催化剂的不同而异，常用的为等规 PP，其大分子链上的甲基都排列在一侧。等规 PP 的结构规整性高，结晶度大，熔点高，硬度和刚性大，力学性能好。等规 PP 的规整性用等规度表征，等规 PP 的等规度为 95%，结晶度为 60%，熔点为 176 ℃。

等规 PP 由熔融状态经过缓慢冷却得到的晶体为球晶。

3）等规 PP 的性能。工业用 PP 的数均分子量为 3.8 万~6 万，重均分子量为 22 万~70 万。

PP 的力学性能与相对分子质量及结晶度有关，相对分子质量低、结晶度高、球晶尺寸大时，制品的刚性大而韧性低。PP 具有较好的力学性能，抗拉强度和刚性都比较好，但冲击韧性强烈依赖于温度而变化，在室温以上时冲击韧性较高，但是，低温时耐冲击性能差。

PP 是所有合成树脂中密度最小的，是聚氯乙烯（PVC）的 60% 左右。PP 的硬度在五类通用塑料中属低等，仅比 PE 好些。

在五大通用塑料中，PP 的耐热性是最好的。PP 塑料制品可在 100~120 ℃下长时间工作，可用于热水输送管道；在无外力作用时，PP 制品被加热到 150 ℃时也不会变形。

由于 PP 链中甲基的存在，使分子链上交替出现叔碳原子，影响 PP 的化学性能，叔碳原子易发生氧化反应，导致 PP 的耐氧化性和耐辐射性差，难以用于户外，需加入抗氧化剂和光稳定剂。

PP 的化学稳定性优异，对大多数酸、碱、盐、氧化剂都显惰性。

等规 PP 的性能如表 11.3 所示。

表 11.3　等规 PP 的性能

性能	数据	性能	数据
相对密度/$(g \cdot cm^{-3})$	0.90	缺口冲击韧性/$(kJ \cdot m^{-2})$	0.5
吸水率/wt%	0.01	热变形温度/℃	102
成型收缩率/%	1~2.5	脆化温度/℃	-8~8
抗拉强度/MPa	29	线膨胀系数/$(\times 10^{-6} K^{-1})$	60~100
断裂伸长率/%	>200	热导率/$[W \cdot (m \cdot K)^{-1}]$	0.24
弯曲强度/MPa	50		

4）PP 的主要用途。与 LDPE、HDPE、LLDPE 等常用聚乙烯材料相比，PP 的主要优点有：① 相对密度更小些。PP 的相对密度仅为 0.90 g · cm⁻³，低于常用聚乙烯塑料的；② 抗拉强度更大些。PP 的抗拉强度可达 29 MPa，略高于常用聚乙烯塑料的；③ 耐热性更好些。PP 的热变形温度约为 102 ℃，而常用聚乙烯塑料的热变形温度多在 78 ℃以下。

尽管 PP 的产品形式与 PE 基本相同，但由于 PP 的性能有上述优点，使其更多的用于强度、耐热性要求更高的制品上。

PP 的缺点主要是低温脆性大、收缩率大，一定程度上限制了其应用。聚丙烯由于质轻、价格低廉、综合性能良好、易于成型加工，其应用日益广泛。特别是近年来聚丙烯树脂改性技术的迅速发展，使它的用途和应用范围日趋扩大。聚丙烯制品的类别与聚乙烯相类似，包括注塑制品、薄膜制品、纤维制品、挤出制品和中空制品等。

3．聚氯乙烯

1）简介。聚氯乙烯（polyvinylchloride，PVC）是由氯乙烯单体经自由基聚

合而成的聚合物。PVC 的分子结构式为 $\left(\!\!\begin{array}{c} CH_2\!\!-\!\!CH \\ | \\ Cl \end{array}\!\!\right)_n$。聚合方法有多种，其中悬浮聚合法约占世界聚氯乙烯总产量的 80% 以上，制得的 PVC 数均分子量为 3 万 ~ 8 万。乳液聚合法制得的树脂相对分子质量分散性大，数均分子量为 1 万 ~ 12 万。PVC 是最早实现工业化的通用型热塑性树脂。目前产量仅次于 PE，位居第二位。

2）常用 PVC 的结构特性。PVC 中电负性较强的氯原子侧基的存在增大了分子间作用力，使 T_g 提高，同时 C—Cl 键使材料表现出明显的极性，导致电性能比 PE 有所降低。不对称取代的结果使 PVC 的结晶度只有 5% ~ 10%，基本上属于无定形聚合物。PVC 理论上应存在三种空间异构体，但工业化生产的 PVC 含 55% ~ 65% 的间规异构体，其余为无规异构体。

3）PVC 的结构与性能特点。PVC 分子链中由于带有电负性很强的氯原子，增大了分子链之间的吸引力，使分子链间的距离比 PE 小，PE 的平均链间距为 4.3×10^{-10} m，而 PVC 的平均链间距为 2.8×10^{-10} m，同时由于氯原子体积大，有较明显的空间位阻效应，其结果使 PVC 相比 PE 具有较高的刚性、硬度、强度，使 PVC 材料的玻璃化温度比 PE 有大幅度提高，但韧性和耐寒性下降，断裂伸长率和冲击韧性均下降。

由于在 PVC 聚合过程中链转移反应，PVC 会有支链结构，通常在 PVC 分子中，每 1 000 个碳原子上具有 5 ~ 18 个支链，链终止反应可能生成末端具有 1 个氯乙烯基的双键结构。由于 PVC 大分子末端及其内部存在的双键结构，支链处存在的不稳定的叔氯原子，以及大分子中的含氧基团（羰基）等"活化基团"，造成 PVC 树脂对热极不稳定，PVC 树脂在 100 ℃ 以上或受到紫外光照射，均会引起降解脱出 HCl，在氧或空气存在下降解速率更快。温度越高，受热时间越长，降解现象越严重。

PVC 分子的极性使分子链之间的相对滑移困难，树脂的黏流温度较高，使材料的成型加工性降低。一般生产 PVC 制品都加有多种助剂，通过加入增塑剂来减小分子间的引力和增加制品的柔韧性。增塑剂的加入对 PVC 的力学性能影响很大，未增塑的 PVC 的拉伸强度曲线类型属于硬而较脆的材料，随增塑剂量的加大，PVC 变为软而韧的材料。一般增塑剂含量在 0 ~ 5mol% 之间的为硬制品，5mol% ~ 25mol% 的为半硬制品，大于 25mol% 的为软制品。

PVC 可耐大多数无机酸和无机盐，适合做化工防腐材料。加入增塑剂的 PVC 制品耐化学药品性一般都变差，并且随使用温度的升高，其化学稳定性降低。

PVC 大分子链中含有较多的氯原子，赋予材料良好的阻燃性。PVC 对光、氧、热及机械作用都比较敏感，在其作用下很容易发生降解，脱出 HCl，引起 PVC 制品颜色的变化。

由于 PVC 可以加入各种助剂和改性剂进行改性，因此 PVC 的制品性能的差别也较大，常用的 PVC 制品的性能如表 11.4 所示。

表 11.4　常用的 PVC 制品的性能

性能	硬质 PVC	软质 PVC	电器用软质 PVC
密度/(g·cm^{-3})	1.4~1.6	1.2~1.6	1.2~1.6
吸水率/wt%	0.07~0.4	0.25	0.15~0.79
成型收缩率/%	0.6~1.6	1.5~2.5	1.5~2.5
抗拉强度/MPa	45	11~20	11~20
断裂伸长率/%	25	100~500	100~500
缺口冲击韧性/(kJ·m^{-2})	2.2~10.6	不断裂	不断裂
热变形温度(1.82 MPa)/℃	70	-22	—
长期使用温度/℃	80~90	80~104	60~70
线膨胀系数/(×10^{-6} K^{-1})	50~185	70~250	70~250
热导率/[W·(m·K)$^{-1}$]	0.16	0.15	0.15

4）PVC 的主要用途。PVC 的主要优点有：

① 可以通过改变配方生产出两类性能和用途截然不同的制品，即软 PVC 和硬 PVC，以满足不同性能需求；

② 树脂本身有阻燃性；

③ 由于结晶度低，PVC 的透明性优于 PE 和 PP；

④ 化学稳定性好。

主要缺点有：① 耐热性差。纯树脂在 65~85 ℃开始软化，在 130 ℃左右开始分解，温度增加，分解加剧，200 ℃时大量分解；② 耐老化性差。主要由于增塑剂会慢慢迁移而逸失，软制品会逐渐变硬、变脆；③ 低温脆性。由于 T_g 较高，因而硬制品的耐寒性不佳。

PVC 尤其是硬质 PVC 的性能特点是强度高、硬度大、耐化学腐蚀性好、阻燃、价格低，同时其软、硬度可调，故其用途明显不同于 PE 及 PP。

① 管材。PVC 管材可用于上下水管、输气管、输液管及穿线管等。PVC 硬管几乎占世界 PVC 树脂消费量的一半。PVC 管材约占塑料管总市场的 83%，HDPE 约占 14%。

② 型材。PVC 型材由于性价比高，大量用于制作门、窗、装饰板、木线、家具及楼梯扶手等。

③ 板材。PVC 可制作瓦楞板、密实板和发泡板等，用于壁板、天花板、百叶窗、地板、装饰材料、家具材料及化工防腐贮槽等。

④ 软管。由于 PVC 强度高、柔性好、能消毒、透明、成本低，很适于用作软水管、食品处理和医用软管。

4. 聚苯乙烯

1）简介。聚苯乙烯（polystyrene，PS）是指由苯乙烯单体经自由基聚合的聚合物。PS 的分子结构式是 $\left[\text{CH—CH}_2\right]_n$ 。聚苯乙烯是应用很广的热塑性塑料品种之一。

聚苯乙烯的制备过程是先制备苯乙烯，然后再聚合成聚苯乙烯。工业上制取苯乙烯的方法是先制取乙苯，再由乙苯脱氢得到苯乙烯单体。苯乙烯单体在引发剂或催化剂作用下按自由基机理或离子型机理进行聚合制得聚苯乙烯树脂。

工业化生产的聚苯乙烯的数均分子量在 0.4 万~1.8 万，重均分子量在 10 万~50 万之间。

2）PS 的结构特性。理论上由苯乙烯单体制得的 PS 有三种结构形式，即无规、间规和等规。目前大量使用的工业化产品 GPPS 是无规 PS，即苯基无规地分布在碳链的两侧，是一种无定形材料。间规 PS 中的苯基有规律地交替分布在碳链的两侧，高度规整的结构使其具有结晶性，其力学性能及耐热性与 GPPS 相比大大提高，与尼龙和聚甲醛等工程塑料相似。

3）GPPS 的结构与性能特点。GPPS 分子链两侧侧苯基的体积较大，有较大的位阻效应，使分子链旋转困难。PS 呈现刚性和脆性，制品易产生内应力，对 PS 制品进行退火处理可提高其强度。PS 的玻璃化温度与 PE、PP 相比大大提高，玻璃化温度为 90~100 ℃。PS 在热塑性塑料中是典型的硬而脆的塑料，拉伸、弯曲等常规力学性能均高于聚烯烃，但韧性明显低于聚烯烃，拉伸时无屈服现象。

PS 大分子链段之间聚集规整度较低，不能结晶，基团间和分子间作用力小，故 PS 的耐热性低，热变形温度为 70~95 ℃，长期使用不能超过 80 ℃。PS 的热导率较低，为 0.10~0.13 W·(m·K)$^{-1}$，是良好的绝热保温材料。PS 泡沫是目前应用广泛的绝热材料之一。PS 主链为饱和的碳碳结构，偏惰性，但侧苯基的存在却使其化学稳定性受到影响。PS 比 PE、PP 化学上更活泼些。可耐硫酸、磷酸及 10wt%~30wt% 的盐酸等无机酸的腐蚀。但不耐氧化酸，如硝酸和氧化剂的腐蚀。侧苯基可以使主链骨架上的氢原子活化，在空气中易氧化生成过氧化物，并引起降解，使相对分子质量降低而变脆、变色、老化。

GPPS 的典型性质如表 11.5 所示。

表 11.5　GPPS 的典型性质

性质		高耐热型	中等流动性型	高流动性型
熔体流动速率/[g·(10min)$^{-1}$]		1.6	7.5	16
维卡软化点/℃		108	102	88
在负载下的热变形温度(1.82 MPa)/℃		103	84	77
抗拉强度/MPa		56	45	36
弯曲强度/MPa		83	83	—
断裂伸长率/%		2.4	2.0	1.6
拉伸模量/GPa		3.34	2.45	3.1
弯曲模量/ MPa		3 155	3 170	—
缺口冲击韧性/(kJ·m^{-2})		24	16	19
相对分子质量	重均	30 万	22.5 万	21.8 万
	数均	13 万	9.2 万	7.4 万

4）GPPS 的主要用途。GPPS 是热塑性塑料中最容易成型加工的品种之一，可用注塑、挤出、发泡、吹塑、热成型等各种成型工艺。

GPPS 的主要优点有：

① 透明性好。由于是非晶高聚物，透明度达 88%～92%，仅次于有机玻璃；

② 耐辐射。PS 是最耐辐射的聚合物之一，可用于 X 光室的装饰板；

③ 热导率不随温度变化而变化，可用作制冷设备的绝热材料。

缺点是韧性差、耐热性低(最高连续使用温度为 60~80 ℃)、耐化学试剂性差。

用途主要有：① 利用其光学性质可做装饰照明制品、仪器仪表外壳、汽车灯罩、光导纤维、透明模型等。② 利用其电学性质可做一般电绝缘用品及传输器件等。③ 利用其绝热保温性能可做冷冻、冷藏装置的绝热层、建筑用绝热构件等。④ 日用品：杂品、玩具、一次性餐具等。

5. 丙烯腈-丁二烯-苯乙烯共聚物

1）简介。ABS 为三种单体的共聚物。分子结构式为

$$\left[\left(CH_2-\underset{\underset{CN}{|}}{CH}\right)_x\left(C_2H_3=C_2H_3\right)_y\left(CH_2-CH\right)_z\right]_n$$

丙烯腈　　　　　　　丁二烯　　　　　　　苯乙烯

ABS(acrylonitrile-butadiene-styrene，ABS)中一般丙烯腈的含量为23mol% ~ 41mol%、丁二烯的含量为 10mol% ~ 30mol%、苯乙烯的含量为29mol% ~ 60mol%，三种成分的比例可根据性能要求调整。ABS 最初是在 PS 改性基础上发展起来的，由于具有韧、刚、硬的优点，应用范围不断扩大，已成为一个独立的塑料品种，通常国内把 ABS 分类在五大通用塑料(PE、PP、PVC、PS、ABS)之中，其性能和价格介于通用塑料和聚酰胺、聚碳酸酯等通用工程塑料之间。

2）ABS 的结构特性。ABS 大分子链由三种结构单元重复连接而成，不同的结构单元赋予其不同的性能。丙烯腈的耐化学腐蚀性好、表面硬度高；丁二烯的韧性好、耐低温性能好；苯乙烯的透明性好，着色性、绝缘性及加工性能好。三种单体结合在一起，就形成了坚韧、硬质、刚性等综合性能优异的 ABS 树脂。

工业生产所得的 ABS 树脂，一般不是纯的接枝共聚物，而是伴随有未接枝的均聚物生成。实际上是多组分共聚物和均聚物的共混体，其聚合过程形成的产物包括苯乙烯-丙烯腈共聚物(SAN)、聚丁二烯主链上接枝 SAN 的共聚物以及均聚物聚丁二烯。因此，准确地说，ABS 是一种共聚-共混物。

3）ABS 的结构与性能特点。ABS 的重要特点是比 PS 有更高的冲击韧性，这与其特殊结构有关。ABS 是由刚硬性的塑料 SAN 组分与柔韧性的丁二烯接枝共聚而成的，这种共聚物宏观上是均相结构，亚微观是非均相的体系，可以认为是以塑料为连续相，橡胶类离子为分散相的单相连续形态结构。

ABS 有优良的力学性能，其冲击韧性很好，可以在很低的温度下使用；ABS 的耐磨性优良，尺寸稳定性好，又具有耐油性，可用于中等负荷和转速下的轴承。抗蠕变性能比 PS 强，但弯曲强度和压缩强度较差。ABS 的力学性能受丁二烯含量的影响较大。

ABS 的热变形温度为93~118 ℃，制品经退火处理后还可提高 10 ℃ 左右。ABS 在-40 ℃时仍表现出一定的韧性，可在-40~100℃的温度范围内使用。

大分子链中的丁二烯部分含有双键，使它的耐候性较差，在紫外线或热的作用下易氧化分解。

ABS 具有较良好的耐化学试剂性，除了浓的氧化性酸外，对各种酸、碱、盐类都比较稳定，与各种食物、药物等长期接触也不会引起什么变化。

ABS 塑料由于综合性能好，应用广泛，品种较多，常按其抗冲击性能进行分类，主要品种的性能如表 11.6 所示。

表 11.6 各品级的 ABS 塑料的典型性能

性能	中冲击级	高冲击级	超高冲击级	高耐热级
抗拉强度/MPa	43~47	35~43	31~34	41~50
拉伸模量/GPa	2.35~2.6	2.1~2.35	1.5~2.1	1.8~2.4
弯曲强度/MPa	72.5~79	59~72.5	48.3~59	69~86.3
弯曲模量/GPa	2.5~3.0	1.93~2.5	1.73~1.93	2.14~2.62
缺口冲击韧性/(kJ·m^{-2})	7.5~21.5	21.5~32	32~49	12.3~32
热变形温度(1.82 MPa)/℃	102~107	99~107	87~91	94~110
最高使用温度/℃	60~65	60~75	60	60~75

ABS 塑料的主要性能特点如下：

主要优点：① 优良的耐低温性；② 良好的加工性能，包括低的熔体黏度和低的成型收缩率(0.4%~0.9%)；③ 耐磨性、抗蠕变性良好；④ 极易电镀，因而可以代替金属做各类饰件。

主要缺点：① 耐候性差，户外使用容易变色；② 不透明。

4）ABS 塑料的用途。ABS 大量应用于齿轮、轴承、泵叶轮、把手、管道、电机外壳、仪表壳、汽车零部件、电器零件、纺织器材、家用电器、箱包、卫生洁具、乐器、玩具、食品包装容器、日用品等。

11.3.3 通用工程塑料

通用工程塑料一般是指在较广的温度范围内，在一定的机械应力和较苛刻的化学、物理环境中能长期作为结构材料使用的塑料。主要有聚酰胺、聚碳酸酯、聚甲醛、丙烯酸类树脂、改性聚苯醚、聚酯及其改性产品等。

1. 聚酰胺

1）简介。聚酰胺(polyamide，PA)俗称尼龙，是五种通用工程塑料(即聚酰胺、聚碳酸酯、聚甲醛、改性聚苯醚、聚酯及其改性产品)中开发最早、产量最大、应用最广泛的品种，其产量约占通用工程塑料总产量的三分之一。

2）PA 的结构特性。聚酰胺大分子是由酰胺基(—$\overset{\overset{\text{O}}{\|}}{\text{C}}$—$\overset{\overset{\text{H}}{|}}{\text{N}}$—)和亚甲基组成的线型大分子。所有脂肪族 PA 分子链都是线型结构，分子链主链为 —C—N—链，具有良好的柔韧性，因此都是典型的热塑性聚合物。酰胺基是一个极性吸水基，它们之间有较大的内聚能(690.8 kJ·mol^{-1})，而 CH$_2$ 之间内聚能仅有 4.1 kJ·mol^{-1}。

一个分子链中酰胺基团与氮原子连接的氢原子能与另一个分子链上的酰胺基团的氧原子缔合成相当强的氢键，氢键的形成增大了分子链之间的作用力，有利于大分子在一定程度上的定向排列，所以 PA 通常都有较高的结晶度，使 PA 熔点较高。嵌入酰胺基之间的亚甲基是非极性疏水基，提供分子柔性，赋予材料良好的韧性。

3）PA 的结构与性能特点。由于 PA 分子间的作用力较大，使其熔点和强度都提高，其抗拉强度、压缩强度、冲击韧性、刚性及耐磨性都比较好。

PA 具有很好的耐磨性，它是一种自润滑材料，由 PA 制成的轴承、齿轮等摩擦零件，可以在无润滑的状态下使用。此外，PA 的结晶度越高，材料的硬度越大，耐磨性也越好。

PA 的热性能取决于大分子链中亚甲基与酰胺基的相对比例及结晶结构。随着亚甲基含量的增加，即亚甲基/酰胺基比值的增大，氢键浓度减小，分子间引力减弱，使聚酰胺的熔点降低。PA 熔融状态的黏度较低，这是因为它们的大分子链柔性良好，同时相对分子质量不高，一般为 1 万~4 万。增加相对分子质量可提高耐热性和制品尺寸的稳定性。PA 有高的内聚能和结晶性，故具有良好的化学稳定性，不溶于普通溶剂（如醇、酯、酮和烃类），不受弱碱、弱酸、醇、酯、酮、润滑油、油脂、汽油机清洁剂等的影响。PA 的耐候性能一般，如果长时间暴露在大气环境中会变脆，力学性能明显下降。

常用尼龙的性能比较如表 11.7 所示。

表 11.7 常用尼龙的性能比较

性能	尼龙 6	尼龙 66	尼龙 610	尼龙 1010	尼龙 11	尼龙 12
密度/(g·cm⁻³)	1.14	1.15	1.09	1.04	1.04	1.02
熔点/℃	215	250~265	210~220	—	185	175
吸水率/wt%	1.9	1.5	0.4~0.5	0.39	0.4~1.0	0.6~1.5
抗拉强度/MPa	76	83	60	52~55	47~58	52
断裂伸长率/%	150	60	85	100~250	60~230	230~240
弯曲强度/MPa	100	100~110	—	89	76	86~92
缺口冲击韧性/(kJ·m⁻²)	3.1	3.9	3.5~5.5	4~5	3.5~4.8	10~11.5
压缩强度/MPa	90	120	90	79	80~100	—
热变形温度(1.82 MPa)/℃	55~58	66~68	51~56		55	51~55
线膨胀系数/(×10⁻⁶ K⁻¹)	79~87	90~100	90~120	105	114~124	100
脆化温度/℃	−70~−30	−25~−30	−20	−60	−60	−70

4）PA 塑料的主要用途。由于 PA 具有优异的力学性能、耐磨、100 ℃ 左右的使用温度和较好的耐腐蚀性、无润滑性能，因此，广泛用于制造各种机械、电器部件，如轴承、齿轮、滚轴、辊子、滑轮、涡轮、风扇叶片、高压密封扣卷、垫片、阀座、储油容器、绳索、渔网丝等。

2. 聚碳酸酯

1）简介。聚碳酸酯（polycarbonate，PC），其分子结构式为：

$$\left[\text{O}—\bigcirc—\overset{\overset{\text{CH}_3}{|}}{\underset{\underset{\text{CH}_3}{|}}{\text{C}}}—\bigcirc—\text{O}—\overset{\overset{\text{O}}{\|}}{\text{C}}\right]_n。$$

PC 是指分子主链含有（ —O—R—O—$\overset{\overset{\text{O}}{\|}}{\text{C}}$— ）链节的线型高聚物，根据重复单元中 R 基团种类的不同，可分为脂肪族、脂环族、芳香族等几个类型。目前，工业上常用的是芳香族 PC，其中以双酚 A 型 PC 为主，其产量在工程塑料中仅次于 PA。PC 树脂具有良好的透明性、韧性和耐热性，应用范围广。

2）PC 的结构特性。PC 是由异丙撑基（ —$\overset{\overset{\text{CH}_3}{|}}{\underset{\underset{\text{CH}_3}{|}}{\text{C}}}$— ）与碳酸酯基

（ —O—$\overset{\overset{\text{O}}{\|}}{\text{C}}$—O— ）交替与苯环相连构成的线型大分子。聚合度在 100～500 的范围内。PC 分子主链上的苯环是刚性的，碳酸酯基是极性吸水基，虽然具有

柔性，但它与两个苯环构成 —$\bigcirc$—O—$\overset{\overset{\text{O}}{\|}}{\text{C}}$—O—$\bigcirc$— 基是共轭体系，是增加主链的刚性、稳定性的基团。分子链上含有本撑基，限制了分子链的内旋转，导致分子链的刚性增大，使 PC 具有很好的刚性、耐热性能。

3）PC 的结构与性能特点。PC 的分子结构使其具有很好的刚性和稳定性。碳酸酯基的极性，会使分子链之间的作用力增大，但由于两个本撑基和异丙撑基隔开了，削弱了分子间的极性，本撑基的存在限制了分子链的内旋转，导致分子链刚性增大。异丙撑基是非极性的疏水基，对称分布的甲基位阻降低，是提供主链柔性的基团。而分子链上的醚键又使 PC 的分子链具有一定的柔顺性，所以 PC 是以刚性为主兼有一定柔性的材料，具有良好的综合力学性能，抗拉强度高达 50～70 MPa，拉伸、压缩、弯曲强度均优于 PA6、PA66 等，冲击韧性高于所有脂肪族 PA 和大多数工程塑料，抗蠕变性能也明显高于聚酰

胺、聚甲醛等。

PC 具有很好的耐高、低温性能，120 ℃下具有良好的耐热性，热变形温度达 130~140 ℃，热分解温度为 340 ℃，其玻璃化温度高于所有脂肪族 PA 的玻璃化温度，熔融温度略高于 PA6 的，但低于 PA66 的，热变形温度和最高连续使用温度均高于绝大多数脂肪族 PA 的，也高于几乎所有的热塑性通用塑料。在工程塑料中，它的耐热性优于聚甲醛、脂肪族 PA 等，但逊于其他工程塑料。PC 具有良好的耐寒性，脆化温度为 -100 ℃，长期使用温度为 -70~120 ℃。

PC 分子主链上的酯基对水很敏感，在高温下易发生水解现象。双酚 A 型 PC 是无定形聚合物，它的内聚能密度在塑料中居中等水平，常温下不与醇类、油、盐类、弱酸等作用。PC 分子链上没有叔碳原子，也无双键，使它具有良好的耐候和耐热老化的能力。

由于 PC 分子主链的刚性及苯环的体积效应，其结晶能力较差，故 PC 具有优良的透明性。

双酚 A 型聚碳酸酯的物理、力学性能如表 11.8 所示。

表 11.8　双酚 A 型聚碳酸酯的物理、力学性能

性能	测试值	性能	测试值
密度/($g \cdot cm^{-3}$)	1.2	缺口冲击韧性/($kJ \cdot m^{-2}$)	45~60
吸水率/wt%	0.15	热膨胀系数/($\times 10^{-6} K^{-1}$)	60~70
抗拉强度/MPa	58~74	热导率/$[W \cdot (m \cdot K)]^{-1}$	0.145~0.22
断裂伸长率/%	70~120	热变形温度/℃	126~135
拉伸弹性模量/GPa	2.2~2.4	最高连续使用温度/℃	120
弯曲强度/MPa	91~120	脆化温度/℃	-100
压缩强度/MPa	70~100	透光率/%	85~90

4) PC 塑料的主要用途。PC 是一种具有优良综合性能的工程塑料。PC 常用作计算机光盘、CD、VCD、DVD 盘的基础材料。也常用于制作光学透镜、照相机部件、风镜和安全玻璃，主要是由于 PC 相对于玻璃来说，其密度低，韧性高。

PC 具有优良的抗冲击、抗热变形性、耐候性，硬度高，广泛应用于汽车、建筑、办公设施、家用品、器具和动力工具、医疗保健设备、休闲和安全防护用品、包装及电器、电子产品等。

3. 聚甲醛

1) 简介。聚甲醛(polyoxymethylene，POM)的分子主链中含有—CH$_2$—O—(含氧甲基)，是一种高熔点、高结晶性的热塑性工程塑料。具有很好的机械性能，主要表现在刚性大，抗蠕变性和耐疲劳性好，并且具有突出的润滑性和耐磨性。是五大通用工程塑料之一。目前产量仅次于 PA 和 PC，占第三位。

2) POM 的结构特性。POM 是主链链节含氧亚甲基(—CH$_2$O—)的聚合物，根据其分子链化学结构的不同，分为均聚甲醛和共聚甲醛两种。均聚甲醛的分子结构式为 $CH_3 \overset{O}{\overset{\|}{C}}—OCH_2 \overset{}{(}OCH_2 \overset{}{)_m} OCH_2O—\overset{O}{\overset{\|}{C}}CH_3$ 。共聚甲醛的分子结构式为 $HO—CH_2CH_2O \overset{}{(}CH_2O \overset{}{)_x} \overset{}{(}CH_2OCH_2 CH_2O \overset{}{)_y} CH_2CH_2OH$ 。

POM 分子中的重复单元是—CH$_2$O—，端基是醋酸酯基($—O—\overset{O}{\overset{\|}{C}}—CH_3$)或甲氧基(—O—CH$_3$)。POM 是一种没有侧链的高密度、高结晶性的线型高分子聚合物，平均聚合度在 1 000~1 500 之间，其数均分子量为 3 万~4 万，分布窄。均聚甲醛的大分子是由 C—O 键连续构成的，而共聚甲醛则在若干个 C—O 键主链上分布有少量的 C—C 键。由于 C—C 键较 C—O 键稳定，在发生降解的过程中，C—C 键可能成为终止点。所以共聚甲醛的耐热稳定性和耐化学稳定性比均聚甲醛好。由于均聚甲醛和共聚甲醛的分子结构不同，它们的性能也有一定的差异。均聚甲醛与共聚甲醛相比，熔点高，机械强度较大，但热稳定性较差，容易引起分解，对酸碱的稳定性也较差。

3) POM 的结构与性能。POM 大分子是带有柔性链的线型聚合物，而且结构规则，从均聚甲醛与共聚甲醛的结构看，均聚甲醛是由纯 C—O 键连续构成的，而共聚甲醛则在 C—O 键主链上平均分布一些 C—C 键。由于 C—O 键的键长(1.46×10^{-10} m)比 C—C 键的键长(1.55×10^{-10} m)短，链轴方向的填充密度大，并且聚甲醛分子链中 C 原子和 O 原子不是平面曲折构型，而是螺旋构型，所以分子链间距离小、密度大，与聚乙烯相比，均聚甲醛的密度为 1.425~1.43 g·cm^{-3}，而 PE 的密度为 0.96 g·cm^{-3}，当分子主链中引入少量 C—C 键后，共聚甲醛的密度则稍有降低(1.41 g·cm^{-3})，仍比 PE 的密度高得多。所以均聚甲醛的密度、结晶度、力学性能均较高，而热稳定性则比共聚甲醛差。

POM 的结晶度很高，高达 75%~85%。POM 具有较高的弹性模量、硬度，其硬度是工程塑料中最高的。其突出优点是抗疲劳性能好，耐磨性能优异，抗蠕变性能好。POM 的摩擦系数小，约为 0.21，比 PA(0.28 以上)低，具有较好的耐摩擦、磨损性能。

POM 是由亚甲基和醚键构成的线型大分子。主链是高柔性的 C—O 键，大分子规整、紧密，有极性，分子间作用力大，属于极性结晶聚合物，均聚 POM 的熔点为 175~183 ℃，共聚 POM 的熔点为 160~165 ℃。POM 有较高的热变形温度，在 0.46 MPa 负荷下，二者的热变形温度分别为 170 ℃和 158 ℃，均聚甲醛的热变形温度要高于共聚甲醛的，但均聚甲醛的热稳定性不如共聚甲醛的。一般 POM 的连续使用温度在 100 ℃左右（连续使用温度是指在 3.59 MPa 应力下作用一年而变形小于 5% 的温度），短时使用温度可达 140 ℃。

POM 的耐低温性较好，有较低的玻璃化温度（−40~−60 ℃）。

POM 是弱极性高结晶型聚合物，内聚能密度高、溶解度参数大，它在室温下的耐化学药品性能非常好，特别是对油脂类和有机溶剂（如烃类、醇类、酮类、酯类及苯类）具有很高的抵抗性，但在高温下不耐强酸和氧化剂，也不耐酚类、有机卤化物及强极性有机溶剂。紫外线能引起 POM 降解。

表 11.9 为均聚甲醛与共聚甲醛的性能对比

表 11.9　均聚甲醛与共聚甲醛的性能对比

性能	均聚甲醛	共聚甲醛	性能	均聚甲醛	共聚甲醛
密度/(g·cm⁻³)	1.43	1.41	弯曲弹性模量/GPa	2.9	2.6
结晶度/%	75~85	70~75	压缩强度/MPa	127	113
拉伸弹性模量/GPa	3.16	2.83	缺口冲击韧性/(kJ·m⁻²)	7.6	6.5
抗拉强度/MPa	70	62	吸水率/wt%	0.25	0.22
断裂伸长率/%	40	60	摩擦系数（与钢对磨）	0.1~0.3	0.15

4）POM 的主要用途。POM 主要用于代替有色金属（如铝、锌等）制造各种机械零部件，广泛应用于汽车工业、精密仪器、机械工业、电子电器、建筑器材等方面。

4. 丙烯酸类树脂

1）简介。丙烯酸类树脂（acrylic resin）是指由丙烯酸及其酯类聚合制得的聚合物，其中产量最大、用途最广泛的品种是聚甲基丙烯酸甲酯（polymethyl methacrylate，PMMA，俗称有机玻璃或亚克力）以及它的共聚物和共混物。PMMA 具有优良的综合性能，特别是高的透明度，其透光性是所有光学塑料中最佳的。

2）PMMA 的结构特性。PMMA 的分子结构式为 $\left(\!\!\begin{array}{c} CH_3 \\ | \\ CH_2\!-\!C \\ | \\ COOCH_3 \end{array}\!\!\right)_m$。

PMMA 是以甲基丙烯酸甲酯为结构单元的线型大分子，主链是柔性的 C—C 键，结构单元 α 碳原子上含有两个侧基：甲基是非极性的疏水基；甲酯基（—COOCH$_3$）是极性的亲水基。

自由基引发的聚合物是无规立构的，为普通的 PMMA 聚合物，分子链骨架上同时有与侧甲基及侧甲酯基连接的不对称碳原子，使聚合物存在空间异构现象。工业化生产的 PMMA 是三种空间立构体的混合物，以间规、无规立构体为主，仅含少量等规立构体（间规立构体的含量约占 54%，无规立构体的含量约占 37%，等规立构体的含量约占 9%）。因此，聚合物宏观上属无定形聚合物。

3）PMMA 的结构与性能特点。PMMA 较大的侧甲酯基和 α 碳原子上的侧甲基的存在，限制了链的柔性，使聚合物分子链的刚性增大。PMMA 的玻璃化温度一般较高，可高达 104 ℃，PMMA 是一种典型的硬而脆的材料。

PMMA 具有良好的综合力学性能，一般而言，抗拉强度可达 50～77 MPa，弯曲强度约为 90～130 MPa，但其断裂伸长率仅为 2%～3%。

PMMA 的耐热性不高，玻璃化温度虽然可达到 104 ℃，但其长期使用温度为 60～80 ℃，热变形温度约为 96 ℃。

PMMA 由于有酯基的存在，使其耐溶剂性一般，可耐碱及稀无机酸、水溶性无机盐、油脂、脂肪烃，不溶于水、甲醇、甘油等。对臭氧和二氧化硫等气体具有良好的抵抗能力。PMMA 还具有很好的耐候性，可长期在户外使用。

4）PMMA 的主要用途。PMMA 在工业和国防上有重要用途，主要用于航天、航空、汽车、舰船的窗玻璃、防弹玻璃和座舱盖，以及光导纤维、光学仪器、灯罩、医疗器械、装饰品、仪器仪表、文教用品等。

5. 其他通用工程塑料

除了上述的四种通用工程塑料外，还有热塑性聚酯和聚苯醚两类。热塑性聚酯是由二元酸和二元醇通过缩聚反应制得的，在主链中含有酯基的一类高聚物。按所用原料的不同，又分为饱和聚酯、不饱和聚酯和醇酸聚酯三种。热塑性聚酯品种很多，常用商业化的主要品种有：聚对苯二甲酸乙二醇酯（polyethylene terephthalate，PET）和聚对苯二甲酸丁二醇酯（polybutylene terephthalate，PBT）等。

PET 是热塑性塑料中硬度最大的一个品种。耐热性比较高（熔点为 265 ℃），吸水率（0.1wt%～0.27wt%）低于尼龙。其制品尺寸稳定，机械强度、模量、自润滑性能与聚甲醛相当，阻燃性和热稳定性比聚甲醛好。在较宽的温度范围内都具有优良的电绝缘性能。PET 薄膜的抗拉强度是 PE 薄膜的 9 倍，是通用工程塑料薄膜中的最佳者。PET 薄膜广泛应用于电容器、印刷电路及电绝缘材料。

PBT 有良好的抗冲击性、自润滑性和耐磨性，同时具有优良的电绝缘性和一定的耐化学稳定性。

11.3.4 特种工程塑料

特种工程塑料的最大特点在于其具有优异的耐热性，是指热变形温度在 200 ℃ 以上的并具有较高机械强度的高分子材料。主链由芳环和杂环组成的聚合物既具有高的热稳定性，又具有高的机械强度，还具有优异的耐辐射性。芳杂环高分子是指主链由芳环或杂环及小的连接基团，如—O—、—SO$_2$—、—COO—、—CONH—构成的高分子，这类高分子可以分为两类，即芳环高分子和杂环高分子。

常用的特种工程塑料品种主要有：氟塑料、聚苯硫醚、聚砜类树脂、聚醚酮类塑料、聚酰亚胺五大类。本节介绍几种应用较为广泛的特种工程塑料。

1. 氟塑料

1）聚四氟乙烯简介。氟塑料是各种含氟塑料的总称，是含氟单体的均聚物或共聚物。主要包括：聚四氟乙烯、聚偏氟乙烯、聚三氟氯乙烯和聚氟乙烯等，其中，最重要的是聚四氟乙烯（polytetrafluoroethylene，PTFE），是由单体四氟乙烯经自由基聚合得到的全氟化聚合物，其用途广泛，产量占氟塑料的 90% 左右。

2）PTFE 的结构特性。PTFE 的结构式为 $\left[\begin{array}{c} F\ F \\ C-C \\ F\ F \end{array}\right]_n$。

PTFE 是非极性的线型结晶性聚合物，其结晶度在 50%～70% 之间。常用的 PTFE 相对分子质量约为 50 万~90 万。PTFE 的分子链可看作是 PE 分子链骨架碳原子上所连接的所有氢原子全部由氟原子取代后的结果。由于氟原子半径（0.064 nm）大于氢原子半径（0.028 nm），使得—C—C—不可能像 PE 那样在空间呈平面锯齿形排列，只能以拉长的螺旋形排列，该螺旋构象使较大的氟原子紧密堆砌在—C—C—链骨架周围，形成了一个紧密的、完全的氟原子屏蔽层。因此，具有一系列突出性能，如耐高、低温性，化学稳定性，电绝缘性，耐大气老化性，低的吸水性，不燃性和自润滑性。

3）PTFE 的结构与性能特点。PTFE 的相对密度较大，为 2.14~2.20 g·cm^{-3}，平均吸水率小于 0.01wt%，渗透率较低。PTFE 的螺旋构象使较大的氟原子与—C—C—链骨架紧密地堆砌，并且在 PTFE 中每个碳原子连接的两个氟原子完全对称，成为完全的非极性聚合物，使聚合物分子间的吸引力和表面能较低，从而赋予 PTFE 极低的表面摩擦系数和低温时较好的延展性。

PTFE 是典型的软而弱的聚合物，刚度、硬度、强度都较小，抗拉强度为 10~30 MPa，与 PE 相当，拉伸弹性模量约为 0.4 GPa，冲击韧性则不如 PE，但断裂伸长率较高。

PTFE 的重要特性是优异的润滑性和突出的不粘性，由于 PTFE 中大分子间的相互引力小，且表面对其他分子的吸引力也很小。因此，其摩擦系数非常小，在 0.02~0.10 之间，是一种非常优异的自润滑材料。PTFE 是目前表面能最小的一种固体材料，表面张力仅为 0.19 $N \cdot m^{-1}$，几乎所有的固体材料均不能黏附于其表面。

由于 PTFE 的氟原子与骨架碳原子的连接和紧密堆砌，使分子链产生很大的刚性，PTFE 中的 C—F 键极牢固，其键能达 460.2 $kJ \cdot mol^{-1}$，远比 C—H 键（410 $kJ \cdot mol^{-1}$）和 C—C（372 $kJ \cdot mol^{-1}$）键的键能高，C—C 键四周包围着氟原子，不易受到其他原子如氧原子的侵袭，这使 PTFE 具有极好的热稳定性，同时分子链高度规整又使聚合物高度结晶，这都是 PTFE 具有高耐热性和高熔点的原因。

PTFE 长时间工作的温度范围很宽，在 -250~260 ℃ 之间，即使在 -260 ℃ 的超低温下仍不发脆，260 ℃ 仍可承受 5 MPa 的负荷。PTFE 的玻璃化温度约为 115 ℃，熔点为 327 ℃，高于其他一般的高聚物。

PTFE 分子结构的完全对称使其成为一种高度非极性材料，其吸水性极小，从而使 PTFE 具有极优异的电绝缘性。

PTFE 中氟原子对骨架碳原子的屏蔽作用和 C—F 键的键合力很强，使聚合物主链几乎不受任何物质的侵蚀。PTFE 具有极优异的耐化学腐蚀性，获得"塑料王"之称。所有强酸、强碱、强氧化剂、盐类对 PTFE 几乎没有影响。

PTFE 的无分枝对称主链结构也使得它具有高度的结晶性，其分子链紧密堆砌，加之氟原子的原子量要大得多，故 PTFE 比其他聚合物有更大的密度，密度在 2.14~2.3 g/cm^3 之间，是现有塑料中密度最大的品种。

PTFE 分子中无光敏基团，对光的作用很稳定，也不受臭氧的作用，故耐大气老化性能很突出。但 PTFE 对高能射线作用较敏感，主要是由于高能射线可以打开 C—F 键和 C—C 键并使之破坏。

4）PTFE 的主要用途。PTFE 的优异特性使它在国防、电子工业、航空、航天、化工、冷藏、机械、食品和医药等领域得以广泛应用。例如，用于耐腐蚀材料，如管、容器、反应器、阀门、泵、隔膜等；在机械设备中可制得要求耐磨、减摩的轴承、导轨、活塞杆、密封圈等；在医用材料方面，利用 PTFE

的耐热、疏水、对生物无副作用和不受生物体侵蚀等特点，可制造各种医疗器具，如瓶、管、注射针和消毒垫等；利用它的无毒和不粘性，在食品工业中广泛用作脱模剂，在厨房用具中作为不粘锅、抽油烟机的涂层等。

2. 聚酰亚胺

1）简介。主链上含有酰亚胺基团（ $-\overset{\overset{\displaystyle O}{\|}}{C}-\overset{\displaystyle }{N}-\overset{\overset{\displaystyle O}{\|}}{C}-$ ）的杂环类聚合物均称为聚酰亚胺（polyimide，PI）。聚酰亚胺分为芳香族和脂肪族两大类，工程上应用的是芳香族聚酰亚胺，又分为热固性、热塑性和改性聚酰亚胺三类产品。其中应用最多的是热固性聚酰亚胺，又可细分为多种组分及分子结构，应用最广的是均苯型聚酰亚胺。

2）聚酰亚胺的性能及主要用途。聚酰亚胺的力学性能很好，抗拉强度、耐蠕变性、耐磨性和摩擦性能优良，并且随温度变化不大。均苯型聚酰亚胺薄膜的抗拉强度高达 170 MPa。

聚酰亚胺的耐高温性突出，均苯型聚酰亚胺的热分解温度高达 600 ℃，是迄今为止热稳定性最高的聚合物品种；热变形温度高达 360 ℃，可在 260 ℃ 下长期使用，在无氧条件下使用温度可达 300 ℃；耐低温性优异，在 -269 ℃ 的低温下仍不会变脆；聚酰亚胺的线膨胀系数低，尺寸稳定性好。

聚酰亚胺具有优良的耐油性和耐溶剂性，但不耐碱，耐辐射性好。

聚酰亚胺的应用领域特别广泛，用量最大的是漆包线，其次是薄膜和成型制品。成型制品可用于特殊条件下工作的精密零件，如耐高温、高真空自润滑轴衬、压缩机活塞环、密封垫圈等。由于具有优异的低温性能，还可用于与液氮接触的阀门部件。

3. 其他特种工程塑料

除了前述的聚四氟乙烯和聚酰亚胺外，特种工程塑料还有聚苯硫醚（polyphenylene sulfide，PPS）、聚砜（polysulfone，PSF）类树脂、聚醚酮类树脂等。相关知识请参阅高分子材料相关专著。

11.3.5 通用热固性塑料

与热塑性塑料相比，通用热固性塑料具有强度高、耐蠕变性能好、耐热性优异、加工尺寸精度高及电绝缘性能优良的特点，用途十分广泛。与热塑性塑料中的热塑性树脂在加工成型前后其分子链成分及结构不发生明显变化不同，热固性塑料中的树脂在加工成型过程中发生了化学反应，大分子链结构更由加工成型前的线型结构转变为体型结构，分子链间不可以运动，且这种转变一般是不可逆的，也就是说，树脂成型后再重新加热也不能软化流动。

通用热固性塑料中树脂的品种较少，目前常用的有酚醛树脂、环氧树脂、氨基树脂及不饱和聚酯等。热固性塑料主要用于电器绝缘、日用、机械、建筑及玻璃钢等领域。

1. 酚醛树脂及塑料

1）简介。凡以酚类化合物与醛类化合物经聚合反应制得的树脂统称为酚醛树脂（phenolic resin）。应用最广的酚醛树脂是由苯酚和甲醛缩聚而成的产物苯酚-甲醛树脂（phenol formaldehyde resin，PF）。PF 的分子结构式为

$$\left[\begin{array}{c} OH \\ \\ \\ CH_2OH \end{array}\!\!-\!CH_2\right]_n\!\!\left[\begin{array}{c} OH \\ \\ \\ \end{array}\!\!-\!CH_2\right]_m\!\!OH$$

纯 PF 树脂的机械强度低，脆性大，很少单独加工成制品。以酚醛树脂为主要组分并添加各种填料制得的材料称为酚醛塑料。酚醛塑料具有价格低廉、原料丰富、性能独特等优势，发展迅速，目前产量在塑料中排第六位，在热固性塑料中排第一位。

2）酚醛树脂特性。按合成反应中苯酚与甲醛两种单体的比例、催化剂性质及工艺条件等的不同，可分别合成热塑性树脂和热固性树脂两种。热塑性酚醛树脂与热固性酚醛树脂能相互转化。热塑性树脂用甲醛处理后可转变成热固性树脂；热固性树脂在酸性介质中用苯酚处理可变成热塑性酚醛树脂。它们都可以形成体型结构，成为不溶、不熔的制品，但固化方法不同。热固性酚醛树脂在加热条件下，自身有交联能力而形成体型结构；热塑性酚醛树脂自身没有交联能力，在固化交联剂的作用下，苯环上未反应的氢可与交联剂形成亚甲基桥而交联，常用的固化交联剂是六次甲基四胺（俗称乌洛托品，其加入量一般为 10mol%～13mol%）。

3）酚醛模塑料的制备与性能特点。酚醛模塑料又称为酚醛压塑粉，一般由树脂、填料、固化剂、固化促进剂、稀释剂、润滑剂、脱模剂、着色剂等组成。其中树脂大多选用热塑性酚醛树脂或甲基热固性酚醛树脂，大都为固体粉末。加入量为 35mol%～55mol%，起着黏合剂的作用。树脂的性质在一定程度上决定制品的最终性能。

酚醛塑料制品的制备工艺主要为压制成型，也可用注塑成型。根据制品形状及厚度的不同，压制成型工艺的温度范围一般为 150～190 ℃，压力为 10～30 MPa。

添加不同填料（如木粉、布屑、矿石粉及玻璃纤维等）的酚醛模压塑料具有优良的力学性能、耐热性能（热变形温度范围在 100～316 ℃）、耐磨性能，可以用于制作电器绝缘件，如灯头、开关、插座、汽车电器等，还可用来制作

制动零件、刹车片、摩擦片、耐高温摩擦制品等。

2. 环氧树脂及塑料

1）简介。环氧树脂（epoxy resin，EP）是指大分子链上含有醚基而在两端含有环氧基团（—CH—CH—，$\overset{O}{\diagup\diagdown}$）的一类聚合物。环氧塑料树脂及其固化体系具有一系列优异的性能，可用于黏合剂、涂料及纤维增强复合材料的基体树脂等，广泛应用于机械、电机、化工、航空、航天、船舶、汽车、建筑等工业部门。环氧树脂的分子结构式为

$$CH_2-CH-CH_2-O-\phi-\overset{\overset{CH_3}{|}}{\underset{\underset{CH_3}{|}}{C}}-\phi-\left[O-CH_2-CH-CH_2-\right]$$

$$-\phi-\overset{\overset{CH_3}{|}}{\underset{\underset{CH_3}{|}}{C}}-\phi-\left]_n-O-CH-CH-CH_2$$

2）环氧树脂特性。环氧树脂大分子链中含有大量活泼的环氧基、羟基及醚基，具有很好的反应活性。其中，环氧基团可与固化剂反应，使线型结构变成体型结构；而羟基及醚基等极性基团式分子间作用力增强；苯基赋予制品力学和耐热性能；亚甲基则提供制品以柔性和冲击性能。

环氧树脂的品种很多，其中，用量最大的是双酚A型。环氧树脂属于聚合度低、相对分子质量较低的聚合物，可分为低相对分子质量、中相对分子质量及高相对分子质量三类。低相对分子质量环氧树脂的聚合度小于2，相对分子质量为340~400，软化点低于50℃，室温下呈液态；中相对分子质量环氧树脂的聚合度为2~5，相对分子质量为600~3 000，软化点在50~95℃之间；高相对分子质量环氧树脂的聚合度大于5，相对分子质量大于3 000，软化点在145~155℃之间，室温下为固体。中、低相对分子质量环氧树脂主要用于复合材料制品，高相对分子质量环氧树脂主要用于制作粉末涂料及压制成型制品。

3）环氧塑料的制备与性能特点。环氧塑料由EP树脂、固化剂、稀释剂、增塑剂、增韧剂、增强剂及填充剂等组成。环氧塑料制品的制备方法主要有压制、注塑、层压及浇铸等。

固化剂的作用是使环氧树脂交联固化。用于环氧树脂的固化剂种类很多，常用的有多元胺和多元酸等，主要品种有乙二胺、二乙烯三胺、间苯二胺等，可以根据不同的固化条件选用不同的固化剂及其含量。

增强剂主要为纤维类原料以及无机矿物粉类，如石英粉、云母粉、碳酸钙

及钛白粉等。增强剂为玻璃纤维及织物的制品称为环氧玻璃钢，是应用极为广泛的纤维增强树脂基复合材料。

环氧塑料的性能取决于树脂的种类、交联程度、固化剂的种类、填料的性能等因素。如玻璃纤维增强环氧树脂制品的力学性能极佳，其比强度及比刚度明显优于传统金属材料。环氧树脂的耐热性优良，轻度交联环氧树脂的热变形温度仅为 60 ℃，而高度交联环氧树脂的热变形温度则高达 250 ℃。脂环族环氧树脂和含有苯环酸酐固化剂的环氧树脂制品的耐热性更好。

环氧树脂的电性能优良，其绝缘性因添加剂的品种及环境温度的不同而变。环氧树脂含有苯环及醚键，耐化学稳定性好，可耐一般的酸和碱。耐化学性能与固化剂种类有关，酸酐类固化剂的耐酸性好，但耐水性较差。

环氧玻璃钢制品可用于大型壳体，如游船、汽车车身、座椅、快餐桌、发动机罩、仪表盘、化工防腐管、槽、罐等；注塑和压制制品用于汽车发动机部件、制动用制品、开关壳体、线圈架、家电底座、电动机外壳等；浇铸制品可用于各种电子和电气元件的塑封、金属零件的固定等。

3. 其他热固性树脂及塑料

热固性树脂及塑料的种类还有氨基树脂及塑料、不饱和聚酯树脂、有机硅塑料、聚氨酯等。相关知识请参阅高分子材料专著。

11.4　橡胶

橡胶是一种弹性体，是唯一在使用温度下具有高度伸缩性和极好弹性的高聚物，它在较小的外力作用下能产生很大的变形，当外力去除后又能很快恢复到原来的形状。橡胶与塑料的区别是前者在室温上、下很宽的温度范围内（−80~150 ℃）处于高弹态。橡胶是橡胶制品的重要原料，是常用的弹性材料，密封材料，减振、防振材料和传动材料，可用于制造轮胎、管、带等各种橡胶制品，还广泛用于电线、电缆等。

11.4.1　橡胶的基本特性

从使用性能上看，橡胶主要有以下基本特性：

1）弹性模量非常小。橡胶的弹性模量仅为 2~4 MPa，约为钢的 1/1 000，约为塑料的 1/30；橡胶的抗拉强度为 5~40 MPa，弹性变形高达 100%~700%，最高的可达 1 000%，在 350% 的范围内伸缩，回弹率可达 85% 以上，即永久变形在 15% 以内。橡胶最宝贵的性能是在 −50~130 ℃ 的广泛温度范围内均能保持正常的弹性。

2）综合性能优良。橡胶具有良好的耐气透性、耐化学腐蚀性和电绝缘性能。某些特种合成橡胶更具有耐油性及耐温性，能抵抗脂肪油、润滑油、液压油、燃料油以及溶剂油的溶胀。某些橡胶的耐寒性能可达 -80 ~ -60 ℃，而耐热性能则可达 150 ℃。橡胶还能耐各种屈挠弯曲变形，往复 20 万次以上仍没有裂纹产生。

3）橡胶能与多种材料并用、共混、复合，极大地拓展了橡胶的使用性能和应用领域。如用炭黑补强橡胶时，能使耐磨性提高 5 ~ 10 倍，对于非结晶型的合成橡胶可使其强度提高 10 ~ 50 倍；橡胶与纤维、金属材料复合，更能最大限度地发挥橡胶的特性，形成各种各样的复合材料和制品。

11.4.2　橡胶的分类

橡胶的种类很多，已不下 100 种。其分类大致有两种。

1）按制取来源与方法分为天然橡胶和合成橡胶。其中天然橡胶的消耗量约占 1/3，合成橡胶的消耗量约占 2/3。

2）按性能及用途分为通用合成橡胶和特种合成橡胶。凡性能与天然橡胶接近，广泛用于制造轮胎及其他制品的，称为通用合成橡胶，如丁苯橡胶、顺丁橡胶、丁基橡胶、合成异戊二烯橡胶、乙丙橡胶等。凡具有特殊性能的，如耐候性、耐热性、耐油、耐臭氧等，并用于制造在特定条件下使用的橡胶制品的，称为特种合成橡胶，如丁腈橡胶、硅橡胶、聚氨酯橡胶等。而处于通用橡胶和特种橡胶之间的有氯丁橡胶。

11.4.3　橡胶的结构与性能

橡胶是胶料最重要的组分，橡胶的化学结构是决定胶料的使用性能、工艺性能的主要因素。橡胶的主链结构主要有两大类，即二烯类橡胶（如天然橡胶、丁苯橡胶等）及非二烯类橡胶（如乙丙橡胶等）。橡胶的化学结构与其性能之间存在如下的基本关系：

1）主链结构与侧链结构。主链结构决定了橡胶的基本性能，一般来说橡胶分子的链结构对其性能的影响有如下规律：

① 双键结构。主链含有双键结构的橡胶可用硫磺硫化，且具有良好的弹性，但双键结构在使用中易氧化而使橡胶老化，其热稳定性也较差；主链不含双键的橡胶，则不能用硫磺硫化，必须采用有机过氧化物或其他交联剂，其弹性不好，但具有优异的耐氧老化和耐热老化性能。

② 高分子链应有足够的柔性。玻璃化温度（T_g）是橡胶的使用下限温度，通常橡胶的 T_g 应比室温低得多。T_g 越低，分子链的柔顺性越好，耐寒性也越好。相应地，分子间作用力较弱，也就是内聚能密度较小，一般比塑料或纤维的内聚能小得多。

③ 大分子链上应存在可供交联的活性点(主要是双键),以便成型后能交联形成体型结构而提供可恢复的弹性。

④ 大分子主链的化学键能越高,橡胶的耐热性越好。

⑤ 带供电取代基者容易氧化,如天然橡胶;而带亲电取代基者则较难氧化,如氯丁橡胶。由于氯原子对双键和 α 氢的保护作用,使它成为二烯类橡胶中耐热性最好的橡胶。

⑥ 侧链结构则与橡胶的耐油性、耐溶剂性以及电性能等的关系较大,一般地,当橡胶分子链上含连接极性大的侧链或基团时,其耐油性及耐溶剂性较好,而电绝缘性稍差。

2) 相对分子质量与相对分子质量分布。

① 相对分子质量越大,分子链的柔性越大,则橡胶的弹性和强度越大;而另一方面,分子链越大,橡胶分子链越长,则橡胶分子链间的作用力越大,黏度越高,加工时流动越困难。橡胶的相对分子质量一般为 $10^5 \sim 10^6$。

② 相对分子质量分布的影响比较复杂。一般来说,相对分子质量分布窄的橡胶,分子链发生相对滑移的温度范围也窄,黏流温度 T_f 高;而相对分子质量分布宽的橡胶,分子链发生相对滑移的温度范围也较宽,其中高相对分子质量部分提供强度,而低相对分子质量部分则有一定的增塑作用,T_f 较低,可提高胶料的流动性和黏性,改善混炼效果,即胶料的工艺性能较好。

3) 结晶性。橡胶的力学性能与结晶性关系密切。结晶型橡胶在拉伸作用下容易形成结晶结构,结晶相当于起物理交联作用,提高了材料的模量和强度;而非结晶型橡胶则难于形成结晶结构,强度较低。合成橡胶为了获得高弹性,大都为非结晶结构。

11.4.4　橡胶的性能指标

橡胶的使用性能与塑料不同,其性能指标有其不同于一般固体材料的特点。主要性能指标有:弹性模量;抗拉强度;断裂伸长率;硬度,橡胶硬度的测试仪器为邵氏硬度计,其值的范围为 0~100,值越大,橡胶越硬;定伸应力,指试样在一定伸长(通常 300%)时,原横截面上单位面积所受的力;撕裂强度,指试样在单位厚度上所承受的负荷,表征橡胶耐撕裂性的好坏;回弹率;压缩永久变形,一般用压缩量为 25%,在 70 ℃温度下保持 24 h 后的永久变形量表征。

另外还有一些性能指标如耐溶剂性、低温特性、耐老化特性等。

11.4.5　通用橡胶

通用橡胶主要包括天然橡胶、丁苯橡胶、氯丁橡胶、聚丁二烯橡胶、乙丙橡胶等。

1. 天然橡胶

天然橡胶是指以从天然植物中获取的异戊二烯（橡胶树的分泌物，即乳胶）为主要成分的天然高分子化合物。尽管合成橡胶的产量已大大超过天然橡胶，但天然橡胶仍被公认为性能最佳的通用橡胶，在橡胶工业上应用极为广泛。

1）天然橡胶的结构特性。天然橡胶的分子式为$(C_5H_8)n$，其结构式为

$$\left[\!\!\!- CH_2 - \overset{\overset{\displaystyle CH_3}{\displaystyle |}}{C} = CH - CH_2 \ -\!\!\!\right]_n$$

天然橡胶的微观结构及其含量如下：

（a）顺式-1，4 结构，占 98.2mol%。

$$\cdots\!-\!CH_2 \qquad\qquad CH_2\!-\!\cdots$$
$$\overset{\displaystyle CH_3}{\underset{\displaystyle}{|}}$$
$$C = CH$$

（b）3，4 结构，占 1.8mol%。

$$\cdots\!-\!CH\!-\!CH_2\!-\!\cdots$$
$$|$$
$$C\!-\!CH_3$$
$$\|$$
$$CH_2$$

天然橡胶的相对分子质量为 10 万~180 万（也有人认为是 3 万~3 000 万）；平均聚合度约为 10 000；相对分子质量分布为 2.8~10。一般认为天然橡胶的相对分子质量分布呈双峰分布规律，在低相对分子质量区域（20 万~100 万之间）出现第一个峰，在高相对分子质量区域（100 万~250 万之间）出现第二个峰。这种双峰分布使得天然橡胶兼有较好的工艺性能和力学性能，低相对分子质量的橡胶可提高胶料的流动性和黏性，而高相对分子质量的橡胶则具有更好的力学性能。

2）天然橡胶的结构与性能特点。天然橡胶具有很好的弹性，弹性模量为 2~4 MPa。弹性伸长率最高可达 1 000%，回弹率在 0~100 ℃ 范围内可达 70%~85%。天然橡胶是一种结晶性橡胶，自补强性大，具有较高的抗拉强度，纯胶硫化胶的抗拉强度为 17~25 MPa，经炭黑补强的硫化胶则可高达 25~35 MPa。在高温（93 ℃）下的强度保持率为 65% 左右。纯胶硫化胶的耐屈挠性较好，屈挠 20 万次以上才出现裂口。

天然橡胶无固定熔点，加热后慢慢软化，到 130~140 ℃ 时完全软化呈熔融状态，200 ℃ 左右开始分解。玻璃化温度为 −74~−69 ℃，常温下有一定的塑性，温度降低则逐渐变硬，零度时弹性大幅度下降。

天然橡胶是良好的电绝缘材料，体积电阻率可达 10^{17} Ω·cm，还具有较好的气密性。

天然橡胶在空气中容易与氧发生反应，分子链断裂或过度交联，使橡胶发生黏化和龟裂，即老化。光、热、屈挠变形等都能促使橡胶老化。通过添加防老化剂可大大改善天然橡胶的老化性能。

天然橡胶是非极性橡胶，能耐一些极性溶剂，但不能耐油和其他非极性溶剂。另外，天然橡胶具有较好的耐碱性能，但不耐浓度较高的强酸。

3）天然橡胶硫化胶的性能。天然橡胶大多经成型硫化工艺制得橡胶制品，其主要性能如表 11.10 所示。

表 11.10　天然橡胶硫化胶的主要性能

性能项目	指标	性能项目	指标
弹性模量/MPa	3.5~6.0	撕裂强度/$(kN \cdot m^{-1})$	70~140
抗拉强度/MPa	22~28	回弹率/%	4(-35 ℃)~80(100 ℃)
断裂伸长率/%	450~600	压缩永久变形/%	25~35(IRHD32~40) 82~89(IRHD45)
邵氏硬度(IRHD)	60~70	定伸应力/MPa	10.0~16.5

4）天然橡胶的主要用途。天然橡胶广泛应用于轮胎、胶管、胶带及各种工业橡胶制品，是用途最广的通用橡胶制品。需要指出的是，由于天然橡胶有不饱和双键，反应性较强，每个双键形成一个反应活性点，分布在整个橡胶分子链的长链中，可进行加成、取代、环化、裂解等反应，变成硫化胶和其他多种改性天然橡胶或天然橡胶衍生物，赋予天然橡胶以全新的性能，充分发挥天然橡胶的潜在功能。

2. 丁苯橡胶

丁苯橡胶(styrene butadiene rubber，SBR)是约含 3/4 丁二烯、1/4 苯乙烯的共聚物，是目前世界上产量最大的橡胶。

1）丁苯橡胶的结构特性。丁苯橡胶的典型结构式为

$$\begin{CD} CH_2-CH=CH-CH_2 \end{CD}_x \begin{CD} CH_2-CH \end{CD}_y \begin{CD} CH_2-CH \end{CD}_z$$

丁苯橡胶是综合性能较好的通用橡胶，可通过调控苯乙烯的相对含量控制

其加工性能、物理性能、机械性能和所制得的橡胶制品的使用性能。

不同品种的丁苯橡胶分子的近程及远程结构是不同的，包括单体比例、平均相对分子质量及其分布、线型和非线型分子结构所占的比例，丁二烯链段中的顺式-1，4、反式-1，4 两种结构的比例，苯乙烯、丁二烯单元的分布等。

丁苯橡胶的数均分子量约为 10 万，数均分子量分布为 4~6。

2）丁苯橡胶的结构与性能特点。丁苯橡胶的玻璃化温度取决于结合苯乙烯的含量。丁二烯和苯乙烯可以按需要的比例从 100mol% 的聚丁二烯（顺式、反式的 T_g 都是-100 ℃）到 100mol% 的聚苯乙烯（T_g 为 90 ℃）。随结合苯乙烯含量的增加，玻璃化温度升高，如结合苯乙烯含量为 25mol% 时，T_g 约为-55 ℃；75mol% 时，T_g 约为 0 ℃。随着苯乙烯含量增大，丁苯橡胶的耐溶剂性能越好、弹性下降、可塑性提高、耐蚀性更好、硬度增加。丁苯橡胶主链上的丁二烯单元大部分是反式-1，4 结构，加之又有苯环，因而体积效应大，分子链柔性小，从而影响硫化胶的物理、机械性能，如弹性低、生热高等。

3）常用丁苯橡胶的性能。丁苯橡胶的耐磨性、耐候性、耐臭氧性、耐氧化老化性、耐油性等性能优于天然橡胶。其硫化工艺容易控制，不易烧焦和过硫化，并且与天然橡胶、顺丁橡胶混溶性好。其缺点是回弹性、耐寒性、耐撕裂性、黏着性能和电性能等不如天然橡胶，特别是动态发热大。由于分子链中双键少，所以硫化速率慢。纯丁苯橡胶硫化后的抗拉强度很小，需配合大量的补强剂。

常用丁苯橡胶的物理性能如表 11.11 所示。

表 11.11　丁苯橡胶的物理性能

性能项目	丁苯橡胶生胶	纯胶硫化胶	填充 50 份炭黑硫化胶
密度/($g \cdot cm^{-3}$)	0.933	0.98	1.15
玻璃化温度/℃	-64~-59	-52	-52
抗拉强度/MPa	—	1.4~3.0	17~28
400%定伸强度/MPa		1.5	15
断裂伸长率/%	—	400~600	400~600

4）丁苯橡胶的主要用途。丁苯橡胶大部分用于轮胎工业，也用于胶管、胶带、胶鞋以及其他工业制品。高苯烯丁苯橡胶适于制造硬度高、相对密度小的制品，如鞋底、硬质泡沫鞋底、硬质胶管等。

3. 氯丁橡胶

氯丁橡胶（polychloroprene rubber，CR）是 2-氯-1，3-丁二烯（$CH_2 =$

CCl—CH ═CH₂)经乳液聚合而成的聚合物，属结晶性合成橡胶。

氯丁橡胶的分子结构式为

$$\{\,CH_2—CCl═CH—CH_2\,\}_i\ \{\,CH_2—CCl\,\}_m\ \{\,CH—CH_2\,\}_n$$
$$\begin{array}{cc} CH_2═CH & CCl═CH_2 \end{array}$$

　　1，4-加成　　　　　　1，2-加成　　　3，4-加成

（顺式约占 10mol%，反式约占 85mol%）（约占 1.5mol%）（约占 1.0mol%）

氯丁橡胶的分子结构特点使其具有如下基本特性：

1）自补强性较强。氯丁橡胶的分子结构中反式-1，4 结构含量在 85mol% 以上，分子链呈规则的线型排列，易于结晶，因此，氯丁橡胶的拉伸性能与天然橡胶相似，属自补强性橡胶，其生胶就具有很高的强度，其纯胶硫化胶的抗拉强度可达 27.5 MPa，断裂伸长率达 800%。

2）优良的耐老化性能。氯丁橡胶分子链的双键上连接有氯原子，使得双键和氯原子都趋于稳定而变得不活泼，因此其硫化胶的稳定性较好，不易受热、氧和光等的作用，表现出优良的耐老化性能。氯丁橡胶能在 150 ℃下短期使用，在 90~110 ℃下使用可达 4 个月之久。几种常用橡胶的允许使用温度如表 11.12 所示。

表 11.12　几种常用橡胶的允许使用温度

橡胶品种	最高允许使用温度/℃	长期允许使用温度/℃	最低允许使用温度/℃
天然橡胶	130	70~80	-70
丁苯橡胶	140	80~100	-77~-66
丁腈橡胶	170	100~110	-42
氯丁橡胶	160	120~150	-73

3）优异的耐燃性。氯丁橡胶因含有氯原子，具有接触火焰可以燃烧，而隔断火焰即自行熄灭的特性。这是因为氯丁橡胶燃烧时，在高温下可分解出氯化氢而使火熄灭。

4）优良的耐油、耐溶剂性能，良好的耐水性及透气性。

5）电绝缘性能较差。氯丁橡胶因分子中含有极性氯原子，故其电绝缘性不好。

6）耐寒性较差。氯丁橡胶分子由于结构的规整性和有极性，内聚能较大，限制了分子的热运动，特别是在低温下热运动更加困难，在拉伸变形时易产生

结晶而失去弹性，难于回复原状，甚至发生脆性断裂现象。

11.4.6 特种橡胶

具有特殊性能的，如耐候性、耐热性、耐油、耐臭氧等，并用于制造在特定条件下使用的橡胶制品的称为特种合成橡胶，如丁腈橡胶、硅橡胶、聚氨酯橡胶等。

1. 丁腈橡胶

丁腈橡胶(acrylonitrile butadiene rubber，NBR)是丁二烯与丙烯腈两种单体经乳液聚合而得的无规共聚物。丁腈橡胶以优异的耐油性著称。

1) 丁腈橡胶的结构特性。丁腈橡胶的分子结构式为

$$\left[CH_2-CH=CH-CH_2 \right]_m \left[\begin{array}{c} CH_2-CH \\ | \\ CN \end{array} \right]_n$$

丁腈橡胶的相对分子质量一般为几千至几十万，前者为液体丁腈橡胶，后者为固体丁腈橡胶。

2) 丁腈橡胶的结构与性能特点。丁腈橡胶分子中，丁二烯的加成方式有顺式-1，4-加成、反式-1，4-加成及1，2-加成三种。顺式-1，4-加成增加时，有利于提高橡胶的弹性，降低玻璃化温度；反式-1，4-加成增加时，抗拉强度提高，热塑性好，但弹性降低；而1，2-加成增加时，则会导致支化度和交联度提高，凝胶含量增加，使胶料的加工性能和低温性能变差，并降低拉伸性能和弹性。

丁腈橡胶中丙烯腈的含量有较大的变化范围，按其含量将丁腈橡胶分为极高、高、中高、中、低丙烯腈丁腈橡胶，丙烯腈含量对丁腈橡胶的性能有很大影响。丙烯腈含量增大对丁腈橡胶性能的影响如表11.13所示。

表 11.13 丙烯腈含量增大对丁腈橡胶性能的影响

性能	变化规律	性能	变化规律
密度	增大	耐油性	改善
流动性	改善	耐化学药品性	改善
硫化速率	加快	耐热性	改善
定伸拉伸强度	增大	与极性聚合物的相容性	增大
硬度	增大	弹性	降低
耐磨性	改善	耐寒性	降低
永久变形	增大	透气性	减小

3）丁腈橡胶的基本特性。耐油性是丁腈橡胶的最大特点。因为含有极性腈基，丁腈橡胶对非极性或弱极性的矿物油、动植物油、液体燃料和溶剂等有较高的稳定性，且丙烯腈含量越高，耐油性越好。丁腈橡胶的耐酸性较差，对硝酸、浓硫酸、次氯酸和氢氟酸的抗蚀能力特别差。

丁腈橡胶的耐热性优于天然橡胶、丁苯橡胶及氯丁橡胶，可在空气中、120 ℃下长期使用，在热油中能耐150 ℃的高温。但其耐寒性比通用橡胶差，且丙烯腈的含量越高，耐寒性越差。表11.14所示为几种常用橡胶品种的脆性温度比较。

表 11. 14 几种常用橡胶品种的脆性温度

橡胶种类	天然橡胶	丁苯橡胶	顺丁橡胶	氯丁橡胶	丁腈橡胶
脆性温度/℃	−70 ~ −50	−60 ~ −30	−73	−55 ~ −30	−20 ~ −10

丁腈橡胶为非结晶无定形橡胶，生胶强度低，不能直接使用，必须补强后才有使用价值。提高丙烯腈的含量有利于提高丁腈橡胶的强度和耐磨性，但弹性下降。几种橡胶的力学性能如表11.15所示。

表 11. 15 几种橡胶的力学性能

胶种	抗拉强度/MPa		伸长率/%	
	未加补强剂	加补强剂	未加补强剂	加补强剂
天然橡胶	20 ~ 30	25 ~ 35	700 ~ 800	550 ~ 650
丁苯橡胶	3.0 ~ 5.0	20 ~ 25	500 ~ 600	600 ~ 700
丁腈橡胶	3.0 ~ 4.5	25 ~ 30	500 ~ 700	500 ~ 600
氯丁橡胶	25 ~ 30	22 ~ 30	800 ~ 1 000	600 ~ 750

丁腈橡胶因有极性，不宜用作电绝缘材料。

4）丁腈橡胶的主要用途。丁腈橡胶主要用于制造耐油橡胶制品，如接触油类的胶管、胶带、胶辊、密封制品、垫圈、贮槽衬里以及大型油囊等。利用其良好的耐热性，也可制作运送热物料的输送带。

2. 硅橡胶

硅橡胶是指分子主链为—Si—O—无机结构，侧基为有机基团（主要为甲基）的一类弹性体。这类弹性体按硫化机理可分为有机过氧化物引发自由基交联型（热硫化型）、缩聚反应型（室温硫化型）和加成反应型。

硅橡胶属于半无机的饱和、杂链、非极性弹性体，典型代表为甲基乙烯基硅橡胶，其结构式为

$$\left\{\!\!\begin{array}{c} CH_3 \\ | \\ Si\!-\!O \\ | \\ CH_3 \end{array}\!\!\right\}_m \left\{\!\!\begin{array}{c} CH_3\!=\!CH_2 \\ | \\ Si\!-\!O \\ | \\ CH_3 \end{array}\!\!\right\}_n$$

乙烯基单元的含量一般为 0.1mol% ~ 0.3mol%，起交联点作用。硅橡胶的性能特点是耐高、低温性能好，使用温度范围为 -100 ~ 300 ℃；耐低温性能在橡胶材料中是最好的；具有特殊的表面性能，表面张力小，对绝大多数材料都不粘，有极好的疏水性；具有适当的透气性，可以做保鲜材料；具有极其优异的绝缘性能，可做高级绝缘制品；具有优异的耐老化性能。

缺点是质软，强度低，特别是抗撕裂强度差；耐油性、耐溶剂性也一般，对强酸、强碱不稳定；耐磨耗性差，且价格较贵。硅橡胶常用于要求耐热、耐寒的电器绝缘制品、密封制品、耐热辊筒、医疗器械等特殊领域。

本章小结

高分子材料主要包括塑料、合成橡胶和合成纤维三大类，其中作为结构（工程）材料应用的主要是塑料和合成橡胶。

塑料是指在常温下具有一定的形状和强度、受力后能发生一定的变形、在高温下具有可塑性的高聚物。合成橡胶是指具有显著高弹性的聚合物，与塑料的区别是其在很宽的温度范围内都能处于高弹态，具有极高的弹性、优良的伸缩性和积储能量的能力。

塑料及橡胶等高分子材料具有与金属材料及陶瓷材料不同的力学、物理和化学性能特点。力学性能特点有：模量小、强度低、塑性好、冲击韧性低、断裂韧性小、弹性大、摩擦系数小。高分子材料的耐热性较差。物理性能特点主要有：热导率小、膨胀系数大、电绝缘性及隔音性优异、密度小。化学性能特点是耐化学腐蚀及电化学腐蚀，但耐老化性能差。

高分子材料成型性能优异，即具有良好的可模塑性、可挤压性和可延性，可选用不同工艺制备各种型材及制品。表征塑料成型性能的参数包括：流动性、收缩性、热敏性、吸水性、硬化特性等。表征橡胶成型性能的参数主要有：流动性、流变性、硫化性能等。

按用途（实质上是按使用温度）分类，塑料可分为通用塑料（~100 ℃）、通用工程塑料（100~150 ℃）和特种工程塑料（>150 ℃）。塑料的性能除了一般力学性能（模量、强度、断裂伸长率、冲击韧性等）外，还有尤为重要的耐热性

指标，即热变形温度。

　　通用塑料主要有五大品种，分别是聚乙烯（PE）、聚丙烯（PP）、聚氯乙烯（PVC）、聚苯乙烯（PS）和ABS；常用工程塑料主要品种有聚酰胺（PA）、聚碳酸酯（PC）、聚甲醛（POM）、聚甲基丙烯酸甲酯（PMMA）、热塑性聚酯和聚苯醚；典型特种工程塑料主要有聚四氟乙烯（PTFE）、聚酰亚胺；还有热固性塑料主要品种有酚醛树脂（PF）和环氧树脂（EP）等。

　　橡胶分为通用合成橡胶和特种合成橡胶两类。凡性能与天然橡胶接近，广泛用于制造轮胎及其他制品的，称为通用合成橡胶，主要有天然橡胶、丁苯橡胶、氯丁橡胶等；具有特殊性能的，如耐候性、耐热性、耐油、耐臭氧等，并用于制造在特定条件下使用的橡胶制品的，称为特种合成橡胶，如丁腈橡胶、硅橡胶等。

　　橡胶的性能指标与塑料有所不同，除了一般力学性能外，还有定伸应力、撕裂强度、回弹率及压缩永久变形；另外，还有如耐溶剂性、低温特性、耐老化特性等性能指标。

第十二章
复合材料

　　20 世纪中叶，诸如玻璃纤维增强聚合物等多相材料的设计及工程化使得复合材料成为一种全新的材料类别。本质上，木材（纤维素与木质素复合）、稻草增强黏土的土坯、贝壳甚至有上千年历史的钢铁等也为多相材料，但并未称为复合材料。随着在制造过程中人为地将已被人们认识的材料复合在一起制备新材料的概念的逐渐加深，使复合材料成为区别于金属、陶瓷及聚合物等传统材料的一种新的材料类别。

　　诸如航空、航天、海洋、生物工程及交通运输等高科技应用领域需要大量特殊性能要求的材料。例如，航天、航空等飞行器、发动机、现代武器系统，要求材料具有轻质、高模、高强、高韧、耐热、抗疲劳、抗氧化、抗腐蚀、抗穿甲等特性。传统的单一材料无法满足综合性能要求。如超高强度钢，其强度很高，韧性好，但密度大；铝合金和镁合金及塑料的密度低，但强度及模量小；陶瓷具有优异的耐高温性能，模量大，但脆，韧性差。需求的牵引尤其是航空、航天材料对轻质、高模、高强、耐高温等更高的综合性能的要求推动着材料研究向按预定性能设计材料的方向发展，不断推进着复合材料的理论及制备工艺的研究，各种综合性能优异的复合材料应运而生。

　　复合材料是由两种或两种以上的组分材料通过适当的制备工艺

复合在一起的新材料，其既保留原组分材料的特性，又具有原单一组分材料所无法获得的或比原单一组分材料更优异的特性。从材料设计上讲，金属材料、陶瓷材料或高分子材料相互之间或同种材料之间均可复合形成新的复合材料。工程实践上，往往是充分利用三大类材料各自的长处，克服固有的不足，相互配合，研究开发具有各单一金属、陶瓷及高分子材料所不具备、综合性能可设计的复合材料。

　　本章介绍复合材料的定义、特点及分类，讨论复合材料的复合法则及复合强韧化机制，重点介绍工程上应用最为广泛的树脂基复合材料，包括常用纤维增强体和树脂基体的种类及特性、界面特性及其控制，复合材料制备工艺，典型复合材料的应用等。

12.1　复合材料概述

12.1.1　复合材料的定义

　　国际标准化组织将复合材料定义为：由两种或两种以上在物理和化学性质上不同的物质组合起来而得到的一种多相固体材料。通常不包括天然复合材料（如木材等），也不包括钢和陶瓷材料，特指经人工特意复合而成的材料。复合材料应满足以下条件：① 由两种或两种以上物质（材料）构成，不同物质之间有明显的界面；② 设计复合材料时，其中的各组分是有意识选择的，这些组成物的形状、比例和分布可以人为地加以控制；③ 复合材料具有其中各组成物所不具备的优异性能，即能产生复合化效果。

　　复合材料的性能主要取决于其内部各组成物的性能、数量、界面性质和组织因素（如各组成物的大小、几何形状、分布状况等）。

　　按照上述定义及条件，复合材料有三大要素：基体、增强体和界面。一般而言，复合材料结构中的连续相称为基体，基体的作用是将增强体黏接成固态整体，保护增强材料，传递负荷，阻止裂纹扩展，如高分子材料、金属材料等。而以独立形态分布于基体中的分散相，由于其具有显著增强材料性能的作用，故称之为增强体，如各类纤维、晶须、颗粒等。

　　按照复合材料为多相固体材料的广义定义，多相合金、陶瓷及聚合物均为复合材料。如珠光体钢的微观组织是铁素体和渗碳体相间的层状物，铁素体相软且其韧性好，而渗碳体则硬且脆，珠光体的综合力学性能（强韧性）优于其两种组成相中的任意一种。天然复合材料中如木材，强度大且柔韧性好的纤维素分布在刚度大的木质素基体上。骨骼则是由强度大但柔软的蛋白质胶原蛋白与硬且脆的磷灰石组成的一种复合材料。

复合材料的严格定义应为由人工制备的多相材料，以区别于天然形成的材料。另外，组成相必须是成分、结构均不相同，且不同相之间有清晰界面。

12.1.2 复合材料的特点

1) 复合材料的性能具有可设计性。材料设计是指在材料科学的理论知识和已有经验的基础上，利用计算机技术，按预定性能要求，确定材料的组分和结构，并预测达到预定性能要求应选择的工艺手段和工艺参数。材料性能的可设计性即为通过改变材料的组分、结构、工艺方法和工艺参数来调节材料的性能。显然，复合材料中所包含的诸多影响最终性能的、可调节的因素，赋予了复合材料的性能可设计性以及极大的自由度。

复合材料预定的理化性能要求几乎涵盖了材料的所有性能：强度、模量、断裂韧性、抗疲劳性、耐磨性、耐腐蚀性、高温抗氧化性、抗蠕变性、化学稳定性、导电性、导热性、膨胀系数、介电性能、磁性能、密度等。按预定的性能要求，可根据复合材料中各组分的功能和所需承担的负荷（力学、热、环境等）分布情况确定复合材料体系，即基体相与增强相的种类、体积分数、形状、尺寸、分布以及界面性质等材料组织的各要素量参量。

纤维增强复合材料的可设计性是其最重要的特点，可以根据构件的使用性能要求，对纤维在复合材料中的空间取向、体积分数及分布进行设计，最大限度地发挥纤维的高强度及高模量特性，实现复合材料构件的各向力学性能的优化。

2) 材料与构件制造的同一时空性。与陶瓷类似，复合材料与复合材料构件的制造绝大多数情况下是在同一时空下完成的，几乎无需机械切削加工成形，即在采用某种方法将增强体掺入基体形成复合材料的同时，也就形成了复合材料构件。

如纤维增强树脂基层状复合材料构件的制备过程是，根据构件形状设计模具，再根据铺层设计来敷设增强体，使基体材料与增强体组合、固结后即获得复合材料构件。

材料与构件制造的同一时空性决定了复合材料几乎不能通过后续冷（热）加工处理调控其微观结构及性能，这对复合材料制备工艺的控制提出了更高的要求，如要控制复合材料中增强相和基体相在制备过程中受到的各种力、热的作用可能导致的物理化学反应，尤其要减小增强相的损伤，控制增强相在基体相中的分布状态，控制增强相与基体相间的界面反应等。

12.1.3　复合材料的分类

复合材料的分类方法主要有以下几种：

1）按使用性能分类。可将复合材料分为结构复合材料、功能复合材料和结构/功能一体化复合材料三类。结构复合材料是指以力学性能为主，用于承力结构的一类复合材料。其特点是可根据材料在使用中的受力要求进行组元选材和增强体排布设计，从而充分发挥各组元的效能。功能复合材料是指具有某种特殊物理或化学特性（如声、光、电、磁、热、耐腐蚀、低膨胀、阻尼、摩擦等）的一类复合材料。结构/功能一体化复合材料是指在保持材料基本力学性能的前提下，还具有特定的物理、化学功能特性的一类复合材料。

2）按基体材料类型分类。复合材料按其基体材料不同可分为树脂基复合材料、金属基复合材料、陶瓷基复合材料和碳基复合材料等。树脂基复合材料的基体树脂主要有环氧树脂、酚醛树脂、乙烯基树脂、不饱和聚酯树脂等热固性树脂及热塑性树脂，以不饱和树脂的使用最多。增强材料多为纤维及其织物，如玻璃纤维、碳纤维、石墨纤维、芳纶纤维和硼纤维及其织物等。

金属基复合材料的金属基体主要有铝、镁、钛及铜等。增强体可以是纤维，也可以是颗粒（或短纤维及晶须），如硼纤维、碳纤维、氧化铝纤维（颗粒）、碳化硅纤维（颗粒）以及碳化钛颗粒等。

陶瓷基复合材料的陶瓷基体主要有碳化硅、氧化铝、氮化硅及玻璃陶瓷等。增强体多为纤维或颗粒（或短纤维及晶须），如碳纤维、氧化铝纤维、碳化硅纤维（颗粒、晶须）、碳化钛颗粒及氧化锆颗粒等。

碳基复合材料的基体为碳或石墨，增强体为石墨纤维及其织物。

3）按增强材料的几何形状分类。复合材料中的增强体按几何形状可分为颗粒状（零维）、纤维（一维）、薄片状（二维）和由纤维编织的三维立体结构（或蜂窝结构）四种。相应地将复合材料分为颗粒增强复合材料、纤维增强复合材料、薄片增强复合材料和三维纤维编织（或蜂窝结构）复合材料。

复合材料的性能是连续相（基体相）的性能、体积分数、分散相（增强相）的几何参数等的函数。所谓分散相的几何参数是指粒子的体积分数、形状、尺寸、分布、取向，具体如图 12.1 所示。

图 12.2 所示为复合材料分类框图，将复合材料分为三大类，即颗粒增强复合材料、纤维增强复合材料及结构复合材料。每一类中至少还可以分为两个亚类。颗粒增强复合材料中的分散相为等轴状（即各方向的长度近似相同）；而纤维增强复合材料中的分散相具有纤维的特征几何参数（即很大的长径比）；结构复合材料则是复合材料与均质材料的结合。

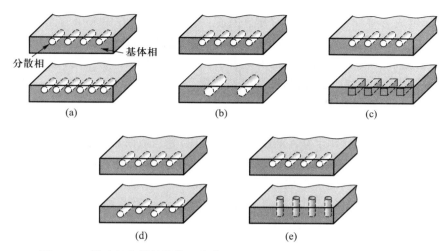

图 12.1 影响复合材料性能的分散相的各种几何特征及空间分布特性:
(a)体积分数;(b)尺寸;(c)形状;(d)分布;(e)取向

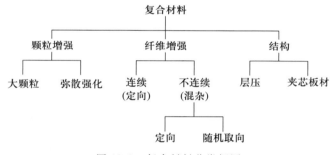

图 12.2 复合材料分类框图

12.2 复合材料的复合原理

前已述及,复合材料有三大要素,即基体、增强体和界面。对于承受力学负荷的复合材料而言,基体不是主承力相,主要通过界面将负荷有效地传递到增强相(纤维、晶须等)。而增强相将承受基体传递来的有效负荷,是主承力相。因此,增强体是复合材料中能提高基体材料力学性能的组元物质,是复合材料的重要组成部分,它起着提高基体的强度、韧性、模量、耐热、耐磨等性能的作用。

12.2.1 纤维类增强体的特性

纤维类增强体有连续纤维和短纤维。连续纤维的连续长度均超过数百米。

按化学组成可将纤维分为无机纤维和有机纤维，复合材料中常用的无机纤维增强体有碳（石墨）纤维、硼纤维、碳化硅纤维、氧化铝纤维等；有机纤维有芳纶（聚芳酰胺，商品名为 Kevlar）和超高分子量聚乙烯纤维等。纤维性能有方向性，一般沿轴向均有很高的强度和弹性模量。

纤维状增强材料有如下特点：

1）与同质地的块状材料相比，纤维状材料的强度要高得多。影响脆性材料强度的控制因素是材料中存在的缺陷的形状、位置、取向和缺陷的数目。由于纤维状材料的直径小，不仅存在缺陷的概率小，而且由于缺陷主要沿纤维轴向取向，对纤维的轴向性能所造成的影响也小。例如，E-玻璃与 E-玻璃纤维相比，前者的强度为 40~100 MPa，后者当直径约为 10 μm 时其强度可达 1 000 MPa，当直径为 5 μm 以下时强度可达 2 400 MPa，即纤维状比块状材料的强度高 10~60 倍。而聚合物纤维的轴向高强度则主要源于其分子链的取向，详见高分子材料的结构与性能的相关章节。

2）纤维状材料具有较高的柔曲性。由材料力学的受力变形规律可知，作用于圆柱上的力矩 M 及此圆柱段因力矩 M 所产生挠曲的曲率半径 ρ，与圆柱的材料性质及断面尺寸有如下关系：

$$1/M_\rho = 64/E\pi d^4 \qquad (12.1)$$

式中：E 为材料的弹性模量；d 为圆柱的直径。$1/M_\rho$ 表示材料的柔曲性，由式（12.1）可知，它与 $1/d^4$ 成正比，即纤维直径越小时，其柔曲性越好。这种柔曲性使得纤维可以适应复合材料的各种制备工艺。可以编织使用，并易于实现纤维在复合材料中不同部位设计的排布要求。由式（12.1）还可知，纤维的柔曲性与它的材料的弹性模量成反比。各类陶瓷（无机）材料的弹性模量均远大于聚合物（有机）材料的，具有良好柔曲性的陶瓷纤维的直径一般要远小于聚合物纤维的直径，如陶瓷纤维的直径一般小于 10 μm，而聚合物纤维的直径则可达 25 μm 以上。

3）纤维状材料增强体具有较大的长径比（L/d），使得它在复合材料中比其他几何形状的增强体更容易发挥固有的强度。

高性能复合材料对纤维增强体的要求主要有：高比强度、高比模量、高长径比、与基体的相容性好、成本低、工艺性好（具有柔韧性，易挠曲）、高温抗氧化性好等。

12.2.2 纤维增强复合材料的增强机制

1）应力传递理论。纤维增强复合材料的力学性能不仅取决于纤维的性质而且还与基体相传递负荷到纤维的程度有关。负荷传递能力受纤维与基体相界面作用力的大小所决定。当施加应力时，纤维-基体间的作用力终止于纤维末端。图 12.3 为基体变形屈服的示意图，换句话说，基体相将不能传递负荷至纤维末端。

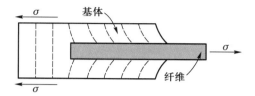

图 12.3 应力作用于基体相包裹一根纤维时的变形

　　显然，纤维的长度决定着复合材料的强度及刚度提高的幅度，即对应某提高幅度存在一临界长度，临界长度 L_c 取决于纤维的直径 d 和复合材料的设计强度值 σ_f^* 以及纤维–基体结合强度（或基体材料剪切屈服强度）τ_c，计算式如下：

$$L_c = \frac{\sigma_f^* d}{2\tau_c} \qquad\qquad (12.2)$$

　　研究表明，对大多数玻璃纤维及碳纤维增强复合材料而言，临界长度为 mm 数量级，是纤维直径的 20~150 倍。

　　当应力 σ_f^* 作用于刚好为临界长度的一根纤维时，纤维长度方向的应力分布如图 12.4 a 所示，表明纤维仅在其长度方向的中间位置（点）承受最大负荷。而当纤维长度增加时，纤维增强才能更有效，图 12.4b 所示为 $L > L_c$ 且应力等于纤维强度时的应力–纤维轴向分布曲线，图 12.4c 所示为 $L < L_c$ 时对应的曲线。

　　当 L 远大于 $L_c(L>15L_c)$ 时称为连续增强复合材料，而小于该值则称为非连续或短纤维增强复合材料。当采用 L 远小于 L_c 的非连续纤维增强时，纤维周围的基体产生变形时几乎不能将应力传递给纤维，故纤维基本没有强化作用，为有效提高复合材料的强度，纤维必须是连续的。

　　2）复合材料的界面。复合材料是由性质和形状各不相同的两种或两种以上材料组元复合而成的，在两种材料之间必然存在把不同材料结合在一起的接触面，即界面。复合材料的界面实质上是具有纳米级以上厚度的界面层，有的还会形成与增强材料和基体有明显区别的新相，称为界面相。在复合材料设计和性能预测、评估时，研究界面的作用和影响是一项重要内容。

　　基体相与增强相间的相互作用按结合方式可分为化学力和物理力，化学力包括化学键（一次键）、范德瓦耳斯力及氢键（二次键）。

　　目前常用的纤维增强复合材料有陶瓷基复合材料和聚合物基复合材料，不

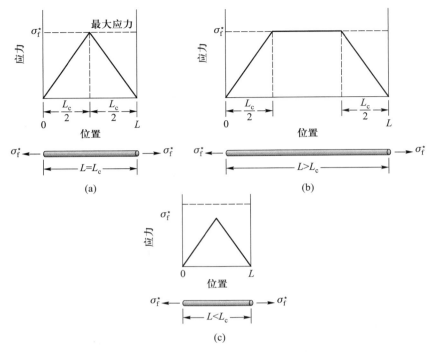

图 12.4　不同长度单根纤维增强复合材料的纤维长度方向的应力分布曲线：
（a）$L=L_c$；（b）$L>L_c$；（c）$L<L_c$

同复合材料体系中的基体相和增强体相的种类各异，相应的复合材料制备工艺也不尽相同，故复合材料界面的键合方式差别较大。

对于聚合物基复合材料来说，化学力的作用形式主要有：① 聚合物基体中带有不同极性基团的大分子链与纤维增强体相互接触时发生相互作用；② 聚合物基体中大分子链头端或支链伸出端与纤维增强体相互接触时发生相互作用。两种形式多以范德瓦耳斯力及氢键（二次键）等弱键结合。

物理力通常是指机械锁结，即基体相聚合物对纤维增强体相的流动浸润后形成的完全包裹，聚合物基体对纤维表面的微孔、微沟槽等缺陷（粗糙度）形成镶嵌把持力。

而对于纤维增强陶瓷基复合材料，由于制备过程中的高温反应，基体相与增强体相之间有可能形成强化学键（共价键或离子键）。

界面作用是复合材料的重要特征，不同键合方式的界面对复合材料的力学性能有不同的影响，界面作用主要有以下两种效应：① 传递效应。界面可将复合材料体系中基体承受的外力传递给增强相，起到基体和增强相之间的桥梁作用。② 阻断效应。适当的界面有阻止裂纹扩展、减缓应力集中的作用。

界面效应是任何一种单一材料所没有的特性，界面效应既与界面结合状态、形态和理化性能有关，也与复合材料各组分的浸润性、相容性、扩散性等密切相关。界面结合的状态和强度对复合材料的性能有重要影响。对于各种复合材料都要求有合适的界面结合强度。

界面结合较差的复合材料大多呈剪切破坏，且在材料的断面可观察到脱黏、纤维拔出、纤维应力松弛等现象。界面结合过强的复合材料则呈脆性断裂，也降低复合材料的整体性能。界面最佳状态的衡量是当受力发生开裂时，裂纹能转化为区域化而不进一步发生界面脱黏，即复合材料具有最大断裂能和一定的韧性。

12.2.3 纤维增强复合材料力学性能的复合法则

纤维增强复合材料中的纤维分布于基体之中，相互隔离，表面受基体保护，不易损伤，受载时也不易产生裂纹。当部分纤维产生裂纹时，基体能阻止裂纹迅速扩展并改变裂纹扩展方向，将负荷迅速重新分布到其他纤维上，从而提高了材料的强韧性。纤维增强复合材料的性能，不仅取决于基体和纤维的性能及相对体积分数，也与二者之间的结合状态及纤维在基体中的排列方式等因素有关。增强纤维在基体中的排列方式有连续纤维单向排列、正交排列及交叉排列，短纤维混杂排列等。其中连续纤维单向排列、正交排列是构成复合材料层板的基本形式，是复合材料构件力学设计的基础。

分析复合材料的力学性能时，常对复合材料的微观结构及其力学行为作如下四点基本假设：

1）等初应力假设。认为基体材料和增强材料本身是均匀、连续且各向同性，没有气孔、裂纹等缺陷，纤维平行等距离地排列，其性质和直径也是均匀的。纤维和基体的初应力相等且为零，即不考虑制造过程引起并残存的热应力。

2）变形一致性假设。认为复合材料所承受的负荷分别由增强材料和基体材料共同承担。纤维与基体牢固黏接在一起形成一个整体，受力过程中纤维与基体的界面不产生滑动，即变形一致。

3）线弹性假设。认为在弹性范围内受载时，纤维、基体和复合材料的应力-应变曲线呈线性，服从胡克定律。

4）不考虑泊松效应。在讨论纵向受力时，不考虑纤维和基体因泊松比不同引起横向变形而产生的影响。

本节在基于上述四个假设下分别讨论连续纤维单向排列及正交排列复合材料层板的力学性能的复合原理。

（1）单向纤维增强复合材料（单向层板）的力学性能

单向纤维增强复合材料是连续纤维沿同一方向排列的复合材料，是构成复合材料层板的最基本的要素。按加载方向不同，单向复合材料的拉伸性能可分为沿纤维方向（L向或称纵向）的和垂直纤维向（T向或称横向）的。

1）单向纤维增强复合材料的纵向拉伸性能。单向纤维增强复合材料的纵向拉伸如图 12.5 所示。

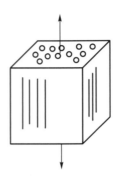

图 12.5 单向纤维增强复合材料的纵向拉伸

单向纤维增强复合材料的纵向拉伸应力 σ_L 和弹性模量 E_L 与各组分材料的性能的关系如下：

$$\sigma_L = \sigma_f V_f + \sigma_m V_m \tag{12.3}$$

$$E_L = E_f V_f + E_m V_m \tag{12.4}$$

式中：σ_f、E_f 分别为纤维的拉伸应力和弹性模量；σ_m、E_m 分别为基体材料的强度和弹性模量；V_f 和 V_m 分别为纤维相和基体相的体积分数。若空隙率为零，则 $V_f + V_m = 1$。

分析式（12.3）和（12.4）可得出以下结论：① 提高纤维模量，可增加复合材料中纤维承载的比例；② 对于给定的纤维-基体体系，欲提高纤维传递复合材料中负荷的比例，复合材料中纤维的体积分数应尽可能的高。单向纤维增强复合材料的强度和模量一般按式（12.3）和（12.4）估算，只是将纤维和基体的强度及模量代入即可，常称为单向纤维增强复合材料的复合法则。

2）单向纤维增强复合材料的横向拉伸性能。单向复合材料的纵向拉伸性能主要与纤维及其含量有关，而横向拉伸性能主要由基体或界面的性能决定，它是单向复合材料最薄弱的环节。

单向纤维增强复合材料的横向弹性模量 E_T 与各组分材料的性能的关系如下：

$$\frac{1}{E_T} = \frac{V_f}{E_{fT}} + \frac{V_m}{E_m} \quad 或 \quad E_T = \frac{E_{fT} E_m}{E_{fT} V_m + E_m V_f} \tag{12.5}$$

单向纤维增强复合材料的横向拉伸强度的分析比较困难，与复合材料的破坏模式有密切关系。单向纤维增强复合材料的横向拉伸破坏模式可能是：基体拉伸破坏、界面脱黏及纤维撕裂等。在界面完好或界面强度大于基体强度时，复合材料的破坏为基体内聚的破坏，即单向纤维增强复合材料的横向拉伸强度与基体材料的拉伸强度相等。

（2）正交纤维增强复合材料的力学性能

在实际应用中，复合材料构件很少有单向受力的情况。为了充分发挥纤维的作用及复合材料可设计的特点，一般都是根据构件的受力情况来决定纤维排列的方向、层数及铺层顺序，即铺层设计，获得多向纤维复合材料。双向（正交）复合材料是以正交编织物（布）或单向纤维预浸料交替 90°正交铺层制得的复合材料，它是最简单、最基本的多向复合材料。可以预计，这种复合材料在纤维正交的两个方向上具有较高的拉伸强度和模量，可以承受双向应力。

在分析正交复合材料沿一个纤维方向（如 L 向）拉伸时，可以把正交复合材料看作由两层具有相同基体含量的单向复合材料相互垂直铺层而组成，其力学模型如图 12.6 所示。各单向复合材料的厚度 h 按双向复合材料的经纬向纤维量来分配。通常取径向为 L 向，纬向为 T 向。单向复合材料的横向拉伸强度主要取决于界面黏接强度和基体的内聚强度，所以正交复合材料沿一个方向拉伸时，可略去横向纤维的作用，而把它当作基体看待，即 L 向（或 T 向）受力时把 T 向（或 L 向）排布的纤维（单向复合材料）当作基体看待。

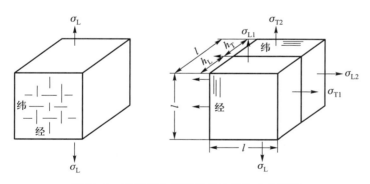

图 12.6　正交复合材料的单轴拉伸力学模型

设 n_L 与 n_T 分别为正交复合材料单元体内 L 向和 T 向的纤维量，则 L 向和 T 向纤维的相对比例分别为 $\dfrac{n_L}{n_L+n_T}$ 和 $\dfrac{n_T}{n_L+n_T}$，根据复合法则估算 L 向、T 向的拉伸应力、模量分别为

$$\sigma_L = \sigma_f V_{fL} + \sigma_m(1 - V_{fL}) = \sigma_m + (\sigma_f - \sigma_m)V_f\frac{n_L}{n_L + n_T} \qquad (12.6)$$

$$\sigma_{\mathrm{T}} = \sigma_{\mathrm{f}} V_{\mathrm{fT}} + \sigma_{\mathrm{m}} (1 - V_{\mathrm{fT}}) = \sigma_{\mathrm{m}} + (\sigma_{\mathrm{f}} - \sigma_{\mathrm{m}}) V_{\mathrm{f}} \frac{n_{\mathrm{T}}}{n_{\mathrm{L}} + n_{\mathrm{T}}} \qquad (12.7)$$

$$E_{\mathrm{L}} = E_{\mathrm{f}} V_{\mathrm{fL}} + E_{\mathrm{m}} (1 - V_{\mathrm{fL}}) = E_{\mathrm{m}} + (E_{\mathrm{f}} - E_{\mathrm{m}}) V_{\mathrm{f}} \frac{n_{\mathrm{L}}}{n_{\mathrm{L}} + n_{\mathrm{T}}} \qquad (12.8)$$

$$E_{\mathrm{T}} = E_{\mathrm{f}} V_{\mathrm{fT}} + E_{\mathrm{m}} (1 - V_{\mathrm{fT}}) = E_{\mathrm{m}} + (E_{\mathrm{f}} - E_{\mathrm{m}}) V_{\mathrm{f}} \frac{n_{\mathrm{T}}}{n_{\mathrm{L}} + n_{\mathrm{T}}} \qquad (12.9)$$

正交纤维增强复合材料的强度和模量一般按式（12.6）和（12.8）估算，称为正交纤维增强复合材料的复合法则。

12.2.4　纤维增强复合材料的增韧机制

热固性树脂及陶瓷等材料几乎没有塑性变形能力，在断裂过程中除了产生新的断裂表面需要吸收的表面能外，几乎没有其他吸收能量的机制，这是脆性材料产生脆性的本质原因。在以热固性树脂为基体以及脆性的陶瓷为基体的复合材料中，增加复合材料的韧性是改善基体材料性能的重要目的。复合材料在受负荷时发生破坏（断裂），其韧性大小取决于材料吸收能量的大小和抵抗裂纹扩展的能力。

1）纤维增强复合材料的断裂模式。金属基复合材料和聚合物基复合材料在纵向拉伸负荷作用下，纤维在其弱点处断裂。当纤维与基体之间的界面结合较强时，由纤维控制复合材料的断裂，如图 12.7 所示。当界面结合较弱时，由界面或基体控制复合材料的断裂。

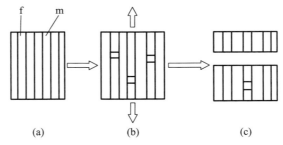

图 12.7　当界面结合较强时复合材料的断裂模式：（a）原始状态；
（b）纤维断裂；（c）复合材料断裂

陶瓷基复合材料基体的脆性往往大于纤维的。在纵向拉伸负荷作用下，基体首先出现裂纹。当纤维与基体之间的界面结合较弱时，界面局部解离，纤维可以桥接断裂的基体，使复合材料还可以继续承载。如果负荷继续增大，则纤维断裂并从基体中拔出。如图 12.8 所示。

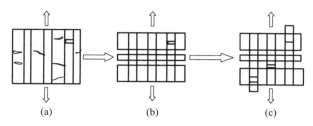

图 12.8　弱界面结合的陶瓷基复合材料的断裂模式：（a）基体产生裂纹；
（b）纤维桥联基体；（c）纤维断裂和拔出

纤维增强陶瓷基复合材料的典型应力-应变曲线如图 12.9 所示。可见，应力-应变曲线的第一个转折点表示基体产生裂纹的应力 σ_0；当应力高于 σ_0 后，曲线继续上升，表示纤维桥联基体并使材料继续承受负荷，即强韧化；应力-应变曲线的最高点表示与纤维断裂对应的应力 σ_f；随后的曲线下降表示纤维拔出直至复合材料断裂。

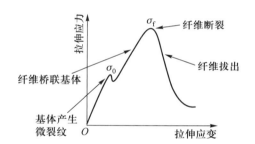

图 12.9　纤维增强陶瓷基复合材料的应力-应变曲线

2）纤维增强陶瓷基复合材料的纤维增韧机制。纤维增强陶瓷基复合材料的纤维增韧机制主要有：

① 基体预压缩应力。当纤维的轴向热膨胀系数高于基体的热膨胀系数时，复合材料由制备高温冷却至室温后，基体会产生与纤维轴向平行的压缩内应力。当复合材料承受纵向拉伸负荷时，此内应力可以抵消一部分外加应力而延迟基体开裂。

② 裂纹扩展受阻。当纤维的断裂韧性比基体本身的断裂韧性大时，基体裂纹垂直于界面扩展至纤维，裂纹可以被纤维阻止甚至闭合。因为纤维受到的内应力为拉应力，具有收缩趋势，所以可使基体裂纹压缩并闭合，阻止了裂纹扩展。另外，靠近裂纹尖端的纤维在外力作用下沿着它与基体的界面产生界面分离，即所谓的纤维脱黏，形成新的表面消耗外界能量。如图 12.10 所示。

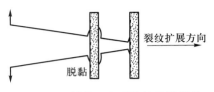

图 12.10　纤维阻止裂纹扩展及脱黏

③ 纤维拔出。具有较高断裂韧性的纤维，当基体裂纹扩展至纤维时，应力集中导致结合较弱的纤维与基体之间的界面解离，在进一步应变时，将导致纤维在弱点处断裂，随后纤维的断头从基体中拔出，如图 12.11 所示。

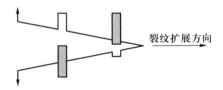

图 12.11　纤维拔出

④ 纤维桥联。在基体开裂后，纤维承受外加负荷，并在基体的裂纹面之间架桥。桥联的纤维对基体产生使裂纹闭合的力，消耗外加负荷做功，从而增大材料的韧性，如图 12.12 所示。

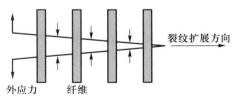

图 12.12　纤维桥联

⑤ 裂纹偏转。裂纹沿着结合较弱的纤维/基体界面弯折，偏离原来的扩展方向，即偏离与界面相垂直的方向，因而使断裂路径增加。裂纹可以沿着界面偏转，或者虽然仍按原来方向扩展，但在越过纤维时产生了沿界面方向的分叉，如图 12.13 所示。

陶瓷基复合材料的增韧还可利用陶瓷基体自身的增韧机制，如相变增韧及微裂纹增韧机制，见陶瓷材料部分（第九章第二节）。

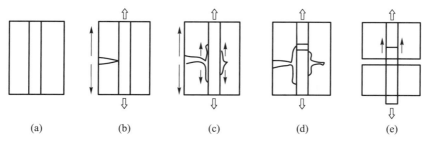

图 12.13 裂纹偏转：(a)原始状态；(b)裂纹被阻止；(c)界面解离；
(d)裂纹偏转/纤维断裂；(e)纤维被拔出

12.2.5 纤维增强复合材料的复合原则

综合以上纤维增强复合材料的复合强韧化机制，可以得出以下的复合原则：

1）纤维增强相是材料的主要承载体，所以纤维相应有高的强度和模量，并且要高于基体材料。

2）基体相起黏接剂的作用，所以应该对纤维相有润湿性，从而把纤维有效结合起来，并保证将力通过两者界面传递给纤维相；基体相还应有一定的塑性和韧性，从而防止裂纹的扩展，保护纤维相的表面，以阻止纤维损伤或断裂。

3）纤维相与基体之间的结合强度应适当高。结合力过小，受载时容易沿纤维和基体间产生裂纹；结合力过高，会使复合材料失去韧性而发生危险的脆性断裂。

4）基体与增强相的热膨胀系数不能相差过大，以免在热胀冷缩过程中自动削弱相互间的结合强度。

5）纤维相必须有合理的含量、尺寸和分布。一般地讲，基体中纤维相的体积分数越高，其增强效果越明显，但过高的含量会使强度下降；纤维越细，则缺陷越少，其增强效果越明显；连续纤维的增强效果远远高于短纤维的，短纤维的含量必须超过一定的临界值才有明显的强化效果。

6）纤维和基体间不能发生有害的化学反应，以免引起纤维相性能的降低而失去强化作用。

12.2.6 颗粒复合材料的复合机制和原则

对于颗粒复合材料，基体承受负荷时，颗粒的作用是阻碍分子链（树脂基复合材料）或位错（金属基复合材料）的运动。增强的效果同样与颗粒的体积分数、尺寸、分布等密切相关。颗粒复合材料的复合原则可概括为：

1）颗粒相应高度均匀弥散分布在基体中，从而起到阻碍导致塑性变形的分子链或位错的运动。

2）颗粒大小应适当：颗粒过大，则本身易断裂，同时会引起应力集中，从而导致材料的强度降低；颗粒过小，位错容易绕过，起不到强化的作用。通常，颗粒直径为几微米到几十微米。

3）颗粒的体积分数应在20vol%以上，否则达不到最佳强化效果。

4）颗粒与基体之间应有一定的结合强度。

12.3 复合材料的性能特点

从理论上说，金属材料、陶瓷材料或高分子材料相互之间或同种材料之间均可复合形成新的复合材料。事实也是如此，在高分子材料/高分子材料、陶瓷材料/高分子材料、金属材料/高分子材料、金属材料/金属材料、陶瓷材料/金属材料、陶瓷材料/陶瓷材料等之间的复合都已获得许多高性能的新型复合材料。复合材料的性能取决于基体相及增强相的类别、体积分数、形貌、分布及界面等组织要素。各类复合材料尤其是纤维增强复合材料既保留原组分材料的特性，又具有原单一组分材料所无法获得的或比原单一组分材料更优异的特性。一般而言，复合材料与基体材料相比具有以下优异的性能：

1）比强度及比模量高。复合材料中的增强相通常为比基体相的模量大得多的材料，且其密度较低，增强相的纤维化又使其强度大幅提高，故复合材料通常具有更高的比强度和比模量，这也是复合材料最突出的性能特点，部分常用金属材料及纤维增强树脂基复合材料的比强度及比模量如表12.1所示。

表 12.1　几种常用金属材料及纤维增强树脂基复合材料的比强度、比模量

材料	密度/ ($g \cdot cm^{-3}$)	抗拉强度/ MPa	弹性模量/ GPa	比强度/ ($MPa \cdot m^3 \cdot kg^{-1}$)	比模量/ ($MPa \cdot m^3 \cdot kg^{-1}$)
高强度钢	7.8	1 010	203	1.29	26
高强度铝合金	2.8	460	74	1.64	26.4
高强度钛合金	4.5	950	113	2.11	25
玻璃纤维/环氧树脂 复合材料	2.0	1 040	39	5.20	20
碳纤维 II [①]/环氧树 脂复合材料	1.45	1 470	137	10.14	95

续表

材料	密度/ (g·cm^{-3})	抗拉强度/ MPa	弹性模量/ GPa	比强度/ (MPa·m^3·kg^{-1})	比模量/ (MPa·m^3·kg^{-1})
碳纤维 I [②]/环氧树脂 复合材料	1.6	1 050	235	6.56	134.6
有机纤维/环氧树脂 复合材料	1.4	1 400	78	10.00	56
硼纤维/环氧树脂 复合材料	2.1	1 350	206	6.42	98.1

注：① 为高强度碳纤维；
② 为高模量碳纤维。

2）抗疲劳及抗断裂性能优异。复合材料中的纤维缺陷少，本身具有良好的抗疲劳性能；而基体（高分子及金属）的塑性和韧性好，能够消除或减少应力集中，不易产生微裂纹，基体的塑性变形还可使微裂纹产生钝化而减缓其扩展。故复合材料具有良好的抗疲劳性能。

纤维增强复合材料的基体中由于分布着大量的细小纤维，在较大负荷作用下部分纤维断裂时，负荷可由韧性好的基体重新分配到其他未断裂的纤维上，使构件不至于在瞬间失去承载能力而断裂，故复合材料具有良好的断裂性能。

3）高温力学性能优良。纤维增强复合材料比基体相材料有更高的高温强度，服役温度更高。通常，聚合物基复合材料的使用温度为 100~350 ℃；金属基复合材料按不同基体，使用温度为 350~1 100 ℃；SiC 纤维、Al$_2$O$_3$ 纤维与陶瓷构成的复合材料可在 1 200~1 400 ℃ 范围内保持很高的强度；碳纤维增强碳复合材料在非氧化环境下可在 2 400~2 800 ℃ 长期使用。

4）减振性好。受力结构的自振频率除与结构自身形状有关外，还与结构材料的比模量的平方根成正比。复合材料的比模量高，故具有高的自振频率，其结构一般不易产生共振。同时，复合材料的界面具有较大的吸振能力，使材料的振动阻尼很高，一旦振动起来，在较短时间内也可停止振动。

5）减摩性、自润滑性、耐磨性好。碳纤维具有极佳的减摩特性，碳纤维增强塑料可降低制品的摩擦系数，还具有良好的自润滑性能。在热塑性塑料中掺入少量短纤维，可大大提高其耐磨性。

12.4 聚合物基复合材料用纤维增强材料

尽管纤维增强复合材料有树脂基复合材料、金属基复合材料及陶瓷基复合材料三大类，但从原料种类、理论研究、制备技术及工程应用等方面的成熟度及广度来看，目前纤维增强树脂基复合材料占统治地位。

在复合材料中，最早开发和应用的是玻璃纤维增强树脂基复合材料(即著名的玻璃钢)，自 20 世纪 40 年代诞生起已有 60 余年的历史。由于它特有的比强度、比模量、耐腐蚀等优异性能，在与传统金属材料竞争中具有某些不可替代的优势，其应用领域不断扩大。从民用到军用，从地下、水中、地上到空中都有广泛应用，成为重要的工程材料。

由于玻璃钢的比强度、比模量、耐热性等性能不能满足航空、航天飞行器构件的更高要求，又发展了性能更为优异的碳纤维、芳香族聚酰胺纤维(芳纶纤维，商品名称为凯夫拉)、超高分子量聚乙烯纤维等高性能纤维，同时开发了高性能树脂如多官能团环氧树脂、高碳酚醛树脂、聚酰亚胺树脂等，制得了性能更具优势的复合材料，即所谓的先进复合材料，该类复合材料通常具有高强度、高模量、耐高温和低密度的特点。

树脂基复合材料的分类方法较多，常见的有以下几种：

1)按性能分类。有复合材料(特指玻璃钢)和先进复合材料。玻璃钢是指以玻璃纤维为增强相，以耐热性一般的环氧树脂为基体的复合材料。而先进复合材料则是一个相对概念，目前一般是指比玻璃钢的比强度、比模量、耐热性等性能更优的复合材料。

2)按基体树脂的性质分类。有热塑性树脂基复合材料和热固性树脂基复合材料。

3)按增强纤维的类型分类。有碳纤维复合材料、有机纤维复合材料、玻璃纤维复合材料及混杂纤维复合材料(两种及两种以上纤维)等。

4)按纤维增强相的形态分类。有单向增强复合材料、纤维织物及编织体增强复合材料等。

纤维增强树脂基复合材料的组分之一是增强材料，其主要功能是显著提高复合材料的力学性能，即赋予复合材料高的强度和高的模量。复合材料的本质是采用力学性能优异的纤维材料增强。通常选用的纤维材料其抗拉强度及弹性模量比树脂基体材料要大几个数量级。

尽管纤维增强树脂基复合材料的热性能和耐老化性等特性主要取决于复合材料中树脂基体的性质，但由于其含量(体积分数)较大，对复合材料的耐热性和耐老化性等性能也有重要影响。

目前广泛应用于树脂基复合材料的增强纤维品种有玻璃纤维、碳纤维、硼纤维、氧化铝纤维、碳化硅纤维等无机纤维，还有芳香族聚酰胺纤维(芳纶纤维，国外商品名为凯夫拉)、超高分子量聚乙烯纤维等有机纤维。其中玻璃纤维、碳纤维、芳纶纤维及超高分子量聚乙烯纤维等在复合材料行业应用最广、用量最大。

12.4.1　玻璃纤维

1. 玻璃纤维的结构及化学组成

玻璃纤维是以硅酸盐为主要成分的玻璃原料经熔融和拉丝工艺制得的一种无机纤维。

玻璃纤维的化学成分主要是 SiO_2 及各种金属氧化物组成的硅酸盐,属无定形离子结构物质。SiO_2 为网络形成体,加入氧化钙、氧化镁等网络改变体及三氧化二铝等碱土金属氧化物等网络中间体,在一定条件下构成玻璃网络的一部分,改善玻璃的某些性质和工艺性能。加入氧化钠、氧化钾等碱金属氧化物能降低玻璃的熔化温度和熔融黏度,故称为助熔氧化物。

2. 玻璃纤维的分类

玻璃纤维的分类方法有多种,主要有:

1)按不同的碱含量分类。① 无碱玻璃纤维(E-GF):碱金属氧化物的含量为 0.5mol% ~ 1.0mol%,特点是具有较高的拉伸强度和电绝缘性能,但不耐酸,易被低浓度无机酸溶解。② 中碱玻璃纤维(C-GF):碱金属氧化物的含量为 8mol% ~ 10mol%,通常含有 5mol% ~ 6mol% B_2O_3。其熔制温度低于 E-GF,力学性能适中,耐酸性和耐水性较好,价格低廉。也称为耐化学玻璃纤维。③ 高碱玻璃纤维(A-GF):碱金属氧化物的含量一般高于 14mol%,强度远低于 E-GF,多用于建筑保温材料。④ 耐碱玻璃纤维(AR-GF):氧化锆(ZrO_2)的含量较高,有较强耐碱性,可用于增强水泥制品。⑤ 高强玻璃纤维(S-GF):拉伸强度比 E-GF 高 40%,弹性模量约高 15%,高温下具有较高强度保留率和疲劳强度,多用于制造高压容器。⑥ 高模玻璃纤维(M-GF):模量较高,密度较大,但强度较低。⑦ 低介电性能玻璃纤维(D-GF):力学性能远低于 E-GF,但其密度和介电常数都比较低,用于雷达天线罩结构。

2)按单丝直径分类。玻璃纤维单丝呈圆柱形,按直径不同分为:① 粗纤维:30 μm;② 初级纤维:20 μm;③ 中级纤维:10 ~ 20 μm;④ 高级纤维:3 ~ 10 μm(亦称为纺织纤维)。⑤ 超细纤维:小于 4 μm。

3)按纤维长度分类。① 定长(6 ~ 50 mm)玻璃纤维,多数由连续纤维短切后获得;② 连续玻璃纤维。

3. 玻璃纤维的性能

(1)玻璃纤维的力学特性

玻璃纤维具有抗拉强度较高、塑性差、模量较低的特点。

玻璃纤维是各向同性的无定形无机离子材料,其应力-应变曲线为一直线,无明显的屈服及塑性变形阶段,呈脆性材料特征。

玻璃纤维的强度受化学组成及制备工艺的影响较大。一般规律是碱金属氧化物含量越大，强度越低；纤维越细，缺陷越少，其强度越高。玻璃纤维的强度受湿度的影响较大，吸水后的强度一般均有所下降。玻璃纤维的断裂伸长率一般小于5%。

玻璃纤维的弹性模量较低，多数约为70 GPa，与纯铝的模量相近，这是玻璃纤维的主要缺点之一。但高模玻璃纤维（M-GF）的弹性模量可达110 GPa，其成分特点是添加有较多的 BeO、TiO_2、MgO、CaO、CeO、ZrO_2 等。

密度低是玻璃纤维的优势之一，故其比强度及比模量均很大。

表12.2列出了常用玻璃纤维的力学性能。

表 12.2　常用玻璃纤维的力学性能

性能	高碱（A）	耐化学（C）	低介电（D）	无碱（E）	高强（S）	高模（M）
强度/MPa	1 600~3 100	3 100	2 500	3 400	4 600	3 500
模量/GPa	73	74	55	71	85	110
断裂伸长率/%	2.7~3.6	4.2	4.5	4.8	4.6	3.2
密度/(g·cm^{-3})	2.46	2.46	2.14	2.5	2.5	2.89

（2）玻璃纤维的热性能

1）耐热性。玻璃纤维作为无定形无机材料存在玻璃化转变温度 T_g，多数玻璃纤维的 T_g 为600 ℃左右。在200~250 ℃以下，玻璃纤维的强度基本保持不变。与树脂基体相比（不同种类的环氧树脂的 T_g 范围为50~155 ℃），其耐热性明显要高，可见，玻璃纤维增强树脂基复合材料的耐热性主要取决于树脂基体的耐热性。

2）热导率及膨胀系数。各种玻璃纤维的热导率均较低，如最常用的 E-GF 的热导率为1.3 W·(m·K)$^{-1}$左右，远远低于常用金属材料的热导率[如各类结构钢的热导率约为52 W·(m·K)$^{-1}$]，甚至也低于常用陶瓷材料的热导率[如95wt%氧化铝陶瓷的热导率约为35 W·(m·K)$^{-1}$]，故具有良好的绝热性能。

玻璃纤维的热膨胀系数很小，约为4.8×10^{-6} ℃$^{-1}$，与常用环氧树脂（约为$(81~117)\times10^{-6}$ ℃$^{-1}$）基体相比相差极大，若玻璃纤维复合材料在固化后冷却过快，或经受高低温变化，容易产生裂纹。

（3）玻璃纤维的电性能

玻璃纤维的电绝缘性好，体电阻率一般为$10^{11}~10^{18}$ Ω·cm，所以玻璃钢很大一部分是用作绝缘材料。玻璃纤维的化学组成、使用环境的温度和湿度等是影响其绝缘性的主要因素。在外电场的作用下，玻璃纤维内的离子可产生迁移而导电。碱金属离子最容易迁移，故玻璃纤维中碱金属氧化物含量越大，其绝缘性越差；温度越高，绝缘性也越差。

（4）玻璃纤维的耐化学介质性能

玻璃纤维的耐化学介质性能主要取决于其碱金属氧化物含量，碱金属氧化物会使其化学稳定性降低。有碱玻璃纤维由于其中的碱金属氧化物含量大，在水或空气中水分的作用下容易发生水解，因此其耐水性较差。常用的玻璃纤维一般控制其碱金属氧化物含量不超过 13mol%。

一般来说，玻璃是一种优良的耐腐蚀材料，除了氢氟酸外，对酸、碱、盐及有机溶剂都具有较好的耐腐蚀能力。但玻璃纤维的比表面积大，其耐腐蚀性比块状玻璃的要差。

12.4.2 碳纤维

玻璃纤维的强度及模量较低、耐热性不理想，难以满足航空、航天工业受力结构的应用要求，因此发展了碳纤维、硼纤维等高强度、高模量、低密度的纤维材料。其中碳纤维的发展最快，碳纤维具有低密度、高强度、高模量、耐高温、耐化学腐蚀、低电阻率、高热导率、低热膨胀系数、耐辐射等优异的性能，应用极其广泛。

1. 碳纤维的化学组成及微观结构

碳纤维是由有机纤维在惰性气氛中加热至 1 500 ℃所形成的纤维状碳材料，其碳含量为 90wt%以上，不同种类的碳纤维还可能含有 N（0~7wt%）及（10~40）×10^{-6}微量的碱金属。

碳纤维具有高的强度和模量与它的结构是分不开的。碳纤维的结构与石墨晶体类似，为了讨论碳纤维的结构，先介绍纯碳组成的理想石墨晶体的结构。石墨晶体结构的特点是层状，为碳原子组成的正六边形，层内每个碳原子与相邻的 3 个碳原子以共价键强健结合。第 4 个成键电子与相邻碳原子面以范德瓦耳斯力结合，层间的结合为较弱的范德瓦耳斯力。表 12.3 列出了石墨晶体碳原子的价键性质。

表 12.3　石墨晶体碳原子的价键性质

位置	价键	键长/nm	键能/（kcal · mol^{-1}）	弹性模量/GPa
层面	共价键	0.142	150	1 035
层间	二次键	0.335	1.30	36

注：1 kcal · mol^{-1} = 4.186 kJ · mol^{-1}。

石墨晶体是三维有序的各向异性材料，沿层面的键强度及模量远大于层间的。因此若能制得层面与纤维轴向一致的纤维材料，必将具有极高的强度和模量。

实际制得的碳纤维结构并非上述理想结构。石墨层片是碳纤维的基本结构单元，也称为一级结构。若干石墨层片组成石墨微晶，也称为二级结构，石墨微晶是由数张到数十张石墨层片与层平行叠合在一起组成。石墨微晶与理想石墨晶体的结构差别是：它不是三维有序的点阵结构，而是二维有序的乱层结构，层片之间的距离较理想晶体大。石墨微晶堆砌成直径为数十纳米、长度为数百纳米的原纤，原纤称为三级结构。原纤并非完全笔直沿纤维轴向取向，而是呈弯曲、皱褶，彼此交叉地分布在单丝中，原纤中的石墨微晶之间被一些无定形物质隔开。原纤之间还存在宽为 1~2nm，长为几十 nm 的针形空隙，空隙与原纤的长轴方向大体上一致，沿纤维轴向平行排列，并呈一定的角度（约8°）。

碳纤维的种类较多，制造方法各异。以聚丙烯腈基碳纤维为例介绍碳纤维的制造方法。先将聚丙烯腈树脂制成原丝，然后在空气中预氧化（200~300℃）制得预氧丝，再在惰性气体中碳化（1 000~1 500 ℃），然后对纤维进行表面处理和上浆，即制得碳纤维。若将预氧丝在惰性气体中（1 000~1 500 ℃）碳化后再在惰性气体中超高温（2 000~3 000 ℃）石墨化处理，然后对纤维进行表面处理和上浆，即制得石墨纤维。一般将碳纤维和石墨纤维统称为碳纤维。

2. 碳纤维的分类

已商品化的碳纤维种类很多，一般按原丝的原料种类和碳纤维的性能分类。

1）按原丝类型分类。① 聚丙烯腈基碳纤维；② 黏胶基碳纤维；③ 沥青基碳纤维；④ 木质素纤维基碳纤维；⑤ 其他有机纤维基（各种天然纤维、再生纤维、缩合多环芳香族合成纤维）碳纤维。

2）按性能分类。可分为通用级碳纤维（GP）和高性能碳纤维（HP），其中高性能碳纤维包括中强型（MT）、高强型（HT）、超高强型（UHT）、中模型（IM）、高模型（HM）、超高模型（UHM）等。

3. 碳纤维的性能

1）碳纤维的力学性能。如前所述，碳纤维按性能分类有多种类型，同一类型中还有不同的品种，故力学性能差异很大。工程上通常将碳纤维分为通用型，标准型，高强型及高强、高模型四种，将石墨纤维分为通用型和高模型两种。表 12.4 列出了常用碳纤维的性能。

将表 12.4 与表 12.2 对比可以看到，与常用的玻璃纤维相比，碳纤维最大的性能特点是模量大，如标准型，高强型，高强、高模型碳纤维的模量是常用玻璃纤维(E-GF)的 3 倍以上，高模型石墨纤维更是高出近十倍。另外，这些种类碳纤维的强度也比玻璃纤维(E-GF)高。由于碳纤维的密度($1.5 \sim 2.0 \ g \cdot cm^{-3}$)比玻璃纤维的低，故碳纤维的比强度和比模量都远大于玻璃纤维的。

表 12.4　常用碳纤维的性能

性能	碳纤维				石墨纤维	
	通用型	T-300	T-1000	M-40J	通用型	高模型
密度/($g \cdot cm^{-3}$)	1.70	1.76	1.82	1.77	1.80	$1.81 \sim 2.18$
抗拉强度/MPa	1 200	3 530	7 060	4 410	1 000	$2 100 \sim 2 700$
比强度/($MPa \cdot m^3 \cdot kg^{-1}$)	71	201	388	249	56	$96 \sim 149$
拉伸模量/GPa	48	230	294	377	100	$392 \sim 827$
比模量/($MPa \cdot m^3 \cdot kg^{-1}$)	28	131	162	213	56	$180 \sim 457$
断裂伸长率/%	2.5	1.5	2.4	1.2	1.0	$0.05 \sim 0.27$

注：T-300 为标准型；T-1000 为高强型；M-40J 为高强、高模型。

2) 碳纤维的热性能。① 耐热性。碳纤维的耐高温性能优异，在惰性气体中 2 000 ℃仍保持有一定的强度。② 热导率及膨胀系数。碳纤维的导热性能好。热导率呈各向异性，如 T-300 碳纤维沿纤维轴向的热导率[$\sim 17W \cdot (m \cdot K)^{-1}$]远小于垂直于纤维轴向方向的[$\sim 1W \cdot (m \cdot K)^{-1}$]。石墨纤维的热导率又明显高于碳纤维的[$\sim 70 W \cdot (m \cdot K)^{-1}$]。

碳纤维的膨胀系数也呈各向异性，沿纤维轴向具有负的膨胀系数[$(-0.9 \sim -0.72) \times 10^{-6} \ K^{-1}$]，垂直于纤维轴向较大[$(22 \sim 32) \times 10^{-6} \ K^{-1}$]。由于复合材料树脂基体的膨胀系数通常较大，若碳纤维复合材料在固化后冷却过快，或经受高低温变化，很容易在碳纤维与树脂基体界面处产生裂纹。

3) 碳纤维的耐化学介质性能。碳纤维在空气中 200 ~ 300 ℃就开始发生氧化反应，当温度高于 400 ℃时，出现明显的氧化，故碳纤维在空气中的耐热性不如玻璃纤维的。高模石墨纤维的抗氧化性则比碳纤维的更好些。

碳纤维除了能被强氧化剂(如浓硝酸、次氯酸、重铬酸盐等)氧化外，一般的酸、碱对它的作用很小，比玻璃纤维具有更好的耐腐蚀性。碳纤维不会在湿空气中发生水解反应，其耐水性比玻璃纤维好。碳纤维还具有耐油、抗辐射等特性。

12.4.3　芳纶纤维

主链由芳香环和酰胺基构成，每个重复单元的酰胺基中的氮原子和羰基均直接与芳环中的碳原子相连接的聚合物称为芳香族聚酰胺树脂，由其纺成的纤维统称为芳香族聚酰胺纤维，简称芳纶纤维。芳纶纤维的种类繁多，其中聚对苯二甲酰对苯二胺（poly-p-phenylene terephthamide，PPTA）芳纶纤维因具有高强度及高模量特性而作为增强纤维用于复合材料。芳纶纤维有时也称为有机纤维，本节仅介绍该类芳纶纤维的结构及性能特性。

美国杜邦公司生产的 PPTA 芳纶纤维的商品牌号为著名的凯夫拉（Kevlar）。芳纶纤维与玻璃纤维及碳纤维相比，其密度更小而强度相当，弹性模量比玻璃纤维的高约一倍，与碳纤维接近，故有更高的比强度和比模量。

1. 芳纶纤维的结构与性能

PPTA 的分子结构式为$\left[\begin{smallmatrix}O\\\|\\C\end{smallmatrix}-\bigcirc-\begin{smallmatrix}O\\\|\\C\end{smallmatrix}-\begin{smallmatrix}H\\\|\\N\end{smallmatrix}-\bigcirc-\begin{smallmatrix}H\\\|\\N\end{smallmatrix}\right]_n$。

PPTA 的化学结构是由苯环和酰胺基组成的大分子链，酰胺基有规律性地接在苯环的对位上（共价键结合），具有良好的规整性，致使芳纶具有高度的结晶性，研究表明，凯夫拉-49 的结晶度高达 96%。由于大共轭的苯环难以内旋转，使大分子链呈拉伸状态的刚性线型伸直链晶体，这种刚性线型分子链在纤维的轴向上高度定向（即苯环与酰胺基间的共价键的键合方向与纤维的轴向趋于一致）。分子链上的氢原子将和其他分子链上的酰胺上的羰基结合成氢键，成为聚合物分子间的横向连接。Kevlar 纤维分子的平面排列如图 12.14 所示。

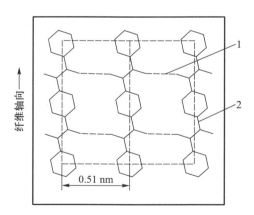

图 12.14　Kevlar 纤维分子的平面排列：1—弱的氢键；2—强的共价键

结构对性能的影响如下：

1）模量高。结构含有大量苯环，分子链的刚性大，使分子链难以内旋转。聚合物分子链不能折叠，又呈伸展状态，形成所谓的棒状结构，并具有极高的结晶度，从而使纤维具有很高的模量。

2）强度高。聚合物的线型结构使分子链间排列得十分紧密，分子链的堆积密度大，单位面积的分子链数目多，从而使纤维具有较高的强度。

3）各向异性。沿纤维轴向的是强的共价键，而沿纤维横向的是较弱的氢键，故各向异性。

4）韧性较好。这是由于主链上苯环间含有柔性链节所致。

5）耐热性好，尺寸稳定。由于苯环结构的刚性，聚合物具有晶体的性质，使纤维具有较高的耐热性，尺寸更稳定。

6）耐腐蚀性好。苯环结构环内电子的共轭作用使纤维具有较好的化学稳定性。

2. 芳纶纤维的种类

芳纶纤维以杜邦公司生产的凯夫拉（Kevlar）纤维最为著名，Kevlar 纤维的品种很多，包括 Kevlar、Kevlar-29、Kevlar-49、Kevlar-68、Kevlar-100、Kevlar-119、Kevlar-149 等，它们的微观结构、纤维直径、性能及用途各异，其中主要品种有 Kevlar-29、Kevlar-49、Kevlar-129、Kevlar-149 等。

3. 芳纶纤维的性能

1）芳纶纤维的力学性能。几种常用 Kevlar 纤维的密度、弹性模量、抗拉强度等性能如表 12.5 所示。

表 12.5　几种常用 Kevlar 纤维与玻璃纤维、碳纤维的力学性能对比

纤维品种	密度/($g \cdot cm^{-3}$)	抗拉强度/MPa	弹性模量/GPa	断裂伸长率/%
Kevlar-29	1.44	2 970	36.7	3.6
Kevlar-129	1.44	3 430	52.8	3.3
Kevlar-49	1.44	3 620	124~131	2.5
Kevlar-149	1.44	3 433	172~179	1.8
E-GF（玻璃纤维）	2.5	3 400	71	4.8
T-300（碳纤维）	1.76	3 530	230	1.5

可以看出，与常用的 E-GF 玻璃纤维及 T-300 碳纤维相比，各种型号 Kevlar 纤维的强度相当，Kevlar-29 和 Kevlar-129 的模量稍小些，Kevlar-49 和 Kevlar-149 两种纤维的模量比玻璃纤维的大，比碳纤维的小。Kevlar 纤维的密度明显小于玻璃纤维及碳纤维，故其比强度及比模量有更大的优势。

2）芳纶纤维的热性能。芳纶纤维具有较好的热稳定性。以 Kevlar-49 为

例，其玻璃化温度为 327 ℃，在空气中的长期使用温度一般不高于 160 ℃，短期使用温度可达 300 ℃。芳纶纤维还具有优异的耐低温性，在 -196 ℃ 低温下也不会变脆，仍能保持其性能。

由常用的玻璃纤维(无机硅酸盐)、碳纤维(碳)及芳纶纤维(高分子材料)的化学组成、微观结构及性能比较可以看出，芳纶纤维的耐热性相对较差，更适合于常温或稍高温度下使用；玻璃纤维居中，可在 200~250 ℃ 以下使用；碳纤维的耐热性最好，可在空气中 300~400 ℃ 以下使用。

与玻璃纤维及碳纤维相比，芳纶纤维的热导率很小，一般低于 0.2 W·$(m \cdot K)^{-1}$。膨胀系数也具有各向异性的特点，沿纤维轴向的膨胀系数为负值，如 Kevlar-49 的膨胀系数在 0~100 ℃ 温度下为 -2×10^{-6} K^{-1}，在 100~200 ℃ 温度下为 -4×10^{-6} K^{-1}；垂直于纤维轴向为 59×10^{-6} K^{-1}。

三类纤维的沿纤维轴向热导率也与其化学组成及微观结构紧密相关，由大到小的顺序为碳纤维、玻璃纤维、芳纶纤维。

玻璃纤维的膨胀系数呈各向同性，约为 4.8×10^{-6} K^{-1}，而碳纤维及芳纶纤维的膨胀系数则呈各向异性，其中芳纶纤维垂直于纤维轴向的膨胀系数约比碳纤维大一倍。

3) 芳纶纤维的耐化学介质性能。除强酸和强碱外，芳纶几乎不受有机溶剂、油类的影响。但由于大量苯环的存在，芳纶耐紫外光性差。长期裸露在阳光下，芳纶的强度损失很大，应避光储藏。

芳纶的另一个缺点是耐水性不好，这是由于在分子结构中存在极性酰胺基，吸水率最大可高达 6wt%~7wt%，使强度明显下降。

12.4.4　超高分子量聚乙烯纤维

超高分子量聚乙烯(ultra high molecular weight polyethylene，UHMW-PE)纤维是以超高分子量聚乙烯为原料，采用凝胶纺丝法-超倍拉伸技术制得的线型高密度聚乙烯纤维，相对分子质量大于 200 万，结构规整，易结晶，晶体强度的理论值为 31 GPa，结晶模量的理论值为 316 GPa，晶格中分子链呈平面锯齿状。

从分子结构角度考虑，最接近理论极限强度的聚合物是高密度线型聚乙烯，其分子具有平面锯齿形的简单结构，没有大体积的侧基，结晶度高，分子链间没有较强的结合键，这种结构特征可以大大减少缺陷的产生，是顺利进行高倍拉伸的关键。当纤维的大分子链完全伸展，并沿纤维轴向甚至平行取向时，纤维的极限强度是大分子链的极限强度(由分子链上碳碳原子间的共价键强度和分子截面积计算得到)的加和。

UHMW-PE 纤维具有优异的综合性能，其相对密度为 0.97 g·cm^{-3}，拉伸强度高达 3 000 MPa，拉伸模量也高达 100 GPa。

UHMW-PE 纤维的熔点为 150 ℃，其最大缺点是极限使用温度只有 100~130 ℃。

UHMW-PE 纤维的吸水率极低，耐紫外线性、化学稳定性和耐磨性好，介电性能优异。

12.4.5 纤维制品的性状

纤维制品的性状有多种，作为商品供应的有一维制品，如纤维丝束、扭绳、编织绳等；二维制品，如单向布、编织布、毡等，可以控制纤维的二维方向及不同方向纤维束的比例，以及在不同方向进行不同纤维种类的混杂，制得不同性能的二维纤维制品；用户还可根据最终复合材料制品的形状、性能要求编织成立体织物，是为三维编织制品，如柱状、管状、块状及变厚度异型截面等。

纤维制品的性状对复合材料的力学性能有重要影响。由一维和二维纤维制品制得的复合材料存在层间界面，而三维编织结构的复合材料由于在 z 轴方向有纤维增强，故有优异的抗损伤性、抗撕裂性和抗剪切性能。表 12.6 列出了不同编织物碳纤维/酚醛树脂复合材料的力学性能比较。

表 12.6 不同编织物碳纤维/酚醛树脂复合材料的力学性能比较

性能	三维编织	二维编织	单向层压板
弯曲强度/MPa	1 094	576	321
弯曲模量/GPa	81	58	63
压缩强度/MPa	557	299	245

12.5 聚合物基复合材料用树脂基体材料

复合材料是由增强材料和基体组成的，在复合材料的成型过程中，基体经过一系列物理的、化学的和物理化学的复杂变化过程，与增强材料复合成为具有一定形状及性能的固态整体。因此，基体材料的性能直接影响复合材料的性能，复合材料的成型方法与工艺参数的选择主要由基体的工艺性能决定。

对于复合材料的力学性能来说，纵向拉伸性能主要取决于增强材料，但基体的作用不能忽视。树脂基体将增强材料粘成整体，在纤维间传递负荷，并使负荷均衡，才能充分发挥增强材料的作用。对于复合材料的横向拉伸性能、压缩性能、剪切性能、耐热性能和耐介质性能等，树脂基体的性能更为重要。

　　复合材料的工艺性能主要取决于树脂基体材料。基体的黏度、触变性、存放期等直接影响增强材料的浸渍、复合材料的铺层和预浸料的存储等。复合材料的固化工艺参数更是主要由树脂基体所决定。

12.5.1　树脂基体材料的基本组成

　　树脂基复合材料中的树脂基体由树脂和各类辅助剂组成。树脂可分为热塑性树脂和热固性树脂两大类。热固性树脂包括环氧树脂、不饱和聚酯树脂、酚醛树脂等；热塑性树脂包括聚酰胺、聚砜、聚酰亚胺、聚酯等。

　　在树脂中添加适当的辅助剂是为了改进树脂的工艺性能以及固化后制品的性能，同时还可以降低成本。常用的辅助剂主要有：

　　1）固化剂、引发剂与促进剂。如环氧树脂本身是热塑性线型结构，必须用固化剂使它交联成体型结构大分子，称为不溶、不熔的固化产物。不饱和聚酯树脂的固化可以在加热条件下采用引发剂，或者在室温条件下使用引发剂和促进剂使其固化。

　　2）稀释剂。添加稀释剂可降低树脂的黏度以满足工艺要求。

　　3）增韧剂、增塑剂。目的是为了降低固化后树脂的脆性，提高冲击韧性等性能。

　　4）触变剂。在树脂中加入触变剂能够提高树脂在静止状态下的黏度，而在外力作用下变成流动性更好的流体，以满足复合材料制备时的工艺要求。

　　5）填料、颜料。在树脂中加入填料能改善其性能，如增稠、降低树脂固化时的收缩、提高硬度等，还可以降低成本。颜料是为了制造彩色的复合材料制品。

12.5.2　纤维增强树脂基复合材料用树脂的基本性能要求

　　树脂是基体的主要组分，对复合材料的性能、成型工艺及产品的价格等都有直接影响。用作复合材料的合成树脂首先要具有较高的力学性能、耐热性、介电性能和耐老化性能，其次要有良好的工艺性能。

　　有关树脂的成分、分子结构式与其力学性能、热性能、耐老化性能的关系等相关知识已在第十章、第十一章中作了详细介绍，本节仅介绍作为复合材料中的基体树脂所需关注的其他性能，即浸润性、黏附性、流动性、固化性能及固化收缩率。

　　1）浸润性。制备纤维增强树脂基复合材料时，树脂需均匀浸渍或涂刷在纤维或织物上，树脂对纤维的浸润能力是树脂能否均匀地分布于纤维周围的重要因素，也是树脂和纤维界面上产生良好黏附力的重要因素。

树脂对纤维的浸润性能,除纤维(或织物)的表面张力外,主要取决于树脂本身的表面张力和树脂与纤维间的界面张力。树脂的表面张力取决于它的分子结构,即分子间的引力越大,内聚能越大,则表面张力也越大。树脂与纤维间的界面张力则取决于树脂分子与纤维表面分子间的作用力,两者的作用力越大,界面张力越大。从工艺角度分析,树脂的黏度较小,流动性好,有利于树脂对纤维的浸润。

2)黏附性。在基体与纤维表面不发生化学反应的条件下,黏附力的大小取决于树脂的表面张力及基体对纤维表面的浸润能,良好的浸润是产生良好黏接的前提条件。在完全浸润条件下,浸润角为零,其黏附力最大,即基体与纤维的黏附力等于树脂本身的内聚能。如果基体与纤维间发生化学反应生成化学键,在此条件下,即使基体对纤维的浸润性较差,一般也能获得良好的黏附。

从常用的几种热固性树脂分子结构来看,环氧树脂中含有—OH—、
$\overset{O}{\overset{\diagup\diagdown}{}}$
—O—、—CH—CH—等极性基团,能与极性大的纤维表面很好地黏附。固化后的环氧树脂分子结构中又增加了—COONH—等基团,环氧基又可能与纤维表面的羟基起化学反应而形成化学键。因此,环氧树脂与纤维表面具有很大的黏附力,故环氧树脂的黏附性很好。

不饱和聚酯树脂分子含有多个酯基、羟基、羧基,酚醛树脂中有很多羟基、醚键,黏附性好,但由于固化收缩率大,严重影响黏附性。

3)流动性。常用热固性树脂的相对分子质量都不太大(一般为 200~400),因此,它们都具有较低的软化温度和黏度,亦即流动性好。但随着树脂固化反应的进行,相对分子质量增大,同时出现交联,树脂的黏度增大,流动性降低。树脂的流动性还与温度、剪切速率等外界因素有关,增塑剂通常可改善树脂的流动性。

4)固化性能。固化是指黏流态线型树脂在固化剂存在或加热条件下,发生化学反应而转变成不溶、不熔、具有体形结构的固态树脂的全过程。

各类树脂的固化反应(或固化程度)随固化时间的延长均具有"阶段性"的共同特征。如环氧树脂的固化过程可分为凝胶、定型、熟化三个阶段。凝胶阶段是指树脂从黏流态到失去流动性形成半固体凝胶的过程;定型阶段是指从凝胶到具有一定硬度和固定形状,可以从模具上取出为止的过程;熟化阶段是指表观上已变硬,具有一定的力学性能,经后处理得到具有稳定的物理、化学性能而可供使用的过程。环氧树脂的固化条件(温度、压力、时间等)随固化剂不同可在很大范围内调控。

5)收缩率。固化收缩率分体积收缩率和线收缩率两种。体积收缩率是指

固化前、后体积之差与固化前体积的比值。影响收缩率的因素有固化前树脂体系的密度、基体固化后的体型结构的紧密程度、固化过程有无小分子放出等。

环氧树脂固化前密度大，固化后的体型结构也不太紧密，且又无小分子放出，故固化收缩率小。一般情况下，收缩性影响制品的性能，但适当的收缩有时对工艺有利，如产品的脱模。

12.5.3　复合材料用树脂基体

目前工程上最成熟、用量最大、应用最广的纤维增强树脂基复合材料中，树脂基体大多为热固性树脂，主要有不饱和聚酯、环氧树脂、酚醛树脂等。相对而言，热塑性树脂作为纤维增强树脂基复合材料的树脂基体尚未成规模应用，本节仅介绍常用的几种热固性树脂。

1. 不饱和聚酯树脂

不饱和聚酯树脂是由不饱和二元羧酸（或酸酐）、饱和二元羧酸（或酸酐）组成的混合酸以及多元醇缩聚而成的，具有酯键和不饱和双键的线型高分子化合物。其相对分子质量不高，一般在 1 000~3 000 左右。

不饱和聚酯树脂在热固性树脂中是工业化较早、价格较低的一类，是用于玻璃纤维增强树脂基复合材料中用量最大的树脂。由于树脂的收缩率高且力学性能较低，因此很少用它与碳纤维制造复合材料，但近年来用玻璃纤维部分取代碳纤维的混杂复合材料的发展很快，由于不饱和聚酯树脂的价格低廉，其应用不断扩大。

（1）不饱和聚酯树脂的分子结构特点及分类

1）不饱和聚酯树脂的分子结构式：$\left(\!\!\begin{array}{c}O\\\|\\C\end{array}\!-CH\!=\!CH-\begin{array}{c}O\\\|\\C\end{array}\!-O-CH_2-CH_2-O\right)_n$。

2）不饱和聚酯树脂的分类。不饱和聚酯树脂的性质主要取决于两个因素：一是二元酸(不饱和二元羧酸及饱和二元羧酸)的类型及相对比例；二是多元醇的类型及含量。不饱和聚酯树脂的品种、牌号甚多，其主要差异在于所选用的原料单体不同，或混合酸组分中不饱和酸和饱和酸的比例不同，或投料方式不同，或加入的二元醇的种类、含量以及投料方式不同，由此合成出具有不同性质的不饱和聚酯树脂。

不饱和聚酯树脂常按分子结构及性能进行分类。

按分子结构分类可分为：邻苯二甲酸型（简称邻苯型）；间苯二甲酸型（简称间苯型）；双酚 A 型；乙烯基酯型；卤代不饱和聚酯。

按性能分类可分为通用型、耐腐蚀型、耐热型、阻燃型、耐气候型、高强型等。

通用型不饱和聚酯树脂的主要原料及配比为：

顺丁烯二酸酐　1.00 mol

邻苯二甲酸酐　1.00 mol

丙二醇　　　　2.15 mol

还有其他类型，如注射型、RTM 型、拉挤专用树脂等。

（2）不饱和聚酯树脂的一般特性

不饱和聚酯树脂的主要优点有：

1）工艺性能良好，如室温下黏度低，可以在室温下固化，在常压下成型，还可以采取多种措施改善其工艺性能；

2）固化后树脂的综合性能良好，并有多种专用树脂满足不同用途的需要；

3）价格低廉，其价格远低于环氧树脂的，略高于酚醛树脂的。

主要缺点是：固化时体积收缩率较大，成型时气味和毒性较大，耐热性差，强度和模量都较低，易变形，因此很少用于受力较大的制品中。

（3）不饱和聚酯树脂的固化交联

不饱和聚酯树脂分子链中含有不饱和双键，因而在热的作用下通过这些双键可以将大分子链交联，变成体型结构，但这种交联产物很脆，无实用价值。

通常是加入交联剂、引发剂和促进剂将不饱和聚酯树脂交联固化。

1）交联剂。通常将线型不饱和聚酯树脂溶于烯类单体中，使聚酯中的双键间发生共聚合反应，得到体型产物，以改善固化后树脂的性能。

烯类单体既是交联剂，也是溶剂。固化树脂的性能不仅与聚酯树脂本身的化学结构有关，也与所选用的交联剂的结构及用量有关。同时，交联剂的种类和用量还直接影响树脂的工艺性能。应用最广的交联剂是苯乙烯，还有乙烯基甲苯、二乙烯甲苯、甲基丙烯酸甲酯、邻苯二甲酸二烯丙酯等。

2）引发剂。引发剂一般为有机过氧化物，其特性通常用临界温度和半衰期表示。临界温度是指有机过氧化物具有引发活性的最低温度，在此温度下过氧化物开始以可察觉的速率分解形成游离基，从而引发不饱和聚酯树脂以可以观察的速率进行固化。半衰期是指在给定的温度下，有机过氧化物分解一半所需要的时间。

常用的过氧化物有过氧化二异丙苯、过氧化二苯甲酰、过氧化环己酮、过氧化甲乙酮等。

3）促进剂。促进剂的作用是将引发剂的分解温度降至室温以下。促进剂的种类很多，主要有二甲基苯胺、二乙基苯胺等。

按不饱和聚酯树脂及固化剂体系的不同，固化温度分为：

① 室温型。特点是固化后需经较长时间（7 天）性能才稳定。可采用加热后固化来加速固化反应，如室温下保温 24 h，再在 80 ℃保温 2~3 h。常用于

接触成型、冷压成型和注射成型。

②中温(50~100 ℃)固化型。需使用两种或两种以上引发剂组成的复合引发体系，这种复合引发剂的适用期(室温下，8 h)长。升温至 60~90 ℃，可快速固化。常用于连续缠绕工艺。

③高温(100~160 ℃)固化型。需选择在高温下能引发游离基连锁反应的引发剂，即活性不太大，又符合工艺要求的。常用于热压、片状模压料、团状模压料等需高温、高压的工艺中。

(4)常用不饱和聚酯树脂的性能

1)力学性能。不饱和聚酯树脂的密度为 1.11~1.20 g·cm^{-3}。具有较高的拉伸、弯曲和压缩强度，通用不饱和聚酯树脂的力学性能如表 12.7 所示。

表 12.7　通用不饱和聚酯树脂的力学性能

性能	拉伸强度/MPa	拉伸模量/GPa	弯曲强度/MPa	压缩强度/MPa	断裂伸长率/%
数值	42~71	2.1~4.5	60~120	92~190	1.3

2)电性能。不饱和聚酯树脂具有良好的绝缘性能及介电性能，如表 12.8 所示。

表 12.8　不饱和聚酯树脂的电性能

性能	体积电阻/Ω·cm	击穿电压/(kV·mm^{-1})	介电常数
数值	10^{14}	15~20	3.0~4.4

3)热性能。绝大多数不饱和聚酯树脂具有较好的耐热性，热变形温度在 50~60 ℃，最高可达 120 ℃。热膨胀系数大，约为(130~150)×10^{-6} K^{-1}。

4)耐老化性。不饱和聚酯树脂不耐氧化性介质。如在硝酸、浓硫酸、铬酸等氧化性介质中树脂极易老化，特别是温度升高，老化过程会加速，因而不耐酸腐蚀。耐碱及耐溶剂性能也差，这是由于分子链中存在大量的酯键，在碱或热酸的作用下发生水解反应。但其耐水、稀酸、稀碱的性能较好。

2. 环氧树脂

环氧树脂是纤维增强树脂基复合材料中用量大、应用广的一类树脂。其分子结构式及力学、热学及耐老化特性已在第十一章中简单介绍，这里重点介绍作为复合材料中树脂基体的一般特性、常用牌号及性能、固化剂种类等。

(1)环氧树脂(epoxy resin)的分子结构特点及分类

环氧树脂泛指分子中含有两个或两个以上环氧基团的有机高分子化合物。

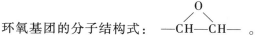

环氧基团的分子结构式： 。

环氧树脂的分子结构特征是分子链中含有活泼的环氧基团，环氧基团可以位于分子链的末端、中间或成环状结构。环氧基团可与多种类型的固化剂发生固化交联反应，形成不溶、不熔的、具有三维网状结构的体型高聚物。不同类型的环氧树脂固化后主要表现在两个交联点间的化学结构不同。

环氧树脂的品种很多，根据它们的分子结构，大体上可以分为五大类：缩水甘油醚类；缩水甘油酯类；缩水甘油胺类；线型脂肪族类；环型脂肪族类

$$\begin{array}{ccc} OH & OH & OH \\ | & | & | \\ CH_2-CH-CH_2 \end{array}$$
甘油（丙三醇）

$$CH_2-CH-CH_2-$$
缩水甘油基

其中典型缩水甘油醚类环氧树脂有：双酚 A 型环氧树脂；双酚 F 型环氧树脂；酚醛环氧树脂。

典型缩水甘油酯类环氧树脂是 TDE-85 环氧树脂；三官能团脂环族缩水甘油酯型环氧树脂。

典型缩水甘油胺类环氧树脂是四缩水甘油亚甲基二苯胺（TGMDA）四官能团化合物。

（2）环氧树脂的一般特性

环氧树脂的主要优点有：

1）形式多样。环氧树脂、固化剂、改性剂的体系众多，几乎可以适应各种应用要求。

2）固化方便。选用不同的固化剂，环氧树脂体系可以在 0~180 ℃ 温度范围内固化。

3）黏附力强。环氧树脂中固有的极性羟基和醚键使其对各种纤维具有很高的黏附力。环氧树脂固化时收缩率小，固化反应也没有挥发性副产物的放出，均有助于提高树脂与纤维界面的黏接强度。

4）收缩率低、尺寸稳定。环氧树脂不同于别的热固性树脂，固化是通过直接加成反应进行的，不产生副产物，故收缩率小，一般小于 2%，故其纤维增强复合材料具有突出的尺寸稳定性和耐久性。而一般酚醛树脂和聚酯树脂的固化则产生较大的收缩率。

与不饱和聚酯树脂相比，环氧树脂的主要缺点有：价格偏高；工艺性一般，未固化时还存在毒性问题；表面耐候性不好。

（3）环氧树脂的主要性能指标

1）环氧值。环氧值是指每 100 g 树脂中所含环氧基的当量数，是鉴别环氧

树脂性质的最主要指标。

2）环氧当量。环氧当量是指有 1 当量环氧基的环氧树脂的克数。环氧值越高、氧当量越低，环氧基团的含量越高，交联密度越大。

3）液体环氧树脂的室温黏度或软化点。室温黏度愈大，愈容易成为脆性固体，不利于液相法工艺制备复合材料。

4）相对分子质量。其值越高则固化物越脆，且室温工艺操作性差。因此，相对分子质量要符合要求。

5）贮存期。贮存期是指树脂保持其物理和化学性质不变的时间。贮存期随纯度增加而延长，无杂质的环氧树脂，温度达 200 ℃ 尚稳定。要防止环氧树脂自催化固化。

6）适用期。适用期是指环氧树脂固化体系从混料开始到固化交联反应（黏度快速增大）开始之前的时间。即加入固化剂并搅拌后，可以放置而黏度未发生显著变化的时间。适用期长短应依照成型工艺要求进行设计与调节。

7）无（有）机氯含量。树脂中的氯离子（无机氯）可与胺类固化剂起络合反应，降低环氧树脂的固化度和电性能。树脂中的有机氯含量是指分子中未起闭环反应的那部分氯醇基团的含量。总氯含量越低越好。

8）挥发分。挥发分越低越好。

（4）常用环氧树脂的牌号及性能

复合材料工业上使用量最大的是缩水甘油醚型环氧树脂，其中又以二酚基丙烷型即双酚 A 型环氧树脂为主。

常用环氧树脂的牌号及性能如表 12.9 所示。

表 12.9　常用环氧树脂的牌号及性能

统一牌号	E-51	E-44	E-42	E-20	E-12
原牌号	618	6101	634	601	604
平均相对分子质量	350~400	450	—	900~1 000	1 400
环氧值/（当量/100 g）	0.48~0.59	0.40~0.47	0.38~0.45	0.18~0.22	0.09~0.15
环氧当量/（g/当量）	175~210	225~290	—	450~525	870~1025
软化点/℃ 或黏度/Pa·s	<2.5 Pa·s	14~22	21~27	64~76	85~95

注：挥发分：E-51 的挥发分≤2%，其他环氧树脂的挥发分≤ 1%；有机氯的含量≤ 0.02 mol/100 g；无机氯的含量≤ 0.01 mol/100 g。

（5）环氧树脂的固化交联

1）固化交联的概念。环氧树脂在固化前是热塑性线型结构，加入第二组分(固化剂)在一定温度下发生固化交联反应生成体型网状结构高聚物。所加入的第二组分称为固化剂,树脂由液态转变为固态的过程称为固化或硬化。

2)固化交联的反应类型。固化交联的反应类型有不同的分类方法。根据参与固化反应的官能团的不同,可分三类:① 与加入的固化剂官能团反应;② 环氧基团之间直接反应;③ 环氧基团与环氧树脂分子中或其他组分中的芳香羟基和脂肪羟基交联。

按固化剂类型的不同可分为两类:① 反应型固化剂,可与环氧基团进行加成,并通过逐步聚合反应历程交联成体型网状结构;② 催化型固化剂,它可以引发环氧基按阳离子或阴离子聚合的历程进行固化反应。两类固化剂都通过环氧基或仲羟基的反应完成固化过程。

根据固化反应机理不同可分为三类:① 逐步聚合反应,加入反应型固化剂与环氧基反应;② 离子型聚合反应,加入催化型固化剂,引发环氧基按阳离子或阴离子型聚合反应,形成环氧基团之间的直接键合;③ 其他类型反应,不限于某种反应历程,而实际的反应过程目前尚不十分清楚。这类固化剂有:双氰胺、含硼化合物、金属盐类和多异氰酸酯等。

(6)固化剂的种类对环氧固化物性能的影响

1)胺类。主要为芳香胺固化剂,由于含苯环,可提高环氧树脂的热变形温度(150~170 ℃)。

2)酸酐类。同样结构中含苯环,固化体系的热变形温度高(120~200 ℃)。又由于其结构中含酯基,对碱敏感,但耐其他化学介质。

3)催化类。环氧树脂链相互聚合的结构中含有柔顺性好的醚键,但醚键上有两个大的端基团干扰键的旋转,使链呈刚性。交联密度高,故固化物具有高的热变形温度。

(7)环氧树脂固化物的性能

不同环氧树脂及固化剂体系所制得的固化物其性能有所不同。

1)力学性能。环氧树脂固化物的力学性能大致范围如表 12.10 所示。

表 12.10　环氧树脂固化物的力学性能

项目	拉伸强度/MPa	压缩屈服强度/MPa	压缩极限强度/MPa	弹性模量/GPa	断裂伸长率/%	冲击韧性/($kJ \cdot m^{-2}$)
性能	60~80	~100	~200	3.0~5.0	1.6~2.0	2.0~4.2

2)电学性能。环氧树脂固化物的绝缘性能优异,体积电阻率约为 $10^{16} \sim 10^{17}$ Ω·cm,击穿强度大,约为 16~20 kV·mm^{-1}。具有较好的介电性能,介

电常数约为 3.8。

3）热性能。在几种常用纤维增强树脂基复合材料的树脂基体中，环氧树脂是耐热性最好的，其热变形温度可达 120 ℃。热膨胀系数也低，约为 $60 \times 10^{-6} K^{-1}$。

4）耐老化性。固化完全的环氧树脂几乎能耐所有酸（除强氧化性酸外）、碱（强碱除外）和各类溶剂；阻燃性能优良，属于自阻燃材料，但可燃烧。吸水率低，仅为 0.10wt% ~ 0.14wt%。

工程上还采用各种改性方法，如降低环氧树脂的脆性，提高其抗力冲击性和抗热冲击性，以及提高其耐热性和耐腐蚀性。

3. 酚醛树脂

酚醛树脂一般常指以苯酚和甲醛为原料，在催化剂作用下经加成和缩合反应而得的低分子聚合物。

合成中由于苯酚和甲醛的比例不同，反应中所使用的催化剂种类不同（酸性或碱性），所生成的酚醛树脂的性能也有很大的不同。在酸性催化剂作用下，苯酚过量而生成的缩聚物为热塑性酚醛树脂；热固性酚醛树脂是在碱性催化剂作用下，甲醛用量增多（酚与醛的摩尔比小于 0.9）而生成的。本节主要介绍热固性酚醛树脂。

（1）常用热固性酚醛树脂

国内作为纤维增强树脂基复合材料基体用的热固性酚醛树脂主要有：

1）氨酚醛树脂。2124 酚醛树脂：采用苯酚与甲醛（1∶1.2），在氨水存在下通过缩聚、脱水而制成，以乙醇为溶剂配制成胶液。

1184 酚醛树脂：采用苯酚与甲醛（1∶1.5），在氨水存在下通过缩聚、脱水而制成，以乙醇为溶剂配制成胶液。

还有 616 等牌号酚醛树脂，与 2124、1184 等酚醛树脂区别仅在于苯酚与甲醛的比例不同。

2）镁酚醛树脂。采用苯酚与甲醛（1∶1.33），和少量苯胺在氧化镁催化剂的作用下通过缩聚、脱水而制成，如 351 酚醛树脂等。

3）钡酚醛树脂。以苯酚与甲醛为原料，在氢氧化钡催化剂的作用下通过缩聚、中和、过滤及脱水而制成，主要特点是其黏度小，固化速率快，适合于低压成型和缠绕成型工艺。

4）钠酚醛树脂。以苯酚与甲醛为原料，在碳酸钠的存在下，通过缩聚反应而制成。如 2180 酚醛树脂等。

还有一些改性的酚醛树脂，以克服酚醛树脂固有的脆性大、黏附力小等缺点。

（2）酚醛树脂的固化和固化剂

酚醛树脂的固化方法有两种：一是加热固化，通过加热的方法，不加任何固化剂，依靠酚醛结构本身的羟甲基等活性基团，进行化学反应而固化；二是通过加入固化剂使树脂发生交联固化。

常用的固化剂有两类：① 加热固化型，常用的固化剂为六次甲基四胺，用量为 10mol%～15mol%，加热温度一般不低于 170 ℃；② 常温固化型，主要为有机酸类固化剂，如苯酚磺酸、对甲苯磺酸等，用量为 8mol%～10mol%。

（3）酚醛树脂固化物的性能

1）力学性能。常用酚醛树脂的力学性能较好，缺点是其密度较大，为 1.30～1.70 g·cm^{-3}。常用酚醛树脂的力学性能如表 12.11 所示。

表 12.11   常用酚醛树脂的力学性能

性能	拉伸强度/MPa	弹性模量/GPa	断裂伸长率/%	弯曲强度/MPa	压缩强度/MPa
数值	42～64	～3.2	1.5～2.0	78～120	88～110

2）热性能。酚醛树脂的耐热性较好，其热变形温度约为 120 ℃，可通过加入环氧树脂进一步提高其耐热性。其热膨胀系数约为 $(60～80)×10^{-6}$ ℃$^{-1}$。

3）电学性能。酚醛树脂的体积电阻率在常用热固性树脂中属较低的一类，为 $10^{12}～10^{13}$ Ω·cm。击穿强度也一般，为 14～16 kV·mm^{-1}。介电常数较大，约为 3.8。

4）耐老化性能。酚醛树脂的吸水率偏高，为 0.12wt%～0.36wt%。耐腐蚀性较环氧树脂、不饱和聚酯树脂好，在非氧化性酸（如浓度为 50wt% 以下的硫酸和任何浓度的盐酸）中很稳定。但在浓硫酸及硝酸等氧化性酸中发生氧化及降解反应而不耐腐蚀。酚醛树脂一般不耐碱性介质，在强碱中易分解，但通过改性可提高其耐碱性。酚醛树脂也具有较好的耐有机溶剂的性能。

12.6   树脂基复合材料的界面

纤维增强树脂基复合材料是由纤维和树脂基体结合的一个整体，纤维与树脂之间存在界面，它们所发挥的作用既相对独立又相互依存。界面是复合材料中的重要组成部分，是纤维和基体相连接的纽带，也是应力及其他信息传递的桥梁，其结构与性能以及黏接强度等因素直接影响复合材料的性能。

界面对复合材料的力学性能起非常重要的作用。根据纤维增强复合材料的增强增韧机制可知，弱界面的复合材料的强度和模量较低，但它的断裂抗力较高。而具有强界面的复合材料的强度和模量高，但很脆。这些性能特征与裂纹扩展过程中发生纤维脱黏和纤维从基体中拔出的难易有关。

影响复合材料性能的因素包括：① 增强材料的性能；② 基体树脂的性能；③ 复合材料的结构及成型工艺；④ 复合材料界面的性能。由于复合材料中纤维的体积分数较大，且纤维极细，有极大的比表面积，形成的界面面积也极大，故界面对复合材料的性能有重要影响。

12.6.1　界面及界面的形成

1. 界面的概念

纤维与基体树脂的界面并非是一个没有厚度的理想几何面。研究表明，纤维与基体树脂两相间的区域是具有一定厚度的界面层（简称界面），也可称为中间相。两相的接触将产生多种界面效应形成界面层，界面层的成分、结构及性能等均不同于它两侧的相邻相（纤维和基体）。

2. 界面的形成

多数复合材料中的纤维与树脂基体的相容性差，常在两相的界面上加入一些如偶联剂等的改性剂，这样在纤维与基体之间形成了一种新的界面，该界面层的成分、结构与性能也不同于原来的纤维与基体树脂间的界面。

纤维与树脂基体间界面的形成分为两个阶段：

1）基体与纤维的浸润与吸附（也称为物理效应）。树脂基体与纤维间的理想界面的基本要求应是完整无缺陷，即树脂基体将纤维完全无孔隙的物理包覆。界面不完整将导致界面应力集中及传递负荷的能力降低，影响复合材料的力学性能。基体与纤维间的物理效应可细分为浸润与吸附。

① 浸润。浸润是指原来的固-气界面被新的固-液界面置换的过程。即是把不同的液滴放到固体表面上，有时液滴会立即铺展开来，遮盖固体的表面，这一现象称为浸润。

浸润过程的物理描述是树脂液体借助于宏观布朗运动移动到被粘物（纤维）表面，再通过微布朗运动大分子链节逐渐向纤维表面的极性基团靠近。没有溶剂时，大分子链节只能局部靠近表面，而在压力作用下或加热使黏度降低时，便可以靠得很近。

众所周知，液体树脂对纤维的浸润能力可以用浸润角（接触角）表示，如图 12.15 所示。

图 12.15　液体在固体表面的浸润能力

浸润角的大小与固体表面张力 σ_{SV}、液体表面张力 σ_{LV} 及固-液界面张力 σ_{SL} 有关

$$\sigma_{SV} = \sigma_{SL} + \sigma_{LV}\cos\theta \qquad (12.10)$$

浸润角 $\theta < 90°$，表示液体能浸润固体；$\theta = 0°$，则液体在固体表面完全浸润。

从上式可知，改变体系的表面张力就可改变浸润角，如对纤维进行表面处理，就可改变树脂与纤维间的浸润效果。

② 吸附。吸附是指一种物质的原子或分子附着在另一物质表面上的现象（或物质在相的界面上，浓度发生变化的现象）。

吸附通常指树脂与纤维间的物理吸附。当树脂与纤维分子间距小于 0.5 nm 时，树脂与纤维分子间形成范德瓦耳斯力结合，将树脂与纤维黏接起来。范德瓦耳斯力一般较小，亦即黏接力较小。树脂与纤维体系的选择性大，亦即同一种树脂可黏接多种不同种类的纤维。

2）树脂的固化阶段。在此过程中树脂通过物理的或化学的变化而固化，形成固定的界面层。固化阶段受第一阶段的影响，同时它也直接决定着所形成的界面层的结构。热固性树脂的固化反应可以借助固化剂或靠自身的官能团反应来实现，在利用固化剂固化的过程中，固化剂所在位置是固化反应的中心，固化反应从中心以辐射状向四周扩展，最后形成中心密度大、边缘密度小的非均匀固化结构。固化阶段形成的树脂与纤维间的界面层为固化反应生成的化学键，黏接力（黏附功）远大于物理吸附。但树脂与纤维体系不同，其间的黏接力有较大的差别，也就是说，通常某种树脂与相应的纤维组合才能获得理想的黏接性。

复合材料的界面区可以理解为纤维与基体的界面加上基体和纤维表面的薄层构成的。基体和纤维的表面层是相互影响和相互制约的，同时受表面本身结构和组成的影响。表面层的厚度目前尚不清楚，估计基体的表面层比纤维的表面层约厚 10 倍。基体表面层的厚度是一个变量，对于大多数复合材料，其界面区还应包括处理剂生成的偶联化合物，它与纤维及基体的表面层结合为一个整体。

3. 影响界面黏接强度的因素

由上分析可知，界面由纤维表面、树脂以及为改善复合材料的工艺和理化性能所添加的处理剂等构成。界面的黏接力包括物理吸附产生的机械黏接力和固化反应产生的化学键。其中，机械黏接力是指液态树脂渗入纤维的孔隙内，在一定条件下黏接剂凝固或固化而被机械地"镶嵌"在孔隙中，产生所谓的镶嵌钉扎的机械结合力。机械结合力主要取决于纤维的几何学因素。

研究影响界面黏接强度的因素是设计、制备满足性能要求的复合材料界面

的基础。

1）纤维表面晶体的大小及比表面积。如随碳纤维表面晶体增多，碳纤维的石墨化程度上升，导致表面更光滑、更惰性，与树脂间的物理黏附性和反应性变得更差，故界面黏接强度下降。

纤维的比表面积大，黏接的物理界面大，黏接强度高。但不同的纤维以及不同的表面处理，其孔径分布和表面反应基团及其浓度也不相同。同时，基体体系不同，相对分子质量不同，黏度不同，它与表面反应基团的反应能力也不一样。

2）浸润性。界面的黏接强度随浸润性的增加而增大，随空隙率的上升而下降，这是因为黏接界面面积减少，应力集中源增加。如果完全浸润，树脂在界面上物理吸附所产生的黏接强度是很大的，但实际上由于纤维表面上吸附有气体及其他污染物，不能完全浸润，吸附的气体及污染物没有被排走，留在界面成为空隙，使材料的空隙率上升，强度尤其是层剪强度下降。

3）界面反应性。界面黏接强度随界面反应性的增大而增大，如用偶联剂改性玻璃纤维的表面，由于在界面引入了更多的反应基团，增加了界面化学键合的比例，有利于提高复合材料的性能。

4）残余应力。残余应力包括由于树脂和纤维的膨胀系数不同产生的热应力以及固化过程中树脂体积收缩所产生的化学应力。对于热应力来说，由于常用纤维的轴向膨胀系数一般小于树脂的膨胀系数，故纤维上的轴向残余应力为压应力，树脂上的则为拉应力。由于纤维作为主要承载相，残余压应力有利于复合材料轴向强度的提高。固化收缩产生的化学应力与热应力相同，固化后作用于纤维上的轴向残余应力也为压应力，但固化产生的横向收缩则会大大降低界面的黏接力，显著降低复合材料的层剪强度。

5）水对界面的破坏作用。玻璃纤维复合材料表面上吸附的水浸入界面后，将发生水与玻璃纤维及树脂间的化学变化，引起界面黏接破坏，大大降低复合材料的强度和模量。

12.6.2 纤维增强树脂基复合材料界面的改性

复合材料的界面结构极为复杂，涉及纤维的表面性质、形态、表面改性，纤维与树脂间的相互作用、界面反应等。通过分析复合材料界面的形成过程、界面层性质、界面黏合、应力传递行为等对复合材料的微观及宏观力学性能的影响，一般认为改变纤维的表面性质，即对纤维进行表面改性是改善复合材料界面性质最有效的方法。

1. 增强纤维的表面特性及对黏接性能的影响

纤维的表面特性可分为表面的物理特性和化学特性，它们对黏接性能有不同的影响。

1）纤维表面的物理特性及对黏接性能的影响。① 比表面积。纤维的直径越小，其比表面积越大，则界面面积越大，界面黏接效应越显著。增强纤维表面的粗糙度大，比表面积大，有利于黏接；若纤维表面光滑，有利于树脂浸透，但不利于黏接。② 孔隙。纤维与树脂基体的界面往往会存在一些细小的孔隙。一种是增强纤维表面不可避免的孔隙（孔穴），孔隙（孔穴）的存在虽然有时对树脂黏接有利，但基体有时难以完全浸润而形成孔洞导致界面结合差，成为应力传递的薄弱环节；另一种是树脂液相浸渍过程中裹入的气泡。③ 表面极性。纤维的表面极性取决于纤维的分子结构、微观结构及外场的作用等。一般规律是极性增强体与极性基体有较强的界面结合，界面黏接强度及复合材料的强度高。④ 表面结构均一性。表面结构的均一性是指增强纤维表面的活性点分布的均一性，包括物理活性点及化学活性点。表面结构分布越均匀，界面结合越均匀。⑤ 表面结晶特性。表面结晶特性包括表面结晶程度及晶体分布状态。一般规律是晶体越小，表面积越大，与基体黏接面大，界面黏接强度及复合材料的强度高。

2）纤维表面的化学特性及对黏接性能的影响。纤维表面的化学特性包括表面化学组成、表面结构、表面反应特性和表面自由能等。表面化学特性决定着纤维增强体与基体能否形成化学结合以及是否易与环境反应而影响材料性能的稳定。不同的纤维种类有着不同的表面化学特性，进而对界面的黏接性能有不同的影响。关于纤维表面的化学特性及对黏接性能的影响的讨论将在纤维表面改性中介绍。

2. 玻璃纤维的表面处理

无机纤维增强材料与树脂基体直接复合通常不能获得理想的界面黏接。玻璃纤维在制备过程中为了纺织工序、减轻机械磨损、防止水分侵蚀，往往在表面涂覆一层纺织型浸润剂，多为石蜡乳剂，若不去除则会妨碍纤维与树脂的界面黏接性。

1）玻璃纤维的表面脱蜡处理。玻璃纤维的表面处理包括脱蜡处理和化学改性两个过程。玻璃纤维制备工艺中涂覆在纤维表面的浸润剂（石蜡乳剂）需要去除，若存在于界面将降低复合材料的性能。去除浸润剂的方法有洗涤法及热处理两种。洗涤法是指用热水、酸液、碱液、洗涤剂、有机溶剂等溶解和洗去浸润剂的方法。热处理法就是利用加热的方式使玻璃纤维及织物表面上涂覆的浸润剂经挥发、碳化而去除。需要指出的是，两种方法去除浸润剂后都将使纤维的强度有所下降，其中热处理法下降得更明显。热处理后玻璃纤维在空气中极易吸附水分，因此，应及时涂覆偶联剂等。

2）玻璃纤维表面的化学特性及对黏接性能的影响。玻璃纤维本体与表面的化学组成并不完全相同，本体中含有 Si、O、Al、Ca、Mg、B、Na 等元素，而纤维表面仅有 Si、O、Al 等元素。

玻璃纤维表面存在三种分子结构：一是—Si—OH 基团，可与基体树脂反应，但也可与水分子以氢键结合，吸附水；二是相邻—Si—OH 基团上的—OH 基之间的氢键，增加表面张力；三是吸附的多层水分子与玻璃纤维中的碱金属反应，破坏—Si—O—骨架，使纤维表面带有—Si—OH 基团，大量—Si—OH 基团可以形成氢键结合。一般规律是纤维含碱量越高，吸附水对 SiO_2 骨架的破坏愈大，纤维强度下降就越多。

3）玻璃纤维的表面化学改性。玻璃纤维的表面化学改性是指采用表面处理剂(偶联剂)处理玻璃纤维，使纤维与树脂基体之间形成化学键，获得良好的黏接，并有效地降低水的侵蚀。表面处理剂是指用以增加玻璃纤维与树脂的界面黏接力的化学物质。常用的主要是有机硅烷、有机铬络合物等。其中有机硅烷偶联剂最为常用，其作用机理主要如下：

① 与玻璃纤维表面的作用。有机硅烷偶联剂一般的结构式为

$$R(CH_2)nSiX_3(n=0\sim3)$$

式中：X 为可水解的基团，可与无机增强材料表面发生作用；R 为有机官能团，能与树脂基体起反应。

有机硅烷水解后生成硅三醇，其结构与玻璃纤维表面的结构相同，因此很容易接近而发生吸附。吸附在玻璃纤维表面的硅三醇，只有一个—OH 基与三硅醇相结合，其余的—OH 与邻近的分子脱水形成 Si—O—Si 键。

② 与树脂基体的作用。硅烷偶联剂的 R 基团是与树脂发生偶联作用的活性基团。对于不同的树脂其作用不同，在热固性树脂中，R 基团一般参与固化反应，成为固化树脂结构的一部分。

国内常用的硅烷偶联剂的牌号为 KH550、KH560、KH570 等，有机铬络合物偶联剂的牌号为沃兰。

添加合适的偶联剂明显提高或改善纤维增强树脂基复合材料的性能，如提高复合材料的强度，以及复合材料自然曝晒后的强度、人工气候老化的强度、海水浸泡后的强度等。

3. 碳纤维的表面处理

1）碳纤维表面的化学组成与结构。与玻璃纤维类似，碳纤维本体与表面的化学组成也不相同。石墨(碳)纤维的本体组成为 C、O、N、H 及金属杂质等，而表面的化学组成为 C、H、O 等。

碳纤维本体与表面结构更为复杂，如碳纤维表面的晶格排列一般平行于纤维表面，取向平行于纤维轴向。通常情况下，表面晶体越小，表面积越大，与基体的黏接面增大。表面还有热裂解产生的纯碳，或热裂解时其他元素排出形成的石墨晶格结构。

碳纤维表面含氧基团的浓度低，反应活性点稀少，呈惰性；高模量碳纤维的惰性更强。

碳纤维表面氧的存在形式有羟基、羧基、羰基、内酯基等，这些基团与树脂基体产生交联形成不同的黏接性能。

2）碳纤维的表面处理。碳纤维表面处理的目的是提高碳纤维与基体的黏接强度。其主要途径有：

① 清除表面杂质。碳纤维表面杂质的来源主要是碳纤维吸收的水分、纤维孔隙中残留的有机热解产物以及从环境中沾染的杂质。

表面杂质的清除方法是将碳纤维在惰性气体保护下加热到一定的高温并保温一定时间，可以去除吸附水，并使其表面得到净化。

② 表面改性。又分为液相氧化法、气相氧化法及涂层处理等几种改性方法。液相氧化法常用酸处理法，目的是使碳纤维表面发生刻蚀，在纤维表面形成微孔或刻蚀沟槽，表面粗糙度增加，增加表面能，增大比表面积，同时引入极性或活性官能团（如—COOH）。常用不同浓度的硝酸和硫酸。气相氧化法主要指空气氧化法，碳纤维在气相氧化剂气体（如空气、O_2、O_3）中，表面被氧化处理，通过氧化使碳纤维表面改性，使其生成一些活性基团（如—OH、—COOH 等）。一般在管式炉中进行，温度控制在 $350 \sim 600\ ℃$ 之间，反应时间可根据碳纤维的种类及所需氧化程度决定。

③ 涂层处理。涂层处理的方法较多，如：（a）气相沉积法，可在碳纤维表面沉积无定型碳、金属涂层等；（b）表面电聚合，在电场的引发作用下使物质单体在碳纤维表面进行聚合反应，生成聚合物涂层；（c）偶联剂涂层，用偶联剂处理低模量碳纤维；（d）晶须生长法，在碳纤维表面通过化学气相沉积生成碳晶须、SiC 晶须等，改善碳纤维表面的状态、成分及性能。

4. 芳纶纤维的表面处理

芳纶纤维表面呈惰性且光滑，表面能低，与树脂基体间的界面黏接强度低，因此复合材料的层间剪切强度较差。芳纶纤维的表面处理方法包括氧化还原法、表面化学接枝处理以及表面冷等离子体处理等。

氧化还原法是在芳纶纤维表面引入氨基基团，氨基基团与环氧树脂基体反应，增加界面黏接强度。

表面化学接枝处理是在芳纶纤维表面接枝带有活性官能团的烷基或芳烷基，以加强纤维与树脂基体界面间的化学黏接。

对芳纶纤维表面进行冷等离子体处理，一方面是利用等离子体的缓慢刻蚀作用，消除表面的微裂纹，减少应力集中；另一方面，等离子体反复的撞击作用可释放纤维中的内应力。两种作用的结果：一是纤维的抗拉强度明显提高；二是纤维的表面能增加，提高与树脂基体的黏接强度，进而改善复合材料的层间剪切强度。

5. 纤维表面处理的原理与作用总结

总结前述三种常用纤维的表面处理工艺及原理可知，表面处理大致有如下作用：① 消除纤维表面的杂质或弱边界层，增大比表面积；② 提高纤维对树脂基体的浸润性；③ 在纤维表面引入反应性官能团，以与树脂基体形成化学键；④ 在纤维表面接枝，形成界面过渡层。

12.6.3 界面黏接强度对复合材料力学性能的影响

纤维增强体与树脂基体之间形成较好的界面黏接，才能保证应力从基体传递到增强纤维，充分发挥数以万计单根纤维同时承受外力的作用。这里所谓较好的界面黏接是指合适的界面黏接强度。界面黏接太弱或太强均可能对复合材料的宏观力学性能产生不利影响。

界面黏接太弱，复合材料在应力作用下容易发生界面脱黏破坏，纤维不能充分发挥增强作用。对增强纤维进行表面处理，可提高复合材料的层间剪切强度，拉伸强度及模量也会得到改善。但会导致复合材料冲击韧性的下降，这是因为在树脂基复合材料中，冲击能量的耗散是通过增强材料与基体之间的界面脱黏、纤维拔出、纤维与树脂之间的摩擦运动及界面层的塑性变形实现的。

界面黏接太强，在应力作用下，材料破坏过程中的裂纹容易扩展至界面，直接作用于增强纤维而使复合材料呈现脆性破坏。如果适当调整界面黏接强度，使增强纤维的裂纹沿界面扩展，形成曲折路径，耗散更多的能量，则可以提高复合材料的韧性。

因此，不应为提高复合材料的拉伸或抗弯强度而片面提高复合材料的界面黏接强度，而应根据复合材料的综合性能要求，设计适当强度的界面黏接。

12.7 纤维增强热固性树脂基复合材料的成型工艺

复合材料是用适当方法将两种或两种以上不同性质的材料（称为组分材料）组合在一起构成的性能比其组分材料优异的一类新型材料。所谓适当方法就是指复合材料的成型工艺。复合材料的成型加工包括预浸料等半成品的制备、增强材料的预成型得到接近制品形状的毛坯以及复合材料的固化成型三个步骤。不同的工艺方法可能同时或分别进行，但都要实现纤维与树脂的复合、浸润、固化和成型。

12.7.1 复合材料成型工艺的分类

复合材料成型工艺种类很多，常用的分类方法有按预成型方法分类及按固化成型压力大小分类。

1）按预成型方法分类。复合材料成型的特点之一是固化前对增强材料进行预成型，得到与制品的形状、尺寸接近的毛坯。主要有如下工艺：

① 层贴法。也称裱糊法或手糊法，包括采用纤维布、带或毡等增强材料和低黏度树脂溶液（习惯上称为胶液）的湿法手糊工艺或采用预浸料的干法层贴工艺。

② 缠绕法。缠绕法是将连续纤维纱、布、带浸胶后（预浸料）连续地缠绕到相应产品内腔尺寸的芯模或内衬上，然后固化的成型方法。

③ 编织法。编织法是将增强纤维编织成与产品形状基本一致的三维立体织物，再经树脂传递模塑等工艺完成树脂的浸渍、固化，得到具有较高层向强度的复合材料制品。

预浸料是用层贴法和缠绕法等制备纤维增强树脂基复合材料制品的一种特殊性状材料，是用于浸渍树脂的纤维束（带）或其织物经烘干或预聚的中间材料。预浸料中的树脂可以是完全不固化或部分固化。可直接用预浸料经层贴或缠绕成型，再固化成最终制品。

图 12.16 所示为热固性树脂预浸工艺，多束连续纤维在牵引力作用下，从放纱架引出，与脱模纸和承载纸一起经加热的辊轮滚压成"三明治"结构，此工艺称为压延。压延前先在脱模纸表面涂覆树脂溶液涂层，其厚度和宽度由刮板控制，确保纤维束丝压延时能被树脂完全浸渍。最终预浸料产品是单向连续纤维分布在部分固化树脂中的薄带，卷裹于硬纸芯成卷备用。

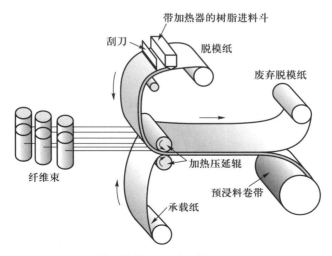

图 12.16　热固性树脂预浸工艺（Callister，2011）

缠绕成型是指将连续纤维按预先设定的空间排列及取向、体积分数精确铺排成中空旋转体的工艺。束丝纤维首先被拉沿通过树脂浴浸渍树脂，然后连续缠绕在芯轴模具表面，通常采用自动缠绕设备完成缠绕工艺（图 12.17）。在铺排设定的层数后，在加热炉中或室温下固化，然后再取出芯轴模具。有时窄薄的浸渍料带也可用于缠绕工艺。

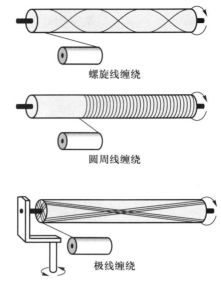

图 12.17　螺旋线、圆周线及极线缠绕工艺

缠绕轨迹可以是圆周线、螺旋线及极线等给予材料以设计的力学性能。缠绕成型复合材料构件具有非常高的比强度，同时缠绕工艺可获得更高的纤维均匀性及取向的一致性。另外，当采用自动缠绕工艺时，该工艺也最经济。常用缠绕成型构件包括火箭发动机壳体、存储罐及管道以及压力容器等。

缠绕成型技术已应用于制备各种形状的结构件，且并非受限于旋转体表面（如工字桁梁等）。由于缠绕成型技术具有很高的成本效率，故发展非常迅速。

2）按固化成型压力大小分类。固化成型后的复合材料构件的力学及理化性能受成型压力、固化温度及时间等的影响，按成型压力的不同可分为如下工艺：

① 接触（压）成型。接触成型是指成型固化时不再施加压力，仅靠手工或简单工具的辅助铺贴增强材料和树脂，层贴法预成型复合材料常用该法制备，缺点是制品的空隙率较大。

② 真空袋压成型。如图 12.18 所示，该工艺是利用真空袋将铺层等预成

型体模具密封，由内向外抽去空气和挥发分，借助大气压力对制品产生低于一个大气压(0.1 MPa)的压力，以降低制品的空隙率。

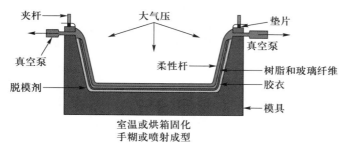

图 12.18　真空袋压成型

③ 气压室(压力袋)成型。该成型工艺如图 12.19 所示，在制品表面制造一个密闭的气压室，利用压缩气体，借助真空袋或橡皮胶囊等介质将气压室的气体压力传递到制品上以加压，压力一般为 0.25~0.5 MPa。

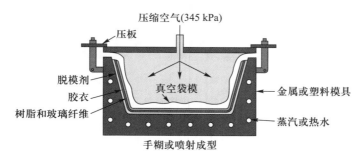

图 12.19　气压室(压力袋)成型

④ 热压罐成型。真空袋-热压罐成型是利用热压罐内部的加热气体，对封入真空袋中的复合材料叠层坯料进行加压、加热固化。热压罐的压力一般为0.5~2.5 MPa。

⑤ 树脂传递模塑、树脂模熔渗、吸胶成型。这是一类利用真空或压力使树脂流入模具，浸渍增强材料预成型毛坯，再加热固化的液体模塑方法，如图12.20 所示。

⑥ 拉挤成型。将浸有树脂的纤维或预浸纱连续通过一定型面的加热口模，挤出多余树脂，在牵引下固化。

拉挤成型工艺是制备单向增强、截面形状恒定且长度较大的复合材料制品（如棒、管、桁条等）的主要工艺方法。该工艺流程图见图 12.21 所示，纤维

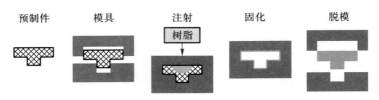

图 12.20　树脂传递模塑等成型工艺

束丝首先浸渍热固性树脂，然后通过钢制模具拉挤，获得设计的截面形状和树脂/纤维比，再通过精加工固化模具以压挤制品截面成最终形状，同时该固化模具也被加热以用于树脂基体的固化。拉紧装置起着使物料通过模具和控制生产速率的双重作用。管状或中空截面的制品通常用芯棒或内置一管芯等方法制备。增强材料包括玻璃纤维、碳纤维及芳纶纤维等，体积分数一般为 40vol%～70vol%。常用基体材料有不饱和聚酯树脂、环氧树脂等。

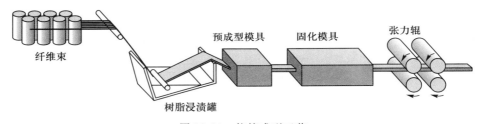

图 12.21　拉挤成型工艺

拉挤成型工艺易于实现自动化，生产效率相对较高，成本低。同时拉挤成型可制得各种不同截面形状的产品，制品的长度也几乎没有限制。

12.7.2　各种成型固化工艺的共同技术要求

纤维增强树脂基复合材料不论采用何种成型固化方法，均应满足如下技术要求：

1）纤维须均匀地按设计要求分布在制品的各个部位。纤维的分布状况及含量是决定复合材料性能的主要因素，含量不足或不均匀，必将在局部形成薄弱环节，严重影响制品的性能。

2）树脂须适量、均匀地分布在制品的各个部位，并适当地固化。局部树脂的含量过高或过低都不合适，会降低整个制品的性能。树脂的固化是连续变化的过程，工艺过程中必须使树脂达到合适的固化程度，否则将严重降低制品的性能。

3）尽可能减少气泡，降低气孔率，提高制品的致密性。在制备纤维增强树脂基复合材料制品时，不可能将挥发性气体全部排出，会形成一定尺寸和数量的气孔，气孔的存在对复合材料的性能尤其是耐久性将产生极为不利的影响。

4）根据树脂的工艺性能制定合理的工艺规范。在整个工艺过程中，发生变化的主要是树脂。在初期，树脂一般为黏度较低的液体，以利于充分浸渍纤维，排出气泡，在工艺过程中黏度将逐渐增加，凝胶，直至固化。如树脂固化时可能产生大量的气体、放出一定的热量，体积有一定的收缩等，应充分掌握树脂的工艺性能，制定合理的工艺参数，才能制造出性能优良的制品。

12.8 常用复合材料的性能特点及其应用

前已述及，用于纤维增强树脂基复合材料的增强纤维主要有玻璃纤维、碳纤维及芳纶纤维三大类，三大类纤维又有不同的品种，各类纤维又有不同的强度及模量。树脂基体主要有热固性树脂如不饱和聚酯树脂、环氧树脂及酚醛树脂等，同样各类树脂及其改性树脂亦有若干品种。各类纤维及树脂的力学性能、热性能及耐各类介质（环境）性能均有不同。不同纤维与各类树脂基体间的物理、化学相容性也不一样，也会在一定程度上限定纤维与树脂体系的选择。

纤维在复合材料中的主要作用是提高复合材料的强度及模量，获得比传统材料高得多的比强度及比模量，因此复合材料的力学特性主要取决于纤维的力学性能。而树脂则是影响复合材料的热性能及耐各类介质（环境）性能的主要组分。考虑到结构材料更多的是利用其力学性能，本节按增强纤维种类的不同介绍常用纤维增强树脂基复合材料。

12.8.1 玻璃纤维增强树脂基复合材料的性能特点

在三大类增强纤维中玻璃纤维是开发最早，成本最低的一类，玻璃纤维增强树脂基复合材料（glass fiber reinforced polymer，GFRP）的制备技术最为成熟，应用也最为广泛。

玻璃纤维可以与不饱和聚酯树脂、环氧树脂及酚醛树脂进行复合，玻璃纤维增强热固性树脂基复合材料统称为玻璃钢。

GFRP 具有纤维增强树脂基复合材料的共同特点，即比重（$1.6 \sim 2.0$ g·cm^{-3}）小，比传统金属材料中最轻的铝还轻；比强度及比刚度远大于高强度合金钢的，"玻璃钢"的名称便由此而来。

GFRP 还具有良好的耐腐蚀性，在酸、碱、有机溶剂、海水等介质中均很稳定，其中玻璃纤维增强环氧树脂基复合材料的耐腐蚀性最为突出，其他

GFRP 的耐腐蚀性虽然比玻璃纤维增强环氧树脂基复合材料的差，但也比不锈钢的耐腐蚀性好得多。

GFRP 也是一种良好的电绝缘材料，其电阻率约为 10^{11} $\Omega\cdot$cm，可制作耐高压的电器零件。

GFRP 还具有保温、隔热、隔音、减振等性能。

GFRP 的主要不足：一是其弹性模量小，弯曲弹性模量仅为 20 GPa 左右，远低于钢的 200 GPa，使其在重要承载构件上的应用受到限制；另一个是其耐热性受树脂基体的限制，明显低于金属及陶瓷材料的，连续使用温度在 120 ℃ 以下。

相对而言，玻璃纤维增强环氧树脂基复合材料是三种不同 GFRP 中综合性能最好的一种，其抗拉强度、弯曲强度及剪切强度均高于其他两种 GFRP。

玻璃纤维增强酚醛树脂基复合材料是一种耐烧蚀材料，可用它做飞船的耐烧蚀外壳。其耐电弧特性也很优异，可用作耐电弧的绝缘材料。

12.8.2　碳纤维增强树脂基复合材料的性能特点

前已述及，与常用的玻璃纤维相比，碳纤维最大的性能特点是模量大，如标准型，高强型，高强、高模型碳纤维的模量是常用玻璃纤维（E-GF）的 3 倍以上；高模型石墨纤维更是高出近十倍。另外这些种类碳纤维的强度也比玻璃纤维（E-GF）的高。由于碳纤维的密度（1.5～2.0 g·cm^{-3}）比玻璃纤维的低，故碳纤维的比强度和比模量都远大于玻璃纤维的。与芳纶纤维相比，碳纤维的密度稍大些，但高模碳纤维的模量比最好的芳纶纤维（Kevlar-49）也高一倍左右。因此碳纤维增强树脂基复合材料（carbon fiber reinforced polymer，CFRP）的力学性能的最大优势在于其高模量及高比模量。表 12.12 列出了单向连续玻璃纤维、碳纤维及芳纶纤维增强环氧树脂基复合材料的力学性能对比。

表 12.12　单向连续玻璃纤维、碳纤维及芳纶纤维增强环氧树脂基复合材料的力学性能

性能	玻璃纤维（E-玻璃）	碳纤维（高强度）	芳纶纤维（Kevlar-49）
密度/(g·cm^{-3})	2.1	1.6	1.4
轴向抗拉强度/MPa	1 020	1 240	1 380
轴向拉伸模量/GPa	45	145	76
轴向断裂伸长率/%	2.3	0.9	1.8

碳纤维的另一性能优势是其耐热性、导热性等明显优于玻璃纤维及芳纶纤维，故由碳纤维制得的复合材料制品具有更好的耐热性及导热性能。

碳纤维的不足之处在于其制备技术复杂，导致其成本高，主要用于航空、航天及能承受高价格的复合材料制品，限制了其在更多领域的应用。

碳纤维增强树脂基复合材料中最常用的热固性树脂是环氧树脂，其次是酚醛树脂。

目前碳纤维/环氧树脂复合材料主要应用于航空、航天领域，如在航空工业中可用作航空器的主承力结构件，如主翼、尾翼和机体；次承力结构件，如方向舵、起落架、扰流板、副翼、发动机舱、整流罩及碳-碳刹车片等。在航天工业中可用于卫星构架、天线、太阳能翼片底板，航天飞机机头、机翼前缘和舱门等。

在交通运输领域，碳纤维/环氧树脂复合材料可用来制造汽车传动轴、板簧、构架等，也可用于制造快艇、巡逻艇、鱼雷快艇等。

碳纤维/环氧树脂复合材料可常用于制造网球拍、羽毛球拍以及棒球杆、曲棍球和高尔夫球杆、自行车、滑雪板以及赛艇的壳体、桅杆和划水桨等。

碳纤维/酚醛树脂复合材料常用作导弹防热及结构材料，如火箭喷嘴、鼻锥、防热层等。

12.8.3 芳纶纤维增强树脂基复合材料的性能特点

在三种常用增强纤维中，芳纶纤维(Kevlar 纤维)的密度最小，韧性好，耐水性好，绝缘性及介电性优异。不足之处与碳纤维一样，制备技术复杂，其成本高。

与芳纶纤维复合的树脂主要是环氧树脂。

芳纶纤维增强环氧树脂基复合材料的主要性能特点是密度更小，比强度、比模量大，韧性及抗疲劳性能好，绝缘及介电性能优异。

与碳纤维/环氧树脂复合材料类似，目前芳纶纤维/环氧树脂复合材料主要应用于航空、航天领域，交通运输，体育用品等。

芳纶纤维增强环氧树脂基复合材料具有密度小，比强度、比模量大，韧性好等特性，使其在各类防弹制品中得到广泛应用。芳纶复合材料板已广泛用于装甲车、防弹运钞车、直升机防弹板、舰船装甲防护板、防弹头盔、防弹背心等。

由于芳纶纤维增强环氧树脂基复合材料具有优异的介电性能，常用于高档印刷电路基板。

12.8.4 金属基复合材料的部分潜在应用

金属基复合材料的发展也有近 40 年的历史，人们试图充分发挥金属基体的力学性能、耐热性、导热、导电及耐磨性等比树脂基体的更高的性能特点开发金属基复合材料。已对多种复合材料体系(尤其是轻金属如铝基及镁基复合材料)及各种制备工艺开展了大量的研究，由于其复合工艺温度高、成型工艺困难、纤维与基体易发生反应等原因，进展缓慢，迄今为止还未有真正意义上的工程应用，可以预见，随着金属基复合材料研究开发的深入，在不远的将来将逐渐替代某些传统金属材料而应用于航空、航天、汽车、机电、运动器械等领域。

目前处于研发阶段的金属基复合材料体系主要有：铝基复合材料，如 B_f/Al、C_f/Al、SiC_f/Al、Al_2O_{3f}/Al；镁基复合材料，如 C_f/Mg、B_f/Mg、Al_2O_{3f}/Mg；陶瓷纤维增强铜基及铅基复合材料；钨、钽等难熔金属纤维增强耐热合金等。

铝基及镁基复合材料由于具有高比强度、高比模量及较好的耐热性，潜在的应用包括航天领域如卫星、飞船、导弹上的结构件；航空领域如直升机的转换机构、起落架、框架、筋板等结构件。钨、钽等难熔金属纤维增强耐热合金等可用于喷气发动机的涡轮叶片、扇形板、压缩机叶片、高温发动机零部件等；汽车工业中的内燃机活塞、连杆、活塞销、刹车片、离合器片；运动器械中的高尔夫球杆、网球拍、自行车车架、雪橇、滑雪板、摩托车车架等。

陶瓷纤维增强铜基及铅基复合材料则可用于电接触材料、蓄电池极板等。

部分技术相对成熟的陶瓷基复合材料的应用见第九章第七节及第八节。

本章小结

复合材料是由两种或两种以上的组分材料通过适当的制备工艺复合在一起的多相固体新材料，各相不能彼此互溶，且彼此间存在着相界面。在复合材料中，通常有一相为连续相，称为基体；另一相为分散相，称为增强体。复合材料既保留原组分材料的特性，又具有原单一组分材料所无法获得的更优异的特性。

按基体相的不同，复合材料通常分为树脂基复合材料、陶瓷基复合材料及金属基复合材料三大类。在结构复合材料中研究最深入、应用最广、用量最大的是纤维增强树脂基复合材料。其突出优点有：比强度及比模量高；耐疲劳性能好，破损安全性高；韧性及抗热冲击性好；减振性能好等。

复合材料具有性能可设计性(各向异性)及材料与构件制造的同一时空性的特点。

纤维状增强材料具有比同质块体材料高得多的强度、较大的长径比等特点，使其在复合材料中比其他几何形状增强体的增强效果更为显著。纤维较高的柔曲性则使其可以适应复合材料构件的各种制备工艺。

复合材料的复合法则是复合材料构件力学设计的基础，其中最简单、最基本的是单向纤维增强复合材料的轴向力学性能的混合法则。

纤维增强复合材料的增韧机制主要有：基体预压缩应力；裂纹扩展受阻；纤维拔出；纤维桥联；裂纹偏转等。

根据纤维增强复合材料的复合强韧化机制，可得出复合材料各组分设计的基本原则：纤维有高的强度和模量；基体相有一定塑性和韧性；纤维和基体间有良好的润湿性，不发生有害的化学反应，热膨胀系数应匹配；纤维相在基体中的体积分数及分布要合理。

纤维增强树脂基复合材料中的纤维增强体主要有玻璃纤维、碳纤维、芳纶纤维等，不同类别的纤维具有不同的性能特点。热固性树脂基体主要为不饱和聚酯树脂、环氧树脂、酚醛树脂等。复合材料的强度特性主要取决于纤维的性质，而热性能及耐环境介质性能则主要受基体的影响。

界面是复合材料中的重要组成部分，其结构与性能以及黏接强度等因素直接影响复合材料的性能，为改善界面性能通常要对纤维进行表面处理。

复合材料的成型加工包括预浸料等半成品的制备、增强材料的预成型得到接近制品形状的毛坯以及复合材料的固化成型三个步骤。成型加工的方法有多种，适应不同形状、尺寸及性能要求的复合材料构件，三个步骤可同时或分别进行。

参考文献

柴国钟，梁利华，王效贵，等. 2012. 材料力学[M]. 北京：科学出版社

陈朝辉. 2003. 先驱体结构陶瓷[M]. 长沙：国防科技大学出版社

陈照峰，张中伟. 2010. 无机非金属材料学[M]. 西安：西北工业大学出版社

戴起勋. 2009. 金属组织控制原理[M]. 北京：化学工业出版社

董炎明，张海良. 2008. 高分子科学简明教程[M]. 北京：科学出版社

董炎明，朱平平，徐世爱. 2010. 高分子结构与性能[M]. 上海：华东理工大学
出版社

樊东黎，潘健生，徐跃明，等. 2006. 中国材料工程大典[M]. 15. 北京：化学
工业出版社

冯端，师昌绪，刘治国. 2002. 材料科学导论-融贯的论述[M]. 北京：化学工
业出版社

冯小明，张崇才. 2011. 复合材料[M]. 2 版. 重庆：重庆大学出版社

顾家琳，杨志刚，邓海金，等. 2005. 材料科学与工程概论[M]. 北京：清华大
学出版社

国家自然科学基金委员会，中国科学院. 2012. 未来 10 年中国学科发展战略：
材料科学[M]. 北京：科学出版社

黄勇，汪长安，等. 2008. 高性能多相复合陶瓷[M]. 北京：清华大学出版社

胡保全，牛晋川. 2013. 先进复合材料[M]. 2 版. 北京：国防工业出版社

胡赓祥，蔡珣，戎咏华. 2010. 材料科学基础[M]. 3 版. 上海：上海交通大学
出版社

贾德昌，宋桂明，等. 2008. 无机非金属材料性能[M]. 北京：科学出版社

参考文献

江树勇. 2010. 材料成形技术基础[M]. 北京：高等教育出版社

江树勇. 2010. 工程材料[M]. 北京：高等教育出版社

金志浩，高积强，乔冠军. 2000. 工程陶瓷材料[M]. 西安：西安交通大学出版社

李成功，傅恒志，于翘，等. 2002. 航空航天材料[M]. 北京：国防工业出版社

李炯辉. 2009. 金属材料金相图谱[M]. 北京：机械工业出版社

凌绳，王秀芬，吴友平. 2000. 聚合物材料[M]. 北京：中国轻工业出版社

李涛，杨慧. 2013. 工程材料[M]. 北京：化学工业出版社

刘宗昌，等. 2006. 材料组织结构转变原理[M]. 北京：冶金工业出版社

刘宗昌，任慧平，等. 2007. 过冷奥氏体扩散型相变[M]. 北京：科学出版社

李维钺，李军. 2010. 中外有色金属及其合金牌号速查手册[M]. 2版. 北京：机械工业出版社

李晓刚. 2009. 材料腐蚀与防护[M]. 长沙：中南大学出版社

李晓刚，高瑾，张三平，等. 2011. 高分子材料自然环境老化规律与机理[M]. 北京：科学出版社

毛卫民. 2009. 工程材料学原理[M]. 北京：高等教育出版社

莫淑华，王春燕. 2011. 工程材料[M]. 哈尔滨：哈尔滨工业大学出版社

倪礼忠，周权. 2010. 高性能树脂基复合材料[M]. 上海：华东理工大学出版社

潘祖仁. 2007. 高分子化学[M]. 增强版. 北京：化学工业出版社

齐锦刚，王冰，李强，等. 2012. 金属材料学[M]. 北京：冶金工业出版社

师昌绪，钟群鹏，李成功. 2006. 中国材料工程大典[M]. 北京：化学工业出版社

孙康宁，李爱菊. 2009. 工程材料及其成形技术基础[M]. 北京：高等教育出版社

孙瑜. 2010. 材料成形技术[M]. 上海：华东理工大学出版社

王从曾. 2001. 材料性能学[M]. 北京工业大学出版社

王昆林. 2003. 材料工程基础[M]. 北京：清华大学出版社

王昆林. 2009. 材料工程基础[M]. 2版. 北京：清华大学出版社

王澜，王佩璋，陆晓中. 2009. 高分子材料[M]. 北京：中国轻工业出版社

王荣国，武卫莉，谷万里. 2004. 复合材料概论[M]. 3版. 哈尔滨工业大学出版社

王汝敏，郑水蓉，郑亚萍. 2011. 聚合物基复合材料[M]. 北京：科学出版社

吴进明. 2004. 应用材料基础[M]. 杭州：浙江大学出版社

吴其胜. 2006. 材料物理性能[M]. 上海：华东理工大学出版社

伍玉娇. 2011. 金属材料学[M]. 北京：北京大学出版社

谢峻林. 2011. 无机非金属材料工学[M]. 北京：化学工业出版社

谢志鹏. 2011. 结构陶瓷[M]. 北京：清华大学出版社

杨瑞成，郭铁明，陈奎，等. 2012. 工程材料[M]. 北京：科学出版社

杨瑞成，伍玉娇，张粉芹，等. 2007. 工程结构材料[M]. 重庆：重庆大学出版社

张帆，周伟敏. 2009. 材料性能学[M]. 上海：上海交通大学出版社

张其土. 2007. 无机材料科学基础[M]. 上海：华东理工大学出版社

张新平，颜银标. 2011. 工程材料及热成形技术[M]. 北京：国防工业出版社

赵玉庭，姚希曾. 1992. 复合材料聚合物基体[M]. 武汉：武汉理工大学出版社

郑子樵. 2013. 材料科学基础[M]. 2 版. 长沙：中南大学出版社

周瑞发，韩雅芳. 2009. 高技术新材料使用性能导论[M]. 北京：国防工业出版社

周瑞发，韩雅芳，李树索. 2006. 高温结构材料[M]. 北京：国防工业出版社

朱张校，姚可夫. 2011. 工程材料[M]. 5 版. 北京：清华大学出版社

Askeland D R，Phule P P. 2005. Essentials of materials science and engineering[M]. 影印版. 北京：清华大学出版社

Callister W D，Rethwisch D G. 2011. Materials science and engineering[M]. 8th ed. John Wiley&Sons，Inc

郑重声明

材料科学与工程著作系列
HEP Series in Materials Science and Engineering

ISBN 978-7-04-039048-3

ISBN 978-7-04-038511-3

ISBN 978-7-04-040190-5

ISBN 978-7-04-039504-4

ISBN 978-7-04-040807-2

ISBN 978-7-04-041356-4

ISBN 978-7-04-041234-5

ISBN 978-7-04-043938-0